utb 8342

Eine Arbeitsgemeinschaft der Verlage

Böhlau Verlag · Wien · Köln · Weimar
Verlag Barbara Budrich · Opladen · Toronto
facultas · Wien
Wilhelm Fink · Paderborn
A. Francke Verlag · Tübingen
Haupt Verlag · Bern
Verlag Julius Klinkhardt · Bad Heilbrunn
Mohr Siebeck · Tübingen
Ernst Reinhardt Verlag · München · Basel
Ferdinand Schöningh · Paderborn
Eugen Ulmer Verlag · Stuttgart
UVK Verlagsgesellschaft · Konstanz, mit UVK/Lucius · München
Vandenhoeck & Ruprecht · Göttingen · Bristol
Waxmann · Münster · New York

Claudia Fantapié Altobelli

Marktforschung

Methoden, Anwendungen, Praxisbeispiele

3., vollständig überarbeitete Auflage

UVK Verlagsgesellschaft mbH · Konstanz
mit UVK/Lucius · München

Dr. Claudia Fantapié Altobelli
ist Professorin für Betriebswirtschaftslehre, insbesondere Marketing, an der Helmut Schmidt Universität Hamburg.

Online-Angebote oder elektronische Ausgaben sind erhältlich unter www.utb-shop.de.

Bibliografische Information der Deutschen Bibliothek
Die Deutsche Bibliothek verzeichnet diese Publikation in der Deutschen Nationalbibliografie; detaillierte bibliografische Daten sind im Internet über <http://dnb.ddb.de> abrufbar.

Lektorat: Rainer Berger
Einbandgestaltung: Atelier Reichert, Stuttgart
Einbandmotiv sowie Seite 2: © andresr, iStockphoto.com
Druck und Bindung: cpi, Ebner und Spiegel, Ulm

UVK Verlagsgesellschaft mbH
Schützenstr. 24 · 78462 Konstanz
Tel. 07531-9053-0 · Fax 07531-9053-98
www.uvk.de

UTB-Nr. 8342
ISBN 978-3-8252-8721-4

Vorwort zur 3. Auflage

Kaum ein Gebiet im Marketing hat in den letzten Jahren derart dynamische Entwicklungen durchgemacht wie die Marktforschung: Schlagworte wie Big Data, Neuromarketing und Ethik „füllen" die diesbezüglichen Wordclouds. Aus diesem Grunde – 10 Jahre nach Entstehen der ersten und sechs Jahre nach Erscheinen der zweiten Auflage – wurde es nötig, das gesamte Buch gründlich zu überarbeiten und zu aktualisieren. Aufgenommen wurden neue Kapitel zum Thema Ethik in der Marktforschung und Umgang mit Big Data. Mobile Marktforschung und Neuromarketing wurden erweitert und aktualisiert, ebenso die qualitative Marktforschung.

Um das Buch nicht ausufern zu lassen, habe ich das eine oder andere (schweren Herzens!) gekürzt. Weggefallen sind das Kapitel zur internationalen Marktforschung – der geneigte Leser kann hierzu sehr ausführlich Berndt/Fantapié Altobelli/Sander 2016 konsultieren – wie auch das Kapitel zu Marketing-Prognosen. Die Thematik in nur 30 Seiten abzuhandeln macht einfach keinen Sinn.

Bedanken möchte ich mich ganz herzlich bei meiner Sekretärin, Frau Jennifer Hübner. Mit unglaublichem Durchblick hat sie die Formatvorlage des Verlags nicht nur auf Anhieb begriffen, sondern auch zügig und einwandfrei umgesetzt. Für die komplette Neuerstellung zahlreicher Abbildungen bedanke ich mich bei Herrn cand. rer. pol. Jannik Faltus. Die kritischen Anmerkungen meiner Mitarbeiterinnen und Mitarbeiter, in alphabetischer Reihenfolge Frau Lamia Arslan, Frau Dr. Elke Goltz, Herrn MSc Henrik Heikes, Frau MSc Lena Heinemann, Herr Dipl.-Kfm. David Hensel, Frau MA Birthe Langhinrichs, Frau Dipl.-Kffr. Cordelia Mühlbach, Frau MSc Xi Yang, Frau Dipl.-Kffr. Judith Znanewitz, haben wesentlich zur Verbesserung des Manuskripts beigetragen. Ganz besonders gilt mein Dank Herrn Dipl. oec. Rainer Berger (UVK Verlagsgesellschaft mbH - UVK Lucius) für die wirklich tolle Zusammenarbeit.

Unsere Kinder Philip und Dominik, für deren Betreuung ich mich in der ersten Auflage dieses Buches bei der Kita Piratenschiff bedankt hatte, sind inzwischen groß – trotzdem und gerade deswegen möchte ich ihnen dieses Buch widmen. Ebenso meinem Ehemann Matthias (im wirklichen Leben mein Kollege Prof. Dr. Matthias Sander), der in den letzten Monaten mit Fertiggerichten abgespeist wurde, damit ich das Manuskript fertigstellen konnte.

Hamburg, im März 2017 Claudia Fantapié Altobelli

Vorwort zur 1. Auflage

Marketingentscheidungen ohne verlässliche Informationsgrundlagen sind notgedrungen fehlerhaft; eine methodisch fundierte Marktforschung ist daher für jedes Unternehmen unverzichtbar – unabhängig davon, ob das Unternehmen Marktforschungsaktivitäten selbst durchführt oder einem Marktforschungsinstitut im Auftrag gibt.

Das vorliegende Buch entstand aus dem Wunsch heraus, sowohl Studierende als auch Praktiker mit den wesentlichen Methoden und Anwendungsgebieten der Marktforschung vertraut zu machen. Im ersten Teil des Buches wird zunächst auf Gegenstand und Bedeutung der Marktforschung eingegangen. Der zweite Teil widmet sich der Planung einer Erhebung. Dazu gehören insb. die Bereiche Wahl des Forschungsansatzes, Festlegung des Auswahlplans, Wahl des Datenerhebungsverfahrens. Gegenstand des dritten Teils ist die Durchführung der Erhebung mit den Teilbereichen Datensammlung, Datenauswertung und Interpretation der Ergebnisse. Im vierten Teil werden anschließend die gebräuchlichsten Prognoseverfahren im Marketing dargelegt. Schließlich widmet sich der fünfte Teil ausgewählten Anwendungsgebieten der Marktforschung: Produktforschung, Werbeforschung und Preisforschung.

Bei der gesamten Darstellung wurde auf Verständlichkeit und Nachvollziehbarkeit der Ausführungen Wert gelegt. Aus diesem Grunde werden sämtliche dargestellten Verfahren durch geeignete Beispiele erläutert. Darüber hinaus werden die wichtigsten Methoden und Anwendungsgebiete durch konkrete Beispiele aus der Marktforschungspraxis illustriert, anhand derer der Leser Einblicke in die praktische Arbeit von Marktforschungsinstituten gewinnen kann. Anders als in den meisten Lehrbüchern zu dieser Thematik wurde die qualitative Marktforschung explizit und umfassend behandelt. Dies folgt der Erkenntnis insb. aus der Marktforschungspraxis, dass viele Fragestellungen im Marketing – vor allem im Zusammenhang mit psychologischen Konstrukten – durch quantitative Forschungsansätze nicht adäquat abgebildet werden können.

Ein derart umfassendes Werk kann nicht ohne kräftige Unterstützung entstehen. Mein Dank gilt den vielen Marktforschungsinstituten, welche nicht nur bereitwillig Informationsmaterial zugeschickt haben, sondern auch zu persönlichen Gesprächen bereit waren. Stellvertretend seien hier A.C. Nielsen, GfK, Naether Marktforschung, Schaefer Marktforschung, TNS Infratest, Wegener Marktforschung genannt. Danken möchte ich natürlich auch meinen Mitarbeitern für zahlreiche kritische Anmerkungen und konstruktive Gespräche: Dr. Thorsten Granzow, Dipl.-Kfm. Sebastian Binger, Dipl.-Kfm. Sascha Hoffmann. Meine studentischen Hilfskräfte, Dipl.-Kfm. Constantin Hoya, Dipl.-Kfm. Robert Kramer, Dipl-Kffr. Nicole Hegner, Dipl. Soz. Tzvetomira Daskalova, cand. rer. pol. Silja Spijkers und cand. rer. pol. Christoph Zlobinski, haben in mühsamer Kleinarbeit viele Abbildungen erstellt und die formale Überprüfung des Manuskripts übernommen. Herr Dipl.-Kfm. Daniel Nolte hat dankenswerterweise zahlreiche Praxisbeispiele im Bereich der qualitativen Marktforschung zusammengetragen. Frau Barbara Naziri hat mit gewohntem Engagement nicht nur das Manuskript erstellt, sondern auch zahlreiche Abbildungen gestaltet. Herrn Dr. Wulf von Lucius (v. Lucius u. v. Lucius Verlagsgesellschaft) gilt mein herzlicher Dank für die wie immer reibungslose Zusammenarbeit.

Nicht zuletzt möchte ich dem gesamten Team der Kita „Piratenschiff" danken, insb. Frau Sieglinde Freuer, Frau Leane Bettin, Frau Ramona Eckert, Frau Antje Schäfers. Ohne sie hätte ich nicht die geringste Chance gehabt, das Buch fertig zu stellen. Mein allergrößter Dank gilt meinen Kindern Philip und Dominik sowie meinem Ehemann Matthias, die während der gesamten Entstehungszeit des Buches erfolgreich verhindern konnten, dass ich mich auch an Wochenenden damit beschäftigte; dadurch konnten sie einen erheblichen Beitrag zur Normalität des Alltags leisten. Ihnen sei dieses Buch gewidmet.

Hamburg, im Oktober 2006 Claudia Fantapié Altobelli

Inhaltsverzeichnis

Teil 1: Grundlagen

1 Marktforschung als Managementaufgabe

1.1 Informationsbedarf für Marketingentscheidungen

Rationales betriebswirtschaftliches Handeln setzt das Treffen von Entscheidungen voraus; diese wiederum erfordern die Berücksichtigung entscheidungsrelevanter Informationen. Damit wird deutlich, dass der betrieblichen Informationswirtschaft innerhalb der Unternehmensführung eine entscheidende Rolle zukommt. So muss eine rationale und zielgerichtete Unternehmensplanung systematisch von Informationsprozessen begleitet werden. Dabei werden Informationen zum einen zur Ermittlung einer Problemlücke benötigt, d.h. zur *Erkennung und Formulierung von Problemen*, zum anderen zur Bewertung und Auswahl der Handlungsalternativen i.S. einer *Problemlösung*.

Im Rahmen des Marketings sind zahlreiche Entscheidungen sowohl auf strategischer als auch auf taktisch-operativer Ebene zu treffen. Abbildung 1.1 zeigt den allgemeinen Planungs- und Entscheidungsprozess im Marketing.

Eine Informationsgewinnung über Umwelt, Märkte und Unternehmen findet zunächst im Rahmen der Situationsanalyse statt; allerdings werden Informationen auf jeder weiteren Stufe des Planungs- und Entscheidungsprozesses benötigt. Insofern wird der Marketing-Planungsprozess von einem Informationsbeschaffungsprozess überlagert, da auf jeder Stufe des Planungsprozesses Teilentscheidungen zu treffen sind.

Grundsätzlich lassen sich die Informationsbereiche des Marketing in

- Umweltinformationen und
- Unternehmensinformationen

gliedern. Während *Umweltinformationen* das Umfeld beschreiben, in welchem das Unternehmen bzw. dessen Geschäftsfelder auf den einzelnen Märkten agieren, beinhalten *Unternehmensinformationen* Aussagen über die Stärken und Schwächen des Unternehmens allgemein sowie in Bezug auf konkrete Problemstellungen. Umweltinformationen beinhalten zum einen die Rahmenbedingungen unternehmerischen Handelns (Dateninformationen), zum anderen Instrumentalinformationen, d.h. Informationen über Reaktionszusammenhänge zwischen Unternehmen und Umwelt (vgl. Tab. 1.1).

Informationen über die globale Umwelt betreffen die verschiedenen ökonomischen, gesellschaftlichen, technologischen, politisch-rechtlichen sowie geographisch-infrastrukturellen Rahmenbedingungen und beschreiben damit die allgemeine Situation einer Volkswirtschaft. Globale Umweltdaten betreffen daher alle Unternehmen unabhängig von ihrer Branchenzugehörigkeit. Informationen über Branche und Wettbewerb umfassen Informationen über die allgemeine Branchenstruktur sowie über die Unternehmensmärkte (Beschaffungs- und Absatzmärkte). Solche Informationen sind nur für Unternehmen bzw. Geschäftsfelder relevant, die in einer bestimmten Branche tätig sind, und können daher branchenabhängig grundverschieden sein.

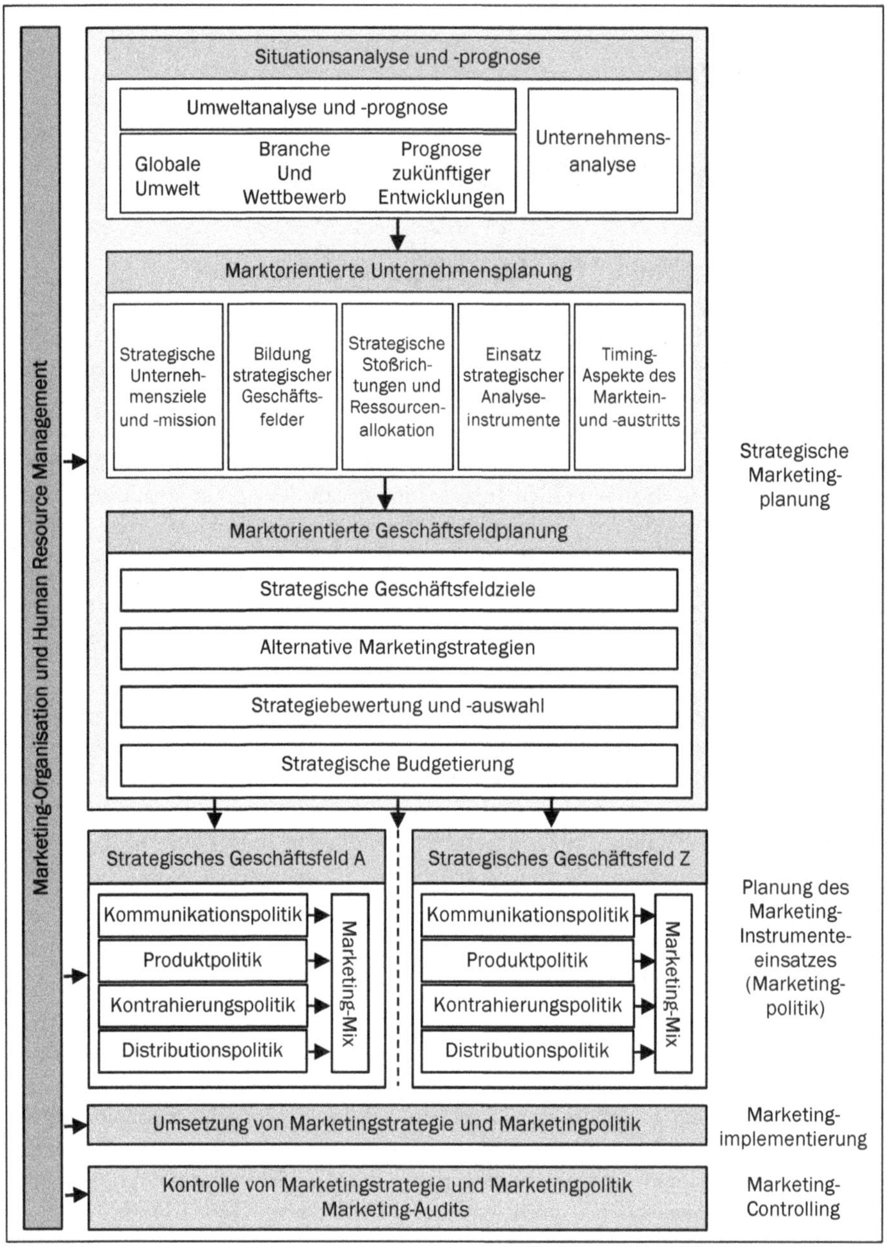

Abb. 1.1: Überblick über die Aufgabenbereiche des Marketingmanagements (Quelle: Sander 2011, S. 302)

Von besonderer Bedeutung für das Marketing sind Informationen über die *Abnehmer*. Hierzu gehören zum einen Beschaffenheit und Größe der Marktsegmente, Bedarfsintensität, Bedürfnisstruktur, Kaufkraft. Darüber hinaus sind Reaktionen der Abnehmer auf Marketingsktivitäten zu erfassen, u.a. Aussagen über Preiselastizitäten, Präferenzen, Werbeelastizitäten.

Tab. 1.1: Umweltinformationen

	Bereiche	Beispielhafte Indikatoren
Globale Umwelt	Wirtschaft	Bruttonationaleinkommen Wechselkursentwicklung Inflationsrate Rohstoff- und Energiepreise
	Gesellschaft	Gesellschaftliche Struktur Gesellschaftliche Trends Demographische Entwicklung
	Politik	Gesetzgebung Steuern und Subventionen Politische Stabilität Zwischenstaatliche Abkommen Regulierung/Deregulierung
	Technologie	Ausgaben für F&E Patentanmeldungen Produkt- und Prozessinnovationen Technologische Dynamik
	Natürliche Umwelt	Klima Ressourcen Infrastruktur
Branche und Wettbewerb	Branchenstruktur	Marktform Eintrittsbarrieren Kapitalintensität
	Absatzmärkte	Wettbewerber Distributionspartner Endnachfrager
	Beschaffungsmärkte	Kapitalgeber Arbeitskräfte Lieferanten
Umwelt reaktionen auf Marketing-aktivitäten	Endabnehmer	Preiselastizität Werbeelastizität Markenpräferenz
	Handel	Änderungen des Bestellverhaltens Aktionsangebote
	Wettbewerber	Imitation von Innovationen Reaktionen auf eigene Preisänderungen
	Staatliche Akteure	Sanktionen Staatliche Eingriffe (z.B. Höchst- oder Mindestpreise)

Unternehmensinformationen beinhalten Aussagen über die Leistungs- und Führungspotenziale eines Unternehmens (vgl. Bea/Haas 2015, S. 126 ff.). Leistungspotenziale ergeben sich aus den Bereichen Beschaffung, Produktion, Absatz, Personal, Kapital, Technologie; Führungspotenziale resultieren aus den Bereichen Planung und Kontrolle, Information, Organisation, Unternehmenskultur. Unternehmensinformationen dienen somit der Beurteilung der Stärken und Schwächen eines Unternehmens, wohingegen die

Erhebung von Umweltinformationen die Einschätzung von Chancen und Risiken ermöglicht.

1.2 Charakterisierung und Arten der Marktforschung

Definition

Marktforschung ist die systematische und zielgerichtete Sammlung, Aufbereitung, Auswertung und Interpretation von Informationen über Märkte und Marktbeeinflussungsmöglichkeiten als Grundlage für Marketingentscheidungen.

Kernaufgabe der Marktforschung ist somit die Bereitstellung relevanter Informationen für marketingpolitische Entscheidungen. Gegenstand der Marktforschung sind Sachverhalte, welche Absatz- und Beschaffungsmärkte betreffen (Daten- und Instrumentalinformationen). Die Ermittlung der entscheidungsrelevanten Informationen erfolgt dabei planvoll unter Heranziehung wissenschaftlicher Methoden.

Abzugrenzen ist der Begriff der Marktforschung von der *Marketingforschung*. Während die Marktforschung auf die Analyse von Absatz- und Beschaffungsmärkten abzielt, befasst sich die Marketingforschung auch mit Informationen aus nichtmarktlichen Bereichen (z.B. aus der politisch-rechtlichen, technischen, soziokulturellen und natürlichen Umwelt) wie auch mit unternehmensinternen Informationen, sofern sie für Marketingentscheidungen relevant sind. Allerdings beschränkt sich die Analyse auf die Absatzmärkte, d.h. Beschaffungsmärkte werden ausgeklammert. Der Zusammenhang zwischen Marktforschung und Marketingforschung ist in Abb. 1.2 dargestellt.

Die Ausführungen in diesem Buch beschränken sich auf Methoden und Fragestellungen der *Absatzmarktforschung*, d.h. Beschaffungsmarktforschung und die übrigen Bereiche der Informationswirtschaft werden hier nicht näher betrachtet. Im Fokus stehen hier dabei insb. die aktuellen und potenziellen Abnehmer.

Abb. 1.2: Abgrenzung von Marktforschung und Marketingforschung (Quelle: in Anlehnung an Pepels 2014, S. 20)

Marktforschung kann nach verschiedenen Kriterien klassifiziert werden; einen Überblick bietet Tab. 1.2. Die Unterscheidungskriterien sind nicht immer überschneidungsfrei. Aus diesem Grunde sollen nachfolgend nur die wichtigsten Unterscheidungsmerkmale kurz skizziert werden.

Tab. 1.2: Formen der Marktforschung

Kriterien	Ausprägungen
Bezugszeitraum	■ Einmalige Erhebung (Ad-hoc-Forschung, Querschnittanalyse) ■ Mehrmalige Erhebung (Tracking-Forschung, Längsschnittanalyse)
Untersuchte Märkte	■ Beschaffungsmarktforschung ■ Absatzmarktforschung ■ Finanzmarktforschung ■ Arbeitsmarktforschung
Form der Informationsgewinnung	■ Primärforschung ■ Sekundärforschung
Erhebungsmethode	■ Befragung ■ Beobachtung
Untersuchte Marketinginstrumente	■ Produktforschung ■ Preisforschung ■ Kommunikationsforschung ■ Vertriebsforschung
Untersuchte Marktteilnehmer	■ Konsumentenforschung ■ Konkurrenzforschung ■ Absatzmittlerforschung
Methodischer Ansatz	■ Quantitative Marktforschung ■ Qualitative Marktforschung
Träger der Marktforschung	■ Betriebliche Marktforschung ■ Institutsmarktforschung
Ort der Messung	■ Laborforschung ■ Feldforschung
Räumlicher Geltungsbereich	■ Nationale Marktforschung ■ Internationale Marktforschung

- Nach dem *Bezugszeitraum* wird zwischen einmaligen und mehrmaligen Erhebungen unterschieden. Während einmalige Erhebungen den Status quo zu einem bestimmten Zeitraum untersuchen (Querschnittsstudien, vgl. Teil 3), beschreiben mehrmalige Erhebungen Entwicklungen im Zeitablauf (Längsschnittstudien, vgl. Teil 4).
- Nach den untersuchten Märkten wird zwischen Beschaffungsmarktforschung, Absatzmarktforschung, Finanzmarktforschung und Arbeitsmarktforschung differenziert.
- Nach der *Form der Informationsgewinnung* wird zwischen Primär- und Sekundärforschung unterschieden. Während im Rahmen einer Primärerhebung originäre Daten

zum spezifischen Untersuchungszweck erhoben werden, greift man bei Sekundärerhebungen auf bereits vorhandenes Datenmaterial (vgl. Teil 2).

- Die Heranziehung der *Marketinginstrumente* als Klassifikationsmerkmal führt zur Unterscheidung in Produktforschung, Werbeforschung, Preisforschung und Vertriebsforschung (vgl. Teil 8).
- Nach der *Art der Messung* unterscheidet man in qualitative und quantitative Marktforschung. Während qualitative Untersuchungen explorativen Charakter haben und nur Tendenzaussagen erlauben, zielen quantitative Studien auf die Gewinnung verallgemeinerbarer (i.S. repräsentativer) Aussagen über die Grundgesamtheit ab.
- Nach der räumlichen Dimension wird zwischen nationaler und internationaler Marktforschung unterschieden (zu den Besonderheiten internationaler Marktforschung vgl. z.B. Berndt/Fantapié Altobelli/Sander 2016, S. 46-97).

1.3 Ziele und Rahmenbedingungen der Marktforschung

Definition

Ziel der Marktforschung ist die zeitgerechte Bereitstellung entscheidungsrelevanter Informationen für die Entscheidungsträger unter Berücksichtigung finanzieller, personeller, zeitlicher und rechtlicher Restriktionen.

Aus dem Oberziel der Marktforschung – der Bereitstellung entscheidungsrelevanter Informationen für das Marketing – lassen sich folgende *Teilaufgaben* ableiten (vgl. Pepels 2014, S. 21):

- *Innovationsfunktion*: Es sollen Chancen und Trends erkannt werden, welche die Märkte und die Umwelt bieten.
- *Frühwarnfunktion*: Risiken müssen frühzeitig erkannt werden, um notwendige Entscheidungs- und Anpassungsprozesse zu ermöglichen.
- *Intelligenzverstärkungsfunktion*: Durch Förderung der Methodenkenntnisse und des Wissens über marktrelevante Zusammenhänge soll die Willensbildung in der Unternehmensführung unterstützt werden.
- *Unsicherheitsreduktionsfunktion*: Zuverlässige Informationen reduzieren das Risiko von Fehlentscheidungen.
- *Strukturierungsfunktion*: Eine planvolle, systematische Vorgehensweise unterstützt das Verständnis und erhöht damit die Qualität und Effizienz der Marketingplanung.
- *Selektionsfunktion*: Aus der Fülle verfügbarer Informationen sollen die relevanten Sachverhalte herausgefiltert und aufbereitet werden.
- *Prognosefunktion*: Veränderungen des marketingrelevanten Umfelds können aufgezeigt und deren Auswirkungen auf das eigene Geschäft abgeschätzt werden.

Die aufgeführten Ziele und Aufgaben der Marktforschung können jedoch nur unter Berücksichtigung wesentlicher *Restriktionen* verfolgt werden. Zum einen sind finanzielle Restriktionen zu beachten, welche regelmäßig aus einem begrenzten Marktforschungsbudget resultieren. Zum anderen schränken *personelle Rahmenbedingungen* – etwa das Fehlen von ausreichend für die Marktforschung qualifiziertem Personal – den Handlungsspielraum der Marktforschung ein. Weiterhin sind auch *zeitliche Restriktionen* im Sinne eines begrenzten Zeitbudgets zu nennen.

Von besonderer Bedeutung sind für die Marktforschung *rechtliche Restriktionen*, insb. im Zusammenhang mit Fragen des Persönlichkeits- und Datenschutzes. Regelungen finden sich u.a. im Bundesdatenschutzgesetz (BDSG) sowie auf internationaler Ebene in der 2016 in Kraft getretenen EU-Datenschutz-Grundverordnung. Weiterhin unterliegen Marktforschungsaktivitäten einer Vielzahl von Standesregeln; zu nennen sind hier auf nationaler Ebene die verschiedenen Richtlinien des ADM Arbeitskreis Deutscher Markt- und Sozialforschungsinstitute e.V., auf internationaler Ebene der ICC/ESOMAR Kodex. Die Richtlinien und Empfehlungen betreffen sensiblen Themen wie z.B. Mystery Forschung, telefonische Befragungen, Befragungen von Minderjährigen. Einzelheiten finden sich auf der Homepage des ADM, http:/www.adm-ev.de. Regelwerke zum Umgang mit neurowissenschaftlichen Methoden sind derzeit im Aufbau (vgl. Hensel et al. 2017). Zu den Einzelheiten vgl. die Ausführungen in Kapitel 4 in diesem Teil.

1.4 Prozess der Marktforschung

Eine fundierte Marktforschung setzt ein systematisches und planvolles Vorgehen voraus; in diesem Sinne kann die Marktforschungstätigkeit als ein Ablauf aufeinander folgender Phasen aufgefasst werden. Die einzelnen Stufen des Marktforschungsprozesses sind in Abb. 1.3 dargestellt.

Die erste Stufe des Marktforschungsprozesses bildet die *Formulierung des Forschungsproblems* und – darauf aufbauend – die Ableitung des konkreten *Forschungsziels*. Anstoß ist i.d.R. ein bestimmtes Marketingproblem, etwa Verlust von Marktanteilen an den Hauptkonkurrenten für ein bestimmtes Produkt, das vom Marketingmanagement aufgedeckt und an die Marktforscher herangetragen wird. Daher sollten insbesondere in dieser Stufe Marketingmanager und Marktforscher zusammenarbeiten, um das vorliegende Problem abzugrenzen, zu definieren und den konkreten Informationsbedarf festzustellen. Eine exakte Formulierung und schriftliche Fixierung des Forschungsproblems sind zu empfehlen. Auf dieser Grundlage wird das konkrete Forschungsziel i.S. einer Definition und Konkretisierung der Aufgabenstellung abgeleitet. So könnte im Falle eines Marktanteilrückgangs zugunsten des Hauptkonkurrenten (Marketingproblem) das Forschungsproblem beispielsweise lauten „Ermittlung der Ursachen für den Marktanteilsverlust". Daraus lässt sich z.B. folgendes Forschungsziel ableiten: „Erstellung eines Stärken-Schwächen-Profils des eigenen Produkts im Vergleich zum Konkurrenzprodukt unter Einbezug des Produkts als solches sowie der Produktvermarktung".

In der nächsten Stufe ist ein *Zeit-, Organisations- und Finanzplan* zu erstellen. In dieser Phase wird der Zeitrahmen für die Untersuchung abgesteckt; des Weiteren ist zu bestimmen, ob die Untersuchung unternehmensintern durch die betriebliche Marktforschung oder unternehmensextern durch ein Marktforschungsinstitut durchzuführen ist. Auch wird das zur Verfügung stehende Budget festgelegt.

Im Rahmen der *Planung des Untersuchungsdesigns* erfolgt die inhaltliche Planung und Konkretisierung der Erhebung. Unter einem Untersuchungsdesign versteht man dabei die Konzeption des Forschungsvorhabens, d.h. den Rahmen, welcher der Sammlung und Analyse der benötigten Informationen zugrunde gelegt wird. Elemente eines Untersuchungsdesigns sind

- der grundlegende Forschungsansatz,
- die Herkunft der Daten (Informationsquellen und Erhebungsmethoden),
- die Auswahl, Operationalisierung, Messung und Skalierung der heranzuziehenden Variablen sowie
- die Auswahl der Erhebungseinheiten.

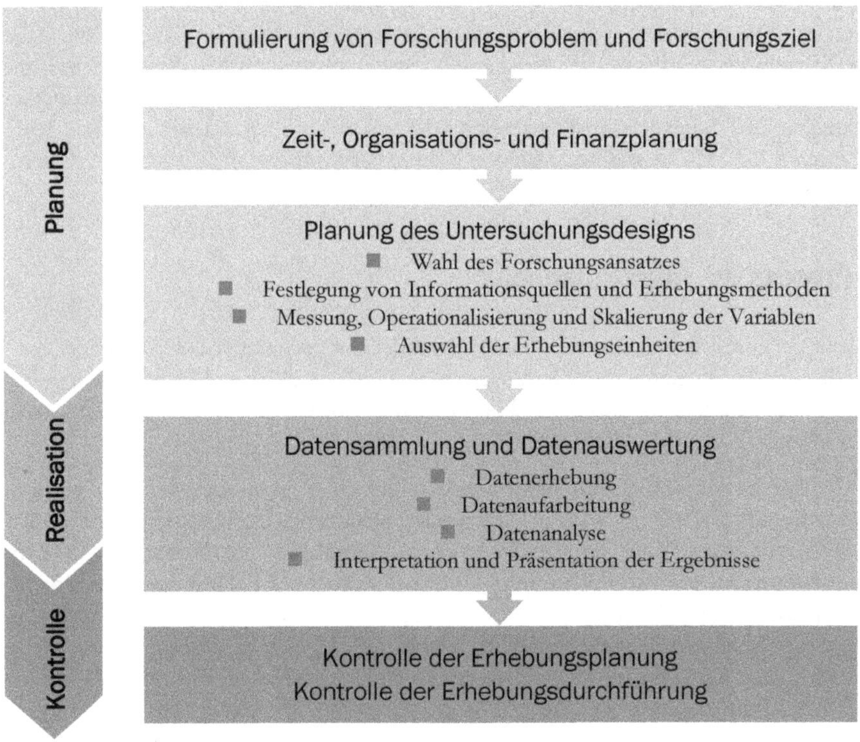

Abb. 1.3: Ablauf des Marktforschungsprozesses

Der grundlegende *Forschungsansatz* leitet sich zunächst aus den Forschungszielen ab; dementsprechend wird unterschieden zwischen

- explorativen,
- deskriptiven und
- kausalen Studien.

Während *explorative Studien* die Aufgabe haben, ein aktuelles Forschungsproblem zu erkunden und zu definieren, haben *deskriptive Studien* die Beschreibung von Sachverhalten – z.B. Marktphänomene – zum Gegenstand. *Kausale Studien* zielen schließlich auf die Ermittlung von Ursache-Wirkungszusammenhängen ab (vgl. ausführlich Kapitel 3 in diesem Teil); dies erlaubt auch die Erstellung von *Prognosen.*

Nach der *Herkunft der Daten* werden Forschungsdesigns danach unterschieden, ob die benötigten Informationen auf der Grundlage von Sekundärerhebungen oder Primärerhebungen beschafft werden sollen. Im Rahmen der *Sekundärforschung* werden Daten gesammelt, die bereits zu einem früheren Zeitpunkt für ähnliche oder auch andere Zwecke erhoben wurden (vgl. Teil 2), wohingegen durch *Primärforschung* originäre Daten zum spezifischen Forschungsziel erhoben werden. Als Erhebungsmethoden der Primärforschung unterscheidet man die Befragung sowie die Beobachtung. Darüber hinaus können als Sonderformen Panelerhebungen und Experimente genannt werden, welche Elemente einer Befragung und/oder einer Beobachtung beinhalten können. Grundsätzlich wird eine Sekundäranalyse im Vorfeld eines Marktforschungsprojekts durchgeführt; im Rahmen einer Primäranalyse werden anschließend diejenigen Informationen erhoben, welche die Sekundärforschung nicht oder nicht in der gewünschten Qualität zu liefern vermochte.

Bei der Entscheidung zwischen Primär- und Sekundärforschung spielen Zeit-, Kosten- und Nutzenaspekte eine Rolle. Eine Sekundärforschung ist in der Regel weniger zeit- und kostenintensiv als eine Primärforschung, ihr Nutzen ist aber auch häufig geringer – etwa weil die verfügbaren Daten nicht aktuell oder unvollständig sind.

Wird eine Sekundärforschung gewählt, so sind Anforderungen an Menge und Qualität der Informationen zu formulieren sowie relevante *Datenquellen* zu identifizieren. Im Falle einer Primärforschung ist hingegen die *Erhebungsmethode* festzulegen. Grundsätzlich ist die Eignung unterschiedlicher Erhebungsmethoden vom Konkretisierungsgrad des Marketingproblems und des daraus abgeleiteten Forschungsproblems abhängig (vgl. Böhler 2004, S. 30 f.). Bei schlecht strukturierten, komplexen und neuartigen Problemen eignen sich explorative Verfahren unter Anwendung einer qualitativen Marktforschung; bei klar definierten Problemen können je nach Forschungsziel deskriptive Forschungsdesigns auf der Grundlage quantitativer Erhebungsmethoden oder aber experimentelle Designs herangezogen werden. Im Rahmen des Untersuchungsdesigns ist weiterhin festzulegen, welche Merkmale bzw. Variablen in die Untersuchung einzubeziehen sind. Des Weiteren ist festzulegen, wie die Variablen zu messen und zu skalieren sind (vgl. Teil 3).

Grundsätzlich lassen sich die Ausprägungen der einzelnen Dimensionen von Forschungsdesigns beliebig miteinander kombinieren, einige Kombinationen sind jedoch nicht zweckmäßig oder unmöglich: So kann eine explorative Analyse nicht in Form eines Experiments stattfinden, da ein Experiment das Vorhandensein klar definierter Forschungshypothesen voraussetzt; andererseits sind Experimente die geeignetste Erhebungsmethode, um kausale Studien durchzuführen. Der Zusammenhang zwischen Forschungsansatz, Erhebungsverfahren und methodischem Ansatz ist in Abb. 1.4 dargestellt.

Unabhängig davon ist im Rahmen einer Primärerhebung festzulegen, welche *Erhebungseinheiten* in die Untersuchung gelangen sollen (vgl. Kapitel 4 im 3. Teil). Hierfür ist zunächst die Grundgesamtheit abzugrenzen; des Weiteren ist die Grundsatzentscheidung zwischen Vollerhebung und Teilerhebung zu treffen. Vollerhebungen bieten sich lediglich bei einer vergleichsweise kleinen Grundgesamtheit an, wie dies gelegentlich im Industriegütermarketing vorkommen kann; im Normalfall erfolgen Primäruntersuchungen auf der Grundlage von Teilerhebungen. In diesem Falle ist darüber zu befinden, welches Verfahren der Stichprobenauswahl heranzuziehen ist).

Liegt das Untersuchungsdesign fest, so sind in einer weiteren Stufe die Daten zu sammeln und auszuwerten, d.h. es findet die eigentliche *Durchführung der Erhebung* statt. In einem ersten Teilschritt erfolgt die konkrete *Datenerhebung* (vgl. Kapitel 1 im 6. Teil). Im Rahmen einer Sekundäranalyse werden die Daten aus den identifizierten Quellen zusammengestellt und systematisiert. Bei einer Primärerhebung wird ggf. zunächst eine Pilotstudie durchgeführt (z.B. Test des Fragebogens im Hinblick auf Eindeutigkeit, Verständlichkeit usw.); anschließend erfolgt die eigentliche Feldarbeit, d.h. die konkrete (Haupt-)Erhebung der Daten.

Erhebungsverfahren / Forschungsansatz	Sekundärerhebung	Primärerhebung					
		Befragung		Beobachtung		Panel	Experiment
		Qualitativ	Quantitativ	Qualitativ	Quantitativ		
Explorative Studien	●	●	○	●	○	○	○
Deskriptive Studien	●	◐	●	◐	●	●	
Kausale Studien	○	○	◐	○	○	◐	●

● uneingeschränkt geeignet
◐ eingeschränkt geeignet
○ nicht geeignet

Abb. 1.4: Zusammenhang zwischen Forschungsansatz, Erhebungsverfahren und methodischem Ansatz

Die erhobenen Daten werden anschließend *aufbereitet*. Hier werden z.B. nicht auswertbare Fragebögen aussortiert, die Daten werden anschließend editiert, codiert und in den Computer eingegeben (vgl. Kapitel 2 in Teil 6). Daran schließt sich die (statistische oder qualitative) *Datenanalyse* an. Hierzu steht eine Vielzahl an Verfahren zur Verfügung (vgl. Kapitel 3 im 6. Teil), deren Eignung und Anwendbarkeit vom Forschungsziel sowie von der Art des zugrunde liegenden Datenmaterials abhängt.

Die Ergebnisse der Datenanalyse werden anschließend *interpretiert* und *dokumentiert* (z.B. in Form eines zusammenfassenden schriftlichen Berichts, vgl. Kapitel 4 im 6. Teil). Üblicherweise erfolgt auch eine Ergebnispräsentation durch den (die) beauftragten Marktforscher gegenüber dem Auftraggeber. Im Rahmen einer Diskussion können Verständigungsprobleme beseitigt und Interpretationsspielräume der Ergebnisse ausgelotet werden. In einem abschließenden Schritt erfolgt eine *Kontrolle* der Erhebung, um festzustellen, ob die Forschungsziele erfüllt wurden.

Es ist an dieser Stelle darauf hinzuweisen, dass zwischen den einzelnen Prozessstufen Rückkopplungen bestehen können, z.B. wenn im Rahmen der Datensammlung festgestellt wird, dass die Erhebungsmethode ungeeignet oder die Stichprobe nicht adäquat ist. Auch können bestimmte Teilphasen übersprungen werden, z.B. bei zeitlich wiederkehrenden Erhebungen zum gleichen Sachverhalt.

2 Träger der Marktforschung

Träger der Marktforschung sind zum einen Stellen bzw. Abteilungen im Unternehmen (betriebliche Marktforschung), zum anderen externe Institute (Institutsmarktforschung) und sonstige Organe wie Marktforschungsberater und Informationsbroker, die mit Marktforschungsaufgaben betraut sind. Im Folgenden sollen die einzelnen Träger der Marktforschung kurz charakterisiert werden.

2.1 Betriebliche Marktforschung

Definition

Als *betriebliche Marktforschung* werden Marktforschungsaktivitäten bezeichnet, welche im Unternehmen selbst realisiert werden; typischerweise handelt es sich um eine eigene Marktforschungsabteilung oder einen hauptamtlich mit Marktforschungsaufgaben betrauten Mitarbeiter.

Zentrale Aspekte im Zusammenhang mit der betrieblichen Marktforschung sind:

- der Umfang der im Unternehmen selbst durchgeführten Marktforschungsaktivitäten,
- die organisatorische Stellung der Marktforschung im Betrieb sowie
- die Gestaltung des betrieblichen Informationsmanagements.

Der *Umfang der betrieblichen Marktforschung* hängt von Art und Ausmaß der Aufgabenteilung zwischen Unternehmen und Institut ab. Die meisten Unternehmen erledigen die anfallenden Marktforschungsaufgaben nicht (ausschließlich) unternehmensintern, vielmehr erfolgt eine Aufgabenteilung zwischen betrieblicher Marktforschung und Institutsmarktforschung. Insbesondere umfassende Primärerhebungen erfordern i.d.R. die Zusammenarbeit mit einem Marktforschungsinstitut. Typischerweise übernimmt die betriebliche Marktforschung konzeptionelle Aufgaben, also die Vorbereitung und Planung von Marktforschungsaktivitäten, wohingegen sich die Institutsmarktforschung insb. mit der Datengewinnung und Datenauswertung befasst (vgl. Grundei 2000, S. 3). Die einzelnen Aktivitäten sind dabei unbedingt zu verzahnen, etwa indem Mitarbeiter des Marktforschungsinstituts von Anfang an in die Konzeption der Erhebung einbezogen werden. Eine gute Zusammenarbeit zwischen betrieblicher und Institutsmarktforschung ist für die Qualität der Ergebnisse entscheidend. Welche Aktivitäten konkret selbst durchgeführt oder an Institute fremdvergeben werden, ist eine klassische Make-or-buy-Entscheidung. Die Vorteile der Eigenforschung und der Fremdforschung sind in Tab. 1.3 skizziert; die jeweiligen Nachteile gelten spiegelbildlich.

Die *organisatorische Eingliederung* der Marktforschung im Unternehmen umfasst die folgenden Gestaltungsfelder (vgl. Grundei 2000, S. 8 ff.):

- Etablierung,
- Platzierung,

- Differenzierung und
- Kooperation.

Tab. 1.3: Vorteile von Eigen- vs. Fremdforschung

Vorteile der Eigenforschung	Vorteile der Fremdforschung
▪ Größere Erfahrung mit den Gegebenheiten des Unternehmens ▪ Ggf. Vertrautheit mit dem Problem ▪ Bessere Kenntnisse über Produkte und Branche ▪ Bessere Kontrolle und Koordination der Marktforschungsaktivitäten ▪ Vertraulichkeit der Ergebnisse gewährleistet	▪ Größere Methodenkenntnisse durch Einsatz von Spezialisten ▪ Größere Erfahrung ▪ Größere Objektivität ▪ Höhere Akzeptanz im Unternehmen ▪ Häufig günstiger als Eigenforschung

Die *Etablierung* betrifft die Frage, ob für Marktforschungsaufgaben spezielle organisatorische Einheiten wie z.B. eine Abteilung oder eine Stabsstelle eingerichtet werden sollen (Spezialistenlösung), oder aber ob die Verantwortung für Marktforschungsaufgaben Mitarbeitern übertragen wird, welche primär mit anderen Aufgaben betraut sind, z.B. Produktmanager (Integrationslösung). Nicht alle Unternehmen verfügen über eine institutionalisierte betriebliche Marktforschung; dies ist jedoch größenabhängig. Zudem werden die Informationen aus der Marktforschung nicht immer systematisch genutzt: So werden in Deutschland nur rund 44 Prozent der Vorstandsentscheidungen im B2B-Bereich durch Marktinformationen abgesichert; im Vertrieb sind es nur 40,6 Prozent, in der Produktion sogar nur ein Drittel aller Entscheidungen (EuPD Research 2009).

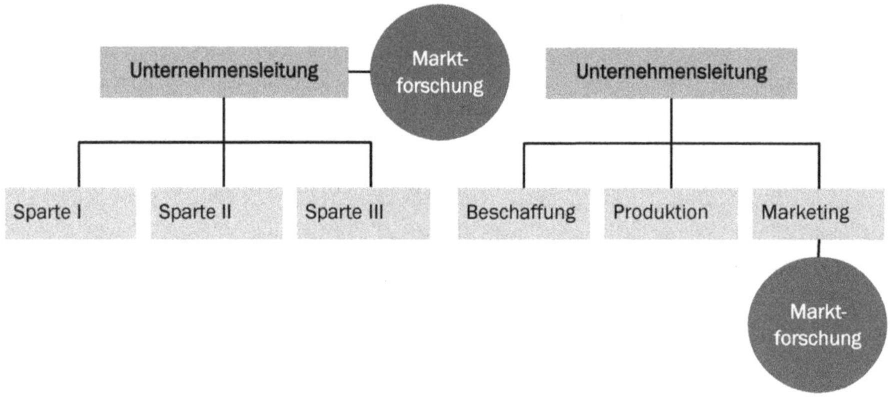

Abb. 1.5: Marktforschung als Stabstelle

Die *Platzierung* beinhaltet die Frage, wie eine institutionalisierte Marktforschungseinheit in die Organisationsstruktur des Unternehmens einzugliedern ist. Die häufigste Variante ist die Errichtung einer Stabstelle, welche je nach Bedeutung und Aufgabenschwerpunkt der Marktforschung im Betrieb entweder der Unternehmensleitung oder der Marketingleitung zugeordnet wird (vgl. Abb. 1.5).

Alternativ kann die Marktforschung auch als Linieninstanz angesiedelt werden. In einer funktionalen Organisation wird sie üblicherweise der Marketingabteilung zugeordnet, in einer divisionalen Organisation findet sich eine Marktforschungsinstanz u.U. in jeder Produktsparte. In diesem Falle findet eine vollständige Dezentralisierung von Marktforschungsaktivitäten statt (vgl. Abb. 1.6). Gegenüber der Stablösung verfügt die Marktforschung als Linieninstanz damit über eine höhere Autonomie und größere Entscheidungsfreiheit.

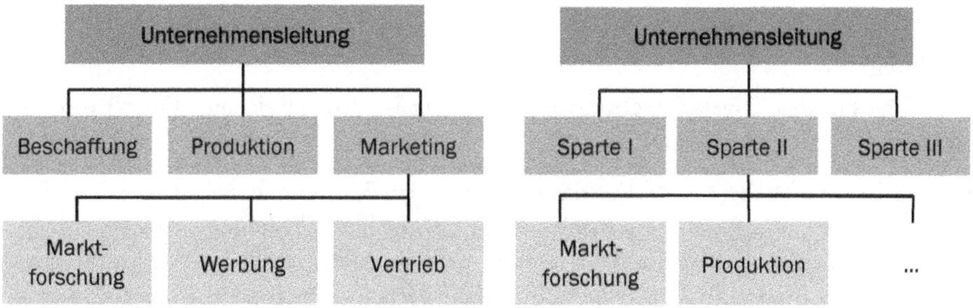

Abb. 1.6: Marktforschung als Linieninstanz

Im Rahmen einer Spartenorganisation ist eine völlige Dezentralisierung gemäß Abb. 1.6 jedoch eher selten. Typischerweise erfolgt eine Konzentration der Marktforschung in einem Zentralbereich. Die Marktforschungsaktivitäten werden aus den Geschäftsbereichen ausgegliedert und in einer zentralen Marktforschungsabteilung zusammengefasst (vgl. Frese/Werder 1993, S. 39).

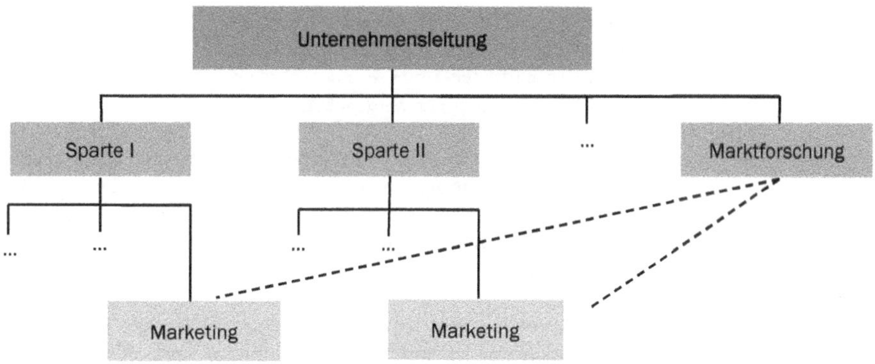

Abb. 1.7: Marktforschung als Service-Cost-Center in einer Spartenorganisation

Eine Variante dieses Modells ist das sog. *Cost-Center* (vgl. Abb. 1.7), im Rahmen dessen Marktforschungsaufgaben in einem Cost-Center mit Budgetverantwortung ausgegliedert werden; seltener wird die Marktforschung als *Profit-Center* mit Gewinn- und Verlustverantwortung geführt (vgl. Ottawa/Rietz 2015, S. 60). Die Abteilung kann von allen Unternehmenseinheiten in Anspruch genommen werden; diese müssen die angeforderten Leistungen jedoch bezahlen. Dabei werden interne Verrechnungspreise zugrunde gelegt.

Vorteilhaft ist an dieser Variante die Tatsache, dass die Sparten nur dann Aufträge an die Marktforschungsabteilung vergeben, wenn die Informationen tatsächlich benötigt werden und der Nutzen der Information höher beurteilt wird als die der Sparte entstehenden Kosten. Zu erwähnen ist, dass in der Praxis – insb. in Großunternehmen – häufig Mischformen realisiert werden, d.h. neben einer zentralen Abteilung bestehen auch dezentrale Marktforschungsstellen in den einzelnen Geschäftsbereichen.

Unter einer *Differenzierung* wird die interne Organisation des Marktforschungsbereichs verstanden. Typische Segmentierungsformen sind (vgl. Grundei 2000, S. 11 f.):

- nach methodischen Aspekten (z.B. quantitative vs. qualitative Marktforschung, Prognosen, Datenanalyse),
- nach Anwendungsschwerpunkten (z.B. Werbeforschung, Produktforschung, Preisforschung),
- nach Phasen des Marktforschungsprozesses (z.B. Vorbereitung, Durchführung, Auswertung von Erhebungen).

Schließlich beinhaltet die *Kooperation* die Regelung von Kompetenz- und Kommunikationsbeziehungen zwischen denjenigen organisatorischen Einheiten, welche an der Durchführung von Marktforschungsaufgaben beteiligt sind. Hierbei ist zu unterscheiden zwischen Kooperation zwischen mehreren Marktforschungseinheiten (Marktforschungskooperation) und Kooperation zwischen Marktforschung und Verwendern von Marktforschungsleistungen (Prozesskooperation).

Tab. 1.4: Varianten der Marktforschungskooperation (Quelle: in Anlehnung an Grundei 2000, S. 12 ff.)

Bezeichnung	Kurzcharakterisierung
Richtlinienmodell	Ein Zentralbereich für Marktforschung ist für Marktforschungsentscheidungen allein entscheidungsbefugt. Die dezentralen Marktforschungseinheiten der Geschäftsbereiche treffen ihre Entscheidungen im Rahmen der vorgegeben Richtlinien.
Matrixmodell	Zentrale und dezentrale Marktforschungseinheiten (sog. Matrix-Einheiten) sind nur gemeinsam entscheidungsbefugt; die Entscheidungen werden von einem Matrixausschuss getroffen, welchem Mitarbeiter der zentralen und der dezentralen (operativen) Einheiten angehören.
Servicemodell	Die operativen Einheiten entscheiden darüber, ob und welche Marktforschungsmaßnahmen durchzuführen sind; der Zentralbereich entscheidet über die Art und Weise der konkreten Auftragsdurchführung.
Autarkiemodell	Die einzelnen Marktforschungseinheiten entscheiden und operieren völlig unabhängig voneinander. In vielen Fällen findet jedoch zumindest ein Informationsaustausch zwischen den einzelnen Einheiten statt.

Marktforschungskooperation beinhaltet die Frage, in welcher Form die Beziehungen zwischen den unternehmerischen Einheiten, welche Marktforschungsaufgaben wahrnehmen, zu gestalten sind. Tabelle 1.4 zeigt einige typische Organisationsmodelle der Marktforschungskooperation. *Prozesskooperation* beinhaltet hingegen die Zusammenarbeit zwischen der Marktforschung und den Abnehmern ihrer Leistungen (z.B. Produktmanager). Tabellle 1.5 zeigt einige typische Gestaltungsalternativen der Prozesskooperation in der Praxis.

Tab. 1.5: Gestaltungsalternativen der Prozesskooperation (Quelle: in Anlehnung an Grundei 2000, S. 16 ff.)

Bezeichnung	Kurzcharakterisierung
Kernbereichsmodell	Marktforschungsaufgaben werden vollständig von den Produktbereichen als Zentraleinheit ausgegliedert. Der Kernbereich entscheidet selbstständig über die Durchführung von Erhebungen und führt sie ggf. auch autonom durch.
Matrixmodell	Marktforschung und Produktmanager entscheiden gemeinsam über Marktforschungsaktivitäten.
Servicemodell	Das Produktmanagement entscheidet darüber, ob und welche Untersuchungen erforderlich sind. Die methodische Umsetzung obliegt der Marktforschung.
Stabsmodell	Der Marktforschung obliegt lediglich die Entscheidungsvorbereitung bzgl. der Durchführung von Erhebungen. Die Entscheidungsfindung ist Aufgabe des Produktmanagements.

Angesichts der zentralen Rolle von Informationen für betriebliche Entscheidungen kommt der Gestaltung des betrieblichen *Informationsmanagements* eine große Bedeutung zu. Insofern ist Marktforschung lediglich ein Bestandteil des betrieblichen Informationsmanagements. Durch neue Medien – hier insb. das Internet – ist die potenziell nutzbare Informationsmenge dramatisch angestiegen („Big Data", vgl. Abschnitt 1.2 im 2. Teil). Dies führt nicht unbedingt zur Verbesserung der Informationsqualität, da die vorhandene Datenmenge zum einen nicht mehr handhabbar ist, zum anderen nicht immer methodischen Ansprüchen genügt. Um die dadurch entstehenden Probleme zu bewältigen, kann im Unternehmen ein *Führungsinformationssystem* (FIS) implementiert werden (vgl. hierzu z.B. Mertens/Griese 2002).

Definition

Ein *Führungsinformationssystem* (FIS) ist ein interaktives, IT-basiertes Informationssystem zur Gestaltung des Informationsflusses im Unternehmen, um Entscheidungs- und Kontrollaufgaben zu unterstützen.

Übergeordnetes Ziel eines Führungsinformationssystems ist allgemein, die benötigten Informationen den richtigen Stellen zur richtigen Zeit zur Verfügung zu stellen. Aufgaben eines Führungsinformationssystems sind im Einzelnen die Erfassung, Aufbereitung, Speicherung, Verdichtung, Analyse und Übermittlung von Daten. Moderne FIS wie z.B. SAP verfolgen dabei die Idee des integrierten Gesamtsystems, d.h. die Vermeidung von Insellösungen. Viele Unternehmen verfügen allerdings über eine Vielzahl heterogener Informationssysteme für verschiedene Bereiche und Ebenen, welche teilweise historisch gewachsen sind. Damit entsteht das Problem der Integration der einzelnen Teilsysteme – Schnittstellendesign, Vereinheitlichung von Daten, Schaffung flexibler Auswertungsmöglichkeiten usw. Ein Lösungsansatz ist das sog. *Data Warehousing* (vgl. Bea/Haas 2015, S. 367 ff.).

Definition

Ein *Data Warehouse* ist ein abgestimmter Datenpool aus verschiedenen Datenquellen im Unternehmen, welcher von den einzelnen Informationssystemen und Mitarbeitern des Unternehmens abgerufen und ausgewertet werden kann.

Als logisch zentraler Speicher bietet ein Data Warehouse eine einheitliche und konsistente Datenbasis zur Entscheidungsunterstützung und arbeitet losgelöst von operativen Datenbanken. Es soll unternehmensweit ausgerichtet sein und die Informationsbedürfnisse verschiedener Anwendergruppen abdecken können. Im Rahmen eines sog. *Data Mining* können Zusammenhänge zwischen einzelnen Datensätzen und Variablen ermittelt werden.

Häufig finden sich in Unternehmen für den Marketingbereich eigene Informationssysteme, sog. *Marketinginformationssysteme* (MAIS). Wesentliche Elemente eines MAIS sind (vgl. Sander 2011, S. 240):

- eine Datenbank, welche der Sammlung inner- und außerbetrieblicher Informationen dient,
- eine Methodenbank, welche die Anwendungssoftware für die mathematisch-statistische Datenverarbeitung enthält, und
- eine Modellbank, welche Modelle enthält, mittels derer Markt- und Unternehmenszusammenhänge in mathematisch-quantitativer Form abgebildet werden (z.B. Prognosemodelle, Preisabsatzfunktionen, Werbewirkungsfunktionen).

Verknüpft werden die Daten-, Methoden- und Modellbank mit entsprechenden Managementsystemen, um die Wartung und Pflege des MAIS für den Systemadministrator zu erleichtern und für den Anwender eine benutzerfreundliche Oberfläche zu schaffen.

2.2 Institutsmarktforschung

Definition

Ein *Marktforschungsinstitut* ist ein selbstständiges kommerzielles Unternehmen, dessen Wertschöpfungsschwerpunkt in der Durchführung von Marktforschungsaktivitäten besteht und welches Erhebungen selbstständig und ohne wesentliche Fremdhilfe durchführt (Full-Service-Institut).

In dieser Definition nicht enthalten sind (vgl. zu den unterschiedlichen Abgrenzungen Hüttner/Schwarting 2002, S. 455 f.):

- nicht erwerbsorientierte Institute, z.B. Forschungsinstitute an Universitäten oder Wirtschaftsforschungsinstitute,
- Marktforschungsabteilungen von Unternehmen, z.B. von Werbeagenturen,
- Unternehmen, welche nur Teilleistungen anbieten (z.B. Feldorganisationen).

Nach ihrem *Tätigkeitsspektrum* können Marktforschungsinstitute unterteilt werden in allgemeine Institute, welche ein vollständiges Spektrum von Erhebungstypen und Dienstleistungen anbieten, und Spezialinstitute, welche sich auf bestimmte methodische Konzepte oder Branchen konzentrieren, etwa psychologische Marktforschung, Werbeforschung, Pharmaforschung etc. Hierbei handelt es sich häufig um kleinere, stark spezialisierte Institute, welche bestimmte Nischen bearbeiten und mit einer eigenständigen USP den Markt bearbeiten. Kleinere Institute haben eine überschaubare Anzahl von Kunden, die entsprechend persönlich betreut werden.

Die Anzahl der Marktforschungsinstitute kann nur schwer beziffert werden, da sie von der definitorischen Abgrenzung abhängt. Allgemein geht man davon aus, dass in Deutschland derzeit über 200 Marktforschungsinstitute vorhanden sind. Führend sind in Deutschland einige wenige Institute wie GfK (Nürnberg), Kantar TNS oder A.C. Nielsen, flankiert von einigen wenigen weiteren Unternehmen mittlerer Größe wie INRA, IPSOS oder das Institut für Demoskopie Allensbach. Der größte Anteil besteht jedoch aus kleinen bis sehr kleinen Instituten, welche teilweise sehr spezialisiert sind und oftmals nur sehr wenige Mitarbeiter beschäftigen. Die Branche ist dabei durch starke Konzentrationstendenzen charakterisiert, sei es durch Fusionen, sei es durch Kooperationen. Insbesondere im internationalen Bereich besteht die Tendenz zur Bildung von internationalen Netzwerken. Dabei ist festzustellen, dass der Wettbewerb ständig zunimmt.

> Einen Gesamtüberblick über die Branche bietet das jährlich erscheinende Handbuch der Marktforschungsunternehmen, welches vom Berufsverband Deutscher Markt- und Sozialforscher (BVM) herausgegeben wird. Neben Forschungsinstituten sind im Handbuch auch Berater, Studios, Feldorganisationen und andere Dienstleister vertreten; darüber hinaus zählen zu seinen Mitgliedern auch betriebliche und akademische Marktforscher. Ende 2016 zählte der Verband über 1.600 Mitglieder in Deutschland, Österreich und der Schweiz.

Verbände der Marktforschung sind auf nationaler Ebene insb. der Berufsverband Deutscher Markt- und Sozialforscher e.V. (BVM) sowie der Arbeitskreis Deutscher Markt- und Sozialforschungsinstitute e.V. (ADM). Während der BVM die berufsständischen Interessen seiner Mitglieder vertritt, hat der ADM die Förderung der gemeinsamen Belange seiner Mitglieder wie auch eine gewisse Selbstkontrolle zum Ziel. Beide Verbände befassen sich auch mit berufsethischen Fragen, etwa Fragen der Vertraulichkeit und des Datenschutzes; zudem geben sie regelmäßig Stellungnahmen zu methodischen Fragen wie z.B. Online-Befragungen heraus. Auf internationaler Ebene spielt insb. ESOMAR eine Rolle (European Society for Opinion and Market Research). Daneben ist auch die WAPOR (World Association for Public Opinion Research) zu erwähnen.

Typische *Felder der Institutsmarktforschung* sind nicht nur die Auftragsforschung, sondern auch die Durchführung „ungefragter" Erhebungen, welche anschließend an Interessenten vermarktet werden. Darüber hinaus werden immer wieder neue Untersuchungskonzepte entwickelt, um sich von der Konkurrenz abzuheben. In den letzten Jahren konnte dabei festgestellt werden, dass in zunehmendem Maße hochkomplexe Analyseverfahren eingesetzt werden, welche Spezialwissen erfordern und hohe Anforderungen an die Mitarbeiter stellen. Als Konsequenz können die methodischen Details von den Auftraggebern häufig kaum mehr nachvollzogen werden, sodass die Institute zunehmend Beratungsfunktionen wahrnehmen und auch Unterstützung bei der Implementierung bieten müssen (vgl. Berekoven et al. 2009, S. 35 f.).

Hat sich ein Unternehmen für die Inanspruchnahme eines Instituts entschieden, ist eine *Anbieterauswahl* zu treffen. Folgende Kriterien können sich für die Auswahl als hilfreich erweisen (vgl. Pepels 2014, S. 28 f.):

- Erfahrung bzw. Spezialisierung in relevanten Märkten oder in besonderen Erhebungsverfahren (z.B. Panelforschung),
- leistungsfähige personelle und sachliche Ausstattung,
- Größe und Zusammensetzung des Kundenkreises, ausgewiesen beispielsweise durch Referenzen anderer Auftraggeber,
- Mitgliedschaft in einschlägigen Fachverbänden wie BVM oder ADM, da die Mitgliedschaft an bestimmten Mindest(qualitäts-)anforderungen gebunden ist,
- institutseigene Bemühungen und Grundsätze für Qualitätssicherung und Datenschutz,
- Möglichkeit des Konkurrenzausschlusses während der Projektdauer,
- Empfehlungen anderer Unternehmen (z.B. Lieferanten, Abnehmer) oder eigene Erfahrungen aus der Vergangenheit,
- laufende Kontrollmöglichkeiten seitens des Auftraggebers (Budget, Termine),
- „weiche" Kriterien wie räumliche Nähe, Sympathie etc.

Hat sich das Unternehmen für ein Institut entschieden, so muss es ein möglichst genaues Briefing erarbeiten, welches für das Institut Grundlage der Angebotsstellung ist. Dieses enthält u.a. Angaben über die konkrete Problemstellung, Zielgruppen, methodische Wünsche, Terminvorstellungen. Bei erstmaliger Zusammenarbeit werden i.A. Angebote verschiedener Institute eingeholt. Nach einer eventuellen Verhandlung über strittige Punkte erfolgt die Auftragsvergabe, bei der folgende Sachverhalte verbindlich zu regeln sind (vgl. Pepels 2014, S. 29):

- ausführliche und präzise Problembeschreibung,
- Untersuchungsdesign (Stichprobe, Auswahlverfahren, Erhebungsverfahren etc.),
- Art der Ergebnisse,
- Kontaktpersonen im Institut und beim Auftraggeber,
- Leistungen, die der Auftraggeber beisteuert,
- detaillierte Kostenkalkulation mit Aufgliederung der Positionen in Vorarbeiten, Pretest, Feldarbeit, Auswertung, Präsentation usw.,
- Terminplanung (Zwischentermine, Berichtsabgabe, Präsentation),
- Form der Berichterstattung.

2.3 Sonstige Träger der Marktforschung

Externe Marktforschungsleistungen werden nicht nur von Instituten, sondern auch von einer ganzen Reihe weiterer Träger geliefert. Solche Träger bieten nicht das gesamte Leistungsspektrum eines Full-Service-Instituts an, sondern sind auf bestimmte Leistungen spezialisiert. Beispielsweise kann ein Unternehmen im Falle der Eigenforschung eine Feldorganisation beauftragen, welche einen Interviewerstab für die Durchführung einer Face-to-Face-Befragung zur Verfügung stellt. Tabelle 1.6 zeigt die wichtigsten sonstigen Marktforschungsdienstleister im Überblick.

Tab. 1.6: Sonstige Träger der Marktforschung

Träger	Kennzeichnung
Marktforschungsberater	▪ Freiberufliche Spezialisten, die im Auftrag ihrer Kunden bei der Konzeption, Auswertung und Analyse von Erhebungen mitwirken ▪ Oftmals Bindeglied zwischen Unternehmen und Institut
Informationsbroker	▪ Spezialisten, die gegen Honorar bestimmte Informationen nachweisen, beschaffen und auswerten ▪ Beispiel: Kundendatenverwerter, die das z.B. über Kundenkarten erhobene Material (Kaufverhalten, persönliche Daten) auswerten und ggf. an Dritte weitergeben
Marktforschungsabteilungen von Werbeagenturen	▪ Betreuung bestimmter Kundenaufträge ▪ Zusammenarbeit mit Instituten auf dem Gebiet der Werbeforschung
Feldorganisationen	▪ Bereitstellung von Interviewerstäben für den Auftraggeber (Unternehmen oder Institut) ▪ Mittlerweile häufig auch Dateneingabe und -analyse
Teststudios	▪ Anbieter, welche Räumlichkeiten zur Durchführung von Interviews, Beobachtungen, Experimente zur Verfügung stellen ▪ Sie bieten häufig auch personelle Kompetenzen an
Unternehmensverbände	▪ Unterhalten häufig eigene Marktforschungsstellen bzw. –abteilungen ▪ Führen eigene Studien für Verbandsmitglieder durch oder beauftragen ein Marktforschungsinstitut

3 Forschungsansätze in der Marktforschung

Bei der Planung einer Erhebung ist zunächst der grundlegende Forschungsansatz festzulegen. Abhängig vom verfolgten Untersuchungsziel lassen sich Forschungsansätze in explorative, deskriptive und kausale Studien unterscheiden. Damit zusammenhängend stellt sich auch die Frage, ob der heranzuziehende *methodische Ansatz* eher qualitativ oder eher quantitativ sein soll. *Quantitative Methoden* der Marktforschung richten sich insb. auf objektiv und zahlenmäßig messbare Größen. Die Datenerhebung erfolgt im Normalfall auf der Grundlage repräsentativer Stichproben mit dem Ziel, verallgemeinerbare Aussagen zu gewinnen (vgl. Teil 3). Typischerweise erfolgt die Datenauswertung unter Einsatz statistischer Verfahren. *Qualitative Methoden* stützen sich hingegen auf vergleichsweise kleine Fallzahlen und produzieren relativ „weiche" Daten. Auf Repräsentativität wird bewusst zugunsten einer tiefergehenden Analyse des interessierenden Sachverhalts verzichtet. Typische Methoden sind Tiefeninterviews und Gruppendiskussioonen (vgl. Teil 7).

Nicht gleichzusetzen sind qualitative und quantitative Forschung mit subjektiver und objektiver Forschung: Zum einen sind beide Ansätze bemüht, objektive – i.S. von wertfreie – Daten zu erheben; zum anderen enthalten auch quantitative Methoden subjektive Elemente, z.B. bei der Auswahl der in die Untersuchung eingehenden Variablen, der Operationalisierung der Konstrukte, der Interpretation der Ergebnisse u.a. Im Folgenden soll auf die einzelnen Forschungsansätze näher eingegangen werden.

3.1 Explorative Studien

Definition

Explorative Studien dienen der Gewinnung erster Einsichten zum aktuellen Forschungsproblem. Typischerweise finden explorative Analysen bei neuartigen, komplexen und schlecht strukturierten Forschungsproblemen Anwendung. Erhebungsmethoden im Rahmen explorativer Studien sind

- Sekundärforschung,
- qualitative Befragungen und Beobachtungen sowie
- Fallstudienanalysen.

Explorative Studien sind geeignet, komplexe Forschungsprobleme in wohldefinierte Teilprobleme herunterzubrechen und zu präzisieren und dienen somit der *Hypothesenfindung*. Darüber hinaus ist bei einem konkreten Marketingproblem häufig eine Fülle theoretisch möglicher Erklärungen gegeben – bei einem Umsatzrückgang etwa Missmanagement des Produktmanagers, eine schwache Werbekampagne, Wandel der Kundenbedürfnisse usw. Explorative Studien können hier dazu beitragen, konkurrierende Erklärungen zu erkunden und die vielversprechendsten zu *selektieren*. Weiterhin können explorative Analysen einen Beitrag zur *Operationalisierung* von Konstrukten leisten. Beispielsweise kann im Rahmen von Tiefeninterviews festgestellt werden, welche Facetten das Konstrukt „Kundenzufriedenheit" beinhaltet; diese Facetten können dann in der Hauptuntersuchung als Items in eine quantitative Repräsentativbefragung eingehen.

Der *methodische Ansatz* ist im Rahmen explorativer Analysen qualitativ; es wird hier also nicht versucht, repräsentative Ergebnisse für die Grundgesamtheit zu gewinnen, sondern es wird eine kleine Gruppe von Untersuchungseinheiten möglichst umfassend und tiefgehend analysiert. In den meisten Fällen werden dabei psychologische oder soziologische Konstrukte untersucht. Aufgrund des zu Beginn einer Untersuchung geringen Kenntnisstands erfordern explorative Studien ein hohes Maß an Flexibilität und Kreativität seitens der Marktforscher; im Zuge des Forschungsvorhabens ist u.U. ein Wechsel der Forschungsmethode erforderlich, um sich dem veränderten Informationsstand anzupassen.

Typische *Erhebungsverfahren* im Rahmen explorativer Analysen sind Sekundärerhebungen sowie (qualitative) Befragungen (z.B. Expertenbefragungen) und Beobachtungen. Auch im Rahmen explorativer Analysen sollten zunächst Sekundärquellen herangezogen werden, da daraus erste Einblicke in mögliche Ursachen des aktuellen Problems gewonnen werden können. Besteht der aktuelle Marktforschungsanlass etwa in einem Umsatzrückgang, so ist das Forschungsproblem grundlegend verschieden, wenn der Marktanteil des Unternehmens (ggf. im Vergleich zum Hauptkonkurrenten) stabil, steigend oder aber ebenfalls gesunken ist.

Darüber hinaus ist im Rahmen explorativer Untersuchungen die *Fallstudienanalyse* gebräuchlich (vgl. Bonoma 1985; Borchard/Göttlich 2009; Ridder 2016). Hier werden ausgewählte Fälle des zu untersuchenden Sachverhalts intensiv analysiert. Durch das Herausfinden von Gemeinsamkeiten und Unterschieden können erste potenzielle Gesetzmäßigkeiten als Grundlage für die Formulierung von Forschungshypothesen festgestellt werden. Geeignete Fälle sind dabei solche,

- die Veränderungen aufzeigen (z.B. im Zusammenhang mit der Einführung einer neuen Technologie oder dem Wechsel zentraler Rahmenbedingungen),
- die Extrembeispiele darstellen (z.B. Fälle besonders erfolgreicher Produkteinführungen vs. Berichte spektakulärer Flops) und
- welche die Abfolge von Ereignissen im Zeitablauf widerspiegeln.

Zu der Analyse ausgewählter Fälle zählt auch das häufig praktizierte *Benchmarking*. Benchmarking beinhaltet die Identifikation sog. Best Practice-Unternehmen; es handelt sich hierbei um Unternehmen, die bestimmte Aktivitäten im Vergleich zu anderen besonders erfolgreich durchführen (vgl. Horvàth/Herter 1992). Dabei kann es sich um Konkurrenten aus derselben Branche handeln; besonders innovative Ansatzpunkte lassen sich jedoch auch aus der Analyse branchenfremder Unternehmen gewinnen. Im eigenen Unternehmen können Hinweise durch Vergleiche von erfolgreichen und weniger erfolgreichen Marketingmaßnahmen in der Vergangenheit ermittelt werden (Böhler 2004, S. 38); Voraussetzung hierfür ist die regelmäßige Erfassung und Aufbereitung unternehmensinterner Daten.

Im Rahmen von *Primärerhebungen* spielen bei explorativen Analysen qualitative Befragungs- und Beobachtungstechniken eine große Rolle. Gebräuchlich sind z.B. Tiefeninterviews und Gruppendiskussionen. Dadurch wird versucht, tiefere Einblicke in die Psychologie der Untersuchungseinheiten – z.B. Konsumenten – zu gewinnen. Gegebenenfalls lassen sich daraus Forschungshypothesen für deskriptive und kausale Studien ableiten. Da die verschiedenen Verfahren qualitativer Marktforschung ausführlich in Teil 7 behandelt werden, wird an dieser Stelle nicht näher darauf eingegangen.

3.2 Deskriptive Studien

Definition

Deskriptive Studien beschreiben marketingrelevante Phänomene und überprüfen konkrete Forschungshypothesen, welche z.B. durch explorative Analysen generiert wurden. Je nachdem, ob die Daten zu einem bestimmten Zeitpunkt oder wiederholt erhoben werden, unterscheidet man zwischen Querschnittsanalysen und Längsschnittanalysen.

Viele Marktforschungsvorhaben der betrieblichen Praxis sind als deskriptive Analysen ausgelegt. Typische *Ziele* deskriptiver Analysen sind:

- Beschreibung von Sachverhalten und Ermittlung der Häufigkeit ihres Auftretens (z.B.: „Wie viele Konsumenten gehören zu den Intensivverwendern eines Produkts, wie viele gehören zu den Normalverwendern und wie viele zu den Nichtverwendern?" „Durch welche Merkmale lassen sich Intensivverwender, Normalverwender bzw. Nichtverwender eines Produkts charakterisieren?"
- Ermittlung des Zusammenhangs zwischen Variablen (z.B.: „Führt eine Preissenkung zu einer Erhöhung des Anteils der Verwender eines Produkts?")
- Vorhersage von Entwicklungen zur Identifikation eines ggf. vorhandenen Handlungsbedarfs (z.B.: „Wie wird sich nach jetzigem Kenntnisstand der Umsatz in den nächsten fünf Jahren entwickeln?")

Deskriptive Studien gehen von einem genau festgelegten Forschungsziel und einem konkret definierten Informationsbedarf aus; auf dieser Grundlage wird ein detaillierter *Marktforschungsplan* erstellt, in welchem Inhalte, Methoden, Termine, Zuständigkeiten usw. festgelegt werden. Im Gegensatz zu explorativen Studien werden weniger Flexibilität und Kreativität, sondern vielmehr Objektivität, Validität und Reliabilität der Messungen gefordert (vgl. hierzu Abschnitt 3.1.3. im 3. Teil). Deskriptive Analysen erfolgen zumeist in Form repräsentativer Teilerhebungen. Der *methodische Ansatz* bei deskriptiven Studien ist überwiegend quantitativ. Erhoben werden die Daten bei einer großen Anzahl von repräsentativ ausgewählten Untersuchungseinheiten; die Daten werden anschließend umfassend statistisch ausgewertet. Typische Erhebungsmethoden sind dabei die Befragung und die Beobachtung (vgl. die Abschnitte 1 und 2 in Teil 3), wobei der (standardisierten) Befragung die größte Bedeutung zukommt.

Definition

Im Rahmen von *Querschnittsanalysen* werden Daten erhoben, die sich auf einen bestimmten Zeitpunkt beziehen (z.B. Image des Unternehmens bei den relevanten Zielgruppen). Somit beschreiben sie den Status quo der untersuchten Größen. Typischerweise werden sie auf der Grundlage standardisierter Befragungen oder Beobachtungen durchgeführt.

Querschnittsanalysen stellen die in der Praxis häufigste Form deskriptiver Studien dar. Im Rahmen von Querschnittsanalysen werden i.d.R. mehrere Variablen gleichzeitig erhoben; neben der isolierten Betrachtung der Häufigkeitsverteilungen der einzelnen Variablen (z.B. Kaufmenge eines Produkts) werden zumeist auch Häufigkeiten des Auftretens der Ausprägungen mehrerer Variablen gleichzeitig untersucht (z.B. Kaufmenge bei Konsumenten unterschiedlicher Altersgruppen); dies bildet die Grundlage für eine Identifikation und statistische Überprüfung von Zusammenhangshypothesen.

Vorteilhaft an Querschnittsanalysen ist die Möglichkeit, relevante Sachverhalte umfassend zu erfassen, mit Hilfe statistischer Methoden zu analysieren und verallgemeinerbare Ergebnisse für die Grundgesamtheit zu gewinnen (entsprechende Qualität der Messverfahren vorausgesetzt). *Nachteilig* ist zum einen die vergleichsweise oberflächliche Beschreibung der Untersuchungsobjekte; zum anderen darf die Möglichkeit umfassender statistischer Auswertungen nicht darüber hinwegtäuschen, dass häufig nur eine Scheingenauigkeit erreicht wird. Darüber hinaus sind solche Studien vergleichsweise zeit- und kostenintensiv.

Definition

Im Rahmen von *Längsschnittanalysen* werden die benötigten Daten wiederholt zu verschiedenen Zeitpunkten erhoben. Somit eignen sich Längsschnittanalysen zur Erfassung von Entwicklungen. Hierbei wird unterschieden zwischen

- Panelerhebungen,
- Wellenerhebungen und
- Kohortenanalysen.

Im Rahmen von *Panelerhebungen* wird derselbe Personenkreis wiederholt zum selben Forschungsgegenstand befragt bzw. beobachtet (vgl. hierzu ausführlich Teil 4); bei *Wellenerhebungen* ist die Stichprobe bei erneuter Erhebung zwar strukturgleich, sie besteht jedoch aus einem unterschiedlichen Personenkreis. Unter *Kohortenanalysen* werden Untersuchungen verstanden, bei denen eine nach bestimmten Kriterien (z.B. Geburtsjahr) gebildete Personengesamtheit im Zeitablauf untersucht wird.

Längsschnittanalysen erlauben zum einen die Anwendung von Verfahren der Zeitreihenanalyse auf die einbezogenen Variablen und bilden damit die Grundlage für Prognosen. Zum anderen ermöglicht die Analyse von Längsschnittdaten auch die Untersuchung des Wechselverhaltens von Untersuchungseinheiten, z.B. Markenwechsel. Darüber hinaus können die aufgezeigten Entwicklungen zu anderen Variablen in Beziehung gesetzt werden, z.B. das Markenwahlverhalten in Abhängigkeit von bestimmten Ausprägungen von Marketingvariablen im Zeitablauf (etwa Werbekampagnen oder Preissenkungen; vgl. Malhotra 2010, S. 110).

Zu beachten ist, dass deskriptive Studien zwar – neben der reinen Beschreibung von Sachverhalten – auch den Zusammenhang zwischen Variablen aufdecken können und somit auch zur Erklärung und (Wirkungs-)Prognose beitragen, z.B. Wirkungszusammenhang zwischen Preishöhe und Marktanteil; allerdings werden bei deskriptiven Studien sog. *Störgrößen* nicht explizit berücksichtigt (z.B. Marketingmaßnahmen der Konkurrenz, konjunkturelle Lage u.a.), sodass die ermittelten Zusammenhänge nicht als kausal i.e.S. zu verstehen sind.

3.3 Kausale Studien

Definition

Mit Hilfe *kausaler Studien* werden sog. Kausalhypothesen überprüft. Kausalität bedeutet, dass zwischen den untersuchten Variablen Ursache-Wirkungs-Beziehungen bestehen, d.h. eine interessierende Variable wird von einer oder mehreren anderen Variablen beeinflusst.

Der *methodische Ansatz* bei kausalen Studien ist typischerweise quantitativ. Zwar wird auch im Rahmen explorativer Studien nach Ursachen für bestimmte Phänomene gesucht, die Methodik ist dort jedoch qualitativ orientiert, Hypothesen liegen nicht vor. Im Rahmen kausaler Studien liegen hingegen konkrete Forschungshypothesen vor, welche im Detail zu überprüfen und statistisch abzusichern sind. Von deskriptiven Analysen, welche ebenfalls in der Lage sind, Ursache-Wirkungs-Beziehungen aufzudecken, unterscheiden sich kausale Studien durch den Versuch, Störgrößen explizit zu kontrollieren (vgl. Böhler 2004, S. 40). Darüber hinaus handelt es sich bei explorativen und deskriptiven Analysen um sog. „Ex post facto"-Forschung, d.h. bei Untersuchung der Kriteriumsvariable Y wird nachträglich und rückblickend nach möglichen Ursachen gesucht; bei kausalen Studien wird der Zusammenhang hingegen ex ante durch systematische Variation der unabhängigen Variable(n) analysiert.

Im Gegensatz zum naturwissenschaftlichen Verständnis von *Kausalität* – Ursache X führt unter bestimmten Bedingungen immer und zwangsläufig zu Wirkung Y aufgrund natürlicher Gesetzmäßigkeiten – ist Kausalität im sozialwissenschaftlichen Sinne an folgende Aspekte gebunden (vgl. Iacobucci/Churchill 2010, S. 100):

- Bei der Untersuchung des Einflusses einer Variablen X auf eine Variable Y wird davon ausgegangen, dass die betrachtete erklärende Variable X *eine* der möglichen Ursachen für Variable Y ist, jedoch nicht die einzige.
- Wird ein Einfluss von Variable X auf Variable Y festgestellt, so impliziert dies, dass eine bestimmte Ausprägung von Variable X unter bestimmten Bedingungen eine spezifische Ausprägung der Variable Y *wahrscheinlich* zur Folge hat; ein strenger deterministischer Zusammenhang zwischen den betrachteten Variablen kann im Allgemeinen nicht angenommen werden.
- Dass Variable X die Ursache von Variable Y ist, kann im positiven Sinn nie *bewiesen* werden. Allenfalls kann ein vermuteter Zusammenhang widerlegt werden, dies allerdings auch nur mit einer bestimmten Wahrscheinlichkeit.

Kausale Studien erfolgen typischerweise mittels *Experimente*. Die einzelnen Versuchsanordnungen unterscheiden sich u.a. dadurch, in welcher Form und in welchem Ausmaß Störgrößen explizit berücksichtigt werden. Gemeinsam ist allen Experimenten, dass eine oder mehrere unabhängige Variable(n) durch den Experimentator variiert werden, wobei – im Idealfall – alle anderen Einflussfaktoren kontrolliert werden. Dies erlaubt die Isolierung der Wirkung der unabhängigen auf die abhängige(n) Variable(n). Als experimentelle Stimuli werden Marketingvariablen herangezogen; als abhängige

Variablen werden üblicherweise ökonomische (z.B. Absatzmenge) oder psychologische (z.B. Markenbekanntheit) Variablen untersucht. Zu erwähnen ist, dass Experimente – genauso wie Panelerhebungen und qualitative Verfahren – keine eigenständigen Erhebungsmethoden darstellen, da die Datenerhebung in Form von Befragungen und/oder Beobachtungen erfolgt. Experimente werden ausführlich in Kapitel 3 in Teil 5 dargestellt. Neben Experimenten können auch *Panelerhebungen* kausale Zusammenhänge aufdecken, sofern deren Aufbau die Anforderungen an quasi-experimentelle Anordnungen erfüllt (vgl. die Ausführungen in Abschnitt 3.4 in Teil 5).

4 Ethik in der Marktforschung

Die Diskussion um ethische Fragestellungen in der Marktforschung ist nicht neu; schon lange befassen sich die einschlägigen Verbände (in Deutschland z.B. ADM und BVM, international ICC/ESOMAR) mit der Frage, was ethisch „gute" Marktforschung ist und was nicht. Auch die wissenschaftliche Diskussion befasst sich zunehmend mit ethischen Fragen, insb. im Zusammenhang mit dem Einsatz neurowissenschaftlicher Methoden. Für die Marktforschung relevante ethische Aspekte sind dabei der Datenschutz sowie die verschiedenen berufsethischen Prinzipien.

4.1 Datenschutz

Datenschutzrechtliche Aspekte werden in Deutschland ausführlich im Bundesdatenschutzgesetz geregelt (BDSG), zuletzt geändert 2015, sowie durch die EU-Datenschutz-Grundverordnung. Ergänzt bzw. spezifiziert wird das BDSG durch entprechende Richtlinien, hier insb. die vom ADM herausgegebene Richtlinie zum Umgang mit Adressen in der Markt- und Sozialforschung (vgl. ADM 2011). Weitere relevante Regelungen finden sich u.a. im Telekommunikationsgesetz (TKG) bzw. im Telemediengesetz (TMG) sowie im Sozialgesetzbuch (SGB). Ziel sämtlicher Regelungen ist der Schutz der Privatsphäre vor unberechtigten Zugriffen von außen.

Gegenstand des Datenschutzes sind ausschließlich sog. *personenbezogene Daten*, also solche, die Rückschlüsse auf Merkmale einzelner Personen zulassen. Dazu gehören nicht nur Namen und Adressen, sondern z.B. auch Aufzeichnungen in videoüberwachten öffentlichen oder privaten Bereichen.

Gemäß BDSG ist die Erhebung, Verarbeitung und Nutzung personenbezogener Daten grundsätzlich verboten, jedoch unter bestimmten Bedingungen erlaubt. Zum einen ist die Verwendung personenbezogener Daten gemäß §4 BDSG immer dann zulässig, wenn der Betroffene explizit eingewilligt hat. Voraussetzung hierfür ist allerdings eine angemessene Aufklärung. Weiterhin wird in § 28 geregelt, unter welchen Bedingungen die Verwendung personenbezogener Daten erlaubt ist. Die Verwendung personenbezogener Daten ist allgemein u.a. in folgenden Fällen zulässig:

- zum Abschluss von Verträgen,
- bei „berechtigtem Interesse", wenn keine schutzwürdigen Belange des Betroffenen berührt werden, oder
- wenn die Daten aus allgemein zugänglichen Quellen stammen (z.B. Telefonbüchern).

Die Erhebung und Nutzung personenbezogener Daten für die Markt und Meinungsforschung wird ausdrücklich in § 30a BDSG geregelt. Hiernach ist die Verwendung personenbezogener Daten aus öffentlich zugänglichen Quellen grundsätzlich zulässig; Diese Regelung bildet die Grundlage für die Gewinnung von Stichproben in der Marktforschung.

§ 30a BDSG: Geschäftsmäßige Datenerhebung und -speicherung für Zwecke der Markt- oder Meinungsforschung

(1) Das geschäftsmäßige Erheben, Verarbeiten oder Nutzen personenbezogener Daten für Zwecke der Markt oder Meinungsforschung ist zulässig, wenn

1. kein Grund zu der Annahme besteht, dass der Betroffene ein schutzwürdiges Interesse an dem Ausschluss der Erhebung, Verarbeitung oder Nutzung hat, oder

2. die Daten aus allgemein zugänglichen Quellen entnommen werden können oder die verantwortliche Stelle sie veröffentlichen dürfte und das schutzwürdige Interesse des Betroffenen an dem Ausschluss der Erhebung, Verarbeitung oder Nutzung gegenüber dem Interesse der verantwortlichen Stelle nicht offensichtlich überwiegt. [...]

(2) Für Zwecke der Markt- oder Meinungsforschung erhobene oder gespeicherte personenbezogene Daten dürfen nur für diese Zwecke verarbeitet oder genutzt werden. [...] Für einen anderen Zweck dürfen sie nur verarbeitet oder genutzt werden, wenn sie zuvor so anonymisiert werden, dass ein Personenbezug nicht mehr hergestellt werden kann.

(3) Die personenbezogenen Daten sind zu anonymisieren, sobald dies nach dem Zweck des Forschungsvorhabens, für das die Daten erhoben worden sind, möglich ist. Bis dahin sind die Merkmale gesondert zu speichern, mit denen Einzelangaben über persönliche oder sachliche Verhältnisse einer bestimmten oder bestimmbaren Person zugeordnet werden können.[...]

Weiterhin wird in den genannten Gesetzen geregelt, unter welchen Bedingungen Adressdaten weitergegeben werden dürfen. Das TKG und das TMG sind in dieser Hinsicht deutlich restriktiver als das BDSG, da sie in jedem Falle eine explizite Einwilligung der Betroffenen verlangen.

4.2 Berufsethische Prinzipien

Berufsethische Prinzipien und berufsständische Verhaltensregeln sind Regelwerke, denen sich Mitglieder der Marktforschungsverbände verpflichten, ggf. auch über die geltenden gesetzlichen Regelungen hinaus. Von besonderer Relevanz ist der ICC/ESOMAR Internationaler Kodex für die Markt- und Sozialforschung. Für Deutschland gilt dabei zusätzlich die „Erklärung für das Gebiet der Bundesrepublik Deutschland zum ICC/ESOMAR Internationalen Kodex für die Markt- und Sozialforschung", welche von den vier Verbänden herausgegeben wurde (vgl. i.E. Scheffler et al. 2008):

- ADM Arbeitskreis Deutscher Markt und Sozialforschungsinstitute e.V.,
- Arbeitsgemeinschaft Sozialwissenschaftlicher Institute e.V. (ASI),
- BVM Berufsverband Deutscher Markt und Sozialforscher e.V. und
- Deutsche Gesellschaft für Online-Forschung e.V. (DGOF).

Eine erste Forderung ist die *Wissenschaftlichkeit der Vorgehensweise.* Marktforscher, die sich dem ICC/ESOMAR-Kodex verpflichten, müssen gewährleisten, dass Forschungsaktivitäten dem Ziel der Gewinnung generalisierbarer Erkenntnisse dienen und dass dieses Erkenntnisinteresse mit geeigneten, wissenschaftlich anerkannten Methoden verfolgt wird. Damit soll auch gewährleistet werden, dass die eingesetzten Messverfahren den Qualitätskriterien Objektivität, Reliabilität und Validität entsprechen (vgl. Abschnitt 1.4.2 im 3. Teil). Dies bedeutet u.a., dass eine verzerrte oder gar verfälschte Darstellung der Untersuchungsergebnisse unzulässig ist – selbst dann, wenn der Auftraggeber dem zustimmt oder dies sogar ausdrücklich wünscht. Darüber hinaus ist im Untersuchungsbericht das Untersuchungsdesign angemessen zu erläutern, Grenzen der Erhebung (z.B. mangelnde Repräsentativität durch hohe Ausfälle) sind explizit offenzulegen.

Anders als bei der Erhebung von Daten mit dem Ziel der kommerziellen Nutzung (z.B. Direktmarketing) ist eine zentrale Forderung für die Markt- und Sozialforschung die uneingeschränkte *Anonymisierung* der Daten, d.h. die erhobenen Daten dürfen an den Auftraggeber und andere Dritte nur in einer Form übermittelt werden, die eine Identifikation der Teilnehmer ausschließt oder nur mit einem unverhältnismäßig großen Aufwand möglich macht (ADM 2011, o.S.). Selbst wenn die Probanden der Weitergabe ihrer Daten explizit einwilligen würden, darf eine solche Einwilligung in der Markt- und Sozialforschung nicht eingeholt werden (Scheffler et al. 2008).

Darüber hinaus ist Markt- und Sozialforschung gegenüber anderen Tätigkeiten *abzugrenzen.* Gemeint sind hier insb. kommerzielle Aktivitäten im Zusammenhang mit Werbung, Verkaufsförderung und Direktmarketing, die keine wissenschaftliche Forschung sind. So ist beispielsweise die Verbindung einer telefonischen Befragung im Rahmen einer Erhebung zur Kundenzufriedenheit mit Maßnahmen der Telefonwerbung, etwa zur Information über ein neues Leistungsangebot, unzulässig.

Neben diesen allgemeinen Grundsätzen hat der ADM eine Vielzahl von Richtlinien herausgegeben, welche den Umgang mit besonderen Methoden oder Personengruppen betreffen (Details siehe www.adm-ev.de):

- Richtlinie für die Aufzeichnung und Beobachtung von Gruppendiskussionen und qualitativen Einzelinterviews
- Richtlinie für den Einsatz von Mystery Research in der Markt-und Sozialforschung
- Richtlinie für Studien im Gesundheitswesen zu Zwecken der Markt- und Sozialforschung
- Richtlinie für telefonische Befragungen
- Ergänzung der Richtlinie für telefonische Befragungen zum Anzeigen der Rufnummer
- Ergänzung der Richtlinie fur telefonische Befragungen zur berufsethischen Selbstbeschränkung und zum Einsatz automatischer Wähleinrichtungen bei telefonischen Interviews
- Richtlinie für die Befragung von Minderjährigen
- Richtlinie für die Veröffentlichung von Ergebnissen der Wahlforschung

- Richtlinie zum Umgang mit Adressen in der Markt- und Sozialforschung
- Richtlinie zum Umgang mit Datenbanken in der Markt- und Sozialforschung
- Richtlinie für Online-Befragungen
- Richtlinie für den Einsatz von Datentreuhändern in der Markt- und Sozialforschung
- Richtlinie für Untersuchungen in den und mittels der Sozialen Medien (Soziale Medien Richtlinie)

Wichtige Grundsätze, welche in den genannten Richtlinien enthalten sind, betreffen insb. den *Schutz der Probanden*. So ist die Teilnahme von Versuchspersonen *freiwillig*; aus der Nichtteilnahme darf niemandem ein persönlicher Nachteil entstehen. Zu jedem Zeitpunkt des Projekts – auch im Falle einer vorangegangenen Zustimmung – können die Teilnehmer ihre Mitarbeit *verweigern*. Darüber hinaus sind bei Forschungsvorhaben, die auf einer zulässigen verdeckten Beobachtung beruhen, die Teilnehmer anschließend über die erfolgte Beobachtung aufzuklären („*debriefing*"), und es ist nachträglich deren schriftliches Einverständnis zur Verwendung der Daten einzuholen. Die von den Probanden zu bearbeitenden Aufgaben dürfen zudem zu keinerlei körperlichen oder geistigen *Beeinträchtigung* führen. Forschungsvorhaben mit *Kindern und Jugendlichen* bedürfen über die hier genannten Grundsätze hinaus der schriftlichen Zustimmung mindestens eines Erziehungsberechtigten.

Große Unsicherheit herrscht derzeit noch bei ethischen Fragen im Zusammenhang mit apparativen neurowissenschaftlichen Methoden (vgl. Abschnitt 2.2 in Teil 3). Erste Ansätze zur Entwicklung von Ethik-Kodices, z.B. der NMSBA Code of Ethics oder der Neuromarketing Code of Ethics von Murphy et al. (2008), sind derzeit im Aufbau (vgl. die ausführliche kritische Darstellung bei Hensel et al. 2017). In jedem Fall sind die vorhandenen Richtlinien, z.B. von ADM und ICC/ESOMAR, kontinuierlich zu überarbeiten, um den neuen Entwicklungen gerecht zu werden. Für den Umgang mit den neuen Verfahren schlägt Scheffler (2010, S. 46) eine eindeutige Zuordnung der (apparativen) Methoden zu den folgenden fünf Gruppen vor:

- Verfahren, für die keine Information und Genehmigung der Teilnehmer erforderlich ist, etwa Videoaufnahme im öffentlichen Raum;
- Verfahren, bei denen eine allgemeine Information der Teilnehmer ausreichend ist, z.B. Videoerfassung am Point of Sale;
- Verfahren, bei denen eine Opt-out-Möglichkeit ausreichend ist, z.B. Möglichkeit zur Ablehnung von Cookies;
- Verfahren, die eine ausführliche Aufklärung der Probanden und deren ausdrückliche Zustimmung (Opt-in) erfordern, z.B. Eye Tracking, Facial Coding, Hautwiderstandsmessung, fMRT;
- Verfahren, deren Einsatz in der Marktforschung ausdrücklich verboten ist, da sie die körperliche oder geistige Gesundheit des Probanden beeinträchtigen können. Dazu gehören invasive Verfahren wie die PET (Positronen-Emissions-Tomographie), bei welcher radioaktive Isotope injiziert werden, oder die Erzeugung unzumutbarer psychischer Stresssituationen.

Weiterführende Literatur

Bonoma, T.V. (1985): Case Research in Marketing: Opportunities, Problems, and a Process, in: Journal of Marketing Research, 22(2), 199-208.

Borchard, A., Göttlich, S.E. (2009): Erkenntnisgewinnung durch Fallstudien, in: Albers, S., Klapper, D., Konradt, U., Walter, A., Wolf, J. (Hrsg.): Methodik der empirischen Forschung, 3. Aufl., Wiesbaden, 33-48.

Grundei, J. (2000): Die Organisation der Marktforschung. Gestaltungsmöglichkeiten und Effizienzbewertung, Diskussionspapier 2000/2, Wirtschaftswissenschaftliche Dokumentation, Fachbereich 14, TU Berlin, Berlin.

Ridder, H.-G. (2016): Case Study Research. Approaches, Methods, Contribution to Theory, Reihe: Sozialwissenschaftliche Forschungsmethoden, Band 12, München, Mering.

Scheffler, H., Meulemann, H., Dittrich, W., Wenzel, O. (2008): Erklärung für das Gebiet der Bundesrepublik Deutschland zum ICC/ESOMAR Internationalen Kodex für die Markt- und Sozialforschung, o.O.

Hensel, D., Wolter, L., Znanewitz, J. (2017): A Guideline for Ethical Aspects in Conducting Neuromarketing Studies, in: Thomas, A.R., Pop, N.A., Iorga, A.M., Ducu, C. (eds.): Ethics and Neuromarketing – Implications for Market Research and Business Practice, Berlin u.a., 65-87.

Teil 2: Sekundärforschung

Definition

Unter *Sekundärforschung* versteht man die Suche, Sammlung, Sichtung und Auswertung von Daten, die zu einem früheren Zeitpunkt, ggf. auch zu einem anderen Zweck bereits erhoben wurden. Damit beinhaltet die Sekundärforschung („desk research“) die Ausschöpfung von bereits vorhandenem Datenmaterial unter dem speziellen Blickwinkel der aktuellen Fragestellung. Eine besondere Rolle innerhalb der Sekundärforschung spielen Big Data.

1 Quellen der Sekundärforschung

1.1 Systematik von Quellen der Sekundärforschung

Quellen der Sekundärforschung können unternehmensintern und unternehmensextern sein. *Interne Quellen* der Sekundärforschung sind insb. bei der Erhebung unternehmensspezifischer Informationen heranzuziehen. Rechnungswesen und Controlling liefern beispielsweise kontinuierliche Informationen über betriebswirtschaftliche Eckdaten (Kostenstruktur, Kostenentwicklung, Bilanzkennzahlen, Deckungsbeiträge usw.). Die Absatz- und Umsatzstatistik ermöglicht Einblicke in die Leistungstiefe eines Unternehmens, seiner Geschäftsbereiche, Märkte und Produkte. Eine weitere wichtige Quelle sind frühere Erhebungen des Unternehmens. Tabelle 2.1 gibt einen Überblick über wichtige unternehmensinterne Quellen der Sekundärforschung.

Damit diese Daten für Marketingentscheidungen herangezogen werden können, sollten sie in entscheidungsrelevanten Untergliederungen vorliegen, z.B. nach (vgl. Böhler 2004, S. 65):

- Produkten bzw. Produktgruppen,
- Verkaufsgebieten,
- Absatzwegen,
- Kunden bzw. Kundengruppen,
- Auftragsgrößenklassen usw.

Durch die regelmäßige Erfassung und Speicherung o.g. Daten kann das Unternehmen eine *interne Datenbank* aufbauen, von der relevante Informationen jederzeit abrufbar sind. Zu beachten ist, dass die technischen Möglichkeiten moderner IT-Systeme solche Datenbanken sehr schnell zu einer kaum mehr handhabbaren Datenfülle führen. Zur Auswertung umfangreicher Datenbestände hat sich das sog. *Data Mining* etabliert (vgl. Petersohn 2005). Mit Hilfe des Data Mining wird das Verbraucherverhalten modelliert; als Analysemethoden werden klassische multivariate Verfahren der Datenanalyse wie Regressionsanalyse, Clusteranalyse und Diskriminanzanalyse, aber auch neuere Ansätze wie z.B. Neuronale Netze eingesetzt.

Tab. 2.1: Ausgewählte unternehmensinterne Quellen der Sekundärforschung

Quellen	Beispiele
Rechnungswesen und Controlling	▪ Kostenstruktur und -entwicklung ▪ Deckungsbeiträge ▪ Bilanzkennzahlen ▪ Rentabilität/Gewinn
Absatz- und Vertriebsstatistik	▪ Auftragseingänge und -bestände ▪ Außendienstberichte ▪ Kundendienstberichte (Garantiefälle, Reklamationen, Mahnungen etc.) ▪ Vertriebswegeerfolgskennziffern
Produktions- und Lagerstatistik	▪ Produktionskapazität ▪ Kapazitätsauslastung ▪ Lagerbestände
Frühere Primärerhebungen	▪ Produktanalysen ▪ Kundenanalysen ▪ Wettbewerbsanalysen ▪ Imageanalysen

Externe Quellen sind insb. zur Erhebung von Informationen über die globale Umwelt sowie von Brancheninformationen von Bedeutung. Sie können als Printprodukte oder auch in elektronischer Form vorliegen. Tabelle 2.2 gibt einen Überblick über wichtige unternehmensexterne Quellen der Sekundärforschung.

Globale Umweltdaten (gesamtwirtschaftliche, politische, technologische Rahmendaten etc.) werden von diversen Institutionen regelmäßig erhoben und veröffentlicht. Die Publikationen der *amtlichen Statistik* (z.B. Statistisches Jahrbuch für die Bundesrepublik Deutschland oder die Zeitschrift „Wirtschaft und Statistik") liefern Informationen auf gesamtdeutscher Ebene, wohingegen Informationsmaterialien der statistischen Ämter von Ländern und Gemeinden differenziertere Daten zu einzelnen Regionen bzw. Gemeinden bereitstellen. *Ministerien und staatliche Institutionen* veröffentlichen ebenfalls allgemeine Wirtschaftsdaten, aber auch spezifische Informationen zu bestimmten Branchen. Detailliertere Brancheninformationen erhält man darüber hinaus von *Wirtschaftsverbänden*. Neben Branchenstatistiken, Branchenberichten und Betriebsvergleichen bereiten viele Verbände Daten amtlicher und nichtamtlicher Quellen für ihre Verbandsmitglieder auf. Wertvolle Informationen sind von *wirtschaftswissenschaftlichen Instituten* erhältlich. Gerade wissenschaftliche Einrichtungen wie Universitäten, Forschungsinstitute u.ä. ermöglichen den – häufig kostenlosen – Zugriff auf aktuelle Forschungsberichte und Wirtschaftsdaten. So befasst sich z.B. das Ifo-Institut München insb. mit Konjunkturforschung sowie mit der Erforschung von Struktur und Entwicklung einzelner Wirtschaftszweige. Fragestellungen im Zusammenhang mit dem Handel werden am Institut für Handelsforschung (Köln) sowie an der Forschungsstelle für den Handel (Berlin) behandelt.

Tab. 2.2: Ausgewählte unternehmensexterne Quellen der Sekundärforschung

Quellen	Beispiele
Amtliche Statistik	▪ Statistisches Bundesamt ▪ Statistische Landesämter ▪ Statistische Ämter der Gemeinden ▪ Statistisches Amt der Europäischen Gemeinschaften
Ministerien und staatliche Institutionen	▪ Bundes- und Landesministerien (z.B. für Wirtschaft, Finanzen, Landwirtschaft) ▪ Öffentliche Anstalten, Ämter und Verwaltungen (z.B. Kraftfahrtbundesamt, Bundesagentur für Arbeit, Industrie- und Handelskammern) ▪ Internationale Behörden (z.B. EU, OECD, UNCTAD) ▪ Internationale Organisationen (z.B. IWF, Weltbank, FAO)
Wirtschaftsverbände	▪ Bundesverband der Deutschen Industrie (BDI) ▪ Zentralverband Elektrotechnik und Elektronikindustrie (ZVEI) ▪ Verband der Automobilindustrie e.V. (VDA) ▪ Spezialverbände wie z.B. ZAW (Zentralausschuss der deutschen Werbewirtschaft), Kommunikationsverband etc.
Wirtschaftswissenschaftliche Institute	▪ IFO-Institut, München ▪ Institut für Handelsforschung an der Universität zu Köln ▪ Hamburger Weltwirtschaftsinstitut (HWWI) ▪ Institut für Weltwirtschaft, Kiel ▪ Forschungsstelle für den Handel, Berlin
Markforschungsinstitute	▪ GfK-Gruppe ▪ Kantar TNS ▪ Institut für Demoskopie Allensbach ▪ Nielsen
Allgemeine Fachpublikationen	▪ Zeitungen und Zeitschriften ▪ Fachbücher, Fachzeitschriften ▪ Firmenveröffentlichungen ▪ Bibliographien
Datenbanken	▪ Offline-Datenbanken ▪ Online-Datenbanken
Internetbasierte Informationsquellen	▪ Online-Publikationen ▪ Suchmaschinen (z.B. Google) ▪ Webkataloge (z.B. Yahoo!) ▪ Link-Listen ▪ Soziale Netzwerke (Facebook, Twitter usw.)

Auch *Marktforschungsinstitute* liefern zahlreiche Sekundärmaterialien insb. in Form von Studien und Forschungsberichten zu speziellen Fragestellungen wie auch Paneldaten. Eine wichtige Quelle für Wettbewerbsinformationen liefern auch *Unternehmensveröffentlichungen*, z.B. Imagebroschüren, Kataloge, Geschäftsberichte. Unternehmensdaten können häufig über deren Website abgerufen werden. Viele Medienunternehmen unterhalten darüber hinaus Archive mit den verschiedensten Informationen, u.a. auch aktuelle Marketingstudien, wie z.B. werben&verkaufen (www.wuv.de).

Eine immense Bedeutung für die Beschaffung sekundärstatistischer Daten kommt *Datenbanken* zu. Die Fortschritte in der Kommunikations- und Informationstechnologie haben gerade in den letzten Jahren dazu geführt, dass eine Vielzahl externer Datenbanken einem wachsenden Kreis von Nutzern zu akzeptablen Kosten zur Verfügung steht. Dadurch werden Recherchen zum einen erheblich beschleunigt, zum anderen bieten solche Datenbanken enorme Vorteile im Hinblick auf Aktualität, Quantität und Qualität der verfügbaren Informationen.

Datenbanken können sowohl offline (CD-ROMs, USB Sticks bis hin zu externen Festplatten, je nach Datenvolumen) wie auch online verfügbar sein. Der Trend geht dabei eindeutig hin zu Online-Datenbanken. Grundsätzlich betreiben die meisten in Tab. 2.2 genannten Institutionen eigene Datenbanken. Daneben gibt es spezielle Datenbankanbieter. Zu den Betreibern von *Online-Datenbanken* zählen:

- *Professionelle Informationsdienste*: Als ein wichtiger kommerzieller Anbieter in Deutschland ist GBI-GENIOS (www.genios.de) zu nennen. GENIOS beinhaltet rd. 1300 verschiedene Datenbanken mit 140 Millionen Dokumenten und bietet den Gateway-Zugriff auf Informationsdienste, wobei datenbankübergreifende Recherchen möglich sind. Weiterhin greift der Anbieter auf über 300 Tageszeitungen und 800 Fachzeitschriften zu. GENIOS bietet zudem auch Media Monitoring an, z.B. in Social Media.
- *Amtliche bzw. halbamtliche Institutionen*: Dazu gehören z.B. Datenbanken des Statistischen Bundesamtes (www.destatis.de) oder der Industrie- und Handelskammern (www.ihk.de), welche eine Vielzahl – teilweise gebührenpflichtiger – Informationen bereithalten. Das Statistische Bundesamt bietet beispielsweise seit März 2016 mit GENESIS-Online eine zweisprachige Datenbank mit einem umfangreichen Datenangebot aus allen Statistikbereichen an.
- *Internationale Organisationen*: Datenbanken internationaler Organisationen stellen eine Vielzahl an Daten zu verschiedenen Ländern bzw. Ländergruppen zur Verfügung. Beispiele sind die Weltbank (www.worldbank.org), die OECD (www.oecd.org) oder die Welthandelsorganisation (www.wto.org.) Über den Web-Auftritt der Weltbank (www.worldbank.org) besteht beispielsweise ein (gebührenpflichtiger) Zugang zu den Datenbanken WDI (World Development Indicators) und GDF (Global Development Finance).
- *Marktforschungsinstitute*: Den Unternehmen stehen auch (kostenpflichtig) Datenbanken von Marktforschungsinstituten, wie z.B. Nielsen (www.nielsen.com), GfK (www.gfk.de), Emnid (www.emnid.de) sowie Kantar TNS (www.tns-infratest.com), zur Verfügung. Dabei ist der Trend festzustellen, dass Unternehmen ihre Desk Research zunehmend an Marktforschungsinstitute delegieren, welche einen professionellen Umgang mit Sekundärdaten garantieren (insb. im Hinblick auf die Datenqualität).

Weitere internetbasierte Quellen der Sekundärforschung sind:

- *Suchmaschinen*. Nach Eingabe eines Suchbegriffs erhält der Nutzer eine Liste von Webseiten, die diesen Suchbegriff enthalten. Bekannteste Suchmaschine ist Google.
- *Webkataloge*. Diese sind darauf spezialisiert, Quellen redaktionell zu überprüfen, aufzubereiten und die dazugehörigen WWW-Adressen in Themenbereichen zu katalogisieren. Bekanntester Webkatalog ist Yahoo!
- *Link-Listen*. Diese beinhalten eine Sammlung von Informationen zu bestimmten Themen in Form von Hinweisen auf themenverwandte Websites.
- Informationen aus *Sozialen Netzwerken* wie Facebook oder Twitter. Aus den Posts, Likes/Dislikes usw. der Nutzer können wesentliche Hinweise für ihre Einstellungen, Motive usw. gewonnen werden (vgl. Abschnitt 1.2 in diesem Teil).

1.2 Digitalisierung, Social Media und Big Data

Die „Digitale Revolution" hat dazu geführt, dass die meisten sekundärstatistischen Informationen digital verfügbar sind, viele davon sogar kostenlos. So führt die Eingabe in Google des Suchbegriffs „Internetnutzung in Deutschland" zu ca. 565.000 Treffern (Stand: Oktober 2016). Durch die Digitalisierung von Informationen und deren Verbreitung über das Internet können somit weite Teile des Informationsbedarfs von Unternehmen gedeckt werden, insb. wenn es um statistisches Datenmaterial geht.

Neue Impulse für die Marktforschung sind durch Social Media wie Facebook, Twitter, YouTube und Google+ entstanden. Bereits durch die in Social Media generierten Nutzerprofile können Unternehmen wertvolle Hinweise über ihre Zielgruppen gewinnen (Soziodemografie, Interessen und Hobbys etc.). Darüber hinaus eignen sich Social Media hervorragend zur Gewinnung sog. *Consumer Insights*. Hierunter versteht man Einblicke in psychologische Variablen der Konsumenten wir Motive, Einstellungen, Präferenzen. Schließlich können Soziale Netzwerke wie Facebook auch unmittelbar als Plattform zur Rekrutierung von Teilnehmern für Primärerhebungen genutzt werden.

Durch laufende Beobachtung der Kommunikationsprozesse in Social Media, z.B. Posts, Uploads von Bildern und Videos u.a., können Unternehmen das Verhalten ihrer Zielgruppen beobachten und für die zielgerichtete Gestaltung des eigenen Leistungsangebots nutzen. Aus diesem Grunde ist eine kontinuierliche und systematische Überwachung der markenbezogenen Kommunikationsprozesse in den verschiedenen Social Media Plattformen erforderlich (*Social Media Monitoring*). Dies gilt nicht nur für die Kommunikationskanäle, in denen sich das Unternehmen selbst aktiv engagiert (z.B. Corporate Blogs, Facebook- und Twitter-Auftritte oder YouTube-Kanäle), sondern auch in solchen, in denen sich die Zielpersonen unabhängig von der Unternehmenspräsenz austauschen (vgl. Fantapié Altobelli/Schwarzenberger 2013). Wichtige Einsatzfelder des Social Media Monitoring sind (vgl. Steffen 2008, S. 22 f.):

- Kundenfeedback zum eigenen Leistungsangebot,
- Tracking von Markteinführungen,
- Erkennen von Trends,
- Frühwarnung bei Bedrohungen der eigenen Reputation und
- Wettbewerbsbeobachtung.

Der Weiteren können die Reaktionen sämtlicher relevanten Akteure auf die eigenen Marketingmaßnahmen (z.B. Werbekampagnen, Produktinnovationen) beobachtet und analysiert werden, um ggf. Kurskorrekturen vorzunehmen. Angesichts der Vielzahl an Social Media Posts – täglich derzeit über 3,5 Mio. Beiträge allein im deutschsprachigen Raum (Stand: Oktober 2016) – empfiehlt sich der Einsatz spezialisierter Social Media Monitoring Tools; bekannte Anbieter sind z.B. Echobot (www.echobot.de) oder ComScore (www.comscore.com). Diese Anbieter haben sich auf Medienbeobachtung spezialisiert (Digital Media Analytics) und ermöglichen durch spezielle Analysetools eine systematische Auswertung der Flut an Beiträgen in digitalen Medien. Hierdurch kann das Verhalten von Publikum, Marken und Konsumenten im Netz gezielt und strukturiert erfasst werden.

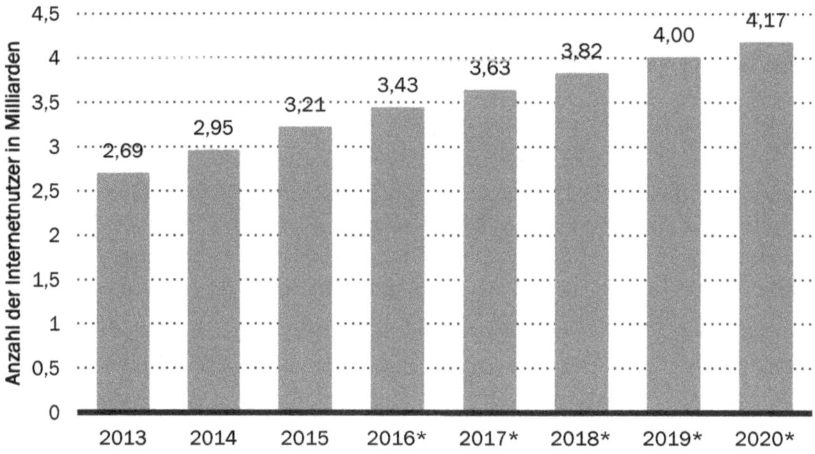

Personen, die das Internet mindestens einmal im Monat nutzen
(Stand: April 2016; *: Prognose)

Abb. 2.1: Entwicklung der Anzahl der Internetnutzer weltweit im Milliarden (Quelle: Statista 2016)

Nicht nur Social Media, sondern sämtliche Plattformen im Internet stellen potenziell Quellen von Sekundärdaten dar. Mehr als die Hälfte der Weltbevölkerung ist mittlerweile im Internet aktiv (vgl. Abb. 2.1) und erzeugt ein immenses Datenvolumen. Dies wird unter dem Begriff *Big Data* subsumiert.

Als *Big Data* werden i.a. solche Daten bezeichnet, die die herkömmliche Speicherkapazität von Datenbanken übersteigen. Wesentliche Dimensionen sind hierbei die sog. „4 Vs" (vgl. IBM 2016; Binder/Weber 2015, S. 31 ff.):

- Datenvolumen (*Volume*): Bis 2020 wird ein Datenvolumen von 43 Trillionen Gigabytes und damit eine 300fache Steigerung seit 2005 erwartet.
- Geschwindigkeit (*Velocity*): Sie betrifft die Herausforderung, gespeicherte Daten schnell genug abrufen zu können, um sie für betriebliche Entscheidungen zu nutzen.
- Vielfalt an Datenformaten (*Variety*): Daten aus verschiednenen Quellen und in verschiedenen Formaten müssen sinnvoll integriert und aggregiert werden, um qualifi-

zierte Analysen zu ermöglichen; gleichzeitig ist es erforderlich, die traditionellen Forschungsmethoden der qualitativen und quantitativen Marktforschung in diesen Kontext zu integrieren.

- Wahrheitsgehalt (*Veracity*) der Daten als Indikator von Zuverlässigkeit und Qualität. Gerade dieser Aspekt ist für betriebliche Entscheidungen von zentraler Bedeutung, da Mängel in der Datenqualität zu Fehlentscheidungen führen.

Die Entwicklung hin zu Big Data hatte zur Folge, dass entsprechende Analyse- und Visualisierungstechniken entwickelt werden mussten, um die Datenfülle zu beherrschen. Dazu gehören beispielsweise Flash-basierte Massenspeicher, die einen schnelleren Zugriff auf große Datenbestände ermöglichen, und nichtrelationale Datenbank-Technologien, welche die Speicherung und den Zugang zu unstrukturiertem Datenmaterial ermöglichen (vgl. Nunan/Di Domenico 2013, S. 509).

Unternehmen sehen in den Big Data eine Chance, das Konsumentenverhalten – Motive und Bedürfnisse, Einstellungen, Präferenzen bis hin zum Kauferlebnis selbst – besser zu verstehen. Dadurch gewinnt die Sekundärforschung in Unternehmen an Bedeutung und führt tendenziell zu einer Dezentralisierung der Marktforschungsaktivitäten, da sämtliche Unternehmensbereiche prinzipiell Zugang zu den digitalen Daten haben und ihren eigenen Informationsbedarf selbst befriedigen können (vgl. ausführlich Binder/Weber 2015). Aber auch Marktforschungsinstitute müssen den Umgang mit Big Data in ihrem Portfolio explizit berücksichtigen. Dies hat zur Folge, dass Marktforschungsinstitute der Sekundärforschung mittlerweile ein größeres Gewicht beimessen und ihre Kompetenzen entsprechend erweitern müssen. Dies betrifft u.a. die digitale Auswertung von Inhalten, die automatische Erkennung von Textbausteinen, die anwendergerechte Visualisierung von Inhalten u.a.

Der „grenzenlose Zugang" zu Big Data darf allerdings nicht darüber hinwegtäuschen, dass ein nachhaltiger Wettbewerbsvorteil nur dann generiert werden kann, wenn die Sammlung, Analyse, Interpretation und Distribution der Informationen im Unternehmen – also der gesamte Prozess der Sekundärforschung mit Big Data – sytematisch, strukturiert und zielorientiert erfolgt. Von besonderer Bedeutung ist der Schritt zwischen der Generierung von Consumer Insights aus Big Data und deren tatsächlicher Nutzung für Management- und Marketingentscheidungen, da gerade an dieser Stelle in der Praxis häufig eine Lücke besteht. Ein Bezugsrahmen für die Implementierung von Big Data in Unternehmen auf der Grundlage eines ressourcenorientierten Ansatzes wird von Erevelles/Fukawa/Swayne (2016) vorgeschlagen.

Ungeachtet des großen Potenzials für Marketing und Marktforschung wirft diese Entwicklung allerdings eine ganze Reihe ethischer Fragestellungen auf. Dazu gehören beispielsweise der Schutz der Privatsphäre oder die Möglichkeit, die Löschung von in Sozialen Medien hinterlegten Daten zu erwirken (vgl. Nunan/Di Domenico 2013 sowie die Ausführungen in Kapitel 4 des 1. Teils). Rechtliche Probleme insb. im Zusammenhang mit Social Media Marktforschung resultieren u.a. aus (vgl. ausführlich ADM 2016)

- der technisch kaum möglichen Anonymisierung von Posts,
- des Urheberrechts für hochgeladene Inhalte,
- der Verlinkung auf fremde Inhalte und
- der Messung und Analyse des Nutzerverhaltens im Internet.

2 Beurteilung der Sekundärforschung

Wesentliche *Vorteile* der sekundärstatistischen Datengewinnung liegen in der Schnelligkeit und Kostengünstigkeit der Informationsbeschaffung. Selbst kommerzielle Daten von Marktforschungsinstituten verursachen nur einen Bruchteil der Kosten, welche dem Unternehmen entstehen würden, würde es eine entsprechende Studie selbst durchführen oder in Auftrag geben. Auch sind Sekundärquellen für bestimmte Bereiche (z.B. Bevölkerungsstatistik, volkswirtschaftliche Gesamtrechnungen) häufig die einzige verfügbare Quelle.

In jedem Fall hat die Sekundärforschung auch die Funktion, die Primärforschung zu unterstützen – zum einen dadurch, dass sie Forschungslücken aufzeigt, die durch Primäranalysen geschlossen werden müssen, zum anderen dadurch, dass sie die Auswertung und Interpretation von Primärdaten erleichtern kann. Insofern können ergänzende Sekundärstudien auch im Anschluss an eine Primärforschung durchgeführt werden. Des Weiteren ist Sekundärforschung hilfreich, um einen ersten Einblick in die relevante Fragestellung zu liefern. Damit ist sie für explorative Studie geeignet.

Nichtsdestotrotz ist Sekundärforschung mit einer Reihe von *Nachteilen* behaftet. So sind entscheidungsrelevante Daten zu bestimmten Fragestellungen häufig gar nicht verfügbar, oder aber – da sie nicht problemspezifisch erhoben wurden – entsprechen sie nicht exakt der eigentlichen Fragestellung. Ein weiterer Nachteil liegt in der häufig mangelhaften Aktualität der Daten; dieses Problem ist umso gravierender, je dynamischer die Entwicklung der relevanten Variablen ist. Gerade bei internationalen Forschungsprojekten ist die mangelnde Aktualität von Sekundärdaten ein zentrales Problem.

Häufig ist die Gliederungssystematik der Sekundärdaten nicht geeignet – etwa weil das Aggregationsniveau der Informationen zu grob ist. Bei bestimmten Quellen sind zudem die Objektivität, Validität und Reliabilität der Daten zu hinterfragen, insbesondere dann, wenn die Daten zu bestimmten – z.B. politischen – Zwecken erhoben wurden, oder keine Möglichkeit besteht, Einblicke in das methodische Vorgehen bei der Erstellung des Datenmaterials zu gewinnen. Gerade die Informationsflut im Internet erfordert eine sehr genaue Evaluation der Qualität der dort verfügbaren Datenquellen.

Darüber hinaus sind Daten aus verschiedenen Quellen oft nicht vergleichbar; so sind definitorische Abgrenzungen häufig unterschiedlich (z.B. „Mittelständische Unternehmen", „Intensivverwender"), unterschiedliche Forschungsdesigns führen zu abweichenden Ergebnissen usw. Schließlich ist bei Sekundärinformationen keine Exklusivität gewährleistet, da grundsätzlich jeder Interessent Zugang zu den Informationen hat. Dies gilt auch und gerade für die durch Big Data generierten Consumer Insights, die prinzipiell in gleicher Form auch den Wettbewerbern zur Verfügung stehen. Tabelle 2.3 zeigt zusammenfassend die Vor- und Nachteile der Sekundärforschung.

Trotz der erwähnten Nachteile sollten bei einem konkreten betrieblichen Informationsbedarf zunächst die verfügbaren Quellen der Sekundärforschung ausgeschöpft werden; erst wenn der Informationsbedarf nicht befriedigt werden kann ist eine (oftmals teure) primärstatistische Erhebung in Erwägung zu ziehen. Die Entscheidung zwischen Sekundär- und Primärforschung hängt zudem auch von der Relevanz der benötigten Informationen für die aktuelle Forschungsfrage.

Tab. 2.3: Vor- und Nachteile der Sekundärforschung

Vorteile	Nachteile
▪ Schnelligkeit ▪ Kostengünstigkeit ▪ Mitunter einzige verfügbare Datenquelle ▪ Unterstützung der Primärforschung ▪ Liefert erste Einblicke in die relevante Fragestellung	▪ Mangelnde Verfügbarkeit relevanter Informationen ▪ Mangelnde Entsprechung mit dem zu untersuchenden Sachverhalt ▪ Mangelhafte Aktualität ▪ Ungeeignete Gliederungssystematik ▪ Mangelnde Objektivität, Reliabilität und Validität der Daten ▪ Mangelnde Vergleichbarkeit ▪ Exklusivität nicht gewährleistet

Weiterführende Literatur

Erevelles, S., Fukawa, N., Swayne, L. (2016): Big Data Consumer Analytics and the Transformation of Marketing, in: Journal of Business Research, 69(2), 897-904.

Patzer, G. (1995): Using Secondary Data in Marketing Research, Westport.

Stewart, D.W., Kamins, M.A. (1993): Secondary Research – Information Sources and Methods, 2nd ed., Newbury Park.

Tirunillai, S., Tellis, G.J. (2014): Mining Marketing Meaning from Online Chatter: Strategic Brand Analysis of Big Data Using Latent Dirichlet Allocation, in: Journal of Marketing Research, 51(4), 463-479.

Teil 3: Querschnittsstudien

1 Quantitative Befragung

1.1 Klassifikation und Charakterisierung quantitativer Befragungen

Definition

Die *Befragung* ist die am weitesten verbreitete Form der Primärforschung. Sie beruht darauf, dass die Testpersonen selbst Auskunft über den Befragungsgegenstand geben. Eine *quantitative Befragung* (*Survey*) hat das Ziel, statistisch auswertbare Daten zu generieren und erfolgt als standardisierte Repräsentativerhebung. Dadurch wird es möglich, die Ergebnisse aus der Stichprobe auf die interessierende Grundgesamtheit zu übertragen (Induktionsschluss).

Eine quantitative Befragung wird immer unter Zugrundelegung eines *standardisierten Fragebogens* durchgeführt. Die Befragten sollen dabei einen repräsentativen Querschnitt der interessierenden Grundgesamtheit darstellen (vgl. Kapitel 3 in diesem Teil). Die Fragen werden vorab festgelegt und sämtlichen Auskunftspersonen mit dem gleichen Wortlaut und grundsätzlich in derselben Reihenfolge gestellt. Im Rahmen einer *nichtstandardisierten Befragung* erhält der Interviewer hingegen lediglich einen Leitfaden; Ablauf und Fragenwortlaut werden nach freiem Ermessen des Interviewers in Abhängigkeit von der konkreten Befragungssituation fallweise bestimmt. Während standardisierte Befragungen Vorteile im Hinblick auf Vergleichbarkeit und Auswertbarkeit der Antworten haben, bieten freie Befragungen bessere Anpassungsmöglichkeiten an individuelle Situationen und sind somit für explorative, qualitative Studien besonders geeignet; allerdings erfordern sie einen gut geschulten Interviewerstab und bergen darüber hinaus die Gefahr von Verzerrungen aufgrund des hohen Interviewereinflusses. (Die qualitative Befragung wird ausführlich in Teil 7 behandelt.)

Nach der *Anzahl der Teilnehmer* kann zwischen Einzel- und Gruppenbefragung unterschieden werden. Den Standardfall bei quantitativen Befragungen bildet die *Einzelbefragung (Einzelinterview)*, bei welcher jeweils nur eine Untersuchungseinheit (z.B. Einzelperson, Haushalt) befragt wird. Hingegen werden bei *Gruppenbefragungen* mehrere Untersuchungseinheiten gleichzeitig interviewt. Gruppeninterviews werden typischerweise im Rahmen explorativer Studien eingesetzt. Durch Effekte der Gruppendynamik erhofft man sich u.a. den Abbau von Antworthemmungen sowie die Auslösung spontaner Reaktionen und Assoziationen.

Quantitative Befragungen können ein- oder mehrmalig erfolgen. *Einmalige Befragungen (Ad-hoc-Studien)* erfolgen zu einem bestimmten Zeitpunkt; damit erzeugen sie Querschnittsdaten. *Mehrmalige Befragungen (Tracking-Studien)* beinhalten hingegen wiederholte Befragungen zum gleichen Untersuchungsgegenstand und erzeugen damit Längsschnittdaten. Dadurch sind sie in der Lage, Entwicklungen aufzuzeigen. Die einzelnen Varianten von Längsschnittstudien werden ausführlich in Teil 4 behandelt.

Grundsätzlich können quantitative Befragungen schriftlich, persönlich, telefonisch (Festnetz), online oder mobil (Smartphone, Tablet) administriert werden. Im Rahmen einer *schriftlichen* Befragung werden die Fragen den Auskunftspersonen schriftlich vorgelegt und von diesen schriftlich beantwortet. Bei einer *persönlichen (Face-to-face)-Befragung* wird hingegen ein Interviewer eingesetzt, d.h. die Äußerungen der Probanden werden im Wege persönlicher Kommunikation erfasst. Die Fragen werden mündlich gestellt und mündlich beantwortet. In zunehmendem Maße werden persönliche Interviews computergestützt durchgeführt (CAPI). Im Rahmen einer *telefonischen Befragung* werden entweder Interviewer eingesetzt oder aber Tonbandstimmen. Auch telefonische Interviews werden häufig computergestützt durchgeführt (CATI). Bei einer *Online-Befragung* handelt es sich um eine Form der unpersönlichen Kommunikation, bei welcher der Befragte den Fragebogen direkt am Computer im Online-Betrieb beantwortet. Insofern handelt es sich um eine computergestützte Weiterentwicklung der schriftlichen Befragung (CAWI). *Mobile Apps* erlauben die Durchführung von Befragungen über ein Smartphone und sind faktisch eine spezielle Form einer Online-Befragung. Tabelle 3.1 zeigt die gängigen Befragungsmethoden wie auch deren wichtigsten Ausprägungen im Überblick.

Tab. 3.1: Befragungmethoden bei quantitativen Erhebungen

Methode	Wichtigste Ausprägungen
Schriftliche Befragung	▪ Konventionell mit Papierfragebogen ▪ Elektronisches Formular
Persönliche Befragung	▪ Konventionell (PAPI; Paper And Pencil Interview) ▪ CAPI (Computer Assisted Personal Interview)
Telefonische Befragung	▪ CATI (Computer Assisted Telephone Interview) ▪ Telefonische Computerbefragung
Online-Befragung	▪ CAWI (Computer Assisted Web Interview) ▪ Interaktives Fernsehen ▪ Online-Kiosksystem
Mobile Befragung	▪ Mobile CATI ▪ Mobile Internetbefragung ▪ Mobile App

Im Zeitablauf hat eine Verschiebung zwischen den einzelnen Befragungsarten stattgefunden (vgl. Abb. 3.1): Waren 1990 noch persönliche Befragungen mit rd. 2/3 der Interviews dominierend, wurden sie nach und nach durch Telefoninterviews ersetzt und machen mittlerweile nur 24 % der Interviews 2015 aus. Klassische schriftliche Befragungen spielen mit 8 % der Interviews eine nur noch untergeordnete Rolle, wohingegen Online-Befragungen von 3 % der Interviews im Jahre 2000 auf 34 % im Jahre 2015 angewachsen sind. Mobile Apps spielen mit 1 % der Interviews bisher eine nur untergeordnete Rolle.

Da die meisten Umfragen mittlerweile computergestützt durchgeführt werden, ist eine Konvergenz der Softwarelösungen und Geräte festzustellen. So ist es prinzipiell unerheblich, ob der Interviewer im Rahmen einer Face-to-face-Befragung das Interview mit Hilfe seines Tablets oder Smartphones durchführt, oder ob die Probalden den Fragebogen im Rahmen einer selbstadministrierten Online- oder mobilen Befragung beantworten. Mittlerweile werden Online-Fragebögen von 20 % der Befragten in Deutschland auf einem mobilen Device beantwortet (Kantar TNS 2016, o.S.).

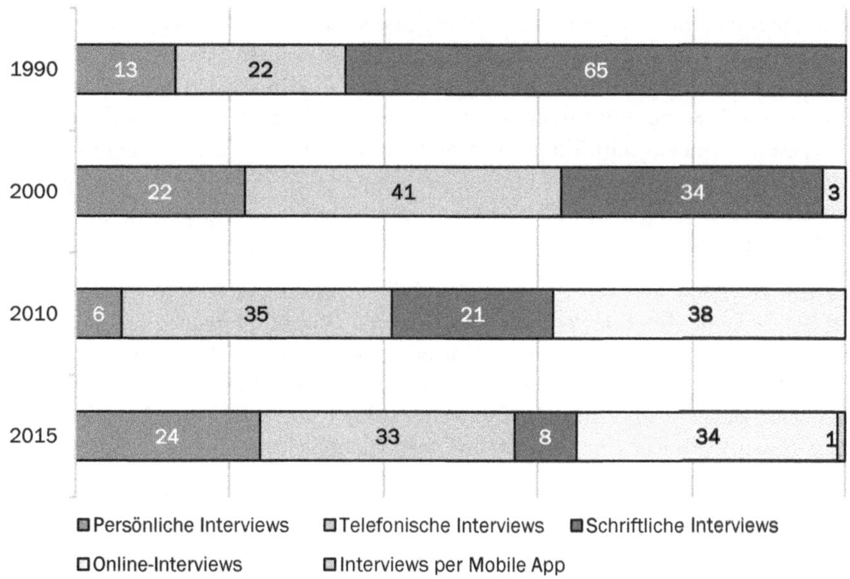

Abb. 3.1: Anteil der Interviews nach Befragungsarten in Prozent (Quelle: ADM 2016, S. 14)

Nach dem *Befragungsgegenstand* lassen sich quantitative Befragungen in Einthemen- und Mehrthemenbefragungen unterscheiden. Eine *Einthemenbefragung* erfolgt zu einem einzigen Befragungsgegenstand; hingegen werden die Auskunftspersonen bei einer *Mehrthemenbefragung (Omnibusbefragung)* zu unterschiedlichen Erhebungsgegenständen befragt. Eine Omnibusbefragung wird im Auftrag mehrerer Auftraggeber durchgeführt, weswegen die auf das einzelne Unternehmen anfallenden Kosten relativ gering sind. Durch die verschiedenen Themen ist der Fragebogen abwechslungsreich, Unternehmen können flexibel „einsteigen", da typischerweise mehrere regelmäßige Starttermine möglich sind, und die Ergebnisse liegen vergleichsweise zeitnah vor. Allerdings ist die Zahl der Fragen pro Thema eingeschränkt; des Weiteren muss auf Zielgruppenkongruenz wie auch auf Überschneidungsfreiheit der einzelnen Befragungsthemen geachtet werden. Viele Marktforschungsinstitute bieten Omnibusse an, z.B. GfK, Kantar TNS und Ipsos. Aufgrund der langen Rücklaufzeiten bei schriftlichen Erhebungen erfolgt die Administration des Fragebogens dabei typischerweise nur mündlich, telefonisch oder online.

1.2 Methoden quantitativer Befragung

1.2.1 Schriftliche Befragung

Im Rahmen einer schriftlichen Befragung erfolgt die Kommunikation zwischen Befrager und Befragtem ausschließlich unpersönlich über einen Fragebogen. Der Fragebogen kann postalisch zugestellt, am Point of Sale oder bei Events ausgelegt oder aber Printerzeugnissen (z.B. Zeitungen, Zeitschriften, Katalogen) beigelegt werden. Nach dem Ausfüllen werden die Fragebögen vom Probanden zurückgeschickt bzw. von einem Institutsmitarbeiter eingesammelt. Zunehmend werden Fragebögen in elektronisch lesbarer Form versendet, z.B. als elektronisches Formular, das einer E-Mail angehängt wird. Dies erleichtert die Dateneingabe in den Computer bzw. letztere erfolgt – ebenso wie die Datenübermittlung an das Marktforschungsinstitut – automatisch. Insgesamt gesehen spielen schriftliche Befragungen mittlerweile jedoch eine nur untergeordnete Rolle (8 % der Interviews im Jahr 2015, vgl. ADM 2016, S. 14), da sie gerade in den letzten Jahren weitgehend durch Online-Befragungen sowie telefonische Befragungen substituiert wurden.

Vorteilhaft an einer schriftlichen Befragung sind die vergleichsweise geringen *Kosten pro Erhebungsfall*, da keine Interviewer erforderlich sind. Darüber hinaus sind räumliche Entfernungen unerheblich. Ein weiterer Vorteil liegt darin, dass *Verzerrungen aufgrund der Interviewsituation* weitgehend entfallen, da aufgrund der unpersönlichen Kommunikationsform keine Beeinflussungsmöglichkeit seitens des Interviewers gegeben ist. Allerdings steht diesen Vorteilen eine ganze Reihe von Nachteilen gegenüber.

Ein erstes typisches Problem schriftlicher Umfragen ist die *Repräsentativität*. Zwar werden standardisierte schriftliche Befragungen i.d.R. bei einer repräsentativ ausgewählten Stichprobe durchgeführt; da die Fragebögen jedoch im Allgemeinen versendet werden, müssen die Adressen der Auskunftspersonen bekannt sein. Postalische Adressen lassen sich relativ einfach ermitteln (z.B. Kundendatenbanken, Telefonverzeichnisse, Adresslisten von Adressenverlagen); allerdings sind solche Adresslisten häufig nicht auf dem neuesten Stand, oder aber sie erfassen die Grundgesamtheit nicht vollständig. E-Mail-Adressen sind deutlich schwieriger zu erfassen und im Rahmen von Befragungen im Konsumgüterbereich nur über Panels von Marktforschungsinstituten nutzbar.

Die Repräsentativität schriftlicher Umfragen wird zusätzlich durch eine häufig geringe *Rücklaufquote* beeinträchtigt, welche vielfach nicht mehr als 5 – 10 % beträgt. Tritt ein systematischer Ausfall von Probanden auf, z.B. aufgrund einer hohen Verweigerungsquote bei bestimmten Bevölkerungsgruppen, ist die Zusammensetzung der Stichprobe nicht mehr repräsentativ. Bei der Gestaltung des Fragebogens ist daher äußerste Sorgfalt anzuwenden, um die Befragten zur gewissenhaften Beantwortung und Rücksendung des Fragebogens zu motivieren (vgl. hierzu Abschnitt 1.3 in diesem Teil). Auch empfehlen sich Nachfassaktionen, um die Rücklaufquote zu steigern.

Der *Zeitbedarf* pro Erhebungsfall ist bei einer schriftlichen Befragung höher als bei einer telefonischen oder einer Online-Befragung, jedoch niedriger als bei einer persönlichen Befragung. Zeitverzögerungen ergeben sich insb. bei notwendig werdenden Nachfassaktionen.

Aufgrund der unpersönlichen Befragungssituation unterliegen schriftliche Befragungen Grenzen im Hinblick auf *Fragebogenumfang, Art und Thematik* der Fragen. So sollte der

Fragebogen möglichst kurz sein, die Bearbeitungszeit sollte 20 Minuten nicht überschreiten. Auch sollten „heikle" Fragen vermieden werden, da sie Antwortverweigerung herbeiführen. Problematisch ist auch die Tatsache, dass aufgrund der fehlenden Interaktion Verständnisprobleme auftreten können. Eine standardisierte schriftliche Befragung weist aufgrund ihrer Zielsetzung und grundlegenden Konzeption zudem eine nur geringe *Flexibilität* aus.

Ein weiterer Nachteil schriftlicher Befragungen liegt in der *Unkontrollierbarkeit* der Befragungssituation. Es ist nicht gewährleistet, dass die anvisierte Auskunftsperson den Fragebogen auch selbst ausfüllt; darüber hinaus kann die Reihenfolge der Fragenbeantwortung nicht gesteuert werden. Zudem ist nicht zu verhindern, dass die Auskunftsperson den Fragebogen zunächst vollständig durchliest und durch Vor- und Zurückblättern die Antworten aufeinander abstimmt (vgl. Berekoven et al. 2009, S. 110).

1.2.2 Persönliche Befragung

Die persönliche Befragung (*Face-to-face-Interview*) stellte früher die am häufigsten eingesetzte Befragungsart dar, sie wurde jedoch – insbesondere aufgrund ihrer vergleichsweise hohen Kosten – von Telefon- und Online-Befragungen stark verdrängt. Im Rahmen einer persönlichen Befragung stehen sich Befragter und Befragender physisch gegenüber, Fragestellung und Fragenbeantwortung erfolgen somit zur gleichen Zeit und am selben Ort. Persönliche Befragungen können beim Probanden zu Hause, auf der Straße, in Einkaufszentren oder in einem Marktforschungsstudio stattfinden. Der Interviewer liest die Fragen aus dem Fragebogen vor – ggf. ergänzt durch Vorlage von Anschauungsmaterialien –, notiert die Antworten des Befragten an den entsprechenden Stellen im Fragebogen und sendet den Fragebogen an das Marktforschungsinstitut zur Auswertung.

Mittlerweile sehr verbreitet sind computergestützte persönliche Interviews (*Computer Assisted Personal Interviewing, CAPI*). Die Zahl der von den in Deutschland tätigen Instituten eingesetzten CAPI-Geräte ist von rd. 7300 Geräten im Jahr 2000 auf knapp 9900 Geräte im Jahr 2015 gestiegen (ADM 2016, S. 15). Eingesetzt werden entweder Laptops oder zunehmend Tablets und Smartphones. Der Fragebogen wird programmiert und entweder am Endgerät (für Offline-Befragungen) oder in einer Cloud gespeichert (für den Online-Zugriff); der Interviewer liest die Fragen vom Bildschirm seines Laptops oder Tablets ab und gibt die Antworten entweder über die Tastatur oder mit Hilfe eines elektronischen Stiftes über den Touchscreen seines Endgeräts. Die Antworten werden zur Auswertung online auf den Rechner des Marktforschungsinstituts überspielt.

Computergestützte Befragungen haben erhebliche *Vorteile*:

- Sie sind flexibel einsetzbar, sowohl für Inhome- oder Studiotests wie auch Outdoor auf Events oder am Point of Sales.
- Die eingesetzte Software erlaubt komplexe Filterführungen und eine dynamische Fragebogenprogrammierung.
- Ergebnisse können in Echtzeit abgerufen werden.
- Multimediale Darstellungen wie Bilder oder Videos können problemlos eingebunden werden.

- Kommerzielle Softwarelösungen erlauben oftmals auch die Erfassung offener Nennungen, da über einen elektronischen Stift handschriftliche Texte eingegeben und erfasst werden können.
- Einige Softwarelösungen wie z.B. IDSurvey verfügen über Spracherkennung und sind kompatibel mit dem Apple-System Siri.

Für CAPI existieren verschiedene kommerzielle Softwarelösungen, z.B. von IdSurvey, SurveyToGo oder mQuest der Firma cluetec (vgl. Abb. 3.2), welche einen sehr komfortablen und flexiblen Einsatz erlauben. Daneben existieren verschiedene kostenlose Apps, die jedoch einen deutlich geringeren Leistungsumfang aufweisen.

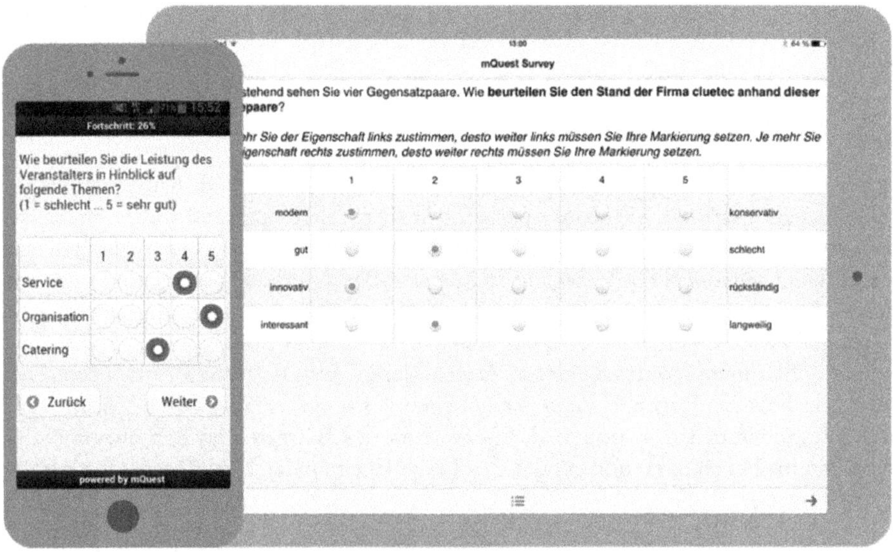

Abb. 3.2: CAPI-Befragung mit mQuest (cluetec GmbH)
(Quelle: https://www.cluetec.de/solutions/mquest/, Abruf vom 13.10.2016)

Die *Repräsentativität* persönlicher Befragungen ist im Allgemeinen als hoch einzustufen, sofern die Stichprobenbildung auf der Grundlage eines angemessenen Auswahlverfahrens erfolgt. Üblicherweise werden eine Quotenauswahl oder eine mehrstufige Klumpenauswahl vorgenommen (vgl. Kapitel 4 in diesem Teil). Die Rücklaufquote ist bei persönlichen Befragungen vergleichsweise hoch, jedoch mittlerweile rückläufig. Problematisch ist auch die mangelnde Erreichbarkeit vieler Auskunftspersonen, insb. tagsüber.

Der *Zeitbedarf* für Face-to-face-Umfragen ist im Vergleich zu den anderen Formen von Befragungen am höchsten – bis zu 45 Minuten pro Interview; dasselbe gilt für die anfallenden *Kosten*, da der Einsatz von Interviewern sehr kostenintensiv ist. Die Kosten pro Interview sind abhängig vom Umfang des Fragebogens, der anvisierten Zielgruppe (die Rekrutierung von z.B. Ärzten aus einem Panel ist deutlich teurer als eine herkömmliche Haushaltsstichprobe) und von der Art der zu stellenden Fragen. Bei einer ca. 15-minütigen Befragung ist bereits mit Kosten zwischen 15 und 20 Euro pro Interview zu rechnen, bei längeren Befragungen entsprechend mehr.

Große Vorteile weist die Face-to-face-Befragung im Hinblick auf die *Flexibilität* auf. Aufgrund der persönlichen Interaktion können auch komplexere Fragestellungen zugrunde gelegt werden, da Verständnisprobleme sofort ausgeräumt werden können. Der Umfang des Fragebogens kann größer sein, Art und Thematik der Fragen umfassender als bei schriftlichen Befragungen. Darüber hinaus können auch visuelle Stimuli eingesetzt werden, bei CAPI auch audiovisuelle Materialien.

Vorteilhaft ist die Face-to-face-Befragung auch im Hinblick auf die *Kontrollierbarkeit der Erhebungssituation*, da der Interviewer den Ablauf des Interviews steuern kann. Vollständigkeit der Antworten, Einhaltung der Fragenreihenfolge etc. sind daher eher gewährleistet als bei schriftlichen Umfragen.

Große Nachteile weisen Face-to-face-Interviews allerdings in Bezug auf mögliche *Verzerrungen durch die Interviewsituation* auf. Die Interviewsituation ist zum einen durch die soziale Interaktion von Interviewer und Befragtem, zum anderen durch das Befragungsumfeld charakterisiert (vgl. Berekoven et al. 2009, S. 98 f.). Verzerrungen im Rahmen sozialer Interaktion entstehen, wenn die Dialogpartner im Hinblick auf Merkmale wie Alter, Geschlecht, soziale Klassenzugehörigkeit, Bildungsstand, Sprechweise etc. sehr verschieden sind. Sowohl der Befragte als auch der Interviewer entwickeln ein Bild über den Partner sowie Vorstellungen über die eigene Rolle und die Rolle des Interviewpartners. Beim Befragten wirkt sich das Bild des Interviewers auf sein Antwortverhalten aus; beim Interviewer besteht die Gefahr, dass sein Bild des Befragten seine Art der Fragestellung und die von ihm registrierten Antworten beeinflusst. Um diesen sozialen Interaktionsprozess möglichst ergebnisneutral zu halten, ist eine große Sorgfalt bei der Auswahl und Schulung der Interviewer erforderlich. Zudem sollten Intervieweranweisungen möglichst detailliert sein.

Auch das Befragungsumfeld kann zu Ergebnisverzerrungen führen, etwa bei der Wahl eines ungünstigen Befragungsorts oder Befragungszeitpunkts, oder aber wenn ein Dritter bei der Befragung anwesend ist.

1.2.3 Telefonische Befragung

Im Rahmen einer telefonischen Befragung kommunizieren Interviewer und Befragte mündlich miteinander, es fehlt jedoch das persönliche Gegenüber. Die Durchführung der Befragung kann von einem Call-Center oder von der Wohnung des Interviewers aus erfolgen. Mittlerweile werden Telefonumfragen nahezu flächendeckend computergestützt durchgeführt (*CATI, Computer Assisted Telephone Interviewing*). Die Fragen erscheinen für den Interviewer am Bildschirm; der Interviewer liest die Fragen vor und gibt die Antworten direkt in den Computer ein. Die telefonische Befragung wird durch eine spezielle Software gesteuert, wodurch viele Funktionen automatisiert werden. Dazu gehören beispielsweise eine automatische Terminplanung sowie die Quotensteuerung und -überwachung. Automatische Wahlprogramme – sog. Auto-Dialer – führen die Telefonschaltung mit Nummernauswahl durch, übernehmen die komplette Filterführung und erlauben eine zufallsgesteuerte Rotation von Statements und Antwortvorgaben. Darüber hinaus zeigen sie Fehler sofort an, transferieren die Daten unmittelbar in die Auswertung und zeigen Zwischenergebnisse an (vgl. Malhotra 2010, S. 212 f.). Die Softwarelösungen sind typischerweise webbasiert und können somit auch für Face-to-face (CAPI) und Online-Umfragen (CAWI) eingesetzt werden. Insofern entsprechen die Vorteile von CATI den im vorangegangenen Abschnitt genannten Vorteilen von CAPI.

Ganz ohne Interviewer kommen telefonische Computerbefragungen aus. Im Rahmen von *TDE (Touchtone Data Entry)* wird der Interviewer durch eine Tonbandstimme ersetzt, der Befragte antwortet per Tastendruck (z.B.: „Lautet Ihre Antwort ‚ja', drücken Sie bitte auf die Eins. Lautet Ihre Antwort ‚nein', drücken sie bitte auf die Zwei."). Bei *IVR (Interactive Voice Response)* kann der Befragte verbal antworten, da der Computer über ein Stimmerkennungsprogramm verfügt.

Die *Repräsentativität* telefonischer Umfragen ist allgemein als hoch einzustufen. Aufgrund der in Deutschland sehr hohen Telefondichte ist die Grundgesamtheit nur unwesentlich eingeschränkt. Allerdings ist zu beachten, dass eine zunehmende Zahl an Nummern im Festnetz nicht eingetragen ist; auch sind Telefonbücher häufig nicht mehr ganz aktuell. Aus diesem Grunde werden Telefonnummern zunehmend nach dem Zufallsprinzip ausgewählt (*Random-digit dialing*). Zudem ist eine bestimmte Zielgruppe, die sogenannten Mobile Onlys, bei telefonischen Befragungen nicht mehr per Festnetz erreichbar. Um bei CATI-Befragungen die Repräsentativität der Erhebung zu gewährleisten, unterhalten Marktforschungsinstitute mittlerweile auch Panels von Personen mit ausschließlichem mobilem Anschluss. In sog. *Dual Frame-Stichproben* werden damit Festnetznummern um Mobilfunknummern ergänzt (Kantar TNS 2016, o.S.).

Bei Zustandekommen eines Kontakts ist zu gewährleisten, dass die Zielperson am Apparat ist, sofern diese vorbestimmt ist (z.B. aufgrund der Einhaltung von Quotenvorgaben). Soll die Zielperson hingegen zufallgesteuert ausgewählt werden, werden besondere Methoden eingesetzt, z.B. die Geburtsdatum-Auswahl (vgl. Abschnitt 4). Die Antwortquote ist i.d.R. höher als bei schriftlichen Befragungen, sie ist aber sehr themenempfindlich. Bei besonders sensiblen Fragen liegt sie oft bei nur 10%, bei für die Befragten interessanten Themen kann sie aber auch über 80% betragen (vgl. Berekoven et al. 2009, S. 103).

Wie bei Face-to-face-Umfragen liegt ein Problem in der schlechten Erreichbarkeit der Auskunftspersonen, wobei das Problem bei Telefonumfragen jedoch nicht so gravierend ist. Hinzu kommt, dass die Erreichbarkeit über das Mobiltelefon zunimmt, sodass mobile Telefonumfragen in der praktischen Marktforschung eine steigende Bedeutung haben. Insbesondere bei computergestütztem Vorgehen wird der Interviewer erheblich entlastet, da das System die Auswahl der Telefonnummern, die Anwahl der Zielpersonen sowie die Auswahl von Ersatznummern bei Fehlversuchen übernimmt.

Der *Zeitbedarf* ist bei telefonischen Befragungen im Vergleich zu den übrigen Befragungsformen am geringsten. Auch die Kosten halten sich in Grenzen. Allerdings ist der Umfang der Befragung eingeschränkt. Die *Flexibilität* telefonischer Befragungen ist als gering einzustufen: Der Umfang des Fragebogens muss gering sein – die Dauer eines Telefoninterviews sollte 10-15 Minuten nicht überschreiten. Umfangreiche Fragenkomplexe müssen stark aufgegliedert werden, offene Fragen sowie breit gefächerte Antwortkategorien sollten vermieden werden. Hinzu kommt, dass visuelle Hilfen nicht eingesetzt werden können. Pro Interview (CATI) fallen üblicherweise Kosten ab ca. 10 Euro an, diese sind jedoch abhängig vom Umfang des Fragebogens, der Zielgruppe und der Art der Fragen.

Im Hinblick auf die *Kontrollierbarkeit der Erhebungssituation* weisen Telefonbefragungen ähnliche Vorteile wie Face-to-face-Umfragen auf. Das Problem von Verzerrungen aufgrund der Interviewsituation ist zwar gegeben, jedoch nicht so gravierend wie bei

Face-to-face-Umfragen. Insbesondere bei zentraler Durchführung von einem Call-Center aus kann die Aktivität der Interviewer besser kontrolliert werden.

1.2.4 Online-Befragung

Im Rahmen von Online-Befragungen spielen *Internet-Befragungen* im WorldWideWeb die größte Rolle. Daneben zählen zu den Formen der Online-Befragung die Befragung an Online-Kioskterminals am Point of Sale sowie Befragungen im interaktiven Fernsehen, welche jedoch aufgrund ihrer untergeordneten Bedeutung hier nicht weiter erläutert werden sollen. Derzeit wird rd. ein Drittel der Interviews im Rahmen der Institutsmarktforschung online durchgeführt.

Internetbasierte Umfragen haben Gemeinsamkeiten mit einer schriftlichen Befragung; der Unterschied liegt in den informationstechnischen und medialen Charakteristika des Internet. Internet-Befragungen werden mittlerweile fast ausschließlich mit Hilfe sog. CAWI-Systemen realisiert *(Computer Assisted Web Interviewing)*. Die eingesetzten Befragungsserver wurden auf der Grundlage der CATI-Technologie entwickelt. Die Befragung selbst erfolgt mittels eines interaktiv gestalteten Fragebogens, den der Befragte online am Bildschirm ausfüllt und durch Klicken auf einen „Senden"-Button an die befragende Instanz zurückschickt. Insofern handelt es sich hier um eine Form des CSAQ *(Computer Self-Administered Questionnaire)*. Die ausgereiften technischen Möglichkeiten erlauben u.a.:

- automatische Filterführung,
- Einsatz multimedialer Elemente wie Bewegtbild und Ton,
- Rotation von Items, Fragen und Fragenblöcken,
- automatisierte Quotensteuerung,
- Randomisierung von Stimuli in Online-Experimenten, z.B. Conjoint-Analysen,
- Ergebnisauswertung in Echtzeit.

Probleme weisen viele Online-Befragungen im Hinblick auf die *Repräsentativität* auf. Die Grundgesamtheit ist auf Untersuchungseinheiten mit Internetzugang beschränkt, die einen speziellen Ausschnitt der deutschen Bevölkerung darstellen. Repräsentative Bevölkerungsumfragen sind also nicht möglich. Aber selbst wenn für bestimmte Themenstellungen die Grundgesamtheit der Internetnutzer interessiert, so ist deren Zusammensetzung erstens nicht bekannt, zweitens ist es nicht möglich, repräsentative Zufallsstichproben zu ziehen (vgl. im Einzelnen Hauptmanns/Lander 2003). Gebräuchliche Verfahren zur Rekrutierung von Teilnehmern wie Online Banner, Links oder Newsletter bewirken, dass die Stichprobe selbstselektierend ist, d.h. sie basiert auf einer freiwilligen Teilnahme der Nutzer und nicht auf einer aktiven Rekrutierung seitens des Instituts. Das Problem der Selbstselektion kann durch sog. Pop-up-Rekrutierung gemildert werden, da nur jeder n-te Besucher einer Internetseite zur Teilnahme aufgefordert wird; zudem ist die Ausfallquote messbar, da die Teilnehmer, die nicht an der Umfrage teilnehmen wollen, das Pop-up wegklicken müssen (vgl. Starsetzki 2003, S. 47). Repräsentativ ist die Stichprobe allerdings ebenso wenig wie die aus einem Online-Access-Panel, da die Teilnahme am Panel ebenfalls selbstselektierend ist. Die Antwortquote bei Internet-Befragungen gilt im Allgemeinen als gering, genaue Angaben lassen sich aber nur bei Pop-up-Rekrutierung machen. Neuere Ansätze zur Rekrutierung bestehen über Soziale Netzwerke wie z.B. Facebook, da hierüber sehr große Stichproben generiert werden können. Allerdings handelt es sich hier ebenfalls um eine selbstselektierende Stichprobe, bei welcher die Teilnehmer i.d.R. über ein vergleichsweise hohes Themeninvolvement verfügen (vgl. Lütters 2009, S. 52).

Im Hinblick auf den *Zeitbedarf* weist eine Online-Befragung Vorteile im Vergleich zur schriftlichen und Face-to-face-Befragung auf, wenn sie auch der telefonischen Befragung in dieser Hinsicht unterlegen ist. Deutliche Vorteile weist die Internet-Befragung in Bezug auf die *Kosten* auf, da ein Interviewerstab nicht erforderlich ist und Druckkosten für Fragebögen sowie die manuelle Eingabe der Antworten entfallen. Pro Proband werden ab 5 Euro berechnet, je nach Zielgruppe und Umfang des Fragebogens können die Kosten aber auch deutlich höher sein. Nach der ESOMAR Global Prices Study 2014 (vgl. ESOMAR 2014) verursachen Online-Umfragen weltweit durchschnittlich rd. 70% der Kosten einer CATI-Umfrage, CATI kostet wiederum ca. 80% einer Face-to-face-Umfrage (wenn alle drei Optionen angeboten werden).

Ein weiterer Vorteil von Internet-Befragungen liegt in ihrer *Flexibilität*, da ein Internet-Fragebogen nicht auf Text beschränkt ist, sondern multimedial unter Einbindung von Bildern, Ton, Anwendungsprogrammen usw. gestaltet werden kann (vgl. Batinic 2002, S. 81). Allerdings ist auf die technische Infrastruktur der Nutzer Rücksicht zu nehmen (z.B. veraltete Browserversionen, geringe Bildschirmauflösung, langsamer Internetzugang etc.). Untersuchungen haben darüber hinaus gezeigt, dass die wahrgenommene Anonymität bei WWW-Befragungen besonders hoch ist, sodass hier auch sensible Themen untersucht werden können. Wie bei schriftlichen Befragungen können allerdings Verständnisprobleme auftreten, da keine zwischenmenschliche Interaktion stattfindet.

Die *Kontrollierbarkeit der Erhebungssituation* ist einerseits ähnlich zu beurteilen wie bei der schriftlichen Befragung, da nicht gewährleistet ist, dass die anvisierte Auskunftsperson – sofern die Stichprobe nicht selbstselektierend ist – den Fragebogen selbst ausfüllt. Zudem haben häufig mehrere Personen Zugang zu einem Internetanschluss. Andererseits erlauben die automatisierte Filterführung und der Zwang zur Einhaltung der Fragenreihenfolge eine bessere Steuerung des Antwortverhaltens der Befragten.

Aufgrund fehlender direkter Interaktion mit der befragenden Instanz gelten Internet-Umfragen als objektiv, d.h. der *Interviewereinfluss* ist weitgehend ausgeschaltet. Eine Beeinflussung findet allenfalls durch die Gestaltung des Fragebogens statt, wobei durch zufallsgesteuerte Rotation der Fragen Reihenfolgeeffekte vermieden werden.

In den letzten Jahren hat die Digitalisierung zu einer Zunahme der sog. *Do-it-Yourself-Marktforschung (DiY)* geführt. Immer mehr Unternehmen setzen für klassische Standardumfragen Online-Befragungstools wie SurveyMonkey oder Google Customer Survey ein. Dies kann für Marktforschungsinstitute potenziell eine Bedrohung darstellen, zumal die eingesetzten Softwarelösungen immer professioneller werden (vgl. Dreßen 2014). Dies wird in Zukunft u.U. zu einer stärkeren Spezialisierung der Institute auf spezielle Methoden, Zielgruppen oder Branchen führen.

1.2.5 Mobile Befragung

Im Rahmen mobiler Erhebungen wird zwischen mobilen, interviewergestützten CATI-Umfragen und selbst administrierten Befragungen unterschieden. Während erstere lediglich einen Unterfall telefonischer Befragungen darstellen und von Marktforschungsinstituten praktiziert werden, um Undercoverage-Effekte durch sinkende Festnetzanschlüsse zu kompensieren (s.o.), arbeiten selbstadministrierte Verfahren ohne

Interviewer, d.h. die Steuerung des Interviews erfolgt über eine Software, welche Fragenreihenfolge, Filterführung usw. steuert. Zu unterscheiden ist hierbei zwischen mobilen Internet-Umfragen und eigenständigen mobilen Befragungen mit Hilfe einer Mobile App.

Bei *webbasierten mobilen Umfragen* handelt es sich um klassische Internet-Umfragen, die von einem mobilen Endgerät aus wie Smartphone oder Tablet beantwortet werden. Die Einladung zur Teilnahme an der mobilen Umfrage erfolgt per SMS, E-Mail oder passiv, indem ein QR-Code von den Umfrageteilnehmern eingelesen wird, der zur Befragung führt. Zudem können links bzw. Banner zu mobilen Umfragen in Apps integriert werden (Context Research 2016, o.S.). Zu beachten ist, dass 2016 bereits 90% der unter 35-Jährigen ein mobiles Endgerät nutzten (vgl. Freese 2016, S. 44). Gerade jüngere Zielgruppen, für die die mobile Nutzung des Internets selbstverständlich ist, nehmen an klassischen Online-Befragungen über Smartphone oder Tablet teil; allerdings ist die Abbruchquote deutlich höher als bei Nutzung stationärer Endgeräte. Der Grund liegt meist in einer geringen Nutzerfreundlichkeit, da viele Umfragen für die Beantwortung an einem stationären Rechner konzipiert wurden, zu lang oder zu komplex sind und mobil schlichtweg nicht korrekt wiedergegeben werden (vgl. Freese 2016, S. 44 f.). Aus diesem Grunde ist beim Design einer Online-Befragung deren potenzielle Nutzung an einem mobilen Endgerät unbedingt mit zu berücksichtigen.

Eine eigenständige Form mobiler Befragung ist die Befragung über *Mobile Apps*. Teilnehmer an einem Mobile Panel laden sich eine spezielle Befragungs-App auf ihren Smartphone oder Tablet herunter und können so an Umfragen teilnehmen, die spezifisch für mobile Endgeräte konzipiert wurden. Mehrere Anbieter bieten Mobile Apps an, z.B. appinio oder SurveryMonkey. Diese Form steckt allerdings noch in den Kinderschuhen; 2015 wurden in Deutschland nur 1 % der Interviews mittels Mobile Apps durchgeführt (vgl. ADM 2016, S. 14).

Die *Repräsentativität* mobiler Marktforschung ist nach dem derzeitigen Stand noch eingeschränkt. Zwar verfügt ein Großteil der deutschen Bevölkerung ab 14 Jahren über ein Mobiltelefon, die mobile Internetnutzung ist jedoch noch nicht flächendeckend verbreitet. Mobile Stichproben verfügen über einen höheren Bildungsstand und sind jünger als der Bevölkerungsquerschnitt, sodass mobile Befragungen für flächendeckende Repräsentativerhebungen derzeit (noch) ungeeignet sind. Für jüngere Zielgruppen sind mobile Befragungen hingegen sehr geeignet, da gerade die Jüngeren im Rahmen von telefonischen oder Face-to-face-Befragungen kaum zu erreichen sind. Da keine Verzeichnisse von Mobilfunknummern existieren, ist das Sampling allerdings nur über Mobile Access Panels (Rekrutierungspools für Mobiltelefonnutzer) möglich (vgl. Maxl/Döring 2010, S. 27). Dies wirft – wie bereits bei Online-Access-Panels – die Frage nach der Repräsentativität auf, da die Teilnahme am Panel selbstselektierend ist.

Der *Zeitbedarf pro Erhebungsfall* ist bei mobilen webbasierten Umfragen analog zu beurteilen wie bei Internetumfragen. Bei Mobile Apps ist aufgrund der typischen Nutzungssituation von Mobiltelefonen der Fragebogen i.A. 50 % kürzer als bei „klassischen" Internetumfragen, sodass der Zeitbedarf sogar geringer ist. Hinzu kommt, dass gegenüber Online-Umfragen die Responsezeiten schneller sind (50 % Rücklauf innerhalb der ersten Stunde, vgl. Wallisch/Maxl 2009). Allerdings können die Datenübertragungsraten derzeit noch nicht mit jenen von DSL-Internetzugängen mithalten. Die *Kosten* der Befragung sind ebenfalls deutlich geringer als bei konventioneller schriftlicher oder mündlicher Befragung. Eine Befragung mittels Mobile App ist bereits ab 1

Euro pro Teilnehmer möglich. Aus Sicht der Nutzer können jedoch bei Teilnahme an einer mobilen Befragung erhebliche, nicht kontrollierbare Kosten aus dem Verbindungsentgelten entstehen, was die Akzeptanz einschränken kann.

Deutliche Vorteile weisen mobile Befragungen im Hinblick auf die *Flexibilität* auf, da der Befragte Ort und Zeit zur Beantwortung von Fragen mit dem Mobiltelefon in vielen Fällen flexibler wählen kann. Besonders interessant sind mobile Befragungen dann, wenn es um Datenerhebung im „moment-of-truth“, also sehr nah an einer Entscheidungssituation geht (zum Beispiel am Point of Sale), oder wenn der Forschungsgegenstand und die Zielgruppe sehr mobile-affin sind (Kantar TNS 2016, o.S.). Allerdings sind die Darstellungsmöglichkeiten deutlich beschränkter als bei anderen Befragungsmedien, zudem ist der Umfang des Fragebogens eingeschränkt.

Eine *Kontrollierbarkeit der Erhebungssituation* ist im hohen Maße gegeben, da ein Mobiltelefon ein Medium der persönlichen Nutzung ist, d.h. beim Anwählen einer bestimmten Mobilfunknummer ist davon auszugehen, dass tatsächlich der anvisierte Teilnehmer am Apparat ist. *Verzerrungen durch die Interviewsituation* können nur bei mobilen CATI-Erhebungen eintreten, bei selbst administrierten Methoden, welche hier im Fokus stehen, sind solche Effekte nicht vorhanden.

Tabelle 3.2 gibt einen zusammenfassenden Überblick über die Vor- und Nachteile der einzelnen Befragungsformen. Welche Methode im Einzelfall zu wählen ist, hängt vom Forschungsziel, von der angestrebten Informationsqualität sowie vom zeitlichen und finanziellen Budget ab. Die nachfolgenden Angaben dienen daher nur der Orientierung.

Tab. 3.2: Vor- und Nachteile quantitativer Befragungsmethoden

Kriterien	Schriftliche Befragung	Face-to-face-Befragung	Telefonische Befragung	Online-Befragung	Mobile Befragung
Repräsentativität	mittel	hoch	hoch	mittel	gering
Zeitbedarf pro Erhebungsfall	mittel	hoch bis mittel	niedrig bis sehr niedrig	niedrig	sehr niedrig
Kosten pro Erhebungsfall	gering	hoch bis mittel	gering	sehr gering	sehr gering
Flexibilität	gering	sehr hoch	gering	hoch	hoch bis sehr hoch
Kontrollierbarkeit der Erhebungssituation	gering	hoch	hoch	mittel	hoch
Verzerrungen durch Interviewsituation	gering	potenziell hoch	mittel bis hoch	gering	gering

1.3 Gestaltung des Fragebogens

Im Rahmen der Gestaltung eines Fragebogens erfolgt die Operationalisierung und Umsetzung der Forschungsfrage, d.h. der zu untersuchende Sachverhalt wird in einzelne Variablen zerlegt und in konkrete Fragen umgesetzt. Im Rahmen einer quantitativen Befragung ist der Fragebogen dabei typischerweise standardisiert, d.h. allen Befragten werden dieselben Fragen im selben Wortlaut und in derselben Reihenfolge gestellt. Die Gestaltung des Fragebogens vollzieht sich in mehreren *Schritten* (vgl. Abb. 3.3).

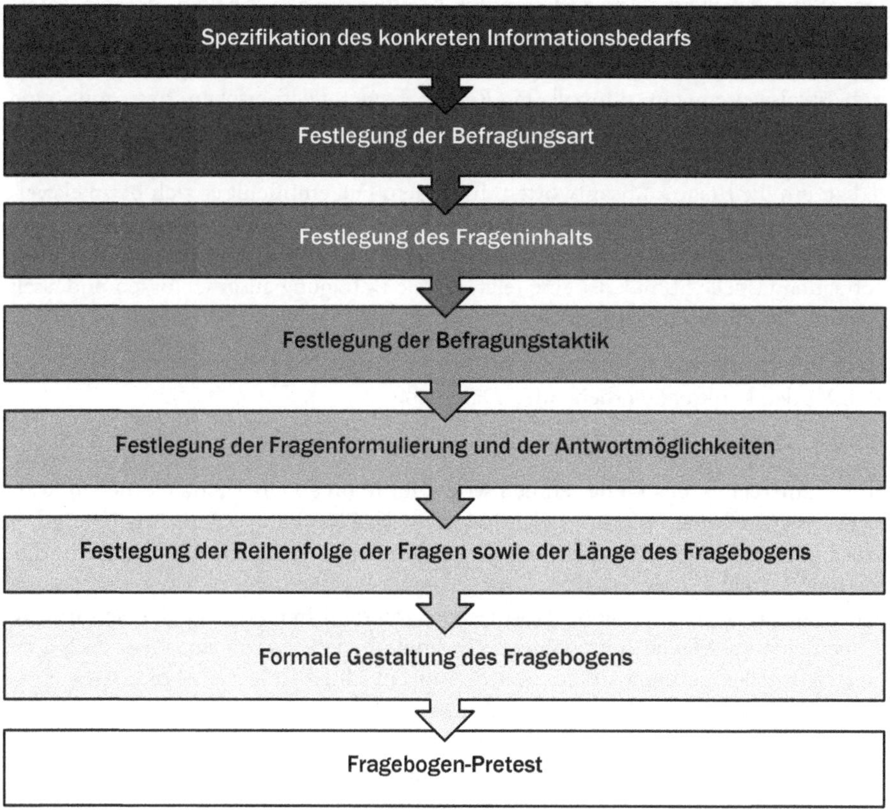

Abb. 3.3: Prozess der Fragebogengestaltung

1.3.1 Spezifikation des Informationsbedarfs

Quantitative Studien erfordern ein gewisses Maß an Vorkenntnissen, um geeignete Hypothesen als Grundlage für die Erhebung zu formulieren. Je sorgfältiger der Forscher im Vorfeld einer Untersuchung Forschungsprobleme und Forschungsziele definiert hat, umso einfacher ist in diesem Stadium die Bestimmung des konkreten Informationsbedarfs. Darüber hinaus sollte auf dieser Stufe genau definiert werden, an welche Adressaten sich der Fragebogen richtet, da die Merkmale der Befragten einen großen Einfluss auf die inhaltliche und sprachliche Gestaltung des Fragebogens haben (vgl. Malhotra 2010, S. 336).

1.3.2 Festlegung der Befragungsmethode

Nach der Spezifikation des konkreten Informationsbedarfs muss der Forscher bestimmen, in welcher Form die benötigten Daten abgefragt werden sollen. Fragenformulierung, Antwortmöglichkeiten, Länge des Fragebogens usw. hängen sehr stark davon ab, ob die Befragung schriftlich, face-to-face, telefonisch oder elektronisch erfolgt (vgl. Iacobucci/Churchill 2010, S. 205 und die Ausführungen im vorangegangenen Abschnitt 1.2). Beispielsweise müssen Fragebögen für mündliche Befragungen – sei es telefonisch oder face-to-face – eher im Konversationston gehalten werden, da Befragter und Interviewer mündlich interagieren. Fragebögen für schriftliche Befragungen sollten detaillierte Anweisungen zur Beantwortung beinhalten, da kein Interviewer anwesend ist, der bei der Beantwortung Hilfestellung leisten kann. Auch die Festlegung der Antwortmöglichkeiten wird von der Art der Befragung beeinflusst: So ist es beispielsweise nicht sinnvoll, im Rahmen einer telefonischen Befragung eine längere Liste von Marken zu nennen und den Befragten zu bitten, diese in eine Reihenfolge gemäß seiner Markenpräferenz zu bringen, da der Befragte keinerlei Gedächtnisstütze hat, um die Frage zu beantworten. In diesem Fall empfiehlt es sich beispielsweise, die Marken einzeln zu nennen und den Befragten zu bitten, das Ausmaß seiner Wertschätzung für jede einzelne Marke anhand einer Ratingskala anzugeben. Erfordert die Befragung visuelle Stimuli, ist eine telefonische Befragung ausgeschlossen und auch eine schriftliche wenig empfehlenswert.

Die zu wählende Befragungsart hängt auch vom ermittelten Informationsbedarf und von der Art den konkret zu erhebenden Daten ab.

Beispiel 3.1:

Ein US-amerikanisches Unternehmen wollte im Rahmen einer Studie erheben, welche Anteile der Internetnutzer welche Multimedia-Plug-Ins nutzten. Aus Erfahrung wusste das beauftragte Marktforschungsinstitut, dass mindestens ein Drittel der Internetnutzer nicht genau weiß, welche Plug-Ins verwendet werden, insbesondere auch nicht in welcher Version. Aus diesem Grunde wären sowohl eine schriftliche als auch eine mündliche Befragung wenig sinnvoll gewesen, da ein hoher Anteil an Antwortausfällen resultiert wäre. Stattdessen entschied sich das Marktforschungsinstitut für eine Online-Befragung. Den Probanden wurden per Internet Bilder geschickt, welche in verschiedenen Plug-In-Formaten erstellt wurden. Bei jedem Bild mussten die Befragten angeben, ob sie es auf ihren Bildschirmen sehen konnten. Wurde die Frage bejaht, konnte auf das Vorhandensein des zugehörigen Plug-Ins auf dem PC des Nutzers geschlossen werden. Auf diese Weise konnten die Befragten Daten erzeugen ohne jegliche technische Kenntnisse zu besitzen.

Quelle: Grecco/King 1999

1.3.3 Festlegung des Frageninhalts

In Abhängigkeit von dem vorliegenden Informationsbedarf und der gewählten Art der Befragung ist auf dieser Stufe festzulegen, welchen Inhalt die einzelnen Fragen aufweisen sollen. Zunächst ist darüber zu befinden, ob jede Frage auch wirklich notwendig ist. Jede Frage in einem Fragebogen sollte zusätzliche Informationen erzeugen oder einem anderen, fest definierten Zweck dienen. Sämtliche Fragen sollten daher dahingehend überprüft werden, ob sie für den Untersuchungszweck zwingend erforderlich sind, da überflüssige Fragen den Fragebogen verlängern ohne einen echten Nutzen herbeizuführen (vgl. Malhotra 2010, S. 338 f.). Allerdings ist es häufig notwendig, auch Fragen zu stellen, die nicht direkt mit dem Forschungsproblem zusammenhängen, etwa, um den Untersuchungszweck zu verschleiern. Insbesondere bei sensiblen Befragungsgegenständen kann es sinnvoll sein, zu Beginn der Befragung einige neutrale „Eisbrecherfragen" zu stellen, um eine positive Gesprächsatmosphäre zu erzeugen. Um Validität und Reliabilität zu gewährleisten, sind darüber hinaus häufig Kontrollfragen einzubeziehen. Weiterhin ist zu überprüfen, ob einzelne Fragen nicht in mehrere Teilfragen aufgespalten werden sollten, um z.B. mehrdeutige Antworten zu vermeiden oder aber, weil unterschiedliche Bezugsebenen angesprochen werden.

Beispiel 3.2:

[1] Mehrdeutige Antworten:
„Empfinden Sie die kalorienreduzierten Tiefkühl-Lasagne von X als wohlschmeckend und gesund?" (ja/nein)

Die Antwort „ja" ist eindeutig, nicht aber die Antwort „nein", da unklar ist, ob der Befragte den Geschmack, die Gesundheit oder beides verneint. Korrekt wäre es, zwei Fragen zu stellen:

- „Empfinden Sie die kalorienreduzierten Tiefkühl-Lasagne von X als wohlschmeckend?" (ja/nein)
- „Halten Sie die kalorienreduzierten Tiefkühl-Lasagne von X für gesund?" (ja/nein)

[2] Unterschiedliche Bezugsebenen:
„Warum kaufen Sie Babynahrung der Marke X?"

Die möglichen Antworten könnten lauten: „weil sie qualitativ hochwertiger ist als andere Marken" oder „weil sie mir vom Kinderarzt empfohlen wurde". Dadurch werden zwei unterschiedliche Bezugsebenen angesprochen: zum einen der Grund für die Bevorzugung der Marke im Vergleich zu Konkurrenzprodukten, zum anderen der Anlass für das Kennenlernen bzw. für die erstmalige Nutzung der Marke. Korrekt wären daher folgende Fragen:

- „Wie kamen Sie erstmalig dazu, Babynahrung der Marke X zu kaufen?"
- „Was gefällt Ihnen besonders an Babynahrung der Marke X?"

1.3.4 Festlegung der Befragungstaktik

Im Rahmen der Befragungstaktik geht es darum, Auskunftsfähigkeit und Auskunftsbereitschaft der Befragten zu fördern.

Häufig sind die Befragten nicht in der Lage, bestimmte Fragen korrekt zu beantworten; eine zu erwartende mangelhafte Auskunftsfähigkeit sollte vom Forscher antizipiert werden, um Antwortausfälle oder falsche Antworten zu vermeiden. Typische Gründe für die Unfähigkeit, bestimmte Fragen zu beantworten, können sein:

- unzureichende Information,
- fehlendes Erinnerungsvermögen oder
- Unfähigkeit, bestimmte Antworten zu artikulieren.

Häufig werden Untersuchungseinheiten zu Themen befragt, worüber sie nur unzureichende oder gar keine Informationen besitzen. Dies kann zum einen einen Antwortausfall zur Folge haben, zum anderen aber auch eine Falschantwort, was deutlich bedenklicher ist.

Beispiel 3.3:

Im Rahmen einer US-amerikanischen Studie wurden die Befragten gebeten, das Ausmaß ihrer Zustimmung zu folgendem Statement anzugeben: „Das National Bureau of Consumer Complaints ist ein wirksames Mittel für Konsumenten, um zu ihrem Recht zu kommen, wenn sie ein fehlerhaftes Produkt erworben haben."

96,1% der Rechtsanwälte und 95,0% des allgemeinen Publikums äußerten hierzu eine Meinung. Auch unter Vorgabe einer Antwortkategorie „weiß nicht" äußerten noch 51,9% der Rechtsanwälte und 75,0% des allgemeinen Publikums eine eindeutige Meinung. Das National Bureau of Consumer Complaints existierte allerdings nicht.

Quelle: Malhotra 2010, S. 340

In einem solchen Fall empfiehlt es sich, Filterfragen in den Fragebogen einzubauen, um das Ausmaß der Vertrautheit mit dem Untersuchungsgegenstand zu erfassen (vgl. Schuman/Presser 1979). Sinnvoll ist auch, „weiß nicht" als Antwortkategorie vorzusehen, um den Anteil an Falschantworten zu reduzieren.

Ein weiterer Grund für fehlende oder falsche Antworten ist die Unfähigkeit der Befragten, sich an bestimmte Sachverhalte genau zu erinnern. Grundsätzlich ist die *Erinnerungsfähigkeit* eines Ereignisses von folgenden Faktoren abhängig (vgl. Iacobucci/Churchill 2010, S. 209 f.):

- subjektive Wichtigkeit,
- Länge des seither verstrichenen Zeitraums sowie
- Vorhandensein von Gedächtnisstützen.

Allgemein werden subjektiv unwichtige Ereignisse schlechter erinnert als wichtige. Für die meisten Befragten sind Kauf bzw. Nutzung bestimmter Marken, Kaufzeitpunkt etc. von geringer Bedeutung, da sie gegenüber den betreffenden Produkten nur ein geringes Involvement besitzen. Solche Ereignisse werden daher i.d.R. nur dann erinnert, wenn sie zeitlich nicht zu weit zurückliegen.

Beispiel 3.4:

Die Frage „Wie viele Liter Bier haben Sie in den letzten vier Wochen getrunken?" ist aus zwei Gründen unglücklich: Erstens wird Bier von den Befragten nicht liter- sondern flaschenweise konsumiert; an die Anzahl der Liter wird sich also sicherlich spontan niemand erinnern können. Zweitens ist ein Zeitraum von vier Wochen zu lang. Besser wäre die folgende Formulierung:

„Wie häufig trinken Sie Bier im Laufe einer typischen Woche?"
☐ weniger als einmal die Woche
☐ 1 – 3 Mal die Woche
☐ 4 – 6 Mal die Woche
☐ täglich

Typische *Fehlerquellen* im Zusammenhang mit dem Erinnerungsvermögen sind (vgl. Malhotra 2010, S. 340):

- Vergessen: Ein Befragter kann sich an ein Ereignis gar nicht erinnern, obwohl er davon Kenntnis gehabt hat.
- Telescoping-Effekt: Die meisten Menschen erinnern Ereignisse als zeitnäher, als es tatsächlich der Fall ist.
- Erfindung: Die Befragten „erinnern" Ereignisse, die nie stattgefunden haben.

Das Erinnerungsvermögen kann erhöht werden, wenn visuelle oder verbale *Gedächtnishilfen* angeboten werden (z.B. Produktlisten). Zur Überprüfung des Wahrheitsgehalts der Antworten werden häufig auch fiktive Markennamen einbezogen.

Beispiel 3.5:

Die Frage „Welche Zahnpasta-Marken haben Sie in den letzten 6 Monaten verwendet?" wird wahrscheinlich dazu führen, dass der Befragte sich – wenn überhaupt – an nur sehr wenige Marken erinnert. Sinnvoller ist es, dem Befragten eine Liste von Marken vorzugeben, auf der er die genutzten Marken ankreuzen kann. Werden fiktive Marken einbogen, kann zudem auf die (Un-)zuverlässigkeit des Antwortverhaltens geschlossen werden.

Mitunter sind die Befragten nicht in der Lage, ihre Antwort zu artikulieren. Dies kann dann vorkommen, wenn die Antwortmöglichkeiten komplexe Sachverhalte betreffen, die sich nicht in Kurzform angeben lassen. In solchen Fällen kann es hilfreich sein, die Antwortmöglichkeiten zu visualisieren. Gerade die modernen, computergestützten Befragungsverfahren erlauben die Einbindung von vielfältigem Anschauungsmaterial.

Beispiel 3.6:

Die Antworten auf die Frage „Welchen Stil bevorzugen Sie bei Ihrer Wohnungseinrichtung?" werden – wenn überhaupt – „antik", „modern", „keine bevorzugte Stilrichtung" , „pflegeleicht" u.Ä. umfassen; für einen Möbelhersteller dürften die Antworten jedoch wenig hilfreich sein. Sinnvoller ist es, den Befragten Bilder von Möbeln und sonstigen Einrichtungsgegenständen zu zeigen und nach ihren Präferenzen zu fragen.

Auch wenn die Befragten grundsätzlich in der Lage sind, eine bestimmte Frage zu beantworten, sind sie häufig nicht dazu bereit. Folgende Gründe können dafür ursächlich sein:

- Die Beantwortung erfordert zuviel Zeit und Mühe,
- die Frage erscheint im gegebenen Kontext als unpassend bzw. ein gerechtfertigter Grund für die geforderte Information wird nicht ersichtlich, oder
- die Frage berührt einen sensiblen Sachverhalt.

Viele Befragte sind nicht willens, zuviel Zeit und Mühe in die Beantwortung von Fragen zu investieren. Aus befragungstaktischen Gründen sollten die Fragen daher so gestellt werden, dass der *Beantwortungsaufwand* minimiert wird. Ansonsten besteht die Gefahr, dass nicht nur die betreffende Frage nicht oder nur ungenau beantwortet wird, sondern dass die Bearbeitung des Fragebogens als Ganzes abgebrochen wird.

Beispiel 3.7:

Bei der Frage „Würden Sie mir bitte sagen, welchen Betrag Sie jährlich für Versicherungen ausgeben?“ ist jeder Befragte i.d.R. in der Lage, die entsprechenden Unterlagen zusammenzusuchen und die Einzelbeträge zusammenzurechnen. Ob der Proband hierzu Zeit und Lust hat, ist allerdings fraglich. Einfacher zu beantworten wäre die folgende Fragestellung:

„Geben Sie bitte an, welche ungefähren Beträge Sie jährlich für die nachfolgend angeführten Versicherungen bezahlen (in Euro):

	Unter 200	200 bis unter 300	300 bis unter 400	400 und mehr	Weiß nicht	Habe ich nicht
Wohngebäudeversicherung	☐	☐	☐	☐	☐	☐
Hausratversicherung	☐	☐	☐	☐	☐	☐
Haftpflichtversicherung	☐	☐	☐	☐	☐	☐
...						
Ausbildungsversicherung	☐	☐	☐	☐	☐	☐

Der Forscher kann die entsprechenden Beträge anschließend selbst addieren.

Gelegentlich wird die Antwort verweigert, weil die Frage im gegebenen Kontext als unpassend bzw. der Grund für die Frage dem Befragten nicht unmittelbar ersichtlich erscheint.

Beispiel 3.8:

Die Frage: „Welche der nachfolgend angeführten Länder gehören zu Ihren bevorzugten Urlaubszielen?“ ist unproblematisch, wenn sie in einem Fragebogen zum Thema Freizeit, Urlaub o.Ä. gestellt wird oder das befragende Unternehmen der Tourismusbranche angehört. Wird dieselbe Frage in einem anderen Zusammenhang oder von einem anderen Auftraggeber gestellt – z.B. einem Hersteller von Spirituosen, der nach geeigneten Motiven für eine Werbekampagne sucht – wird die Frage möglicherweise als unpassend empfunden. In diesem Falle empfiehlt es sich, den Kontext zu verändern bzw. ergänzende Statements zu formulieren. Das Unternehmen könnte die Frage z.B. folgendermaßen stellen:

„Als namhafter Hersteller qualitativ hochwertiger alkoholischer Getränke ist es unser Anliegen, dass Sie unsere Produkte möglichst überall erhalten. Würden Sie uns daher bitte verraten, in welchen Ländern Sie bevorzugt Ihren Urlaub verbringen?“

Ein besonderes Problem stellt die Behandlung *sensibler Befragungsgegenstände* dar (vgl. hierzu ausführlich z.B. Lee 1993; Hill 1995; Tourangeau/Smith 1996). Solche Sachverhalte werden von den Befragten als potenziell bedrohlich oder peinlich angesehen (z.B. politische und religiöse Überzeugungen, Sexualverhalten), sodass mit einer hohen Antwortverweigerungsquote zu rechnen ist. Aber auch bei Befragungsgegenständen, die das Prestige der Befragten berühren (z.B. Einkommen), ist seitens des Forschers große Sorgfalt anzuwenden, weil sonst eine hohe Anzahl von Antwortverweigerungen bzw. Falschantworten zu erwarten ist. Es gibt jedoch eine Reihe von Techniken, die die Zuverlässigkeit der Antworten deutlich erhöhen können.

- Sensible Fragen sollten möglichst am *Ende des Fragebogens* platziert werden. Bis dahin wurde das anfängliche Misstrauen überwunden, und es wurde eine Beziehung zum Befragten hergestellt, sodass die Neigung, die Frage zu beantworten, höher ist.
- Eine weitere Möglichkeit besteht darin, sensible Fragen in eine Gruppe neutraler, harmloser Fragen unterzubringen. Dadurch wirkt die betreffende Frage weniger auffällig.
- Schließlich können auch verschiedene Varianten einer sog. *psychotaktischen Befragung* herangezogen werden, also eine taktisch geschickte Wahl des Wording (vgl. Hüttner/Schwarting 2002, S. 92 f.).

Die persönliche Betroffenheit des Befragten kann z.B. dadurch reduziert werden, dass der eigentlichen Frage ein Statement vorangestellt wird, das bestimmte Eigenschaften bzw. ein bestimmtes Verhalten als keinesfalls außergewöhnlich hinstellt. Dadurch erhofft man sich, dass sich der Befragte als Teil einer Gemeinschaft fühlt und weniger Antworthemmnisse empfindet.

Beispiel 3.9:

Auf die Frage: „Haben Sie Schulden? Wenn ja: Auf welche Höhe belaufen sie sich?" wird der Forscher kaum eine ehrliche Antwort erhalten. Besser ist folgende Formulierung:

„Die schwache Konjunkturlage und die ständigen Preiserhöhungen führen dazu, dass mittlerweile ein Großteil der Deutschen verschuldet ist. Sind Sie auch davon betroffen? Wenn ja: in welchem Umfang?"

Für bestimmte Fragen – z.B. nach dem Einkommen oder dem Alter – empfiehlt es sich, keine genauen Angaben zu fordern, sondern die *Zugehörigkeit zu bestimmten Kategorien* abzufragen.

Beispiel 3.10:

Statt „Wie hoch ist Ihr monatliches Haushaltsnettoeinkommen?"empfiehlt sich folgende Formulierung: „Wenn Sie einmal zusammenrechnen, was nach Abzug von Steuern und Sozialversicherungsbeiträgen in Ihrem Haushalt im Monat übrig bleibt: Wie hoch ist der verbleibende Betrag?"

☐ unter € 1000
☐ € 1000 – unter 2000
☐ € 2000 – unter 3000
☐ € 3000 – unter 4000
☐ € 4000 und mehr

Bestimmte Fragen, die die Privatsphäre betreffen, können sehr schnell als zu intim und aufdringlich empfunden werden, sodass ein höherer Anteil an Ausfällen oder Falschantworten entsteht. Problematisch sind auch Sachverhalte, bei denen die Gefahr sozial erwünschter Antworten besteht. Es empfiehlt sich in solchen Fällen, in die Fragestellung eine *Rechtfertigung* für das – ggf. sozial abweichende – Verhalten der Befragten einzubauen.

Beispiel 3.11:

Die Frage „Wie häufig duschen Sie durchschnittlich pro Woche?" – eine aus der Sicht eines Herstellers von Körperpflegemitteln durchaus wichtige Frage – kann in dieser Form nicht gestellt werden, da viele Befragte aus Gründen sozialer Erwünschtheit häufigeres Duschen angeben werden, als dies in Wirklichkeit der Fall ist. Geeigneter ist folgende Formulierung:

„Viele Menschen sind der Ansicht, dass zu häufiges Duschen der Haut schadet. Könnten Sie mir sagen, wie häufig Sie pro Woche durchschnittlich duschen?"

Anstelle des tatsächlich interessierenden Sachverhalts können auch *Indikatoren* herangezogen werden, von denen auf die interessierende Variable geschlossen werden kann.

Beispiel 3.12:

Auf die Frage: „Leben Sie gesundheitsbewusst?" werden viele Befragte aus Prestigegründen mit „ja" antworten. Besser ist es, Indikatoren wie Konsum von z.B. Alkohol und Tabak, sportliche Aktivitäten, Kauf von Reformhausprodukten etc. abzufragen, da daraus eher auf das tatsächliche Gesundheitsbewusstsein geschlossen werden kann.

Das Problem sozial erwünschten Antwortverhaltens (vgl. Grohs et al. 2009) kann auch mit Hilfe sog. *Kontrollskalen* reduziert werden. Solche Skalen werden im Fragebogen eingebaut und messen die allgemeine Neigung eines Probanden, sozial erwünschte Antworten zu geben. Bekannt ist z.B. die Soziale Erwünschtheitsskala von Crowne und Marlowe (1960). Eine neuere Skala wurde von Winkler/Kroh/Spieß (2006) für den deutschsprachigen Raum enwickelt, welche die soziale Erwünschtheit anhand von 6 Items misst, die auf einer 7-stufigen Likert-Skala zu beantworten sind (Beispiel: „Ich habe schon mal zuviel Wechselgeld zurückbekommmen und nichts gesagt", „Ich bin immer ehrlich zu anderen" u.ä.). Da davon ausgegangen werden kann, dass niemand auf solche Fragen uneingeschränkt mit Ja antworten kann, wenn er ehrlich ist, kann vermutet werden, dass Probanden mit einem hohen Gesamtscore bei den Kontrollfragen in der Tendenz auch bei den anderen Fragen sozial erwünschte Antworten geben.

Zur Erfassung problematischer Sachverhalte sind grundsätzlich auch qualitative Befragungstechniken geeignet, insb. *projektive Verfahren* (vgl. hierzu die Ausführungen in Kapitel 7). Gebräuchlich ist z.B. die sog. *Drittpersonentechnik*, d.h. die Frage wird so gestellt, dass der Befragte angeben soll, wie sich seiner Ansicht nach Drittpersonen in bestimmten Situationen verhalten würden. Dem liegt die Annahme zugrunde, dass der Befragte sich von der Frage zwar distanzieren kann, aber implizit seine eigenen Ansichten bzw. Verhaltensweisen in seine Antwort hineinprojiziert.

Beispiel 3.13:

Die Frage „Was ist Ihre Haltung zur Aufnahme von Flüchtlingen in Deutschland?" wird einen hohen Anteil sozial erwünschter Antworten erzeugen, da nur wenige Befragten ehrlich zugeben würden, dass sie eine ablehnende Haltung zu dieser Frage haben. Besser ist folgende Formulierung:

„Glauben Sie, dass viele Deutsche die Aufnahme von Flüchtlingen in Deutschland ablehnen? Wenn ja, warum glauben Sie das?"

Ein Ansatz zur Erfassung sensibler Sachverhalte stellt die sog. *Randomized Response-Technik* dar (vgl. z.B. Warner 1965, Greenberg et al. 1969). Die Grundidee basiert darauf, dass der Befragte die Fragen paarweise erhält. Eine Frage ist neutral, die andere Frage ist sensiblen Inhalts. Die neutrale Frage weist dabei eine bekannte Wahrscheinlichkeit einer „ja"-Antwort auf. Welche der beiden Fragen der Befragte beantworten muss, wird per Zufallsprinzip bestimmt. Der Interviewer weiß hier nicht, welche der beiden Fragen die Auskunftsperson beantwortet hat. Unter diesen Bedingungen ist anzunehmen, dass der Befragte eher eine zutreffende Antwort gibt.

Die sensible Frage A: „Haben Sie schon einmal einen Sex-Shop aufgesucht?" kann beispielsweise mit der Frage B gekoppelt werden: „Haben Sie im Dezember Geburtstag?". Welche der beiden Fragen der Befragte zu beantworten hat, kann z.B. durch Ziehung einer Kugel aus einer Urne bestimmt werden, etwa Frage A bei Ziehung einer roten Kugel, Frage B bei Ziehung einer schwarzen Kugel.

Der Anteil an Befragten, die schon einmal einen Sex-Shop aufgesucht haben, kann mit Hilfe eines geeigneten statistischen Modells ermittelt werden, da der Anteil der Befragten, die Frage A oder B beantworten müssen, von den Anteilen an roten und schwarzen Kugeln in der Urne gesteuert wird. Im einfachsten Fall einer Gleichverteilung roter und schwarzer Kugeln beträgt die Wahrscheinlichkeit, dass die sensible Frage beantwortet werden muss, genau 0,5. Die Wahrscheinlichkeit, dass ein Befragter im Dezember Geburtstag hat, ist z.B. aus den Daten einer Volkszählung zu ermitteln. In diesem Beispiel wird sie als 0,07 angenommen.

Die Befragung ergibt beispielsweise, dass 15% der Befragten auf Frage A oder B mit „ja" geantwortet haben. Der Anteil der Befragten, der schon einmal einen Sex-Shop aufgesucht hat, kann dann wie folgt errechnet werden (vgl. Reinmuth/Geurts 1975). Seien

p = Anteil der Befragten, die eine der Fragen mit „ja" beantwortet haben,

q = Wahrscheinlichkeit, dass der Befragte die sensible Frage A beantworten musste,

π_A = Anteil der „ja"-Antworten auf die sensible Frage,

π_B = Anteil der „ja"-Antworten auf die neutrale Frage;

dann gilt:

$$p = q \cdot \pi_A + (1-p) \cdot \pi_B$$

Einsetzen der Zahlenwerte ergibt:

$$0{,}15 = 0{,}5 \cdot \pi_A + 0{,}5 \cdot 0{,}07$$

$$\Rightarrow \pi_A = 0{,}23$$

d.h. 23% der Befragten haben schon einmal einen Sex-Shop aufgesucht.

Zum Randomized-Response-Modell sind mittlerweile zahlreiche methodische Beiträge erschienen; dessen Anwendung in der Praxis ist jedoch noch nicht weit verbreitet.

1.3.5 Festlegung der Fragenformulierung und der Antwortmöglichkeiten

Im Rahmen der *Fragenformulierung* ist der Wortlaut der einzelnen Fragen zu bestimmen. Sprachliche Aspekte sind insofern von großer Relevanz, als unglücklich formulierte Fragen zu einer falschen Beantwortung oder gar zur Antwortverweigerung führen können (vgl. Schuman/Presser 1996, S. 275 ff.). Eine nicht korrekte Beantwortung führt zu Verzerrungen der Ergebnisse, eine Antwortverweigerung zu sog. *Missing Values*, welche Probleme bei der Datenanalyse verursachen können. Für die sprachliche Gestaltung eines Fragebogens sind daher eine ganze Reihe von Grundsätzen zu beachten (vgl. Malhotra 2010, S. 343 ff.):

- genaue Definition des Fragengegenstands,
- verständliche Wortwahl,
- Vermeidung vager Formulierungen,
- Vermeidung mehrdeutiger Formulierungen
- Vermeidung von Suggestivfragen,
- Vermeidung impliziter Alternativen,
- Vermeidung verwirrender Anweisungen sowie
- Vermeidung von Verallgemeinerungen.

Der Wortlaut einer Frage muss den Inhalt der Frage so wiedergeben, dass er konkret und exakt definiert wird. Die Frageformulierung sollte daher dahingehend überprüft werden, ob der *Fragengegenstand* präzise definiert ist, also das Wer? Was? Wann? Wo? Warum? und Wie? aus der Frage eindeutig hervorgehen.

Beispiel 3.14:

Die Frage „Welche Zahnpastamarke benutzen Sie?“ definiert den Sachverhalt nur unzureichend:
Wer: Nur der Befragte selbst oder der Haushalt?
Was: Was ist, wenn im Haushalt verschiedene Marken verwendet werden?
Wann: Immer? Zuletzt verwendet? Am häufigsten verwendet?
Wo: Zu Hause?

Eine bessere Formulierung wäre:
„Welche der nachfolgend aufgelisteten Zahnpastamarken wurden im vergangenen Monat in Ihrem Haushalt verwendet?“

Um Missverständnisse zu vermeiden, sollte die Wortwahl *verständlich* und dem sprachlichen Niveau des Befragten angepasst werden. Das Bildungsniveau eines Marktforschers ist oftmals höher als beim Bevölkerungsdurchschnitt. Gewisse Wörter und Formulierungen, die für den Forscher zum normalen Sprachgebrauch gehören, sind u.U. für den Befragten unverständlich; Fremdwörter und Fachausdrücke sollten daher vermieden werden.

Beispiel 3.15:

Die Frage: „Halten Sie den Distributionsgrad von Marke X für adäquat?“ dürfte bei vielen Befragten auf Verständnislosigkeit stoßen. Besser ist folgende Formulierung:
„Wenn Sie Marke X kaufen wollen, was meinen Sie: Ist sie im Handel im Vergleich zu anderen Marken leichter oder schwieriger zu bekommen?“

- ☐ leichter
- ☐ genauso leicht
- ☐ schwieriger
- ☐ weiß nicht

Um eine korrekte Beantwortung zu erzeugen, sollten *vage Formulierungen* vermieden werden, d.h. die verwendeten Begriffe dürfen keinen Spielraum für unterschiedliche Auffassungen beinhalten (vgl. ausführlich Schaeffer 1991).

Beispiel 3.16:

Bei der Frage„Wie häufig nutzen Sie das Internet über Ihr Smartphone oder Tablet?“ mit den Antwortkategorien

- ☐ sehr häufig
- ☐ häufig
- ☐ manchmal
- ☐ nie

ist nur die Antwortkategorie „nie“ eindeutig; den übrigen Kategorien dürften unterschiedliche Befragte auch unterschiedliche Bedeutungen zuweisen. Besser sind z.B. folgende Antwortkategorien:

- ☐ täglich
- ☐ mehrmals die Woche
- ☐ mehrmals im Monat
- ☐ seltener
- ☐ nie

Vermeidung mehrdeutiger Formulierungen bedeutet, dass aus der Frage deutlich werden muss, was genau zu beantworten ist.

Beispiel 3.17:

Bei der Frage „Sind Sie mit der Farbe und dem Geschmack des Getränks X zufrieden?“ ist die Antwort „ja“ ist nicht eindeutig, da unklar ist, ob sie sich auf die Farbe, den Geschmack oder beides bezieht.

Suggestivfragen sind solche, welche dem Befragten eine bestimmte Antwort nahelegen. Dadurch manipuliert der Forscher bewusst oder unbewusst die Ergebnisse; die Antworttendenz wird in eine bestimmte Richtung gesteuert.

Beispiel 3.18:

„Wissenschaftler aus aller Welt warnen vor den möglichen Folgen genetisch manipulierter Nahrungsmittel. Würden Sie trotzdem genetisch manipulierte Nahrungsmittel kaufen?“ Bei dieser Formulierung ist wahrscheinlich, dass ein hoher Anteil der Befragten unzutreffenderweise mit „nein“ antwortet. Folgende Formulierung ist neutraler: „Die Wissenschaft macht es möglich, Nahrungsmittel genetisch zu verändern. Würden Sie entsprechende Produkte kaufen?“

Fragen sollten so formuliert werden, dass deren Beantwortung nicht von *impliziten Annahmen* über die Konsequenzen des interessierenden Sachverhalts abhängt. Unter einer impliziten Annahme versteht man dabei eine Annahme, die der Forscher zugrunde legt, die aber den Befragten nicht bekannt ist.

Beispiel 3.19:

Im Rahmen einer US-amerikanischen Untersuchung wurde die Einstellung zur Einführung einer gesetzlichen Gurtpflicht in PKWs mit zwei alternativen Fragestellungen erhoben. Die erste Variante lautete: „Es ist eine gute Idee, ein Gesetz zu verabschieden, welches Personen in PKWs verpflichtet, Sicherheitsgurte anzulegen". Dass bei gesetzlicher Regelung die Nichteinhaltung der Gurtpflicht sanktioniert werden würde, wurde nicht explizit erwähnt. Auf die so formulierte Frage mit impliziter Annahme antworteten 73% mit „stimme zu". Die zweite Variante lautete: „Es sollte ein Gesetz geben, dass Personen in PKWs sich entweder anschnallen oder eine Strafe zahlen". Die Konsequenz wurde hier explizit angegeben; das Ausmaß an Zustimmung betrug bei dieser Formulierung nur noch 50%.

Quelle: Ungar 1986, S. 90

Ebenso wie implizite Annahmen sollten auch *implizite Alternativen* vermieden werden. Eine Frage mit impliziter Alternative bedeutet, dass ein bestimmter Sachverhalt erfragt wird – i.d.R. eine Präferenz für ein bestimmtes Objekt –, ohne dass alternative Möglichkeiten explizit erwähnt werden. Dies kann zu einer erheblichen Verzerrung der Antworten führen.

Beispiel 3.20:

Im Rahmen einer Untersuchung über die Einstellung von Hausfrauen zum Nachgehen einer Arbeit außer Haus wurden bei zwei repräsentativen Teilstichproben folgende Fragen gestellt:

- Variante A: „Würden Sie gerne arbeiten gehen, wenn es möglich wäre?"
- Variante B: „Würden Sie lieber arbeiten gehen, oder machen Sie lieber Ihre Hausarbeit?"

Bei Variante A gaben 19% der Befragten an, sie würden lieber nicht arbeiten gehen. Bei der zweiten Teilstichprobe, welche mit Variante B konfrontiert wurde, gaben 68% an, sie würden lieber nicht arbeiten gehen, sondern ihre Hausarbeit machen.

Quelle: Noelle-Neumann 1970, S. 200

Die Auskunftsfähigkeit der Befragten kann stark beeinträchtigt werden, wenn die Anweisungen für die Beantwortung der Fragen unklar, also z.B. zu umfangreich oder zu knapp sind. Wird dem Befragten nicht klar, worin seine Aufgabe besteht, führt dies im günstigsten Fall zu einem überhöhten Anteil von „weiß nicht"-Antworten, im schlimmsten Fall zum Antwortausfall.

Beispiel 3.21:

„Welche Waschmittelmarken werden in Ihrem Haushalt genutzt? Nennen Sie alle die von Ihnen genutzten Marken, ordnen Sie sie nach der Nutzungshäufigkeit und unterstreichen Sie die von Ihnen bevorzugte Marke!" Bei dieser Fragestellung wird die Testperson mit zu vielen Aufgaben gleichzeitig konfrontiert. Zudem bleibt unklar, welchen Zeitraum der Befragte bei der Beantwortung zugrunde legen muss.

Grundsätzlich sollten Fragen so spezifisch wie möglich gestellt werden, d.h. der Befragte soll nicht dazu angehalten werden, *Verallgemeinerungen* vorzunehmen oder gar Berechnungen anstellen zu müssen. Dadurch wäre er zwar möglicherweise nicht überfordert, jedoch würde er den Aufwand für die Beantwortung der Fragen als zu hoch empfinden.

Beispiel 3.22:

Die Fragestellung „Wie hoch ist der durchschnittliche jährliche Pro-Kopf-Verbrauch an Erfrischungsgetränken in Ihrem Haushalt?" ist aus folgenden Gründen ungeeignet:

- Eine durchschnittliche Auskunftsperson wird den Verbrauch pro Woche oder allenfalls pro Monat angeben können; der Zeitraum von einem ganzen Jahr ist zu lang. Eine derart allgemeine Aussage kann der Befragte nicht treffen.
- Selbst wenn der Befragte den jährlichen Gesamtverbrauch angeben könnte, müsste er ihn durch die Zahl der Haushaltsmitglieder teilen.

Vorzuziehen sind daher folgende Formulierungen: „Wie hoch ist der wöchentliche Verbrauch von Erfrischungsgetränken in Ihrem Haushalt?", und „Wie viele Personen leben in Ihrem Haushalt?". Die erforderlichen Berechnungen für den jährlichen Pro-Kopf-Verbrauch kann der Forscher selbst vornehmen.

Nicht nur die Fragenformulierung, sondern auch die vorgegebenen *Antwortmöglichkeiten* haben einen großen Einfluss auf die Qualität der Ergebnisse (vgl. hierzu ausführlich Hüttner/Schwarting 2002, S. 100 ff.). Abb. 3.4 zeigt die Einteilung von Fragen nach der Antwortmöglichkeit.

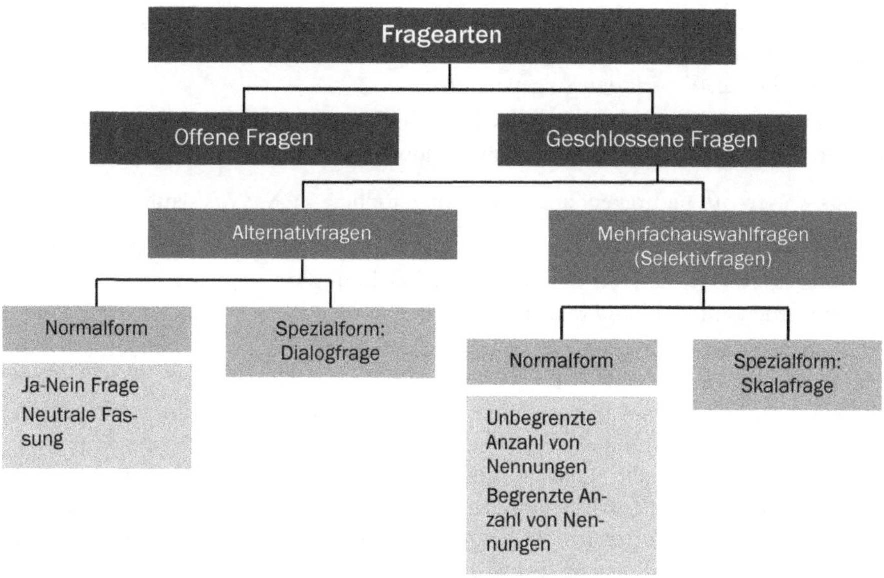

Abb. 3.4: Einteilung von Fragen nach der Antwortmöglichkeit (Quelle: nach Hüttner/Schwarting 2002, S. 100)

Grundsätzlich können offene und geschlossene Fragen unterschieden werden. *Offene Fragen* sind dadurch charakterisiert, dass die Auskunftsperson in ihrer Wortwahl völlig frei ist; es existieren keine festen Antwortkategorien, die Antwort des Befragten muss möglichst im genauen Wortlaut notiert werden, um Verzerrungen zu vermeiden. Erst im Anschluss an die Befragung dann die Antworten codiert und Antwortkategorien gebildet.

Offene Fragen können in Normalform oder in Spezialform gestellt sein. Die *Normalform* beinhaltet, dass die Frage aus einem vollständigen Satz besteht.

> Beispiel 3.23:
>
> [1] Warum haben Sie einen Fernseher der Marke X gekauft?
>
> [2] Was verbinden Sie mit der Marke Y?
>
> [3] Wie alt sind Sie?
>
> [4] Welchen Bildungsabschluss besitzen Sie?

Offene Fragen finden sich typischerweise im Rahmen qualitativer Untersuchungen; sie werden aber auch für bestimmte Sachverhalte im Rahmen quantitativer Erhebungen verwendet, insb. als Antwortmöglichkeit im Rahmen einer Kategorie „Sonstiges, und zwar:…“. Im Rahmen qualitativer Untersuchungen werden offene Fragen häufig in Spezialform gestellt, z.B. als Satzergänzungstest, Picture Frustration Test bzw. Balloon-Test. Da qualitative Erhebungen ausführlich in Teil 7 behandelt werden, wird hier nicht näher darauf eingegangen.

Generell weisen offene Fragen die folgenden *Vorteile* auf:

- Offene Fragen erlauben es dem Befragten, seine Meinung unverzerrt kundzutun und eignen sich daher insb. zur Erforschung psychologischer Sachverhalte oder z.B. als Eisbrecherfragen am Anfang eines Fragebogens.
- Im Rahmen quantitativer, standardardisierter Erhebungen erlauben es offene Fragen, zusätzliche Aspekte zu erfassen und damit weitergehende Erkenntnisse und Einblicke über die Probanden zu gewinnen.
- Die Probanden fühlen sich ihrerseits durch offene Fragen ernst genommen und erhalten das Gefühl, dass der Forscher individuell auf deren Belange eingeht.

Allerdings weisen offene Fragen auch eine ganze Reihe von *Nachteilen* auf:

- Im Rahmen von Face-to-face-Interviews ist das Potenzial für Verzerrungen durch den Interviewer im Rahmen der Antwortaufzeichnung hoch, es sei denn, die Antworten werden auf Tonband registriert.
- Die Kodierung der Antworten ist sehr aufwändig, es sei denn, es handelt sich um quantitative Daten wie z.B. Alter (siehe Frage [3] in Beispiel 3.23) oder die Zahl möglicher Antworten ist begrenzt wie z.B. beim Bildungsabschluss (Frage [4]). Werden hingegen psychologische Sachverhalte wie Motive oder Assoziationen erhoben (Fragen [1] und [2]), muss die Vielzahl an unterschiedlichen Antworten in geeigneter Weise kategorisiert werden, um die Daten anschließend interpretieren zu können (vgl. hierzu Popping 2000; Luyens 1995). Bei quantitativen Erhebungen sollte mit offenen Fragen daher sparsam umgegangen werden.
- Implizit geben offene Fragestellungen denjenigen Befragten mehr Gewicht, welche sich freier und ausführlicher artikulieren können. Zudem werden in der Tendenz kritische Punkte eher geäußert als positive.
- Werden psychologische Sachverhalte erhoben, können offene Fragen im Prinzip nur bei mündlichen Befragungen gestellt werden, da Befragte dazu neigen, sich bei

schriftlicher Beantwortung kurz zu fassen. Zudem erfordert die schriftliche Beantwortung offener Fragen Zeit und Mühe, welche nicht alle Probanden aufzuwenden bereit sind.

Bei *geschlossenen Fragen* werden die relevanten Antwortkategorien von vornherein vorgegeben. Der Befragte muss sich für eine der angegebenen Antwortkategorien entscheiden, unabhängig davon, ob er den Fragebogen selbst ausfüllt oder ein Interviewer seine Antworten notiert.

Bei geschlossenen Fragen lassen sich

- Alternativfragen und
- Mehrfachauswahlfragen (Multiple-Choice-Fragen) unterscheiden.

Alternativfragen verfügen grundsätzlich nur über zwei Antwortkategorien, etwa „ja/nein", „stimme zu/stimme nicht zu" usw. Häufig findet sich neben den beiden eigentlich interessierenden Antwortalternativen auch eine sog. „neutrale" Alternative, z.B. „weiß nicht", „weder – noch", „sowohl – als auch" u.Ä. (vgl. Schuman/Presser 1996, S. 161 ff.). Die Einbeziehung einer neutralen Kategorie ist insofern sinnvoll, als ein zutreffendes Bild der Situation häufig nur dann möglich ist, wenn auch die „Unentschlossenen" explizit erfasst werden. Dies ist z.B. bei Wahlprognosen der Fall, aber auch bei Prognosen für Markt- oder Absatzpotenzial im Rahmen von Neuprodukteinführungen. Nachteilig ist, dass eine „weiß nicht"-Kategorie verhindern kann, dass die Probanden Position beziehen.

Alternativfragen können in Normalform oder in Spezialform auftreten. In der sog. *Normalform* unterscheidet man die *Ja-Nein-Frage*, bei welcher lediglich die Antwortmöglichkeiten „ja" und „nein" vorgegeben sind, und die *neutrale Fassung*, bei der die Alternative in der Frage mit genannt wird. Dies soll – im Sinne der Vermeidung impliziter Alternativen – verhindern, dass durch Nennung nur der eigentlich interessierenden Alternative diese bevorzugt wird.

Beispiel 3.24:

[1] Ja-Nein-Frage: „Beabsichtigen Sie, in diesem Sommer in den Urlaub zu fahren?"

☐ ja
☐ nein
☐ weiß nicht

[2] Neutrale Frage: „Beabsichtigen Sie, in diesem Sommer in den Urlaub zu fahren, oder bleiben Sie lieber zu Hause?"

☐ Ich fahre in den Urlaub.
☐ Ich bleibe zu Hause.
☐ Ich weiß es noch nicht.

Die Spezialform der *Dialogfrage* besteht darin, dass den Auskunftspersonen die beiden Alternativen in Form einer kleinen Geschichte (nur textlich oder auch bildlich, z.B. als Cartoon) präsentiert werden, in der sich zwei Personen miteinander unterhalten. Der Befragte wird dann aufgefordert, einer der beiden Personen zuzustimmen. Ein Beispiel findet sich in Abb. 3.5.

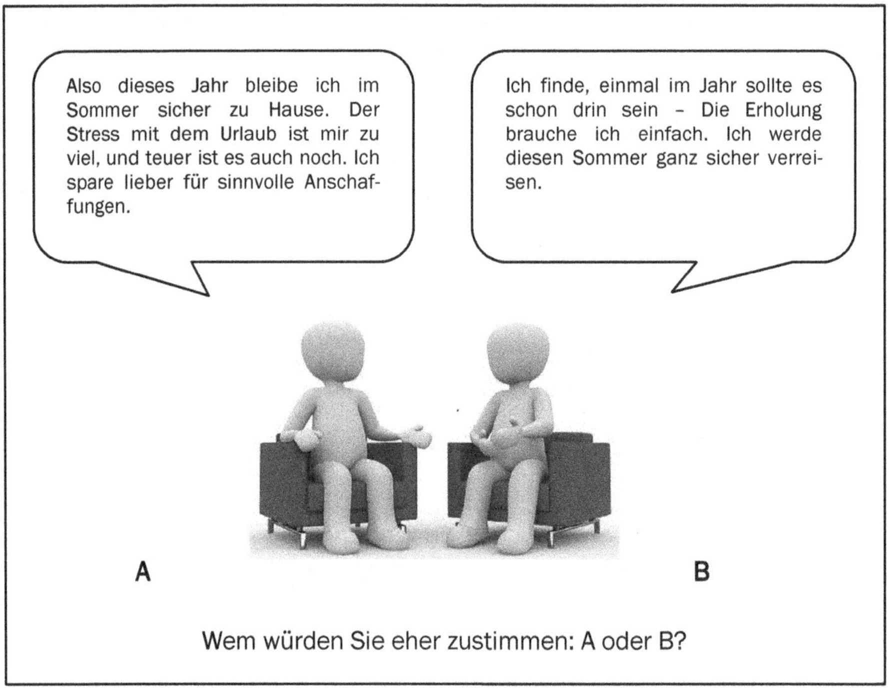

Abb. 3.5: Beispiel für eine Dialogfrage

Mehrfachauswahlfragen (Multiple-Choice-Fragen) sind dadurch charakterisiert, dass sie mehrere alternative Antwortkategorien zulassen. Der Befragte soll diejenige(n) Kategorie(n) auswählen, die am ehesten seine Position wiedergibt bzw. wiedergeben. Die Anzahl der möglichen Nennungen kann dabei begrenzt oder unbegrenzt sein (vgl. Hüttner/Schwarting 2002, S. 106 f.).

Beispiel 3.25:

„Wenn Sie einen Smartphone kaufen wollen: Was ist für Sie dabei wichtig?

☐ Preis im Vergleich zu ähnlichen Modellen
☐ Größe des Displays
☐ Auflösung des Displays
☐ Erfahrung mit der Marke
☐ Beratung vor Ort
☐ Garantieleistungen
☐ Sonstiges, und zwar……………………………………………

Die Zahl an gültigen Antworten kann durch die folgenden Ausfüllanweiseungen gesteuert werden:

[1] Unbegrenzte Zahl von Nennungen
„Bitte kreuzen Sie alle Kriterien an, die für Sie zutreffen!“

[2] Nach unten begrenzte Zahl von Nennungen
„Bitte kreuzen Sie mindestens zwei Kriterien an, die für Sie zutreffen!“

[3] Nach oben begrenzte Zahl von Nennungen
„Bitte kreuzen Sie bis zu drei für Sie zutreffende Kriterien an!"
[4] Nach oben und unten begrenzt
„Bitte kreuzen Sie die drei für Sie wichtigsten Kriterien an!"

Des Weiteren kann man Mehrfachauswahlfragen auch danach unterscheiden, ob sich die Antwortkategorien gegenseitig ausschließen (wie z.B. Altersklassen) oder Mehrfachnennungen wie in obigem Beispiel möglich sind.

Eine Sonderform von Mehrfachauswahlfragen stellt die sog. *Skalafrage* dar. Mit einer Skalafrage wird nicht nur das Vorhandensein eines Sachverhalts erhoben, sondern auch dessen Intensität, z.B. von „1: Stimme voll und ganz zu" bis „5: Stimme überhaupt nicht zu". Abb. 3.6 zeigt Beispiele für in der Marktforschung verwendete Skalen zur Messung der Kundenzufriedenheit. Da die verschiedenen Skalen ausführlich in Abschnitt 1.4 behandelt werden, soll an dieser Stelle nicht näher darauf eingegangen werden.

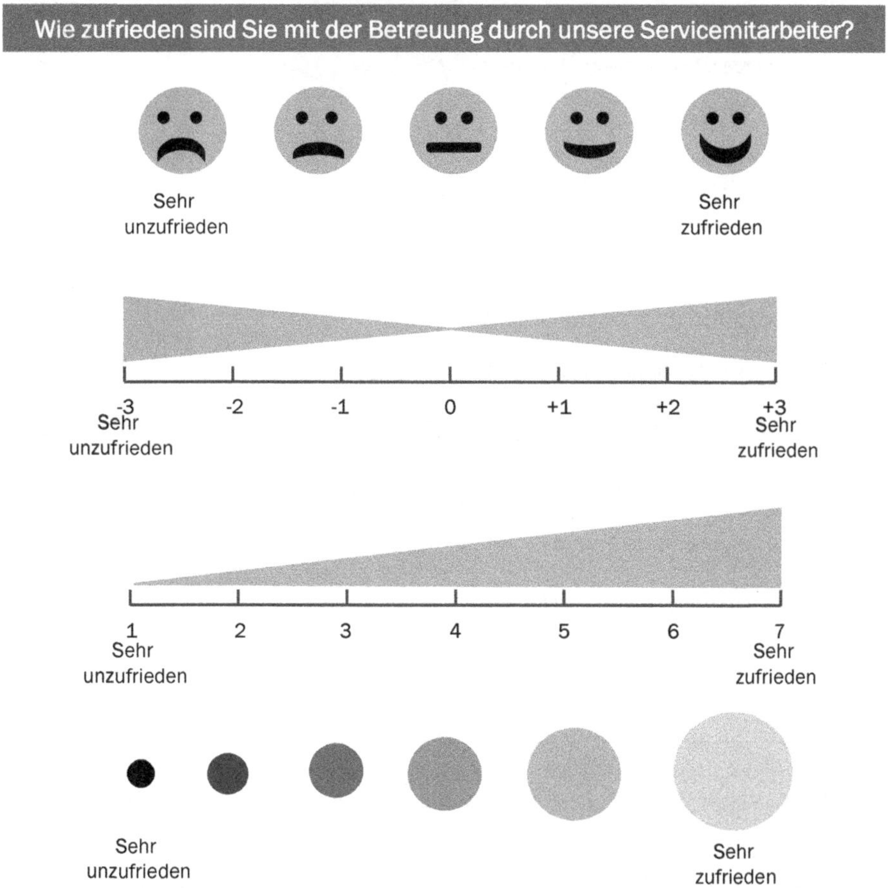

Abb. 3.6: Beispiele für grafische Skalen zur Messung der Kundenzufriedenheit

Der *Vorteil* geschlossener Fragen im Vergleich zu offenen Fragen liegt in deren besserer Auswertbarkeit und in der hohen Vergleichbarkeit der Antworten. Aus diesem

Grunde liegt ihr Einsatzbereich in der quantitativen Marktforschung. Dem gegenüber stehen jedoch auch verschiedene *Nachteile.*

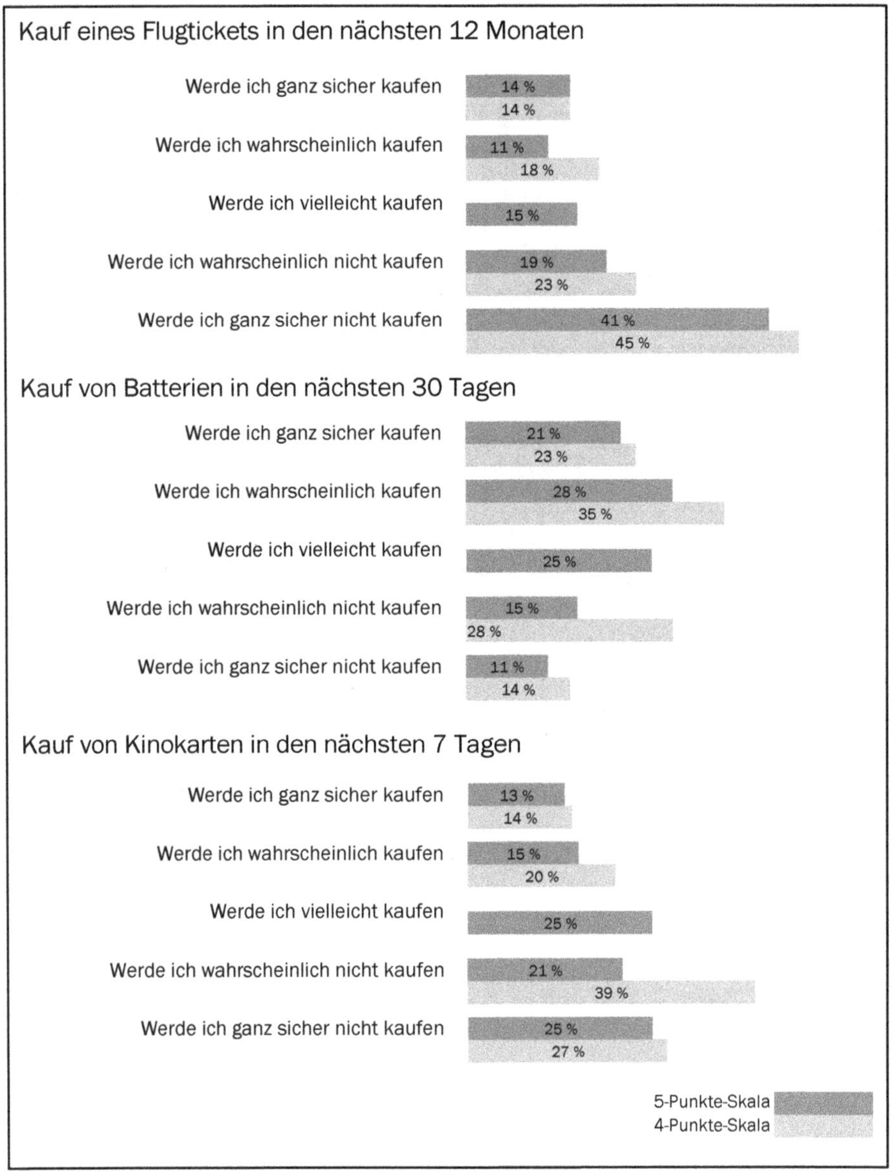

Abb. 3.7: Ergebnisse bei der Messung der Kaufabsicht mit und ohne Verwendung einer neutralen Antwortkategorie (Quelle: nach Churchill/Iacobucci 2002, S. 332).

Es ist möglich, dass keine der vorgesehenen Antwortkategorien die wirkliche Position des Befragten widerspiegelt. Um dennoch ein möglichst umfassendes Spektrum an Antwortkategorien zu erhalten, kann zum einen eine explorative Befragung mit offener Fragestellung vorgeschaltet werden, zum anderen kann eine Kategorie „Sonstiges" (mit beliebiger Antwortmöglichkeit) vorgesehen werden (vgl. Hüttner/Schwarting 2002, S. 103 f.). Zu beachten ist allerdings, dass ein hoher Anteil an Befragten, welche die Kategorie „Sonstiges" ankreuzen, die Ergebnisse der Studie gefährden können. In jedem Falle sollte der Fragebogen daher sorgfältig getestet werden.

Wie bereits erwähnt, kann die Angabe einer neutralen Antwortkategorie („weiß nicht", „weder – noch" usw.) dazu beitragen, Antwortausfälle zu reduzieren. Allerdings wird dadurch verhindert, dass Unentschlossene zum betreffenden Sachverhalt Stellung beziehen. Abbildung 3.7 zeigt Beispiele für die unterschiedliche Verteilung der Antworten auf die einzelnen Antwortkategorien einmal ohne und einmal mit Vorgabe einer neutralen Position. Offensichtlich ist, dass ohne Vorhandensein einer neutralen Kategorie die Befragten insb. die Position „wahrscheinlich nicht" ankreuzen. Dieser Effekt ist umso ausgeprägter, je näher in der Zukunft die Kaufhandlung stattfinden soll.

Außer in dem Fall, dass Mehrfachnennungen zugelassen sind, müssen die Antwortkategorien so formuliert werden, dass sie sich gegenseitig ausschließen. Zudem unterliegen Mehrfachauswahlfragen prinzipiell einem Reihenfolge-Bias (vgl. z.B. Schuman/ Presser 1996, S. 56 ff.; Krosnick/Alwin 1987; Wanke et al. 1995). Bei Auflistungen besteht eine Tendenz, insb. die erste Kategorie anzukreuzen (*Primäreffekt*), häufig aber auch die letzte (*Rezenzeffekt*). Bei nummerischen Listen (z.B. Preise, Mengen) werden tendenziell mittlere Positionen angekreuzt. Um diesen Bias zu umgehen, ist es sinnvoll, die sog. *Split-Ballot-Technik* anzuwenden: Die beiden Versionen der Frage werden zwei jeweils unabhängigen, repräsentativen Teilstichproben vorgelegt. Die Ergebnisse werden entweder miteinander verglichen, oder es wird der Durchschnitt der Mittelwerte in beiden Stichproben ermittelt. Computergestützte Befragungsmethoden wie sie heutzutage üblich sind erlauben eine Randomisierung der Fragen (d.h. zufällige Zuordnung zu den Probanden) wie auch eine Rotation der Reihenfolge der Antwortkategorien bzw. Items, sodass der Reihenfolgeneffekt minimiert werden kann. Abbildung 3.8 zeigt ein Beispiel für den Einfluss der Reihenfolge der Antwortkategorien auf die Antwortverteilung.

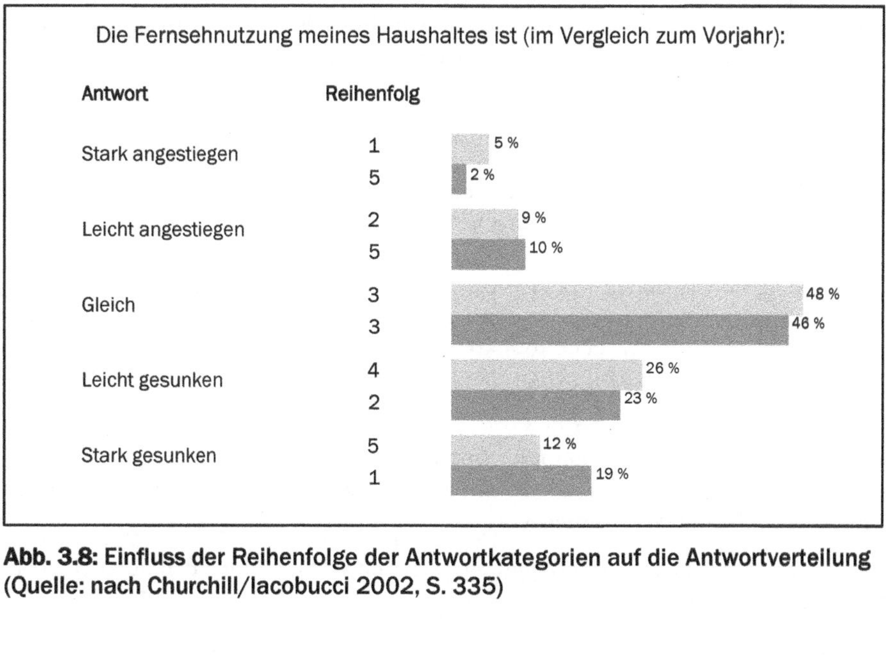

Abb. 3.8: Einfluss der Reihenfolge der Antwortkategorien auf die Antwortverteilung (Quelle: nach Churchill/Iacobucci 2002, S. 335)

Wenn es sich bei den Antwortkategorien um Klassen einer metrisch skalierten Variable handelt, so ist die Antwortverteilung häufig von der Definition der Skalengrenzen abhängig. Geht es bei der untersuchten Variable zudem um die Angabe von Häufigkeiten für ein bestimmtes Verhalten, neigen die Befragten zur Vermeidung der ersten und der letzten Kategorie, da sie bewusst oder unbewusst mittlere Positionen als „normales“, „übliches“ Verhalten interpretieren (vgl. Schwarz et al. 1985).

Beispiel 3.26:

Die Frage: „Wie viele Zigaretten rauchen Sie pro Tag?“ wird mit großer Wahrscheinlichkeit unterschiedliche Antworten erzeugen, wenn folgende alternative Antwortkategorien vorgegeben werden:

Variante 1:
☐ unter 5
☐ 5 - 10
☐ über 10

Variante 2:
☐ unter 10
☐ 10 - 20
☐ über 20

Aufgrund der Tendenz, mittlere Positionen anzukreuzen, werden die Befragten bei Variante 1 tendenziell „weniger rauchen“ als bei Variante 2.

1.3.6 Festlegung der Reihenfolge der Fragen und der Länge des Fragebogens

Nachdem die Fragenformulierung abgeschlossen ist, müssen die Fragen in eine sinnvolle *Reihenfolge* gebracht werden. Die Position der einzelnen Fragen im Fragebogen wird u.a. von deren *Aufgabe* im Rahmen der Erhebung beeinflusst. In Abhängigkeit von der zur erfüllenden Aufgabe werden Fragen dabei unterschieden in (vgl. Abb. 3.9):

- Ergebnisfragen und
- Instrumentalfragen (vgl. im Folgenden Pepels 2014, S. 108 ff.).

Ergebnisfragen (Sachfragen) sind Fragen zum eigentlichen Untersuchungsgegenstand und erlauben funktionelle Verknüpfungen. Sie machen i.d.R. den größten Teil eines Fragebogens aus. Dazu gehören sog. *Präzisionsfragen*, welche die Tatbestände selbst direkt oder indirekt erfassen (z.B. Frage nach der Markenpräferenz für Produktkategorie X), und *Maßstabsfragen*, welche die Aussagen relativieren und vergleichbar machen sollen (z.B. Bedarfshäufigkeit der Produktkategorie X). Dadurch kann im Beispiel die Markenpräferenz anhand der Nutzungshäufigkeit der Kategorie relativiert werden.

Flankiert werden Ergebnisfragen durch sog. *Instrumentalfragen*. Diese dienen nicht der unmittelbaren Informationsgewinnung, sondern haben primär die Steuerung des Befragungsablaufs zur Aufgabe. Dazu gehören analytische Fragen, Ablaufordnungsfragen und psychologisch-funktionelle Fragen.

Analytische Fragen betreffen den Befragungsgegenstand selbst und werden unterstützend zu den Ergebnisfragen gestellt. Sie umfassen

- *Korrelationsfragen*, die als Grundlage für die Bildung von Untergruppen und Kreuztabulierungen dienen wie z.B. Fragen zur Soziodemographie;
- *Erhebungskontrollfragen*, welche gewährleisten sollen, dass die Interviewdurchführung sorgfältig erfolgt ist;
- *Auskunftskontrollfragen*, welche Inkonsistenzen in den Antworten der Befragten aufdecken sollen, z.B. Kontrollskalen bei vermutetem sozial erwünschtem Antwortverhalten.

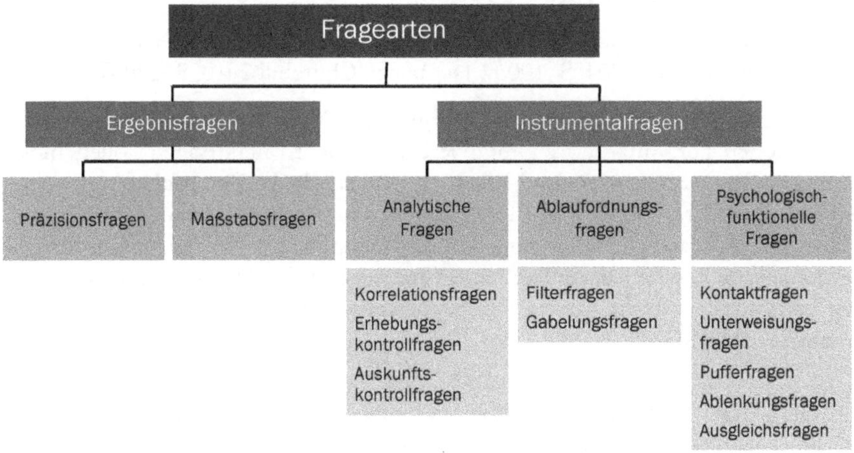

Abb. 3.9: Unterteilung der Fragearten nach deren Aufgabe (Quelle: in Anlehnung an Pepels 2014, S. 108)

Ablaufordnungsfragen dienen der Steuerung des Befragungsablaufs. Dazu gehören:

- *Filterfragen*, die einzelne Befragte von der Bearbeitung von Teilen des Fragebogens ausschließen, da bestimmte Fragenkomplexe auf sie nicht zutreffen bzw. für sie nicht relevant sind, und
- *Gabelungsfragen*, welche Befragte in verschiedene Fragebogenkomplexe parallel aufgliedern.

Psychologisch-funktionelle Fragen sind der Befragungstaktik zuzuordnen und haben vorwiegend methodische Bedeutung. Dazu gehören:

- *Kontaktfragen* (auch: Eisbrecherfragen), die zu Beginn der Befragung gestellt werden, um eine positive Befragungsatmosphäre zu schaffen;
- *Unterweisungsfragen*, welche die Auskunftspersonen für den Befragungsgegenstand sensibilisieren sollen und sie dabei unterstützen, die nachfolgenden Fragen zu verstehen;
- *Pufferfragen*, welche Ausstrahlungseffekte zwischen aufeinander folgenden Aspekten eines Themas vermeiden sollen oder auch zu einem anderen Thema überleiten;
- *Ablenkungsfragen*, die den eigentlichen Erhebungsgegenstand verdecken sollen, um Lerneffekte beim Befragten zu vermeiden;
- *Ausgleichsfragen*, welche jenem Teil der Befragten gestellt werden, die nach einer Filterfrage von der Bearbeitung eines Fragenkomplexes befreit sind. Dadurch soll vermieden werden, dass die Befragten mit Absicht bestimmte Antworten geben, um

Teile des Fragebogens nicht beantworten zu müssen und damit die Bearbeitungszeit verkürzen.

Grundsätzlich sollte ein Fragebogen wie folgt aufgebaut werden:

- Kontaktfragen,
- Sachfragen,
- Kontrollfragen,
- Korrelationsfragen (z.B. Angaben zur Person).

In der Praxis haben sich hinsichtlich der Reihenfolge der Fragen eine Reihe von Prinzipien bewährt (vgl. Böhler 2004, S. 100 f.; Iacobucci/Churchill 2010, S. 220 ff.).

Der Fragebogen sollte mit Kontaktfragen beginnen, um Misstrauen abzubauen und die Auskunftspersonen zur Mitarbeit zu motivieren. Solche Kontaktfragen sollen möglichst einfach zu beantworten sein und Interesse wecken, da die Bereitschaft zur weiteren Bearbeitung des Fragebogens sehr stark vom ersten Eindruck abhängt. Fragen, die als zu schwierig, uninteressant oder gar bedrohlich empfunden werden, gefährden die gesamte Befragung. Bewährt haben sich z.B. Fragen nach der Meinung des Befragten zu einem bestimmten Objekt, da viele Befragte gerne den Eindruck gewinnen, dass ihre Meinung wichtig ist.

Spezifische Fragen sollten erst nach allgemeineren Fragen gestellt werden (Trichter-Prinzip). Ansonsten besteht die Gefahr einer zu frühen Sensibilisierung des Befragten für ein bestimmtes Thema – im Beispiel 3.27 der Service.

Beispiel 3.27:

- „Welche Eigenschaften spielen beim Kauf eines Fernsehers für Sie eine Rolle?"
- „Wenn Sie einen Fernseher kaufen: Wie wichtig ist Ihnen der Service?"

Die Fragen sollten in einer *logischen Reihenfolge* gestellt werden. Alle Fragen zu einem bestimmten Themenkomplex sollten gestellt werden, bevor ein neuer Themenkomplex beginnt.

Der Fragebogen sollte möglichst *abwechslungsreich* gestaltet werden, um Monotonie zu vermeiden. Dies kann durch thematische Abwechslung oder Veränderung von Fragetechnik und Antwortmöglichkeiten geschehen.

Ausstrahlungseffekte sollten vermieden werden. Solche Ausstrahlungseffekte entstehen, wenn vorausgehende Fragen den Befragten sensibilisieren und seine Gedanken in eine bestimmte Richtung lenken, sodass die Beantwortung nachfolgender Fragen nicht mehr unbeeinflusst ist (*Halo-Effekt*). Solche Ausstrahlungseffekte können u.a. durch einen gezielten Einbau von Puffer- und Ablenkungsfragen reduziert werden.

Filter- und Gabelungsfragen sollten sorgfältig konzipiert werden. Bei allen Formen computergestützter Befragungen ist die Verwaltung von Ablaufordnungsfragen relativ unproblematisch; bei schriftlichen Befragungen ist die Verwendung dieser Art von Fragen hingegen an Grenzen gebunden, da die Befragten durch zu viele Gabelungsfragen verwirrt werden können. Bei der Konzeption von Gabelungsfragen empfiehlt es sich, zuerst ein Flussdiagramm mit den gewünschten und möglichen Verzweigungen zu erstellen, um das Spektrum und die Abfolge der erforderlichen Fragen zu identifizieren. Die Folgefragen, zu denen die Befragten nach der Gabelung dirigiert werden, sollten dabei möglichst in der Nähe der Gabelungsfrage platziert werden, um das erforderliche Umblättern im Fragebogen zu minimieren. Darüber hinaus sollten Gabelungsfragen so platziert werden, dass der Befragte nicht antizipieren kann, welche weiteren Informationen von ihm gefordert werden.

Schwierige oder *sensible Fragen* sollten am Ende des Fragebogens platziert werden. Die Beantwortung solcher Fragen ist davon abhängig, ob es dem Forscher gelungen ist, beim Befragten Interesse und insb. Vertrauen zu wecken, ansonsten droht Antwortausfall.

Korrelationsfragen sollten erst am Ende der Befragung gestellt werden. Da es sich bei Korrelationsfragen i.W. um persönliche Angaben wie Alter, Schulbildung, Einkommen etc. handelt, hätten die Befragten sonst das Gefühl, einem Verhör unterzogen zu werden, wenn solche Fragen gleich zu Beginn gestellt würden, und evtl. die Antwort verweigern.

Hinsichtlich der *Länge des Fragebogens* gibt es keine verbindlichen Vorgaben, da die einem Befragten „zumutbare" Länge von Faktoren wie der Art der Befragung (z.B. schriftlich, face-to-face, telefonisch), dem Typ des Befragten (Konsument, Einkäufer im Betrieb etc.), dem Thema der Befragung usw. abhängt. Bei Endverbraucherbefragungen sollte die Bearbeitungsdauer eines schriftlichen Fragebogens i.d.R. 30 – 45 Minuten nicht überschreiten. Face-to-face-Befragungen erlauben eine längere Durchführungszeit, telefonische Befragungen nur eine kürzere (ca. 15 – 20 Minuten). Für Online-Befragungen können 20 Minuten angesetzt werden, selbstadministrierte mobile Befragungen sollten hingegen 10 Minuten nicht überschreiten. Hierbei handelt es sich jedoch nur um grobe Richtwerte.

1.3.7 Formale Gestaltung des Fragebogens

Die bis zu diesem Punkt entwickelten Inhalte des Fragebogens sollen in diesem Schritt in eine ansprechende äußere Form umgesetzt werden. *Bestandteile* eines Fragebogens sind dabei

- Einführung (Vorstellung der Studie),
- Fragen(-blöcke),
- Antwortvorgaben bzw. Platz für Antworten bei offenen Fragen sowie
- Anweisungen für Interviewer bzw. für Befragte.

Diese verschiedenen Bestandteile sollen sinnvoll angeordnet und in ein ansprechendes Layout gebracht werden. Dies gilt insbesondere für alle Formen selbstadministrierter Befragungen, also solcher Befragungen, bei denen der Proband den Fragebogen selbst ausfüllt (schriftlich, online, mobil).

Im Rahmen der *formalen Anordnung* wird die äußere Struktur des Fragebogens festgelegt. Zu Beginn des Fragebogens sollte stets eine *Einführung* erscheinen, um Vertrauen und Interesse zu wecken. Aufgabe der Einführung ist es, die Befragten von der Wichtigkeit der Untersuchung und der Wichtigkeit ihrer Teilnahme zu überzeugen. Aus der Einführung sollte zudem ersichtlich werden, welchen Nutzen die Befragten aus der Teilnahme ziehen können (z.B. „Dadurch helfen Sie uns, Produkte nach Ihrem Geschmack zu entwickeln"). Ferner sollte die Vertraulichkeit bzw. Anonymität der Antworten zugesichert werden. Weiterhin enthält die Einführung ggf. Hinweise auf das

Vorhandensein eines frankierten Rückumschlags, Incentives zur Teilnahme, grundsätzliche Anweisungen zum Ausfüllen des Fragebogens etc. Bei schriftlichen Umfragen erfolgt die Einführung häufig separat in Form eines Begleitschreibens.

Die einzelnen Fragen sollten in geeigneter Weise aufgegliedert werden; es empfiehlt sich dabei die Bildung thematisch zusammenhängender *Blöcke*. Die Blöcke selbst wie auch die Fragen innerhalb der Blöcke sollten *nummeriert* werden, da dadurch die Editierung, Kodierung und Tabulierung der Antworten leichter fallen (vgl. Iacobucci/Churchill 2010, S. 252). Darüber hinaus ist eine Nummerierung unerlässlich, wenn Gabelungs- und Filterfragen verwendet werden, da nur auf diese Weise die Befragten zu den für sie relevanten Teilen des Fragebogens weitergeleitet werden können. Gabelungs- und Filterfragen können zudem durch optische Hilfsmittel unterstützt werden, z.B. Pfeile oder farbige Unterlegungen. Bei Online- und mobilen Befragungen erfolgt die Filterführung hingegen softwaregesteuert und für die Befragten unauffällig. Hinsichtlich der Anordnung der einzelnen Bestandteile des Fragebogens ist darauf zu achten, dass sie optisch voneinander getrennt werden, z.B. durch Umrahmungen, schattierte oder farbige Unterlegungen oder unterschiedliche Schriftarten bzw. Schriftgrößen.

Hinsichtlich der *räumlichen Anordnung* der Fragen ist zu beachten, dass Fragen am Seitenanfang stärkere Aufmerksamkeit erregen als am Seitenende (vgl. Malhotra 2010, S. 352). Aus diesem Grunde sollten wichtige Fragen nach Möglichkeit am Seitenanfang platziert werden. Bei Online- und mobilen Umfragen ist zudem zu berücksichtigen, dass Fragen, für die der Proband scrollen muss, u.U. nicht beachtet werden. Dasselbe gilt für Antwortkategorien im unteren Bereich einer (Web-)Seite. Aus diesem Grunde empfiehlt es sich, einen Übergang zur nächsten Frage erst dann zu ermöglichen, wenn die vorangegangene Frage vollständig beantwortet ist.

Anweisungen für die Teilnehmer zur Beantwortung einzelner Fragen bzw. Anweisungen für den Interviewer, z.B. im Hinblick auf Verwendung von Befragungshilfen oder betreffend die Registrierung der Antworten, sollten an geeigneter Stelle in unmittelbarer Nähe der entsprechenden Fragen platziert werden (vgl. Malhotra 2010, S. 353). Üblicherweise werden Anweisungen zur besseren Übersichtlichkeit in einer anderen Schrift gesetzt, z.B. kursiv.

Im Hinblick auf den *Seitenumbruch* ist darauf zu achten, dass Fragen – inkl. Antwortvorgaben – nicht umgebrochen werden. Ansonsten besteht die Gefahr, dass der Befragte glaubt, die Frage- oder die Antwortmöglichkeiten seien am Ende der Seite zu Ende, was zu einer Verfälschung der Antworten führt. Den *Zeilenumbruch* betreffend sollte vermieden werden, Antwortkategorien nebeneinander anzuordnen, um Platz zu sparen, da die Lesefreundlichkeit dadurch beeinträchtigt wird. Besser ist es, die Antwortmöglichkeiten untereinander anzuordnen.

Beispiel 3.28:

„Wie lange sehen Sie an einem durchschnittlichen Wochentag fern?"

☐ unter 15 Minuten	☐ 61 – 120 Minuten
☐ 15 – 30 Minuten	☐ länger als 120 Minuten
☐ 31 – 60 Minuten	

Bei dieser Anordnung besteht die Gefahr, dass die Befragten die Antwortmöglichkeiten zeilenweise und nicht spaltenweise lesen.

Zwischen den einzelnen Fragen sollte ein ausreichender *Abstand* sein, um den Eindruck der Überfüllung zu vermeiden. Zwar sollten Fragebögen so kurz wie möglich sein, um die Auskunftbereitschaft nicht zu beeinträchtigen; überfüllte Fragebögen sehen jedoch nicht gut aus, erscheinen als verwirrend und führen zu Fehlern im Antwortverhaten.

Die Aufbereitung der Fragebögen wird durch *Vorkodierung der Antworten* wesentlich erleichtert (vgl. Malhotra 2010, S. 352 f.). Im Rahmen einer Vorkodierung werden die Codes zur Eingabe der Antworten in den Computer mit abgedruckt; bei computergestützten Varianten wie CAPI und CATI ist die Vorkodierung bereits in der Software integriert.

Beispiel 3.29:

„Würden Sie Ihren nächsten Urlaub wieder bei Veranstalter X buchen?“

☐ ja, ganz sicher	[1]
☐ wahrscheinlich	[2]
☐ vielleicht	[3]
☐ sicher nicht	[4]

Ein weiterer Aspekt bei der formalen Gestaltung eines Fragebogens ist der Einsatz bestimmter *Gestaltungselemente*. Bei schriftlichen Umfragen sollte auf eine gute *Papier- und Druckqualität* geachtet werden. Eine schlechte Qualität beeinträchtigt das Image des Instituts bzw. des Auftraggebers, wohingegen eine gute Qualität die Wichtigkeit der Untersuchung unterstreicht. Auch bei elektronisch administrierten Fragebögen ist auf eine ansprechende, professionelle Optik zu achten. Nur ein professionell aussehender Fragebogen gewährleistet, dass die Studie von den Befragten auch ernst genommen wird. Erfolgt die Befragung mit Hilfe eines *elektronischen Fragebogens* (z.B. im Rahmen einer Online-Befragung) sind die Formate durch die Befragungssoftware teilweise bereits vorgegeben.

Das *Seitenformat* ist u.a. von der Darreichungsform abhängig. Für die meisten Fälle schriftlicher Befragungen eignen sich DIN A4 und DIN A5; in Ausnahmefällen – z.B. Beihefter in Zeitschriften – sind auch kleinere Formate wie z.B. DIN A6 möglich. Umfasst der Fragebogen mehrere Seiten, sollte er in Heftform gebunden und nicht etwa mit Heftklammern zusammengehalten werden, um ein professionelles Aussehen zu gewährleisten. Die technische Umsetzung des Fragebogens für Online- oder mobile Befragungen muss die Lesbarkeit und die problemlose Navigation auf den verschiedenen Endgeräten inkl. Tablets und Smartphones gewährleisten.

Für die Übersichtlichkeit des Fragebogens kann der Einsatz unterschiedlicher *Farben* und *Schriftarten* hilfreich sein, etwa zur optischen Trennung verschiedener Bestandteile des Fragebogens. Eine unterschiedliche Farbgebung kann beispielsweise auch für verschiedene Adressatengruppen verwendet werden, etwa private und gewerbliche Abnehmer, Befragte aus unterschiedlichen Bundesländern etc.

Die Fragebögen selbst sollten durchnummeriert sein, da dadurch eine Kontrolle der Feldarbeit wie auch die Kodierung und Analyse erleichtert werden. Bei online administrierten Fragebögen geschieht dies automatisch nach Zeitpunkt des Rücklaufs. Vorsicht ist jedoch bei schriftlichen Umfragen geboten, da die Befragten darin möglicherweise eine Bedrohung der Anonymität sehen.

Die Befragungsergebnisse lassen sich darüber hinaus durch den Einsatz von *Befragungshilfen* positiv beeinflussen. Dazu gehören – je nach Art der Befragung – Auflistungen (etwa von Produktmarken), grafische Darstellungen sowie Fotos, Karten, Skalen bis hin zu Computeranimationen und Videos im Rahmen von Online- und mobilen Befragungen.

1.3.8 Fragebogen-Pretest

Die vorangegangenen Ausführungen haben gezeigt, dass die Gestaltung eines Fragebogens eine Vielzahl von Fehlerquellen birgt, welche die Qualität der Ergebnisse erheblich in Frage stellen können. Aus diesem Grunde ist es i.d.R. angebracht, vor der Hauptuntersuchung den Fragebogen einem Pretest zu unterziehen. Der Umfang eines *Pretests* umfasst i.A. 15 – 30 Befragungen; dies variiert jedoch in Abhängigkeit von der Heterogenität des Adressatenkreises. Bei mehreren Pretest-Stufen kann der erforderliche Stichprobenumfang durchaus größer sein.

Der Pretest sollte bei solchen Befragten erfolgen, die den Adressaten der Hauptstudie entsprechen, um Verzerrungen zu vermeiden (vgl. hierzu z.B. Diamantopoulos et al. 1994). Dabei sollten sämtliche Aspekte des Fragebogens getestet werden, also nicht nur Inhalt, Wortlaut und Reihenfolge der Fragen, sondern auch Länge, Anweisungen für Interviewer und Befragten, Layout etc. Das Ausbleiben eines Pretests kann dazu führen, dass schwerwiegende Fehler begangen und die Ergebnisse der Untersuchung wertlos werden.

Bei der Durchführung eines Pretests empfiehlt es sich, zweistufig vorzugehen. In einer ersten Stufe sollten persönliche Interviews durchgeführt werden, unabhängig von der Form, in der die Befragung im Rahmen der Hauptstudie letztlich stattfinden wird (schriftlich, face-to-face, telefonisch etc.). Der Grund liegt darin, dass Interviewer besser in der Lage sind, Reaktionen der Befragten zu erfassen, Widerstände aufzuspüren und Un- bzw. Missverständnisse aufzudecken. Dabei sind folgende Methoden geläufig (vgl. Malhotra 2010, S. 354):

- Protokollanalyse und
- Debriefing.

Im Rahmen einer *Protokollanalyse* werden die Befragten gebeten, bei der Beantwortung der Fragen „laut zu denken". Die Anmerkungen der Befragten werden auf Tonband registriert und anschließend analysiert. Dadurch können spontane Eindrücke im Zusammenhang mit dem Fragebogen unmittelbar erfasst werden.

Debriefing beinhaltet, dass den Teilnehmern im Anschluss an die Befragung der Pretestcharakter der Untersuchung mitgeteilt wird. Ihnen werden die Ziele des Pretests beschrieben, anschließend werden sie gebeten, die Bedeutung der einzelnen Fragen zu erklären, ihre Antworten zu erläutern und etwaige Probleme zu nennen, welche ihnen bei der Beantwortung der Fragen aufgefallen sind. Die dadurch aufgedeckten Defizite des Fragebogens werden in eine neue Version eingearbeitet, welche erneut zu testen ist – diesmal mit derselben Methode, die für die Hauptuntersuchung vorgesehen ist. Dadurch werden Mängel deutlich, welche bei spezifischer Anwendung einer bestimmten Befragungsmethode auftreten.

Ergebnis des Pretests sollte sein, ob das Forschungsproblem in adäquater Weise umgesetzt wurde, also insb.

- ob alle Fragen verständlich und frei von Missverständnissen sind,
- ob bestimmte Fragen überflüssig sind oder aber
- ob Fragen zu wichtigen Aspekten des Forschungsproblems fehlen.

1.4 Messung, Operationalisierung und Skalierung von Variablen

1.4.1 Messung und Messverfahren

Definition

Unter einer *Messung* wird die Zuordnung von Werten zu Eigenschaftsausprägungen von Objekten nach vordefinierten Regeln verstanden. Die Zuordnung soll dabei eine isomorphe Abbildung gewährleisten, d.h. Objekte mit identischen Eigenschaftsausprägungen (z.B. Personen mit gleicher Einstellung zu einer Marke) sollen im Rahmen einer Messung auch identische Werte erhalten.

Im Rahmen einer Erhebung werden – unabhängig vom Erhebungsverfahren – Informationen über Merkmale von Untersuchungsobjekten erhoben. Diese können Eigenschaften von Personen betreffen, z.B. soziodemographische Merkmale, Markenpräferenzen oder Einstellungen von Konsumenten, oder aber Merkmale von Produkten bzw. Marken, z.B. Markenimage, Erhältlichkeit, Marktanteile. Die relevanten Eigenschaften sind in geeigneter Weise zu messen.

Als Werte kommen üblicherweise Zahlen in Frage, grundsätzlich sind jedoch auch andere Zuordnungen möglich. Während dies bei direkt beobachtbaren Variablen wie Preis, Einkommen oder Alter relativ unproblematisch ist, bedarf die Erhebung komplexer psychologischer Konstrukte (z.B. Einstellungen) weitergehender Überlegungen, da solche Konstrukte nicht direkt beobachtbar sind. Zudem lassen sie sich häufig auch nicht anhand einer einzigen Skala messen, da sie sich aus mehreren zusammenwirkenden Variablen zusammensetzen. Die Messung i.S. einer Zuordnung von Werten zu Eigenschaftsausprägungen bedarf daher zum einen einer Operationalisierung, zum anderen einer Skalierung der interessierenden Eigenschaften bzw. Konstrukte. Ergebnisse einer Messung sind Messwerte bzw. Daten. Abbildung 3.10 zeigt die Zusammenhänge im Überblick.

Zur Durchführung von Messungen ist der Einsatz bestimmter *Messverfahren* erforderlich; diese bezeichnen die Art und Weise, in welcher konkrete Messwerte erhoben werden sollen. Eine erste Unterscheidung besteht zwischen verbalen und nonverbalen Messverfahren. *Verbale Messverfahren* beinhalten, dass ein Messwert aus einer mündlichen oder schriftlichen Äußerung der Untersuchungseinheiten resultiert, wie dies z.B. im Rahmen einer Befragung geschieht. *Nonverbale Messverfahren* basieren hingegen auf Beobachtungen (vgl. hierzu die Ausführungen in Abschnitt 2).

In den Sozialwissenschaften – und speziell auch in der Marktforschung – dominieren verbale Messverfahren, da vielfach subjektive Merkmale (bzw. Merkmalsausprägungen) der Untersuchungseinheit gemessen werden müssen, die eine Auskunft der Testperson voraussetzen (z.B. Präferenzen, Einstellungen, Kaufabsichten). Hingegen kommen nonverbale Messverfahren dann zum Tragen, wenn objektive, beobachtbare Sachverhalte erhoben werden müssen (z.B. Markenwahl). Aufgrund der Dominanz verbaler –

und damit subjektiver – Verfahren in der Marktforschung ist die Güte der Methoden – im Vergleich zu den objektiveren, nonverbalen Verfahren in den Naturwissenschaften – geringer (vgl. Abschnitt 1.4.2). Hinzu kommt, dass in den Sozialwissenschaften eine Vielzahl von Störfaktoren nicht oder nur begrenzt kontrollierbar ist.

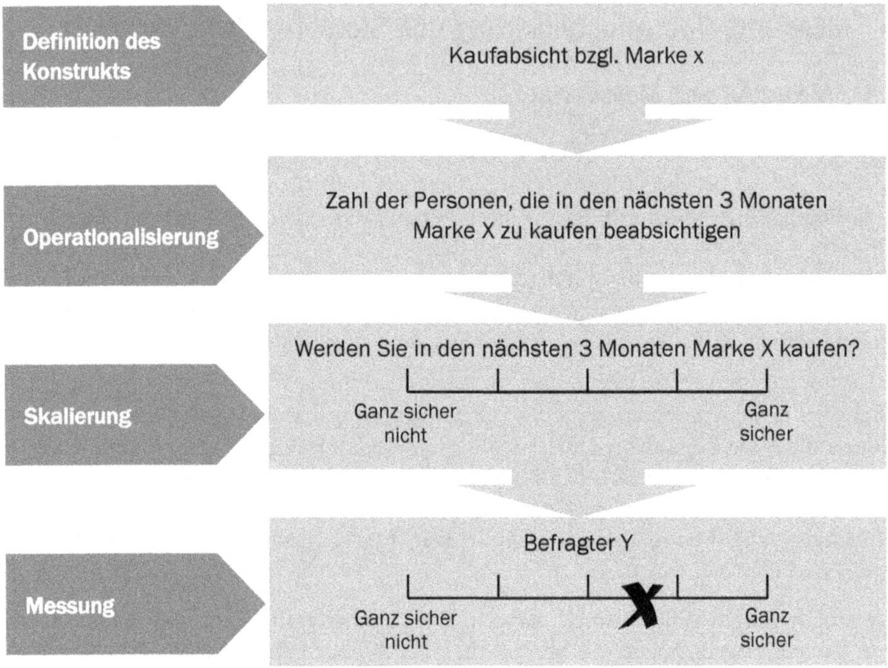

Abb. 3.10: Operationalisierung, Skalierung und Messung von Variablen

Eine weitere Unterteilung entsteht, wenn nach dem Aufzeichnungsverfahren zwischen persönlichen und apparativen Verfahren differenziert wird. Im Rahmen *persönlicher Messverfahren* erfolgt die Messung durch einen Interviewer bzw. Beobachter in manueller Form (z.B. durch Aufschreiben oder unter Benutzung von Stoppuhren, Handzählern usw.). Apparative Verfahren sind technische Hilfsmittel, welche insb. im Rahmen experimenteller Laborsituationen eingesetzt werden (vgl. hierzu ausführlich Abschnitt 2.2 in diesem Teil). Der höheren Genauigkeit der Messung steht der Nachteil gegenüber, dass der Einsatz in Feldsituationen i.d.R. nicht möglich ist. Im Folgenden werden ausschließlich verbale Messverfahren dargestellt, die im Rahmen quantitativer Befragungen zum Einsatz kommen. Messverfahren für andere Erhebungsformen werden in den jeweiligen Kapiteln behandelt.

1.4.2 Qualität von Messverfahren

Fehlerquellen bei Erhebungen

Die als Ergebnis einer Messung gewonnenen Messwerte stellen die Grundlage für die Auswertung und Interpretation der Daten (vgl. Teil 6). Die Güte der auf diese Weise erhaltenen Informationen steht und fällt dabei mit der Qualität des erhobenen Datenmaterials und damit mit der Güte der eingesetzten Messverfahren. Die sorgfältige Messung der interessierenden Merkmalsausprägungen spielt somit in der Marktforschung eine zentrale Rolle. Generell wird gefordert, dass die im Rahmen einer Messung erhaltenen Werte möglichst fehlerfrei sind. Dies bedeutet, dass Unterschiede in den Messwerten vollständig auf Unterschiede in den Ausprägungen des zu messenden Sachverhalts zurückzuführen sind. Resultieren bei zwei Probanden auf einer Skala von 0 – 100 Einstellungswerte von 25 und 60, so wird angenommen, dass die unterschiedlichen Messwerte auch unterschiedliche Einstellungswerte repräsentieren. In der Praxis ist allerdings zumeist davon auszugehen, dass die Messung – zumindest teilweise – mit Fehlern behaftet ist. Ziel einer jeden Messung ist daher, diesen Fehler in Grenzen zu halten. Ein Messwert X_0 enthält dabei grundsätzlich die folgenden Komponenten:

$X_0 \;= X_W + X_S + X_Z$ mit

X_W = wahrer Wert der zu messenden Ausprägung,

X_S = systematischer Fehler,

X_Z = Zufallsfehler.

Der *Zufallsfehler* beruht darauf, dass die Messwerte bei wiederholter Messung um einen konstanten Mittelwert schwanken. Dabei wird angenommen, dass der Mittelwert der Messungen bei ausreichender Fallzahl den unbekannten wahren Wert wiedergibt. Damit gilt, dass sich Zufallsfehler im Mittel ausgleichen. In der Praxis wird als Zufallsfehler der *statistisch berechenbare* Fehler verstanden, d.h. der Stichprobenfehler bei sog. *Random-Verfahren*. Der Stichprobenfehler hängt dabei in hohem Maße von der Stichprobengröße ab (vgl. die Ausführungen in Kapitel 3 in diesem Teil), d.h. der Stichprobenfehler fällt – wenn auch unterproportional – mit zunehmendem Stichprobenumfang (bei einer Vollerhebung wäre der Stichprobenfehler demnach Null).

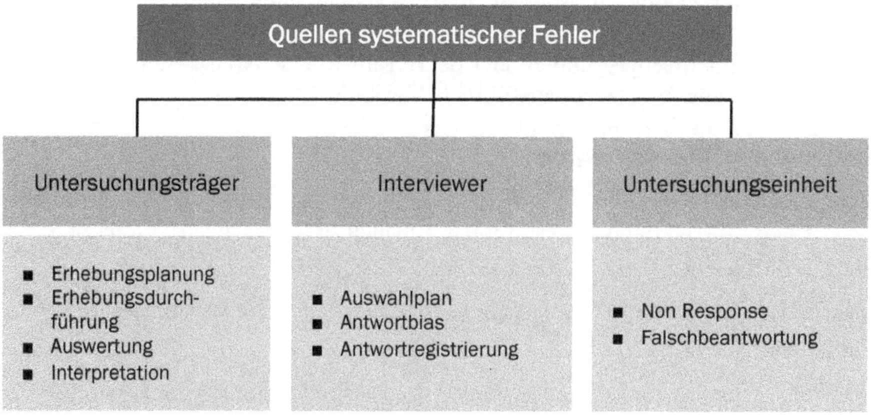

Abb. 3.11: Quellen systematischer Fehler

Bei Vorliegen eines *systematischen Fehlers* variieren die Messwerte nicht um einen wahren Wert, sondern die Messergebnisse werden in eine bestimmte Richtung verzerrt – etwa bei einer Uhr, welche „systematisch" nachgeht. Das Gesetz der großen Zahlen findet hier keine Anwendung, d.h. der systematische Fehler kann durch Erhöhung des Stichprobenumfangs nicht reduziert werden. Darüber hinaus lässt er sich statistisch nicht quantifizieren, sondern allenfalls aus Erfahrungswerten abschätzen. Andererseits ist er aber durch sorgfältige Gestaltung des Messinstruments vermeidbar (vgl. hierzu Sellitz et al. 1976, S. 164 ff.). Abbildung 3.11 zeigt die Quellen systematischer Fehler.

Eine erste Ursache systematischer Fehler liegt beim Untersuchungsträger. So können im Rahmen der *Erhebungsplanung* die Grundgesamtheit falsch definiert, die Forschungsfrage nicht korrekt formuliert, der Fragebogen fehlerhaft oder das Auswahlverfahren ungeeignet sein. Auch im Rahmen der *Durchführung* können Fehler auftreten, etwa durch eine mangelhafte Organisation der Feldarbeit. Darüber hinaus kann die *Datenauswertung* fehlerhaft – z.B. wegen der Anwendung ungeeigneter Verfahren oder fehlerhafter Codierung und Dateneingabe – sowie die *Interpretation* der Daten aufgrund subjektiver Wertungen verzerrt sein.

Eine weitere Quelle systematischer Fehler liegt im sog. *Interviewer-Bias*. So kann der Auswahlplan dadurch verzerrt sein, dass der Interviewer seine Quoten nicht einhält oder gar verfälscht. Hierzu gehört auch der mitunter vorkommende Fall, dass der Interviewer einen Teil der Fragebögen selbst ausfüllt. Darüber hinaus kann eine *Antwortbeeinflussung* seitens des Interviewers stattfinden, sei es unbewusst durch Gestik, Mimik und Auftreten, sei es bewusst durch Suggestion. Schließlich können auch im Rahmen der *Antwortregistrierung* Fehler auftreten, z.B. durch versehentliches Ankreuzen der falschen Antwortkategorie, Platzmangel zur Erfassung der vollständigen Antwort u.Ä.

Schwerwiegende Fehler bei der *Untersuchungseinheit* betreffen die Antwortverweigerung (Non-Response) und die Falschbeantwortung. Gerade die Antwortverweigerung stellt ein großes Problem in der Sozialforschung dar, da die Repräsentativität der Untersuchungsergebnisse dadurch gefährdet ist. Dies ist dann der Fall, wenn sich die Antwortverweigerer systematisch von den Antwortenden unterscheiden; der Effekt ist umso größer, je höher die Ausfallrate im Vergleich zum Anteil der Antwortenden, d.h. je geringer die Ausschöpfungsquote ist. Neben der Nichtbeantwortung spielt auch die *Falschbeantwortung* eine wichtige Rolle. Eine eher unbeabsichtigte Falschbeantwortung kann die Folge interner oder externer situativer Gegebenheiten beim Probanden sein, etwa Ermüdung, Krankheit, Präsenz von Familienmitgliedern u.Ä. Bewusste Falschbeantwortung kann aus Prestigegründen oder bei sensiblen bzw. tabuisierten Erhebungsgegenständen eintreten (vgl. hierzu ausführlich Abschnitt 2.2.2).

Anforderungen an Messverfahren

Das Ziel, möglichst fehlerfreie Messwerte zu erhalten, wird dann erfüllt, wenn die herangezogenen Messverfahren bestimmten Qualitätsanforderungen (Gütekriterien) genügen (vgl. Abb. 3.12):

- Objektivität,
- Validität und
- Reliabilität.

> Definition
>
> Die *Objektivität* eines Messinstruments ist gewährleistet, wenn die gewonnenen Messwerte personenunabhängig zustande kommen, unterschiedliche Forscher also unter Anwendung derselben Messinstrumente das gleiche Ergebnis erhalten.

Entsprechend den Ablaufschritten eines Messvorgangs lassen sich folgende Arten der Objektivität unterscheiden (vgl. Döring/Bortz 2016, S. 443):

- Durchführungsobjektivität,
- Auswertungsobjektivität und
- Interpretationsobjektivität.

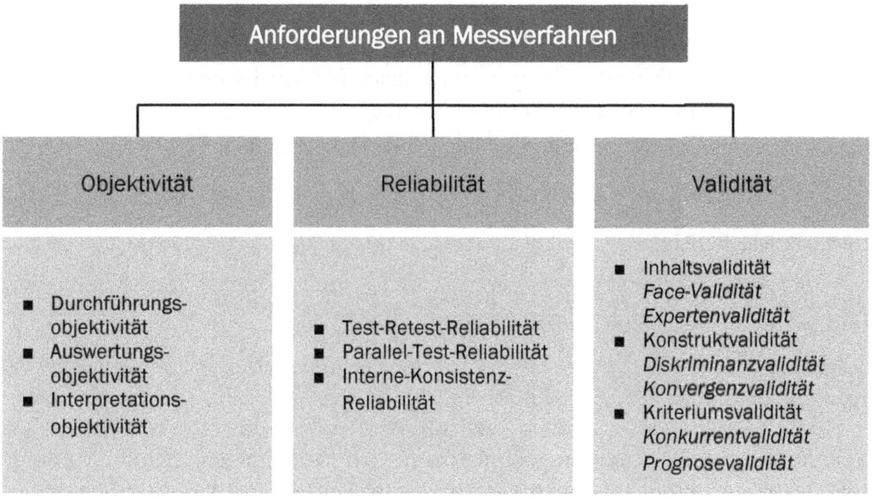

Abb. 3.12: Qualitätsanforderungen an Messverfahren

Durchführungsobjektivität ist dann gegeben, wenn der Untersuchungsleiter die Untersuchungseinheiten weder durch sein äußeres Erscheinungsbild noch durch seine Motiv- und Wertstruktur in ihrem Verhalten beeinflusst, d.h. wenn eine möglichst geringe soziale Interaktion zwischen Forscher und Auskunftsperson stattfindet. Die *Auswertungsobjektivität* ist umso höher, je weniger Freiheitsgrade der Forscher bei der Auswertung der Messergebnisse hat. Sie ist bei standardisierten quantitativen Erhebungen am höchsten, bei qualitativen, nichtstandisierten Erhebungen am geringsten. Schließlich besagt die *Interpretationsobjektivität*, dass verschiedene Untersuchungsleiter die Messergebnisse in gleicher Weise interpretieren.

Bei quantitativen, standardisierten Erhebungen ist Objektivität i.d.R. gegeben, wohingegen bei qualitativen Erhebungen ggf. eine Prüfung der Objektivität erfolgen muss (vgl. i.E. die Ausführungen in Abschnitt 3 in Teil 7). Die Messung der Objektivität erfolgt dabei mit dem sog. *Objektivitätskoeffizienten*; hierbei werden die Ergebnisse zweier Messvorgänge, welche von unterschiedlichen Forschern durchgeführt wurden, miteinander korreliert.

Definition

Ein Messinstrument ist *reliabel* (zuverlässig), wenn es bei wiederholten Messungen unter völlig gleichen Bedingungen dasselbe Messergebnis erzeugt. Damit ist Reliabilität ein Maß für die Präzision eines Messinstruments.

Uneingeschränkte Reliabilität bedeutet, dass das Messinstrument in der Lage ist, bei jedem Messvorgang den wahren Wert X_W ohne jeden zufälligen Messfehler X_Z zu erfassen. Der Grad der Reliabilität einer Messung lässt sich anhand des Standardfehlers ausdrücken, welcher ein Maß dafür ist, um wieviel die Messwerte bei wiederholter

Messung um einen Mittelwert streuen. Die Reliabilität bezieht sich demnach auf den *Zufallsfehler.*

Tritt bei wiederholten Messungen ein Messfehler auf, so kann dies die folgenden *Ursachen* haben (vgl. Berekoven et al. 2009, S. 81):

- fehlende Konstanz der Messbedingungen,
- fehlende Konstanz der Merkmale (unterschiedliche Merkmalswerte trotz konstanter Messbedingungen und fehlerfreiem Messinstrument),
- fehlende instrumentale Konstanz, d.h. mangelnde Präzision des Messinstruments.

Die Reliabilität lässt sich überprüfen durch (vgl. z.B. Döring/Bortz 2016, S. 464 ff.)

- die Test-Retest-Reliabilität,
- die Parallel-Test-Reliabilität sowie
- die Interne-Konsistenz-Reliabilität

Zur Bestimmung der *Test-Retest-Reliabilität* erfolgt eine Wiederholungsmessung zu einem späteren Zeitpunkt. Die Test-Retest-Reliabilität resultiert dann aus der Korrelation der beiden Messreihen und ist ein Maß für die Stabilität des Messverfahrens. Bei der *Parallel-Test-Reliabilität* wird eine Vergleichsmessung zum selben Zeitpunkt vorgenommen. Hierbei werden zwei Testversionen entwickelt, welche auf ihre Äquivalenz hin überprüft werden. Bei der *Internen-Konsistenz-Reliabilität* erfolgt eine Aufteilung des Messinstruments (z.B. die Items bei einer Multi-Item-Skala) in zwei Teile gleicher Länge (*Split-Half-Reliabilität*); anschließend werden die Ergebnisse auf ihre Einheitlichkeit hin überprüft. Bestimmt wird die Reliabilität jeweils über die Korrelation der Messergebnisse, welche möglichst hoch sein sollte.

Die genannten Verfahren zur Messung der Reliabilität sind jedoch selbst mit Fehlerquellen behaftet. So kann sich z.B. bei der Test-Retest-Reliabilität der wahre Wert im Zeitablauf verändern, oder es tritt bei den Probanden ein Pretest-Effekt auf, etwa Sensibilisierung durch wiederholte Messungen. Bei der Split-Half-Reliabilität ist die Aufteilung des Messinstruments in zwei gleichwertige Hälften – etwa zwei gleichwertige Itembatterien – äußerst problematisch. Zur Messung der Internen-Konsistenz-Reliabilität ist daher insb. die Berechnung von *Cronbachs Alpha* gebräuchlich (vgl. Döring/Bortz 2016, S. 468):

$$\alpha = \frac{I}{I-1}\left(\frac{s_X^2 - \sum_{i=1}^{I} s_{X_i}^2}{s_X^2}\right) \text{ mit}$$

s_X^2 = Varianz des Gesamtscores,

$s_{X_i}^2$ = Varianz in Item i (i = 1,…,I),

$X = \sum_{i=1}^{I} X_i$ = Gesamtscore.

Cronbachs Alpha liegt im Wertebereich zwischen 0 und 1; gefordert wird üblicherweise $\alpha > 0{,}7$. Alpha wird dabei umso größer, je höher die Zahl der Items ist.

Definition

Die *Validität* (Gültigkeit) eines Messinstruments gibt an, ob das Messinstrument tatsächlich das misst, was es zu messen vorgibt, und wie genau es den zu messenden Sachverhalt abbildet.

Im Gegensatz zur Reliabilität bezieht sich die Validität auf *systematische (konstante) Fehler* (zur Validität im Zusammenhang mit Experimenten vgl. auch die Ausführungen in Kapitel 2 im 5. Teil).

Beispiel 3.30:

Zur Messung der Schulreife von Kindern wird ein Testverfahren verwendet, das in Wirklichkeit bereits vorhandenes Wissen abfragt. Damit ist das Messinstrument nicht valide, da es nicht wie beabsichtigt die Schulreife misst, sondern ein anderes Konstrukt. Dennoch kann das Instrument durchaus reliabel sein, d.h. bei Wiederholung des Tests an demselben Kind resultieren dieselben – allerdings nicht validen – Messwerte.

Im Hinblick auf die Marktforschung ist ein Messinstrument, mit dessen Hilfe beispielsweise die Einstellung von Probanden bezüglich eines Objektes (z.B. einer bestimmten Produktmarke) gemessen werden soll, nicht valide, wenn im Rahmen einer Befragung „falsche" Fragen gestellt werden, mit denen sich die Einstellung gegenüber einem Einstellungsobjekt nicht adäquat abbilden lässt. Die Validität des Messinstruments ist auch dann gestört, wenn die „falschen" Probanden befragt werden (z.B. Personen, welche nicht zur Zielgruppe der Produktmarke gehören). Mangelnde Reliabilität kann sich in diesem Beispiel durch unsorgfältige Interviewer oder verzerrtes Antwortverhalten der Probanden ergeben.

Zur Überprüfung der Validität wird unterschieden in (vgl. Döring/Bortz 2016, S. 469 ff.):

- die Inhaltsvalidität,
- die Konstruktvalidität sowie
- die Kriteriumsvalidität.

Gegenstand der *Inhaltsvalidität* ist die Frage, ob ein Messinstrument inhaltlich (sachlich und logisch) geeignet ist, einen bestimmten Sachverhalt zu messen. Die Überprüfung erfolgt im Regelfall durch Plausibilitätsüberlegungen (Face-Validität) oder mittels Beurteilung durch Experten (Expertenvalidität). Die *Konstruktvalidität* misst, in welchem Ausmaß Beziehungen zwischen einem theoretischen Konstrukt (z.B. „Einstellung") und der empirischen Messung vorliegen. Ein Test ist dann konstruktvalide, wenn aus dem zu messenden Konstrukt Hypothesen ableitbar sind, die anhand der Testwerte gemessen werden können. Diese Beziehung kann in Form der Diskriminanzvalidität (Unterschiedlichkeit der Messung verschiedener Konstrukte mit einem Messinstrument) oder der Konvergenzvalidität (Übereinstimmung der Messungen eines Konstrukts mit verschiedenen Messinstrumenten) abgebildet werden (vgl. Campbell/Fiske 1959). Gegenstand der *Kriteriumsvalidität* ist hingegen die Übereinstimmung der Messung eines latenten Konstrukts (z.B. Einstellung zur Marke) mit den Messungen eines korrespondierenden manifesten Kriteriums dieses Konstruktes (z.B. Empfehlungsverhalten). Je nachdem, ob die Messungen zeitgleich oder später erfolgen, unterscheidet man dabei zwischen Konkurrentvalidität (zeitgleiche Messung) und Prognosevalidität (zeitlich aufeinanderfolgende Messung). Die Kriteriumsvalidität errechnet sich als Korrelation zwischen den Testwerten und den Kriteriumswerten einer Stichprobe.

Ziel empirischer Erhebungen ist grundsätzlich die Gewinnung von Informationen über eine Gesamtheit von Erhebungseinheiten. Insofern kommt neben den genannten Gütekriterien zusätzlich der *Repräsentativität* eine zentrale Rolle zu.

Definition

Statistische *Repräsentativität* beinhaltet, dass von den Ergebnissen in einer Stichprobe ein Rückschluss auf die Grundgesamtheit möglich ist, wobei der Fehler quantifizierbar ist.

Bei quantitativen Erhebungen wird Repräsentativität durch entsprechende Auswahlverfahren gewährleistet (vgl. Kapitel 3 in diesem Teil). Die Zusammensetzung der Stichprobe soll dabei der Zusammensetzung der Grundgesamtheit entsprechen.

1.4.3 Operationalisierung und Skalierung komplexer Konstrukte

Definition

Operationalisierung ist eine Vorschrift zur Zuordnung von Messungen zu einer interessierenden Variablen. Unter *Skalierung* wird die Generierung eines Maßstabs verstanden, um Eigenschaftsausprägungen von Objekten zu messen.

Die Operationalisierung von Merkmalen bzw. Variablen ist insbesondere bei komplexen, nicht direkt messbaren Konstrukten von Bedeutung. Sie erfordert eine präzise konzeptionelle und begriffliche Erfassung der zu erhebenden Merkmale sowie die Bestimmung der zugehörigen empirisch wahrnehmbaren Eigenschaften (Indikatoren, Items), welche das konzeptionell formulierte Konstrukt repräsentieren und zur Bildung einer geeigneten Messskala heranzuziehen sind.

Im Zusammenhang mit der Skalierung sind die folgenden Aspekte von Bedeutung:

- das Messniveau der Daten,
- die Art, Anzahl und Richtung der möglichen Antwortkategorien auf der Skala sowie
- die eingesetzten Skalierungsverfahren.

Messniveau der Daten

Das *Skalenniveau* bzw. *Messniveau* von Variablen hat im Rahmen der Marktforschung eine erhebliche Bedeutung, da es einerseits die anzuwendenden bzw. anwendbaren Datenanalyseverfahren determiniert, andererseits die Aussagekraft von Marktforschungsergebnissen beeinflusst. Generell wird die Messung auf einem möglichst hohen Skalenniveau angestrebt, da das Spektrum anwendbarer Datenanalysemethoden größer ist. Zudem können höhere Skalenniveaus bei Bedarf auf ein niedrigeres Niveau reduziert werden, nicht aber umgekehrt. Tabelle 3.3 zeigt die vier möglichen Skalenniveaus im Überblick.

Tab. 3.3: Skalenniveaus in der Marktforschung

Skalentyp	Beispiel	Empirische Aussage	Zulässige Rechen-operationen	Zulässige Maßzahlen und Verfahren
Nominal-skala	Markenwahl eines Probanden: Marke 1 oder Marke 2 oder Marke 3	Gleichheit oder Ungleichheit von Objekten (z.B. gleiche Markenwahl durch die Probanden A und B)	Jede eineindeutige Operation (Zuordnung von genau einem nummerischen Wert zu genau einer bestimmten Ausprägung). Die Werte selbst haben keine empirische Aussage.	Häufigkeit, Modus, Kontingenzmaße
Ordinalskala	Markenpräferenz eines Probanden: Rang 1: Marke 2 Rang 2: Marke 3 Rang 3: Marke 1	Größer-Kleiner-Relationen (Proband A zieht Marke 2 Marke 3 vor)	Jede monotone rangerhaltende Operation. Den Merkmalsausprägungen können beliebige Werte zugeordnet werden, sofern die Rangfolge erhalten bleibt.	Median, Centile, Rangkorrelation
Intervallskala	Ratingskala zur Messung der Kaufabsicht bzgl. Marke 2: „1: ganz sicher nicht" bis „7: ganz sicher"	Gleichheit von Intervallen bzw. Differenzen[1]	Lineare Transformation, z.B. Multiplikation eines jeden Werts mit dem gleichen Faktor	Arithmetisches Mittel, Varianz, Produkt-Moment-Korrelationskoeffizient, t-Test, F-Test
Verhältnis-skala	Gekaufte Menge von Marke 2	Verhältnis von zwei Werten	Ähnlichkeitstransformation, z.B. Umrechnung von Litern in Gallions	Geometrisches Mittel, harmonisches Mittel

[1] Die Antwortskala hat zunächst ordinales Niveau. Sie gilt dann als Intervallskala, wenn angenommen werden kann, dass die Abstände zwischen den Skalenwerten von den Probanden als gleich wahrgenommen werden.

Während eine *Nominalskala* lediglich die Feststellung von Identitäten ermöglicht, kann anhand einer *Ordinalskala* eine Rangfolge zwischen verschiedenen Objekten festgestellt werden. Die Abstände zwischen den Objekten sind dabei unbekannt. Sind die Abstände zwischen den Objekten messbar, liegt eine *Intervallskala* vor, im Falle des Vorhandenseins eines absoluten Nullpunkts ist eine *Verhältnisskala* gegeben. Nominal- und Ordinalskalen werden als nichtmetrische Skalen, Intervall- und Verhältnisskalen hingegen als metrische Skalen bezeichnet.

Art, Anzahl und Richtung der Antwortmöglichkeiten

Je nach untersuchtem Gegenstand sind Skalafragen zu entwickeln, welche eine Messung des interessierenden Sachverhalts möglichst unverzerrt ermöglichen. Dabei kann man folgende *Skalenarten* unterscheiden:

- monopolare vs. bipolare Skalen sowie
- kontinuierliche vs. diskontinuierliche Skalen.

Bei einer *monopolaren* (bzw. unipolaren) Skala verlaufen die Antwortkategorien nur in eine Richtung, z.B. von einer geringen bis hohen Ausprägung. Eine *bipolare* Skala bildet hingegen zwei gegensätzliche Dimensionen ab, z.B. lehne ab – stimme zu. Bei einer *kontinuierlichen* Rating-Skala erfolgt die Bewertung an beliebiger Stelle eines Kontinuums (z.B. einer Geraden mit zwei Extrempunkten); die Einteilung in Kategorien wird nachträglich durch den Forscher vorgenommen. Ihre Anwendung in der Marktforschung ist allerdings begrenzt, da nicht gewährleistet ist, dass zwei Probanden, welche das Kontinuum an derselben Stelle ankreuzen, auch genau denselben Messwert meinen. Gebräuchlicher sind daher *diskontinuierliche* (diskrete) Skalen, welche eine endliche Zahl an Antwortkategorien beinhalten. Abbildung 3.13 zeigt Beispiele für die verschiedenen Skalentypen.

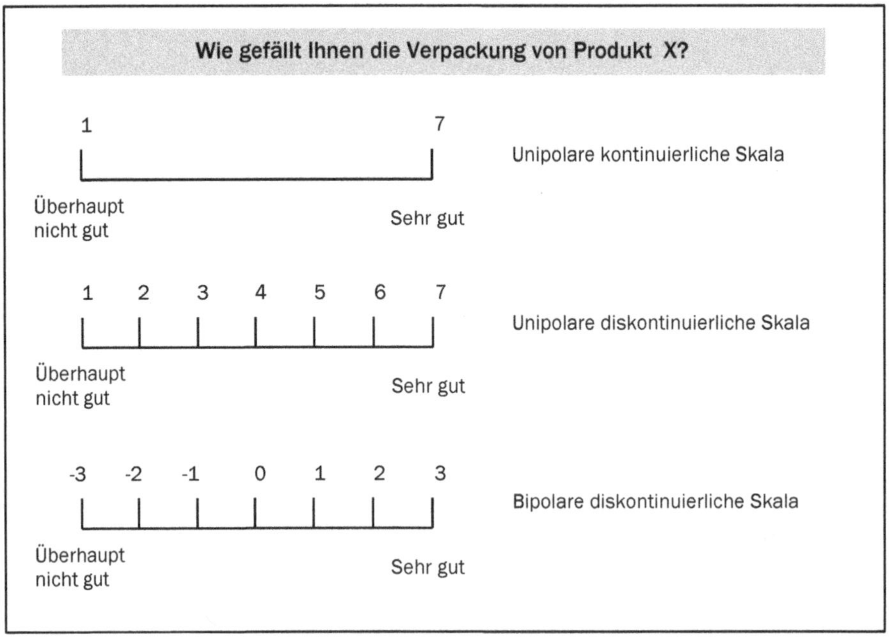

Abb. 3.13: Beispiele für gebräuchliche Ratingskalen

Bei der Konstruktion einer Skala ist darüber hinaus über die *Anzahl der Skalenpunkte*, d.h. der möglichen Antwortkategorien zu entscheiden (vgl. Cox 1980). Einerseits erlaubt eine zu kleine Anzahl an Skalenpunkten keine ausreichende Differenzierung der Antworten und führt u.U. dazu, dass die Variable nicht als metrisch skaliert angesehen werden kann, was das Spektrum der möglichen Datenanalyseinstrumente einschränkt. Zuviele Skalenpunkte können andererseits die Probanden überfordern, da diese u.U.

kein ausreichendes Differenzierungsvermögen besitzen. In der Marktforschung am gebräuchlichsten ist eine 7-Punkte-Skala

Neben der Anzahl der Skalenpunkte wird häufig diskutiert, ob die Skala eine gerade oder ungerade Zahl an Antwortmöglichkeiten aufweisen sollte (vgl. Coelho/Esteves 2007). Wird bei einer Rating-Skala eine gerade Anzahl an Antwortmöglichkeiten vorgegeben, ist das Ankreuzen einer mittleren Position nicht möglich. Die Auskunftsperson muss sich also für eine eher positive bzw. negative Haltung entscheiden. Hierdurch wird das tendenziell „mittige" Antwortverhalten von unentschlossenen Auskunftspersonen vermieden. Allerdings kann in diesem Fall eine tatsächlich mittlere bzw. indifferente Position nicht zum Ausdruck gebracht werden und führt u.U. zu Antwortverweigerung. Bei einer ungeraden Zahl von Antwortmöglichkeiten besteht jedoch die Schwierigkeit, dass das Ankreuzen einer mittleren Position unterschiedlich interpretiert werden kann (z.B. „weder-noch", „teils-teils", „weiß nicht", „ist mir egal"...). Aus diesem Grunde wird in der praktischen Marktforschung häufig eine neutrale Kategorie (z.B. „weiß nicht") berücksichtigt.

Unterstützt werden kann das Antwortverhalten durch die Flächigkeit der Antwortmöglichkeiten. Eine größere Fläche drückt dabei eine höhere Intensität aus. Ein weiteres Beispiel ist die Aufgabe an eine Auskunftsperson, eine Karte mit der Aufschrift „Würde ich kaufen" aus einem Stapel von Karten, auf denen dieser Schriftzug in unterschiedlicher Größe gestaltet ist, auszuwählen. Von der Größe des Schriftzuges der ausgewählten Karte wird dann auf die Kaufwahrscheinlichkeit des betreffenden Produkts geschlossen. Einige Beispiele für grafisch unterstützte Skalafragen finden sich in Abb. 3.6 im vorangegangenen Abschnitt 1.3.

Bei der Konstruktion monopolarer Skalen werden i.A. auch sog. *invertierte Items* einbezogen (Reversed Items), d.h. solche mit umgedrehter Polung. Dadurch sollen gleichförmiges Antwortverhalten und „Ja-Sage-Tendenzen" bei den Probanden vermieden werden. Allerdings erzeugen invertierte Items häufig Falschantworten (vgl. Swain et al. 2008). Falschantworten können als Indikator für mangelnde Sorgfalt bem Ausfüllen des Fragebogens interpretiert werden und damit zum Ausschluss des Fragebogens führen; der Einsatz invertierter Items sollte dennoch sparsam erfolgen, da sie den Befragten u.U. verwirren. In jedem Falle muss darauf geachtet werden, dass invertierte Items bei der Datenaufbereitung umcodiert werden.

Beispiel 3.31

Es soll die Innovativität anhand einer Skala von 1 = Stimme überhaupt nicht zu bis 7 = Stimme voll und ganz zu gemessen werden. Folgende drei Items werden formuliert:

- Item 1: Ich bin immer einer der Ersten, der neue Produkte ausprobiert.
- Item 2: Wenn ich von einem neuen Produkt höre, möchte ich es unbedingt ausprobieren.
- Item 3: Ich kaufe ein neues Produkt erst dann, wenn Freunde oder Bekannte es schon ausprobiert haben.

Item 3 ist invertiert, d.h. anders als bei den Items 1 und 2 repräsentiert der Wert 1 eine hohe Innovativität, der Wert 7 eine geringe.

Komparative vs. nichtkomparative Skalierungsverfahren

Definition

Skalierungsverfahren beinhalten die Art und Weise, wie mit Hilfe von Skalen Daten gemessen werden sollen. Hierbei wird unterschieden zwischen komparativer und nichtkomparativer Skalierung.

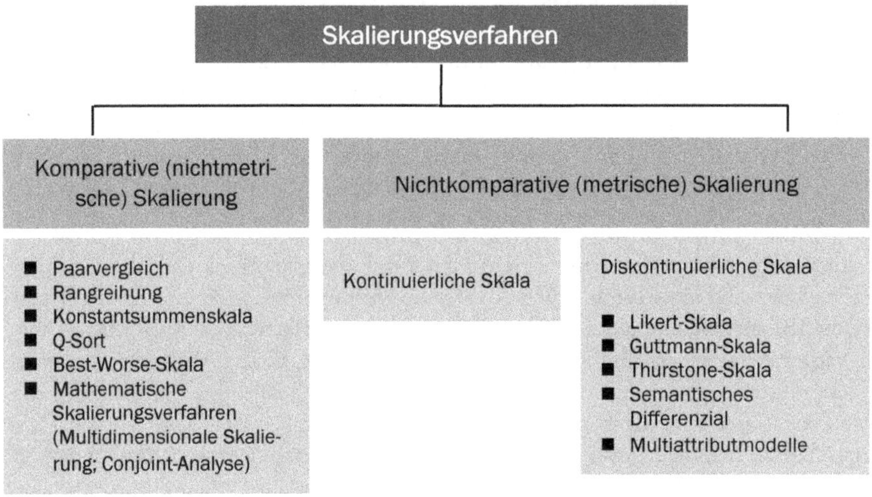

Abb. 3.14: Gebräuchliche Skalierungsverfahren in der Marktforschung

Abb. 3.14 liefert einen Überblick über in der Marktforschung gebräuchliche Skalierungsverfahren. Techniken *komparativer* bzw. *vergleichender Skalierung* beinhalten einen direkten Vergleich von Stimuli (z.B. Rangordnung alternativer Fruchtsaftgetränke nach dem Geschmack). Da eine solche Skalierung nur ordinale Aussagen erlaubt, wird sie auch als nichtmetrische Skalierung bezeichnet. Eine *nichtkomparative* bzw. *nichtvergleichende* (auch: monadische oder metrische) Skalierung bedeutet, dass jedes Objekt unabhängig von anderen Objekten im Set skaliert wird; die Ergebnisse werden üblicherweise als metrisch skaliert angenommen (z.B. Beurteilung des Geschmacks alternativer Fruchtsaftgetränke auf einer Skala von 1: „schmeckt überhaupt nicht“ bis 5: „schmeckt sehr gut“ und Vergleich der Scores der einzelnen Getränke). Die nichtvergleichende Skalierung wird in der Marktforschung am häufigsten eingesetzt. Im Folgenden sollen die wichtigsten Verfahren kurz dargestellt werden.

Im Rahmen komparativer (vergleichender) Skalierung werden Objekte dadurch in eine Rangfolge gebracht, dass sie direkt miteinander verglichen werden. Das häufigste Verfahren im Rahmen vergleichender Skalierung sind *Paarvergleiche.* Im Rahmen von Paarvergleichen werden aus der Gesamtmenge von Objekten Objektpaare gebildet; der Proband hat die Aufgabe, das jeweils von ihm präferierte Objekt nach einem vorgegebenen Kriterium (z.B. Geschmack) anzugeben. Bei n Objekten sind pro Testperson dabei n(n-1)/2 Paarvergleiche vorzunehmen. Aus den Ergebnissen der Paarvergleiche kann – Transitivität der Urteile vorausgesetzt – eine Rangordnung der Objekte gebildet werden; so erhält das Objekt, das am häufigsten im Paarvergleich präferiert wurde, Rang 1, wohingegen das Objekt, das am seltensten präferiert wurde, Rang n erhält.

Unter bestimmten Bedingungen kann aus den Daten auch eine Intervallskala gewonnen werden (vgl. z.B. Likert et al. 1993).

Beispiel 3.32:

Ich stelle Ihnen jetzt 10 Paare von Zahnpastamarken vor. Bitte geben Sie bei jedem Paar an, welche Marke Sie für den persönlichen Gebrauch vorziehen würden.

1	☐ Colgate	☐ Pepsodent	2	☐ Colgate	☐ Close Up
3	☐ Pepsodent	☐ Close Up	4	☐ Close Up	☐ Odol-med
5	☐ Close Up	☐ Signal	6	☐ Signal	☐ Colgate
7	☐ Signal	☐ Odol-med	8	☐ Pepsodent	☐ Signal
9	☐ Odol-med	☐ Colgate	10	☐ Pepsodent	☐ Odol-med

Paarvergleiche sind sinnvoll, wenn die Zahl der zu beurteilenden Objekten begrenzt ist; ansonsten wird das Verfahren unübersichtlich. Weitere mögliche Nachteile des Verfahrens sind (vgl. Malhotra 2010, S. 290):

- Es kann eine Verletzung der Transitivitätsprämisse auftreten, d.h. die resultierende Rangfolge der Objekte ist inkonsistent;
- das Ergebnis kann von der Reihenfolge der Präsentation der Objektpaare beeinflusst werden;
- Paarvergleiche haben kaum Ähnlichkeit zu realen Kaufsituationen, im Rahmen derer eine Auswahl zwischen mehreren Alternativen vorzunehmen ist;
- das Verfahren erlaubt keine Aussagen darüber, ob das – relativ gesehen – präferierte Objekt im absoluten Sinne den Probanden gefällt.

Im Rahmen einer *Rangreihung* müssen die Testpersonen eine Menge von Objekten gleichzeitig beurteilen und gemäß ihrer Präferenzen bzgl. eines vordefinierten Merkmals in eine Rangfolge bringen. Auch hier resultieren ordinalskalierte Präferenzdaten. Es wurden jedoch auch Verfahren entwickelt, um daraus intervallskalierte Daten zu generieren (vgl. z.B. Bottomley 2000).

Beispiel 3.33:

Ich zeige Ihnen fünf verschiedene Zahnpastamarken. Bitte ordnen Sie die Marken danach, welche Sie für Ihren persönlichen Gebrauch vorziehen würden. Geben Sie dabei der Marke, die Ihnen am meisten zusagt, den Wert 1, der Marke, die Ihnen am wenigsten zusagt, den Wert 5.

Marke	**Rang**
Colgate	____
Pepsodent	____
Close Up	____
Odol-med	____
Signal	____

Rangreihungsverfahren werden sehr häufig zur Erhebung von Präferenzen herangezogen, z.B. im Rahmen von Conjoint-Analysen (vgl. Abschnitt 3.6 im 6. Teil). Im Vergleich zu Paarvergleichen ähnelt die Untersuchungssituation eher der realen Wahlentscheidung beim Kauf; darüber hinaus sind Verfahren aus dieser Gruppe schneller, sie verhindern intransitive Aussagen und sind für die Befragten unmittelbar nachzuvollziehen (vgl. Malhotra 2010, S. 291). Bei einer zu großen Zahl an Stimuli wird der Proband jedoch u.U. überfordert.

Beim *Konstantsummenverfahren* werden die Probanden gebeten, eine vorgegebene Anzahl an Einheiten (z.B. Punkte, Münzen, Spielmarken) auf die einzelnen Untersuchungsobjekte bzw. auf Ausprägungen von Untersuchungsobjekten restlos zu verteilen; dabei soll die Verteilung die relative Bedeutung der Untersuchungsobjekte widerspiegeln.

Beispiel 3.34:

Hier sehen Sie fünf Eigenschaften von PKWs. Wie wichtig sind die einzelnen Eigenschaften für Sie, wenn Sie ein PKW kaufen? Bitte verteilen Sie insgesamt 100 Punkte auf die fünf Eigenschaften je nachdem, wie wichtig sie Ihnen sind!

Platzverhältnisse im Innenraum	
Geschwindigkeit	
Design	
Sicherheit	
Preis	
Summe	**100**

Q-Sort ist eine Variante von Rangordnungsskalen, bei welcher die Befragten vorgelegte Objekte in mehrere Stapel nach einen bestimmten Kriterium sortieren müssen. Beispielsweise kann den Befragten eine Reihe von Statements bzgl. eines Objekts vorgelegt werden, die sie nach dem Ausmaß der Zustimmung sortieren sollen (z.B. Stapel 1: „Stimme voll und ganz zu", Stapel 2: „Stimme zu" usw.).

Best-Worse-Skalen sind ein vergleichsweise neuer Ansatz (vgl. Lee et al. 2007 und Auger et al. 2007). Zunächst werden Items (z.B. Produktmerkmale, Werte, Nutzenkomponenten) aufgelistet. Die Probanden müssen dann in jeder Gruppe den jeweils wichtigsten und den unwichtigsten Aspekt angeben. Gerade in der interkulturellen Markforschung, bei der Rating-Skalen aufgrund kultureller Unterschiede im Antwortmuster verzerrte Ergebnisse liefern können (z.B. aufgrund eines Höflichkeitsbias in bestimmten Ländern), können Best-Worse-Skalen bessere Messwerte produzieren.

Weitere komparative Skalierungsverfahren sind mathematisch-statistischen Ursprungs (z.B. Conjoint-Analyse, Multidimensionale Skalierung) und werden in Kapitel 3 im 6. Teil dieses Buches beschrieben.

Komparative Skalierungsverfahren sind geeignet, wenn Präferenzen bzw. Wichtigkeitsbewertungen erhoben werden sollen, da dadurch verhindert wird, dass alle Eigenschaften als „sehr wichtig" eingestuft werden und damit eine Nivellierung der Antworten herbeigeführt wird, wie dies bei der Anwendung von Techniken nichtkomparativer Skalierung eintreten kann.

Im Rahmen *nichtkomparativer Skalierung* erfolgt die Bewertung von Objekten isoliert, d.h. unabhängig von anderen Untersuchungsobjekten. Verfahren nichtkomparativer Skalierung werden typischerweise im Rahmen der Einstellungsmessung eingesetzt und basieren auf sog. *Rating-Skalen.* Rating-Skalen beruhen darauf, dass die Befragten Punktwerte vergeben, z.B. von 1=sehr gut bis 5=sehr schlecht. Diese Skala erlaubt damit eine abgestufte Beurteilung zwischen zwei Extrempunkten und kann kontinuierlich oder diskret sein (vgl. hierzu Abb. 3.13). Grundsätzlich liefern Rating-Skalen ordinale Daten, unter der Annahme gleicher Abstände zwischen den Skalenpunkten werden sie jedoch häufig als metrisch behandelt. Auf Fragen wie Anzahl der Skalenpunkte, gerade vs. ungerade Anzahl von Antwortkategorien und invertierte Items wurde bereits eingegangen.

Weit verbreitet ist die sog. *Likert-Skala.* Die Likert-Skala beruht darauf, dass den Probanden eine Reihe von Statements vorgelegt wird. Ihre Aufgabe ist es, das Ausmaß ihrer Zustimmung auf einer Skala anzugeben, typischerweise mit den Extrempunkten „stimme voll und ganz zu" und „stimme überhaupt nicht zu".

Beispiel 3.35:

Weiter unten finden Sie eine Liste von Aussagen zur Marke X. Bitte tragen Sie auf den untenstehenden Skalen ein, inwieweit Sie den einzelnen Aussagen zustimmen.

Marke X...	Stimme voll und ganz zu				Stimme überhaupt nicht zu
... hebt sich positiv von Konkurrenzmarken ab	☐	☐	☐	☐	☐
... ist qualitativ hochwertig	☐	☐	☐	☐	☐
... ist preislich günstig	☐	☐	☐	☐	☐
... ist überall erhältlich	☐	☐	☐	☐	☐
... macht gute Werbung	☐	☐	☐	☐	☐

Das *Semantische Differenzial* besteht aus einer Reihe 5 bis 7-stufiger, bipolarer Rating-Skalen mit metaphorischen – also vom Objekt losgelösten – Gegensatzpaaren (zum Semantischen Differenzial vgl. z.B. Snider/Osgood 1969). Damit drücken die Adjektivpaare nicht das Vorhandensein von realen Objekteigenschaften (z.B. einer Marke) aus, sondern vielmehr die Assoziationen, die mit dem Objekt verbunden werden. Die Gegensatzpaare repräsentieren dabei die folgenden Dimensionen:

- *evaluative Dimension*, welche die affektive Komponente der Einstellung widerspiegelt und Adjektivpaare wie gut–schlecht, attraktiv–unattraktiv beinhaltet;
- *Stärke-Dimension*, welche durch Wortgegensatzpaare wie hart–weich, stark–schwach, u.Ä. wiedergegeben wird und
- *Aktivitätsdimension*, welche durch Adjektivpaare wie schnell–langsam, aktiv–passiv etc. zum Ausdruck gebracht wird.

Beispiel 3.36:

Stellen Sie sich bitte die Marke X als Person vor. Wie würden Sie die Eigenschaften dieser Person beurteilen?

	-3	-2	-1	0	1	2	3	
gut								schlecht
süß								sauer
nüchtern								verträumt
hart								weich
laut								leise
schnell								langsam

Ausgewertet werden Semantische Differenziale insb. durch Bildung eines *Polaritätsprofils*. Darüber hinaus werden häufig Mittelwerte bzgl. der einzelnen Items errechnet. Problematisch ist vor allem der fehlende Objektbezug, was die Interpretation der Ergebnisse erschwert, da nicht auf die Wahrnehmung konkreter Objekteigenschaften geschlossen werden kann. Aus diesem Grunde wurden zahlreiche Modifikationen des Verfahrens entwickelt (vgl. Mindah 1961). Im Marketing werden zumeist objektbezogene Gegensatzpaare herangezogen, welche die einzelnen – realen – Eigenschaften eines Objekts (z.B. eines Produkts) repräsentieren.

Beispiel 3.37:

Bitte beurteilen Sie, inwieweit die unten angegebenen Aussagen auf die Marke X zutreffen. Ein positives Vorzeichen bedeutet, dass die Aussage auf Marke X zutrifft. Je höher die Zahl ist, umso eher trifft die Aussage auf Marke X zu. Ein negatives Vorzeichen bedeutet, dass die Aussage auf Marke X nicht zutrifft. Je höher die Zahl ist, umso weniger trifft die Aussage auf Marke X zu.

+ 5 ☐	+5 ☐	+5 ☐
+ 4 ☐	+4 ☐	+4 ☐
+ 3 ☐	+3 ☐	+3 ☐
+ 2 ☐	+2 ☐	+2 ☐
+ 1 ☐	+1 ☐	+1 ☐
hohe Qualität	preisgünstig	überall erhältlich
− 1 ☐	− 1 ☐	− 1 ☐
− 2 ☐	− 2 ☐	− 2 ☐
− 3 ☐	− 3 ☐	− 3 ☐
− 4 ☐	− 4 ☐	− 4 ☐
− 5 ☐	− 5 ☐	− 5 ☐

Eine solche Modifikation des Semantischen Differenzials stellt die sog. *Stapel-Skalierung* dar (vgl. Beispiel 3.37). Für das zu bewertende Objekt werden Items mit 10 Messpunkten auf einer bipolaren Skala vorgegeben. Der Proband muss angeben, in welchem Ausmaß bestimmte Eigenschaften, welche in der Mitte der Skalen aufgeführt werden, auf das Untersuchungsobjekt zutreffen. Üblicherweise wird die Skala vertikal präsentiert. Die Daten werden analog zum Semantischen Differenzial ausgewertet.

Tab. 3.4: Vergleichende Kurzdarstellung ausgewählter Multiattributmodelle

	Fishbein-Modell	Rosenberg-Modell	Trommsdorff-Modell
Kognitive Komponente (Wissen)	W_{ijk} = Subjektive Wahrscheinlichkeit für das Auftreten von Merkmal k bei Objekt j aus Sicht von Person i Dass Tablets der Marke X langlebig sind, halte ich für sehr unwahrscheinlich … sehr wahrscheinlich	W_{ijk} = Zieleignung von Merkmal k bei Objekt j aus Sicht von Person i (Eignung zur Befriedigung des k-ten Bedürfnisses von Person i) Wenn ich ein langlebiges Tablet erwerben möchte, dann halte ich Marke X für sehr ungeeignet … sehr geeignet	W_{ijk} = Subjektive Einschätzung des Vorhandenseins von Merkmal k bei Objekt j durch Person i Wie langlebig ist ein Tablet der Marke X? überhaupt nicht langlebig … sehr langlebig
Affektive Komponente (Bewertung)	a_{ijk} = Bewertung des Merkmals k bei Objekt j durch Person i Wenn Tablets der Marke X langlebig sind, so ist das für mich sehr schlecht … sehr gut	a_{ik} = Subjektive Wichtigkeit des Merkmals k für Person i Dass Tablets der Marke X langlebig sind, ist für mich sehr unwichtig … sehr wichtig	I_{ik} = Von Person i als ideal empfundene Ausprägung des Merkmals k Wie langlebig ist das ideale Tablet? überhaupt nicht langlebig … sehr langlebig
Verknüpfung	A_{ij} = Einstellung (Attitude) von Person i zu Objekt j $A_{ij} = \sum_k W_{ijk} \cdot a_{ijk}$	$A_{ij} = \sum_k W_{ijk} \cdot a_{ik}$	$A_{ij} = \sum_k \lvert W_{ijk} - I_k \rvert$
Aussage	Die Einstellung von Person i zum Objekt j ist umso *besser*, je *größer* A_{ij} ist	Die Einstellung von Person i zum Objekt j ist umso *besser*, je *größer* A_{ij} ist	Die Einstellung von Person i zum Objekt j ist umso *besser*, je *kleiner* A_{ij} ist

Multiattributmodelle stellen eine spezielle Skalierungstechnik dar, im Rahmen welcher sich die Gesamtbewertung eines Objekts aus Teilbewertungen bzgl. einzelner Merkmale (Attribute) zusammensetzt. Ein wichtiges Anwendungsgebiet ist die Einstellungsmessung, sie können jedoch auch zur Messung anderer psychologischer Konstrukte herangezogen werden, z.B. Messung des wahrgenommenen Risikos.

Grundlage von Multiattributmodellen ist die Annahme, dass Einstellungen aus verschiedenen einstellungsrelevanten Merkmalen resultieren. In einem ersten Schritt werden daher für das Untersuchungsobjekt die relevanten Eigenschaften identifiziert. Für jedes relevante Merkmal werden anschließend die affektive und die kognitive Komponente gemessen. Die verschiedenen Ansätze unterscheiden sich i.W. darin, wie die Komponenten gemessen werden und wie sie miteinander verknüpft werden, um einen aggregierten Einstellungswert zu erhalten. Tabelle 3.4 zeigt exemplarisch den Aufbau der Modelle von Fishbein, Rosenberg und Trommsdorff (vgl. i.E. Kroeber-Riel/Gröppel-Klein 2013, S. 273 ff.).

Bei den dargestellten Ansätzen handelt es sich um kompensatorische Modelle, d.h. schlechte Bewertungen eines Items können durch gute Bewertungen bei anderen Items ausgeglichen werden. Zudem wird Unabhängigkeit der Items unterstellt (vgl. Kroeber-Riel/Gröppel-Klein 2013, S. 404). Da im Regelfall nicht die Einstellungswerte einzelner Personen relevant sind (A_{ij}), sondern von Personenmehrheiten, muss zudem noch eine Aggregation erfolgen. Hierzu können arithmetische Mittelwerte der einzelnen A_{ij} über alle befragten Personen bestimmt werden. Alternativ kann eine Cluster-Analyse durchgeführt werden, um Personengruppen mit vergleichbaren Einstellungen identifizieren zu können (zur Cluster-Analyse vgl. Abschnitt 3.4.1 im 6. Teil).

Single- vs. Multi-Item-Skalen

Im Marketing werden zahlreiche Variablen erhoben, welche teils direkt beobachtbar (z.B. Absatzmenge), teils nicht unmittelbar beobachtbar (z.B. Einstellung) sind. Die theoretisch-begriffliche Fassung des interessierenden Merkmals sagt zunächst aus, „was“ eigentlich zu messen ist; des Weiteren muss die Definition Aussagen darüber erlauben, wann und wo – ggf. durch wen und wie – die Messung vorzunehmen ist.

Die inhaltliche Komponente der Operationalisierung – also die Frage nach dem „Was“ – ist bei direkt beobachtbaren Sachverhalten vergleichsweise einfach. So ist z.B. die Variable „Preis“ inhaltlich eindeutig bestimmt, zur konkreten Erhebung der Variable ist das Merkmal jedoch näher zu spezifizieren, z.B. „Preis zu einem bestimmten Stichtag“, „Durchschnittspreis in der Periode“ o.Ä. Neben dieser zeitlichen Dimension ist auch der räumliche Aspekt zu klären, z.B. „in sämtlichen Einzelhandelsgeschäften der Region“, „in Einzelhandelsgeschäften mit einem Umsatzanteil von mindestens X %“ usw.

Besondere Schwierigkeiten bei der Operationalisierung treten dann auf, wenn es sich bei den zu erhebenden Merkmalen um *hypothetische Konstrukte* handelt, welche empirisch nicht direkt beobachtbar sind. Hierbei handelt es sich um komplexe, teilweise multidimensionale Sachverhalte psychologischer oder soziologischer Natur wie z.B. Einstellungen oder Sozialverhalten.

Grundsätzlich besteht die Möglichkeit, hypothetische Konstrukte anhand einer einzigen Skala zu messen, beispielsweise: „Wie hoch ist Ihr Umweltbewusstsein?“ mit 1 = sehr niedrig bis 5 = sehr hoch. Solche *Single-Item-Skalen* sind einfach zu handhaben, senken den zeitlichen und finanziellen Erhebungsaufwand und reduzieren die Verweigerungsrate bei den Probanden. Sind die zu messenden Konstrukte für die Untersuchung nicht von zentraler Bedeutung, so reicht zumeist eine Single-Item-Skala.

Auch aus theoretischer Sicht lassen sich Argumente für Single-Item-Skalen finden. So konnten Bergkvist und Rossiter zeigen, dass bei konkreten Konzepten und Attributen, also solchen, die von den Probanden eindeutig und einheitlich verstanden werden (z.B.

Einstellung zur Marke), Single-Item-Skalen ausreichend sind. In diesem Falle ist die Vorhersagevalidität gleichwertig zu einer Multi-Item-Skala. Voraussetzung ist allerdings die sorgfältige Wahl des Items; dieses muss u.a. eine hohe Inhaltsvalidität aufweisen (vgl. Bergkvist/Rossiter 2007 sowie Rossiter/Bergkvist 2009). Des Weiteren bietet sich der Einsatz von Single-Item-Skalen dort an, wo die Grundgesamtheit sehr groß oder sehr heterogen ist, da die Entwicklung einer Itembatterie, welche die Besonderheiten sämtlicher Untergruppen berücksichtigt, kaum möglich ist.

Nachteilig ist die Tatsache, dass die subjektive Einschätzung eines Merkmals, z.B. die Auffassung, was mit einem hohen Umweltbewusstsein verbunden wird, von Proband zu Proband sehr unterschiedlich ausfallen kann. Zudem kann die Selbsteinschätzung verzerrt sein. Alternativ kann das Konstrukt daher anhand einer *Multi-Item-Skala* erhoben werden, d.h. durch eine Reihe von Indikatoren, welche verschiedene Facetten des Konstrukts widerspiegeln sollen. Dies ist in der wissenschaftlichen Markt- und Sozialforschung mittlerweile der Standard. Vorteile sind dabei (vgl. Kuß et al. 2014, S. 97):

- Durch mehrere Items kann eher sichergestellt werden, dass die verschiedenen Aspekte des zu messenden Konstrukts erfasst werden.
- Die Messwerte auf Multi-Item-Skalen sind feiner differenziert.
- Multi-Item-Skalen sind häufig reliabler als Single-Item-Skalen, da sie nicht von einer einzelnen Messung abhängig sind.

Hierzu ist das Konstrukt zunächst auf der Grundlage theoretischer Überlegungen oder explorativer Studien in seine einzelnen Elemente zu zerlegen. Für die einzelnen Dimensionen des Konstrukts sind anschließend Items zu generieren, welche sich auf empirisch beobachtbare – und somit messbare – Sachverhalte beziehen. Darüber hinaus ist eine Vorschrift anzugeben, wie diese Indikatoren zu messen sind und auf welche Weise die Einzelmessungen zu einem Messwert für das interessierende Konstrukt zu aggregieren sind. Die Aggregation zu einem Gesamtwert über alle Items kann z.B. durch additiv-multiplikative Verknüpfung oder durch andere Vorschriften erfolgen.

Beispiel 3.38 zeigt eine mögliche Operationalisierung des Konstrukts „Umweltbewusstsein". Die Items des Beispiels 3.38 können dann beispielsweise anhand einer Fünf-Punkte-Rating-Skala mit den Ausprägungen 1 („trifft überhaupt nicht zu") bis 5 („trifft voll und ganz zu") gemessen werden. Beim letzten Item des Beispiels ist dabei zu beachten, dass die Scores invertiert werden müssen (d.h. 1 = trifft voll und ganz zu, 5 = trifft überhaupt nicht zu), damit höhere Werte auch ein höheres Umweltbewusstsein widerspiegeln.

Beispiel 3.38:

Items zur operationalen Definition des Konstrukts „Umweltbewusstsein":

[1] „Im täglichen Leben versuche ich immer, Energie zu sparen."

[2] „Für die Fahrt zur Arbeit verzichte ich häufig auf das Auto."

[3] „Im Supermarkt kaufe ich nach Möglichkeit keine abgepackte Ware."

[4] „Einwegpackungen sollten generell verboten werden."

[5] „Ich fühle mich durch auf der Straße herumliegende Dosen und Zigarettenpackungen gestört."

[6] „Mülltrennung bringt sehr viel Mühe, aber keinen echten Nutzen." (R)

Entwicklung und Validierung von Multi-Item-Skalen

Wie bereits skizziert wurde, ist die Entwicklung und Validierung geeigneter Multi-Item-Skalen eines der zentralen Probleme bei der Erforschung komplexer Konstrukte. Die gängige Vorgehensweise orientiert sich dabei an der von Churchill (1979) vorgeschlagenen Methodik. Werden im Forschungsvorhaben Strukturgleichungsmodelle eingesetzt, können anspruchsvollere Validierungsverfahren („Verfahren der 2. Generation") eingesetzt werden; diese werden in Abschnitt 3.5.3 im 6. Teil skizziert.

Zur Konstruktion von Skalen sind grundsätzlich die folgenden Schritte erforderlich (vgl. Churchill 1979, S. 66):

- präzise Definition des zu untersuchenden Konzepts,
- Itemsammlung,
- Itemformulierung und -revision,
- Reliabilitätsprüfung und
- Validitätsprüfung.

Der erste Schritt besteht in der *Konzeptionalisierung des Konstrukts.* Zu diesem Zweck ist es empfehlenswert, zunächst bisherige Veröffentlichungen zu analysieren. Ein Konstrukt muss präzise definiert und exakt von verwandten Konstrukten abgegrenzt werden (vgl. Jacoby/Chestnut 1978). Darüber hinaus muss es konsistent verwendet werden und seine Definition muss das Ableiten und Testen von Hypothesen ermöglichen. Die möglichst präzise Definition des Konzepts bildet die Grundlage für die Validitätsprüfung und bestimmt den Inhalt der zu verwendenden Items. Eine eigene, neue Konzeptdefinition sollte dabei – um einen Vergleich mit früheren Studien zu ermöglichen – nur dann erfolgen, wenn das Forschungsproblem dies unbedingt erforderlich macht (vgl. Churchill 1979, S. 67).

Ist das Konstrukt exakt definiert, erfolgt im nachfolgenden Schritt die *Itemsammlung*, d.h. die Suche nach geeigneten Indikatoren zur Messung des Konstrukts. Zur Gewinnung von Items können dabei verschiedene Verfahren der explorativen Analyse genutzt werden, beispielsweise (vgl. Kuß et al. 2014, S. 107; Churchill 1979, S. 67 f.):

- Ableitung aus der Konzeptdefinition nach logischen Überlegungen,
- Sichtung der Literatur im Hinblick auf dort verwendete Items,
- Expertenbefragungen,
- Alltagsbeobachtung,
- qualitative Vorstudien wie Kreativtechniken oder Gruppendiskussionen.

Die gewählten Indikatoren sind dabei genau dann eine valide Operationalisierung des theoretischen Konstrukts, wenn eine kausale Beziehung zwischen ihnen und dem zugehörigen theoretischen Konstrukt angenommen und empirisch bestätigt werden kann.

> Im Hinblick auf die Spezifikation des Messmodells ist zwischen formativen und reflektiven Indikatoren zu unterscheiden (vgl. hierzu Albers/Hildebrand 2006; Diamantopoulos/Winklhofer 2001).

Formative Indikatoren „bilden“ das Konstrukt, d.h. das latente Konstrukt ist das Ergebnis der einzelnen gemessenen Indikatoren. Das bedeutet, dass sämtliche Indikatoren erfasst sein müssen, damit das Konstrukt vollständig operationalisiert ist. Ändert sich der Wert eines Indikators, so ändert sich der Wert des Konstrukts. Die kausale Wirkung verläuft dabei vom Indikator auf das Konstrukt, z.B. wirkt sich der Beruf (Indikator) auf den sozialen Status (Konstrukt) aus. Die einzelnen Indikatoren können miteinander korrelieren, müssen aber nicht.

Hingegen sind *reflektive Indikatoren* solche, die das Konzept widerspiegeln, d.h. das latente Konstrukt wirkt sich auf eine Vielzahl beobachtbarer Indikatoren aus. Das Konstrukt „Sozialer Status“ etwa wirkt sich auf den Indikator „Anerkennung“ aus. Die Wahl reflektiver Indikatoren beruht auf der Domain Sampling Theory, wonach die bei der Messung verwendeten Items eine Stichprobe aller möglichen Indikatoren darstellen. Insofern sind reflektive Indikatoren nur eine – möglichst geeignete – Teilmenge aller möglichen Indikatoren und werden nach Kriterien der Reliabilität und Validität ausgewählt. Die kausale Wirkung verläuft vom Konstrukt auf die Indikatoren. Die einzelnen Indikatoren müssen dabei miteinander korrelieren, da sie alle im Grunde denselben Sachverhalt messen. Die in 1.4.2 angeführten Überlegungen zu Reliabilität und Validität implizieren somit ein reflektives Messmodell.

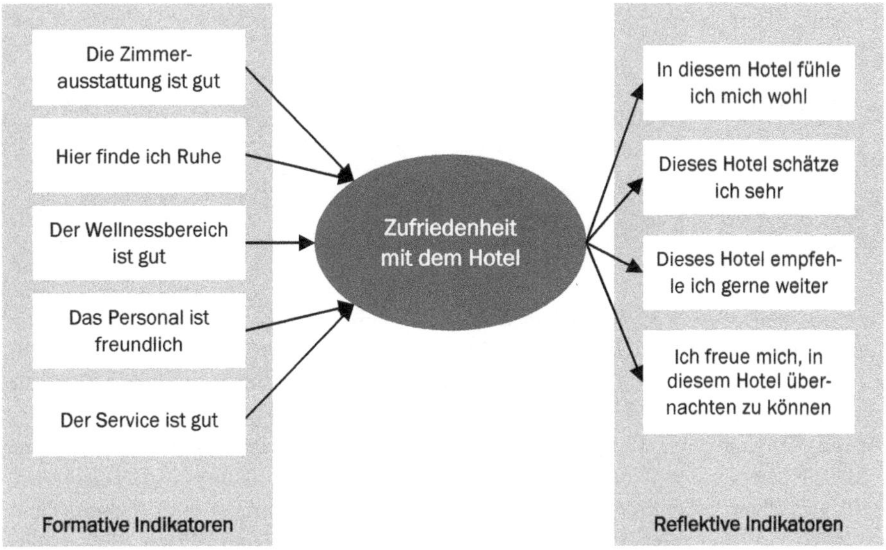

Abb. 3.15: Formative und reflektive Indikatoren zur Messung der Kundenzufriedenheit (Quelle: Albers/Hildebrand 2006, S. 12)

Am gebräuchlichsten sind im Marketing reflektive Indikatoren, da sie einfacher zu handhaben sind. Abb. 3.15 zeigt den Unterschied zwischen formativen und reflektiven Indikatoren am Beispiel des Konstrukts „Zufriedenheit“. Im Beispiel wird deutlich, dass das Weglassen eines formativen Indikators, z.B. „Der Wellnessbereich ist gut“, zu einer Verringerung der Qualität der Messung führt, da ein relevanter Aspekt der Zufriedenheit vernachlässigt wird. Hingegen wirkt sich die Unterdrückung eines reflektiven Indikators nicht notwendigerweise aus: Die einzelnen Aussagen, z.B. „In diesem Hotel fühle ich mich wohl", sind per se – auch alleine – schon geeignet, Kundenzufriedenheit auszudrücken.

In einem weiteren Schritt – *Itemformulierung und Itemrevision* – wird der Wortlaut der Items festgelegt (vgl. Churchill 1979, S. 68). Dazu gehören Entscheidungen wie die Formulierung als Frage oder als Statement, die direkte oder indirekte Abfrage, die Itempolung (z.B. invertierte Items) sowie die Festlegung der Antwortmöglichkeiten. Gegebenenfalls erfolgt eine Verfeinerung und Revision, etwa eine Umformulierung zur Vermeidung sozialer Erwünschtheit oder zur Verbesserung der Verständlichkeit.

Tab. 3.5: Beispielhafte Item-Skala-Statistiken in SPSS

Item	Skalenmittelwert, wenn Item weggelassen	Skalenvarianz, wenn Item weggelassen	Korrigierte Item-Skala-Korrelation	Cronbachs Alpha, wenn Item weggelassen
Fußball ist wichtig für mich	24,13	43,295	0,768	0,772
Meine Fußballbegeisterung sagt viel über mich aus	23,36	51,815	0,599	0,810
Wenn ich ein schlechtes Fußballspiel sehe, ärgert mich das sehr	23,56	51,239	0,588	0,812
Ich kann einschätzen, wer ein Fußballfan ist und wer nicht	24,48	57,097	0,435	0,839
Fußball ist mir niemals gleichgültig	23,52	49,008	0,694	0,790

Im Rahmen einer *Reliabilitäts- und Validitätsprüfung* wird schließlich die Güte der entwickelten Skalen überprüft (vgl. auch Abschnitt 1.4.2). Die Berechnung von Cronbachs Alpha erlaubt eine Bewertung der Internen-Konsistenz-Reliabilität; zudem liefern die Item-Total-Korrelationen, d.h. die jeweiligen Korrelationen der Indikatoren mit dem Konstrukt, Hinweise auf Items, die eliminiert werden müssen. Tabelle 3.5 zeigt die Item-Skala-Statistiken in SPSS am Beispiel einer Skala zur Messung des Fußballinvolvements. Hiernach wäre Item 4 zu eliminieren, da seine Korrelation zum Konstrukt gering ist und durch dessen Unterdrückung Alpha auf 0,839 steigt. Mittels einer exploratorischen Faktorenanalyse kann schließlich die Faktorstruktur der Skala untersucht werden, etwa im Hinblick auf Eindimensionalität. Ergänzend sei hier noch auf die Validierung mittels Strukturgleichungsmodellen hingewiesen (zur Methodik vgl. die Ausführungen in Abschnitt 3.5.3 im 6. Teil und die dort angeführten Gütekriterien sowie Homburg/Giering 1996).

2 Beobachtung

2.1 Klassifikation und Charakterisierung von Beobachtungen

Definition

Unter einer *Beobachtung* versteht man die planmäßige und systematische Erfassung sinnlich wahrnehmbarer Tatbestände im Augenblick ihres Auftretens.

Im Gegensatz zur sog. naiven Beobachtung ist die für die Marktforschung relevante wissenschaftliche Beobachtung charakterisiert durch

- einen exakt abgegrenzten Untersuchungsbereich,
- ein planmäßiges Vorgehen,
- eine systematische Aufzeichnung des aktuellen Geschehens sowie
- einer Überprüfung auf Objektivität, Reliabilität und Validität der Messung.

Da der Gegenstand einer Beobachtung sinnlich oder apparativ erfassbare Sachverhalte sind, ist die Beobachtung grundsätzlich unabhängig von der Auskunftsbereitschaft der Teilnehmer. Gewisse Verfahren der Beobachtung erfordern jedoch aufgrund ihrer Anordnung die Zustimmung der beobachteten Person. Im Gegensatz zur Befragung kann das Verhalten der beobachteten Person objektiv erfasst werden, anstatt sich auf möglicherweise fehlerhafte Aussagen des Befragten stützen zu müssen. Allerdings können im Rahmen einer Beobachtung keine Ursachen für ein bestimmtes Verhalten erhoben werden.

Beobachtungen können als eigenes Erhebungsverfahren oder aber im Rahmen von Panelerhebungen bzw. Experimenten durchgeführt werden. Sie lassen sich dabei nach folgenden *Merkmalen* klassifizieren (vgl. z.B. Mangold/Kunert 2007, S. 309):

- Strukturierungsgrad der Untersuchung,
- Beobachtungsumfeld,
- Partizipationsgrad des Beobachters,
- Durchschaubarkeit der Erhebungssituation sowie
- Form der Datensammlung.

Strukturierungsgrad der Untersuchung

Der Strukturierungsgrad der Untersuchung bezeichnet das Ausmaß, in welchem Anlage und Inhalt der Beobachtung, die Beobachtungssituation sowie die Art der Aufzeichnung standardisiert bzw. vorstrukturiert sind. Im Rahmen einer *standardisierten Beobachtung* wird der zu beobachtende Sachverhalt durch ein präzises Beobachtungsschema strukturiert. Das Beobachtungsschema ist eine Art Leitfaden, der eine Reihe definierter Beobachtungskategorien enthält; nur solche Sachverhalte werden erfasst, welche in die vorgegebenen Beobachtungskategorien fallen. Ein standardisiertes Vorgehen erleichtert die Quantifizierung und Auswertung der Daten; auch wird der (subjektive) Einfluss des Beobachters bei der Erfassung und Kodierung der beobachteten Tatbestände reduziert (vgl. Böhler 2004, S. 102). Allerdings eignet sich die standardisierte Beobachtung nur für vergleichsweise einheitliche und leicht überschaubare Vorgänge. Bei einer *nichtstandardisierten Beobachtung* fehlt die Vorstrukturierung des zu beobachtenden Sachverhalts; dadurch ist das Verfahren offener und flexibler und kann zur Hypothesengewinnung im Rahmen explorativer Studien eingesetzt werden; eine Kodierung, Quantifizierung und Auswertung der beobachteten Sachverhalte ist allerdings sehr viel anspruchsvoller.

Beobachtungsumfeld

Nach dem Beobachtungsumfeld wird zwischen Feldbeobachtung und Laborbeobachtung unterschieden. Im Rahmen einer *Feldbeobachtung* werden die interessierenden Vorgänge in der gewohnten, natürlichen Umgebung des Probanden erfasst; dies hat den Vorteil, dass der Beobachtete nicht unbedingt von der Beobachtung erfahren muss. Hingegen erfolgt eine *Laborbeobachtung* in einem Studio unter künstlich geschaffenen Bedingungen, wodurch die Zustimmung der Teilnehmer erforderlich ist. Dem Vorteil der Isolierbarkeit und Kontrollierbarkeit der interessierenden Faktoren steht der Nachteil einer möglichen Verhaltensverzerrung aufgrund der künstlichen Situation gegenüber. Wenn Laborbeobachtungen auf der Grundlage konkreter Versuchsanordnungen erfolgen, handelt es sich um experimentelle Studien; die Grenzen sind hier fließend.

Partizipationsgrad des Beobachters

Beim Partizipationsgrad des Beobachters geht es um die Frage, welche Rolle der Beobachter im Rahmen der Beobachtungssituation einnimmt und ob seine Rolle dem Beobachteten bekannt ist. Bei der *teilnehmenden Beobachtung* wirkt der Beobachter am Beobachtungsgeschehen mit, d.h. er spielt bei der Untersuchung eine aktive Rolle und nimmt auf die Abläufe Einfluss. In der Marktforschung wird die teilnehmende Beobachtung eher selten eingesetzt, da sie zeit- und kostenintensiv ist. Die teilnehmende Beobachtung bietet sich dort an, wo aus der Interaktion zusätzliche Erkenntnisse gewonnen werden sollen. Aufgrund des starken Einflusses des Beobachters auf das Beobachtungsgeschehen eignet sich die teilnehmende Beobachtung insb. für explorative Analysen, wenn das zu untersuchende Phänomen noch vergleichsweise unbekannt ist.

Soll die Rolle des Beobachters hingegen unbekannt bleiben, muss er bei der Untersuchung eine Funktion übernehmen, die seine Anwesenheit rechtfertigt und kein Misstrauen erregt. Dem Vorteil, dass der Beobachter aus nächster Nähe am Geschehen teilhat, steht jedoch der Nachteil gegenüber, dass die Aufzeichnung der relevanten Sachverhalte im Augenblick ihres Auftretens, ohne dass der Beobachter seine Rolle aufgibt, mit Schwierigkeiten verbunden ist (vgl. Berekoven et al. 2009, S. 142). Typische Marktforschungsprobleme, für die eine teilnehmende Beobachtung in Frage kommt, sind die folgenden (vgl. Böhler 2004, S. 103; Pepels 2014, S. 142):

- Der Marktforscher kann in einem Geschäft als Kunde auftreten (sog. *Mystery Shopper*), um das Beratungsverhalten des Handels zu untersuchen.
- Im Investitionsgüterbereich kann der Marktforscher die Rolle eines Außendienstmitarbeiters einnehmen, um mögliche Probleme, Kaufkriterien etc. des Kunden festzustellen.
- Analog kann der Marktforscher im Konsumgüterbereich die Rolle eines Verkäufers einnehmen, um das Auswahlverhalten von Kunden beim Kauf von Produkten zu gewinnen.

Den Regelfall in der Marktforschung bildet die *nichtteilnehmende Beobachtung*, bei der der Beobachter lediglich die Aufgabe hat, das Geschehen wahrzunehmen und zu registrieren. Das Verfahren ist objektiver, da der Beobachter nicht aktiv auf das Geschehen einwirkt und daher in seiner Wahrnehmung unabhängig ist.

Durchschaubarkeit der Erhebungssituation

Die Durchschaubarkeit der Beobachtungssituation bezeichnet das Ausmaß, in welchem dem Teilnehmer die Untersuchungssituation bewusst ist. Dabei werden folgende Beobachtungssituationen unterschieden (vgl. Abb. 3.16):

- offene Situation,
- nicht durchschaubare Situation,
- quasi-biotische Situation und
- biotische Situation.

Beobachtungssituationen			
Offene Situation	Nicht durchschaubare Situation	Quasi-biotische Situation	Biotische Situation
▪ Der Beobachtete weiß von der Beobachtung ▪ Er kennt deren Zweck wie auch die konkrete Aufgabe ▪ Beispiel: Beobachtung der Handhabung von Produkten in einer häuslichen Situation	▪ Der Beobachtete weiß von der Beobachtung ▪ Er kennt deren Zweck, nicht aber die konkrete Aufgabe ▪ Beispiel: Beobachtung des Markenwahlverhaltens im Rahmen eines Labortests, wenn der Beobachtete nicht weiß, um welche Produktkategorie es sich handelt	▪ Der Beobachtete weiß von der Beobachtung ▪ Er kennt weder deren Zweck, noch die konkrete Aufgabe ▪ Beispiel: Registrierung des Einkaufsverhaltens von Panelteilnehmern im Rahmen einer Neuprodukteinführung	▪ Der Beobachtete weiß nicht von der Beobachtung ▪ Er kennt weder deren Zweck, noch die konkrete Aufgabe ▪ Beispiel: Wartezimmertest im Rahmen der Werbemittelforschung

Abb. 3.16: Beobachtungssituationen

Je weniger dem Probanden die Beobachtungssituation bewusst ist, umso natürlicher wird sein Verhalten sein und umso besser daher die Ergebnisse der Untersuchung. Bei offener Beobachtung tritt hingegen häufig ein sog. Beobachtungseffekt ein, d.h. aufgrund des Wissens um die Beobachtung verhält sich der Teilnehmer anders als unter normalen Bedingungen. Aus diesem Grunde werden verdeckte Formen der Beobachtung vorgezogen. Liegt der Beobachtung eine experimentelle Anordnung zugrunde, ist eine Verschleierung allerdings schwierig; bei einer Feldsituation sind verdeckte Versuchsanordnungen eher möglich. Auf damit verbundene ethische und rechtliche Probleme, die dadurch entstehen, dass die Untersuchung ohne Einwilligung und Wissen des Teilnehmers durchgeführt wird, sei hier nur hingewiesen.

Form der Datensammlung

Nach diesem Kriterium wird unterschieden, ob die Aufzeichnung des Beobachtungsgeschehens durch den Beobachter selbst oder durch technische Hilfsmittel erfolgt (vgl. Abschnitt 2.2). Quantitative Tatbestände wie z.B. die Aufzeichnung von Kundenwegen oder Zählungen von Kunden können durch den Beobachter selbst vorgenommen werden; komplexere Untersuchungsgegenstände wie z.B. die Erfassung von Verhaltensreaktionen oder psychischer Zustände erfordern hingegen i.d.R. den Einsatz technischer Hilfsmittel.

Die *Anwendung* von Beobachtungen in der Marktforschung umfasst folgende Bereiche:

- Zählungen,
- Erfassung psychischer Zustände,
- Erfassung physischer Aktivitäten sowie
- Bestandsaufnahmen und Spurenanalysen.

Im Rahmen von *Zählungen* finden sich folgende exemplarische Anwendungen:

- Erfassung von Passantenströmen für die Standortanalyse im Handel,
- Messung von Besucherfrequenzen in einem Geschäft oder Dienstleistungsbetrieb.

Von großer Bedeutung in der Marktforschung ist die Erfassung *psychischer Zustände*, sofern sie sich in physischen Reaktionen niederschlagen. Typische Anwendungsgebiete sind die Wahrnehmungsforschung oder die Messung von Erregungszuständen, z.B. die Aktivierung beim Betrachten von Werbemitteln und Produkten.

Anwendungen, die die Erfassung *physischer Aktivitäten* zum Gegenstand haben, sind beispielsweise:

- Kundenlaufstudien, bei welchen die Kundenwege in Geschäften aufgezeichnet werden,
- Handhabungs- und Nutzungsbeobachtungen im Rahmen der Produktforschung,
- Markenwahlverhalten im Geschäft,
- Blickverlauf beim Betrachten von Werbemitteln,
- Zuwendung zum Regal im Geschäft.

Abbildung 3.17 zeigt ein Beispiel für eine Kundenlaufstudie (auch: Laufweganalyse). Ziel einer Kundenlaufstudie ist die Erfassung der Laufwege von Kunden, der Zuwendung zum Regal und der Verweildauer von Kunden am Regal, was im Handel als Grundlage für eine Regalplatzoptimierung dienen kann. Ausgewertet werden Kundenlaufstudien u.a. durch sog. Heatmaps. Eine Heatmap zeigt besonders frequentierte Bereiche in Rot (im Bild dunkel), weniger frequentierte Bereiche werden gelb oder grün ausgewiesen (im Bild heller).

Bestandsaufnahmen können sowohl im Handel als auch bei Verbrauchern erfolgen. Im Rahmen eines sog. *Pantry-Checks* werden z.B. Vorratsschränke in Haushalten untersucht, um daraus auf die Verwendung bestimmter Produkt zu schließen. Bei *Spurenanalysen* werden nachträglich Indikatoren für den Ge- bzw. Verbrauch bestimmter Produkte erhoben, etwa weggeworfene Zigarettenpackungen nach einer Großveranstaltung wie z.B. ein Fußballspiel oder Popkonzert, um so die Marktanteile verschiedener Marken zu ermitteln.

Bei der *Beurteilung* von Beobachtungen sind zunächst folgende *Vorteile* zu nennen:

- Eine Beobachtung kann unabhängig von der Auskunftsbereitschaft und der Verbalisierungsfähigkeit der Probanden erfolgen.

- Mit Ausnahme der teilnehmenden Beobachtung entfällt das Problem der Beeinflussung durch den Beobachter.
- Es können durch Beobachtung nonverbale Verhaltensweisen erfasst werden, z.B. Gestik oder Mimik als Reaktion auf bestimmte Stimuli.
- Sie ermöglicht die Erfassung von Sachverhalten, die den Probanden selbst nicht bewusst sind, etwa bei gewohnheitsmäßigen, nicht reflektierten Handlungen wie die Auswahl zwischen mehreren Marken im Verkaufsregal.
- Auch komplexe Zusammenhänge, die nur schwer in Einzelindikatoren zerlegt werden können, lassen sich erforschen, z.B. Verwendungsverhalten bei bestimmten Produkten, Leseverhalten bei Printmedien, Blickverlauf bei der Betrachtung von Werbemitteln.
- Bestimmte psychische Konstrukte wie Aktivierung, Wahrnehmung, Antwortsicherheit lassen sich unter Anwendung technischer Hilfsmittel deutlich zuverlässiger erfassen als durch eine Befragung.
- Es können Verhaltenssequenzen erfasst werden, die sonst nur durch wiederholte Interviews zu erheben wären (z.B. Konsumverhalten zu verschiedenen Jahreszeiten).
- Vorgänge können unmittelbar im Augenblick ihres Geschehens erfasst werden, sodass auch deutlich wird, in welchem Kontext bestimmte Geschehnisse erfolgen.
- Beobachtungen können andere Erhebungsmethoden ergänzen oder verifizieren, wodurch eine Kontrolle der Ergebnisse möglich wird.
- Beobachtungen sind geeignet, gruppendynamische Prozesse zu erfassen.

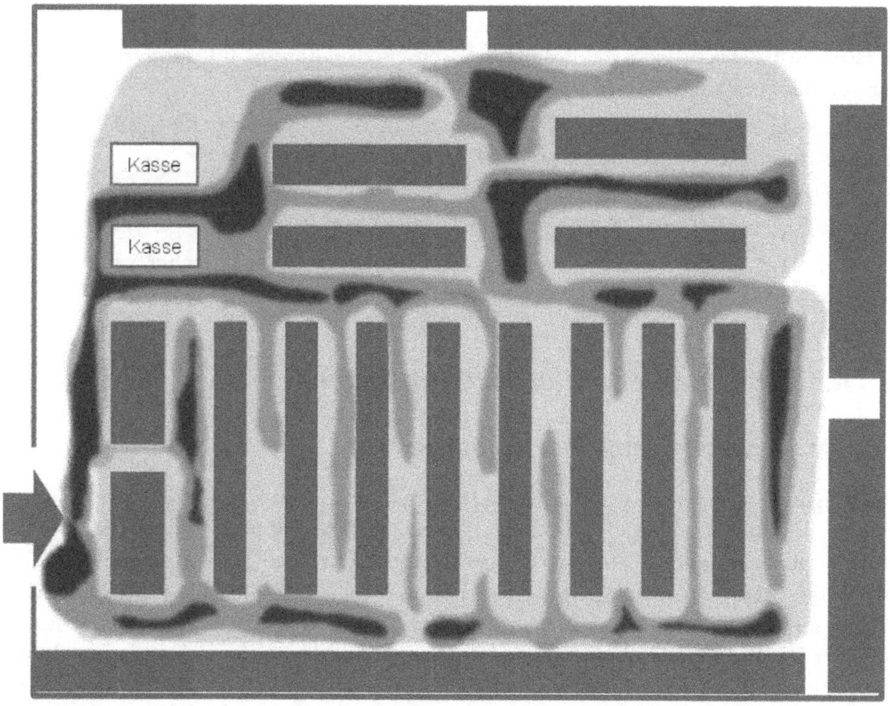

Abb. 3.17: Beispiel für eine Kundenlaufstudie im Supermarkt

Dem gegenüber stehen folgende *Nachteile* einer Beobachtung:

- Viele interessierende Sachverhalte entziehen sich einer Beobachtung. Dazu gehören die meisten psychologischen Konstrukte wie z.B. Einstellungen, Verhaltensabsichten, Präferenzen, Motive, aber auch viele sozioökonomische und demographische Variablen.
- Bei nichtexperimentellen Beobachtungen kann die Ursache für ein bestimmtes Verhalten nur ermittelt werden, wenn zusätzlich eine Befragung vorgenommen wird.
- Die Beobachtung weist z.T. erhebliche Repräsentativitätsprobleme auf. Laborbeobachtungen erfolgen mit zumeist kleinen Stichproben; bei Feldbeobachtungen ist die Auswahl der Probanden willkürlich oder bestenfalls systematisch, abhängig von Ort, Tageszeit etc. der Beobachtung. Man denke z.B. an die Beobachtung des Einkaufsverhaltens in einem Supermarkt.
- Vorgänge, die sich über einen längeren Zeitraum erstrecken oder nur in großen Zeitabständen auftreten, würden eine sehr lange Erhebungsdauer erfordern, sodass eine Beobachtung rein aus Kostengründen nicht in Frage kommt.
- Analog zum Interviewereinfluss bei der Befragung ist bei der Beobachtung ein Beobachtereinfluss festzustellen. Bei der teilnehmenden Beobachtung greift der Beobachter ohnehin ins Geschehen ein, aber auch bei der nichtteilnehmenden Beobachtung unterliegt der Beobachter einer selektiven Wahrnehmung.
- Bei komplexen Fragestellungen und Anwendung einer standardisierten Beobachtung ist ein umfassendes Beobachtungsschema mit einer Vielzahl sich gegenseitig ausschließender Beobachtungskategorien erforderlich, wodurch die Datenaufnahmekapazität des Beobachters schnell an Grenzen stößt.
- Bei nicht verdeckten Beobachtungssituationen tritt auf Seiten der Untersuchungsperson ein Beobachtungseffekt, d.h. eine Verhaltensänderung aufgrund des Wissens um die Beobachtung ein.
- Die beobachteten Merkmale sind u.U. unterschiedlich interpretierbar, d.h. ein und dasselbe Verhalten kann unterschiedlich gedeutet werden.
- Beobachtungssituationen sind nur unter Laborbedingungen wiederholbar. Damit sind die Ergebnisse von Feldbeobachtungen nicht ohne weiteres vergleichbar.
- Die zeitliche Abfolge der beobachteten Ereignisse ist vom Forscher nicht direkt steuerbar.

2.2 Aufzeichnungsverfahren der Beobachtung

2.2.1 Aufzeichnung durch den Beobachter

Viele Vorgänge lassen sich durch den Beobachter selbst erfassen, also ohne Zuhilfenahme technischer Hilfsmittel. Die Aufzeichnung erfolgt manuell, etwa mit Hilfe von Handzählern, Stoppuhren, Stift und Block, Strichlisten etc. Bei nichtteilnehmender Beobachtung ist die Aufzeichnung vergleichsweise unproblematisch, da der Beobachter nicht am Geschehen teilnimmt. Im Rahmen einer teilnehmenden Beobachtung nimmt der Beobachter am Ablauf des Geschehens teil, d.h. er übernimmt eine aktive Rolle. Beispiel hierfür ist das sog. *Silent Shopping* oder *Mystery Shopping*, im Rahmen dessen der Beobachter als Käufer auftritt und eine reale Kaufsituation simuliert. Dadurch kann er bestimmte Qualitätsmerkmale überprüfen, z.B. Erhältlichkeit des Produkts im

Geschäft, Verhalten des Verkäufers, Platzierung etc. Der Beobachter berichtet an den Anbieter des Produkts, was erhebliche ethische Bedenken aufwirft. Gebräuchlich ist Mystery-Shopping insb. zur Beurteilung der Servicequalität bei Dienstleistungsunternehmen, z.B. Handel, Banken, Werkstätten.

Beispiel 3.39: Mystery Repair Werkstatttest (Dr. Grieger & Cie.)

Für einen Werkstatttest wird ein Fahrzeug (Auto oder Motorrad) manipuliert (z.B. Sicherungen, Blinker-Relays, Luftdruck, Wasserstand). Bei Abholung des Fahrzeuges wird überprüft, ob die eingebauten Fehler erkannt und behoben wurden.

Die Inhalte bei einem Werkstatttest sind entlang typischer Dienstleistungsepisoden aufgebaut, um den gesamten Prozess eines Werkstattbesuchs abbilden zu können.

- Kontaktaufnahme
  z.B. telefonische Kontaktaufnahme, Qualität des Gesprächs, Wahrnehmung der Terminvereinbarung etc.
- Fahrzeugannahme
  z.B. Qualität der Direktannahme, Begrüßung, Gesprächs-und Beratungsqualität, Bearbeitungsqualität des Auftrages etc.
- Wartungsprozess/Reparaturprozess
  z.B. Verlauf des Checks, Wartezeiten, Qualität, Sorgfalt, Kommunikation
- Fahrzeugübergabe
  z.B. Termintreue, Einhaltung vereinbarter Kosten, Leistungserfüllung gemäß Vereinbarung, Qualität der Erläuterung von Leistungen, Qualität der Fehlererkennung etc.

Quelle: Dr. Grieger & Cie 2016, o.S.

Die persönliche Beobachtung kann nur bei vergleichsweise einfachen Aufgaben eingesetzt werden (vgl. Hüttner/Schwarting 2002, S. 160 f.). Dazu gehören z.B. Zählungen. Grenzen findet die persönliche Beobachtung bei komplexen Fragestellungen, bei welchen mehrere Merkmale gleichzeitig erhoben werden müssen.

2.2.2 Apparative Beobachtungsverfahren

Apparative (bzw. experimentelle) Beobachtungsmethoden werden bei experimentell angelegten Beobachtungen in Laborsituationen eingesetzt. Die Beobachtung erfolgt dabei unter Zuhilfenahme technischer Geräte. Häufige Anwendungsgebiete sind die Werbemittelforschung und die Produktforschung. Sie lassen sich unterteilen in (vgl. Abb. 3.18):

- aktualgenetische Verfahren,
- psychophysiologische Verfahren und
- mechanische Verfahren.

Eine ausführliche und kritische Darstellung der wichtigsten apparativen Verfahren findet sich bei Sauermann 2008 und Keitz 2016. Die Anwendung ausgewählter apparativer Beobachtungsverfahren im Rahmen von Produkt-, Preis- und Werbemitteltests wird eingehend in Teil 8 beschrieben, sodass an dieser Stelle lediglich auf die grundlegende Methodik eingegangen wird.

Apparative Beobachtungsverfahren		
Aktualgenetische Verfahren	Psychophysiologische Verfahren	Mechanische Verfahren
■ Tachistoskop ■ Schnellgreifbühne ■ Unschärfeverfahren ■ Anglemeter ■ Nyktoskop ■ Perimeter ■ Sichtspaltdeformation	■ Psychogalvanometer ■ Hirnstrommessung (EEG) ■ Facial Coding ■ Funktionelle Magnetresonanztomografie (fMRT) ■ Pupillometer ■ Lidschlagfrequenz ■ Thermografie ■ Stimmfrequenzanalyse	■ Eye Tracking ■ Reaktionsbasierte Verfahren ■ Nonverbale Resonanzmessungen ■ Scanning ■ RFID ■ Online-Beobachtung ■ Lichtschranken ■ Daktyloskop ■ Einwegspiegel ■ Audio-, Foto- und Videoaufnahmen ■ Telemeter

Abb. 3.18: Überblick der gebräuchlichsten apparativen Verfahren

Aktualgenetische Verfahren

Definition

Unter *Aktualgenese* versteht man den Prozess der Entstehung der Wahrnehmung komplexer Stimuli. Aktualgenetische Verfahren der Beobachtung versuchen, den Wahrnehmungsprozess von Probanden experimentell zu erfassen.

Die ganzheitliche Wahrnehmung eines komplexen Reizes erfolgt nicht plötzlich, sondern stufenweise. Der Prozess beginnt dabei mit einer relativ diffusen positiven oder negativen Stimmung gegenüber dem Reiz (*Anmutung*), die dann mit zunehmend bewusst werdender Wahrnehmung durch kognitive Vorgänge überlagert und korrigiert wird (vgl. Graumann 1959).

Verfahren der Aktualgenese arbeiten mit technischen Mitteln der Wahrnehmungserschwerung für Objekte (z.B. Verkürzung, Verkleinerung, Verdunkelung, Verunschärfung). Beispielsweise wird analysiert, welche Elemente eines Produkts in welcher Reihenfolge vom Probanden erkannt werden, wenn das Produkt zunächst verschwommen und anschließend zunehmend schärfer gezeigt wird. Im Folgenden sollen die wichtigsten Verfahren der Aktualgenese skizziert werden.

Tachistoskop

Mit Hilfe eines Tachistoskops wird die visuelle Wahrnehmung nach kurzzeitiger Darbietung eines Reizes untersucht. Dadurch wird erfasst, welche Elemente eines Objekts (z.B. Werbemittel oder Verpackung) bei der in der Praxis häufig anzutreffenden sehr kurzen Betrachtungsdauer wahrgenommen werden. Zusätzlich sollen erste, spontane Anmutungen von Objekten erfasst werden (vgl. Keitz 2016, S. 233). Am gebräuchlichsten ist das sog. Projektionstachistoskop, bei dem Bilder in hoher Auflösung auf eine Leinwand projiziert werden; alternativ werden auch Computermonitore eingesetzt. Die Dauer der Darbietung ist zunächst sehr kurz (unterhalb der bewussten Wahrnehmung) und wird sukzessive erhöht, um den Prozess der Wahrnehmungsentstehung zu erfassen. Anwendung findet das Tachistoskop in der Werbemittel- und der Produktforschung.

Schnellgreifbühne

Bei einer Schnellgreifbühne handelt es sich um einen Kasten mit Schließmechanik. In diesem Kasten befinden sich mehrere Objekte (i.d.R. Produkte), die dem Probanden nur für eine kurze Zeit dargeboten werden. Dieser muss sich spontan für ein Objekt entscheiden. Damit wird die Durchsetzungsfähigkeit von Produkten oder Verpackungen im Handel bei schnellem Durchlauf durch die Regale getestet (vgl. Salcher 1995, S. 118 f.).

Unschärfeverfahren

Unschärfeverfahren zielen darauf ab, jene Reize zu identifizieren, die bei einem Objekt wahrgenommen werden. Dadurch wird überprüft, ob die Gestaltung eines Produkts oder eines Werbemittels hinreichend prägnant ist. Das Objekt wird zunächst so verschwommen dargeboten, dass eine sofortige Identifikation unmöglich ist. Anschließend wird die Schärfe des Stimulus sukzessive erhöht. Auf dieser Grundlage können dominante (Erkennungs-)Merkmale eines Produks identifiziert werden. Ein Beispiel ist das Verfahren digiFuzz© des Spiegel-Instituts (vgl. Spiegel Institut 2016, o.S.).

Anglemeter

Bei einem Anglemeter handelt es sich um eine steuerbare Drehscheibe, mit der ein Objekt – z.B. ein Produkt – zur Seite oder nach oben/unten gewendet werden kann. Dem Probanden wird zunächst die Ansicht von der Seite bzw. von oben oder von unten gezeigt; anschließend wird die relevante Seite (meist die Frontseite) dem Betrachter langsam zugewandt. Einsatz findet das Anglemeter zur Untersuchung der Produktidentifizierung bei Selbstbedienung im Handel.

Nyktoskop

Mit Hilfe eines Nyktoskops wird das Untersuchungsobjekt (ausgehend von völliger Verdunkelung) sukzessive aufgehellt. Das in der Medizin für die Ermittlung der Sehschärfe bei Dunkelheit eingesetzte Gerät kann in der Marktforschung verwendet werden, um die Wahrnehmungsentstehung von Objekten bei Dunkelheit oder Dämmerung zu erfassen.

Perimeter

In der Augenmedizin wird ein Perimeter eingesetzt, um das Gesichtsfeld zu messen. Mit dessen Hilfe wird ein Objekt von der Randzone des Blickfelds des Probanden sukzessive in dessen Mitte gerückt. Im Marketing kann es eingesetzt werden, um die Identifizierung eines Produkts bzw. einzelner Elemente zu analysieren.

Sichtspaltdeformation

Die Sichtspaltdeformation, auch Zöllner-Verfahren genannt, beruht darauf, dass das zu testende Objekt, z.B. ein Produkt, hinter einem Sichtspalt vorbeigeführt wird. Die

Größe des Sichtspalts kann dabei variiert werden. Durch anschließende Befragung wird erfasst, was die Testpersonen erkannt haben.

Psychophysiologische Verfahren

Definition

Psychophysiologische (auch: psychomotorische oder psychobiologische) *Verfahren* werden eingesetzt, um bei den Probanden unwillkürliche physische Reaktionen auf einen Stimulus zu messen. Daraus wird auf die interessierende, die physische Reaktion hervorrufende psychische Variable geschlossen (Erregung, Aktivierung, Aufmerksamkeit, Emotion).

Einsatz finden diese Verfahren insb. in der Produkt- und Werbemittelforschung. Neuere Ansätze für die psychologische Marktforschung gehen vom sog. *Consumer Neuroscience* aus. Das Problem der traditionellen Marktforschung liegt darin, dass sie nur den bewussten Teil der Willensbildung von Konsumenten erfassen kann. Dieser macht jedoch nur einen Bruchteil der tatsächlichen Entscheidungsfindung aus; bereits seit längerem ist bekannt, dass selbst vermeintlich rationale Entscheidungen in einem hohen Maße von unbewusst ablaufenden Gefühlen beeinflusst werden. Mit Hilfe neurowissenschaftlicher Methoden wird versucht, auch diesen unbewusst ablaufenden Teil des Entscheidungsfindungsprozesses zu beleuchten. Ziel ist es, dadurch ein tieferes Verständnis für das menschliche Konsumverhalten zu erlangen (vgl. Hubert/Kenning 2008).

Neuromarketing ist ein Bestandteil des interdisziplinären Forschungsgebietes *Neurowissenschaften*, in dem versucht wird, die Abläufe im menschlichen Gehirn im Detail zu verstehen (vgl. Morin 2011). Zur Analyse werden insb. medizinische Untersuchungsmethoden wie die Elektroenzephalografie (EEG) oder die funktionelle Magnetresonanztomographie (fMRT) eingesetzt. Mit ihrer Hilfe ist es möglich, neuronale Gehirnaktivitäten zu messen und bildlich darzustellen. Daraus wird abgeleitet, welche Hirnregionen welche Aufgaben und Funktionen besitzen. Was Mediziner bislang zur Krankheitsaufklärung nutzten, hilft Wirtschaftswissenschaftlern und Psychologen zunehmend, besser zu verstehen, wie Menschen ihre Entscheidungen treffen. So beobachten sie mit Hilfe der bildgebenden Verfahren, welche Bereiche des Gehirns aktiv sind, wenn ein Proband beispielsweise eine Kaufentscheidung trifft.

Von besonderem Interesse ist es, nachvollziehen zu können, warum Menschen in bestimmten Situationen nicht rational entscheiden, anders reagieren als erwartet und oft sogar entgegen ihren eigenen, in Befragungen erhobenen Absichten handeln. In der Vergangenheit konnten Marktforscher zwar bestimmte Stimuli variieren (z.B. den Preis für ein Produkt) und die daraus folgenden Reaktionen von Probanden beobachten (z.B. deren Kaufentscheidungen); die zuvor abgelaufenen kognitiven und affektiven Entscheidungsprozesse konnten jedoch lediglich (re-)konstruiert werden. Mit Hilfe neurowissenschaftlicher Methoden versuchen die Forscher inzwischen, diese ursprünglich rein hypothetischen Konstrukte aus der „Black Box" des Gehirns empirisch nachzuweisen, um auf diese Weise neue Einsichten in das Konsumentenverhalten zu erlangen. Die Mehrzahl der empirischen Studien zum Neuromarketing fokussiert dabei auf Aspekte der Marken-, Kommunikations- und Kaufverhaltensforschung (vgl. Camerer et al. 2004; Kenning et al. 2007, S. 57 f.). Anzumerken ist, dass die Anwendung neurowissenschaftlicher Mehoden erhebliche ethische Implikationen hat (vgl. Hensel et al. 2017 sowie Abschnitt 4 im 1. Teil).

Beispiel 3.40: Pepsi vs. Coca Cola: Der Einfluss einer Marke auf den Geschmack

1975 führte das Unternehmen Pepsi zu Marketingzwecken seinen inzwischen als Standardbeispiel für die Wirkung von Marken bekannten „Pepsi-Test" durch. Darin verglichen weltweit Hunderte von Konsumenten den Geschmack von Pepsi Cola und Coca Cola. Hierzu mussten sie beide Getränke aus zwei identisch aussehenden, neutralen Bechern trinken und angeben, welche Cola ihnen besser schmeckte. Das Ergebnis des Blindtests war, dass die überwiegende Mehrzahl der Probanden Pepsi Cola gegenüber Coca Cola vorzog. Interessanterweise verkauft sich Coca Cola aber bis heute deutlich besser als Pepsi Cola.

Um diesen Widerspruch aufzuklären, wurde der Pepsi-Test im Jahr 2003 noch einmal wiederholt, wobei zusätzlich die Gehirnaktivitäten der Probanden mit Hilfe der funktionalen Magnetresonanztomographie gemessen wurden. Auch dieses Mal schmeckte den Testpersonen mehrheitlich die Pepsi Cola besser, und auch die Gehirnmessungen ergaben beim Trinken von Pepsi deutlich höhere Aktivitäten in den sog. ventralen Putamen, eine Gehirnregion, die stimuliert wird, wenn Menschen etwas schmeckt. Als das Experiment jedoch abgewandelt wurde und die Teilnehmer von Anfang an wussten, welche Cola-Marke sie tranken, ergab sich, dass rund Dreiviertel Coca Cola geschmacklich präferierten. In der Magnetresonanztomographie zeigte sich, dass nun nicht mehr nur das ventrale Putamen, sondern zusätzlich auch der Bereich des medialen präfronteralen Kortex, ein Bereich im Gehirn, der u.a. für das emotionale Entscheidungsverhalten zuständig ist, aktiv war. Anschaulich ausgedrückt „stritten" damit ein rationaler und ein emotionaler Gehirnbereich darüber, welche Cola die bessere sei, wobei die rationale Bevorzugung des Pepsi-Geschmacks den emotionalen Assoziationen mit der Marke Coca Cola unterlegen war.

Quelle: Montague et al. 2004

Die gebräuchlichsten psychobiologischen Verfahren werden im Folgenden kurz dargestellt. Einschränkend ist darauf hinzuweisen, dass die Anwendung einzelner Verfahren wissenschaftlich nicht unumstritten ist.

Psychogalvanometer (Hautwiderstandsmessung)

Mit Hilfe eines Psychogalvanometers wird die elektrodermale Reaktion (Hautwiderstand) auf einen Stimulus gemessen. Die elektrische Leitfähigkeit der Hautoberfläche wird dabei als Indikator für die Aktivierung (z.B. bei Präsentation eines Produkts oder eines Werbemittels) herangezogen (vgl. Keitz 2016, S. 236 ff.). Ein Niedrigvoltstrom wird dazu über einen Sensor an der Hand- oder Fußfläche zu einem zweiten Sensor geleitet. Bei Aktivierung reagiert der Organismus mit Schweißabsonderung, wodurch sich die Leitfähigkeit der Haut erhöht (d.h. der Hautwiderstand sinkt) und der Stromfluss, der den zweiten Sensor erreicht, steigt. Die Aktivierung des Probanden zeigt dabei, wie stark die Aktivierung und damit Aufmerksamkeitswirkung des Stimulus ist, nicht jedoch die Richtung.

Hirnstrommessung (Elektroenzephalogramm, EEG)

Mittels Elektroden, die auf der Kopfhaut des Probanden angebracht sind, werden die elektrischen Aktivitäten des Gehirns erfasst, überwiegend die Aktivität der Cortex

(Großhirnrinde) (Morin 2011, S. 133). Aktivitäten im *okzipitalen Cortex* des Gehirns (Hinterhauptslappen) können auf erhöhte Aufmerksamkeit zurückgeführt werden (welche mit Erinnerung, visueller Verarbeitung und Lernen korreliert), oder aber auf verminderte Aufmerksamkeit (Langeweile). Asynchrone Aktivitäten im *frontalen Cortex* können hingegen entweder auf Annäherungsverhalten (Mögen, Wollen, Motivation zum Handeln) oder auf Rückzugsverhalten (Abneigung, Vermeidung) hindeuten. Damit lassen sich auch emotionale Vorgänge messen (vgl. hierzu Davidson et al. 1990). Höhe und Verlauf der aufgezeichneten Gehirnströme erlauben Rückschlüsse auf die Aufnahme und Verarbeitung von Reizen, z.B. von Werbemitteln. EEG kann auch in Verbindung mit anderen Verfahren eingesetzt werden, z.B. Eye Tracking. Eine integrierte Lösung wird beispielsweise von SMI angeboten.

Facial Coding

Registriert werden hier Reaktionsmuster einzelner Muskelgruppen im Gesicht, die die Identifikation diskreter Emotionen erlauben. Hierzu wird mit Hilfe einer hochauflösenden Kamera das Gesicht des Probanden gefilmt und über eine spezielle Software (z.B. FaceReader von Noldus) ausgewertet. Das Gesicht wird in zahlreiche „Key Points" aufgeteilt (bei FaceReader knapp 500) und Vergleichsdaten von über 10.000 Bildern gegenübergestellt.

Abb. 3.19: Beispiel für Facial Coding (Quelle: www.noldus.com/facereader)

Die Auswertung des FaceReaders erfolgt automatisch und liefert eine grafische Darstellung des Emotionsmusters des Probanden. Dieses umfasst Emotionsregungen wie z.B. glücklich, traurig, überrascht, neutral, verängstigt, abweisend oder verärgert. Anwendung findet Facial Coding zur Erfassung der Emotionen des Probanden bei der Betrachtung bestimmter Stimuli. Hierfür bietet sich in erster Linie Audio- und Videomaterial an, da hier die Emotionen des Probanden zeitlich mit den Stimuli-Reizen in Verbindung gesetzt werden können. Analysiert werden können aber nicht nur visuelle Stimuli, z.B. Werbemittel, sondern auch sonstige sinnlich wahrnehmbare Reize wie Geräusche, Gerüche, Haptik etc. Abbildung 3.19 zeigt ein Beispiel für Facial Coding mit FaceReader.

Funktionelle Magnetresonanztomographie (fMRT)

Die funktionelle Magnetresonanztomographie (fMRT) gehört wie EEG zu den sog. bildgebenden Verfahren. Sie zeigt, welche Zentren im Gehirn durch einen Stimulus aktiviert werden (Keitz 2016, S. 241). Das Grundprinzip von fMRT basiert darauf, dass Veränderungen im Sauerstoffgehalt des Blutes gemessen werden. Diese werden durch den Energiebedarf aktiver Nervenzellen hervorgerufen. In einem Zeitfenster von wenigen Sekunden kann fMRT neuronale Aktivitäten millimetergenau lokalisieren. Auf dem Bildschirm erscheint eine detaillierte Abbildung des Gehirns des Probanden, in welcher die Hirnbereiche, die aktiviert wurden, rot-gelb markiert sind.

Für das Marketing relevant ist zum einen das Zentrum, das für Belohnungen zuständig ist; es wird angenommen, dass dieses Zentrum durch solche Stimuli aktiviert wird, welche für den Probanden attraktiv sind. Interessant sind auch Bereiche, die eine umfassende kognitive Verarbeitung signalisieren und Indikator für extensive Bewertungsprozesse sein können, oder aber Bereiche, die eine kognitive Vereinfachung signalisieren (und damit Indikator habitualisierter Prozesse sein können). Einzelheiten und Anwendungsbeispiele im Marketing finden sich z.B. bei Hubert/Kenning 2011 oder Esch et al. 2012.

Die Anwendung von fMRT in der Marktforschung ist derzeit auf Grundlagenforschung beschränkt, da die Methodik sehr zeit- und kostenintensiv ist (Keitz 2016, S. 242). Zudem stößt das Verfahren auch methodisch auf Kritik.

Weitere psychophysiologische Verfahren

- Beim *Pupillometer* handelt es sich um eine Augenkamera, welche die Veränderung des Pupillendurchmessers bei Präsentation eines Stimulus erfasst. Die gemessene Änderung wird als Indikator für den Grad der Aktivierung des Probanden herangezogen.
- Im Rahmen der *Messung der Lidschlagfrequenz* wird mittels einer Kamera die Veränderung der Lidschlagfrequenz gegenüber dem Normalwert von ca. 30 Lidschlägen/Minute als Reaktion auf einen bestimmten Stimulus (z.B. Werbemittel) gemessen. Eine Erhöhung der Lidschlagfrequenz wird als Indikator für die Aktivierung aufgefasst.
- Bei der *Thermografie* werden Hauttemperaturschwankungen als Reaktion auf die Darbietung eines Stimulus gemessen. Ein sog. Infrarot-Quarz-Thermometer erfasst die Infrarotlichtabstrahlung des Körpers; diese wird als Indikator für den Aktivierungsgrad herangezogen.
- Schließlich werden im Rahmen der *Stimmfrequenzanalyse* dem menschlichen Ohr nicht zugängliche, psychisch bedingte Veränderungen der Stimmfrequenz im Bereich von 8-14 Hz (sog. Mikrotremor) erfasst.

Mechanische Verfahren

Definition

Mechanische Verfahren werden im Rahmen nichtteilnehmender Beobachtungen eingesetzt, um eine planvolle Registrierung und Dokumentation des Beobachtungsgeschehens zu ermöglichen (Sauermann 2008, S. 236). Nachfolgend werden die wichtigsten Techniken skizziert.

Eye Tracking (Blickregistrierung, Blickaufzeichnung)

Die Grundidee des *Eye Tracking* besteht darin, dass der Blickverlauf eines Probanden beim Betrachten eines visuellen Stimulus (z.B. Werbeanzeige, Verpackung, TV-Spot) erfasst wird. Dem Eye Tracking kommt insb. im Rahmen der Werbemittelforschung eine große Bedeutung zu (vgl. ausführlich Keitz 2016, S. 224 ff. sowie Abschnitt 2.3 im 8. Teil), die Methodik ist im Marketing jedoch vielseitig anwendbar, u.a. in der Produktforschung, der Handelsforschung, im Rahmen von Usability-Tests von Webseiten u.v.a.m. Anbieter von Eye Tracking-Systemen sind u.a. Tobii und SMI. Die Systeme lassen sich dabei mit anderen Aufzeichnungsverfahren kombinieren, z.B. EEG oder Elektrodermale Reaktion. Im Rahmen der Blickregistrierung kommen vor allem folgende Verfahren zur Anwendung:

- *Mobiles Eye Tracking:* Hierbei handelt es sich um eine Spezialbrille, welche die Blickbewegungen direkt erfasst. Dadurch können Blickbewegungen auch am Point of Sales aufgezeichnet werden.
- *Remote Eye Tracking:* Hier werden die Augenbewegungen der Testperson mit einer Kamera erfasst, die für den Probanden unauffällig angebracht ist, z.B. am Bildschirm. Das System ist für den stationären Einsatz vorgesehen, die Aufzeichnung erfolgt berührungsfrei, z.B. durch Infrarotlicht und Videoaufzeichnung der Augen.

Die am häufigsten verwendeten Darstellungen der Blickaufzeichnung sind Scanpaths und Heatmaps. Die Reihenfolge der Blickbewegungen eines Probanden wird durch Scanpaths verdeutlicht, es wird also der Rezeptionsprozess im engeren Sinne dargestellt. Heatmaps zeigen, wie lange die Gesamtheit der Probanden (kumuliert) auf bestimmte Bereiche – z.B. das Logo einer Anzeige oder eines Produktes im Werbefilm – verweilen. Eine ausführliche Darstellung im Zusammenhang mit Werbemittelforschung findet sich in Abschnitt 3.3.2 im 8. Teil.

Reaktionszeitbasierte Verfahren

Zu diesen Verfahren zählen neben der Antwortzeitmessung auch die verschiedenen Methoden impliziter Imagemessung. Die *Antwortzeitmessung* wird häufig ergänzend zu computergestützten Befragungsmethoden eingesetzt. Erfasst wird die Zeit, die z.B. zwischen dem Erscheinen der Frage auf dem Bildschirm und der Eingabe der Antwort verstreicht. Die Antwortzeit dient als Indikator für das Ausmaß an Überzeugung der Testpersonen.

Die *implizite Imagemessung* beruht auf dem Reaktionszeitparadigma: Je schneller eine Antwort gegeben wird, umso instinktiver ist das Antwortverhalten und desto besser können tieferliegende Überzeugungen (implizit) abgebildet werden. Das Reaktionszeitparadigma ist ein wissenschaftlich validiertes Verfahren, um implizite Assoziationen zu messen. Es basiert darauf, dass die Probanden am Computer einen Stimulus (z.B. Produkt oder Markenlogo) beurteilen (z.B. die Passung zu einer bestimmten Eigenschaft) und dabei die Antwortzeit (Reaktionszeit) gemessen wird. Es werden dabei nur solche Reaktionen in die Ergebnisanalysen einbezogen, die innerhalb sehr kurzer Zeit abgegeben werden (Ø 1,5 Sek). Diese Beschränkung auf sehr schnelle Reaktionen gewährleistet, dass alle Antworten vom implizit-intuitiven System im Gehirn der Probanden produziert wurden und nicht länger durchdacht oder rationalisiert sind. So kann das tatsächlich empfundene (implizite) Image eines Objekts gemessen werden, z.B. einer Marke. Wenn ein Proband beispielsweise die Marke BMW mit Sportlichkeit verbindet, so wird er der Paarung „BMW-sportlich" schnell zustimmen, da die Eigenschaft in seinem Unterbewusstsein verwurzelt ist.

Zu den impliziten Messverfahren gehören u.a. der von Greenwald et al. (1998) entwickelte Implizite Assoziationstest (IAT), der Go-No-go-Assoziationstest (GNAT) oder die Affective Misattribution Procedure (AMP), welche in Laborsituationen eingesetzt werden. Darüber hinaus wurden auch Tools entwickelt, welche im Rahmen von Online-Befragungen eingesetzt werden können. Anwendungsgebiet im Marketing ist die Erhebung des impliziten Images von z.B. Marken und Unternehmen. Eine umfassende kritische Darstellung der einzelnen impliziten Messverfahren findet sich bei Znanewitz et al. 2016.

Nonverbale Resonanzmessungen (Programmanalysator)

Nonverbale Resonanzmessungen erlauben es den Probanden, die emotionale Bewertung von Stimuli (Likes/Dislikes) nonverbal zum Ausdruck zu bringen und erfassen typischerweise das Ausmaß an Gefallen bzw. Ablehnung eines Stimulus (vgl. Kroeber-Riel/Gröppel-Klein 2013, S. 131). Mit Hilfe von Joysticks oder Knöpfen (z.B. rechts für Gefallen, links für Missfallen) bringen die Probanden zum einen die Richtung der mit dem Stimulus verbundenen Empfindung zum Ausdruck, zum anderen – z.B. durch die Zeitdauer des Drückens des Knopfes – auch deren Intensität an. Anders als die weiter oben dargestellten reaktionszeitbasierten Verfahren werden hier *bewusste* Reaktionsmuster deutlich; dadurch können die Ergebnisse von denen reaktionszeitbasierter Verfahren abweichen (vgl. Keitz 2016, S. 243). Typisches Anwendungsbeispiel ist die Werbeforschung.

Scanning

Scanning ermöglicht es, den Kassiervorgang im Handel und damit auch die Verkaufsdatenerfassung weitgehend zu automatisieren. Große Bedeutung hat das Scanning im Rahmen von *Panelerhebungen* erlangt (vgl. ausführlich Teil 4). Ermöglicht wurde die artikelspezifische Datenerfassung durch die Einführung einer einheitlichen Europäischen Artikelnummerierung (EAN) im Jahre 1977. Der EAN-Code (vgl. Abb. 3.20) wird von den Herstellern auf den Produkten angebracht und wird an der Kasse mit Hilfe eines elektronischen Lesegeräts (Scanner) registriert.

Länderkennzeichen		Bundeseinheitliche Betriebsnummer „bbn"				Individuelle Artikelnummer des Herstellers					Prüfziffer
4	0	0	4	7	4	4	0	2	0	9	2	8

Abb. 3.20: Beispiel für eine EAN-Nummer

Beim Einlesen wird die EAN-Nummer an einen Computer weitergeleitet, der den Verkauf des Artikels erfasst und dessen Lagerbestand fortschreibt. Gleichzeitig wird der Preis des Artikels an die Kasse gesendet. Die Scannertechnologie erlaubt es, schnellere, genauere und detaillierte Verkaufsdaten zu liefern (Art, Anzahl, Verkaufsart und -datum, Verkaufspreis etc.), was erhebliche Vorteile für Warenbewirtschaftung und Marketing mit sich führt.

RFID (Radio Frequency Identification)

Dieses technische System ermöglicht es, Daten an Objekten zu lesen und zu speichern, ohne diese zu berühren oder Sichtkontakt zu ihnen zu haben (vgl. ausführlich Kern 2006). Ein RFID-System besteht im Wesentlichen aus einem Sender, dem sog. Transponder, und einem Lesegerät. Im Transponder sind auf einem Chip die relevanten Daten gespeichert (z.B. Artikeldaten). Diese werden auf Abruf ausgesendet und durch das Lesegerät erfasst (vgl. Abb. 3.21).

Ähnlich wie Strichcodes dient RFID dazu, Waren schnell identifizieren und damit den Warenfluss beobachten zu können. Allerdings können auf dem Chip deutlich umfangreichere und detailliertere Daten gespeichert werden – also nicht nur Artikelnummer, Menge, Preis etc., sondern auch z.B., um welche konkrete Packung es sich handelt, aktueller Standort u.a. Auch sind die Chips im Gegensatz zu Strichcodes beschreibbar, was die Kennzeichnung etwa bei Sonderpreisaktionen erleichtert. Dies ermöglicht es Logistikunternehmen, sämtliche Sendungen zweifelsfrei zu identifizieren und deren aktuellen Status zu überprüfen. Zudem arbeitet das System über eine Funkverbindung und damit über eine größere räumliche Distanz.

Eine besondere Bedeutung hat das System für den Handel sowie für die Logistikbranche, da eine flächendeckende Einführung des Systems erhebliche Kosteneinsparungen sowie eine höhere Prozesseffizienz erwarten lässt. Auch Ladendiebstahl ist mit dieser Technologie praktisch nicht mehr möglich. Bedenken herrschen allerdings im Hinblick auf Daten- und Persönlichkeitsschutz, da Daten über das Kaufverhalten eines Konsumenten auch ohne dessen Einwilligung gespeichert und verarbeitet werden können. Auch ein unbefugtes Ausspähen und eine missbräuchliche Nutzung von Daten seitens Dritten sind nicht gänzlich ausgeschlossen.

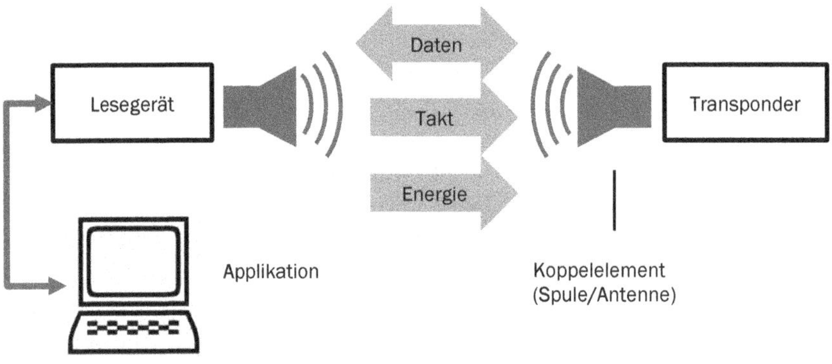

Abb. 3.21: Funktionsweise von RFID
(Quelle: Finkenzeller/Gebhardt 2012, S. 8 f.)

Online-Beobachtung

Die *Online-Beobachtung* eignet sich insb. zur Gewinnung von Nutzerprofilen, z.B. Such- und Bestellverfahren, bevorzugte Informationen und Produkte usw. Als Möglichkeiten der Online-Beobachtung sind insb. Logfile-Analysen sowie der Einsatz von sog. Cookies zu nennen. Daneben besteht die Möglichkeit, das Nutzungsverhalten auf der Grundlage einer freiwilligen Nutzerkennung zu erfassen (vgl. Fantapié Altobelli/Sander 2001, S. 73 f.).

Auf jedem Computer, der mit dem Internet verbunden ist, fallen durch den Zugriff seitens der Nutzer Daten über die Herkunft der Nutzer an, nämlich Host-/Domain-Name des anfragenden Rechners, Datum und Uhrzeit der Anfrage, Name der abgerufenen Dateien. Diese Daten werden in einem Protokoll, dem sog. Logfile festgehalten. Da dieses Verfahren automatisch ohne Mitwirkung des Nutzers stattfindet, spricht man von einem passiven Messverfahren. Solche Daten bilden die Grundlage zur Ermittlung von Reichweitenkennziffern wie Page Views, Visits u.Ä. Aus diesem Protokoll kann der Content-Provider, der auf dem jeweiligen Server Dienste bzw. WWW-Seiten zur Verfügung stellt, den Nutzer im Normalfall nicht eindeutig identifizieren. Eine eindeutige Identifikation ist nur unter Zuhilfenahme der Daten des Service-Providers möglich, was immer noch sehr aufwändig und in Deutschland bislang verboten ist.

Durch *Cookies* ist es möglich, die einzelnen Nutzer zu identifizieren. Cookies werden bei Abruf einer Webseite bzw. zugehöriger Grafiken vom Server an den eigenen Rechner mitgeschickt. Bei der Erzeugung des jeweiligen Cookies werden anfangs nur Daten aus den Logfiles übernommen, um eine spätere Identifizierung des Nutzers jederzeit wieder zu ermöglichen. Somit ist es dem Content-Provider möglich, spezifisches Online-Verhalten des Nutzers auf seinem Server festzustellen. Ein besonders gutes Nutzerprofil lässt sich generieren, wenn sich mehrere Anbieter zu einem Verbund zusammenschließen. Beispielsweise sind beim DoubleClick-Network die jeweiligen Seiten der Internetanbieter alle auf einem zentralen Server gespeichert, sodass gemeinsame Cookies für den gesamten Werbeverbund angelegt und ausgewertet werden können. Insbesondere in Deutschland bestehen gegen Cookies datenschutzrechtliche Bedenken.

Weitere Möglichkeiten der Online-Beobachtung bestehen in der Analyse von *Blogs*, *Brand Communities* und *sozialen Netzwerken* im Internet. Diese unter dem Stichwort „User Generated Content" agierenden Plattformen enthalten eine Fülle unverzerrter Informationen über aktuelle und potenzielle Kunden, welche durch systematisches Monitoring für das Unternehmen nutzbar gemacht werden können.

Weitere mechanische Verfahren

- *Lichtschranken* werden zur Zählung von Besuchern, Passanten etc. eingesetzt; darüber hinaus werden Verweildauer und Betrachtungsabstand erfasst. Dieselbe Funktion erfüllen Bewegungsmelder und die Infrarotmessung.
- Ein *Daktyloskop* wird zur Identifizierung von Fingerabdrücken eingesetzt. Sein Einsatz in der Marktforschung ermöglicht die Feststellung, ob ein Proband das Testobjekt (z.B. Anzeigenseite, Produkt) berührt hat oder nicht.
- Ein *Einwegspiegel* ist eine nur einseitig durchsichtige Glasscheibe, welche das verdeckte Beobachten des Verhaltens von Testpersonen erlaubt. Einwegspiegel werden beispielsweise zur Beobachtung von Gruppendiskussionen eingesetzt, wobei insb. Mi-

mik, Gestik etc. analysiert werden. Das Verfahren ist allerdings – wie alle Verfahren der verdeckten Beobachtung – ethisch und juristisch bedenklich.

- *Audio-, Foto- und Videoaufnahme* dienen der Erfassung verbaler und nonverbaler Verhaltensweisen. Durch die Aufzeichnung und Speicherung des Beobachtungsgeschehens steht das Material auch zu einem späteren Zeitpunkt zur Verfügung, z.B. zu Kontrollzwecken.
- Beim *Telemeter* handelt es sich um ein Zusatzgerät, das an Fernsehgeräten angebracht wird (TC score, TC UMX). Mit dessen Hilfe werden Programmwahl und Einschaltdauer von Testpersonen oder -haushalten erfasst (vgl. die Ausführungen im Zusammenhang mit Fernsehzuschauerpanels in Abschnitt 1.4 im 4. Teil). Die dadurch gewonnen Informationen sind allerdings mit Ungenauigkeiten behaftet.

3 Auswahl der Erhebungseinheiten

Die Auswahl der Erhebungseinheiten umfasst zunächst die Entscheidung zwischen einer Voll- und einer Teilerhebung; im Falle einer Teilerhebung ist darüber hinaus der Auswahlplan festzulegen, d.h. die Art und Weise, wie aus einer Grundgesamtheit eine Stichprobe zu gewinnen ist.

3.1 Vollerhebung vs. Teilerhebung

Sollen Aussagen über eine größere Anzahl von Untersuchungseinheiten getroffen werden, so kommen prinzipiell zwei Vorgehensweisen in Frage:

- Vollerhebung und
- Teilerhebung.

> Definition
>
> Im Rahmen einer *Vollerhebung* (Zensus) werden sämtliche in Frage kommenden Untersuchungseinheiten in die Erhebung einbezogen (z.B. bei einer Volkszählung). Eine *Teilerhebung* beinhaltet die Einbeziehung lediglich eines Ausschnitts der Grundgesamtheit, der sog. *Stichprobe* (Sample), in die Untersuchung.

Eine Vollerhebung kommt in der Marktforschung nur in Ausnahmefällen vor, etwa im Rahmen von Händler- oder Herstellerbefragungen, wenn also die Grundgesamtheit zahlenmäßig begrenzt ist. In den meisten Fällen ist die Grundgesamtheit zu umfangreich, oder aber die Anzahl zu erhebender Merkmale ist zu groß, sodass sich eine Vollerhebung aus zeitlichen und finanziellen Gründen verbietet. Den Normalfall in der Marktforschung bildet daher die Teilerhebung.

Dabei sollen die Merkmalsträger so ausgewählt werden, dass sie hinsichtlich der Untersuchungsmerkmale repräsentativ für die Grundgesamtheit sind und somit ein sog. Inferenz- bzw. Repräsentationsschluss von der Stichprobe auf die Grundgesamtheit möglich wird. Voraussetzung hierfür ist eine *Strukturgleichheit* (Isomorphie) zwischen Stichprobe und Grundgesamtheit, d.h. die in der übergeordneten Grundgesamtheit bestehenden Relationen müssen sich in der Stichprobe wiederfinden. Im Vergleich zu einer Vollerhebung weist eine Teilerhebung folgende *Vorteile* auf (vgl. Böhler 2004, S. 131 f.; Malhotra 2010, S. 371):

- Eine Teilerhebung ist weniger zeit- und kostenintensiv als eine Vollerhebung, da Feldarbeit und Auswertung eine geringere Fallzahl betreffen.
- Bei einer Teilerhebung ist ein geringerer *systematischer Fehler* zu erwarten (vgl. die Ausführungen in Abschnitt 1.4), da sie einen geringeren personellen Stab benötigt, der aber dafür besser geschult, gesteuert und kontrolliert werden kann. Dadurch erhält man genauere Ergebnisse als bei einer Vollerhebung.
- Eine Teilerhebung ist häufig organisatorisch oder technisch nicht durchführbar (z.B. wenn nicht alle Elemente der Grundgesamtheit bekannt sind, oder aber aufgrund personeller oder finanzieller Restriktionen).

- Eine Teilerhebung ist die einzige Möglichkeit, wenn die Untersuchungseinheiten im Rahmen der Erhebung zerstört werden müssen (z.B. im Rahmen von Qualitätskontrollen, Crash-Tests u.Ä.).
- Vorteilhaft ist an einer Vollerhebung das Fehlen eines *Zufallsfehlers*. Der einer Vollerhebung inhärente systematische Fehler führt allerdings u.U. dazu, dass zur Überprüfung der Genauigkeit einer Volkszählung flankierend Stichprobenerhebungen durchgeführt werden müssen.
- Schließlich ist eine Teilerhebung zwingend notwendig, wenn eine besondere Dringlichkeit herrscht oder aber wenn ein sog. Testeffekt zu befürchten ist, wenn also bei wiederholter Befragung unterschiedliche Personenkreise zu befragen sind, um Lerneffekte zu vermeiden.

3.2 Festlegung des Auswahlplans

3.2.1 Elemente eines Auswahlplans

Wird eine Teilerhebung durchgeführt, so ist ein *Auswahlplan* zu erstellen, im Rahmen dessen festgelegt wird, in welcher Art und Weise die Erhebungseinheiten auszuwählen sind. Abb. 3.22 zeigt die Arbeitsschritte zur Festlegung eines Auswahlplans im Überblick.

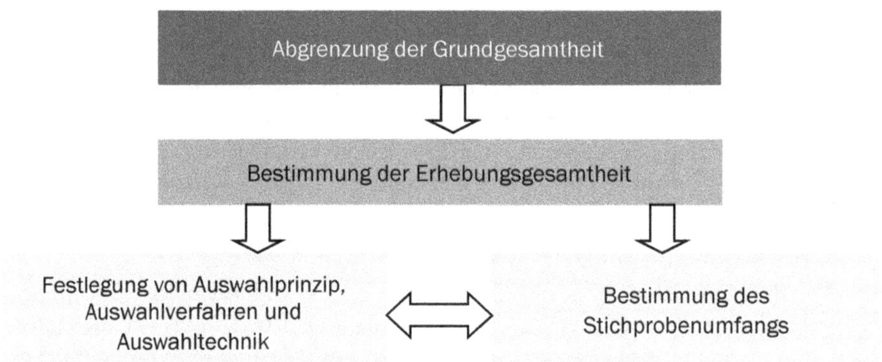

Abb. 3.22: Arbeitsschritte zur Festlegung eines Auswahlplans

Die erste im Rahmen eines Auswahlplans interessierende Fragestellung ist der Kreis der Untersuchungseinheiten, bei welchen die interessierenden Merkmale erfasst werden sollen. Die hiermit angesprochene Frage der *Abgrenzung der Grundgesamtheit* setzt die Angabe der Erhebungseinheiten und der Auswahleinheiten wie auch ihre Abgrenzung nach regionalen und zeitlichen Gesichtspunkten voraus.

Definition

Eine *Grundgesamtheit* ist die Gesamtheit der Erhebungseinheiten (Untersuchungsobjekte bzw. Merkmalsträger), für welche im Rahmen der Erhebung Aussagen gewonnen werden sollen.

Je nach Fragestellung handelt es sich um Personen, Haushalte, Unternehmen, Handelsgeschäfte usw. Lautet das Forschungsproblem etwa „Ermittlung der Einstellung zu Marke X“, so kommen z.B. folgende alternative Erhebungseinheiten in Frage:

- alle Personen über 14 Jahren,
- in Privathaushalten lebende Personen über 14 Jahren,
- in Privathaushalten lebende Personen über 14 Jahre, die Produkt XYZ mindestens einmal genutzt haben.

Definition

Eine *Auswahleinheit* ist eine Einheit, welche auf einer bestimmten Stufe des Auswahlprozesses selektiert werden kann.

Bei einstufigen Auswahlverfahren sind sie mit den Erhebungseinheiten identisch, bei mehrstufigen Auswahlverfahren entsprechen sie den Erhebungseinheiten erst auf der letzten Stufe.

Beispiel 3.41:

Im Rahmen einer Händlerbefragung sollen die Mitglieder der Einkaufsabteilung der sog. Key Accounts befragt werden, d.h. denjenigen Handelsunternehmen, die für den Hersteller einen bedeutenden vordefinierten Umsatzanteil erzielen (Erhebungseinheiten). In einer ersten Stufe entsprechen die Auswahleinheiten den Key Accounts als Ganzes. In einer zweiten Stufe werden innerhalb der Key Accounts die Mitglieder der Einkaufsabteilung als Auswahleinheiten bestimmt.

Zur Abgrenzung der Grundgesamtheit sind darüber hinaus das Untersuchungsgebiet (z.B. Deutschland, Deutschland ohne Inseln u.Ä.) sowie der Untersuchungszeitraum (z.B. 1.1.-31.1.2018) festzulegen.

Definition

Unter einer *Erhebungsgesamtheit* (auch: Auswahlbasis oder Auswahlgrundlage) versteht man eine bestimmte Abbildung bzw. Zusammenstellung der Grundgesamtheit, aus der die Erhebungseinheiten auszuwählen sind.

Beispiele für Erhebungsgesamtheiten sind Adressverzeichnisse, Telefonbücher, Karteien und ähnliche Auflistungen. Zu beachten ist, dass Grundgesamtheit und Erhebungsgesamtheit nicht unbedingt übereinstimmen müssen. So sind Verzeichnisse häufig veraltet, weil aktuelle Sterbefälle, Umzüge oder Abwanderungen (noch) nicht enthalten sind; Telefonverzeichnisse beschränken die Grundgesamtheit der Besitzer eines Telefonanschlusses auf solche, die erstens einen Festnetzanschluss haben (d.h. Telefonkunden, die ausschließlich mobil telefonieren, sind nicht erfasst) und zweitens über eine öffentlich zugängliche Telefonnummer (d.h. keine Geheimnummer) verfügen. Die Beispiele machen deutlich, dass die Erhebungsgesamtheit möglichst stark mit der Grundgesamtheit übereinstimmen muss, damit die Repräsentativität der Erhebung nicht in Frage gestellt wird.

Der *Bestimmung des Stichprobenumfangs* kommt insofern eine große Bedeutung zu, als von der Stichprobengröße die Genauigkeit der Ergebnisse, aber auch die Kosten der Erhebung wesentlich abhängen: So ist bei zunehmendem Stichprobenumfang – Zufallsauswahl vorausgesetzt – der Stichprobenfehler geringer, andererseits steigen aber auch die Erhebungskosten. Die Bestimmung des Stichprobenumfangs wird in Abschnitt 3.2.5 behandelt.

Im nächsten Schritt sind Auswahlprinzip, Auswahlverfahren und Auswahltechnik festzulegen. Genau genommen sind – wie in Abb. 3.22 dargestellt – diese Entscheidungen in Verbindung mit der Bestimmung des Stichprobenumfangs zu treffen, da z.B. das Auswahlverfahren Einfluss auf den Stichprobenfehler bzw. den erforderlichen Stichprobenumfang hat.

Definition

Das *Auswahlprinzip* beinhaltet die Entscheidung darüber, ob eine Teilerhebung nach dem Zufallsprinzip erfolgen soll oder nicht.

Verfahren der *nichtzufälligen Auswahl* beinhalten die *willkürliche Auswahl*, bei welcher eine Repräsentativität gar nicht erst angestrebt wird, und Verfahren der *bewussten Auswahl*, bei denen versucht wird, Repräsentativität dadurch zu erzielen, dass bestimmte Elemente der Grundgesamtheit gezielt (nach subjektivem Ermessen des Forschers) in die Stichprobe gelangen. Varianten der bewussten Auswahl sind

- die Quotenauswahl und
- die Konzentrationsauswahl.

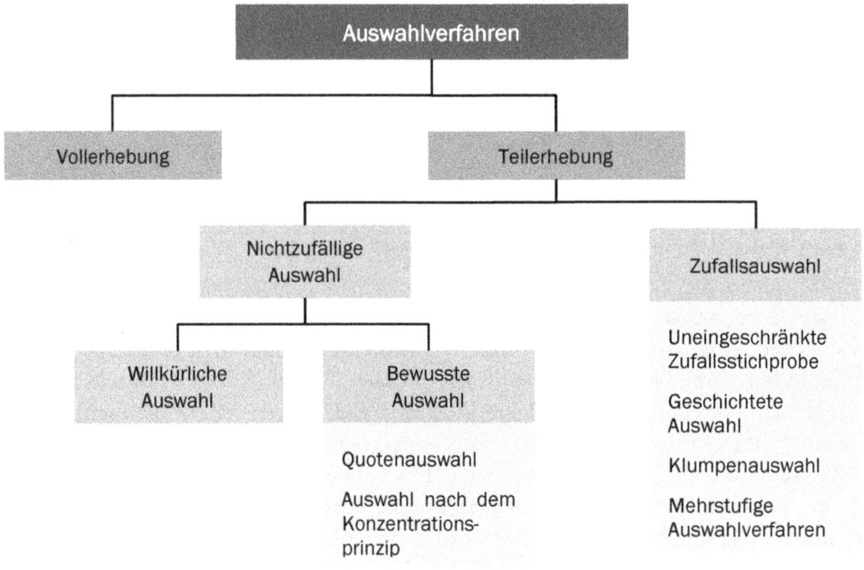

Abb. 3.23: Gebräuchliche Auswahlverfahren in der Marktforschung

Im Rahmen der *Zufallsauswahl* erfolgt die Auswahl der Untersuchungseinheiten nach einem Zufallsprozess; sämtliche Elemente der Grundgesamtheit haben eine angebbare, von Null verschiedene Wahrscheinlichkeit, in die Stichprobe zu gelangen. Damit wird der (statistische) Fehler berechenbar. Entscheidet sich der Forscher für eine Zufallsauswahl, ist zusätzlich über die Auswahltechnik zu entscheiden, d.h. die Art und Weise, wie der Zufallsprozess generiert werden soll (z.B. mittels Zufallszahlengenerator). Abbildung 3.23 zeigt die Auswahlverfahren im Überblick; eine ausführliche Darstellung der Verfahren erfolgt in den Abschnitten 3.2.2 und 3.2.3.

Im letzten Schritt erfolgt schließlich die konkrete Stichprobenziehung, d.h. die Bestimmung der Erhebungseinheiten unter Anwendung eines vorgegebenen Verfahrens und ggf. unter Einsatz einer bestimmten Technik. Dazu gehört auch die Festlegung, wie mit fehlenden Erhebungseinheiten (z.B.: Person nicht mehr gemeldet/nicht zu Hause angetroffen/unbekannt usw.) umzugehen ist. In jedem Falle führen vermehrte Ausfälle, dass die Repräsentativität gefährdet ist, sodass genaue Regeln zu formulieren sind.

3.2.2 Verfahren der nichtzufälligen Auswahl

Bei Verfahren der nichtzufälligen Auswahl wird auf einen Zufallsmechanismus bei der Stichprobenzielung verzichtet; dadurch ist der Zufallsfehler nicht berechenbar. Zur nichtzufälligen Auswahl gehören die willkürliche Auswahl sowie Verfahren der bewussten Auswahl.

Willkürliche Auswahl

Definition

Der *willkürlichen Auswahl* (*convenience sample*) liegt kein expliziter Auswahlplan zugrunde. Die Merkmalsträger werden aufs Geratewohl ausgewählt.

In der Regel werden Personen ausgewählt, welche besonders leicht erreichbar sind (z.B. Befragung auf dem städtischen Marktplatz, auf welchem je nach Tageszeit überwiegend z.B. Schüler, Berufstätige, Einkaufende oder Touristen anzutreffen sind; Befragung von Bekannten). Eine derartige Vorgehensweise führt im Regelfall zu verzerrten Ergebnissen, ein Repräsentationsschluss ist nicht möglich. Wegen des geringen zeitlichen und finanziellen Aufwands wird eine derartige Vorgehensweise in der Praxis trotzdem mitunter durchgeführt, etwa bei Blitzumfragen.

Quotenauswahl

Definition

Im Rahmen einer *Quotenauswahl* wird die Stichprobe so erzeugt, dass die Verteilungen (i.S. relativer Häufigkeiten) bestimmter erhebungsrelevanter Merkmale in der Stichprobe denjenigen in der Grundgesamtheit entsprechen.

Als erhebungsrelevante Merkmale werden dabei soziodemographische Variablen wie Geschlecht, Alter, Familienstand, Beruf etc. herangezogen, die leicht erhebbar sind und deren Verteilungen in der Grundgesamtheit aus der amtlichen Statistik zu entnehmen sind. Ist z.B. für die Grundgesamtheit bekannt, dass der Anteil der über 60-jährigen 32% beträgt, so werden bei einer Stichprobe von 100 Einheiten 32 Personen über 60

Jahre einbezogen. Jeder Interviewer erhält auf der Basis des Quotenplans eine *Quotenanweisung*, die er zu erfüllen hat; auf der Grundlage dieser Quotenanweisung kann der Interviewer die zu befragenden Personen nach eigenem Ermessen aussuchen. Tabelle 3.6 zeigt ein Beispiel für eine Quotenstichprobe.

Tab. 3.6: Beispiel für eine Quotenstichprobe (Quelle: in Anlehnung an Sander 2011, S. 157)

Quotierungsmerkmale		Grund-gesamtheit (N=100.000)	Stichprobe (n=500)	Quotenanweisung für einen Interviewer (n=20)
Geschlecht	weiblich	60.000	300	[12] 1 2 3 4 5 6 7 8 9 10 11 12
	männlich	40.000	200	[8] 1 2 3 4 5 6 7 8
Alter	16 – 25 Jahre	10.000	50	[2] 1 2
	26 – 35 Jahre	15.000	75	[3] 1 2 3
	36 – 45 Jahre	30.000	150	[6] 1 2 3 4 5 6
	46 – 55 Jahre	20.000	100	[4] 1 2 3 4
	> 55 Jahre	25.000	125	[5] 1 2 3 4 5
Wohnort	Stadtteil A	30.000	150	[6] 1 2 3 4 5 6
	Stadtteil B	50.000	250	[10] 1 2 3 4 5 6 7 8 9 10
	Stadtteil C	20.000	100	[4] 1 2 3 4

Die Quotenauswahl wird in der Marktforschung sehr häufig angewendet. Zwar ist eine statistische Fehlerberechnung nicht möglich, da es sich um ein bewusstes Auswahlverfahren handelt. Dennoch kann die Güte der Stichprobe nachträglich auf der Grundlage der Verteilungen jener Merkmale beurteilt werden, die bei der Stichprobenziehung nicht quotiert wurden. Die Verteilungen dieser Merkmale in der Stichprobe werden mit den (aus der Bevölkerungsstatistik bekannten) Verteilungen in der Grundgesamtkeit verglichen. Wurden beispielsweise für eine Quotenstichprobe wie im Beispiel der Tab. 3.6 die Merkmale Geschlecht, Einkommen und Wohnortgröße verwendet, können weitere soziodemographischen Merkmale wie Alter, Schulbildung u.ä. herangezogen werden, um zu überprüfen, ob die Verteilungen dieser Merkmale in der Stichprobe den zugehörigen Verteilungen in der Grundgesamtheit entsprechen. Ist dies der Fall, so kann auf eine hinreichende Repräsentativität der Stichprobe geschlossen werden, wenn auch nicht im statistischen Sinn.

Tabelle 3.7 stellt die wesentlichen *Vor- und Nachteile* der Quotenauswahl im Überblick dar (zu den Vor- und Nachteilen vgl. insb. Kellerer 1963, S. 196 ff.; Hüttner/Schwarting 2002, S. 132 ff.). Zu beachten ist, dass die Quotenauswahl häufig mit anderen Verfahren kombiniert wird, z.B. im Rahmen mehrstufiger Stichprobenpläne.

Tab. 3.7: Vor- und Nachteile der Quotenauswahl

Vorteile	Nachteile
▪ Einfach durchführbar, da Merkmalsverteilungen aus der Bevölkerungsstatistik bekannt sind ▪ Kostengünstig ▪ Hohe Flexibilität durch einfachen Austausch von Ausfällen ▪ Führt in der Praxis zu befriedigenden Ergebnissen ▪ Hohe Ausschöpfungsquote ▪ Güte der Stichprobe nachträglich durch Hinzuziehen weiterer Merkmale feststellbar	▪ Gefahr von Verzerrungen der Erhebungsergebnisse ▪ Subjektive Verzerrung (z.B. Auswahl nach Sympathie) ▪ Bequemlichkeitseffekt (Auswahl leicht zu erreichender Personen wie Freunde und Bekannte) ▪ Klumpeneffekt (Beschränkung der Auswahl auf bestimmte Regionen oder soziale Schichten) ▪ Bewusste Nichteinhaltung oder Verfälschung von Quoten ▪ Es können nur wenige Merkmale quotiert werden, da sonst der Erhebungsaufwand zu groß wird ▪ Sog. Restquoten sind häufig kaum zu erfüllen (z.B. 16-20-Jährige mit Einkommen > 3000 €) ▪ Statistische Fehlerberechnung nicht möglich ▪ Ergebnisverzerrungen durch Ausfälle bzw. Auskunftsverweigerungen unbekannt ▪ Repräsentativität ist auf die quotierten Merkmale beschränkt ▪ Datenmaterial für die Quotenbildung kann veraltet sein

Konzentrationsauswahl

Definition

Bei der *Konzentrationsauswahl* gelangen nur solche Untersuchungseinheiten in die Stichprobe, welche für den Untersuchungszweck als besonders aussagefähig bzw. relevant angesehen werden. Unterschieden werden hierbei

- typische Auswahl und
- Cut-off-Verfahren.

Bei der *typischen Auswahl* wird eine Anzahl charakteristisch erscheinender Elemente als stellvertretend für die Grundgesamtheit herausgegriffen. Eine derartige Vorgehensweise erscheint insb. im Falle einer recht homogenen Grundgesamtheit vertretbar, sodass davon ausgegangen werden kann, dass einige „typische" Merkmalsträger die gesamte Menge hinreichend gut repräsentieren. Gebräuchlich ist die typische Auswahl im Rahmen qualitativer, explorativer Untersuchungen, nicht jedoch bei quantitativen Erhebungen.

Beispiel 3.42:

Im Rahmen einer qualitativen Erhebung zum Thema „Markenpräferenz bei Babynahrung" wird eine Stichprobe aus 10 als typisch anzusehenden jungen Müttern gebildet, welche sich im Rahmen einer Gruppendiskussion zu diesem Thema äußern und Motive für ihre Produkt- bzw. Markenwahl diskutieren sollen.

Vorteilhaft sind an der typischen Auswahl die Einfachheit und Kostengünstigkeit; *problematisch* an diesem Verfahren ist die Bestimmung, welche Merkmalsträger typisch sind bzw. was für einen typischen Merkmalsträger charakteristisch ist. Die Ergebnisse hängen somit stark vom subjektiven Urteil des Forschers ab, wodurch die Validität und Repräsentativität der Ergebnisse fragwürdig sind.

Tab. 3.8: Überblick über Verfahren der nichtzufälligen Auswahl

	Merkmale	Beispiele	Beurteilung
Willkürliche Auswahl	▪ Wahl solcher Elemente aus der Grundgesamtheit, die besonders leicht zu erreichen sind	▪ Befragung von Passanten einer bestimmten Straße zu einer bestimmten Tageszeit ▪ Befragung von Freunden oder Bekannten	▪ sehr einfach und kostengünstig ▪ in der Regel nicht repräsentativ
Quotenauswahl	▪ Verteilung bestimmter Merkmale in der Stichprobe (Quoten) soll mit der Merkmalsverteilung in der Grundgesamtheit übereinstimmen ▪ Innerhalb der Quotenanweisungen ist der Interviewer bei der Auswahl konkreter Erhebungseinheiten frei	▪ Erhebung einer Stichprobe von Studenten, deren Verteilung im Hinblick auf Geschlecht, Staatsangehörigkeit, Studiengang und Alter der Verteilung der gesamten Studentenschaft an einer bestimmten Universität entspricht	▪ relativ einfach und kostengünstig ▪ liefert in der Regel gute Ergebnisse ▪ Gefahr der Willkür bei der Auswahl der Erhebungseinheiten durch den Interviewer ▪ Es können nur wenige Merkmale quotiert werden
Konzentrationsauswahl	▪ Cut-off-Verfahren: Beschränkung der Erhebung auf solche Elemente, die für den Untersuchungsgegenstand eine besondere Bedeutung haben ▪ Typische Auswahl: Herausgreifen jener Elemente aus der Grundgesamtheit, die als besonders charakteristisch erscheinen	▪ Befragung von Kundenunternehmen, die zusammen einen Marktanteil von 80 % haben ▪ Befragung typischer Hausfrauen über bevorzugte Reinigungsmittel	▪ einfach und kostengünstig ▪ Ergebnisse sind stark vom subjektiven Urteil des Untersuchers geprägt ▪ Repräsentativität fraglich

Beim *Cut-off-Verfahren* beschränkt sich die Auswahl auf jenen Teil der Grundgesamtheit, welcher für den Untersuchungsgegenstand als besonders bedeutsam angesehen wird. Gebräuchlich ist dieses Auswahlverfahren insb. in der Industriegütermarktforschung, etwa indem nur die Key Accounts oder allgemein diejenigen Kunden befragt werden, welche insgesamt eine hohe Umsatzbedeutung für den Anbieter haben. Dies könnten z.B. diejenigen Kundenunternehmen sein, welche für 80% seines Gesamtumsatzes verantwortlich sind. Die möglicherweise zahlreichen kleineren Kunden gelangen nicht in die Stichprobe, da sie für den Anbieter nur geringe Relevanz besitzen.

Voraussetzung für die Anwendung des Cut-off-Verfahrens ist die Kenntnis, welche Merkmalsträger im Hinblick auf den Untersuchungsgegenstand als wesentlich anzusehen sind. Wie schon bei der typischen Auswahl liegt hier die Gefahr darin, dass die Ergebnisse stark vom subjektiven Urteil des Forschers abhängen, welche Elemente für die Erhebung von besonderer Relevanz sind. Tabelle 3.8 zeigt abschließend wesentliche Charakteristika nichtzufälliger Auswahlverfahren im Überblick.

3.2.3 Verfahren der Zufallsauswahl

Definition

Verfahren der *Zufallsauswahl* sind dadurch charakterisiert, dass die Auswahl der Merkmalsträger auf der Grundlage eines (statistischen) Zufallsprozesses erfolgt.

Dadurch entfällt der subjektive Einfluss des Forschers bzw. des Interviewers. Jedes Element der Grundgesamtheit (bzw. – genau genommen – der Erhebungsgesamtheit) besitzt eine angebbare, von Null verschiedene Wahrscheinlichkeit, in die Stichprobe zu gelangen. Dadurch kann der Stichprobenfehler (Zufallsfehler) berechnet werden. Aus diesem Tatbestand ergibt sich, dass aus den Stichprobenergebnissen auf die „wahren" Werte der Grundgesamtheit geschlossen werden kann (Repräsentationsschluss), wobei für den „wahren" Wert ein bestimmter Bereich (sog. *Konfidenzintervall*) angegeben werden kann, innerhalb dessen er sich mit einer bestimmten Wahrscheinlichkeit befindet. Die Größe des Konfidenzintervalls hängt dabei c.p. von der Streuung des interessierenden Merkmals ab: Je homogener die Grundgesamtheit im Hinblick auf das interessierende Merkmal ist, umso geringer ist die Streuung, umso näher wird daher der Stichprobenwert beim wahren Wert liegen.

Beispiel 3.43:

Aus einer Stichprobe von 10 Frauen wird die Markenbekanntheit eines bestimmten Fertiggerichts erhoben. Bei großer Streuung in der Grundgesamtheit (z.B. im Hinblick auf Berufstätigkeit, Bildungsstand, Alter, Einkommen usw.) werden von Stichprobe zu Stichprobe voraussichtlich sehr unterschiedliche Ergebnisse resultieren. Die Zuverlässigkeit der Ergebnisse kann jedoch verbessert werden, wenn man den Stichprobenumfang erhöht.

Nachteilig an Zufallsstichproben sind insb. der erhöhte Planungsaufwand sowie die fehlende Möglichkeit, ausgewählte Untersuchungseinheiten durch andere Merkmalsträger zu ersetzen, ohne die Repräsentativität zu gefährden.

Im Rahmen von Zufallsstichproben werden folgende Fälle unterschieden (vgl. Böhler 2004, S. 139 f.):

- *Heterograder Fall:* Untersucht wird eine metrische Variable (z.B. Marktanteil); aus dem Stichprobenmittelwert $\overline{x}$ ist auf den wahren Wert μ in der Grundgesamtheit zu schließen.
- *Homograder Fall:* Das Merkmal ist nominalskaliert (dichotom, wie z.B. Geschlecht, oder multichotom, wie z.B. Schulbildung). Aus dem Anteil p der Besitzer einer bestimmten Merkmalsausprägung in der Stichprobe ist der „wahre" Anteilswert π in der Grundgesamtheit zu schätzen.

Im Folgenden werden die wichtigsten Verfahren der Zufallsauswahl skizziert. Detaillierte Darstellungen finden sich z.B. bei Cochran 1977; Pokropp 1996; Schaich 1998.

Einfache Zufallsauswahl

Definition

Die *einfache* bzw. *uneingeschränkte Zufallsauswahl* beruht auf dem sog. Urnenmodell. Jedes Element der Grundgesamtheit besitzt dieselbe Wahrscheinlichkeit, in die Stichprobe zu gelangen.

Bei einem Umfang der Grundgesamtheit von N beträgt diese Wahrscheinlichkeit demnach 1/N. Wird mit n der festgelegte Stichprobenumfang bezeichnet, dann gilt: jedes n-Tupel $(x_1,\ldots,x_n)$, d.h. jede mögliche Stichprobe des Umfangs n, hat dieselbe Wahrscheinlichkeit, realisiert zu werden. Diese beträgt beim Modell ohne Zurücklegen (vgl. Schaich 1998, S. 150):

$$P(n)=\frac{(N-n)!}{N!}$$

Insgesamt sind dabei

$$C(n;N)=\frac{N!}{(N-n)!}$$

Stichproben des Umfangs n realisierbar.

Aus einer gut gemischten Urne bzw. Trommel, welche Kugeln, Namenskärtchen u.Ä. enthält, werden zufällig nacheinander (und in der Marktforschung immer ohne Zurücklegen) Elemente im Umfang der jeweiligen Stichprobengröße gezogen (Lottery Sampling). Aufgrund des Aufwands bei praktischen Fragestellungen werden i.d.R. anstelle von Urnen bestimmte Auswahltechniken herangezogen. Zur Schätzung der unbekannten Parameter in der Grundgesamtheit ist von der Überlegung auszugehen, dass jede Stichprobe – und damit deren Mittelwert bzw. Anteilswert – als Realisierung einer Zufallsvariablen anzusehen ist. Die Stichprobenmittelwerte $\overline{x}$ bzw. Anteilswerte p schwanken dabei um den wahren Wert μ bzw. π der Grundgesamtheit. Würde man sämtliche möglichen Stichproben des Umfangs n aus einer Grundgesamtheit N ziehen (c = 1,…C), so würde folgender Mittelwert aller Stichprobenmittelwerte resultieren:

$$\mu=\frac{1}{C}\sum_{c=1}^{C}\overline{x}_c\ ,$$

d.h. der Mittelwert aller Stichprobenmittelwerte ist gleich dem gesuchten Parameter μ in der Grundgesamtheit. Es gilt also für den *heterograden Fall*: Der Erwartungswert des Stichprobenmittelwerts ist gleich dem Mittelwert in der Grundgesamtheit:

$$E(\bar{x}) = \mu .$$

Für das arithmetische Mittel der Grundgesamtheit μ gilt dabei:

$$\mu = \frac{1}{N}\sum_{i=1}^{N} x_i \quad (i = 1,\ldots,N)$$

und für den Stichprobenmittelwert $\bar{x}$:

$$\bar{x} = \frac{1}{n}\sum_{i=1}^{n} x_i \quad (i = 1,\ldots,n).$$

Die Varianz der Merkmalswerte in der Grundgesamtheit berechnet sich als:

$$\sigma^2 = \frac{1}{N}\sum_{i=1}^{N} (x_i - \mu)^2 \quad (i = 1,\ldots,N)$$

und in der Stichprobe als:

$$s^2 = \frac{1}{n-1}\sum_{i=1}^{n} (x_i - \bar{x})^2 \quad (i = 1,\ldots, n).$$

Die *Varianz der Stichprobenmittelwerte* ist ein Maß für die Streuung der Stichprobenmittelwerte $\bar{x}$ um den wahren Wert μ in der Grundgesamtheit. Diese lässt sich aus der Varianz der Merkmalswerte in der Grundgesamtheit ableiten und beträgt:

$$\sigma_{\bar{x}}^2 = \frac{\sigma^2}{n} \cdot \frac{N-n}{N-1};$$

die zugehörige Standardabweichung (Standardfehler) errechnet sich als:

$$\sigma_x = \frac{\sigma}{\sqrt{n}} \cdot \sqrt{\frac{N-n}{N-1}} .$$

Der Korrekturfaktor N-n/N-1 kann dabei bei einem Auswahlsatz von $n/N < 5$ % vernachlässigt werden. Gemäß dem zentralen Grenzwertsatz gilt, dass der Stichprobenmittelwert $\bar{x}$ bei wachsendem Stichprobenumfang n (Faustregel: $n > 30$) annähernd normalverteilt ist mit dem Erwartungswert $E(\bar{x}) = \mu$ und der Varianz $\sigma_{\bar{x}}^2 = \sigma^2 / n$.

Auf der Grundlage dieser Überlegungen kann für den Mittelwert μ ein *Konfidenzintervall* (Vertrauensbereich) ermittelt werden. Zunächst gilt, dass die Wahrscheinlichkeit, dass ein bestimmter Stichprobenmittelwert realisiert wird, als Flächenanteil der Normalverteilung errechnet werden kann. So wird aus Abb. 3.24 deutlich, dass im Intervall $\mu \pm \sigma_{\bar{x}}$ 68,3 %, $\mu \pm 2\sigma_{\bar{x}}$ 95,5% und $\mu \pm 3\sigma_{\bar{x}}$ 99,7% der möglichen Stichprobenmittelwerte liegen.

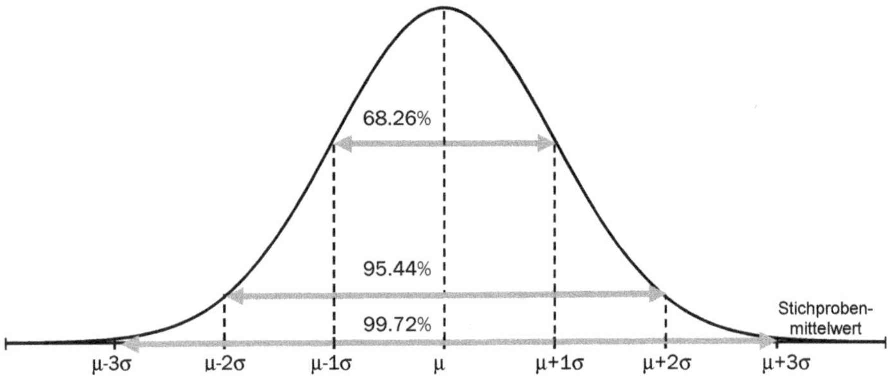

Abb. 3.24: Normalverteilung des Mittelwerts $\bar{x}$ im Bereich μ ± 3σ

Beispielsweise gilt, dass ein Stichprobenmittelwert $\bar{x}$ mit einer Wahrscheinlichkeit P von 95,5 % im Intervall $[\mu \pm 2\sigma]$ liegt. Es gilt also:

$$P(\mu - 2\sigma_{\bar{x}} \leq \bar{x} \leq \mu + 2\sigma_{\bar{x}}) = 0{,}955$$, bzw. allgemein:

$$P(\mu - z \cdot \sigma_{\bar{x}} \leq \bar{x} \leq \mu + z \cdot \sigma_{\bar{x}}) = (1 - \alpha),$$

wobei z einen beliebigen Multiplikator für die Standardabweichung bezeichnet (vgl. Böhler 2004, S. 144 f.). Aus der letzten Gleichung erhält man nach Umformungen:

$$P(\bar{x} - z \cdot \sigma_{\bar{x}} \leq \mu \leq \bar{x} + z \cdot \sigma_{x}) = 1 - \alpha \quad \text{bzw.}$$

$$\mu = \bar{x} \pm z \cdot \sigma_{\bar{x}},$$

d.h. mit einer Wahrscheinlichkeit von 1 – α liegt der gesuchte Mittelwert der Grundgesamtheit im Intervall $[\bar{x} - z \cdot \sigma_{\bar{x}}; \bar{x} + z \cdot \sigma_{\bar{x}}]$. Bei einem Wert z in Höhe von 2 beträgt $1-\alpha$ demnach 95,5, d.h. in 95,5% der Fälle wird μ im angegebenen Intervall liegen.

In der Praxis ist der für die Errechnung des Konfidenzintervalls erforderliche Wert von $\sigma_{\bar{x}}^2$ i.d.R. nicht bekannt; für $\sigma_{\bar{x}}$ wird daher als Schätzer der Standardfehler aus der Stichprobe herangezogen:

$$s_{\bar{x}} = \frac{s}{\sqrt{n}}.$$

In diesem Fall ist der Stichprobenmittelwert $\bar{x}$ allerdings nicht mehr normalverteilt, sondern t-verteilt mit n – 1 Freiheitsgraden. Das gesuchte Konfidenzintervall lautet dann (vgl. Schaich 1998, S. 175):

$$\bar{x} - t \cdot \frac{s}{\sqrt{n}} \leq \mu \leq \bar{x} + t \cdot \frac{s}{\sqrt{n}}.$$

Da sich die t-Verteilung bei zunehmendem n jedoch asymptotisch einer Normalverteilung annähert, kann ab n > 30 auch mit den tabellierten z-Werten der Normalverteilung gearbeitet werden.

In analoger Weise lässt sich im *homograden Fall* ein Konfidenzintervall für den Anteilswert π der Grundgesamtheit konstruieren (vgl. z.B. Schaich 1998, S. 176 ff.). Sei

$$\pi = \frac{1}{N}\sum_{i=1}^{N} x_i$$

der Anteilswert der Grundgesamtheit mit $x_i = 1$ wenn die Merkmalsausprägung vorhanden ist, 0 sonst; dann ist der Anteilswert in der Stichprobe

$$p = \frac{1}{n}\sum_{i=1}^{N} x_i .$$

Die zugehörige Varianz in der Grundgesamtheit lautet:

$$\sigma^2 = \frac{1}{N}\sum_{i-1}^{N} (x_i - \mu)^2 = \pi \cdot (1 - \pi)$$

und in der Stichprobe

$$s^2 = \frac{1}{n}\sum_{i-1}^{n} (x_i - \bar{x})^2 \cdot \frac{n}{n-1} = p \cdot (1 - p) \cdot \frac{n}{n-1} .$$

Beim hier betrachteten Modell ohne Zurücklegen erhält man für die Standardabweichung der Anteilswerte in der Grundgesamtheit und in der Stichprobe:

$$\sigma_p = \sqrt{\frac{\pi \cdot (1-\pi)}{n}} \cdot \sqrt{\frac{N-n}{N-1}} \quad \text{bzw.}$$

$$s_p = \sqrt{\frac{p(1-p)}{n-1}} \cdot \sqrt{\frac{N-n}{N-1}} .$$

Auch hier gilt, dass bei zunehmendem Stichprobenumfang der Anteilswert p annähernd normalverteilt ist (Faustregel: $n \cdot p \cdot (1-p) \geq 9$). Bei einem Auswahlsatz $n / N < 0{,}05$ kann der Korrekturfaktor vernachlässigt werden.

Ist σ_p in der Grundgesamtheit bekannt, resultiert folgendes Konfidenzintervall für π:

$$p - z \cdot \sigma_p \leq \pi \leq p + z \cdot \sigma_p .$$

Dies ist allerdings nicht praktikabel, da σ_p den zu schätzenden, unbekannten Wert π enthält. Da $\sqrt{\pi \cdot (1-\pi)}$ jedoch maximal den Wert ½ annimmt, kann das Konfidenzintervall näherungsweise folgendermaßen bestimmt werden (vgl. Schaich 1998, S. 178):

$$p - z \cdot \frac{1}{2\sqrt{n}} \leq \pi \leq p + z \frac{1}{2\sqrt{n}} .$$

Bei unbekanntem σ_p wird bei ausreichend großer Stichprobenbewertung als Schätzer für σ_p der Standardfehler der Stichprobe s_p verwendet:

$$p - z \cdot s_p \leq \pi \leq p + z \cdot s_p .$$

Beispiel 3.44:

Zur Beurteilung eines neuen Tiefkühlprodukts interessiert sich das auftraggebende Unternehmen für das Durchschnittsalter (μ) und den Anteil berufstätiger Frauen (π) an den Verwenderinnen des Produkts. Zu diesem Zweck wird eine Stichprobe von n = 400 Käuferinnen des Produkts gezogen. Aus der Erhebung resultieren ein Durchschnittsalter von $\bar{x} = 32{,}5$ Jahren und ein Anteil berufstätiger Verwenderinnen von p = 68%. Die Varianz des Alters in der Stichprobe beträgt $s_x^2 = 81$.

Fall (1): Die Varianzen der Parameter in der Grundgesamtheit sind bekannt.

Es gilt σ^2 (Alter) = 100, σ^2 (Berufstätigkeit) = 0,25. Die Vertrauenswahrscheinlichkeit $(1 - \alpha)$ wird mit 0,95 vorgegeben. Aus der Tabelle der Standardnormalverteilung resultiert damit (bei zweiseitiger Fragestellung) ein z-Wert von 1,96. Die gesuchten Konfidenzintervalle lassen sich wie folgt ermitteln:

$$32{,}5 - 1{,}96 \cdot \frac{\sqrt{100}}{\sqrt{400}} \le \mu \le 32{,}5 + 1{,}96 \cdot \frac{\sqrt{100}}{\sqrt{400}},$$

d.h. das Durchschnittsalter der Verwenderinnen liegt mit einer Wahrscheinlichkeit von 95 % im Intervall [31,85; 33,48]. Für den Anteilswert berufstätiger Verwenderinnen gilt:

$$0{,}68 - 1{,}96 \cdot \frac{\sqrt{0{,}25}}{\sqrt{400}} \le \pi \le 0{,}68 + 1{,}96 \cdot \frac{\sqrt{0{,}250}}{\sqrt{400}},$$

d.h. mit einer Wahrscheinlichkeit von 0,95 liegt der Anteil berufstätiger Verwenderinnen in der Grundgesamtheit zwischen 67,03 und 68,98.

Fall (2): Die Varianzen der Parameter in der Grundgesamtheit sind nicht bekannt.

Als Schätzwerte werden hier die Varianzen bzw. Standardabweichungen der Parameterwerte in der Stichprobe herangezogen. Da n>30 und $n \cdot p \cdot (1-p) = 21 > 9$ sind, kann auch hier die Tabelle der Standardnormalverteilung herangezogen werden. Für die Standardfehler aus der Stichprobe gilt:

$$s_{\bar{x}} = \frac{s}{\sqrt{n}} = \frac{\sqrt{81}}{\sqrt{400}} = 0{,}45 \text{ und}$$

$$s_p = \sqrt{\frac{p(1-p)}{n-1}} = \sqrt{\frac{0{,}68\,(1-0{,}68)}{400-1}}.$$

Der Korrekturfaktor kann dabei vernachlässigt werden, da der Auswahlsatz als < 0,05 angenommen werden kann. Somit resultieren die folgenden Konfidenzintervalle:

$$32{,}5 - 1{,}96 \cdot 0{,}45 \le \mu \le 32{,}5 + 1{,}96 \cdot 0{,}45 \text{ und}$$

$$0{,}68 - 1{,}96 \cdot 0{,}023 \le \pi \le 0{,}68 + 1{,}96 \cdot 0{,}023.$$

Damit liegt bei unbekannten Varianzen in der Grundgesamtheit das Durchschnittsalter in der Grundgesamtheit mit einer Wahrscheinlichkeit von 95 % im Intervall [31,62; 33,38] und der Anteil berufstätiger Frauen im Intervall [63,49; 72,5].

Die einfache Zufallsauswahl findet ihre Anwendung insb. bei kleinen, vergleichsweise homogenen Grundgesamtheiten. *Vorteilhaft* ist neben der einfachen Durchführung die Tatsache, dass die Kenntnis der Merkmalsstruktur der Grundgesamtheit nicht erforderlich ist. *Problematisch* ist, dass die Elemente der Grundgesamtheit vollständig erfasst und zugänglich sein müssen, z.B. in Form von Adressenverzeichnissen. Zudem gilt, dass im Vergleich zu anderen Verfahren der Zufallsauswahl bei gleichem Zufallsfehler ein größerer Stichprobenumfang erforderlich ist, da viele Merkmale in der Grundgesamtheit eine sehr hohe Varianz aufweisen, welche sich auch in der Stichprobenvarianz niederschlägt.

Geschichtete Zufallsauswahl

Definition

Bei einer *geschichteten Zufallsauswahl (Stratified Sampling)* wird die Grundgesamtheit zunächst nach einem bestimmten Merkmal in Untergruppen (Schichten) zerlegt. Aus diesen Schichten werden anschließend separate Stichproben gezogen.

Die Methode bietet sich an, wenn ein Merkmal in der Grundgesamtheit eine besonders hohe Varianz besitzt. Dieses Verfahren ermöglicht es, den Stichprobenfehler zu reduzieren, da die Streuung zwischen den Schichten entfällt. Damit ist die geschichtete Auswahl insb. dann geeignet, wenn die Grundgesamtheit insgesamt heterogen ist, aber aus vergleichsweise homogene Teilgruppen zusammengesetzt ist (z.B. Tante-Emma-Läden, Supermärkte und Discounter). Die Verteilung des Schichtungsmerkmals in der Grundgesamtheit muss allerdings bekannt sein.

Eine geschichtete Stichprobe kann wie folgt ausgewertet werden (vgl. Böhler 2004, S. 151 f.):

- In jeder Schicht k (k = 1 …, K) werden $\bar{x}_k$ und $s_{\bar{x}k}$ errechnet und zur Schätzung der tatsächlichen Werte μ_k (inkl. der zugehörigen Konfidenzintervalle) herangezogen.
- Aus den Stichprobenwerten $\bar{x}_k$ und $s_{\bar{x}k}$ werden zunächst der Gesamtmittelwert $\bar{x}$ und die Standardabweichung $s_{\bar{x}}$ errechnet. Diese werden anschließend – wie bei der einfachen Zufallsauswahl – zur Bestimmung des Konfidenzintervalls für μ herangezogen.

Im Rahmen einer *proportionalen Schichtung* stehen die Schichten in der Stichprobe im gleichen Verhältnis wie in der Grundgesamtheit. Der Mittelwert resultiert als gewogener Durchschnitt aus den Schichtenmittelwerten.

Eine proportionale Schichtung ist sinnvoll, wenn die Streuungen des interessierenden Merkmals innerhalb der Schichten annähernd gleich sind. Bei stark unterschiedlichen Streuungen oder aber für den Fall, dass relativ kleine Schichten eine besondere Bedeutung für das Untersuchungsergebnis haben, wird eine sog. *disproportionale Schichtung* vorgenommen. Hier sind die Auswahlsätze für die einzelnen Schichten in der Stichprobe nicht identisch mit den Relationen in der Grundgesamtheit. Beispielsweise kommen umsatzstarke Betriebe mit einem größeren Anteil in die Stichprobe, als ihnen gemäß ihrer relativen Anzahl zustünde, da ihre Umsatzbedeutung mit berücksichtigt wird. Von diesen Grundgedanken lassen sich Marktforschungsinstitute wie z.B. Nielsen und GFK im Lebensmitteleinzelhandel leiten. Auf diese Weise erzielen die Marktforschungsinstitute trotz hoher Streuung in der Grundgesamtheit vergleichsweise geringe Standardfehler.

Beispiel 3.45:

Bei der Tiefkühlkost-Erhebung des vorangegangenen Beispiels 3.43 wird eine Schichtung nach dem Wohnort vorgenommen (Stadtgebiet vs. Landgebiet). In der Grundgesamtheit wohnen die Verwenderinnen des Produkts zu 75 % in Städten und zu 25 % auf dem Land; entsprechend werden bei einem Stichprobenumfang von n = 400 300 Frauen aus städtischen und 100 Frauen aus ländlichen Gebieten rekrutiert. Die Mittelwerte in den Schichten betragen $\bar{x}_1 = 33, \bar{x}_2 = 31$.

Der Gesamtmittelwert resultiert dann als:

$$\bar{x} = 0{,}75 \cdot \bar{x}_1 + 0{,}25 \cdot \bar{x}_2 = 0{,}75 \cdot 33 + 0{,}25 \cdot 31 = 32{,}5\,.$$

Einen Unterfall der disproportionalen Schichtung stellt die *optimale Schichtung* dar, bei welcher die Schichten proportional zu den Streuungen innerhalb der Schichten in der Grundgesamtheit aufgeteilt werden. Dies erlaubt eine Minimierung des Stichprobenfehlers, scheitert in der Praxis jedoch häufig daran, dass entsprechende Informationen über die Verteilung der Schichten in der Grundgesamtheit fehlen.

Mehrstufige Zufallsauswahl

Definition

Eine *mehrstufige Auswahl (Multistage Sampling)* kann vorgenommen werden, wenn die Grundgesamtheit hierarchisch strukturiert ist. Aus den einzelnen Hierarchiestufen werden Auswahleinheiten gebildet, aus denen nacheinander Zufallsstichproben gezogen werden.

Im einfachsten Fall einer zweistufigen Auswahl wird die Grundgesamtheit zunächst in disjunkte Teilmengen (*Primäreinheiten*) aufgeteilt, welche die Auswahlbasis für die erste Stufe bilden (z.B. Gemeinden). Aus den Primäreinheiten wird eine Zufallsstichprobe gezogen. Untersuchungseinheiten, welche in den gewählten Primäreinheiten enthalten sind (z.B. Haushalte), bilden die Auswahlbasis für die zweite Stufe. Aus jeder ausgewählten Primäreinheit erfolgt eine Zufallsauswahl von Untersuchungseinheiten (*Sekundäreinheiten*). Beispielsweise kann die Bevölkerung der Bundesrepublik Deutschland hierarchisch nach dem Schema „Bundesland – Gemeinde – Haushalt – Person" strukturiert werden. In diesem Fall kann im Rahmen einer mehrstufigen Auswahl zunächst eine Stichprobe von Gemeinden auf Landesebene, dann eine Auswahl von Haushalten auf kommunaler Ebene und schließlich eine Auswahl von Individuen, welche letztendlich in die Stichprobe aufgenommen werden sollen, erfolgen.

Vorteile ergeben sich hier in einer Kostenersparnis im Rahmen der Datenerhebung aufgrund der räumlichen Konzentration der Untersuchungseinheiten. Auch bietet sich die mehrstufige Auswahl an, wenn für eine uneingeschränkte Zufallsstichprobe keine Auswahlbasis verfügbar ist.

Klumpenauswahl

> Definition
>
> Im Rahmen einer *Klumpenauswahl (Cluster sampling)* wird die Grundgesamtheit zunächst in sich gegenseitig ausschließende Gruppen (Klumpen) aufgeteilt (z.B. Landkreise innerhalb eines Bundeslandes). Diese stellen die Auswahlbasis dar. Aus der Gesamtheit der Klumpen wird eine Zufallsstichprobe gezogen.

Im einfachsten Fall der einstufigen Klumpenauswahl gelangen sämtliche Elemente, die in den gewählten Klumpen enthalten sind, in die Stichprobe; mehrstufige Verfahren sind jedoch ebenfalls möglich.

Im Vergleich zur einfachen Zufallsstichprobe hat die Klumpenauswahl eine ganze Reihe von *Vorteilen*, welche dazu führen, dass sie sich in der Marktforschungspraxis großer Beliebtheit erfreut (vgl. Böhler 2004, S. 153 f.; Malhotra 2010, S. 387):

- Die Auswahlbasis für die Erhebungseinheiten ist häufig nicht vorhanden (z.B. Liste sämtlicher abhängig Beschäftigter in einer bestimmten Branche). Eine Liste von Betrieben, welche als Klumpen fungieren, ist hingegen vergleichsweise leicht zu beschaffen.
- Die Liste der Erhebungseinheiten ist oft nicht mehr aktuell. Anstelle eines veralteten Adressverzeichnisses kann beispielsweise ein Stadtgebiet in Häuserblöcke aufgeteilt werden, welche die Auswahlbasis für die Stichprobenziehung bilden. In den gewählten Häuserblöcken werden sämtliche Haushalte befragt (sog. *Flächenstichprobe*). Dies gewährleistet, dass nur solche Einwohner in die Stichprobe gelangen, welche tatsächlich aktuell in der betreffenden Gemeinde wohnhaft sind.
- Die Durchführung der Erhebung ist häufig weniger aufwändig, da die Datenerhebung räumlich konzentriert werden kann (z.B. Befragung sämtlicher Beschäftigter an ihrer gemeinsamen Arbeitsstätte).

Nachteilig an der Klumpenauswahl ist der *Klumpeneffekt*, welcher dann auftritt, wenn die Untersuchungseinheiten innerhalb eines Klumpens im Hinblick auf die Untersuchungsmerkmale homogener sind als dies bei einer einfachen Zufallsauswahl zu erwarten wäre. Die Klumpen sind dann weniger repräsentativ für die Grundgesamtheit. Ein Beispiel wäre etwa ein bestimmtes Stadtgebiet bzw. Viertel, das überwiegend Haushalte mit überproportional hohem Einkommen enthält. Kommt dieser Klumpen in die Stichprobe, so sind einkommensstarke Haushalte entsprechend überräpresentiert. Die Repräsentativität ist dabei in hohem Maße von der Feinheit der Klumpenbildung abhängig. Ist die Grundgesamtheit in viele kleine Klumpen aufgeteilt ist eine bessere Repräsentativität zu erzielen als bei nur grober Gliederung der Grundgesamtheit in wenige Klumpen.

Abgemildert werden kann der Klumpeneffekt durch eine Ausdehnung der Stichprobengröße, welche infolge der erleichterten Datenerhebung im Regelfall problemlos möglich ist und nur mit vergleichsweise geringen zusätzlichen Erhebungskosten behaftet ist. Dies bedeutet, dass im Vergleich zu einer einfachen Zufallsauswahl der Stichprobenumfang bei gleichen Kosten u.U. erheblich ausgeweitet werden kann, sodass trotz Klumpeneffekts genauere Ergebnisse erzielt werden können. Tabelle 3.9 zeigt die dargestellten Verfahren der Zufallsauswahl im Überblick.

Tab. 3.9: Überblick über Verfahren der Zufallsauswahl

	Merkmale	Beispiele	Beurteilung
Einfache Zufallsstichprobe	▪ Unmittelbare zufällige Ziehung einer Stichprobe aus der Grundgesamtheit ▪ Grundlage: Urnenmodell	▪ Zufällige Ziehung von 100 Käufern aus der Gesamtheit der Käufer eines Produkts	▪ Einfache Durchführung ▪ Größerer Stichprobenumfang als bei den anderen Verfahren der Zufallsauswahl erforderlich (bei gleichem Stichprobenfehler) ▪ Sämtliche Elemente der Grundgesamtheit müssen erfasst und zugänglich sein.
Geschichtete Zufallsstichprobe	▪ Grundgesamtheit wird in mehrere Schichten aufgeteilt, aus denen jeweils eine einfache Zufallsstichprobe gezogen wird ▪ Proportionale Aufteilung: im Verhälnis zum Umfang der Schichten ▪ Optimale Aufteilung: im Verhältnis zu den Streuungen innerhalb der Schichten	▪ Aufteilung der Kunden in Gewerbe- und Privatkunden ▪ Ziehung je einer Zufallsstichprobe aus den Gewerbe- und den Privatkunden	▪ Im Vergleich zur einfachen Zufallsstichprobe Reduzierung des Stichprobenfehlers (bei gleichem Stichprobenumfang) ▪ Verteilung der interessierenden Merkmalsdimensionen muss bekannt sein
Klumpenauswahl	▪ Aufteilung der Grundgesamtheit in Klumpen (meist natürliche Gruppierungen von Untersuchungseinheiten) ▪ Aus der Gesamtheit der Klumpen wird zufällig eine Stichprobe gezogen ▪ Alle Elemente der gezogenen Klumpen gehen in die Stichprobe ein	▪ Ziehung einer Stichprobe von Einzelhandelsgeschäften aus der Gesamtheit der Läden, die das Produkt führen ▪ Erfassung des Markenwahlverhaltens aller Käufer der betrachteten Geschäfte während eines vorgegebenen Zeitraums	▪ Struktur der Grundgesamtheit braucht nicht im Einzelnen bekannt zu sein ▪ Durchführung der Erhebung i.d.R. weniger aufwändig ▪ Repräsentation der Grundgesamtheit durch die Klumpen nicht immer gegeben
Mehrstufige Auswahl	▪ Aufteilung der Grundgesamtheit in Teilmengen (Primäreinheiten) ▪ Zufallsauswahl aus der Menge der Primäreinheiten ▪ Zufallsauswahl von Untersuchungseinheiten aus jeder ausgewählten Primäreinheit (Sekundäreinheiten)	▪ Aufteilung der Grundgesamtheit in Gemeinden ▪ Zufällige Auswahl einer Stichprobe von Gemeinden ▪ Aus den gewählten Gemeinden Zufallsauswahl von Personen	▪ Vereinfachung der Durchführung der Erhebung, wenn die Grundgesamtheit hierarchisch gegliedert ist ▪ Geeignet, wenn keine Auswahlbasis für eine einfache Zufallsauswahl verfügbar ist

Auswahltechniken der Zufallsauswahl

Der einfachen Zufallsauswahl liegt das Urnenmodell ohne Zurücklegen zugrunde. Aufgrund des Aufwands, welchen diese Vorgehensweise bei realen Grundgesamtheiten implizieren würde (etwa Anfertigen von Namenskärtchen bzw. Kugeln, Beschaffung einer Urne in entsprechender Größe usw.) bedient man sich in der Praxis besonderer Auswahltechniken. Dazu gehören sog. Zufallszahlentafeln sowie sog. Ersatzverfahren. *Zufallszahlentafeln* enthalten Ziffern, welche durch Zufall gewonnen werden (z.B. mit Hilfe eines Zufallszahlengenerators). Konstitutiv für eine Zufallszahlentafel ist die Tatsache, dass jede der Ziffern 0 bis 9 an jeder beliebigen Stelle der Tafel vor der Herstellung die Wahrscheinlichkeit 0,1 hatte, realisiert zu werden (vgl. Schaich 1998, S. 151). Tabelle 3.10 zeigt einen Ausschnitt aus einer Zufallszahlentafel. Anstelle tabellierter Zufallszahlen wird mittlerweile in der Praxis ein *Zufallszahlengenerator* verwendet, der entsprechende Ziffernfolgen mit der gewünschten Stellenzahl automatisch generiert.

Tab. 3.10: Auszug aus einer Zufallszahlentafel (Quelle: Schaich 1998, S. 151)

2671	4690	1550	2262	2597	8034	0785	2978	4409	0237
9111	0250	3275	7519	9740	4577	2064	0286	3398	1348
0391	6035	9230	4999	3332	0608	6113	0391	5789	9926
2475	2144	1886	2079	3004	9686	5669	4367	9306	2595
5336	5845	2095	6446	5694	3641	1085	8705	5416	9066

Voraussetzung für die Anwendung ist eine lückenlose Durchnummerierung der Grundgesamtheit. Die Vorgehensweise soll anhand eines Beispiels erläutert werden. Detaillierte Ausführungen finden sich bei Schaich 1998, S. 152 ff.

Beispiel 3.46:

Die Grundgesamtheit betrage N = 100.000; die Elemente der Grundgesamtheit seien von 00000 bis 99999 durchnummeriert. Damit sind aus der Zufallszahlentafel fünfstellige Ziffernfolgen zu entnehmen; bei reihenweisem Vorgehen also: 26714 69015 50226 22597 80340 … Bei einer Stichprobe von beispielsweise n = 100 werden die ersten 100 der auf diese Weise gewonnenen fünfstelligen Ziffernfolgen herangezogen. Durch Zuordnung der Zufallszahlen zu den Elementen der Grundgesamtheit mit den entsprechenden Nummern erhält man die Stichprobe im gewünschten Umfang.

Zu den gebräuchlichsten *Ersatzverfahren* zur Gewinnung uneingeschränkter Zufallsstichproben zählen:

- Schlussziffernverfahren,
- Systematische Auswahl mit Zufallsstart,
- Geburtstagsverfahren,
- Buchstabenverfahren,
- Schwedenschlüssel und
- Random Route.

Das *Schlussziffernverfahren* setzt wie die Anwendung einer Zufallszahlentafel voraus, dass die Grundgesamtheit durchnummeriert ist, z.B. von 0 bis N-1; die Nummerierung darf mit der Untersuchungsvariable nicht korrelieren, was beispielsweise dann gewährleistet ist, wenn die Zuordnung nach rein äußerlichen Kriterien – etwa chronologisch – erfolgt. Anschließend wird der Auswahlsatz n/N bestimmt, der die Grundlage für die Auswahl bildet. Nachfolgendes Beispiel soll die Vorgehensweise erläutern.

Beispiel 3.47:

Die Grundgesamtheit betrage N = 100.000, die Stichprobe n = 200. Damit ist der Auswahlsatz n/N = 200/100.000 = 2 ‰ der Grundgesamtheit. Aus der Ziffernfolge 000 bis 999 werden zufällig zwei Zahlen gezogen; jede dieser dreistelligen Zahlen kann zur Auswahl von genau 1 ‰ der Grundgesamtheit herangezogen werden. Hat man etwa die Zahlen 498 und 782 gewonnen, so gelangen die Elemente der Grundgesamtheit mit folgenden Nummern in die Stichprobe:
0498; 1498; 2498; … ; 99498 (100 Elemente) und
0872; 1782; 2782; … ; 99782 (100 Elemente).

Auch die Anwendung der *systematischen Auswahl mit Zufallsstart* setzt eine Nummerierung der Grundgesamtheit sowie Unkorreliertheit zwischen der Nummerierung und der Untersuchungsvariablen voraus. Zunächst wird der Kehrwert des Auswahlsatzes gebildet, N/n. Aus den N/n-Nummern $0;1;\ldots;N/(n-1)$ wird zufällig eine Zahl r gezogen; anschließend wird die Stichprobe folgendermaßen gebildet:

$$r;\, r+\frac{N}{n};\, r+2\frac{N}{n};\ldots;\, r+(n-1)\cdot\frac{N}{n}.$$

Beispiel 3.48:

Soll aus einer Grundgesamtheit von N = 50.000 eine Stichprobe von n = 400 gezogen werden, so würde jedes k-te Element mit

$$k=\frac{N}{n}=\frac{50.000}{400}=125$$

in die Stichprobe gelangen. Begonnen wird bei einem zufällig ausgewählten Element, welches sich an r-ter Stelle befindet. Wird beispielsweise per Zufall r = 25 gezogen, werden das 150. Element (25 + 125), das 275. Element (25 + 2·125) usw. in die Stichprobe aufgenommen bis die Stichprobengröße von n = 400 erreicht ist.

Das Grundprinzip des *Geburtstagsverfahrens* besteht darin, dass aus einer Grundgesamtheit von Personen, deren Geburtstag bekannt ist, alle diejenigen in die Stichprobe übernommen werden, welche an einem bestimmten Tag im Jahr Geburtstag haben. Je nach erwünschtem Stichprobenumfang können auch mehrere Tage zugrunde gelegt werden. Erreichbar sind Auswahlsätze von (ungefähr) 1/365, 2/365 usw., je nach Anzahl der einbezogenen Tage; ein exakter, vorgegebener Stichprobenumfang kann somit nur in Ausnahmefällen erzielt werden. *Varianten* des Geburtstagsverfahrens werden bei mehrstufigen Auswahlverfahren herangezogen, etwa um aus einem gewählten Haushalt die zu befragenden Personen auszuwählen (vgl. Hüttner/Schwarting 2002, S. 137): Es ist z.B. die Person zu befragen, welche

- als erste im Jahr Geburtstag hat oder
- an dem Tag mit der niedrigsten der Zahlen zwischen 1 und 31 Geburtstag hat oder

- vom Befragungstag gerechnet als letzte Geburtstag hatte oder als nächste haben wird, o.ä.

Diese Vorgehensweise hat den Vorteil, dass keine Auflistung und Nummerierung der Erhebungseinheiten notwendig ist.

Beim *Buchstabenverfahren* gelangen alle jene Personen in die Stichprobe, deren Familienname mit einem bestimmten Buchstaben oder einer bestimmten Buchstabenfolge beginnt. Damit alle Elemente der Grundgesamtheit die gleiche Wahrscheinlichkeit haben, in die Stichprobe zu gelangen, darf zwischen den Anfangsbuchstaben der Familiennamen und den Untersuchungsmerkmalen kein Zusammenhang bestehen. Auch bei diesem Verfahren kann ein vorgegebener Stichprobenumfang nur ungefähr eingehalten werden.

Der *Schwedenschlüssel* findet oft Verwendung, wenn Personen innerhalb von Mehrpersonenhaushalten zu befragen sind. Dabei wird für jedes Interview und für jede Haushaltsgröße vorgegeben, welche (die wievielte) Person jeweils zu befragen ist. Die Zahl resultiert durch Permutationen der Ziffern 1 bis 4 (häufig: 1 bis 3 oder 1 bis 4, wobei 4 die Haushaltsgröße ist).

Beispiel 3.49:

Die Erhebungsgesamtheit soll Deutsche über 14 Jahre umfassen, die in Privathaushalten leben. Auszugehen ist von Haushalten mit bis zu vier Personen, die zur Erhebungsgesamtheit gehören. Die Personen in einem Haushalt werden dabei meist nach dem Alter nummeriert. Die Permutationen sind in diesem Fall wie folgt:

Interviewnummer		A	B	C	D	E	F	G	H	I	J	K	L	…
Haushaltsgröße*	2	1	2	1	2	1	2	1	2	1	2	1	2	…
	3	1	2	3	1	2	3	1	2	3	1	2	3	…
	4	1	2	3	4	1	2	3	4	1	2	3	4	…

* Netto, d.h. Zahl der zur Erhebungsgesamtheit zählenden Personen

Beim vierten durchzuführenden Interview geht der Interviewer folgendermaßen vorgehen:

- Bei zwei erhebungsrelevanten Personen im Haushalt ist die zweite zu befragen,
- bei drei erhebungsrelevanten Personen ist die erste zu befragen,
- bei vier erhebungsrelevanten Personen ist die vierte zu befragen.

Das *Random-Route-Verfahren* (auch: Random-Walk-Verfahren) wird meist auf der letzten Stufe eines mehrstufigen Auswahlverfahrens eingesetzt. Nach dem Zufallsprinzip werden zunächst ausgewählte Ausgangspunkte für den Start einer Befragung bestimmt (z.B. Straße). Darüber hinaus wird eine exakte Regel vorgegeben, wie der Interviewer von diesem Ausgangspunkt aus weiter vorgehen soll. Beispielsweise wird ihm vorgegeben, er soll jeden dritten Haushalt in jedem zweiten Gebäude auf der linken Straßenseite befragen o.Ä. Es handelt sich somit um eine Variante der systematischen Auswahl. *Vorteilhaft* sind die räumliche Konzentration der Feldarbeit, die einfachen Kontrollmöglichkeiten sowie die vergleichsweise geringen Kosten; allerdings ist der Zufallscharakter des Verfahrens umstritten und eine statistische Berechnung des Zufallsfehlers ist nur näherungsweise möglich (vgl. Berekoven et al. 2009, S. 53).

3.2.4 Sonstige Verfahren der Stichprobenauswahl

Es gibt eine ganze Reihe weiterer Verfahren der Stichprobenauswahl, welche teilweise eigenständige Verfahren darstellen, teilweise als Kombination der bisher dargestellten Methoden anzusehen sind. Im Folgenden sollen die wichtigsten dargestellt werden:

- Sequenzielle Auswahl,
- Schneeballverfahren und
- ADM Stichprobensystem.

Im Rahmen einer *sequenziellen Auswahl* wird zunächst eine vergleichsweise kleine Stichprobe gezogen und ausgewertet. Im Anschluss daran wird entschieden, ob die erhaltenen Informationen ausreichend sind oder nicht (z.B. im Hinblick auf Präzision, Anwendbarkeit von Verfahren der induktiven Statistik sowie komplexer multivariater Verfahren usw.). Ist dies nicht der Fall, werden solange weitere Stichproben gezogen, bis der Informationsstand als ausreichend angesehen wird. Somit wird nicht von einem festgelegten Stichprobenumfang ausgegangen; dieser ergibt sich vielmehr im Laufe der Untersuchung. *Vorteilhaft* an der sequenziellen Auswahl ist der Versuch, den Stichprobenumfang zu begrenzen und damit die Erhebungskosten zu kontrollieren. Andererseits entsteht ein nicht unerheblicher Analyseaufwand, da nach jeder erneuten Stichprobenziehung aufgrund der Analyseergebnisse entschieden werden muss, ob der Informationsbedarf bereits befriedigt ist.

Eine besondere Form eines Auswahlverfahrens stellt das sog. *Schnellballverfahren* dar (*Snowball* oder *Linkage Sampling*). In einem ersten Schritt wird – üblicherweise nach dem Zufallsprinzip – eine anfängliche Gruppe von Erhebungseinheiten ausgesucht. Stößt man im Rahmen der Befragung auf Erhebungseinheiten, welche über die erhebungsrelevanten Merkmale verfügen, werden diese gebeten, Kontaktdaten von Personen mit gleichen Merkmalen zu nennen. In einer zweiten Erhebungswelle werden die neu gewonnenen Erhebungseinheiten ebenfalls gebeten, Kontaktdaten von Personen, die den gleichen Tatbestand erfüllen, zu nennen usw. (vgl. Goodman 1961).

Das Hauptziel des Schneeballverfahrens liegt darin, eine Stichprobe von Personen mit solchen Merkmalen zu gewinnen, die in der Gesamtbevölkerung selten sind und daher bei Anwendung einer Zufallsstichprobe in zu geringem Umfang im Sample vertreten wären. Anwendungsbeispiele sind bestimmte Bevölkerungsgruppen, wie z.B. ethnische Minderheiten, Eltern geistig behinderter Kinder, Träger bestimmter Krankheiten wie HIV-Infizierte etc. In solchen Fällen ist eine Schneeballauswahl deutlich effizienter als eine Zufallsauswahl; die Varianz in der Stichprobe wird deutlich verringert, die Kosten sind begrenzt. *Nachteilig* ist, dass es sich nicht um eine Zufallsauswahl handelt und damit der Fehler nicht berechenbar ist. Zudem ist mit erheblichen Klumpungseffekten zu rechnen.

Beim *ADM Stichprobensystem* handelt es sich um eine Flächenstichprobe, die vom Arbeitskreis Deutscher Marktforschungsinstitute e.V. (ADM) zur Durchführung von Bevölkerungsstichproben entwickelt wurde, da in Deutschland kein allgemein zugängliches Verzeichnis aller Privathaushalte existiert. Das *ADM Master Sample* basiert auf sog. Muster-Stichprobenplänen, welche als Baukastensystem konzipiert sind (vgl. ausführlich ADM 1979). Dieser allgemeine Rahmen bildete die Grundlage für die Entwicklung des ADM Master Samples; hierbei handelt es sich um ein System von vorgefertigten Stichproben bzw. „Netzen“, welche den Mitgliedsinstituten des ADM zur Verfügung gestellt werden und als Grundlage für die Ziehung individueller, konkreter Stichproben dienen (vgl. Heyde 2009). Die folgenden Ausführungen beziehen sich auf die F2F Flächenstichprobe für persönliche Interviews (für Telefoninterviews wurde ein vergleichbares Verfahren entwickelt). Das Stichprobensystem umfasst dabei die folgenden Stufen (vgl. ausführlich z.B. Hüttner/Schwarting 2002, S. 136 ff.):

- Auswahl von Sampling Points,
- Auswahl von Haushalten innerhalb der gezogenen Sampling Points und
- Auswahl der Zielpersonen in den ausgewählten Haushalten.

Die Grundgesamtheit bei Bevölkerungsumfragen in Deutschland ist definiert als Personen, welche in Privathaushalten leben. Um *Sampling Points* zu bilden, wurde das Gebiet der Bundesrepublik Deutschland in Flächen eingeteilt. 2004 wurde das Stichprobensystem überarbeitet: Anstelle der bis dato zugrunde gelegten Wahlbezirke wurden als Grundlage die Gemeindegliederung der Bundesrepublik, die intrakommunalen Gebietsgliederungen sowie die für die Navigationssysteme erstellten Regionaleinteilungen verwendet. Auf der Grundlage dieser Daten wurden in Deutschland rd. 53.000 Flächen elektronisch abgegrenzt, die jeweils mindestens 350, durchschnittlich 700 Privathaushalte enthalten. Beispielsweise unterscheidet die Gemeinde Uelzen 23 Ortsteile mit 53 – 22.639 Einwohnern; daraus entsanden 20 Sampling-Points mit 626 – 2433 Einwohnern (vgl. BVM 2006). 2011 wurde das Stichprobensystem aktualisiert.

Nach diesen Merkmalen wurde vor der Ziehung geschichtet bzw. angeordnet; die daraus entstandenen Zellen bildeten die Auswahlbasis, aus der anschließend die Ziehung erfolgte. Die Ziehung erfolgte dabei proportional zur Zahl der Haushalte. Es wurden insgesamt 128 Stichproben – sog. Netze – gezogen, welche jeweils rd. 250 Sampling Points umfassen und an die beteiligten Marktforschungsinstitute weitergegeben wurden. Die 128 Netze sind überschneidungsfrei und können beliebig kombiniert werden.

Im Rahmen der zweiten Stufe erfolgt seitens der Institute die *Ziehung von Haushalten* nach einer uneingeschränkten Zufallsauswahl. Hierbei wird unterschieden zwischen einer Totalauflistung, bei welcher sämtliche Haushalte in Sampling Point bekannt und aufgelistet sind, und einer Teilauflistung, bei welcher die Begehung in Form eines Random-Route-Verfahrens erfolgt.

Innerhalb der einzelnen Haushalte können die *Zielpersonen* entweder nach dem Zufalls- oder nach dem Quotenprinzip ausgewählt werden (vgl. die Ausführungen in Abschnitt 3.2). Die konkrete Auswahl kann dabei nach verschiedenen Ansatzpunkten erfolgen (vgl. Berekoven et al. 2009, S. 54 f.). Ist die Grundgesamtheit begrenzt, z.B. Haushaltsvorstände, Jugendliche zwischen 14 und 19 Jahren o.ä., so werden alle Zielpersonen befragt, die das Erhebungskriterium erfüllen. Setzt sich die Grundgesamtheit aus allen erwachsenen Personen zusammen, so bestehen für die konkrete Auswahl der Zielpersonen folgende Möglichkeiten:

- Es werden sämtliche Haushaltsmitglieder befragt, oder
- es erfolgt eine Auflistung der Haushalte (z.B. alphabetisch oder nach Alter). Anschließend wird pro Haushalt eine Zielperson befragt; als Auswahltechniken kommen Zufallszahlenfolgen, das Geburtstagsverfahren oder der Schwedenschlüssel zum Einsatz (vgl. die Ausführungen in Abschnitt 3.2.3).

3.2.5 Bestimmung des Stichprobenumfangs

Da der Stichprobenumfang zum einen die Präzision des Untersuchungsergebnisses, zum anderen aber auch die Erhebungskosten erheblich beeinflusst, ist die Bestimmung der Stichprobengröße von zentraler Bedeutung. In der Praxis der Marktforschung liegt der bevorzugte Stichprobenumfang je nach Fragestellung im Regelfall zwischen 150 und 3000; bei größeren Stichprobenumfängen besteht die Gefahr, dass der systematische Fehler anwächst und die Verringerung des Stichprobenfehlers dadurch überkompensiert wird.

Bei Vorliegen einer *Zufallsstichprobe* kann der notwendige Stichprobenumfang auf der Basis einer gewünschten Vertrauenswahrscheinlichkeit und einer höchstens zu tolerierenden Fehlersumme errechnet werden. Dies soll im Folgenden anhand der uneingeschränkten Zufallsauswahl gezeigt werden; komplexere Verfahren der Zufallsauswahl kommen c.p. mit kleineren Stichprobenumfängen aus.

Aus der Formel für den Standardfehler beim Fall ohne Zurücklegen und unter der Voraussetzung, dass der Auswahlsatz $n/N < 0{,}05$ ist,

$$\sigma_{\bar{x}} = \frac{\sigma}{\sqrt{n}},$$

wird ersichtlich, dass der Standardfehler verringert werden kann, wenn der Stichprobenumfang erhöht wird. Dadurch wird das Konfidenzintervall enger; die Parameterschätzung wird genauer. Zur Bestimmung des notwendigen Stichprobenumfangs wird vom Konfidenzintervall für μ ausgegangen (heterograder Fall):

$$\mu = \bar{x} \pm z \cdot \sigma_{\bar{x}} \text{ bzw. } \mu = \bar{x} \pm z \cdot \frac{\sigma}{\sqrt{n}} \;.$$

Die absolute Fehlerspanne e resultiert damit als:

$$e = |\mu - \bar{x}| = z \cdot \frac{\sigma}{\sqrt{n}}.$$

Der notwendige Stichprobenumfang kann ermittelt werden, wenn man sowohl die maximale Fehlerspanne angibt, die man gerade noch tolerieren würde, wie auch die Vertrauenswahrscheinlichkeit $(1-\alpha)$ bzw. die Irrtumswahrscheinlichkeit α vorgibt. Bei bekannter Standardabweichung σ in der Grundgesamtheit resultiert der notwendige Stichprobenumfang als:

$$n = \left(\frac{z_\alpha - \sigma}{e}\right)^2 = \frac{z_\alpha^2 \cdot \sigma^2}{e^2}.$$

Analog gilt für den homograden Fall:

$$e = |\pi - p| = z \cdot \frac{\sigma}{\sqrt{n}} = \sqrt{\frac{\pi(1-\pi)}{n}} \text{ und}$$

$$n = \frac{z_\alpha^2 \cdot p \cdot (1-p)}{e^2}.$$

Beispiel 3.50:

Ein Unternehmen möchte das durchschnittliche Einkommen seiner Zielgruppe ermitteln. Die Zielgruppe umfasst insgesamt N = 100.000 Personen. Aus Erfahrungswerten ist bekannt, dass in der Grundgesamtheit mit einer Varianz von σ^2 = 120.000 zu rechnen ist. Soll bei gegebener Vertrauenswahrscheinlichkeit von 95 % die Fehlerspanne nicht mehr als 20 € betragen, so ergibt sich ein notwendiger Stichprobenumfang von

$$n = \left(\frac{1{,}96}{20} \right)^2 \cdot 120.000 = 1152 \, .$$

Neben dem Einkommen interessiert sich das Unternehmen auch für den Anteil der Rentner in der Zielgruppe. Soll der Anteil der Rentner bei gleicher Vertrauenswahrscheinlichkeit von 95 % nicht mehr als 2 % um den wahren Wert schwanken, ergibt sich:

$$n = \left(\frac{1{,}96}{0{,}02} \right)^2 \cdot 0{,}18(1-0{,}18) = 1418 \, .$$

In diesem Fall ist der größere Wert des Stichprobenumfangs heranzuziehen, also n = 1418, damit beide Fehlerspannen eingehalten werden.

Quelle: In Anlehnung an Sander 2011, S. 170 ff.

Die obige Berechnung setzt voraus, dass zur Bestimmung des erforderlichen Stichprobenumfangs die Varianz der Grundgesamtheit bzw. – als Ersatzwert – zumindest die Stichprobenvarianz bekannt ist. Da die Stichprobe jedoch gerade erst gebildet werden soll, liegen derartige Werte in der Regel nicht vor. In diesem Fall ist eine außerstatistische Schätzung vorzunehmen, indem auf Expertenurteile oder ähnlich gelagerte Untersuchungen aus der Vergangenheit zurückgegriffen wird. Anzumerken ist weiterhin, dass eine steigende Vertrauenswahrscheinlichkeit bzw. eine sinkende Fehlerspanne zu einem überproportionalen Anstieg des notwendigen Stichprobenumfangs führen, wodurch die Erhebungskosten enorm ansteigen.

Beispiel 3.51:

Wie im vorangegangenen Beispiel interessiert das Durchschnittseinkommen in der Zielgruppe. Die Grundgesamtheit beträgt N = 100.000. Die Vertrauenswahrscheinlichkeit soll 95% betragen, die Varianz der Grundgesamtheit wird als σ^2 = 120.000 angenommen. In Abhängigkeit von der maximalen Fehlerspanne resultieren die folgenden erforderlichen Stichprobenumfänge:

e	n
50	184
40	288
30	512
20	1152
10	4610
5	18439

Bei Kosten pro Interview von ca. 50 € würde die Untersuchung bereits knapp 1.000.000 € kosten, wollte man die Fehlerspanne auf ± 5 € reduzieren.

Weiterführende Literatur

Amoo, T., Friedman, H.H. (2000): Overall Evaluation Rating Scales: An Assessment, in: International Journal of Market Research, 42(3), 301-311.

Becker, W. (1973): Beobachtungsverfahren in der demoskopischen Marktforschung, Stuttgart.

Borg, J., Staufenbiehl, T. (2007): Theorien und Methoden der Skalierung, 4. Aufl., Bern.

Campbell, D.T., Russo, M.J. (2001): Social Measurement, Thousand Oaks.

Churchill, G.A. (1979): A Paradigm for Developing Better Measures of Marketing Constructs, in: Journal of Marketing Research, 16(1), 64-73.

Freese, W. (2016): Mobile Marktforschung, in: planung&analyse, 2016(1), 44-45.

Hubert, M., Kenning, P. (2008): A Current Overview of Consumer Neuroscience, in: Journal of Consumer Behaviour, 7(4/5), 272-292.

Grüner, K.W. (1974): Beobachtung, Stuttgart.

Guenzel, P.J., Berkmans, T.R., Cannell, C.F. (1983): General Interviewing Techniques, Ann Arbour.

Keitz, B. v. (2016): Diagnostisches Werbetesting mittels apparativer Verfahren: Erfahrungen aus der Werbeforschung, in: Esch, F.-R., Langner, T., Bruhn, M. (Hrsg.): Handbuch Controlling der Kommunikation, 2. Aufl., Wiesbaden, 221-250.

Kelle, U., Kluge, S. (1999): Vom Einzelfall zum Typus, Opladen.

Kern, Christian (2006): Anwendung von RFID-Systemen, 2. Aufl., Berlin u.a.

Maxl, E., Döring, N. (2010): Selbst-administrierte mobile Non-Voice-Marktforschung: Methoden- und Forschungsüberblick, in: transfer – Werbeforschung & Praxis, 56(1), 22-32.

Noelle-Neumann, E., Petersen, T. (2005): Alle, nicht jeder. Einführung in die Methoden der Demoskopie, 4. Aufl., Berlin.

Sauermann, P. (2008): Die Laborbeobachtung in der Marktforschung – Vorteile und Kritikpunkte, in: Pepels, W. (Hrsg.): Marktforschung. Verfahren, Datenauswertung, Ergebnisdarstellung, 2. Aufl., Berlin, 225-248.

Schuman, H., Presser, S. (1996): Questions and Answers in Attitude Surveys, Orlando.

Thompson, S.K. (2012): Sampling, 3rd ed., New York.

Teil 4: Panelerhebungen und Kohortenanalysen

1 Klassifikation und Charakterisierung von Panelerhebungen

1.1 Abgrenzung und Systematik von Panelerhebungen

Definition

Im Rahmen einer *Panelerhebung* wird ein stets gleicher Sachverhalt zu regelmäßig wiederkehrenden Zeitpunkten bei derselben Stichprobe mit identischer Untersuchungsmethode erhoben. Panelerhebungen dienen somit der Gewinnung von Längsschnittdaten.

Ziel von Panelerhebungen ist nicht nur die Erfassung des Marktgeschehens, sondern insbesondere die Ermittlung von *Marktveränderungen*, etwa als Folge von Marketingmaßnahmen. Besondere Bedeutung haben Panels in der Markenartikelindustrie. Einschränkend sei angemerkt, dass in der Realität die Stichprobe Veränderungen unterliegt – etwa durch Wegfall von Panelmitgliedern und Hinzunahme neuer; auch der erhobene Sachverhalt verändert sich insofern, als die im Rahmen eines Panels erhobenen Warengruppen aufgrund der Fluktuation der Kunden des Marktforschungsinstituts variieren.

Die Erhebung von Paneldaten kann sowohl auf der Grundlage von Befragungen als auch von Beobachtungen erfolgen; darüber hinaus kann es – bei entsprechender Anordnung – auch als (quasi-)experimentelles Design angesehen werden (vgl. Hüttner/Schwarting 2002, S. 183). Im Grunde genommen handelt es sich bei Panelerhebungen aus der Sicht der Unternehmen um *Sekundärerhebungen*, da Paneldaten i.d.R. von den Marktforschungsinstituten erhoben und gegen Entgelt den Kundenunternehmen zur Verfügung gestellt werden; andererseits werden Panels auch zur Ad-hoc-Forschung im Auftrag einzelner Kunden herangezogen, was sie wieder in die Nähe von Primärerhebungen rückt.

Abzugrenzen sind Panelerhebungen von sog. Omnibus- bzw. Befragungspanels (vgl. Günther et al. 2006, S. 8). Wie Panels sind *Befragungspanels* feststehende Stichproben; diese werden jedoch in unregelmäßigen Abständen zu unterschiedlichen Untersuchungsgegenständen befragt. Ein solches Befragungspanel hat den Vorteil der konstanten Stichprobe, wodurch z.B. Fehlkontakte bei der Erhebung in kleinen Zielgruppen vermieden werden. Des Weiteren können aus der Gesamtstichprobe Teilstichproben für spezifische Fragestellungen gezogen werden.

Panelerhebungen sind darüber hinaus von *Wellenerhebungen* abzugrenzen, im Rahmen derer unterschiedliche Stichproben im Zeitablauf zum selben Erhebungsgegenstand untersucht werden; die Stichproben sind bei Wellenerhebungen zwar gleichartig, sie bestehen jedoch bei jeder Befragungswelle aus unterschiedlichen Personen. Ein Beispiel hierfür ist AGOF Internet Facts, im Rahmen dessen Reichweiten von Online-Medien und Nutzungsverhalten der Internetnutzer monatlich erhoben werden.

Grundsätzlich können Panels nach verschiedenen *Kriterien* klassifiziert werden:

- nach dem Untersuchungsgegenstand,
- nach dem Befragtenkreis sowie
- nach der Art der Erfassung der Paneldaten.

Nach dem *Untersuchungsgegenstand* können handelsbasierte Panels und Spezialpanels unterschieden werden. *Handelsbasierte* Panels erfassen den Abverkauf des Handels bzw. den Einkauf von Verbrauchern sämtlicher bzw. ausgewählter Warengruppen, wohingegen Spezialpanels solche Panels bezeichnen, die spezifischen Zwecken dienen. Dazu gehören beispielsweise Fernsehzuschauerpanels, Produkttestpanels, Industriepanels oder Verpackungspanels (vgl. hierzu den Überblick bei Günther et al. 2006, S. 98 ff.). Eine Mischform stellen sog. *Single Source-Panels* dar, bei welchen neben den Einkäufen der Verbraucher auch deren Mediennutzung erfasst wird.

Nach dem *Befragtenkreis* wird zwischen Handels- und Verbraucherpanels unterschieden. *Handelspanels* werden in Deutschland u.a. von Nielsen und der GfK unterhalten; die Paneldaten werden mittels Beobachtung auf der Grundlage der Warenbestände sowie der An- und Abverkäufe der interessierenden Artikel im Berichtszeitraum erhoben. Im Rahmen von *Verbraucherpanels* werden hingegen die Einkäufe der Verbraucher erfasst (Einzelpersonen oder Haushalte).

Nach der Art der *Erfassung der Paneldaten* differenziert man zwischen schriftlicher und elektronischer Erfassung. Im Rahmen der *schriftlichen Erfassung* tragen die Panelmitglieder ihre Einkäufe in spezielle Formulare ein und senden diese in regelmäßigen Abständen an das Marktforschungsinstitut. Diese Form wurde mittlerweile weitestgehend durch die *elektronische Erfassung* ersetzt, welche scanningbasiert erfolgt. Je nach dem Ort der Erfassung wird dabei zwischen PoS-Scanning und Inhome-Scanning unterschieden. Eine weitere Form der elektronischen Erfassung erfolgt im Rahmen von *Online-Panels*. Durch Online-Panels wird versucht, Repräsentativitätprobleme von Online-Untersuchungen dadurch zu beseitigen, dass ein für die spezifische Fragestellung repräsentativer Teilnehmerkreis ausgewählt und wiederholt befragt wird. Typisches Anwendungsgebiet von Online-Panels sind die Online-Werbeforschung (z.B. Test von Werbebannern) sowie die Online-Nutzungsforschung (z.B. welche Webseiten wie lange wie häufig besucht werden).

1.2 Handelspanels

Definition

Handelspanels erfassen Abverkäufe in Handelsgeschäften, d.h. die Entwicklung von Warenbewegungen, Preisen und Lagerbeständen der einbezogenen Handelsunternehmen.

Handelspanels werden vorwiegend von der GfK (Nürnberg) und von Nielsen (Frankfurt) durchgeführt. Abbildung 4.1 zeigt die verschiedenen Formen von (Einzel-)Handelspanels im Überblick. Die Datenerfassung kann sowohl scanningbasiert erfolgen als auch durch Mitarbeiter des Instituts, die in regelmäßigen Abständen (i.d.R. monatlich) für die betreffenden Warengruppen eine Inventur durchführen. Bei scanningbasierter Erhebung gelangen die Daten hingegen direkt von den Scannerkassen des Geschäfts in die Datenbank des Instituts.

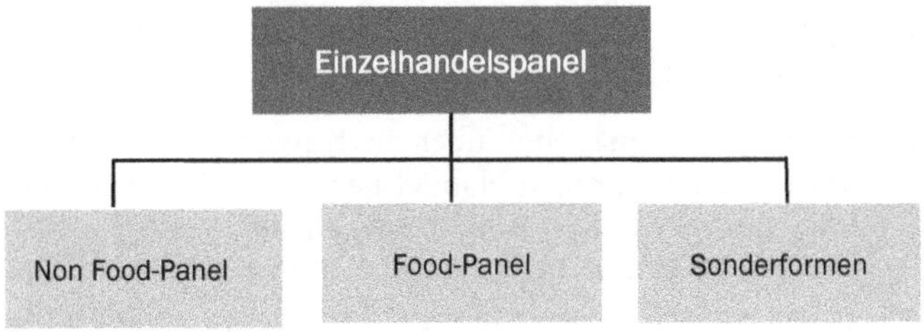

Abb. 4.1: Arten von Handelspanels

Standardinformationen aus Handelspanels umfassen insb.

- Absatzmengen, Umsätze und Marktanteile von Produkten,
- Distributionsgrad der Produkte (Anteil der Geschäfte, die das Produkt führen, ungewichtet sowie nach Umsatzgrößen gewichtet),
- Durchschnittspreise, Regalplatz und Promotion-Maßnahmen.

Die Informationen können dabei nach Geschäftstypen, Umsatzgrößenklassen oder Standorten weiter untergliedert werden.

Einzelhandelspanels haben bereits eine lange Tradition; das erste wurde 1933 von Nielsen etabliert. Unterteilt werden können Einzelhandelspanels in Food-Panels und Non Food-Panels; daneben existieren noch Sonderformen. *Food-Panels* umfassen sämtliche FMCG-Warengruppen (Fast Moving Consumer Goods), d.h. neben Lebensmitteln auch solche Warengruppen, die üblicherweise im Lebensmitteleinzelhandel verfügbar sind, wie z.B. Körperpflege, Babynahrung, Waschmittel. Aufgrund der Vielfalt an Vertriebswegen für bestimmte Artikel werden dabei nicht nur Geschäfte des Lebensmitteleinzelhandels, sondern auch Drogerien, Getränkeabholmärkte usw. in solche Panels einbezogen (vgl. Günther et al. 2006, S. 79). Nicht alle Handelsbereiche werden jedoch abgedeckt, so fehlen z.B. einige Discounter, der nichtstationäre Einzelhandel und der Versandhandel.

Beispiel 4.1: Das Nielsen Handelspanel

Im Rahmen des Nielsen Handelspanels wird die Entwicklung von Warengruppen, Marken und Einzelartikeln erhoben. Erfasst werden dabei neben klassischen Lebensmittelgeschäften auch Discounter (außer Aldi, Lidl, Norma), Drogeriemärkte sowie Tankstellenshops. Im Rahmen des Panels sind folgende Erhebungen möglich:

- kontinuierliche Marktbeobachtung (Retail Measurement),
- Betrachtung einzelner Handelsketten im Hinblick auf eine spezifische Fragestellung (Key Account Tracking) sowie
- Erhebung weiterer erklärender Faktoren wie z.B. Platzierungsqualität und Lagerbestände (Store Observation).

Retail Measurement Analysen stellen das Kernstück des Panels dar. Das scanningbasierte Handelspanel dient der kontinuierlichen Beobachtung aller im Lebensmittelhandel, in Drogeriemärkten sowie in Tankstellen und Rasthäusern verkauften Produktgruppen. Die Paneldaten liefern Informationen über Marktgrößen, Marktanteile und erklärende Faktoren wie z.B. Preis, Distribution, Promotion. Die Datenbasis liefern wöchentliche Scanning-Informationen sowie 4-wöchentlich manuell erhobene Informationen für die nicht verscannten Geschäfte. Der Datenabruf kann zweimonatlich, monatlich oder wöchentlich erfolgen. Die Wochendaten bilden die Grundlage für die Bewertung der Handelswerbung wie kurzfristige Preissenkungen, Displays, Anzeigen in Handzetteln und Tageszeitungen.

Key Account Tracking liefert Scanning-Informationen über die Entwicklung von Produkten in einzelnen Vertriebsschienen der großen Handelskonzerne. Dadurch können Markenartikler den Erfolg ihrer Produkte bzw. begleitender Marketingmaßnahmen bei den wichtigsten Handelsketten beobachten; die Daten werden auf Wunsch wöchentlich geliefert, je nach Warengruppe sind Detailinformationen bis zu zwei Jahren rückwirkend verfügbar.

Das Modul *Store Observation* bietet als Ergänzung Informationen über die Präsenz, Platzierung und Frische der in den Geschäften angebotenen Produkte. Die Untersuchung erfolgt auf Basis einer repräsentativen Stichprobe, der Erhebungs- bzw. Lieferrhythmus beträgt bis zu 13 Mal pro Jahr. Es können u.a. folgende Informationen erhoben werden:

- Preis- und Promotiontracking,
- Platzierungsqualität (Regalplatzierung in Rück-, Greif- oder Streckzone; Sonderplatzierungen),
- Regalanteile der eigenen Produkte im Verhältnis zur Konkurrenz,
- Lagerbestände,
- Ablaufdaten sowie
- Ausverkäufe.

Quelle: Nielsen 2010

Non Food-Panels umfassten ursprünglich insb. die Warengruppen Foto- und Do-it-yourself, etwas zeitverzögert die Warengruppen der Braunen und Weißen Ware. Die Erfassungshäufigkeit variiert dabei je nach Warengruppe. Während bei Weißer Ware die Daten im zweimonatlichen Rhythmus erhoben werden, erfolgt die Berichterstattung bei saisonalen Warengruppen seltener, z.B. bei Skisportgeräten dreimonatlich in den Winter- und halbjährlich in den Sommermonaten. Durch die stetige Veränderung der Einzelhandelslandschaft – u.a. das Entstehen neuer und veränderter Absatzkanäle für die Hersteller, etwa der Vertrieb von Notebooks und Handys inklusive Verträge mit Mobilfunkanbieterns bei Discountern wie Aldi und Lidl – haben sich zahlreiche zusätzliche Warengruppen und Vertriebskanäle ergeben, die durch ein Panel abgedeckt werden müssen. Hinzu kömmen neue Distributionskanäle, etwa Mobile und Social Media (M- und F-Commerce), und eine wachsende Tendenz des Handels zu Multi Channel Vertrieb. Aus diesem Grunde müssen für jede Warengruppe die verschiedensten Einzelhandelsbranchen bzw. –betriebsformen im Panel berücksichtigt werden.

Neben den Grundformen des Food- und des Non Food-Panels, welche für eine Vielzahl von Warengruppen unterhalten werden, existieren noch gesonderte Panels für ausgewählte Warengruppen bzw. Vertriebskanäle. Ein Beispiel ist das ursprünglich von Nielsen angebotene ScanTrack Pharma, ein Apothekenpanel, im Rahmen dessen der Absatz von Gesundheits- und Körperpflegemitteln in Apotheken erhoben wird; das Panel wurde 2013 von IMS Health übernommen und seither weitergeführt.

1.3 Verbraucherpanels

Definition

Im Rahmen von *Verbraucherpanels* wird das Einkaufsverhalten von Endverbrauchern erfasst (Einzelpersonen oder Haushalte) mit dem Ziel, Entwicklungen und Trends im Verbraucherverhalten zu ermitteln.

Nicht erfasst werden dabei Großverbraucher wie Kantinen, Krankenhäuser etc. Abbildung 4.2 zeigt die verschiedenen Arten von Verbraucherpanels im Überblick. Neben den hier dargestellten Endverbraucherpanels existieren noch sog. *Vorverbraucherpanels*, etwa mit Autoreparaturbetrieben, Heizungsinstallateuren etc., die hier jedoch nicht näher betrachtet werden sollen.

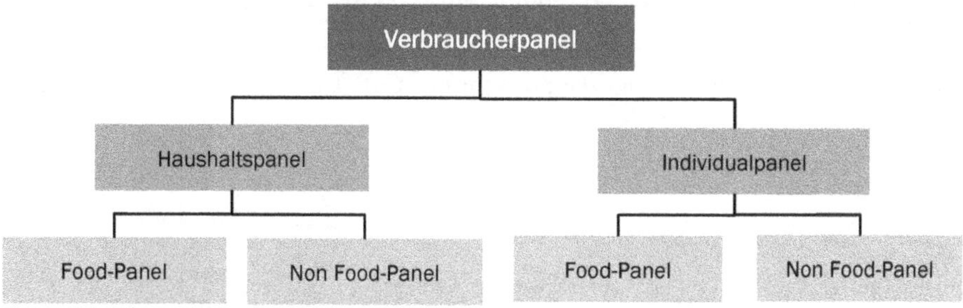

Abb. 4.2: Arten von Verbraucherpanels

Standardinformationen aus Verbraucherpanels sind (vgl. Günther et al. 2006, S. 223 ff.):

- Einkaufsmenge und Einkaufswert (insgesamt und pro Käufer),
- Anzahl der Käufer (Erstkäufer und Wiederholungskäufer),
- Durchschnittspreise,
- Marktanteile (mengen- und wertmäßig),
- Aktionspreise,
- Aktionseinkäufe (mengen- und wertmäßig).

Verbraucherpanels werden in Deutschland schwerpunktmäßig von Nielsen und der GfK durchgeführt. Die größte Bedeutung haben dabei *Haushaltspanels*. Im Rahmen eines Haushaltspanels werden Warengruppen erfasst, die grundsätzlich gemeinsam vom Haushalt (und nicht von einzelnen Haushaltsmitgliedern) ge- bzw. verbraucht werden; erfasst wird allerdings nicht der eigentliche Ge- oder Verbrauch, sondern der Einkauf der einzelnen Produkte (vgl. Hüttner/Schwarting 2002, S. 185 f.). In Haushaltspanels werden dabei sowohl Waren des Food- als auch des Non Food-Bereichs erfasst.

Ähnlich wie bei Handelspanels umfassen Food-Panels neben Lebensmitteln auch solche Warengruppen, die üblicherweise im Lebensmitteleinzelhandel bezogen werden (Fast Moving Consumer Goods). Ein Beispiel ist das GfK ConsumerScan Haushaltspanel.

Beispiel 4.2: Das GfK ConsumerScan Haushaltspanel

Die Stichprobe von ConsumerScan umfasst insgesamt 30.000 private Haushalte (deutsche und ausländische Haushalte). Die beteiligten Haushalte erfassen fortlaufend ihre täglichen Einkäufe im Bereich FMCG, überwiegend scanbasiert. Die Auswertung der Paneldaten gibt Auskunft über Käufercharakteristika, -verhalten, -reichweiten, Bedarfsdeckung, Markennamen, Nebeneinanderverwendung u.a. Das Institut bietet folgende Analyseinstrumente an (vgl. GfK 2005a, 2009a):

- Brand and Market Tracking (laufende Beobachtung von Märkten und Marken, Käufer, Kaufvolumen),
- Consumer Dynamics (Analyse von Marktveränderungen),
- Planning (Unterstützung der Planung des Marketing-Mix z.B. durch Erfassung des Kunden-Response),
- Modelling (Identifizierung von Verhaltensmustern, softwaregestütztes Simulations-Modelling, Prognose und Optimierung von Marketingmix-Strategien).

Erfasst werden über 300 Warengruppen aus dem Bereich der Fast Moving Consumer Goods. Abbildung 4.3 zeigt die Struktur des GfK ConsumerScan Haushaltspanels.

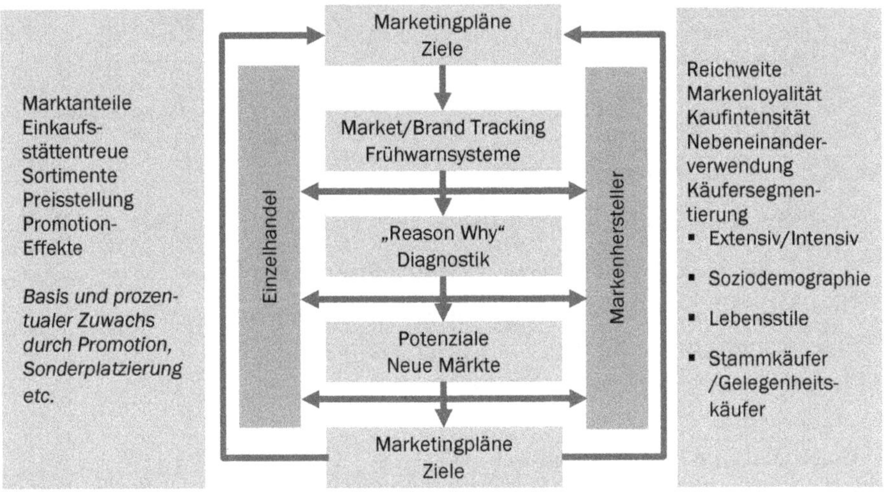

Abb. 4.3: Aufbau des GfK ConsumerScan Haushaltspanels (Quelle: GfK 2009a)

Non Food-Panels umfassen Gebrauchsgüter und Dienstleistungen. Ein Beispiel hierfür ist das GfK Consumer Panel Nonfood, welches 20.000 repräsentative Haushalte umfasst und im Rahmen dessen rd. 250 Produktgruppen in den Kategorien Entertainment, Handel und Dienstleistungen, Living und Unterhaltungselektronik erfasst werden (vgl. GfK 2009b).

Während Haushaltspanels haushaltsbezogene Einkäufe erfassen, werden im Rahmen von *Individualpanels* Produkte erfasst, welche unmittelbar das einzelne Individuum betreffen, etwa den persönlichen Bedarf an Kosmetika oder Tabakwaren. Solche Panels können zum einen allgemeiner Natur sein, d.h. es werden die Einkäufe von Panelteilnehmern bzgl. einer ganzen Reihe von üblicherweise nicht im Gesamtverband des Haushalts verbrauchten Waren erfasst (*allgemeine Panels*). *Sonderformen* ergeben sich zum anderen dadurch, dass von vornherein Verbraucher bestimmter Güter ausgewählt werden, wie Raucher, junge Mütter für die Warengruppe Babynahrung etc. (vgl. Hüttner/Schwarting 2002, S. 186). Beispiele hierfür sind das GfK Individualpanel, welches zahlreiche Warengruppen im Non Food-Bereich abdeckt, z.B. Musik und Unterhaltungselektronik, Körperpflege u.a., oder das Nielsen Raucherpanel.

1.4 Spezialpanels

Spezialpanels werden zu bestimmten Zwecken bzw. für bestimmte Branchen erhoben; wichtige Spezialpanels sind Fernsehzuschauerpanels, Internetnutzungspanels und Mini-Testmarktpanels.

Fernsehzuschauerpanels

Fernsehforschung wird in Deutschland seit dem Start des Sendebetriebs des ZDF im Jahre 1963 betrieben, zunächst vom Institut Infratam in Wetzlar, danach von der Firma teleskopie in Bonn. Seit 1985 ist die GfK-Fernsehforschung in Nürnberg zuständig. Auftraggeber ist die Arbeitsgemeinschaft Fernsehforschung (AGF), welche 1988 als Zusammenschluss der Öffentlich-rechtlichen mit den Privatsendern entstand. Im Gegensatz zu Verbraucher- und Handelspanels, welche von den Marktforschungsinstituten aufgebaut und betrieben werden und deren Ergebnisse Eigentum des betreibenden Instituts sind und an interessierte Hersteller verkauft werden, wird die Zuschauerforschung im Auftrag der Sender durchgeführt. Die Daten, die die GfK erhebt, stehen der AGF als Auftraggeber exklusiv zur Verfügung, d.h. die Datenverwertungsrechte liegen bei der AGF (vgl. Günther et al. 2006, S. 108).

Fernsehzuschauerpanels liefern Daten über die Sehbeteiligungen von Sendern bzw. Sendungen insgesamt und bei einzelnen Zielgruppen, welche als Grundlage für die Planung der Fernsehprogramme dienen können. Darüber hinaus liefern die Daten der Fernsehforschung auch Anhaltspunkte für die Qualität der von den Sendern angebotenen Werbezeiten, d.h. für die Fähigkeit, bestimmte Zielgruppen qualitativ und quantitativ zu erreichen. Diese Daten beeinflussen in hohem Maße die Preisforderungen für die einzelnen Werbezeiten und dienen den Werbetreibenden als Grundlage für ihre Mediaplanung.

Beispiel 4.3: AGF/GFK Fernsehpanel

Seit 2012 besteht das AGF-Fernsehpanel aus 5.000 täglich berichtenden Haushalten (Fernsehpanel deutschsprachig), in denen fast 10.500 Personen leben (vgl. Abb. 4.4). Seit 2001 sind neben den deutschen Fernsehhaushalten auch Haushalte einbezogen, deren Mitglieder in Deutschland leben und aus einem anderen Land der Europäischen Union stammen. Damit wird die Fernsehnutzung von 75,02 Mio. Personen ab 3 Jahren bzw. 38,32 Mio. Fernsehhaushalten abgebildet (Stand 01.01.2017).

Die Erhebung der Fernsehnutzung erfolgt über spezielle Messtechniken, die von der GfK Fernsehforschung in den Panelhaushalten installiert wird: seit 2009 TC score und seit 2012 TC UMX. Mittels *TC score* werden die klassischen Empfangswege Kabel (analog und digital), Terrestrik, Satellit sowie analoge Videorecoder erfasst. Zusätzlich erfasst TC score die Nutzung zeitversetzten Sehens über digitale Aufzeichnungsgeräte wie Festplatten- und DVD-Recorder. Die Integration weiterer

Messmodule ist jederzeit möglich, etwa die TV-Nutzung mit einer TV-Karte am PC, IPTV oder auch mobiles Fernsehen (Handy TV).

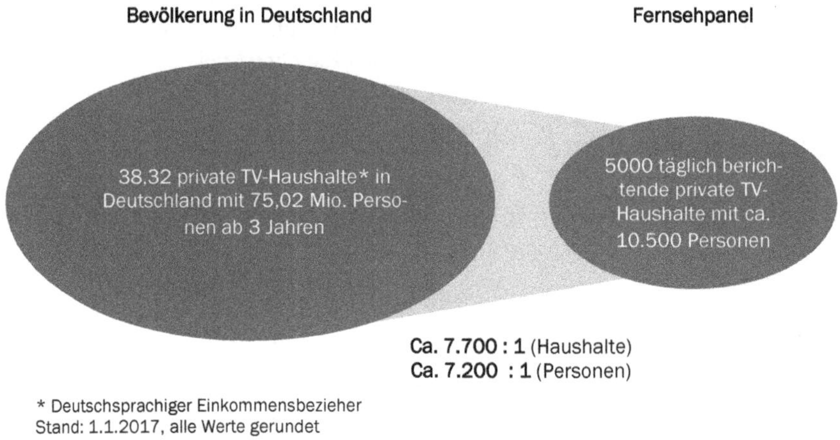

Abb. 4.4: Die Zusammensetzung des AGF Fernsehpanels (Quelle: https://www.agf.de/forschung/methode/fernsehpanel/, Abruf vom 26.3.2017)

Seit 2012 ist für die Messung der stationären Fernsehnutzung das *TC UMX* Messgerät im Einsatz. Eingesetzt wird das Verfahren vor allem dort, wo TC score aus technischen Gründen nicht einsetzbar ist oder die Akzeptanz in den Haushalten nicht gegeben ist.

Aus der Fernsehforschung lassen sich u.a. die folgenden Kennziffern gewinnen:

- Anteil digitaler Nutzung des Fernsehens,
- beliebteste Sendungen,
- Marktanteile der Sender,
- Sehbeteiligung der Zuschauer im Tagesverlauf,
- durchschschnittliche tägliche Sehdauer.

Die Haushaltsmitglieder melden sich per Knopfdruck mittels der speziell entwickelten Fernbedienung an. Das Messgerät misst und speichert sekundengenau u.a. das An- und Abschalten des Fernsehgerätes, jeden Umschaltvorgang, sämtliche sonstigen Verwendungsmöglichkeiten des Fernsehgeräts (z.B. Videospiele), zeitversetztes Sehen usw.

Die Daten werden automatisch an die GfK-Fernsehforschung weitergeleitet. Die Fernsehnutzungsdaten des Panels werden dann auf alle deutschen Fernsehhaushalte hochgerechnet. Ergänzt wird die Panelforschung durch spezielle Ad-hoc-Mediastudien. Darüber hinaus können individuelle Auswertungsservices genutzt werden (z.B. Sehertypologien, individuelle Zielgruppenermittlungen u.a.). Die Einbeziehung von YouTube ist derzeit in Arbeit.

Quellen: Arbeitsgemeinschaft Fernsehforschung 2017, GfK 2005b

Internetnutzungspanels

Zur Erfassung der Internetnutzung bieten sowohl GfK als auch Nielsen Panels an. Erfasst werden u.a. die Seitenaufrufe, die „Wege" des Nutzers im Internet, die Verweildauer auf bestimmten Seiten usw. Die Daten bilden auch eine wichtige Grundlage für die zielgruppengerechte Platzierung von Werbung auf Internetseiten.

Beispiel 4.4: Das Nielsen Internetnutzungspanel

Das Panel umfasst etwa 25.000 Teilnehmer (ab 2 Jahren) aus ca. 12.500 Haushalten (Grundgesamtheit). Eine auf den Computern der Panelteilnehmer installierte Software erfasst die geöffneten Internetseiten des aktiven Browsers und speichert alle einzelnen Nutzungsvorgänge sowie die Verweildauer auf den einzelnen Seiten ab. Dies erlaubt die Ermittlung der folgenden Kennziffern:

- Unique Audience: Netto-Besucher pro Monat,
- Active Reach: Reichweite in Prozent der Internetnutzer,
- Universe Reach: Reichweite in Prozent der Grundgesamtheit,
- Anzahl Seitenaufrufe/Visits pro Person,
- Nutzungsdauer pro Person.

Daraus lassen sich detaillierte Einblicke in das Online-Verhalten der Nutzer sowie in die Nutzung bestimmter Angebote im Internet gewinnen, etwa Online-Spiele. Die Ergebnisse werden von Nielsen in den monatlich erscheinenden NetView-Statistiken bereitgestellt, diese werden wiederum von der Bayerischen Landeszentrale für neue Medien (BLM) für die Medienanstalten ausgewertet und graphisch aufbereitet.

Quelle: Die Medienanstalten 2016, o.S.

Mini-Testmarktpanels

Mini-Testmarktpanels dienen nicht der laufenden Marktbeobachtung, sondern ermöglichen den Ad-hoc-Test verschiedener Marketing-Mix-Instrumente; insofern handelt es sich um unechte Panels, obwohl sie auf der Grundlage von Haushaltspanels durchgeführt werden. Auch handelt es sich um quasi-experimentelle Untersuchungsdesigns, sodass sie eher den experimentellen Verfahren zuzuordnen sind (vgl. Böhler 2004, S. 58). Aus diesem Grunde sollen sie hier nur skizziert und an anderer Stelle näher charakterisiert werden (vgl. Abschnitt 2.4 im 8. Teil dieses Buches).

In Deutschland werden Mini-Testmarktpanels von der GfK angeboten (GfK-BehaviorScan mit dem Testmarkt Haßloch in der Pfalz). Im Rahmen von Mini-Testmarktpanels wird das Einkaufsverhalten der teilnehmenden Haushalte in Einzelhandelsgeschäften, welche mit Scannerkassen ausgestattet sind, registriert. Die Panelmitglieder weisen sich beim Einkauf mit einer ID-Karte aus. Die Haushalte können dabei gezielt mit präparierten Medien aus dem Print- und TV-Bereich konfrontiert werden, sodass verschiedene Elemente des Marketing-Mix wie Einführung neuer oder veränderter Produkte, Fernsehspots, Printanzeigen oder Instore-Aktivitäten getestet werden können. Auf diese Weise können die Wirkungen unterschiedlicher Ausprägungen des Marketinginstrumentariums auf ökonomische Zielgrößen wie Absatz oder Gewinn unter realen Bedingungen getestet werden.

2 Erhebung und Auswertung von Paneldaten

Eine Panelerhebung vollzieht sich in folgenden Stufen:

- Definition der Grundgesamtheit,
- Festlegung der Stichprobe,
- Erhebung der Daten sowie
- Auswertung und Berichterstattung.

2.1 Handelspanels

Definition der Grundgesamtheit

Die Grundgesamtheit eines Handelspanels (im Folgenden wird auf Einzelhandelspanels als wichtigste Variante eingegangen) umfasst i.d.R. mehrere Geschäftstypen, z.B. Supermärkte, Verbrauchermärkte, Discounter, Drogerien usw. Die Zuordnung zu einem Geschäftstyp erfolgt typischerweise nach folgenden Kriterien (vgl. Günther et al. 2006, S. 11 f.):

- Verkaufsfläche (Mindest- bzw. Höchstverkaufsfläche),
- Sortiment (bestimmte Warengruppen nach Art bzw. Umsatzanteilen),
- Zugehörigkeit zu einem bestimmten Handelsunternehmen (z.B. Aldi),
- Umsatz,
- besondere Ausschlüsse (z.B. Duty Free-Geschäfte).

> Zur Definition der Grundgesamtheit können insb. bei filialisierten Handelsunternehmen Basisinformationen aus einer Vielzahl von Datenquellen gewonnen werden. Für die übrigen Handelsunternehmen müssen die panelführenden Institute aufgrund mangelnder Aktualität oder Detailliertheit der Datenquellen jedoch eigene Basisuntersuchungen durchführen. Zu beachten ist ferner, dass bestimmte Geschäfte – z.B. Wochenmärkte, Heimdienste und Versandhandel – von Handelspanels nicht erfasst werden, obwohl sie in der Grundgesamtheit enthalten sind. Damit weicht die Erhebnungsgesamtheit von der Grundgesamtheit ab.

Festlegung der Stichprobe

Grundsätzlich muss eine Panelstichprobe wie bei jeder Teilerhebung für die Grundgesamtheit repräsentativ sein, d.h. die Ergebnisse aus der Stichprobe müssen Rückschlüsse auf die Grundgesamtheit erlauben; des Weiteren muss man aus ihr die Werte der Grundgesamtheit mit hinreichender Genauigkeit (gemessen an der Standardabweichung) schätzen können (vgl. die Ausführungen in Abschnitt 3.2 im 3. Teil). Bei Handelspanels erfolgt die Erhebung typischerweise auf der Grundlage einer disproportional geschichteten Stichprobe. Das bedeutet, dass große Geschäfte in der Stichprobe stärker vertreten sind als in der Grundgesamtheit. Der Grund liegt darin, dass große Geschäfte ein deutlich breiteres und tieferes Sortiment als kleinere aufweisen und damit das Spektrum der Waren vollständiger abbilden, insb. bei selten gekauften Gütern. Die Disproportionalität wird bei der Hochrechnung dann ausgeglichen.

Zur Schichtung werden i.d.R. die verschiedenen Geschäftstypen verwendet. Darüber hinaus ist die relative Bedeutung der Genauigkeit der Totalschätzung (g_1) im Vergleich zur relativen Bedeutung der Schätzung innerhalb der Schichten (g_2) zu berücksichtigen, da bei Panels auch die Streuung innerhalb der einzelnen Schichten wichtige Informationen liefert. Die erforderliche Stichprobe einer jeden Schicht i, n_i, berechnet sich wie folgt:

$$n_i = \sqrt{\frac{g_1 \cdot w_i^2 \cdot s_i^2 + g_2 \cdot s_i^2}{\sum_i g_1 w_i^2 \cdot s_i^2 + g_2 \cdot s_i^2}} \quad \text{mit}$$

w_i = Anteil der Schicht i in der Grundgesamtheit,

s_i = Standardabweichung der Schicht i in der Grundgesamtheit, die aus der Stichprobe geschätzt wird.

Der Anteil einer Schicht ergibt sich in der Praxis näherungsweise als Mittelwert aus dem nummerischen und dem wertmäßigen Umsatzanteil, um zahlenmäßig kleine, aber umsatzmäßig bedeutende Geschäfte in der Stichprobe angemessen zu berücksichtigen (vgl. hierzu Günther et al. 2006, S. 20 ff.)

Innerhalb der einzelnen Schichten erfolgt dann eine Quotenauswahl, z.B. anhand der Merkmale

- Geschäftstyp,
- Geschäftsgröße,
- Gebiet und
- Zugehörigkeit zu Handelsunternehmen/Vertriebsschienen.

Erhebung

Im Handelspanel sind grundsätzlich verschiedene Erhebungsverfahren möglich (vgl. Berekoven et al. 2009, S. 137 ff; Günther et al. 2006, S. 37 ff.):

- körperliche Inventur oder
- elektronische Erfassung.

Die körperliche Inventur wird mittlerweile nur noch in Ausnahmefällen eingesetzt, die Institute sind mittlerweile flächendeckend zur *elektronischen Erfassung* übergegangen. Die Verkäufe werden direkt von den Warenwirtschaftssystemen oder indirekt über die Scannerkassen erfasst, welche aber selbst an das Warenwirtschaftssystem gekoppelt sind. Auf diese Weise kann eine artikelgenaue Erfassung der Abverkäufe erfolgen; damit werden den jeweiligen Preisen auch die tatsächlichen Mengen zugeordnet. Idealerweise erfolgt die Erhebung der Einkäufe des Handels mittels Datenträgeraustausch, was die Erhebungsarbeit für die Institute erheblich vereinfacht. Neben Vorteilen wie höhere Genauigkeit und Vereinfachung der Erhebung erlaubt diese Methode eine häufigere und damit aktuellere Berichterstattung wie auch die schnellere Erfassung der Wirkungen von Marketingmaßnahmen.

Auswertung

Da im Rahmen von Handelspanels eine disproportionale Stichprobe zugrunde gelegt wird – d.h., große Geschäfte sind in der Stichprobe überpräsentiert – muss zunächst zu Zwecken der Hochrechnung diese „Schiefe" ausgeglichen werden (vgl. hierzu ausführlich Günther et al. 2006, S. 56 ff.).

Die *Standardauswertungen* umfassen beim Handelspanel eine ganze Reihe von *Kennziffern* (vgl. Berekoven et al. 2009, S. 148; Günther et al. 2006, S. 128 ff.):

Verkauf

Die Abverkäufe des Handels für die einzelnen Marken werden sowohl mengen- als auch wertmäßig ausgewiesen; des Weiteren erhält man durch Relativierung anhand der Verkaufsmengen bzw. Umsätze der Warengruppe die mengen- bzw. wertmäßigen Marktanteile der einzelnen Marken.

Zukauf

Unter Zukauf versteht man die Einkäufe der verschiedenen Handelsunternehmen bzw. Absatzmittler während der Berichtsperiode. Auch dieser Wert wird mengen- und wertmäßig ausgewiesen sowie für die einzelnen Marken auf die entsprechenden Werte der Warengruppe insgesamt bezogen.

Bestand

Der Bestand bezeichnet alle Bestände eines Artikels am Erhebungsstichtag. Erhoben werden dabei z.B. die Kennziffern Bestand Menge Gesamt, Bestand Menge Lager, Bestand Menge Regal sowie Bestand Menge Display. Analog werden die wertmäßigen Bestände durch Multiplikation mit dem Preis am Erhebungsstichtag gewonnen. Die verschiedenen Bestandsmengen bzw. -werte können darüber hinaus auf die Gesamtmengen bzw. -werte der Warengruppe bezogen werden.

Distribution

Handelspanels weisen eine ganze Reihe von Distributionskennziffern aus, z.B. Distribution Gesamt (Anteil der Geschäfte, die einen Artikel bzw. eine Produktgruppe führen), Distribution Verkauf (Anteil der Geschäfte, in denen ein Artikel in der Berichtsperiode tatsächlich verkauft wurde), etc. Die Werte werden sowohl als Prozentsatz der Geschäfte ausgewiesen, in denen ein Artikel geführt (verkauft, eingekauft oder im Bestand war), als auch bezogen auf den Warengruppenumsatz. Die Distributionsdaten gehören dabei zu den wichtigsten Informationen von Handelspanels, zumal diese – im Gegensatz zu Absatzmengen, Umsätzen oder Marktanteilen – aus Verbraucherpanels nicht zu ermitteln sind (vgl. Böhler 2004, S. 80).

Weitere Kennziffern, die aus Handelspanels errechnet werden können, sind durchschnittliche Absatzmengen, Einkaufsmengen, Bestände pro Geschäft und Periode sowie Durchschnittspreise. Weiterhin werden Kennziffern wie Umschlagsgeschwindigkeit, Bevorratungsdauer, Lagerkapitalbindung etc. errechnet. Die o.g. Kennziffern werden dabei nach bestimmten Kriterien segmentiert (vgl. Böhler 2004, S. 80 f.), z.B.

- *Nielsen-Gebiete* (regionale Aufteilung des gesamtdeutschen Marktes);
- *Einzelhandelsformen*: SB-Warenhäuser, große Verbrauchermärkte, Supermärkte, Discounter, Sonstige;

- *Organisationsformen*: Filialgeschäfte, Edeka-, Rewe-, Spar-Geschäfte, Sonstige.

Darüber hinaus erlauben Handelspanels eine ganze Reihe von *Sonderauswertungen* (vgl. Günther et al. 2006, S. 267 ff.).

Vertriebsstrukturanalyse: Im Rahmen einer Vertriebsstrukturanalyse wird überprüft, inwieweit die Vertriebsstruktur eines Artikels mit der Vertriebsstruktur der Warengruppe übereinstimmt. Diese Analyse kann aufzeigen, ob der Hersteller den Absatz seines Artikels in bestimmten Geschäften forcieren sollte.

Distributionsanalysen: Typische Kennziffern von Distributionsanalysen sind:

- *Distributionsüberschneidungsanalyse*: Hier wird ermittelt, wie die Absatzmengen, Marktanteile etc. eines Produkts ausfallen, wenn es im Handel zusammen mit einem Konkurrenzprodukt geführt wird oder nicht.
- *Distributionswanderungsanalyse*: Untersucht wird, inwieweit Veränderungen der Distribution (z.B. Erhöhung der absoluten Distributionszahlen) darauf zurückzuführen sind, dass die bereits gewonnenen Geschäfte das Produkt verstärkt führen oder aber dass neue Geschäfte gewonnen werden konnten.
- *Distributionsdichteanalyse*: Sie erlaubt sowohl für den Produzenten als auch für den Handel Aussagen darüber, inwieweit sich der Absatz steigern lässt, wenn mehrere Varianten eines Produkts in einem Geschäft vertrieben werden oder aber wenn stattdessen Konkurrenzprodukte in das Sortiment aufgenommen werden.
- *Distributionspotenzialanalyse*: Sie wird durchgeführt, um zu ermitteln, welcher zusätzliche Umsatz durch eine Verbesserung der Distribution erzielbar ist.
- *Portfolio-Analyse*: Portfolio-Analysen können z.B. zur Sortimentsanalyse für einen Key-Accounter erstellt werden; die einzelnen Warengruppen werden in eine Portfolio-Matrix mit den Dimensionen „Warengruppenwachstum“ und „Warengruppenmarktanteil“ positioniert. Die Position der Warengruppen zeigt dem Händler, welche Warengruppen weiterhin im Sortiment gehalten werden müssen und auf welche der Händler ggf. verzichten kann.

2.2 Verbraucherpanels

Definition der Grundgesamtheit

Die Grundgesamtheit eines *Haushaltspanels* wird aus Privathaushalten mit ständigem Wohnsitz in Deutschland gebildet (seit 2003 inkl. Ausländerhaushalte). Sogenannte „abgeleitete Haushalte“ wie Altersheime, Haftanstalten, Bundeswehr etc. werden hingegen nicht einbezogen, da sich die dort ansässigen Haushaltsmitglieder nur eingeschränkt selbst versorgen. Bei *Individualpanels* werden i.d.R. in Privathaushalten lebende Personen ab 10 Jahren berücksichtigt, es sei denn, es interessiert nur eine ganz bestimmte Zielgruppe (z.B. Autobesitzer).

Festlegung der Stichprobe

Bei Verbraucherpanels (im Folgenden exemplarisch Haushaltspanels) erfolgt i.d.R. eine mehrstufige, geschichtete Quotenauswahl (vgl. Günther et al. 2006, S. 32 ff.).

- Zunächst werden die Privathaushalte in regionale Einheiten (sog. Sample Points) nach Bundesland und Ortsgröße geschichtet.
- Anschließend wird eine proportional geschichtete Stichprobe von Sample Points gezogen.
- In den gewählten Sample Points werden nach dem Quotenverfahren die einzelnen Haushalte ausgewählt. Quotierungsmerkmale sind dabei Haushaltsgröße, Haushaltsnettoeinkommen, Alter der haushaltsführenden Person und Zahl der Kinder unter 15 Jahren.

Die Quotenauswahl ist deswegen erforderlich, weil die Verweigerungsquote bei der Anwerbung von Panelhaushalten bis über 90% betragen kann, sodass eine Zufallsstichprobe nur wenig Erfolg verspricht.

Erhebung

Erfasst werden bei den Panelhaushalten insb. die folgenden Angaben:

- Datum des Einkaufs,
- Einkaufsstätte,
- Marke bzw. Hersteller,
- Inhalt pro Packung,
- gekaufte Stückzahl,
- Preis pro Stück bzw. insgesamt,
- ggf. Sonderangaben wie kalorienreduziert, mit/ohne Zusätze u.ä. je nach Warengruppe.

Grundsätzlich sind bei Verbraucherpanels folgende *Erhebungsmethoden* gebräuchlich:

- PoS-Scanning,
- Inhome-Scanning,
- Electronic Diary sowie
- Interneterfassung.

Beim *PoS-Scanning* weisen sich die Panelteilnehmer an der Kasse mit einer Identifikationskarte aus, auf welcher die Haushaltsnummer als Barcode aufgedruckt ist. Beim Einkauf werden die gekauften Artikel und die Haushaltsnummer per Scanner erfasst, die Datensätze werden anschließend zur Auswertung an das Marktforschungsinstitut übertragen. Für die Haushalte bedeutet die Methodik eine erhebliche Zeitersparnis, was die Rekrutierung von Panelteilnehmern erleichtert; auch sind der Paneleffekt und die Panelsterblichkeit (vgl. Abschnitt 3) geringer als bei anderen Erfassungsmethoden. Allerdings können nur EAN-codierte Artikel erfasst werden, zudem müssen die kooperierenden Geschäfte mit Scannerkassen ausgestattet sein. Aus diesem Grunde ist die Anwendung derzeit auf Mini-Testmarktpanels begrenzt (vgl. die Ausführungen in Abschnitt 2.4 im 8. Teil).

Das *Inhome-Scanning* stellt im Prinzip die elektronische Variante der früheren Kalendermethode dar. Die Haushalte werden mit mobilen Lesegeräten ausgestattet, mit deren Hilfe der EAN-Code der gekauften Artikel eingelesen werden kann; über eine Tastatur müssen darüber hinaus Einkaufsdatum, Einkaufsstätte, Einkaufsmenge und Preis eingegeben werden. Für nicht EAN-codierte Artikel erhält der Teilnehmer ein

Codebuch, welches für jeden dieser Artikel einen Barcode enthält. Mit der Leseeinrichtung wird der Code eingelesen; per Modem erfolgt dann die Datenübertragung an das Institut. Das Verfahren ist für die Haushalte – insb. für die nicht EAN-codierten Artikel – immer noch recht aufwändig. Ein Beispiel ist Nielsen Homescan, welches seit 1992 im Einsatz ist.

Eine Weiterentwicklung des Inhome Scanning stellt das sog. *Electronic Diary* dar, welches mit einer Vielzahl zusätzlicher Features ausgestattet ist und das Codebuch durch interaktive Funktionen ersetzt. Das Gerät verfügt neben einer Leseeinrichtung für EAN Codes über ein Display, einen Speicher und eine alphanummerische Tastatur mit Funktionstasten. An die Stelle eines Codebuchs tritt eine menügesteuerte Abfrage, welche die Eingabe uncodierter Artikel erheblich erleichtert. Zudem kann der im Gerät gespeicherte Artikelstamm kurzfristig und bequem per Modem und Telefonleitung überarbeitet werden. Das Drucken und Versenden von Codebüchern entfällt, die Daten werden wie beim Inhome-Scanning per Modem an das Marktforschungsinstitut übertragen. Die GfK hat seit 1997 auf Electronic Diary umgestellt; 2010 wurde von der GfK mit *ScanPlus* das Nachfolgemodell eingeführt.

Seit Januar 2004 besteht bei der GfK auch die Möglichkeit der *Interneterfassung* („*Scan-It*")(vgl. GfK 2007, S. 29). Die Einkaufsdaten werden dabei in zwei Schritten erfasst:

- Zuerst werden mittels eines Lesestifts die Barcodes der gekauften Artikel gescannt. Der Stift wird in die USB-Schnittstelle eines mit dem Internet verbundenen PCs gesteckt und die Daten werden an die GfK übertragen.
- Der Server der GfK übermittelt die Artikeltexte an die Panelteilnehmer zurück, diese müssen in eine Eingabemaske noch die Einkaufsstätte sowie für jeden Artikel Preis, Menge etc. eingeben und die Daten an das Institut zurücksenden.

Ein erster Vorteil der Interneterfassung resultiert aus der Einfachheit der Dateneingabe – insb. bei nicht EAN-codierten Waren. Die Dialogfähigkeit des Systems erlaubt zudem von beiden Seiten Nachfragen wie auch eine sofortige Plausibilitätskontrolle seitens des Instituts. Auch die Akzeptanz bei ansonsten „panelscheuen" jüngeren Zielgruppen ist eher gegeben. Mittlerweile ist die internetbasierte Erfassung bei der GfK der Standard, ScanPlus wird nur noch in Panelhaushalten ohne Internetzugang eingesetzt.

Auswertung

In der Praxis wird bei Verbraucherpanels zwischen Standardauswertungen, die jeder Auftraggeber automatisch erhält, und Sonderanalysen, die nur auf Bestellung durchgeführt werden und gesondert zu bezahlen sind, unterschieden (vgl. Abb. 4.5). Bei den Standardauswertungen werden z.T. ähnliche Informationen wie beim Handelspanel erhoben (Mengen, Preise, Marktanteile etc.). Sonderanalysen spielen bei Verbraucherpanels die größere Rolle, da sie bessere Einsichten in das Käuferverhalten ermöglichen. Im Folgenden soll auf die wichtigsten Auswertungsmöglichkeiten eingegangen werden. Eine sehr ausführliche Beschreibung der Auswertungsmöglichkeiten von Haushaltspanels findet sich bei Günther et al. 2006, S. 223 ff.

Gesamtmarktgrößen

Grundaufgabe von Verbraucherpanels ist das Aufzeigen der zeitlichen Entwicklung der Endverbrauchernachfrage. Aus diesem Grunde gehören zu den Standardergebnissen von Verbraucherpanels folgende Angaben:

- mengen- und wertmäßiger Absatz einer Produktgattung,
- mengen- und wertmäßiger Absatz der einzelnen Marken,
- darauf aufbauend die mengen- und wertmäßigen Marktanteile der einbezogenen Marken.

Auf dieser Grundlage kann ein Anbieter:

- seine Marktposition überprüfen,
- Entwicklungen beobachten und
- die Wirkungen von Marketingmaßnahmen analysieren.

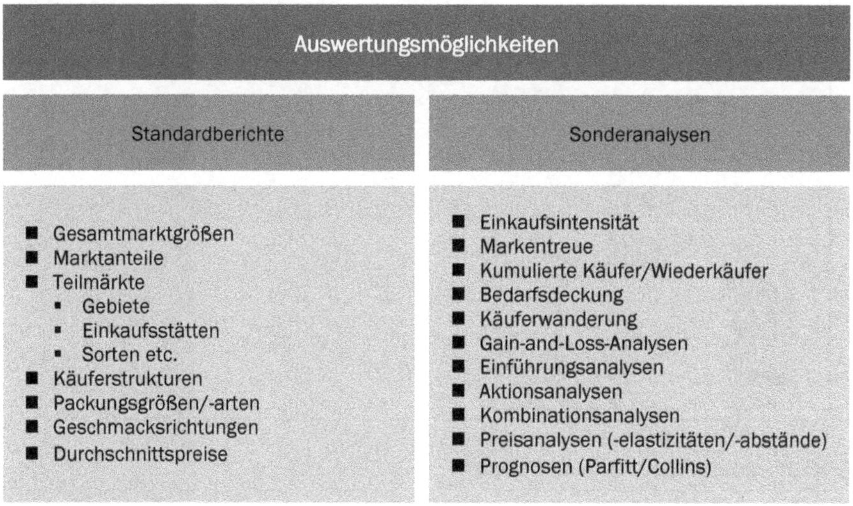

Abb. 4.5: Leistungsspektrum des Verbraucherpanels (Quelle: Berekoven et al. 2009, S. 130.

Segmentierung

Die Aussagekraft der Paneldaten kann durch eine geeignete Segmentierung wesentlich erhöht werden. Gebräuchlich sind dabei folgende Segmentierungskriterien (vgl. Böhler 2004, S. 75):

- regionale Segmentierung, z.B. nach Ortsgrößen oder Nielsen-Gebieten;
- Geschäftstypen, z.B. Supermärkte, Discounter, Drogerien;
- soziodemographische Merkmale wie Alter, Haushaltsgröße, Haushaltsnettoeinkommen;
- Kaufverhaltensmerkmale wie Markentreue, Verbrauchsintensität, Reaktionen auf Marketingmaßnahmen;
- psychologische Merkmale, z.B. Einstellungen, Markenpräferenzen usw.
- Käuferkumulation.

Die *Käuferkumulation* zeigt die Entwicklung der Käuferzahl im Zeitablauf (vgl. Abb. 4.6). Sie liefert wichtige Hinweise über die Durchsetzungsfähigkeit am Markt eines neu eingeführten Produkts bzw. eines Relaunch. Bezieht man die Käuferkumulation auf die Zahl der Panelteilnehmer, erhält man den sog. Käuferkreis.

Käuferpenetration

Die Käuferpenetration gibt an, welcher Anteil der Käufer einer Produktklasse im Zeitablauf erreicht wird. Sie wird folgendermaßen errechnet:

$$\text{Penetration Marke X} = \frac{\text{Käuferkumulation Marke X}}{\text{Käuferkumulation in der Produktklasse}}.$$

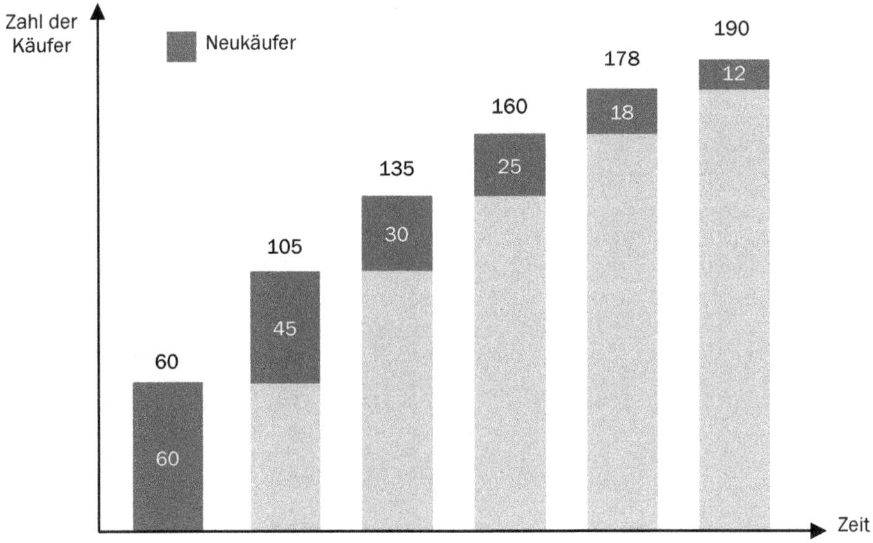

Abb. 4.6: Käuferkumulation für eine Marke

Wiederkäuferrate

Während Käuferkumulation und -penetration die Fähigkeit einer Marke zum Ausdruck bringen, neue Kunden zu gewinnen, gibt die Wiederkäuferrate an, inwieweit es der Marke gelingt, die Käufer zu halten; sie ist also als Indikator für die Zufriedenheit der Käufer zu interpretieren. Die Wiederkäuferrate wird wie folgt errechnet:

$$\text{Wiederkäuferrate Marke X} = \frac{\text{kumulierte Wiederkäufer Marke X}}{\text{Käuferkumulation Marke X}}.$$

Wiederkaufrate und Bedarfdeckungsrate

Die *Wiederkaufrate* bezeichnet das mengenmäßige Ausmaß, in welchem die Käufer einer Marke diese auch wiederkaufen. Sie berechnet sich folgendermaßen:

$$\text{Wiederkaufrate Marke X} = \frac{\text{Wiederkäufermenge Marke X}}{\begin{array}{c}\text{Kaufmenge in der Produktklasse, die von Käufern der}\\ \text{Marke A nach ihrem ersten Kauf getätigt wird}\end{array}}.$$

Die Wiederkaufrate kann somit als Marktanteil der Marke in der zugehörigen Produktklasse interpretiert werden.

Die *Bedarfdeckungsrate* kann allgemein als Marktanteil einer Marke Y bei der Käuferschaft der Marke X bezeichnet werden; insofern ist die Wiederkaufrate ein Spezialfall der Bedarfdeckungsrate, nämlich der Marktanteil einer Marke bei ihrer eigenen Käuferschaft. Das folgende Beispiel soll die Zusammenhänge verdeutlichen.

Beispiel 4.5:

Es soll festgestellt werden, wie die Käufer von vier Marken A, B, C und D in der betrachteten Periode ihren Bedarf decken. Die nachfolgende Tabelle zeigt die prozentuale Verteilung der Kaufmengen der einzelnen Marken (Bedarfsdeckungsraten) bei den Käufern der betrachteten Marken.

Marktanteile der Marken i	Käufer der Marke			
	A	B	C	D
A	**50**	25	5	20
B	15	**45**	10	15
C	5	10	**65**	20
D	25	5	15	**35**
Sonstige	5	15	5	10
Summe	100	100	100	100

Die Elemente auf der Diagonale entsprechen den Wiederkaufraten der einzelnen Marken. Beispielsweise wird ersichtlich, dass 65% der Käufer von Marke C in der betrachteten Periode die Marke wiederkaufen. Der restliche Bedarf wird zu 5% bei Marke A, 10% bei Marke B, 15% bei Marke D und 5% bei sonstigen Marken gedeckt. Auch wird deutlich, dass für Marke C eine hohe Wiederkaufrate als Indikator für die Markentreue vorhanden ist, wohingegen bei Marke D die Markentreue mit nur 10 % Wiederkaufrate nur schwach ausgeprägt ist.

Kauffrequenz und Kaufintensität

Die *Kauffrequenz* (Einkaufshäufigkeit) gibt an, wie oft im betrachteten Zeitraum eine bestimmte Marke gekauft wurde. Ergebnis der Analyse sind die Anteile der Käufer, die in der betrachteten Periode die Marke einmal, zweimal, dreimal etc. gekauft haben. Bei der Kaufintensität handelt es sich hingegen um die mengenmäßige Verteilung der Marke auf die Käufer; es handelt sich hierbei um eine spezielle Form einer Konzentrationsanalyse, bei welcher die Käufer eines Produkts nach zunehmender Kaufmenge sortiert werden (vgl. Günther et al. 2006, S. 309 f). Abbildung 4.7 zeigt die Zusammenhänge grafisch. Aus der Grafik lässt sich ablesen, dass die Intensivkäufer – auf der x-Achse im Intervall von [0,67 – 1] – ca. 66% der Gesamtmenge des betrachteten Produkts kaufen, wohingegen die Extensivkäufer, die im Intervall [0 – 0,33] auf der x-Achse abgetragen sind, lediglich ca. 10% der Gesamtmenge einkaufen.

Käuferwanderung

Im Rahmen von Panelerhebungen kann das Markenwahlverhalten von Käufern im Zeitablauf erfasst werden; die Analyse der Käuferwanderung erfasst die Wanderungsbewegungen zwischen konkurrierenden Marken, d.h. sie beantwortet die Frage, welche Marken von Zuwanderung profitieren und welche Marken hingegen Abwanderungen in Kauf nehmen mussten. Besonders interessant ist die Erfassung der Käuferwanderung bei Neueinführungen oder beim Relaunch von Marken.

Eine genaue Erfassung der Wanderungsbewegungen zwischen den Marken ist durch eine sog. Gain-and-Loss-Analyse möglich. Betrachtet werden die mengen- und wertmäßigen Einkäufe der Panelhaushalte in zwei gleichen Zeiträumen; dabei werden folgende Segmente unterschieden (vgl. Günther et al. 2006, S. 325):

- das aufrechenbare Segment, dessen Einkaufsmenge in beiden Zeiträumen gleich groß ist;
- das sog. nicht aufrechenbare Segment, das dadurch entsteht, dass der Haushalt in den beiden betrachteten Zeiträumen unterschiedliche Mengen einkauft.

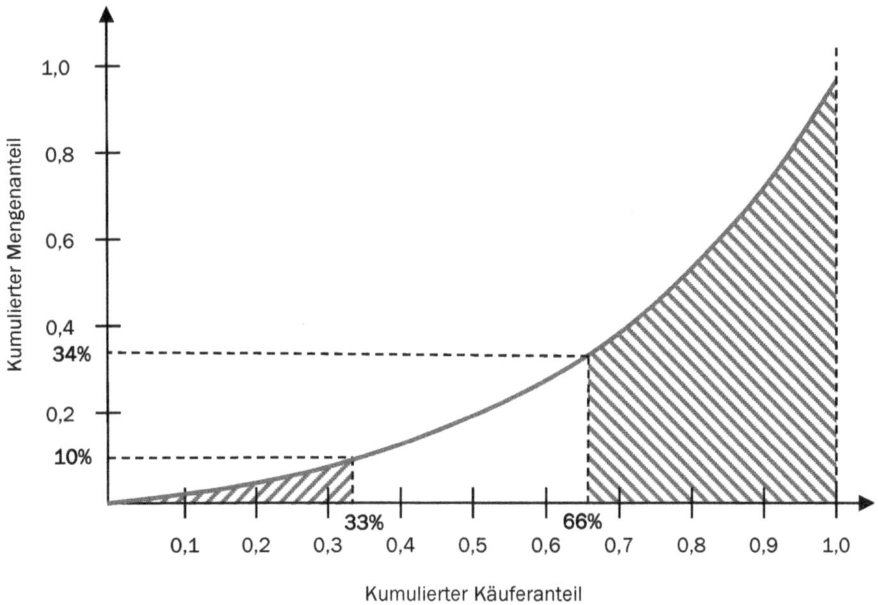

Abb. 4.7: Analyse der Kaufintensität
(Quelle: In Ahnlehnung an Günther et al. 2006, S. 310)

Untersucht wird insb. das aufrechenbare Segment. Hierzu wird die sog. Gain-and-Loss-Innenmatrix aufgestellt, welche Aufschluss darüber gibt, wie viele Einheiten von einer Marke abwanderten, u.u. Abbildung 4.8 zeigt ein fiktives Beispiel für eine Gain-and-Loss-Matrix.

Die Matrix lässt sich am Beispiel der Marke A folgendermaßen interpretieren:

- Marke A hat insgesamt 80 Einheiten gewonnen, und zwar 50 von Marke B und 30 von Marke C.
- Marke A hat allerdings gleichzeitig 50 Einheiten verloren, nämlich 10 an Marke B und 40 an Marke C.
- 60 Einheiten der Marke A wurden im Zeitraum wiedergekauft.

Weitergehende Analysen werden möglich, indem Affinitätsindizes errechnet werden, welche das Ausmaß an Konkurrenzbeziehungen zwischen den einzelnen Marken wiedergeben (vgl. Günther et al. 2006, S. 326); Darüber hinaus bildet die Gain-and-Loss-Matrix unter Heranziehung der Theorie der Markov-Prozesse die Grundlage für die Prognose von Marktanteilen.

Zuwanderung vom 1. zum 2. Zeitraum	Abwanderung vom 1. zum 2. Zeitraum						
	Marke	A	B	C	Verlust	Wieder-kauf	ARBS*
	A		10	40	50	60	110
	B	50		10	60	80	140
	C	30	10		40	50	90
	Gewinne	80	20	50	150		
	Wieder-kauf	60	80	50		190	
	ARBS*	140	100	100			340

*ARBS = aufrechenbares Segment

Abb. 4.8: Beispiel für eine Gain-and-Loss-Matrix

3 Methodische Probleme von Panelerhebungen

Methodische Probleme von Panelerhebungen betreffen zum einen die *Repräsentativität*, d.h. die Übertragbarkeit der Panelergebnisse auf die Grundgesamtheit; zum anderen ist die *Validität* von Panelergebnissen angesprochen. Trotz der nachfolgend angeführten methodischen Probleme stellen sie für Markenartikelhersteller die einzige Möglichkeit darn, laufende Informationen über Absatzmengen, Umsätze und Marktanteile zu erhalten, sodass Hersteller einen großen Teil ihres Marktforschungsbudgets für Panelerhebungen aufwenden.

3.1 Repräsentativität von Panelergebnissen

Die Repräsentativität von Panelergebnissen wird durch eine ganze Reihe von Faktoren eingeschränkt:

- Marktabdeckung (Coverage),
- Auswahlverfahren,
- Verweigerungsrate sowie
- Panelsterblichkeit.

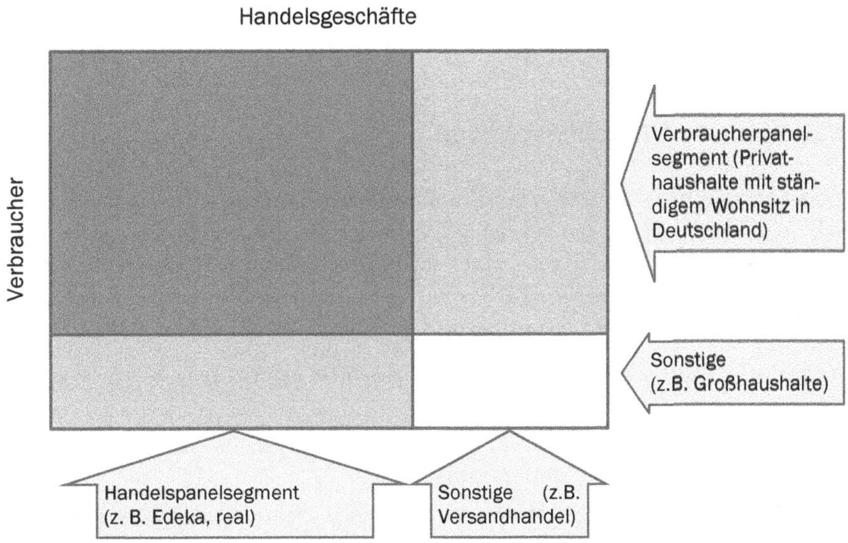

Abb. 4.9: Coverage von Verbraucher- und Handelspanels

Die *Marktabdeckung* bezeichnet, inwieweit die Grundgesamtheit des Panels in der Lage ist, die tatsächlichen Verkäufe bzw. Einkäufe einer Warengruppe zu erfassen. Aufgrund der engen Definition der Grundgesamtheiten sowohl im Handels- als auch im Verbraucherpanel sind bestimmte Marktteilnehmer nicht enthalten, etwa Versandhandel in Handelspanels oder Großhaushalte in Verbraucherpanels. Weitere Probleme ergeben sich bei Handelspanels durch die Zunahme alternativer Vertriebswege wie

Factory Outlets, Internet u.a., welche die Marktabdeckung weiter verringern. Damit ergibt sich die Coverage von Haushalts- und Verbraucherpanels gemäß Abb. 4.9.

Das *Auswahlverfahren* bei Panelerhebungen erfolgt nicht im Rahmen einer Zufallsauswahl, sondern auf der Grundlage einer bewussten Auswahl, i.d.R. in Form einer Quotenauswahl in Verbindung mit einer mehrstufigen Klumpenauswahl. Dadurch wird die Repräsentativität der Panelergebnisse zusätzlich eingeschränkt.

Die *Verweigerungsrate* spielt insb. beim Haushaltspanel eine Rolle – sie kann dort bis zu 90% betragen. Der Grund liegt in dem für Verbraucher erforderlichen Zeitaufwand. Das Problem ist deswegen besonders gravierend, weil die Verweigerungsrate bei bestimmten Bevölkerungsgruppen besonders hoch ist – z.B. bei höheren Einkommensschichten, jüngeren Zielgruppen und in größeren Gemeinden. Bei Handelspanels ist die Bereitschaft zur Teilnahme größer, jedoch sind Verweigerungen auch hier nicht unbekannt (z.B. Aldi).

Die *Panelsterblichkeit* bezeichnet den Ausfall von Panelteilnehmern aus einem laufenden Panel. Abgesehen von einer „natürlichen" Sterblichkeit aufgrund von Tod oder Umzug sind hier insb. Ausfälle von Panelteilnehmern aufgrund von Zeitmangel, mangelnder Motivation, Ermüdung etc. von Bedeutung. So wird die Panelsterblichkeit im GfK-Haushaltspanel mit durchschnittlich 20% - 30% pro Jahr beziffert; deutlich höher fällt sie bei bestimmten Gruppen – z.B. jungen Einpersonenhaushalten – aus (vgl. Günther et al. 2006, S. 36). Aus diesem Grunde unterhalten Marktforschungsinstitute eine Ersatzstichprobe, in der sich Haushaltsschichten befinden, die von der Panelsterblichkeit besonders betroffen sind. Die im Panel entstehenden Lücken werden nach einem Quotenmodell in regelmäßigen Abständen durch ähnliche Haushalte aus der Ersatzstichprobe aufgefüllt.

3.2 Validität von Panelergebnissen

Die (interne) Validität von Panelergebnissen wird durch sog. *Paneleffekte* eingeschränkt. Als Paneleffekt wird die Tatsache bezeichnet, dass sich Panelmitglieder durch die Teilnahme am Panel anders verhalten als sie es im Normalfall täten, wodurch sie für die Grundgesamtheit atypisch werden. Dies kann auch bei Handelspanels eintreten, ist aber insb. bei Verbraucherpanels von Bedeutung. Typische Paneleffekte sind:

- Die Teilnehmer kaufen bewusster ein (z.B. preis- oder kalorienbewusster), wodurch eine Verhaltensänderung eintritt.
- Aus Prestigegründen werden mehr (oder höherpreisige) Einkäufe angegeben, als dies tatsächlich der Fall ist („Overreporting").
- Bei längerer Panelzugehörigkeit treten Ermüdungserscheinungen auf, wodurch die Teilnehmer nachlässiger werden.

Diese Effekte konnten teilweise gemildert werden, seit die Einkaufserfassung auf elektronischem Wege erfolgt. Zudem zeigt die Erfahrung, dass die ersten beiden Paneleffekte nach kurzer Eingewöhnungszeit wieder abgebaut werden. Aus diesem Grunde gelangen neu angeworbene Panelteilnehmer erst nach einer gewissen Anlaufzeit in die Auswertung. Um Paneleffekten sowie Panelsterblichkeit zu begegnen, führen die Institute zudem eine regelmäßige *Panelrotation* durch, d.h. ein Teil des Panels wird durch eine neue Stichprobe ersetzt (vgl. Hüttner/Schwarting 2002, S. 192).

4 Kohortenanalysen

Definition

Unter *Kohortenanalysen* werden Untersuchungen verstanden, bei denen eine nach bestimmten Kriterien gebildete Personengesamtheit im Zeitablauf untersucht wird. Als Kriterium dient dabei ein gleiches Ereignis im gleichen Zeitintervall, wie z.B. Geburt, Berufseinstieg, Erstkauf, externer Schock wie z.B. Krieg.

Unterschiede im Verhalten von Menschen verschiedener Altersgruppen, wie z.B. Einstellungen oder Präferenzen, lassen sich häufig nicht nur durch altersspezifische Veränderungen, sondern auch durch Generationenunterschiede oder durch Effekte unterschiedlicher Zeitperioden, wie z.B. Wirtschaftskrise oder Krieg, aber auch soziale und kulturelle Veränderungen wie z.B. Erziehungsstile oder Wertewandel in einer Gesellschaft erklären (vgl. Glenn 2005, S. 4). Im Folgenden beschränken sich die Ausführungen auf Geburtskohorten, also Personengesamtheiten, die durch das Ereignis „Geburt“ im betrachteten Zeitraum verbunden sind.

Die Kohortenanalyse ist von der Querschnittsanalyse (Untersuchung verschiedener Personen zum gleichen Zeitpunkt) und von der Längsschnittanalyse (Untersuchung gleicher Personen zu unterschiedlichen Zeitpunkten) abzugrenzen. Bei Kohorten ist ferner zwischen echten und unechten Kohorten zu unterscheiden (vgl. Pepels 2014, S. 404):

- Eine *echte* Kohorte liegt vor, wenn im Zeitablauf identische Personen beobachtet werden. Insofern kann ein Panel als Sonderform einer echten Kohorte angesehen werden.
- Um eine *unechte* Kohorte handelt es sich, wenn im Zeitablauf nicht identische, aber zumindest gleichartige Personengesamtheiten beobachtet werden. In diesem Sinne kann eine Wellenerhebung als Unterfall einer unechten Kohorte angesehen werden.

Ziel einer Kohortenanalyse ist das Verfolgen eines bestimmten Segments über einen längeren Zeitraum; dabei wird nicht auf die individuellen Veränderungen abgestellt, sondern auf die der Gesamtheit. Im Rahmen einer Kohortenanalyse sind dabei folgende Effekte möglich (vgl. Rentz/Reynolds 1981, S. 597 f.):

- *Alterseffekt.* Dieser Effekt beruht auf der Tatsache, dass Personen mit zunehmendem Alter einen Reifungsprozess erfahren, der mit psychosozialen Verhaltensänderungen einhergeht. So verschieben sich im Alter teilweise die Bedürfnisse und Gewohnheiten – die Vorliebe für „Fast Food“ sinkt z.B. i.d.R. mit zunehmenden Alter –, aber auch soziale Veränderungen, wie etwa die Phase im Familienlebenszyklus, beeinflussen die Verhaltensweisen der betrachteten Personen.
- *Geschichts- oder Periodeneffekt.* Dieser Effekt ist darauf zurückzuführen, dass bestimmte Ereignisse eintreten, die eine Population als Ganzes betreffen, unabhängig von deren Alter. Hierzu zählen z.B. neue Produkte oder Dienstleistungen, die das Verhalten der gesamten Population prägen. Prominentes Beispiel ist hier die Einführung von Smartphones.

- *Generationen- oder Kohorteneffekt.* Dieser Effekt beruht auf generationsspezifischen Konsumstilen und entsteht dadurch, dass eine bestimmte Generation Besonderheiten aufweist. Diese Eigenart einer Kohorte bewirkt u.U., dass Verhaltensmuster in der Jugend auch spätere Verhaltensmuster prägen. Der Kohorteneffekt kann zu prognostischen Zwecken herangezogen werden, da Anbieter bestimmter Produkte oder Dienstleistungen in der Lage sind abzuschätzen, was sie von den einzelnen Altersklassen in Zukunft erwarten können. Beispielsweise steht derzeit die sog. Generation Y im Fokus, welche spezifische Verhaltensweisen aufweist, die sowohl ihr Konsumverhalten als auch ihr Berufswahlverhalten prägen.

Im Rahmen einer Panelerhebung kann das Zusammenwirken der drei genannten Effekte erfasst werden, sofern eine Aufgliederung nach Altersgruppen erfolgt (vgl. Hüttner/Schwarting 2002, S. 229). Im Rahmen einer Kohortenanalyse interessieren jedoch die einzelnen Effekte. Die Schwierigkeit liegt dabei darin, dass Periodeneffekte, Alterseffekte und Kohorteneffekte wechselseitig abhängig sind. So beruht der hauptsächlich interessierende Kohorteneffekt auf Konstrukten wie Lebensphilosophie, Einstellungen etc., die jedoch mit zunehmendem Alter Veränderungen unterliegen (Alterseffekt). Überlagert werden beide Effekte von Umweltveränderungen, die eine gesamte Population prägen können (Periodeneffekte). Diese Interdependenz bewirkt, dass eine exakte isolierte Ermittlung der drei genannten Effekte zumeist nicht möglich ist, sondern nur näherungsweise mit Hilfe bestimmter Verfahren geschätzt werden kann (zur statistischen Analyse von Kohorten vgl. z.B. Glenn 2005).

Weiterführende Literatur

GfK (2007): 50 Jahre GfK Panelforschung. Stationen einer Erfolgsgeschichte, Nürnberg.

Glenn, N.D. (2005): Cohort Analysis. Quantitative Applications in the Social Sciences 5, 2nd ed., Beverly Hills u.a.

Günther, M., Vossebein, V., Wildner, R. (2006): Marktforschung mit Panels: Arten, Erhebung, Analyse, Anwendung, 2. Aufl., Wiesbaden.

Litzenroth, H.A. (1986): Neue Perspektiven für die Panelforschung durch hoch entwickelte Technologien, in: Jahrbuch der Absatz- und Verbrauchsforschung, 32(3), 212-240.

Parfitt, J.H., Collins, B.J.K. (1968): Use of Consumer Panels for Brand Share Prediction, in: Journal of Marketing Research, 5(2), 131-148.

Rentz, J.O., Reynolds, F.D. (1981), Separating Age, Cohort and Period Effects in Consumer Behavior, in: Monroe, K.B., Abor, A. (eds.): Advances in Consumer Research, 08, 596-601.

Teil 5: Experimente

1 Klassifikation und Charakterisierung von Experimenten

Definition

Ein *Experiment* beinhaltet die systematische Variation einer oder mehrer unabhängiger Variablen durch den Forscher unter kontrollierten Bedingungen zur Überprüfung von Kausalhypothesen.

Die Datenerhebung im Rahmen experimenteller Designs kann sowohl auf der Grundlage von Befragungen als auch auf der Grundlage von Beobachtungen erfolgen; häufig werden dabei beide Methoden kombiniert. Beispielsweise wird im Rahmen eines Werbemitteltests eine experimentelle Erhebung etwa durch Eye Tracking um eine Befragung zur Wahrnehmung des Werbemittels ergänzt (Likes/Dislikes, Assoziationen, Erinnerung usw.). Insofern finden die Ausführungen im Zusammenhang mir der Gestaltung von Befragungen und Beobachtungen – hier insb. der apparativen Beobachtung – genauso Anwendung wie die Ausführungen zur Stichprobenbildung, sodass hier nicht weiter darauf eingegangen wird (vgl. die ausführliche Darstellung in Teil 3).

1.1 Merkmale von Experimenten

Für experimentelle Designs sind folgende Merkmale konstituierend:

- Der Forscher variiert eine oder mehrere unabhängige Variablen, um deren Wirkung auf eine oder mehrere abhängige Variablen zu ermitteln.
- Der Versuch erfolgt unter kontrollierten Bedingungen, d.h. es wird versucht, den Einfluss von Störfaktoren zu kontrollieren, um die Wirkung der unabhängige(n) Variable(n) auf die abhängige(n) Variable(n) zu isolieren.
- Es handelt sich um Kausalhypothesen, d.h. um postulierte Ursache-Wirkungsbeziehungen zwischen den betrachteten Variablen.

Eine Kausalbeziehung ist ein gerichteter empirischer Zusammenhang; für *Kausalität* sind dabei folgende Bedingungen ausschlaggebend (vgl. Iacobucci/Churchill 2010, S. 123 ff.):

- *Gemeinsame Variation* der unabhängigen und der abhängigen Variablen. Darunter versteht man das Ausmaß, in welchem eine Ursache X und eine Wirkung Y gemeinsam auftreten bzw. sich gemeinsam verändern, und zwar in der Art und Weise, wie dies die betrachtete Hypothese voraussagt. Lautet die Hypothese beispielsweise „Je erfahrener die Außendienstmitarbeiter sind, umso höher sind die Umsätze in den jeweiligen Verkaufsbezirken", so liegt eine gemeinsame Variation dann vor, wenn in den Verkaufsbezirken, in welchen erfahrene Außendienstmitarbeiter tätig sind, tatsächlich tendenziell höhere Umsätze zu verzeichnen sind. Im umgekehrten Fall ist die Kausalhypothese nicht haltbar.

- *Zeitliche Reihenfolge des Auftritts der Variablen.* Ex definitione kann eine Wirkung nicht durch ein Ereignis verursacht werden, das nach Eintritt der Wirkung stattgefunden hat. Dies bedeutet, dass die Veränderung der unabhängigen Variablen (Ursache) zeitlich vorgelagert oder zumindest zeitgleich zur Veränderung der abhängigen Variable eintritt (Wirkung).
- *Eliminierung anderer möglicher Ursachen.* Idealerweise sollen die untersuchten unabhängigen Variablen die einzige Ursache für die Variation der abhängigen Variablen sein. Dies ist dann gewährleistet, wenn die übrigen möglichen Faktoren (sog. Störgrößen) vom Experimentator kontrolliert werden.

Bei Vorliegen dieser Bedingungen lässt sich eine Änderung der abhängigen Variablen eindeutig auf eine Änderung der unabhängigen Variablen zurückführen. Gerade die dritte Bedingung ist jedoch in der Realität nicht immer uneingeschränkt gegeben; so unterscheiden sich auch die einzelnen Versuchsanordnungen danach, inwieweit sie in der Lage sind, Störfaktoren zu kontrollieren. Gerade bei ökonomischen Fragestellungen – anders als bei naturwissenschaftlichen – sind Gesetzmäßigkeiten nur unter definierten Bedingungen und mit einer bestimmten Wahrscheinlichkeit zu ermitteln.

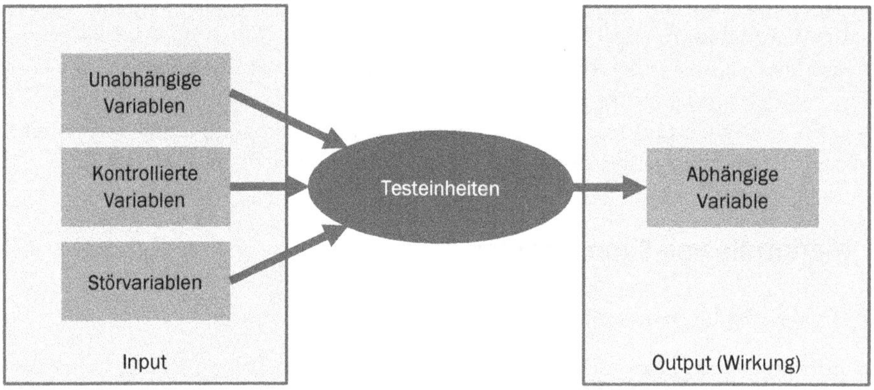

Abb. 5.1: Elemente eines Experiments

Im Marketing sind typische Fragestellungen, die im Rahmen von Experimenten untersucht werden, die Wirkungen von Marketingmaßnahmen zum einen auf ökonomische Zielgrößen wie Kauf/Nichtkauf, Absatzmenge u.a., zum anderen auf psychologische Zielgrößen wie Aktivierung, Interesse, Erinnerung. Als experimentelle Stimuli werden also bestimmte Ausprägungen von Marketing-Instrumentalvariablen herangezogen. Im Einzelnen beinhaltet ein Experiment folgende *Elemente* (vgl. Abb. 5.1):

- *Unabhängige Variablen*: Hierbei handelt es sich um den experimentellen Input, d.h. um diejenigen Größen, welche vom Forscher manipuliert werden, um deren Einfluss auf die abhängige Variable festzustellen.
- *Kontrollierte Variablen*: Dies sind Variablen, die der Forscher kontrolliert, um deren Einfluss auf die abhängige Variable auszuschalten (z.B. Konstanthaltung des Preises bei Untersuchung der Wirkung alternativer Werbespots auf die Absatzmenge).
- *Störvariablen*: Störvariablen sind solche, die die abhängige Variable beeinflussen, aber vom Experimentator nicht kontrolliert werden (können) und damit die Validität der Testergebnisse beeinträchtigen (z.B. Konkurrenzmaßnahmen).

- *Testeinheiten*: Testeinheiten bzw. Testelemente können Individuen, Organisationen oder sonstige Institutionen sein, an denen die Wirkung der unabhängigen Variablen gemessen werden soll. Beispiele sind Personen, Unternehmen, Geschäfte, Gebiete.
- *Abhängige Variable*: Die experimentelle Wirkung beinhaltet die Veränderung der abhängigen Variablen bei den Testeinheiten als Konsequenz des experimentellen Inputs (und der nicht kontrollierten Störgrößen).

1.2 Systematik von Experimenten

Zur *Systematisierung* von Experimenten können verschiedene Kriterien herangezogen werden:

- experimentelles Umfeld,
- zeitlicher Einsatz der Messung,
- Versuchsanordnung.

Nach dem *experimentellen Umfeld* wird zwischen Feldexperiment und Laborexperiment unterschieden. Im Rahmen eines *Laborexperiments* wird eine künstliche Situation erzeugt. Das Experiment findet in einem eigens dafür ausgestatteten Teststudio eines Marktforschungsinstituts statt. Dies ermöglicht eine umfassende Kontrolle potenzieller Störeinflüsse. Beispiele für Laborexperimente sind Produkttests, Werbemitteltests sowie einige Preistests (vgl. hierzu die Ausführungen im 8. Teil des Buches).

Beim *Feldexperiment* erfolgt die Erhebung hingegen in einem natürlichen Umfeld, d.h. die Testeinheiten werden in ihrer gewohnten Umgebung untersucht. Aufgrund der realen Versuchssituation ist die Kontrolle von Störvariablen deutlich schwieriger. Varianten des Feldexperiments sind der Store-Test und der Markttest (vgl. die Ausführungen in Abschnitt 1.3 des 8. Teils).

Laborexperimente weisen folgende *Vorteile* auf:

- Störeinflüsse können weitgehend ausgeschaltet werden;
- es können problemlos technische Hilfsmittel eingesetzt werden;
- ihre Anwendung ist flexibel und erlaubt eine Geheimhaltung des experimentellen Inhalts, was z.B. beim Test neuer Produkte bedeutsam ist;
- im Vergleich zu Feldexperimenten sind Laborexperimente i.d.R. kostengünstiger.

Als *nachteilig* erweisen sich die häufig geringe Realitätsnähe wie auch der i.d.R. eintretende Beobachtungseffekt (vgl. Abschnitt 2.1 in Teil 3).

Vorteilhaft an Feldexperimenten sind insb. die folgenden Aspekte:

- Aufgrund der realen Testsituation ist die externe Validität hoch;
- die Testeinheiten brauchen nicht zu erfahren, dass sie an einem Experiment teilnehmen, sodass sich der Beobachtungseffekt ausschalten lässt.

Nachteilig sind i.d.R. die hohen Kosten, der hohe Zeitaufwand sowie die nur eingeschränkte Kontrollierbarkeit von Störeinflüssen.

Viele marketingrelevante Reaktionshypothesen lassen sich mittlerweile im Rahmen von *Online-Experimenten* untersuchen (vgl. Fantapié Altobelli/Sander 2001, S. 74 f.). Beispielsweise lassen sich *Werbemitteltests* durchführen, indem die zu testenden Werbemittel (Anzeigen, Spots) auf den Bildschirm der Testperson transferiert werden. Weiterhin können im Rahmen *virtueller Produkttests* Produktinnovationen in verschiedenen Varianten vor der eigentlichen Produktentwicklung getestet werden, sodass die Akzeptanz neuer Produkte bereits in einem frühen Stadium des Produktentwicklungsprozesses untersucht werden und u.U. auch die zeit- und kostenaufwändige Konstruktion von Prototypen entfallen kann. Darüber hinaus können *Testmarktuntersuchungen* als virtuelle Labor-Store-Tests durchgeführt werden, indem Testpersonen in einem virtuellen Supermarkt unter kontrollierten Bedingungen „einkaufen". Vorteilhaft an Online-Experimenten sind die hohe geographische Reichweite, die raum-zeit-unabhängige Durchführbarkeit und die geringen Kosten; nachteilig ist wie bei der Online-Befragung die geringe Repräsentativität der Stichprobe.

Im Hinblick auf den *zeitlichen Einsatz* der Messung wird zwischen projektiven Experimenten und Ex-post-facto-Experimenten unterschieden (zu dieser Unterscheidung vgl. z.B. Berekoven et al. 2009, S. 148). *Projektive Experimente* beruhen darauf, dass der Forscher bewusst und gezielt ex ante die Experimentierbedingungen erzeugt und die Testeinheiten mit den geschaffenen Bedingungen konfrontiert. Der zu untersuchende Sachverhalt wird also vom Zeitpunkt der Veränderung der unabhängigen Variable bis zur eingetretenen Wirkung auf die abhängige Variable verfolgt. Hingegen wird im Rahmen eines *Ex-post-facto-Experiments* die Veränderung einer abhängigen Variable in der Gegenwart auf das Vorliegen bestimmter Bedingungen in der Vergangenheit zurückgeführt.

Beispiel 5.1:

Per Befragung wird festgestellt, welche Untersuchungseinheiten mit einem bestimmten Werbespot Kontakt hatten und welche nicht. Gegebenenfalls auftretende Unterschiede in den Kaufmengen der beiden Personengruppen werden auf den Kontakt mit dem Spot zurückgeführt.

Experimentelle Designs			
Vorexperimentelle Designs	Echte Experimente		Quasi-Experimente
■ One-Shot-Case Study (EA-Typ) ■ Eingruppen-Vorher-Nachher-Messung (EBA-Typ) ■ Nachher-Messung mit Kontrollgruppe (EA-CA-Typ)	**Basisformen** ■ Vorher-Nachher-Messung mit Kontrollgruppe (randomisiert) ■ Randomisierte Nachher-Messung mit Kontrollgruppe ■ Solomon-Vier-Gruppen-Design	**Erweiterte Experimente** ■ Vollständiger Zufallsplan ■ Zufälliger Blockplan ■ Lateinisches Quadrat ■ Faktorielle Pläne	■ Vorher-Nachher-Messung mit unterschiedlichen Samples (EB-CA-Typ) ■ Zeitreihendesigns ■ Kontrollgruppenanordnung ohne Randomisierung (EBA-CBA-Typ)

Abb. 5.2: Klassifikation experimenteller Designs

Offensichtlich ist bei Ex-post-facto-Experimenten die Ermittlung von Ursache und Wirkung problematisch, zumal Störeinflüsse unbekannt sind. Außerdem stimmen sie mit der hier verwendeten Definition von Experimenten – systematische Variation unabhängiger Variablen – nicht überein, sodass dieser Unterscheidung nicht weiter gefolgt wird.

Ein wichtiges Unterscheidungskriterium von Experimenten ist die *Versuchsanordnung*, d.h. der Aufbau der Versuchsanlage. Die einzelnen Versuchsanlagen unterscheiden sich dabei insb. im Hinblick auf folgende Kriterien:

- Art und Weise, in welcher die Berücksichtigung von Störgrößen erfolgt und
- Anzahl der berücksichtigten experimentellen Variablen (Faktoren) und Ausprägungen (Treatments).

Die Heranziehung dieser Kriterien führt zu der in Abb. 5.2 enthaltenen Unterteilung experimenteller Anordnungen (vgl. ausführlich Abschnitt 3):

- *Vorexperimentelle Designs*: Diese Versuchsanlagen verzichten auf eine explizite Berücksichtigung von Störfaktoren und implizieren damit, dass die Störvariablen alle Testeinheiten in identischer Weise beeinflussen. Im Grunde handelt es sich hier nicht um Experimente nach der hier verwendeten Definition; sie werden daher nur der Vollständigkeit halber angeführt.
- *Echte Experimente*: Bei echten („vollständigen", „formalen") Experimenten werden Störvariablen bewusst kontrolliert. Der Forscher variiert die Experimentierfaktoren unter Einsatz von Kontrollgruppen und bildet die Gruppen nach dem Zufallsprinzip (Randomisierung). Unterschieden wird hier zwischen Basisformen und sog. erweiterten Experimenten. *Erweiterte Experimente* entstehen dabei durch Kombination verschiedener Basisformen von (echten) Experimenten. Dadurch wird es möglich, mehr als einen Testfaktor in mehreren Ausprägungen zu berücksichtigen.
- *Quasi-Experimente*: Versuchsanordnungen, bei denen nicht alle der o.g. Bedingungen für echte Experimente gegeben sind, werden als Quasi-Experimente bezeichnet (vgl. Campbell/Stanley 1963, S. 204).

2 Validität von Experimenten

2.1 Interne vs. externe Validität

Die Validität (Gültigkeit) von Messungen bezeichnet das Ausmaß, in welchem die Messergebnisse allgemeingültige Aussagen über den zu messenden Sachverhalt erlauben. Hierbei wird zwischen interner und externer Validität unterschieden.

Die *interne Validität* ist dann gegeben, wenn die beobachtete Wirkung auf die abhängige Variable einzig und allein auf die Veränderung der unabhängigen Variable(n) zurückzuführen ist. Demzufolge bezieht sich die interne Validität darauf, inwieweit es dem Forscher gelungen ist, den Einfluss von Störvariablen auszuschalten. Hingegen bezieht sich die *externe Validität* auf die Generalisierbarkeit der Experimentierergebnisse auf andere Personen, Situationen oder Zeitpunkte; sie betrifft also die Repräsentativität der gewonnenen Erkenntnisse über die besonderen Bedingungen der Untersuchungssituation und die untersuchten Testeinheiten hinaus. Interne Validität ist dabei eine unabdingbare Voraussetzung für externe Validität: Sind die Messergebnisse nicht eindeutig auf das Experiment zurückzuführen, so ist deren Generalisierung auf die Grundgesamtheit fehlerbehaftet, da diese verzerrt sind (systematischer Fehler). Versuchsanordnungen mit höherer interner Validität wird daher von den meisten Forschern gegenüber solchen mit hoher Repräsentativität (z.B. aufgrund realer Bedingungen), jedoch geringer Kontrolle von Störfaktoren, der Vorzug gegeben (für eine ausführliche Diskussion des Spannungsfelds zwischen interner und externer Validität vgl. Schram 2005).

2.2 Die Behandlung von Störgrößen bei experimentellen Designs

Sowohl die interne als auch die externe Validität werden durch eine ganze Reihe von Störfaktoren beeinträchtigt; Tabelle 5.1 zeigt die einzelnen Variablen im Überblick.

Gefahrenquellen der internen Validität

Die interne Validität wird insb. durch die nachfolgend genannten Faktoren beeinträchtigt (vgl. Campbell/Stanley 1963, S. 175 ff.; Studman/Blair 1998, S. 211 ff.; Malhotra 2010, S. 254 ff.):

Reifungseffekt: Von Reifung spricht man dann, wenn sich die Testeinheiten während der Testdauer unabhängig vom Testfaktor verändern, die Veränderung also auf Störeinflüsse zurückzuführen ist.

> Beispiel 5.2:
>
> Die Probanden ändern ihr Verhalten aufgrund von Ermüdung oder Langeweile, oder aber aufgrund struktureller Veränderungen, z.B. Leitungswechsel in den Testgeschäften.

Dieser Effekt tritt naturgemäß bei Versuchsanordnungen auf, die einen längeren Zeitraum umfassen.

Tab. 5.1: Störvariablen der internen und externen Validität

Gefahrenquellen für die...	
Interne Validität	Externe Validität
- Zeiteffekt (History) - Reifungseffekt (Maturation) - Testeffekt - Instrumentalisierungseffekt - Statistischer Regressionseffekt (Konvergenzeffekt) - Auswahleffekt - Ausfalleffekt (Mortalität) - Interaktion mit Auswahleffekt	- Interaktion zwischen Treatments - Pretesteffekt - Interaktion von Auswahleffekt und Treatments - Experimentelles Umfeld

Testeffekt: Testeffekte treten dann auf, wenn das Untersuchungsinstrument (z.B. Fragebogen, physiologische Aufzeichnungsverfahren usw.) auf dieselben Untersuchungseinheiten wiederholt angewendet wird.

Beispiel 5.3:

Bei der Nachher-Messung erinnern sich die Testpersonen an die Antworten der Vorher-Messung und bemühen sich um konsistente Beantwortung des zweiten Fragebogens, obwohl sich die Einstellung aufgrund des zwischenzeitlich eingetretenen Treatments geändert hat. Oder aber sie verändern ihre Einstellung allein durch das Ausfüllen eines Einstellungsfragebogens, da sie aus dem Fragebogen neue Informationen über das Einstellungsobjekt gewinnen.

Instrumentalisierungseffekt: Dieser Effekt tritt ein, wenn das Messinstrument den zu messenden Sachverhalt ungenau oder fehlerhaft erfasst, oder aber wenn im Laufe des Experiments das Messinstrument selbst oder dessen Anwender Veränderungen unterliegen.

Beispiel 5.4:

Während der Durchführung des Experiments wechselt der Versuchsleiter. Dieser beeinflusst durch Gestik und Mimik unbewusst das Versuchsgeschehen.

Statistischer Regressionseffekt (Konvergenzeffekt): Solche Effekte treten ein, wenn sich Testeinheiten mit extremen Ausprägungen von Variablen bei wiederholter Messung dem Durchschnittswert nähern. Dies kann vorkommen, wenn die Gruppenzuordnung beim Pretest nicht zufällig ist und die Pretest-Werte zur Gruppenzuordnung im Posttest herangezogen werden.

Auswahleffekt: Dieser Effekt tritt ein, wenn die Testgruppen vor der Durchführung des Experiments nicht vergleichbar sind. Damit können unterschiedliche Messwerte der abhängigen Variablen in den einzelnen Gruppen nicht eindeutig auf unterschiedliche Treatments zurückgeführt werden.

Beispiel 5.5:

Es wird eine neue Produktvariante in einem Testmarkt untersucht, in einem anderen Testmarkt wird die alte Produktvariante beibehalten. Gemessen wird die Absatzmenge in beiden Testgebieten. Allerdings wird übersehen, dass in Testgebiet 1 überproportional viele kleine Einzelhandelsgeschäfte enthalten sind, wohingegen Testgebiet 2 von großen Supermärkten dominiert wird.

Ausfalleffekt (Mortalität): Ausfalleffekte beinhalten diejenigen Verzerrungen, welche dadurch entstehen, dass ein Teil der Untersuchungseinheiten im Verlauf des Experiments ausscheidet. Ähnlich wie bei der Panelsterblichkeit ist die Wirkung der Mortalität umso schwerwiegender, je unterschiedlicher verschiedene Testeinheiten davon betroffen werden.

Beispiel 5.6:

Beim Test unterschiedlich gestalteter Gebrauchsanweisungen („einfache" Variante mit vielen Grafiken und wenig Text vs. „schwierige" Variante mit detaillierten verbalen Erklärungen) werden bei der schwierigen Variante tendenziell mehr Testeinheiten die Mitarbeit verweigern. Besonders betroffen werden wahrscheinlich Testeinheiten mit geringem Bildungsniveau sein.

Interaktion mit Auswahleffekten: Viele der bisher genannten Störeinflüsse können mit Auswahleffekten interagieren und so zu Verdeckungen von Treatmenteffekten führen. Die Interaktion von Reifungsprozessen und Auswahleffekten führt z.B. dazu, dass – wenn die Gruppen unterschiedlich zusammengesetzt sind – diese auch unterschiedlichen Reifungsprozessen unterliegen. Oder aber unterschiedlich zusammengesetzte Gruppen reagieren auf externe zeitliche Einflüsse in unterschiedlicher Art und Weise.

Gefahrenquellen der externen Validität

Die externe Validität eines Experiments wird insb. durch folgende Faktoren eingeschränkt (vgl. Campbell/Stanley 1963, S. 175 f.):

Interaktion mit Treatments. Das Problem entsteht, wenn Testeinheiten bei wiederholten Messungen unterschiedlichen Treatments ausgesetzt werden („repeated measures"). Die Testergebnisse erlauben hier keine Generalisierbarkeit auf Situationen, in welchen nur ein Treatment verabreicht wird.

Beispiel 5.7:

Einer Testgruppe wird zunächst ein Werbespot gezeigt, anschließend wird die Absatzmenge erhoben. Eine Woche später wird das Experiment mit einem anderen Werbespot wiederholt.

Das Problem kann allerdings dadurch gelöst werden, dass die zeitliche Reihenfolge der Treatments variiert wird. Beispielsweise kann die Stichprobe in vergleichbare Untergruppen gesplittet werden, welche die Werbespots in unterschiedlicher Reihenfolge erhalten.

Pretesteffekt: Hierbei handelt es sich um die Interaktion von Testsituation und Treatment. Es geht um die Frage, ob das Ergebnis eines Experiments mit vorherigem Pretest auf Untersuchungssituationen ohne Pretest verallgemeinert werden kann. Pretests können z.B. die Generalisierbarkeit der Untersuchungsergebnisse beeinträchtigen, wenn die Testeinheiten durch den Pretest sensibilisiert wurden.

Beispiel 5.8:

Im Rahmen eines Pretests wird die Einstellung zum Thema „gesunde Ernährung" erhoben. Die Ergebnisse werden herangezogen, um eine Stichprobe nach den Ausprägungen dieses Merkmals zu bilden. Die Testgruppen werden anschließend mit Produkten aus biologischem Anbau und herkömmlichen Lebensmitteln konfrontiert. Gemessen wird die Präferenz. Bei dieser Versuchsanordnung ist zu erwarten, dass Testeinheiten, die am Pretest teilgenommen haben, für die Thematik sensibilisiert sind und anders reagieren als solche, die dem Pretest zuvor nicht unterzogen wurden.

Interaktion von Auswahleffekt und Treatments. Dieser Effekt tritt ein, wenn bei der Auswahl der Teilnehmer ein systematischer Fehler entsteht.

Beispiel 5.9:

An Gymnasien wird eine neue Unterrichtsmethode getestet. Etwaige Erfolge ermöglichen aber keine Aussage darüber, ob die Methode an Haupt- und Realschulen ebenfalls erfolgreich wäre.

Ähnliche Probleme treten auf im Hinblick auf die Generalisierbarkeit bei Vorhandensein bestimmter Settings oder zeitlicher Gegebenheiten.

Experimentelles Umfeld: Spezifische Wirkungen des experimentellen Umfelds treten insb. dann auf, wenn Untersuchungseinheiten ihr Verhalten deshalb ändern, weil sie an einem Experiment teilnehmen (Beobachtungseffekt). Dies geschieht typischerweise bei Laborexperimenten.

Die dargestellten Störvariablen können die Validität von Experimenten erheblich einschränken. Aus diesem Grunde ist es erforderlich, diese Faktoren soweit wie möglich zu kontrollieren, um die o.g. Effekte nach Möglichkeit auszuschalten. Folgende Ansatzpunkte sind dabei gebräuchlich (vgl. Studman/Blair 1998, S. 227 ff.):

- Randomisierung,
- Matching,
- rechnerische Bereinigung,
- Blockbildung,
- Konstanthaltung,
- Parallelisierung.

Im Rahmen der *Randomisierung* werden zum einen die Testelemente zufällig den Experimentiergruppen zugeordnet; zum anderen erfolgt die Zuordnung der Treatmentstufen zu den einzelnen Experimentiergruppen ebenfalls zufällig. Auf diese Weise wird eine Äquivalenz der Testgruppen (und der Kontrollgruppe) vor Durchführung des Experiments erreicht; damit kann davon ausgegangen werden, dass sich Störfaktoren bei den einzelnen Gruppen in gleicher Weise auswirken. Randomisierung ist die geeignetste Art, den Einfluss von Störvariablen zu umgehen; sie muss jedoch bei kleinen Stichproben durch weitere Verfahren ergänzt werden, da Randomisierung nur im Durchschnitt gleiche Gruppen erzeugt.

Beispiel 5.10:

Es sollen drei alternative Versionen eines Werbespots getestet werden. Die Testeinheiten werden zunächst zufällig den drei Testgruppen sowie einer Kontrollgruppe zugeordnet. Die verschiedenen Werbespots werden anschließend zufällig den Testgruppen zugewiesen.

Unter *Matching* versteht man die bewusste Zuordnung der Testeinheiten zu den Treatmentstufen dergestalt, dass nach bestimmten, vorab festgelegten Kriterien – nämlich den zu kontrollierenden Merkmalen – je einer Experimentiergruppe gleichartige Testeinheiten zugeordnet werden. Ähnlich wie bei einer Quotenstichprobe wird dadurch Strukturgleichheit der einzelnen Testgruppen angestrebt; diese ist jedoch nur für die einbezogenen Merkmale gegeben.

Die Ergebnisse von Experimenten können bei vorliegen von Störgrößen ggf. noch nachträglich *rechnerisch bereinigt* werden. Beispielsweise kann im Rahmen einer Kovarianzanalyse (ANCOVA) die Wirkung von Störvariablen auf die abhängige Variable dadurch ausgeschaltet werden, dass der Mittelwert der abhängigen Variablen innerhalb jeder Treatmentstufe angepasst wird.

Eine Kontrolle von Störgrößen kann schließlich durch Anwendung spezieller Testdesigns erfolgen. Zur Erhöhung der internen Validität kann beispielsweise eine Blockbildung vorgenommen werden (vgl. die Ausführungen zum zufälligen Blockplan in Abschnitt 3.3). Eine Blockbildung findet z.B. dann statt, wenn eine oder mehrere bedeutsame Störgrößen bekannt sind; die Testeinheiten werden dann Blöcken zugeordnet, welche nach den Ausprägungen der Störvariable(n) gebildet werden.

Beispiel 5.11:

Es soll die Auswirkung alternativer Platzierungen im Geschäft auf die Absatzmenge getestet werden. Um den Einfluss der Ladengröße zu kontrollieren, werden die Testgeschäfte in Blöcke aufgeteilt, z.B. kleinere, mittlere und große Geschäfte.

Durch *Konstanthaltung* personengebundener Störvariablen kann erreicht werden, dass die Unterschiedlichkeit von Vergleichsgruppen nicht auf diese, sondern nur auf die Experimentiervariable zurückzuführen ist. Dadurch wird zwar die interne Validität erhöht, die externe jedoch verringert.

Beispiel 5.12:

Es soll die Einstellung zu einem Fertiggericht bei Hausfrauen und bei berufstätigen Frauen erhoben werden. Da vermutet wird, dass die Dauer des Berufslebens auch mit einer größeren Erfahrung mit Fertiggerichten einhergeht, werden in beiden Gruppen ausschließlich Frauen in der Altersgruppe der 20-25-Jährigen untersucht, die also – wenn überhaupt – erst seit kurzer Zeit im Berufsleben stehen. Die dadurch gewonnenen Erkenntnisse lassen sich allerdings nicht auf andere Altersgruppen übertragen.

Unter *Parallelisierung* versteht man die Tatsache, dass die Testgruppen in Bezug auf die Störvariable vergleichbar gemacht („parallelisiert“) werden. Die Gruppen gelten dann als parallel, wenn sie hinsichtlich der Störvariablen annähernd gleiche Mittelwerte und Streuungen aufweisen.

Beispiel 5.13:

Im obigen Fertiggericht-Beispiel sollte dafür Sorge getragen werden, dass beide Gruppen – Hausfrauen und berufstätigen Frauen – im Durchschnitt ähnliche Erfahrungen mit Fertiggerichten haben und die Erfahrung in beiden Gruppen annähernd gleich streut.

Zur Erhöhung der externen Validität kommen Testdesigns mit verdeckter Versuchsanordnung zur Anwendung. Auftretende Verzerrungen durch Beobachtungseffekte können darüber hinaus – ähnlich wie bei Panelerhebungen – dadurch ausgeschaltet werden, dass die Testergebnisse erst nach einer gewissen Anlaufzeit in die Auswertung gelangen.

Im nachfolgenden Abschnitt werden die wichtigsten Versuchsanordnungen dargestellt und diskutiert, insb. im Hinblick darauf, inwieweit sie geeignet sind, Störgrößen auszuschalten.

3 Experimentelle Designs

3.1 Notation

Zur besseren Übersicht soll hier zunächst die Notation für die nachfolgend dargestellten experimentellen Designs skizziert werden. Die Notation lehnt sich an Campbell/Stanley (1963) an, da sich diese Notation im internationalen Schrifttum durchgesetzt hat. Die Symbolik sei nachfolgend erläutert:

X = Eine Experimentiergruppe wird einer experimentellen Situation (Treatment) ausgesetzt, deren Wirkung auf die abhängige Variable gemessen werden soll;

O = Beobachtungs- oder Messvorgang („Observation") an den Testeinheiten/Testgruppen (bzw. Kontrollgruppe);

R = Randomisierung, d.h. zufällige Zuordnung von Testeinheiten bzw. Testgruppen zu Treatments (bzw. Treatmentstufen).

Des Weiteren gilt folgende Vereinbarung:

- Die Richtung von links nach rechts zeigt die zeitliche Reihenfolge an.
- Die horizontale Anordnung von Symbolen bedeutet, dass sie sich auf dieselbe Gruppe von Testeinheiten beziehen.
- Die vertikale Ausrichtung der Symbole impliziert, dass die Ereignisse (Treatments oder Messungen) simultan erfolgen.

Die Messwerte O beinhalten i.d.R. den Mittelwert oder den Anteilswert der jeweiligen Gruppe. Im Folgenden werden dabei mit EG die Experimentiergruppe (Experimental Group) und mit CG die Kontrollgruppe (Control Group) bezeichnet. Dann wäre z.B. bei der angegebenen Notation die Versuchsanordnung

EG: (R) X_1 O_1

CG: (R) X_2 O_2

folgendermaßen zu beschreiben: Eine Experimentiergruppe und eine Kontrollgruppe werden zufällig und simultan zwei verschiedenen Treatments zugewiesen; die abhängige Variable wird bei beiden Gruppen gleichzeitig gemessen.

Vielfach findet sich in der deutschsprachigen Literatur folgende Notation (vgl. z.B. Berekoven et al. 2009, S. 149 ff.; Pepels 2014, S. 149 ff.):

E: Experimentiergruppe (Experimental Group),
C: Kontrollgruppe (Control Group),
B: Messung vor Einsatz des Testfaktors (Before),
A: Messung nach Einsatz des Testfaktors (After).

Danach werden folgende Grundtypen von sog. *informalen Experimenten* unterschieden:

- EBA-Typ: Messung an nur einer Gruppe vor und nach Einsatz des Experimentierfaktors;
- CB-EA-Typ: Messung bei einer Gruppe vor, bei einer anderen Gruppe nach Einsatz des Testfaktors;
- EA-CA-Typ: Messung bei einer Test- und einer Kontrollgruppe vor und nach Einsatz des Testfaktors;
- EBA-CBA-Typ: Messung vor und nach Einsatz des Experimentierfaktors bei einer Test- und einer Kontrollgruppe.

Es wird ein einziger Testfaktor eingesetzt. Die Auswertung dieser sog. „klassischen" oder „informalen" Experimente erfolgt durch Differenzbildung; aufgrund fehlender Randomisierung ist eine statistische Ergebnisprüfung nicht möglich.

3.2 Vorexperimentelle Designs

Definition

Bei *vorexperimentellen Designs* erfolgt keine bzw. eine nur unvollständige Kontrolle von Störfaktoren. Insbesondere wird auf eine Randomisierung verzichtet.

Implizit wird hier unterstellt, dass Störfaktoren sämtliche Testeinheiten in identischer Weise betreffen. Es handelt sich somit nicht um Experimente im eigentlichen Sinn gemäß der hier verwendeten Definition; sie werden aber der Vollständigkeit halber angeführt.

One-Shot-Case Study (EA-Typ)

Diese einfachste Versuchsanordnung, auch als *After-Only-Design* oder EA-Typ bekannt, betrachtet eine einzige Testgruppe, die einem Treatment X ausgesetzt wird; anschließend erfolgt eine Messung der abhängigen Variable (O_1):

EG: X O_1.

Neben der fehlenden Randomisierung besteht die Schwäche des Designs darin, dass die Faktorwirkung kaum zu ermitteln ist – allenfalls durch Vergleich mit einem hypothetischen Wert der abhängigen Variable ohne Treatment (z.B. auf der Grundlage subjektiver Erfahrungen oder ähnlich gelagerter Fragestellungen). Aus diesem Grunde eignet sich dieses Design allenfalls für explorative Analysen.

Eingruppen-Vorher-Nachher-Messung (EBA-Typ)

Die Eingruppen-Vorher-Nachher-Messung (in der Literatur auch als EBA-Typ oder *One-Group Pretest-Posttest-Design* bezeichnet) kann wie folgt symbolisiert werden:

EG: O_1 X O_2.

Bei diesem Design wird an einer Experimentiergruppe eine Messung vor Testdurchführung vorgenommen (O_1) sowie eine danach (O_2). Die Faktorwirkung resultiert als

$O_2 - O_1$; die Validität des Ergebnisses ist allerdings zweifelhaft, da eine Kontrolle von Störvariablen unterbleibt und eine Kontrollgruppe fehlt.

Tab. 5.2: Charakterisierung vorexperimenteller Designs

Typ	Beschreibung	Beispiel	Faktorwirkung	Beurteilung
One-Shot-Case Study	Messung der Werte der abhängigen Variablen nach Einsatz des Testfaktors in einer Testgruppe EG: X O_1	Messung der Bekanntheit einer Produktmarke nach Zeigen eines Werbespots	O_1 – „O_0" mit O_0 = hypothetischer Erfahrungswert für den Ausgangsmesswert ohne Treatment, O_1 Messwert in der Experimentiergruppe nach dem Treatment	▪ Vernachlässigung von Störvariablen ▪ Kontrollgruppe fehlt ▪ zeitliche Entwicklungseffekte nicht messbar ▪ Faktorwirkung nicht exakt ermittelbar
Eingruppen-Vorher-Nachher-Messung	Messung der Werte der abhängigen Variablen zeitlich vor und nach Einsatz der unabhängigen Variablen in einer Testgruppe EG: O_1 X O_2	Messung und Vergleich der Umsätze für ein bestimmtes Produkt in ausgewählten Einzelhandelsgeschäften vor und nach einer Preissenkung für das betreffende Produkt; Paneluntersuchungen; Store-Tests	$O_2 - O_1$ Differenz in der Experimentiergruppe zwischen zwei Zeitpunkten	▪ Vernachlässigung von Störvariablen ▪ Kontrollgruppe fehlt ▪ Zeitliche Entwicklungseffekte nicht messbar
Nachher-Messung mit Kontrollgruppe	Messung der Werte der abhängigen Variablen in Test- und Kontrollgruppe nur nach Einsatz der unabhängigen Variablen EG: X O_1 CG: O_2	Probeaktion in ausgewählten Testgeschäften und Vergleich der Umsatzzahlen mit Geschäften, die nicht in die Aktion einbezogen waren	$O_1 - O_2$ Differenz zwischen der Experimentier- und der Kontrollgruppe nach Einsatz des Testfaktors	▪ Vernachlässigung von Störvariablen ▪ Unterstellung gleicher Ausgangslage

Nachher-Messung mit Kontrollgruppe (EA-CA-Typ ohne Randomisierung)

Diese Versuchsanordnung wird auch als *Posttest-Only-Design with Nonequivalent Groups* bezeichnet, da auf eine Randomisierung verzichtet wird. Schematisch handelt es sich um folgende Versuchsanordnung:

EG: X O_1

CG: O_2.

Die Experimentiergruppe wird dem Testfaktor ausgesetzt, die Kontrollgruppe nicht. Die Messung der abhängigen Variablen erfolgt bei beiden Gruppen erst nach Durchführung des Experiments. Die Faktorwirkung resultiert als $O_1 - O_2$. Aufgrund der fehlenden Randomisierung enthält die Faktorwirkung jedoch auch Störfaktoren, insb. Gruppeneffekte und Mortalität (vgl. Campbell/Stanley 1963, S. 182 f.). Tabelle 5.2

zeigt abschließend die wesentlichen Merkmale vorexperimenteller Versuchsanordnungen im Überblick.

3.3 Echte Experimente

Definition

Echte Experimente (auch „formale“ oder „vollständige“ Experimente) erfüllen sämtliche Anforderungen an Experimente:

- Es erfolgt eine Veränderung der Experimentierfaktoren durch den Forscher,
- es werden Kontrollgruppen eingesetzt und
- die Gruppen werden nach dem Zufallsprinzip gebildet (Randomisierung).

Zunächst sollen die *Basisformen* echter Experimente charakterisiert werden:

- Vorher-Nachher-Messung mit Kontrollgruppe,
- Nachher-Messung mit Kontrollgruppe (randomisiert),
- Solomon-Vier-Gruppen-Design.

Vorher-Nachher-Messung mit Kontrollgruppe (randomisiertes EBA-CBA-Design)

Beim EBA-CBA Experiment (*Pretest-Posttest Control Group Design; Before-After with Control Group Design*) handelt es sich um ein echtes Experiment, sofern eine Randomisierung vorgenommen wird. Die Experimentiergruppe wird dem experimentellen Stimulus ausgesetzt – z.B. dem zu testenden Werbespot –, die Kontrollgruppe nicht. Damit gilt:

EG: (R) O_1 X O_2

CG: (R) O_3 O_4.

Die Faktorwirkung wird gemessen als

$(O_2 - O_1) - (O_4 - O_3)$.

Dieses Design ist in der Lage, die meisten Störvariablen zu kontrollieren (vgl. Campbell/Stanley 1963, S. 183 ff.). Der Auswahleffekt wird durch Randomisierung ausgeschaltet; für die übrigen Störvariablen gilt, dass sie sich gleichermaßen auf die Experimentier- und Kontrollgruppe niederschlagen. In der Experimentiergruppe werden die Faktorwirkung und die Störeinflüsse wirksam, in der Kontrollgruppe lediglich die Störeinflüsse:

EG: $O_2 - O_1 = X + \Sigma$ Störgrößen

CG: $O_4 - O_3 = \Sigma$ Störgrößen.

Damit kann die Differenz $(O_2 - O_1) - (O_4 - O_3)$ die Faktorwirkung isolieren. Einzige Störvariable, die in diesem Design nicht kontrolliert wird, ist der Pretesteffekt. Da die Randomisierung zur Kontrolle der Störgrößen in vielen Fällen ausreichend ist, kann jedoch zur Vermeidung des Pretesteffekts auf eine Vorher-Messung bei beiden Gruppen im Prinzip verzichtet werden.

Nachher-Messung mit Kontrollgruppe (randomisiertes EA-CA-Design)

Diese auch als *Posttest-Only Control Group Design* bekannte Versuchsanordnung beruht darauf, dass durch die vorgenommene Randomisierung die Ausgangslage bei Test- und Kontrollgruppe bei ausreichend großer Stichprobe als gleich angesehen werden kann. Dadurch kann die Vorher-Messung entfallen (vgl. Hüttner/Schwarting 2002, S. 174). Das Versuchsdesign sieht dabei wie folgt aus:

EG: (R) X O_1

CG: (R) O_2.

Die Faktorwirkung resultiert als ($O_1 - O_2$). Bei gleicher Ausgangslage der beiden Gruppen ist die Faktorwirkung identisch mit der beim EBA-CBA-Typ; ein Pretesteffekt entsteht nicht. Bei geringer Stichprobe ist jedoch mit Auswahl- und Ausfalleffekten zu rechnen (vgl. Iacobucci/Churchill 2010, S. 141). Aufgrund der Randomisierung wird zwar eine gleiche Ausgangslage unterstellt, wegen fehlender Vorher-Messung kann dies jedoch nicht überprüft werden. Darüber hinaus ist es nicht möglich festzustellen, ob Verweigerer in der Testgruppe den Verweigerern in der Kontrollgruppe ähnlich sind.

Solomon-Vier-Gruppen-Design

Das *Solomon-Vier-Gruppen-Design* entsteht dadurch, dass man die beiden oben dargestellten Versuchsanordnungen kombiniert. Der Versuchsaufbau sieht wie folgt aus (vgl. Campbell/Stanley 1963, S. 194):

EG_I: (R) O_1 X O_2

CG_I: (R) O_3 O_4

EG_{II}: (R) X O_5

CG_{II}: (R) O_6.

Es werden also zwei Testgruppen und zwei Kontrollgruppen gebildet; bei je einer Testgruppe und einer Kontrollgruppe erfolgt eine Vorher-Nachher-Messung, bei der jeweils anderen Test- und Kontrollgruppe lediglich eine Nachher-Messung. Im Vergleich zum randomisierten EBA-CBA-Design erlaubt diese Versuchsanordnung auch den Pretesteffekt auszuschalten.

Zur Bestimmung der Faktorwirkung werden folgende Überlegungen angestellt (vgl. Iacobucci/Churchill 2010, S. 140): Aufgrund der Randomisierung kann davon ausgegangen werden, dass die Ausgangssituation aller vier Gruppen – bis auf zufällige Abweichungen – gleich ist. Sowohl für die zweite Testgruppe wie auch für die zweite Kontrollgruppe wird daher ein fiktiver Vorher-Messwert als Durchschnitt der Vorher-Messwerte in der ersten Test- und Kontrollgruppe unterstellt, d.h.

$$\frac{1}{2}(O_1 + O_3).$$

Die „Faktorwirkungen" bei den einzelnen Gruppen berechnen sich damit wie folgt:

$$EG_I : O_2 - O_1$$
$$CG_I : O_4 - O_3$$

$$EG_{II} \;:\; O_5 - \left[\frac{1}{2}(O_1 + O_3)\right]$$

$$CG_{II} \;:\; O_6 - \left[\frac{1}{2}(O_1 + O_3)\right].$$

Die bereinigte Faktorwirkung ergibt sich demnach als

$$O_5 - \left[\frac{1}{2}(O_1 + O_3)\right] - \left[O_6 - \frac{1}{2}(O_1 + O_3)\right] = (O_5 - O_6)$$

und entspricht damit der Faktorwirkung im randomisierten EA-CA-Design, was aufgrund der oben getroffenen Annahme der A-priori-Gruppengleichheit auch zwangsläufig der Fall sein muss. Zusätzlich erlaubt dieses Testdesign jedoch auch die Ermittlung des Pretesteffekts als Differenz der partiellen Faktorwirkungen bei den beiden Experimentiergruppen:

$$[O_2 - O_1] - \left[O_5 - \frac{1}{2}(O_1 + O_3)\right].$$

Dieses Testdesign erlaubt die Ausschaltung praktisch sämtlicher Störeinflüsse sowie die Isolierung der einzelnen Effekte und kommt daher einer idealen Versuchsanordnung sehr nahe; seine Anwendung scheitert in der praktischen Marktforschung jedoch meist an dem sehr hohen zeitlichen und finanziellen Aufwand wie auch an dem großen erforderlichen Stichprobenumfang. Tabelle 5.3 zeigt zusammenfassend die wesentlichen Merkmale der Basisvarianten echter Experimente.

Da echte Experimente auf einer Randomisierung beruhen, d.h. Zufallsauswahl der Testeinheiten und zufällige Zuordnung zu den einzelnen Treatments, können die genannten experimentellen Designs statistisch abgesichert werden. Im Allgemeinen werden bei den einfacheren Designs statistische Tests zum Vergleich des Mittelwerts (bzw. des Anteilwerts) unabhängiger Stichproben verwendet; bei komplexeren Designs – z.B. dem Solomon-Vier-Gruppen-Design – können varianzanalytische Verfahren zur Anwendung kommen (zu den Einzelheiten vgl. Campbell/Stanley 1963, Bailey 2008 sowie Abschnitt 3.5.4 in Teil 6).

Die bisher erörterten experimentellen Anordnungen enthielten jeweils nur einen Testfaktor in einer einzigen Ausprägung. In vielen praktischen Fragestellungen ist es jedoch erforderlich, mehrere unterschiedliche Treatmentausprägungen (sog. Treatmentstufen) gegeneinander zu testen (z.B. unterschiedliche Werbespots). Zudem ist es häufig erforderlich, unterschiedlichen Experimentiervariablen – also Treatments – gleichzeitig zu testen, etwa unterschiedliche Preishöhen und unterschiedliche Platzierungen im Geschäft. Solche Designs gehen über die „klassischen" Versuchsanordnungen hinaus, da sie mehrere Testfaktoren in verschiedenen Ausprägungen berücksichtigen; Standardformen solcher sog. *erweiterter statistischer Experimente* („*Statistical Designs*") sind (vgl. Fantapié Altobelli 1998, S. 325):

- vollständiger Zufallsplan,
- zufälliger Blockplan,
- lateinisches Quadrat und
- faktorielle Pläne.

Tab. 5.3: Charakterisierung der Basisvarianten echter Experimente

Typ	Beschreibung	Beispiel	Faktorwirkung	Beurteilung
Vorher-Nachher-Messung mit Kontrollgruppe	Messung der Werte der abhängigen Variablen vor und nach Einsatz des Testfaktors in einer Testgruppe und in einer Kontrollgruppe, die nicht dem Einfluss des Testfaktors ausgesetzt ist. EG: (R) O_1 X O_2 CG: (R) O_3 O_4.	Messung der Umsätze für ein bestimmtes Produkt in ausgewählten Einzelhandelsgeschäften vor und nach einer Preissenkung für das betreffende Produkt. Das Ergebnis wird verglichen mit Geschäften, in denen keine Preisaktion erfolgte.	$(O_2 - O_1) - (O_4 - O_3)$ Differenz zwischen den gemeinsamen Unterschieden in der Test- und der Kontrollgruppe	■ Bis auf den Pretest-Effekt werden alle Störvariablen kontrolliert.
Nachher-Messung mit Kontrollgruppe	Messung der Werte der abhängigen Variablen in Test- und Kontrollgruppe nach Einsatz der unabhängigen Variablen EG: (R) X O_1 CG: (R) O_2.	Ziehung zweier Zufallsstichproben von Testgeschäften. In einer Gruppe wird eine Probeaktion durchgeführt, in der anderen nicht; anschließend werden die Umsatzzahlen verglichen.	$(O_2 - O_1)$ Differenz zwischen den Messwerten in der Testgruppe und in der Kontrollgruppe	■ Durch Randomisierung kann bei ausreichender Stichprobengröße gleiche Ausgangslage unterstellt werden, sodass eine Kontrolle der Störgrößen erfolgt. ■ Der Pretesteffekt wird kontrolliert.
Solomon-Vier-Gruppen-Design	Messung der Werte der abhängigen Variablen vor und nach Einsatz des Testfaktors in je einer ersten Test- und Kontrollgruppe. Messung nur nach Einsatz des Testfaktors in je einer zweiten Test- und Kontrollgruppe. EG_I: (R) O_1 X O_2 CG_I: (R) O_3 O_4 EG_{II}: (R) X O_5 CG_{II}: (R) O_6.	Siehe Beispiel zur Vorher-Nacher-Messung mit Kontrollgruppe. Bei zwei weiteren Stichproben von Geschäften erfolgt nur eine Messung danach, wobei eine Gruppe an der Preisaktion teilnimmt, die andere nicht.	Faktorwirkung: $(O_5 - O_6)$ Pretest-Wirkung: $[O_2 - O_1] - \left[O_5 - \frac{1}{2}(O_1 + O_3)\right]$	■ Ausschaltung sämtlicher Störeinflüsse ■ Sehr aufwändiges Design, daher in der Praxis kaum angewendet

Charakteristisch für statistische Experimente ist die Tatsache, dass die Auswertung mittels *Varianzanalyse* erfolgt (vgl. die Ausführungen in Abschnitt 3.5.4 im 6. Teil). Hierbei ist zu unterscheiden, ob es sich um *vollständige Designs* handelt, bei denen sämtliche Merkmalskombinationen getestet werden (z.B. beim vollständigen Zufallsplan oder zufälligen Blockplan), oder aber um sog. *reduzierte Designs*, bei welchem nur diejenigen Kombinationen untersucht werden, die das vollständige Design möglichst gut repräsentieren (z.B. Lateinisches Quadrat). Letztere kommen mit einer deutlich geringeren Zahl an Testgruppen aus und sind damit weniger zeit- und kostenaufwändig, beinhalten aber einen gewissen Informationsverlust, da nicht alle Kombinationen untersucht werden und Interaktionseffekte damit nicht messbar sind.

Vollständiger Zufallsplan

Beim *vollständigen Zufallsplan* wird ein Experimentierfaktor in verschiedenen Ausprägungen (Treatmentstufen) untersucht (vgl. Abb. 5.4). Der Störfaktor wird indirekt dadurch berücksichtigt, dass für die verschiedenen Treatments wiederholt Messungen (*Replikationen*) erfolgen, z.B. an unterschiedlichen Testeinheiten (Personen, Geschäfte, Zeitpunkte). Dadurch werden die Auswirkungen des Störfaktors ausgeglichen. Die Testeinheiten werden dabei zufällig den verschiedenen Treatmentstufen zugeordnet (*Randomisierung*).

> Beispiel 5.14:
>
> Es soll die Attraktivität von drei alternativen Verpackungen getestet werden (Treatmentstufen). Zu diesem Zweck werden im Rahmen eines Store-Tests sechs Tage lang (Replikationen) die alternativen Verpackungen in zufälliger zeitlicher Verteilung (Randomisierung) angeboten und die zugehörigen Absatzmengen erfasst.

Das einfaktorielle Design hat bei s Treatmentstufen und i = 1, ..., n Replikationen folgendes Aussehen:

$$\begin{array}{llll} EG_1 & (R) & X_1 & O_1 \\ \vdots & & & \\ EG_k & (R) & X_k & O_k \\ \vdots & & & \\ EG_s & (R) & X_s & O_s. \end{array}$$

Replikationen	Treatmentstufen				
	1	...	k	...	s
1	y_{11}	...	y_{1k}	...	y_{1s}
⋮	⋮		⋮		⋮
i	y_{i1}	...	y_{ik}	...	y_{is}
⋮	⋮		⋮		⋮
n	y_{n1}	...	y_{nk}	...	y_{ns}
Spaltenmittel	$\bar{y}_1$	...	$\bar{y}_k$	...	$\bar{y}_s$

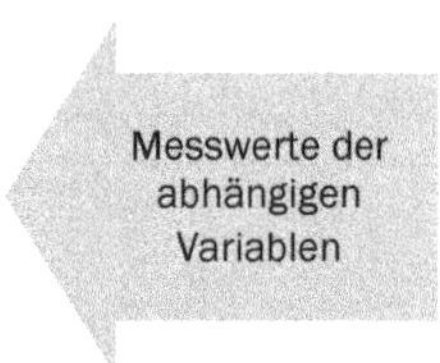

Abb. 5.3: Vollständiger Zufallsplan

Zufälliger Blockplan

Beim vollständigen Zufallsplan wurden Störfaktoren wiederholt durch Replikationen nach dem Prinzip der Randomisierung berücksichtigt. Im Falle, dass eine bedeutsame Störgröße bekannt ist, kann jedoch dieser Störfaktor explizit in der Versuchsanordnung berücksichtigt werden, und zwar dadurch, dass nach den Ausprägungen der Störgröße Blöcke gebildet werden. Auf Replikationen kann somit verzichtet werden. Dabei werden in jedem Block sämtliche Treatments durchgeführt (vgl. Abb. 5.4). Varianzanalytisch können sowohl die Wirkung des Experimentierfaktors als auch der Einfluss der Blockzugehörigkeit erfasst werden (jedoch nicht deren Interaktion, vgl. Hüttner/ Schwarting 2002, S. 178).

Blöcke	Treatmentstufen					Zeilenmittel
	1	…	k	…	s	
1	y_{11}	…	y_{1k}	…	y_{1s}	$\bar{y}_{1\bullet}$
⋮	⋮		⋮		⋮	⋮
l	y_{l1}	…	y_{lk}	…	y_{ls}	$\bar{y}_{l\bullet}$
⋮	⋮		⋮		⋮	⋮
m	y_{m1}	…	y_{mk}	…	y_{ms}	$\bar{y}_{m\bullet}$
Spaltenmittel	$\bar{y}_{\bullet 1}$	…	$\bar{y}_{\bullet k}$	…	$\bar{y}_{\bullet s}$	$\bar{y}$

Abb. 5.4: Zufälliger Blockplan

Beispiel 5.15:

Es wird vermutet, dass die Geschlechtszugehörigkeit den maßgeblichen Einfluss auf die wahrgenommene Attraktivität von Verpackungen hat. Aus diesem Grunde erfolgt im vorherigen Beispiel 5.14 eine Blockbildung nach Geschlecht. Die drei Verpackungen werden an einem bestimmten Tag je einer Teilstichprobe aus Männern und Frauen präsentiert. Replikationen sind nicht erforderlich, da andere Störgrößen als das Geschlecht annahmegemäß keine Rolle spielen.

Faktorielle Pläne

Faktorielle Pläne erlauben die Untersuchung von mindestens zwei Testfaktoren (z.B. Verpackung und Produktplatzierung) sowie der Interaktionen zwischen ihnen. Voraussetzung sind verschiedene Messungen (Replikationen) für die einzelnen Treatment-Kombinationen. Abbildung 5.5 zeigt einen vollständigen bifaktoriellen Zufallsplan mit gleicher Anzahl an Replikationen (i = 1,…, n).

Beispiel 5.16:

Neben der Attraktivität dreier alternativer Verpackungen soll auch die Wirksamkeit zweier alternativer Regalplatzierungen getestet werden. Diese 3 × 2 = 6 möglichen Faktorkombinationen werden im Rahmen eines Store-Tests in 6 aufeinander folgenden Tagen getestet (in zufälliger zeitlicher Verteilung).

Treatmentstufen Faktor A		Replikationen	Treatmentstufen Faktor B		
			1	l	m
	1	1	y_{111}	y_{11l}	y_{11m}
		i	y_{i11}	y_{i1l}	y_{i1m}
		n	y_{n11}	y_{n1l}	y_{n1m}
	k	1	y_{1k1}	y_{1kl}	y_{1km}
		i	y_{ik1}	y_{ikl}	y_{ikm}
		n	y_{nk1}	y_{nkl}	y_{nkm}
	s	1	y_{1s1}	y_{1sl}	y_{1sm}
		i	y_{is1}	y_{isl}	y_{ism}
		n	y_{ns1}	y_{nsl}	y_{nsm}

Messwerte der abhängigen Variablen

Abb. 5.5: Vollständiger bifaktorieller Zufallsplan

Der Vorteil mehrfaktorieller Designs liegt darin, dass nicht nur die Haupteffekte der Treatments gemessen werden können, sondern auch die Interaktionen zwischen ihnen. So kann in obigem Beispiel vermutet werden, dass die Wirkung einer Verpackung (auch) von der jeweiligen Platzierung abhängig ist und umgekehrt. Diese Versuchsanordnung erlaubt den Schluss, welche *Kombination* der beiden Faktoren vorzuziehen ist. Allerdings führt die Berücksichtigung mehrerer Testfaktoren in verschiedenen Ausprägungen sehr schnell zu einem sehr hohen Testaufwand. Aus diesem Grunde wurden sog. *reduzierte Designs* entwickelt, die den Testaufwand verringern.

Lateinisches Quadrat

Das Lateinische Quadrat ist ein spezielles, symmetrisches reduziertes Design, das für den Fall von genau drei Treatments konzipiert ist. Das Design ist anwendbar, wenn keine Interaktionseffekte zu erwarten sind, sondern nur Haupteffekte zu berücksichtigen sind. Beim Lateinischen Quadrat können bis zu zwei Störfaktoren gleichzeitig berücksichtigt werden (z.B. Art des Geschäfts und Tageszeit). In diesem Fall wird aber nur ein Treatment einbezogen. Die Treatments – mit lateinischen Großbuchstaben bezeichnet – werden dabei so zugeteilt, dass sie in jeder Zeile und in jeder Spalte nur einmal vorkommen; damit kann der erforderliche Stichprobenumfang in Grenzen gehalten werden (vgl. Abb. 5.6). Zu beachten ist, dass die Zahl der Ausprägungen bei den Treatments bzw. Störvariablen gleich sein muss.

Störgröße T	Störgröße N		
	1	2	3
1	A	B	C
2	B	C	A
3	C	A	B

Treatmentstufen des Testfaktors

Abb. 5.6: Lateinisches Quadrat

Beispiel 5.17:

Es wird vermutet, dass die wahrgenommene Attraktivität von Verpackungen vom Geschäftstyp und vom Alter der Probanden maßgeblich beeinflusst wird (Störfaktoren). Die drei Verpackungen A, B und C sollen daher in drei Geschäftstypen (Discounter, Supermarkt, Spezialitätengeschäft) und in drei Altersklassen (16-35; 36-55; 56 und älter) getestet werden. Es gilt also:

Treatment: Verpackung A, B, C

Störgröße N: Geschäftstyp I, II, III

Störgröße Z: Altersklasse 1, 2, 3

Bei einem vollständigen faktoriellen Design wären 3 × 3 × 3 = 27 Kombinationen zu testen. Dies bedeutet, dass 27 repräsentative Testgruppen zu bilden wären. Kann jedoch davon ausgegangen werden, dass Interaktionseffekte vernachlässigbar sind, kann ein reduziertes Design in Form eines Lateinischen Quadrats herangezogen werden. Das Design des Lateinischen Quadrats erlaubt die Beschränkung auf nur 9 Stimuli und damit 9 Testgruppen, was den erforderlichen Stichprobenumfang erheblich reduziert. Aus den 27 Stimuli wird folgendes Set ausgewählt:

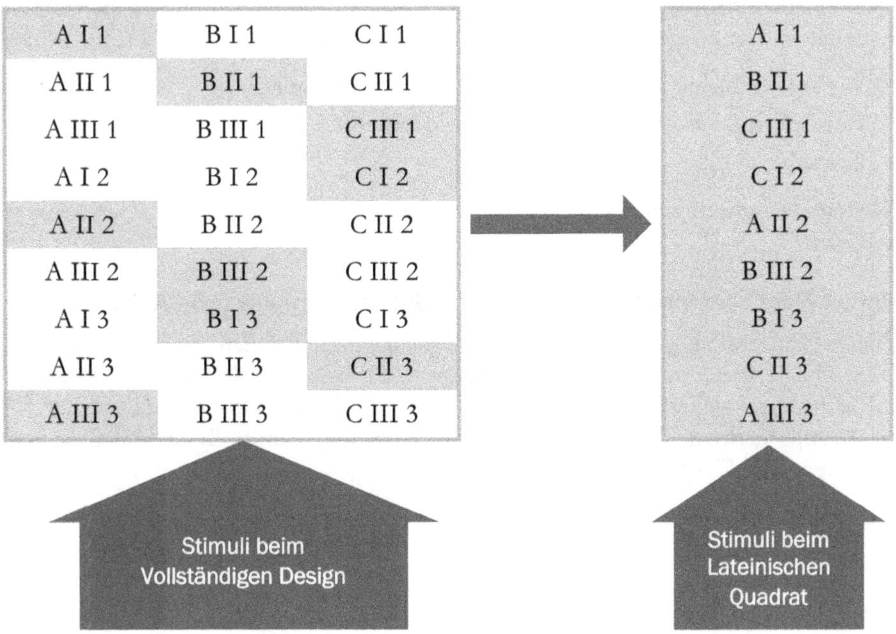

Dieses Set an Stimuli erfüllt die Bedingung, dass alle Testfaktoren je einmal mit den einzelnen Ausprägungen der Störgrößen kombiniert werden, sodass die Haupteffekte errechnet werden können.

Neben den hier dargestellten Standardformen existiert eine ganze Reihe weiterer Versuchsanordnungen, z.B. das griechisch-lateinische Quadrat, mit dem 4 Faktoren berücksichtigt werden können (vgl. Döring/Bortz 2016, S. 720 ff.). Für weitere reduzierte Designs soll an dieser Stelle auf die Spezialliteratur verwiesen werden.

3.4 Quasi-Experimente

Definition

Als *Quasi-Experimente* werden Versuchsanordnungen bezeichnet, für die eine oder mehrere der Bedingungen für echte Experimente fehlen, d.h. für die gilt:

- Der Experimentierfaktor wird nicht unter kontrollierten Bedingungen variiert, oder
- es erfolgt keine Randomisierung, oder
- es wird keine Kontrollgruppe herangezogen.

Echte Experimente gemäß Abschnitt 3.3 sind dadurch charakterisiert, dass der Forscher die Experimentierfaktoren verändert, Kontrollgruppen einsetzt und die Gruppen nach dem Zufallsprinzip bildet. In der Praxis ist es jedoch häufig so, dass keine vollständige Kontrolle über die Versuchsbedingungen gewonnen werden kann. Die Grenzen zwischen echten Experimenten und Quasi-Experimenten sind dabei häufig fließend; letztlich werden die echten Experimente durch Verzicht auf Randomisierung zu Quasi-Experimenten. Im Folgenden sollen einige Grundformen quasi-experimenteller Untersuchungen dargestellt werden (vgl. Campbell/Stanley 1966, S. 210 ff.):

- Vorher-Nachher-Messung mit unterschiedlichen Samples,
- Kontrollgruppen-Anordnung ohne Randomisierung sowie
- Zeitreihendesigns.

Weitere Designs finden sich bei Cook/Campbell 1979 sowie Cook/Campbell/Peracchio 1990.

Vorher-Nachher-Messung mit unterschiedlichen Samples (EB-CA-Typ)

Dieses Untersuchungsdesign wird den quasi-experimentellen Designs zugeordnet, obwohl eine Randomisierung vorgenommen wird. Der Grund ist darin zu sehen, dass die Messungen an zwei verschiedenen Gruppen erfolgen, ohne dass eine „echte“ Kontrollgruppe existiert, da eine Vorhermessung bei der „Kontrollgruppe“ nicht vorgenommen wird. Das Design ist wie folgt:

EG_I: (R) O_1

CG_I: (R) X O_2.

Die Faktorwirkung wird gemessen als

$O_2 - O_1$.

Beispiel 5.18:

Vor Schaltung einer Werbekampagne wird eine repräsentative Stichprobe gezogen und bei den Testpersonen wird die Markenbekanntheit des betreffenden Produkts erfasst. Nach Ablauf der Kampagne wird bei einer zweiten repräsentativen Stichprobe wiederum die Markenbekanntheit erhoben. Die Veränderung der Markenbekanntheit wird auf den Einsatz der Werbekampagne zurückgeführt.

Vorteilhaft ist an diesem Design die Vermeidung des Pretesteffekts; allerdings sind zeitliche Entwicklungseffekte, d.h. Störfaktoren, die sich zwischen den beiden Messzeitpunkten eingestellt haben, nicht erfassbar. Dieses Design ist typisch für sog. *Wellenerhebungen*, sofern im Rahmen solcher Studien Kausalhypothesen untersucht werden, da dieselben Erhebungsinhalte in regelmäßigen Abständen bei unterschiedlichen repräsentativen Querschnitten erhoben werden.

Kontrollgruppenandesign ohne Randomisierung (EBA-CBA-Typ)

Der quasi-experimentelle Charakter dieser Versuchsanordnung entsteht dann, wenn beim Design „Vorher-Nachher-Messung mit Kontrollgruppe" auf eine Randomisierung verzichtet wird; aus diesem Grunde findet sich dieses Design in der Literatur auch unter dem Begriff *Nonequivalent Control Group Design.*

Bei dieser Versuchsanordnung werden eine Testgruppe und eine Kontrollgruppe eingesetzt; vor und nach Einsatz des Experimentierfaktors bei der Testgruppe werden bei beiden Gruppen Messungen vorgenommen; dadurch können zum einen Entwicklungseffekte ausgeschaltet, zum anderen kann eine evtl. vorhandene A-priori-Unterschiedlichkeit der Gruppen sichtbar gemacht werden.

Zeitreihendesign

Im Rahmen eines Zeitreihendesigns werden wie bei der Zeitreihenanalyse Beobachtungswerte der interessierenden abhängigen Variablen in gleichbleibenden Abständen erhoben, wie es beispielsweise im Rahmen von Panelerhebungen der Fall ist (vgl. die Ausführungen in Teil 4). Anders als bei herkömmlichen Zeitreihenanalysen wird jedoch ein Experimentierfaktor eingeführt, d.h. es wird die Entwicklung der abhängigen Variablen im Zeitablauf vor und nach Einsatz eines Testfaktors betrachtet. Das Design hat in der Grundform (z.B. bei Zugrundelegen von vier Perioden) folgendes Aussehen:

EG: $O_1 \quad O_2 \quad X \quad O_3 \quad O_4$.

Der quasi-experimentelle Charakter der Versuchsanordnung resultiert daraus, dass auf eine Randomisierung und i.d.R. auch auf den Einsatz einer Kontrollgruppe verzichtet wird. Eine zumindest teilweise Kontrolle von Störfaktoren erfolgt jedoch dadurch, dass vor und nach Einsatz des Testfaktors regelmäßige Messungen vorgenommen werden, sodass davon ausgegangen werden kann, dass viele Störfaktoren sich auf *alle* Messwerte auswirken, ein Trendbruch also auf den Einsatz des Testfaktors zurückzuführen ist.

Im Gegensatz zu den bisherigen Designs kann die Faktorwirkung nicht durch Differenzbildung ermittelt werden; vielmehr ist es erforderlich, mit Hilfe der verschiedenen Verfahren der Zeitreihenanalyse den Zeitreiheneffekt (z.B. Trend, Saison) von der Wirkung des Testfaktors zu isolieren. Zu dieser Klasse von Quasi-Experimenten können Panelerhebungen gerechnet werden, sofern die Forschungsanordnung des Panels durch möglichst umfassende Kontrolle der Untersuchungssituation experimentellen Charakter gewinnt (vgl. Böhler 2004, S. 53 f.). Beispielsweise kann die Wirkung einer Sonderpreisaktion oder einer Verkaufsförderungsmaßnahme auf die Absatzmenge erfasst werden. Tabelle 5.4 fasst die dargestellten Grundformen quasi-experimenteller Designs zusammen.

Tab. 5.4: Charakterisierung ausgewählter quasi-experimenteller Designs

Typ	Beschreibung	Beispiel	Faktorwirkung	Beurteilung
Vorher-Nachher-Messung mit unterschiedlichen Samples	Messung der Werte der abhängigen Variablen zeitlich vor Einsatz der unabhängigen Variablen in einer Testgruppe und zeitlich nach dem Einsatz in einer anderen Testgruppe (bei zwei repräsentativen Querschnitten) EG_I: (R) O_1 CG_I: (R) X O_2	Tendenzumfrage, d.h. Befragung von zwei unterschiedlichen repräsentativen Querschnitten deutscher Bürger mit gleichem Fragenwortlaut, etwa Parteienpräferenz vor und nach einer Fernsehdiskussion führender Politiker aller Parteien.	$(O_2 - O_1)$ Differenz zwischen der Kontrollgruppe im Zeitpunkt 1 und der Experimentiergruppe im Zeitpunkt 0	▪ Zeitliche Entwicklungseffekte nicht messbar ▪ Keine echte Kontrollgruppe ▪ Pretesteffekt wird ausgeschaltet
Kontrollgruppendesign ohne Randomisierung	Messung der Werte der abhängigen Variablen vor und nach Einsatz des Testfaktors bei der Experimentiergruppe, Vorher- und Nachher-Messung in der Kontrollgruppe EG: O_1 X O_2 CG: O_3 O_4	Messung der Markenbekanntheit in einer Experimentiergruppe vor und nach einer Werbekampagne. Das Ergebnis wird verglichen mit der Änderung der Markenbekanntheit in der Kontrollgruppe.	$(O_2 - O_1)-(O_4 - O_3)$ Differenz zwischen den gemeinsamen Unterschieden in der Experimentier- und der Kontrollgruppe	▪ Wirkung des Testfaktors in der Experimentiergruppe wird bereinigt um Entwicklungseffekte, die sich in der Kontrollgruppe zeigen ▪ Gute Kontrolle der meisten Störvariablen
Zeitreihendesign (Grundform)	Mehrmalige Messung der Werte einer abhängigen Variablen in einer Testgruppe in zeitgleichen Abständen vor und nach Einsatz eines Testfaktors EG: O_1 O_2 X O_3 O_4	Entwicklung des Marktanteils konkurrierender Marken im Rahmen einer Panelerhebung vor und nach einer Sonderpreisaktion im Handel	Einsatz von Verfahren der Zeitreihenanalyse	▪ Viele Störgrößen können nicht kontrolliert werden, insb. externe zeitliche Einflüsse, Pretesteffekte. ▪ Bei Heranziehung einer Kontrollgruppe kann mittels Matching die Ausgangslage angeglichen und damit die Validität erhöht werden.

Weiterführende Literatur

Bailey, R.A. (2008): Design of Comparative Experiments, Series: Cambridge Series in Statistical and Probabilistic Mathematics (25), Oxford.

Campbell, D.T., Stanley, J.C. (1966): Experimental and Quasi-Experimental Designs for Research, Boston.

Cook, T.D., Campbell, D.T., Peracchio, L. (1990): Quasi Experimentation, in: Dunnette, M.D., Hough, L.M. (eds.): Handbook of Industrial and Organizational Psychology, 1, Palo Alto, 491-576.

Ghosh, S., Rao, C.R. (eds.) (1996): Design and Analysis of Experiments, Handbook of Statistics, 13, North-Holland.

Sarris, V. (1992): Methodologische Grundlagen der Experimentalpsychologie. Bd. 2: Versuchsplanung und Stadien des psychologischen Experiments, München.

Teil 6: Datensammlung und Datenauswertung

1 Durchführung und Kontrolle der Feldarbeit

Eine sorgfältige Planung des Untersuchungsdesigns ist eine notwendige, aber nicht hinreichende Bedingung für die Güte der Untersuchungsergebnisse; genauso wichtig ist eine korrekte Durchführung der Feldarbeit, da diese das Ausmaß des *systematischen Fehlers* stark beeinflusst (vgl. hierzu Abschnitt 1.4.2 im 3. Teil). Häufig wird der eigentlichen Erhebung daher eine Pilotstudie vorgeschaltet, um zu überprüfen, ob das Messinstrument (Fragebogen, Beobachtungsanweisung) adäquat entwickelt wurde.

Im Rahmen der *Datensammlung* sind eine Vielzahl von Teilentscheidungen zu treffen; diese umfassen im Einzelnen (vgl. Abb. 6.1):

- Auswahl der Feldorganisation,
- Schulung der Interviewer bzw. Beobachter,
- Projektabwicklung und
- Kontrolle der Erhebung

Durchführung und Kontrolle der Erhebung			
Auswahl der Feldorganisation	**Schulung der Interviewer**	**Projektabwicklung**	**Kontrolle der Erhebung**
■ Erstellung von Aufgabenbeschreibungen ■ Erstellung von Anforderungsprofilen ■ Anwerbung von Interviewern	■ Einweisung in Befragungstechniken und -taktiken ■ Einweisung in Techniken der Antwort- bzw. Verhaltensregistrierung	■ Kontaktieren der Erhebungseinheiten ■ Durchführung der Feldarbeit i.e.S. ■ Registrierung der Antworten bzw. des Verhaltens ■ Durchführung von Nachfassaktionen	■ Zeitliche Kontrolle ■ Budgetkontrolle ■ Interviewerkontrolle ■ Kontrolle der Stichprobenrepräsentanz

Abb. 6.1: Teilaufgaben im Rahmen der Durchführung der Feldarbeit

Im Rahmen der *Auswahl der Feldorganisation* ist zunächst die Grundsatzentscheidung zu treffen, ob ein eigener Interviewerstab aufgebaut werden soll, oder aber die Dienste professioneller Dienstleister in Anspruch genommen werden sollen. Während größere Marktforschungsinstitute i.d.R. über einen Stab eigener Kräfte verfügen, greifen kleinere Institute oder Marktforschungsberater häufig auf spezialisierte Agenturen zurück, welche auf dem freien Markt gegen Entgelt ihre Dienste anbieten. Dasselbe gilt in dem Fall, dass das Unternehmen die Erhebung in eigener Regie durchführt. Neben dieser grundsätzlichen organisatorischen Frage sind für das konkrete Projekt die damit zu beauftragenden Interviewer bzw. Beobachter auszuwählen. Der Forscher sollte detaillierte Aufgabenbeschreibungen in Abhängigkeit von der geplanten Erhebungsform erarbeiten. Darauf aufbauend sollten die erforderlichen Eigenschaften bzw. Qualifikationen der Interviewer festgelegt werden: Während die Durchführung einer quantitativen, standardisierten schriftlichen Erhebung nur geringe Vorkenntnisse erfordert, kann ein qualitatives Tiefeninterview nur durch einen geschulten Psychologen erfolgen. Auf der Grundlage der erstellten Anforderungsprofile werden geeignete Personen angeworben. Grundsätzlich sollten Interviewer über folgende allgemeine Mindestqualifikationen verfügen (vgl. Malhotra 2010, S.435):

- guter gesundheitlicher Zustand,
- Fähigkeit, auf andere einzugehen,
- kommunikative Fähigkeiten,
- angenehmes Äußeres,
- höheres Bildungsniveau und
- Erfahrung.

In diesem Zusammenhang ist auch der soziodemographische und psychographische Hintergrund der Interviewer zu berücksichtigen. Insbesondere im Rahmen persönlicher Interviews zeigt sich, dass die Wahrscheinlichkeit eines erfolgreichen Interviews umso größer ist, je mehr sich Befrager und Befragte ähneln (vgl. Singer et al. 1983, Barker 1987).

Die *Schulung* der Interviewer ist sehr stark von der gewählten Erhebungsmethode abhängig. Am Beispiel persönlicher Interviews sollen die wichtigsten Richtlinien skizziert werden (vgl. ausführlich Guenzel et al. 1983):

- Der Interviewer sollte mit den Fragebogen durchweg vertraut sein (sowohl inhaltlich als auch ablauftechnisch).
- Wortlaut und Reihenfolge der Fragen sollten exakt eingehalten werden.
- Die Fragen sollten langsam und deutlich vorgelesen werden.
- Bei Verständnisschwierigkeiten ist die Frage im selben Wortlaut zu wiederholen.
- Intervieweranweisungen sind exakt zu befolgen.
- Sorgfältiges Nachhaken ist erforderlich, um Ergänzungen und Erläuterungen seitens des Befragten zu provozieren.

Auch bei der Registrierung der Antworten ist sorgfältig vorzugehen. Die Antworten sind wörtlich zu notieren, ferner sollten zusätzliche Anmerkungen und Kommentare ebenfalls im Fragebogen vermerkt werden. Auf keinen Fall sollte der Interviewer Antworten zusammenfassen oder interpretieren; das ist Aufgabe des Forschers.

Im Rahmen der *Projektabwicklung* erfolgt die konkrete Datensammlung bei den Erhebungseinheiten. Dazu gehören folgende Schritte:

- Kontaktieren der Erhebungseinheit,
- Befragung bzw. Beobachtung der Auskunftspersonen,
- Registrierung der Antworten bzw. des beobachteten Verhaltens der Erhebungseinheit,
- Durchführung von Nachfassaktionen, um schwer zugängliche Probanden zu erreichen.

Große Bedeutung hat die *Kontrolle der Erhebung*, um die Qualität der Ergebnisse zu gewährleisten; die Überprüfung umfasst dabei zeitliche, finanzielle und sachliche Aspekte. In zeitlicher Hinsicht ist die Einhaltung des geplanten Zeitrahmens für die Untersuchung zu überwachen. Die Budgetkontrolle soll gewährleisten, dass der finanzielle Rahmen der Untersuchung nicht gesprengt wird; gerade ungeplante Zeitverzögerungen führen regelmäßig zur Unterschätzung der anfallenden Kosten (vgl. Böhler 2004, S. 157). In sachlicher Hinsicht ist zum einen zu gewährleisten, dass die Interviewer bzw. Beobachter den Anweisungen folgen und die gelernten Techniken im Rahmen der Feldarbeit in geeigneter Weise einsetzen (Interviewerkontrolle); zum anderen ist die Repräsentativität der Stichprobe zu überprüfen.

Die *Interviewerkontrolle* spielt bei Face-to-face- und telefonischen Befragungen eine Rolle, wenn also die Befragung mündlich durch Interviewer administriert wird. Im Rahmen der Interviewerkontrolle sind folgende Aspekte zu beobachten:

- Überprüfung des Sampling,
- Überprüfung der Interviewdurchführung.

Die Überprüfung des *Sampling* dient dazu, zu gewährleisten, dass die Interviewer dem Stichprobenplan folgen und nicht die Untersuchungseinheiten nach Bequemlichkeitsaspekten aussuchen, indem sie z.B. einen Probanden, den sie gerade nicht erreichen, nicht nochmals kontaktieren, sondern durch einen anderen ersetzen. Die Interviewer sollen daher angehalten werden, genau zu notieren, wie viele Probanden kontaktiert und wie viele nicht erreicht wurden, wie viele die Teilnahme verweigerten und wie viele Interviews erfolgreich abgeschlossen wurden (vgl. Malhotra 2010, S. 439).

Die Überprüfung der *Interviewdurchführung* soll hingegen aufdecken, ob erstens die Interviews tatsächlich durchgeführt wurden und zweitens, ob die Fragebögen korrekt ausgefüllt wurden. Neben einer allgemeinen Plausibilitätsprüfung wird üblicherweise bei einem Teil der Probanden telefonisch angefragt, ob das Interview tatsächlich durchgeführt wurde. Unter Umständen wird bei einem Teil der Stichprobe die Befragung wiederholt, um Fälschungen aufzudecken. Statistische Verfahren der Mustererkennung können ebenfalls bei der Aufdeckung von Fälschungen unterstützen, da Interviewer, die Fragebögen fälschen, unbewusst oftmals die gleichen Antwortmuster verwenden. Ausführliche Hinweise zur Einhaltung von Qualitätsstandards bei der Datenerhebung finden sich auf der Homepage des ADM (https://www.adm-ev.de/datenerhebung/).

Bei der *Kontrolle der Stichprobenrepräsentativität* erfolgt schließlich eine Gegenüberstellung ausgewählter Merkmale der Stichprobe mit bekannten Merkmalen der Grundgesamtheit (i.d.R. soziodemographische Merkmale wie Alter, Geschlecht, Einkommen, Ausbildung, Beruf). Gerade wenn bestimmte Gruppen hohe Ausfälle erzeugen ist die Repräsentativität der Stichprobenergebnisse nicht mehr gewährlestet. In diesem Falle muss nachträglich eine Gewichtung der Daten vorgenommen werden, d.h. unterrepräsentierte Gruppen werden bei der Gesamtauswertung höher gewichtet. Das Verfahren ist insbesondere dann problematisch, wenn nur wenige Merkmalsträger in der Stichprobe sind, diese aber einen signifikanten Anteil der Grundgesamtheit repräsentieren müssen.

2 Aufbereitung der Daten

Nach der Durchführung der Feldarbeit liegt das Datenmaterial – je nach Erhebungsmethode – in Form ausgefüllter Fragebögen, Beobachtungsprotokolle, Audio- bzw. Videobänder etc. vor. Die darin enthaltenen Einzelinformationen müssen in geeigneter Weise aufbereitet werden, um sie einer Analyse zugänglich zu machen. Hierbei wird im Folgenden nur der Fall quantitativer Befragungen betrachtet, da qualitative Erhebungen ausführlich in Teil 7 behandelt werden. Abbildung 6.2 zeigt den allgemeinen Ablauf der Datenaufbereitung.

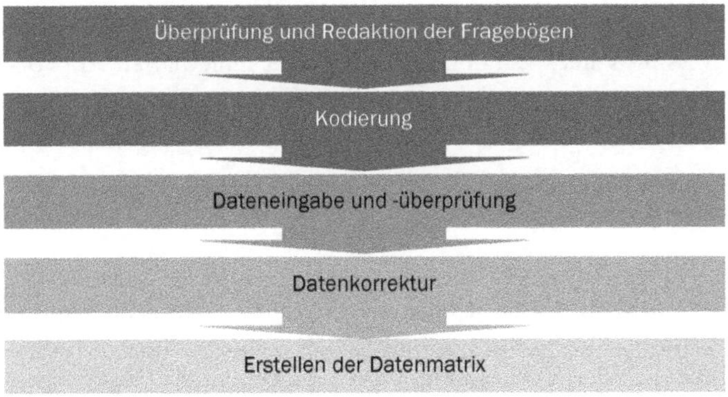

Abb. 6.2: Ablauf der Datenaufbereitung

Der erste Schritt besteht darin, die Fragebögen zu *überprüfen*; nicht auswertbare Fragebögen sind auszusondern, die verbleibenden müssen ggf. redigiert werden. Zahlreiche Ursachen können dazu führen, dass Fragebögen nicht verwertbar sind:

- Der Fragebogen ist unvollständig, entweder weil ganze Teile physisch fehlen (z.B. herausgerissene Seiten) oder aber – versehentlich oder absichtlich – nicht ausgefüllt wurden.
- Der Fragebogen wurde fehlerhaft beantwortet, weil die Befragten offensichtlich die Aufgabe nicht verstanden haben (z.B. Wahl des falschen Pfads bei Gabelungsfragen).
- Der Fragebogen traf verspätet ein.

Die verbleibenden Fragebögen werden einem weiteren Check anhand verschiedener Kriterien unterzogen, ggf. erfolgen Korrekturen an den Fragebögen, um sie verwertbar zu machen. Gängige Kriterien sind (vgl. Iacobucci/Churchill 2010, S. 407):

- *Vollständigkeit*: Fehlende Antworten können Antwortverweigerung, Unverständnis der Frage oder Unwissen des Befragten zum Ausdruck bringen. Für den Zweck der Untersuchung ist es wesentlich, den Grund korrekt zuzuordnen.
- *Lesbarkeit*: Kodierung und Eingabe der Daten setzen voraus, dass der Fragebogen lesbar ist; dies gilt sowohl für die Handschrift als auch für mögliche Abkürzungen, die der Interviewer bei der Antwortregistrierung verwendet hat.
- *Verständlichkeit*: „Kryptische" Formulierungen des Interviewers sind zu identifizieren und mit diesem abzuklären.

- *Konsistenz*: Die einzelnen Fragebögen sind dahingehend zu überprüfen, ob sich die Antworten der Befragten widersprechen. Dies ist z.B. dann der Fall, wenn ein Befragter angibt, die E-Mail-Funktion des Internets zu nutzen, bei der Frage nach seiner E-Mail-Adresse er jedoch gleichzeitig angibt, keine zu besitzen.
- *Vergleichbarkeit*: Die Registrierung der Antworten soll in vergleichbaren Einheiten erfolgen. Antwortet ein Befragter auf die Frage nach dem jährlichen Haushaltsnettoeinkommen etwa mit „2500", so liegt die Annahme nahe, dass sich seine Antwort auf das monatliche Einkommen bezieht.

Treten in den Fragebögen die o.g. Probleme auf, so sind folgende Ansatzpunkte denkbar:

- Kontaktaufnahme mit dem Interviewer bzw. mit den Befragten, um Missverständnisse auszuräumen und Unklarheiten zu beseitigen;
- Zuordnung von sog. „Missing Values" zu den fehlenden oder fehlerhaften Antworten;
- Aussonderung des Fragebogens, wenn die ersten beiden Wege nicht gangbar sind.

Die (manuelle) Überprüfung der Fragebögen entfällt, wenn die Befragung computergestützt erfolgt (z.B. CAPI, CATI).

Im Rahmen der *Kodierung* werden Antwortkategorien gebildet (sofern sie nicht bereits existieren); den einzelnen Antwortkategorien werden dabei möglichst einfache Symbole zugeordnet, i.d.R. Zahlenwerte. Die Kodierung bildet die Voraussetzung dafür, dass die Rohdaten zwecks weitergehender Verarbeitung auf einen Datenträger übertragen werden können. Bei der Kodierung bestehen erhebliche Unterschiede je nachdem, ob die Daten quantitativer oder qualitativer Natur sind.

Quantitative Daten entstehen im Rahmen standardisierter Befragungen mit vorgegebenen Antwortkategorien (vgl. Abschnitt 1.3 im 2. Teil). Das entstehende Datenmaterial kann nach entsprechender Kodierung mit Hilfe gängiger Statistikpakete (z.B. SPSS) ausgewertet werden. Die Codes besitzen dabei keinen nummerischen Aussagewert, sondern dienen lediglich der Kennzeichnung und Ordnung der Variablenwerte.

> Beispiel 6.1:
>
> Bei der Frage: „Wie häufig verwenden Sie Marke X pro Woche?" wird folgender Schlüssel zugrunde gelegt:
>
> 1 weniger als 1 Mal
> 2 1 – 2 Mal:
> 3 3 – 4 Mal
> 4 5 Mal und mehr Weiter mit Frage 18
>
> Die Zahlen 1 bis 4 dienen der Verschlüsselung. Einem Haushalt, der Marke X dreibis viermal pro Woche verwendet, würde der Wert 3 zugeordnet werden.

Anders verhält es sich bei *qualitativen Studien*, in denen offene Fragen verwendet werden, und im Rahmen von Beobachtungen, bei welchen das Verhalten der Probanden aufgezeichnet wird. In diesem Falle existieren keine vorgegebenen Antwortkategorien, diese müssen vielmehr erst entwickelt werden. In manchen Fällen kann sich der Forscher auf vorhandene Studien oder theoretische Überlegungen stützen; ist dies nicht möglich, erfolgt die Kategorienbildung nachträglich (vgl. die Ausführungen in Teil 7).

Unabhängig von der Erhebungsmethode sollten bei der Bildung von Kategorien folgende Aspekte beachtet werden (vgl. Luyens 1995):

- Die Kategorien sollten das gesamte Spektrum der Ausprägungen beschreiben. Zu diesem Zweck empfiehlt es sich oft, selten genannte Fälle in eine Kategorie „Sonstiges" unterzubringen wie auch eine Kategorie „keine Angabe" vorzusehen.
- Die Kategorien sollten sich gegenseitig ausschließen. Dies ist dann der Fall, wenn jede mögliche Antwort einer einzigen Kategorie zugeordnet werden kann.
- Für kritische Sachverhalte sollten auch dann Kategorien vorgesehen werden, wenn kein einziger Befragter sie genannt hat, da auch diese Information von Bedeutung sein kann.

Beispiel 6.2:

Aufgrund hoher Mitarbeiterfluktuation in den letzten drei Jahren soll im Rahmen einer quantitativen Mitarbeiterbefragung die Zufriedenheit mit dem Arbeitsplatz im betrachteten Unternehmen erhoben werden. In die Kategorie „äußerst zufrieden" fällt keine einzige Antwort. Dies legt für das Management einen dringenden Handlungsbedarf nahe.

Bei der Kodierung sollten die Daten in möglichst detaillierter Form verschlüsselt werden. Eine Klassenbildung und Aggregation sollte der Forscher erst im Rahmen der Datenanalyse vornehmen, da ansonsten wertvolle Einzelinformationen verloren gehen.

Quantitative Erhebungen beruhen i.d.R. auf großen Stichproben, die mit Hilfe geeigneter Statistiksoftware ausgewertet werden.Werden die Daten mittels Software analysiert, sind in technischer Sicht folgende weiteren Aspekte zu beachten (vgl. Iacobucci/Churchill 2010, S. 409 f.):

- Es sollten ausschließlich nummerische Codes verwendet werden. Buchstaben, Sonderzeichen und Leerzeichen sind zu vermeiden.
- Pro Variable sollten so viele Spalten vorgesehen werden, wie sie zur Erfassung sämtlicher Ausprägungen erforderlich sind. Reicht eine Spalte (mit den Codes 0-9 für die Ausprägungen) nicht aus, so hat die Kodierung zweispaltig zu erfolgen (00-99).
- Für „keine Angabe", „trifft nicht zu" u.Ä. sollten für die gesamte Studie dieselben Kategorien verwendet werden (üblich ist beispielsweise die Ziffer 9 bzw. 99 für „keine Angabe").
- Invertierte Items müssen umkodiert werden.

Der letzte Schritt im Rahmen der Kodierung ist die Erstellung eines Codeplans, woraus ersichtlich wird, in welcher Weise die Daten kodiert wurden. Tabelle 6.1 zeigt einen Auszug aus einem Codeplan.

Der Kodierung der Daten folgt die *Übertragung und Speicherung* auf einen Datenträger. Dies kann manuell, opto-elektronisch (Lesestift, Scanning) oder automatisch erfolgen (CATI, CAPI). Insbesondere im Falle manueller Eingabe können Fehler auftreten, welche eine Kontrolle erforderlich machen (vgl. Abschnitt 1).

Erfolgt die Erhebung computergestützt, wird der Fehler bereits bei der Antworteingabe erkannt. Darüber hinaus sind gängige Softwarepakete wie SPSS, EXCEL, SAS in der Lage, bei entsprechender Konfigurierung einige der o.g. Fehler zu erkennen.

Tab. 6.1: Auszug aus einem Codeplan

Var1 Wie würden Sie das Verhältnis zu Ihrer Hausbank beschreiben?				
1	O sehr gut			
2	O gut			
3	O befriedigend			
4	O ausreichend			
5	O schlecht			
6	O sehr schlecht			
Welche Transaktionen führen Sie in welcher Form durch?				
	Schalter	Internet	Telefon	Mobil
Überweisungen	Var2O1/0	Var7O1/0	Var12O1/0	Var17O1/0
Kontostandsabfrage	Var3O1/0	Var8O1/0	Var13O1/0	Var18O1/0
Wertpapiergeschäfte	Var4O1/0	Var9O1/0	Var14O1/0	Var19O1/0
Daueraufträge	Var5O1/0	Var10O1/0	Var15O1/0	Var20O1/0
Sonstiges	Var6O1/0	Var11O1/0	Var16O1/0	Var21O1/0
Wobei benötigen Sie eine persönliche Beratung?				
Var22	O Überweisungen 1/0			
Var23	O Kontostandsabfrage 1/0			
Var24	O Brokerage 1/0			
Var25	O Daueraufträge 1/0			
Var26	O Sonstiges_______________			

Bedienerfreundlichkeit							
1	Var27 Benutzeroberflächen im Onlinebanking empfinde ich als bedienerfreundlich	Ja, trifft voll zu O 1	O 2	O 3	O 4	Nein, trifft gar nicht zu O 5	O 6
2	Var28 Es ist in Ordnung, externe Dokumente (z.B. eine TAN-Liste) mitzuführen.	Ja, trifft voll zu O 1	O 2	O 3	O 4	Nein, trifft gar nicht zu O 5	O 6
3	Var29 Ein einfaches Banking-Menü ist auf modernen Mobiltelefonen gut zu bedienen	Ja, trifft voll zu O 1	O 2	O 3	O 4	Nein, trifft gar nicht zu O 5	O 6

Im Anschluss an die Dateneingabe und -überprüfung ist oftmals eine *Korrektur* erforderlich. Dies kann beinhalten:

- Behandlung von Missing Values,
- Gewichtung,
- Variablentransformation.

Missing Values entstehen dann, wenn bestimmte Variablenwerte unbekannt sind (z.B. aufgrund von Antwortverweigerung). Ein hoher Anteil von Missing Values kann die Ergebnisse der Untersuchung erheblich verfälschen, insbesondere dann, wenn die Antwortverweigerer sich nicht gleichmäßig verteilen. Als kritisch wird ein Anteil von über 10 % der Antworten angesehen. Folgende Möglichkeiten sind zur Behandlung von Missing Values gegeben (vgl. Allison 2001):

- *Einfügen eines neutralen Werts*: Typischerweise wird hier als fiktiver Wert der Variablenmittelwert eingefügt. Auf diese Weise bleibt der Mittelwert der Variable erhalten, andere Kennziffern werden nur wenig verzerrt. Allerdings ist zu beobachten, dass fehlende Angaben oftmals dann entstehen, wenn der Befragte extreme Positionen vertritt, sodass die Angabe des Variablenmittelwerts die Einstellung des Befragten nicht korrekt widerspiegelt.
- *Imputation*: Hierunter versteht man eine Schätzung des fehlenden Variablenwerts auf der Grundlage der Antworten auf andere Fragen. Hierzu wurden geeignete statistische Verfahren entwickelt; dennoch wird dadurch immer ein Bias erzeugt.
- Handelt es sich bei den Ausfällen um zentrale Antworten zu dem Befragungsthema, sind die entsprechenden Fragebögen *auszumustern*. Bei weniger wichtigen Fragen kann darauf verzichtet werden, die betreffende Frage auszuwerten, der Fragebogen bleibt im Set.

Eine *Gewichtung* ist häufig dann vorzunehmen, wenn die Daten auf einer Zufallsauswahl beruhen. Ziel ist es i.d.R., die Aussagekraft der Daten zu erhöhen. Beispielsweise kann es sinnvoll sein, bei einer Erhebung mit dem Ziel, Ansatzpunkte für eine Produktvariation zu gewinnen, Intensivverwender stärker zu gewichten. Ferner erfolgt eine Gewichtung des Datenmaterials bei hoher Ausfallquote, um die unterrepräsentierten Fälle auszugleichen. Auch bei einer mehrstufigen Auswahl sind Korrekturen vorzunehmen (vgl. Böhler 2004, S. 162 f.): Wenn in der ersten Stufe die Auswahleinheiten Haushalte sind, aus welchen in der zweiten Stufe als Erhebungseinheiten Personen gezogen werden, so hat ein Single eine viermal größere Wahrscheinlichkeit, in die Stichprobe zu gelangen, als ein Mitglied eines 4-Personen-Haushalts. Aus diesem Grunde wird der Fragebogen eines 4-Personen-Haushalts auch viermal gezählt. Schließlich erfolgt eine Gewichtung auch im Rahmen geschichteter Zufallsstichproben. Die Schichten werden entweder proportional zum Anteil der Schichten in der Grundgesamtheit gewichtet, oder disproportional (vgl. die Ausführungen in Abschnitt 3 des 3. Teils). Allgemein gilt, dass eine Korrektur mittels Gewichtung mit Vorsicht zu genießen ist, da sie zur Verzerrung der Ergebnisse führen kann.

Eine *Variablentransformation* beinhaltet, dass aus den Daten neue Variablen erzeugt bzw. bestehende Variablen modifiziert werden. Hierzu gibt es folgende Ansatzpunkte:

- Reduktion der Antwortkategorien (z.B. Zusammenfassung der Kategorien „häufig" und „sehr häufig" bzw. „selten" und „sehr selten" jeweils in einer Kategorie),
- Bildung neuer Variablen, z.B. Verhältnis zweier Variablen, Indexbildung usw.,
- Spezifizierung von nominalskalierten Variablen mit Hilfe von Dummy-Variablen,
- Hinzufügen von Variablen, die aus anderen Quellen stammen (zur Ergänzung oder zum Vergleich),
- Standardisierung, um Variablen unterschiedlicher Niveaulage vergleichbar zu machen:

$$z_i = \frac{x_i - \bar{x}}{s} \text{ mit}$$

z_i = Ausprägung der standardisierten Variable,
x_i = ursprüngliche Variablenausprägung,
$\bar{x}$ = Stichprobenmittelwert,
s = Standardabweichung in der Stichprobe.

Tab. 6.2: Datenmatrix

Fälle	Variablen				
	1	…	j	…	m
1	x_{11}	…	x_{1j}	…	x_{1m}
⋮	⋮		⋮		⋮
i	x_{i1}	…	x_{ij}	…	x_{im}
⋮	⋮		⋮		⋮
n	x_{n1}	…	x_{nj}	…	x_{nm}

Der letzte Schritt im Rahmen der Datenaufbereitung besteht in der Erstellung der *Datenmatrix*. Die Spalten der Datenmatrix enthalten die einzelnen Variablen, die Zeilen die verschiedenen Fälle (z.B. Befragte). Bei i = 1, ..., n Fällen („Cases") und j = 1, ..., m Variablen enthält man somit eine n × m-Datenmatrix (vgl. Tab. 6.2). Bei quantitativen Erhebungen enthält die Datenmatrix nummerische x_{ij}-Werte, x_{ij} bezeichnet dabei den Wert der Variablen j beim i-ten Fall. Bei qualitativen Untersuchungen wird nicht von einer Datenmatrix gesprochen, es wird häufig jedoch ebenfalls ein Tableau erstellt, welches eine geordnete Darstellung verbaler Äußerungen bzw. beobachteter Verhaltensweisen nach Personen und Variablen enthält und welches ebenfalls die Grundlage für die Analyse bildet (vgl. die Ausführungen in Teil 7).

3 Datenanalyse

3.1 Überblick

Die mit Hilfe primär- oder sekundärstatistischer Datengewinnung erhobenen und aufbereiteten Daten sind in geeigneter Weise zu verarbeiten, um sie einer Interpretation zugänglich zu machen. Hierfür steht eine ganze Reihe von Verfahren der Datenanalyse zur Verfügung, welche sich nach verschiedenen Kriterien einteilen lassen (vgl. Tab. 6.3).

Nach der *Zahl der berücksichtigten Variablen* wird zwischen univariater, bivariater und multivariater Datenanalyse unterschieden. Während sich eine univariate Datenanalyse auf die Untersuchung der Merkmalsausprägungen einer einzigen Variable beschränkt, werden im Rahmen von Verfahren der bi- und multivariaten Datenanalyse die Zusammenhänge zwischen zwei und mehr Variablen untersucht.

Nach dem *Geltungsanspruch* wird zwischen deskriptiven und induktiven Verfahren unterschieden. Aufgabe deskriptiver Verfahren ist die Beschreibung der in der Stichprobe – bzw. bei Totalerhebungen in der Grundgesamtheit – herrschenden Strukturen. Als Beispiele seien die Berechnung von Mittel- und Anteilswerten genannt. Können die Stichprobenbefunde auf eine reale oder hypothetische Grundgesamtheit übertragen werden, spricht man hingegen von induktiven (inferenziellen) Verfahren. Beispielsweise wird mit Hilfe geeigneter Tests vom Mittelwert in der Stichprobe mit einer bestimmten Irrtumswahrscheinlichkeit auf den Mittelwert in der Grundgesamtheit geschlossen.

Partitionierung der Datenmatrix beinhaltet die Frage, ob der Variablensatz in abhängige und unabhängige Variablen aufgeteilt werden kann. Ist dies der Fall, so spricht man von Verfahren der Dependenzanalyse; fehlt eine solche Partitionierung, wird also lediglich die Wechselbeziehung der Variablen untereinander untersucht, so handelt es sich um Verfahren der Interdependenzanalyse. Zu den Verfahren der Dependenzanalyse zählen insb. die Korrelationsanalyse und die Kontingenzanalyse, zu den Verfahren der Interdependenzanalyse z.B. die Varianzanalyse und die Regressionsanalyse.

Nach der *Richtung der Datenkompression* (bzw. nach der Betrachtungsebene) wird unterschieden, ob die Variablen in ihrer Gesamtheit betrachtet werden – z.B. Art oder Richtung des Zusammenhangs zwischen Variablen im Rahmen einer Korrelationsanalyse – oder aber als Betrachtungsebene einzelne Objekte analysiert werden, z.B. Zugehörigkeit eines bestimmten Objekts zu einer Objektgruppe im Rahmen der Clusteranalyse.

Je nachdem, ob die Analyse postulierte Zusammenhänge überprüft oder erst entdeckt, wird zwischen *strukturprüfenden* (konfirmatorischen) und *strukturentdeckenden* (exploratorischen) Verfahren unterschieden. Zu den strukturprüfenden Verfahren gehört die Regressionsanalyse, im Rahmen derer ein hypothetischer Modellzusammenhang geprüft wird; zu den strukturentdeckenden Verfahren zählt die Clusteranalyse.

Nach dem *Zweck der Auswertung* wird schließlich in Verfahren der Datenreduktion, Verfahren der Klassifikation, Verfahren zur Messung von Beziehungen und Verfahren zur Messung von Präferenzen unterschieden (vgl. Tab. 6.3).

Tab. 6.3: Einteilungskriterien von Verfahren der Datenanalyse

Kriterium	Ausprägungen	Kennzeichnung
Zahl der berücksichtigten Variablen	univariate Verfahren	Betrachtung der Merkmalsausprägungen einer einzigen Variablen
	bivariate Verfahren	Untersuchung der Beziehungen zwischen zwei Variablen
	multivariate Verfahren	Untersuchung der Beziehungen zwischen drei und mehr Variablen
Geltungsanspruch	deskriptive Verfahren	Aussagen über Strukturen in der Stichprobe
	induktive Verfahren	Übertragung von Stichprobenbefunden auf die Grundgesamtheit
Partitionierung der Datenmatrix	Verfahren der Dependenzanalyse	Untersuchung der Abhängigkeit von Variablen von einer oder mehreren unabhängigen Variablen
	Verfahren der Interdependenzanalyse	Untersuchung der wechselseitigen Beziehungen zwischen zwei und mehr Variablen
Richtung der Datenkompression	auf Variablen gerichtete Verfahren	Aussagen über Strukturen von Variablen
	auf Elemente gerichtete Verfahren	Aussagen über Strukturen einzelner Objekte
Ausgangspunkt der Auswertung	strukturprüfende Verfahren (konfirmatorisch)	Überprüfung der Konsistenz der Daten mit postulierten Zusammenhängen
	strukturentdeckende Verfahren (explorato-risch)	Aufdeckung von Zusammenhängen innerhalb eines Datensatzes
Auswertungszweck	Verfahren der Datenreduktion	Komprimieren der Rohdaten auf einige wenige überschaubare Größen
	Verfahren der Klassifikation	Aufteilung einer Gesamtheit von Objekten in Gruppen
	Verfahren zur Messung von Beziehungen	Ermittlung der Zusammenhänge zwischen Variablen
	Verfahren zur Messung von Präferenzen	Beschreibung und Erklärung von Auswahlentscheidungen

Verfahren der *Datenreduktion* haben die Aufgabe, die Vielzahl an Rohdaten zu komprimieren, um das Datenmaterial auf einige wenige überschaubare Größen zu reduzieren; dadurch können Strukturen erkannt werden. *Univariate Verfahren* der Datenreduktion erfassen u.a. die Bildung von Häufigkeitsverteilungen sowie Lokalisations- und Streuungsmaße; zu den *multivariaten Verfahren* der Datenreduktion zählt die Faktorenanalyse.

Verfahren der *Klassifikation* dienen dem Zweck, eine Gesamtheit von Objekten in Gruppen aufzuteilen; insofern dienen sie in gewisser Weise ebenfalls der Datenreduktion, da eine Vielzahl von Aussagen über Einzelobjekte auf Aussagen über Gruppen von Objekten komprimiert wird. Zu den gebräuchlichsten Verfahren der Klassifikation zählen die multivariaten Verfahren Clusteranalyse, Diskriminanzanalyse und Multidimensionale Skalierung.

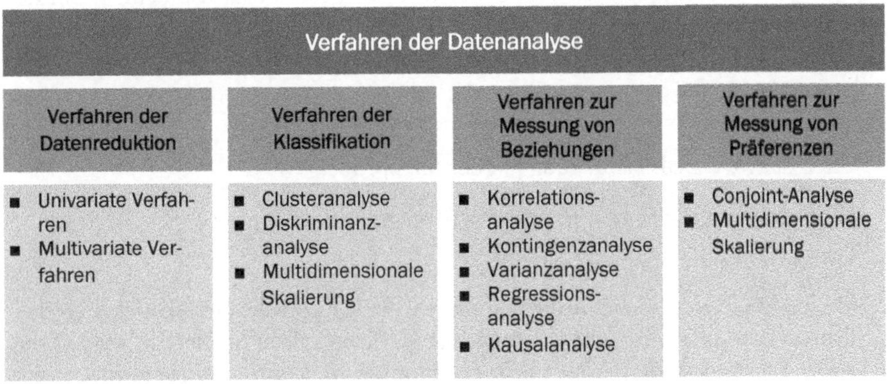

Abb. 6.3: Verfahren der Datenanalyse nach dem Auswertungszweck

Verfahren zur *Messung von Beziehungen* versuchen, Zusammenhänge zwischen den Variablen festzustellen. Bei einseitigen Zusammenhängen spricht man von Dependenzanalyse, bei wechselseitigen von Interdependenzanalyse (s.o.). Verfahren zur *Messung von Präferenzen* versuchen schließlich, Auswahlentscheidungen von Konsumenten zu beschreiben und zu erklären. Unter den Verfahren zur Präferenzmessung hat die Conjoint-Analyse große Bedeutung erlangt; Präferenzen können darüber hinaus auch mit Hilfe der Multidimensionalen Skalierung ermittelt werden. Im Folgenden werden die Grundzüge der gebräuchlichsten Verfahren skizziert.

3.2 Verfahren der Datenreduktion

3.2.1 Univariate Verfahren der Datenreduktion

Im Rahmen univariater Verfahren werden die Merkmalsausprägungen einer einzigen Variablen betrachtet bzw. bei Untersuchung mehrerer Variablen erfolgt die Analyse der einzelnen Variablen isoliert.

Deskriptive Verfahren

Ausgangspunkt *deskriptiver Verfahren* der Datenreduktion sind beobachtete Merkmalsausprägungen der Untersuchungsvariablen, welche zunächst ungeordnet vorliegen. Die Rohdaten („Urwerte") werden der Größe nach geordnet; anschließend wird daraus eine *Häufigkeitsverteilung* ermittelt. Darüber hinaus werden aus den Daten sog. *Maßzahlen* errechnet.

> **Definition**
>
> Eine *Häufigkeitsverteilung* beschreibt, wie häufig ein bestimmter Merkmalswert (Ausprägung) in der Stichprobe auftritt. Hierbei wird zwischen absoluten, relativen und kumulierten Häufigkeiten unterschieden.

Während die *absolute Häufigkeit* Aussagen darüber trifft, in wie vielen Fällen eine bestimmte Merkmalsausprägung j in der Stichprobe eingetreten ist (n_j), beschreibt die *relative Häufigkeit* p_j den jeweiligen Anteil der einzelnen Merkmalsausprägungen in der Stichprobe. Es gilt also:

$$p_j = \frac{n_j}{n}\text{, wobei}$$

p_j = Anteil der Merkmalsausprägung j in der Stichprobe,

n_j = absolute Häufigkeit der j-ten Merkmalsausprägung,

n = Zahl der Untersuchungseinheiten.

Bei Vorliegen eines mindestens ordinalen Skalenniveaus können die Häufigkeiten darüber hinaus *kumuliert* werden; die Aussage hierbei lautet: „Wie häufig tritt eine Merkmalsausprägung kleiner oder gleich einem bestimmten Wert auf?“. Es gilt also:

$$n_{j^*} = \sum_{j=1}^{j^*} n \quad \text{bzw. } p_{j^*} = \sum_{j=1}^{j^*} p_j \,.$$

Altersklasse	<20	20-39	40-49	60+	Summe
Absolute Häufigkeit	30	50	70	50	200
Relative Häufigkeit	0,15	0,25	0,35	0,25	1
Kumulierte relative Häufigkeit	0,15	0,40	0,75	1,0	

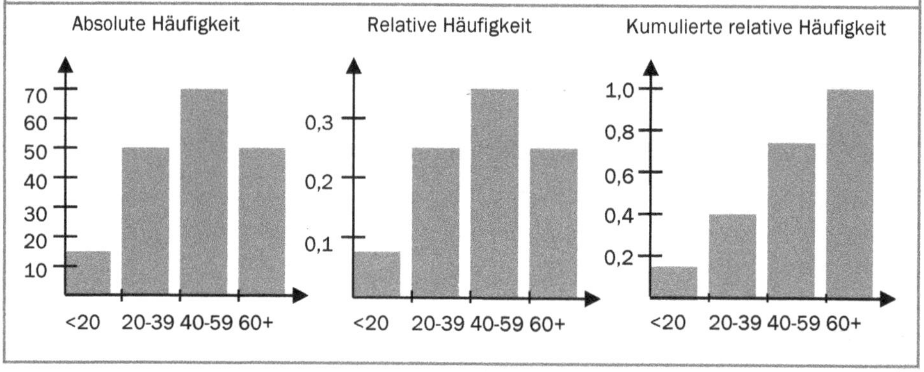

Abb.6.4: Exemplarische Häufigkeitsverteilung der Variable „Alter“ (Quelle: Fantapié Altobelli 1998, S. 328)

Abbildung 6.4 zeigt das Grundprinzip der Bildung von Häufigkeitsverteilungen am Beispiel der Variable „Alter“. Bei der Bildung von Häufigkeitsverteilungen ist das Skalenniveau der Variablen zu beachten. Die Menge aller Merkmalsausprägungen eines nominal bzw. ordinal skalierten Merkmals bildet zusammen mit den zugehörigen Häufigkeiten die Häufigkeitsverteilung für dieses Merkmal; dasselbe gilt für metrische diskrete Variablen mit nur sehr wenigen Ausprägungen (z.B. Kinderzahl). Liegt eine metrische diskrete Variable mit sehr vielen möglichen Werten (z.B. Einwohnerzahl) oder aber eine stetige bzw. annähernd stetige metrische Variable (wie z.B. Einkommen) vor, so ist eine Klassenbildung vorzunehmen, da i.d.R. davon auszugehen ist, dass die einzelnen Merkmalsausprägungen jeweils unterschiedlich sind, also nicht mehrfach vorkommen. Durch die Einführung von Klassen resultieren wenige alternative Ausprägungen j analog zu den nominal- oder ordinalskalierten Variablen. Bezeichnet man mit x_j^u $\left(\text{bzw. } x_{j-1}^o\right)$ die untere, mit x_j^o die obere Grenze einer bestimmten Klasse j, so gehört ein Variablenwert x_i dann der Klasse j an, wenn gilt:

$$x_{j-1}^o < x_i \le x_j^o.$$

Für jede Klasse kann als typischer Variablenwert die *Klassenmitte* definiert werden:

$$\bar{x}_j = \frac{1}{2}\left(x_{j-1}^o + x_j^o\right).$$

Beispiel 6.3:

Im Beispiel der Abb. 6.4 lassen sich die Klassenmitten wie folgt angeben:

$$\bar{x}_1 = \frac{1}{2}(0+19) = 9{,}5$$

$$\bar{x}_2 = \frac{1}{2}(20+39) = 29{,}5$$

$$\bar{x}_3 = \frac{1}{2}(40+59) = 49{,}5$$

$\bar{x}_4$ ist nicht angebbar, es sei denn, für die Variable „Alter" wird eine fiktive Obergrenze definiert, z.B. 100.

Es wird ersichtlich, dass mit der Klassenbildung einerseits ein Informationsverlust einhergeht, andererseits gewinnt die Darstellung an Übersichtlichkeit. Insofern sind bei der Bestimmung der *Anzahl der Klassen* Informationsgehalt und Übersichtlichkeit gegeneinander abzuwägen. Im Hinblick auf die Klassenbreite $d_j = x_j^o - x_{j-1}^o$ gilt:

- In Bereichen, in denen sich die Beobachtungswerte häufen, sollten die Klassen enger gefasst werden als in Randbereichen mit nur geringen Besetzungen.
- Die Anzahl verschiedener Klassenbreiten darf jedoch nicht zu unterschiedlich sein, um die Vergleichbarkeit der Häufigkeiten zu gewährleisten.

Definition

Eine *Maßzahl* ist eine reellwertige Funktion einer Datenmenge und dient der Zusammenfassung einer Vielzahl von Daten (z.B. Variablenwerten). Dazu gehören

- Verteilungsparameter und
- Verhältniszahlen.

Verteilungsparameter haben die Aufgabe, Häufigkeitsverteilungen anhand einiger weniger Werte zu beschreiben. Hierbei wird unterschieden zwischen

- Lageparametern (Lokalisationsmaßen),
- Streuungsparametern (Dispersionsmaßen),
- Formparametern und
- Konzentrationsparametern.

Lageparameter beschreiben die allgemeine Niveaulage einer Verteilung, d.h. deren mittlere Lage; es handelt sich hier also um Mittelwerte. Tabelle 6.4 zeigt die Lokalisationsmaße für die verschiedenen Skalenniveaus.

Tab. 6.4: Gebräuchliche Lageparameter in Abhängigkeit vom Skalenniveau

Lageparameter		
Messniveau	Charakterisierung	Beispiele
Nominal	*Modus* Beobachtungswert, der am häufigsten vorkommt	Am häufigsten gekaufte Marke eines bestimmten Produkts
Ordinal	*Median* Beobachtungswert, welcher die Reihe der (nach ihrer Größe geordneten) Beobachtungswerte halbiert (50 %-Quantil)	Note, welche die 50% besseren von den 50% schlechteren Studenten trennt
Metrisch	*Arithmetisches Mittel* (durchschnittlicher Beobachtungswert) $\bar{x} = \frac{1}{n}\sum_{i=1}^{n} x_i$	Durchschnittliche Kinderzahl in der Stichprobe
	Geometrisches Mittel (durchschnittliche Entwicklung der Beobachtungswerte) $\bar{x}_g = \sqrt[n]{\prod_{i=1}^{n} x_i}$	Durchschnittliches Wachstum des Marktanteils der Marke im Betrachtungszeitraum

Als *Modus* wird der häufigste Wert einer Verteilung bezeichnet; er kann sowohl bei nominalen als auch bei ordinalen und metrischen (ggf. klassierten) Variablen ermittelt werden. Der *Median* erfordert hingegen ein mindestens ordinales Skalenniveau und beschreibt den Zentralwert einer Verteilung, d.h. denjenigen Wert, der die 50% größeren von den 50% kleineren Variablenwerten trennt; er wird häufig auch als 50%-Quantil bezeichnet.

Definition

Als *p-Quantil* einer Verteilung bezeichnet man allgemein den Merkmalswert, welcher die 100·p% kleineren von den 100·p% größeren Variablenwerten trennt. Als Quartile werden dabei speziell die Werte x(0,25), x(0,5), x(0,75) bezeichnet (vgl. Abb. 6.5).

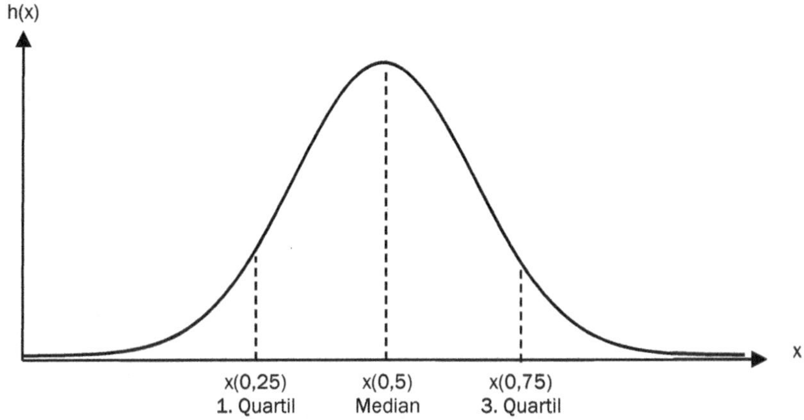

Abb. 6.5: Quartile einer Häufigkeitsverteilung

Bei ungerader Zahl der Ausprägungen ist der Median der (reale) Variablenwert mit der ganzzahligen Ordnungsnummer (n + 1)/2; bei gerader Zahl der Ausprägungen handelt es sich beim Median um einen fiktiven Wert. Bei klassierten metrischen Variablen berechnet sich der Median näherungsweise mittels linearer Interpolation (vgl. Schaich 1998, S. 36 f.).

Das *arithmetische Mittel* setzt mindestens Intervallskalenniveau voraus. In der Marktforschungspraxis wird es allerdings häufig auch auf Ordinaldaten angewandt. Liegt eine klassierte Häufigkeitsverteilung vor, so ist zunächst ist der Klassenmittelwert zu berechnen:

$$\bar{x}_j = \frac{1}{n_j} \sum_{\upsilon=1}^{n_j} x_{\upsilon j}$$

mit υ = Ordnungsnummer der Variablenwerte in der Klasse j.

Der Gesamtmittelwert resultiert als:

$$\bar{x} = \sum_{j=1}^{m} p_j \cdot \bar{x}_j$$

mit p_j = Anteil der Klasse j an der Gesamtstichprobe.

Das *geometrische Mittel* wird zur Berechnung durchschnittlicher Wachstumsprozesse eingesetzt. Eine Anwendung des arithmetischen Mittels würde in solchen Fällen zu fehlerhaften Ergebnissen führen.

Beispiel 6.4:

Die nachfolgende Tabelle enthält für die Jahre 2011-2016 die Marktanteile einer Marke X sowie die zugehörigen Wachstumsfaktoren. Die Wachstumsfaktoren x_i resultieren dabei durch Division des aktuellen Marktanteils durch den Vorjahreswert (für das Jahr 2010 wurde MA 2010 = 10 % beobachtet).

Jahr t	2011	2012	2013	2014	2015	2016
Marktanteil MA_t (in %)	12,5	15,0	11,5	14,0	16,0	17,5
Wachstumsfaktor x_t	1,25	1,20	0,77	1,22	1,14	1,09

Das geometrische Mittel wird errechnet als

$$\bar{x}_g = \sqrt[6]{1{,}25 \cdot 1{,}20 \cdot 0{,}77 \cdot 1{,}22 \cdot 1{,}14 \cdot 1{,}09} \approx 1{,}098\,.$$

Der resultierende Wert lässt sich wie folgt interpretieren: Wäre der Ausgangsmarktanteil MA_{2010} in Höhe von 10 % jährlich um genau 1,098 gestiegen, wäre 2016 ein Marktanteil von 17,5 % resultiert.

Streuungsparameter beschreiben die Variabilität der Merkmalswerte, d.h. sie sagen aus, in welchem Ausmaß die Variablenwerte im Bereich der Merkmalsskala verteilt sind. Auch hier ist das anzuwendende Maß vom Skalenniveau abhängig (vgl. Tab. 6.5).

Bei nominalskalierten Merkmalen kann lediglich angegeben werden, wie viele (bzw. welcher Anteil) der möglichen Ausprägungen der Variable in der Stichprobe realisiert wurden.

Beispiel 6.5:

Werden im Rahmen eines Werbetests zwei Gruppen von Probanden je 10 Marken präsentiert und werden in der ersten Gruppe im Anschluss an die Präsentation vier, in der zweiten Gruppe sechs Marken erinnert, so ist die Streuung in Gruppe 2 größer als in Gruppe 1.

Liegen ordinalskalierte Daten vor, so können zum einen die *Variationsbreite* (Spannweite), zum anderen der *Quartilsabstand* angegeben werden. Darüber hinaus kann auch der mittlere Quartilsabstand als halbierte Differenz zwischen dem ersten und dritten Quartil ermittelt werden.

Für metrische Daten ist eine ganze Reihe von Streuungsmaßen angebbar. Ausgangspunkt ist dabei grundsätzlich die sog. Abweichungquadratsumme, d.h. die Summe der quadrierten Abweichungen zwischen den einzelnen Variablenwerten und dem Mittelwert der Verteilung. Das in der Marktforschung am häufigsten verwendete Streuungsmaß ist die *Varianz* s^2; sie bezeichnet den Durchschnitt der quadrierten Abweichungen der Variablenwerte von deren Mittelwert. Deren positive Quadratwurzel ist die *Standardabweichung* s. Diese besitzt die gleiche Dimension wie die ursprünglichen Variablenwerte (z.B. €) und ist daher anschaulicher zu interpretieren als die Varianz, deren Dimension die quadrierte Dimension der Variablenwerte ist (z.B. €²). An dieser Stelle sei noch erwähnt, dass im Rahmen der deskriptiven Statistik die Varanz durch Division der Abweichungsquadratsumme durch die Zahl der Beobachtungswerte errechnet wird, im Rahmen der induktiven Statistik dagegen durch die Zahl der Freiheitsgrade.

Neben der Varianz als mittlere quadratische Abweichung kann auch die *mittlere absolute Abweichung* errechnet werden. Sollen Variablen unterschiedlicher Niveaulage miteinander verglichen werden, z.B. Einkommen und Kinderzahl, so empfiehlt es sich, den *Variationskoeffizienten* zu berechnen; auf diese Weise lässt sich die Dimension „herausrechnen". Voraussetzung ist allerdings Verhältnisskalenniveau.

Tab. 6.5: Gebräuchliche Streuungsmaße in Abhängigkeit vom Skalenniveau

Streuungsmaße		
Messniveau	Charakterisierung	Beispiele
Nominal	*Anteil realisierter Ausprägungen* $p^* = \frac{n^*}{n}$	Anteil erinnerter Marken bezogen auf die Gesamtheit der im Rahmen eines Werbetests präsentierten Marken
Ordinal	*Variationsbreite* (Differenz zwischen dem größten und dem kleinsten Beobachtungswert) $V = x^{max} - x^{min}$	Spanne, innerhalb welcher sich die Notenergebnisse einer bestimmten Klausur bewegen
	Quartilsabstand (Differenz zwischen dem dritten und dem ersten Quartil) $\alpha = x_{75} - x_{25}$	Notenspanne, innerhalb welcher 50% der Studenten fallen (die jeweils 25% besten und schlechtesten sind damit nicht enthalten)
Metrisch	*Mittlere absolute Abweichung* $e = \frac{1}{n}\sum_{i=1}^{n}\lvert x_i - \bar{x}\rvert$ *Varianz* $s^2 = \frac{1}{n}\sum_{i=1}^{n}(x_i - \bar{x})^2$ *Standardabweichung* $s = \sqrt{\frac{1}{n}\sum_{i=1}^{n}(x_i - \bar{x})^2}$ *Variationskoeffizient* $VK = \frac{s}{\bar{x}}$	Durchschnittliche (absolute oder quadratische) Abweichung des Einkommens (in Euro) vom Durchschnittswert in der Stichprobe (in Euro)

Beispiel 6.6:

Im Rahmen einer Befragung resultierten bei der Frage „ Ich achte auf gesunde Ernährung“ die folgenden Ergebnisse:

Antwortkategorie	Kodierung	Absolute Häufigkeiten	Relative Häufigkeiten	Kumulierte relative Häufigkeiten
trifft voll zu	4	35	0,35	0,35
trifft eher zu	3	25	0,25	0,60
trifft eher nicht zu	2	30	0,30	0,90
trifft überhaupt nicht zu	1	10	0,10	1,00
Summe		100	1,00	

Der Mittelwert resultiert als:

$$\bar{x} = \frac{1}{100}(35 \cdot 4 + 25 \cdot 3 + 30 \cdot 2 + 10 \cdot 1) = 2{,}85.$$

Die Varianz errechnet sich als

$$s^2 = \frac{1}{100}\left[35(4-2{,}85)^2 + 25(3-2{,}85)^2 + 30(2-2{,}85)^2 + 10(1-2{,}85)^2\right] = 1{,}0275$$

und die zugehörige Standardabweichung beträgt

$$s = \sqrt{s^2} = 1{,}0137,$$

d.h. im Durchschnitt weichen die Einzelbewertungen um 1,0137 Punkte vom Mittelwert (2,85) ab. Der Variationskoeffizient beträgt damit

$$VK = \frac{s}{\bar{x}} = \frac{10{,}137}{2{,}85} = 0{,}3557.$$

Die Spannweite errechnet sich als $(4-1) = 3$.

Formparameter beschreiben die Gestalt einer Verteilung und umfassen Schiefe- sowie Wölbungsmaße. Während Schiefemaße Aussagen über die Symmetrie einer Verteilung erlauben, beschreiben Wölbungsmaße die Steilheit einer Funktion. Diese Maße sind nützlich, da Verteilungen bei gleichem Mittelwert und gleicher Standardabweichung durchaus unterschiedliche Gestalt haben können. Ist beispielsweise die Einkommensverteilung der Käufer von Marke X linkssteil und die der Käufer von Marke Y rechtssteil, lässt sich schlussfolgern, dass Marke X eher von Haushalten mit niedrigem und Marke Y eher von Haushalten mit hohem Einkommen nachgefragt wird. Darüber hinaus können je nach Form J- bzw. U-Verteilungen sowie unimodale oder multimodale Verteilungen unterschieden werden. Bei einer unimodalen Verteilung gibt der Mittelwert die mittlere Lage der Verteilung angemessen an, bei einer multimodalen Verteilung ist der Gesamtmittelwert hingegen wenig aussagekräftig. Abbildung 6.6 zeigt ausgewählte Typen (idealisierter) Häufigkeitsverteilungen.

Konzentrationsparameter untersuchen schließlich das Ausmaß der Ungleichverteilung der Gesamtheit der Merkmale auf die Merkmalsträger, d.h. sie beschreiben, inwieweit die Verteilung von einer Gleichverteilung abweicht. Am gebräuchlichsten ist das Konzentrationsmaß nach Lorenz (vgl. Abb. 6.7). Die 45°-Linie repräsentiert die Gleichverteilung. Je größer die Fläche A ist, umso größer ist die relative Konzentration. Handelt es sich bei der betrachteten Variable beispielsweise um das Einkommen, so besagt Abb. 6.7, dass 20 % der Personen 60 % des Gesamteinkommens erwirtschaften.

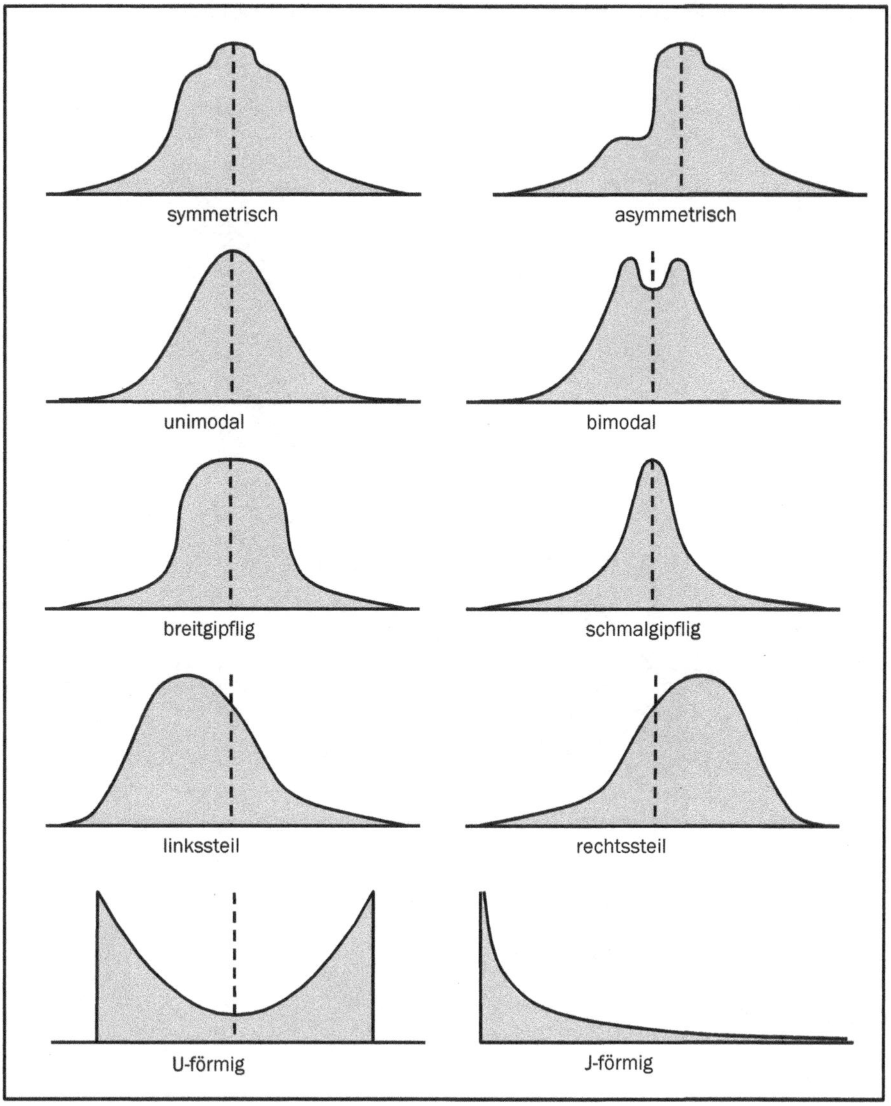

Abb. 6.6: Ausgewählte idealtypische Formen von Häufigkeitsverteilungen

Neben den hier beschriebenen Verteilungsparametern können auch *Verhältniszahlen* ermittelt werden. Hierzu gehören:

- Quoten (Anteilswerte einer Größe an einer übergeordneten Größe, z.B. Umsatzanteil),
- Relationen von sachlich zusammenhängenden Variablen, z.B. Pro-Kopf-Einkommen,
- Messzahlen (Verhältnis eines Wertes in der Berichtsperiode zu einem Wert in der Basisperiode, z.B. Umsatz 2017 bezogen auf Umsatz 2016),
- Indexzahlen (gewogenes arithmetisches Mittel von Messzahlen mit gleicher Basis- und Berichtsperioden, Preisindizes von Laspeyres und von Paasche).

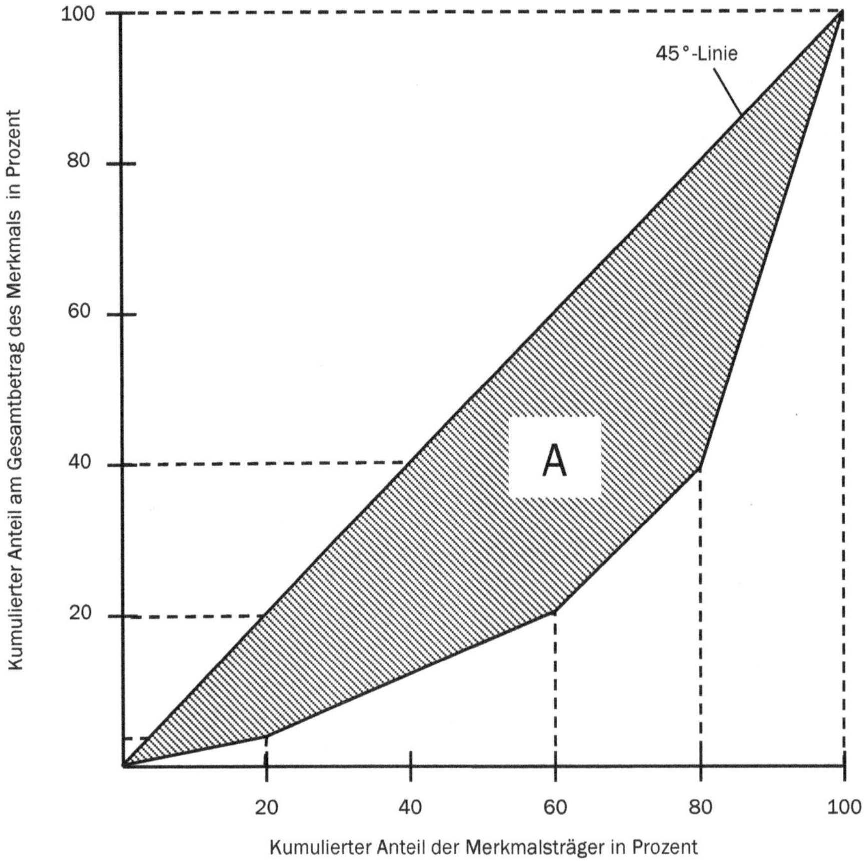

Abb. 6.7: Beispiel für eine Lorenz-Kurve

Induktive Verfahren

> Definition
>
> Im Rahmen der *induktiven Statistik* können aus der Stichprobe Rückschlüsse auf die Gegebenheiten in der Grundgesamtheit gezogen werden.

Die ermittelten Verteilungsparameter können *Signifikanztests* unterzogen werden, mit Hilfe derer Hypothesen über die Verteilung als Ganzes bzw. über einzelne Verteilungsparameter in der Grundgesamtheit überprüft werden. Der allgemeine Ablauf eines Signifikanztests ist in Abb. 6.8 wiedergegeben. Die grundsätzliche Vorgehensweise soll anhand der Prüfung des Mittelwerts dargestellt werden.

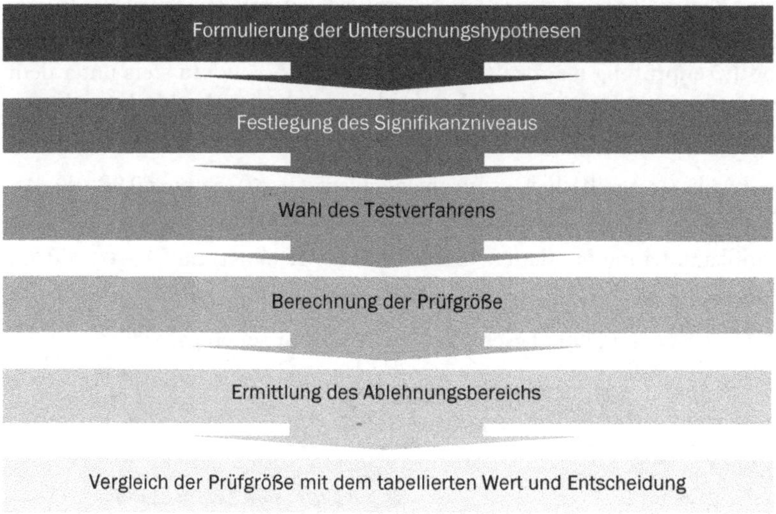

Abb. 6.8: Allgemeiner Ablauf eines Hypothesentests

Formulierung der Untersuchungshypothesen

Im ersten Schritt werden die *Untersuchungshypothesen* formuliert; hierbei handelt es sich um die Nullhypothese H_0 und um die Alternativhypothese H_1. Die *Nullhypothese* H_0 wird in der Regel so formuliert, dass der interessierende Sachverhalt verneint wird. Gelingt es, die Hypothese abzulehnen, so gilt der postulierte Zusammenhang als (vorläufig) bestätigt. Darüber hinaus wird die *Alternativhypothese* H_1 formuliert, welche bei Widerlegung von H_0 angenommen wird. Bei der Formulierung von Hypothesen ist es von entscheidender Bedeutung, ob es sich um eine einseitige oder eine zweiseitige Fragestellung handelt.

Bei *zweiseitiger Fragestellung* interessiert lediglich die Tatsache, ob sich der Mittelwert μ vom Ausgangswert μ_0 signifikant unterscheidet; ob μ von μ_0 dabei nach oben oder nach unten abweicht, ist irrelevant. Demzufolge werden die Hypothesen folgendermaßen formuliert:

H_0: $\mu = \mu_0$ und

H_1: $\mu \neq \mu_0$.

Bei *einseitiger Fragestellung* interessiert auch die Richtung der Abweichung des Mittelwerts μ von μ_0. Wird beispielsweise postuliert, dass sich μ im Vergleich zu μ_0 *erhöht* hat, würde man die folgenden Hypothesen formulieren:

H_0: $\mu \leq \mu_0$ und

H_1: $\mu > \mu_0$.

Festlegung des Signifikanzniveaus

Der nächste Schritt besteht darin, das Signifikanzniveau α festzulegen. Der Wert von α bezeichnet die Wahrscheinlichkeit dafür, dass die Nullhypothese abgelehnt wird, obwohl sie in der Realität (d.h. in der Grundgesamtheit) zutrifft (aus diesem Grunde wird α auch als Irrtumswahrscheinlichkeit bezeichnet). Damit wird deutlich, dass eine statistische Hypothesenprüfung nie mit 100 %-iger Sicherheit, sondern stets unter dem Vorbehalt einer bestimmten Irrtumswahrscheinlichkeit erfolgt. In der Marktforschung gebräuchlich sind folgende Signifikanzniveaus:

- α = 0,1: die zugehörige Sicherheitswahrscheinlichkeit (1 –α) beträgt 0,90 (90 %), was allenfalls als „schwach signifikant" bezeichnet werden kann;
- α = 0,05 (signifikant, häufig mit dem Symbol '*' gekennzeichnet) mit (1 – α) = 0,95;
- α = 0,01 (hochsignifikant,'**') mit (1 – α) = 0,99;
- α = 0,001 (***), (1 – α) = 0,999 (dieser Wert wird nur sehr selten gefordert).

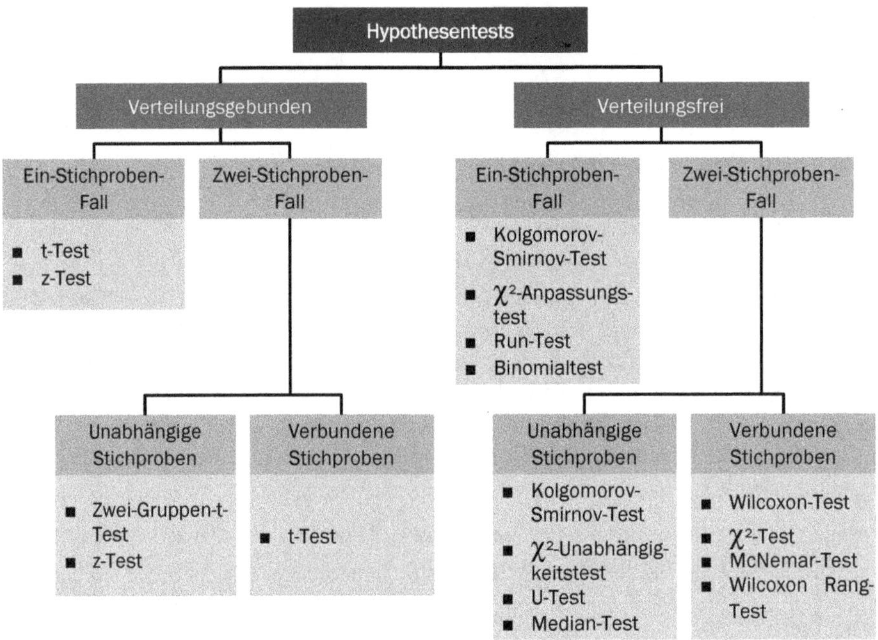

Abb. 6.9: Die gebräuchlichsten statistischen Tests (Quelle: Malhotra 2010, S. 503)

Auswahl des Testverfahrens

In der Statistik existiert eine Vielzahl von Testverfahren, die sich in verteilungsgebundene und verteilungsfreie Prüfverfahren einteilen lassen (vgl. Abb. 6.9). *Verteilungsgebundene Prüfverfahren* (auch: parametrische Tests) setzen Normalverteilung der betrachteten Variable voraus; hierzu gehören der t-Test (Prüfung eines Mittelwerts bzw. Vergleich zweier Mittelwerte) sowie der F-Test (Vergleich von Varianzen). *Verteilungsfreie Prüfverfahren* (auch: nichtparametrische Tests) kommen ohne Normalverteilungsvoraussetzung aus, z.B. der Mann-Whitney-U-Test zum Vergleich von Mittelwerten.

Tab. 6.6: Ausgewählte statistische Testverfahren im Ein-Stichproben-Fall

	Bezeichnung	Voraussetzungen	Prüfgröße	Verteilung der Prüfgröße
Prüfung des Mittelwerts	z-Test	▪ Normalverteilung von x ▪ Varianz der Grundgesamtheit σ^2 bekannt	$z = \frac{\bar{x}-\mu_0}{\sigma}.\sqrt{n}$	Standardnormalverteilung
	t-Test	▪ Normalverteilung von x ▪ σ^2 unbekannt	$t = \frac{\bar{x}-\mu_0}{s}.\sqrt{n}$ mit $s = \sqrt{\frac{1}{n-1}\cdot\sum(x_i-\bar{x})^2}$	t-Verteilung mit $k = n - 1$ Freiheitsgraden
Prüfung des Anteilswerts	z-Test	▪ n „groß" ($n > 30$) ▪ π_0 nicht zu nahe bei 0 oder 1 ($0{,}05 \leq \pi_0 \leq 0{,}95$) ▪ Modell mit Zurücklegen ▪ Anteilswert π der Grundgesamtheit bekannt	$z = \frac{p-\pi_0}{\sqrt{\pi(1-\pi)}}\cdot\sqrt{n}$	Standardnormalverteilung
	t-Test	▪ n „groß" ▪ π_0 nicht zu nahe bei 0 oder 1 ▪ Modell mit Zurücklegen ▪ Anteilswert π der Grundgesamtheit unbekannt	$t = \frac{p-\pi_0}{\sqrt{p(1-p)}}\cdot\sqrt{n}$	t-Verteilung mit $k = n - 1$ Freiheitsgraden
Prüfung der Varianz	χ^2-Test	▪ Normalverteilung von x ▪ σ^2 unbekannt	$\chi^2 = \frac{1}{\sigma_0^2}(x_i-\bar{x})^2$	χ^2-Verteilung mit $k = n - 1$ Freiheitsgraden
	z-Test	▪ Normalverteilung von x ▪ σ^2 unbekannt ▪ n „groß" ($n > 30$)	$z = \frac{s}{\sigma_0}\cdot\sqrt{2n}-\sqrt{2n-3}$ mit $s = \sqrt{\frac{1}{n-1}\sum(x_i-\bar{x})^2}$	Standardnormalverteilung (approximativ)
Prüfung der Verteilung einer Variablen	χ^2-Anpassungstest	▪ x diskret mit m möglichen Ausprägungen ($j = 1,\ldots,m$) ▪ n „groß" ($n > 30$) ▪ keine der erwarteten Häufigkeiten soll kleiner als 1 sein ▪ höchstens 20 % der erwarteten Häufigkeiten sollen kleiner als 5 sein ▪ einseitiger Test	$\chi^2 = \sum_{j=1}^{m}\frac{(n_j-n\cdot\pi_j)^2}{n\cdot\pi_j^2}$ mit n_j = beobachtete Häufigkeiten in der Kategorie j π_j = erwarteter (theoretischer) Anteil der Kategorie j	Für $n \rightarrow \infty$ asymptotisch χ^2-verteilt mit $m - 1$ Freiheitsgraden

Nach dem Gegenstand der Prüfung lassen sich statistische Tests danach unterscheiden, ob sie *Parameter* einer Verteilung oder eine *Verteilung als Ganzes* überprüfen. Als Parameter einer Verteilung werden typischerweise Mittelwerte, Anteilswerte oder Varianzen getestet. Hingegen wird beim Test einer gesamten Verteilung überprüft, ob die Verteilung der empirischen Werte einer theoretischen Verteilung folgt. Hierzu gehört beispielsweise der χ^2-Anpassungstest oder der Kolmogorov-Smirnov-Test.

Auf die einzelnen Testverfahren kann hier nicht im Detail eingegangen werden. Für weiterführende Informationen sei auf die Spezialliteratur verwiesen (vgl. z.B. Kreyszig 1979, Pfanzagl 1983).

Berechnung der Prüfgröße

Die Wahl des Testverfahrens führt zur Festlegung der zugrunde zu legenden Prüfverteilung, d.h. je nach Testverfahren ist die Prüfgröße zu berechnen, welche einer bestimmten, bekannten Verteilung folgt. Soll der Mittelwert der Grundgesamtheit geprüft werden, so wird die Prüfgröße auf der Basis des Mittelwerts $\bar{x}$ in der Stichprobe berechnet. Als Testverfahren werden meist der t-Test oder der z-Test herangezogen. Tabelle 6.6 zeigt die Prüfgrößen und deren Verteilungen für ausgewählte statistische Testverfahren im Ein-Stichproben-Fall.

Ermittlung des Ablehnungsbereichs

Liegt das Signifikanzniveau fest und wurde die Prüfgröße bestimmt, so kann der Ablehnungsbereich ermittelt werden. Es wird also das Intervall bestimmt, innerhalb dessen die Nullhypothese abgelehnt wird. Daraus resultiert auch die Entscheidungsregel, welche besagt, dass die Nullhypothese dann abzulehnen ist, wenn die Prüfgröße in den Ablehnungsbereich fällt. Zur Ermittlung des Ablehnungsbereichs ist dabei zwischen einseitigem und zweiseitigem Test zu unterscheiden. Abbildung 6.10 zeigt die Zusammenhänge am Beispiel der Prüfung des Mittelwerts (z-Test). Bei zweiseitiger Fragestellung ist die Nullhypothese dann abzulehnen, wenn die Prüfgröße entweder größer als das $(1 - \alpha/2)$-Quantil der Standardnormalverteilung oder kleiner als das zugehörige negative $(1 - \alpha/2)$-Quantil ist.

Bei einseitiger Fragestellung wird die Nullhypothese dann abgelehnt, wenn die Prüfgröße größer (kleiner) als das $(1 - \alpha)$-Quantil bzw. dessen negativer Wert ist. Analog lässt sich der Ablehnungsbereich bei den übrigen Tests ermitteln. Die konkrete Bestimmung des Ablehnungsbereichs kann auf der Grundlage statistischer Tabellen erfolgen, in welchen für die verschiedenen Verteilungen Quantile tabelliert sind (vgl. die entsprechenden Tabellen im Anhang).

Vergleich der Prüfgröße mit dem tabellierten Wert und Entscheidung

Der empirische Wert der Prüfgröße wird mit dem theoretischen Wert verglichen, welcher bei entsprechender Verteilung bei einem Signifikanzniveau α resultieren würde. Moderne Statistikpakete wie z.B. SPSS oder STATISTA zeigen als Ergebnis dabei meist nicht den empirischen Prüfwert, sondern die betreffende Irrtumswahrscheinlichkeit (z.B. $p = .004735$), sodass die Signifikanz der betrachteten Größe unmittelbar beurteilt werden kann. Auf die Heranziehung statistischer Tafelwerke kann dann verzichtet werden. Hier wäre das Ergebnis auf dem 5%-Niveau, nicht aber auf dem 1%-Niveau signifikant. Das Ergebnis des Tests ist anschließend zu interpretieren.

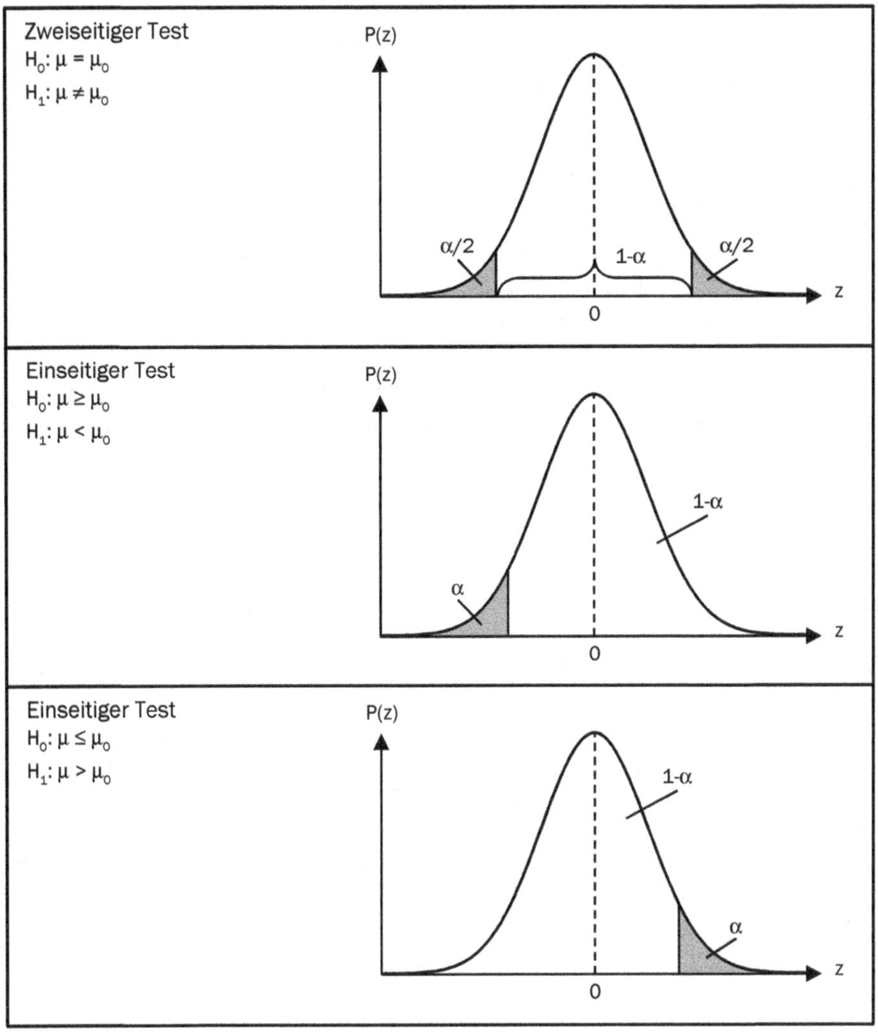

Abb. 6.10: Ablehnungs- und Annahmebereiche beim z-Test des Mittelwerts

Im Zusammenhang mit statistischen Tests ist noch auf Fehler 1. und 2. Art. hinzuweisen (vgl. Bortz/Schuster 2010, S. 100).

- Der Fehler 1. Art *(α-Fehler)* tritt dann auf, wenn H_0 wahr ist, jedoch aufgrund des Stichprobenbefunds abgelehnt wird.
- Der Fehler 2. Art *(β-Fehler)* entsteht hingegen dann, wenn H_0 falsch ist, jedoch fälschlicherweise nicht abgelehnt wird.

Die Wahrscheinlichkeit eines β-Fehlers verhält sich dabei gegenläufig zum Signifikanzniveau α.

Lage des wahren Parameters		Entscheidung: H_0 wird … nicht abgelehnt	abgelehnt
H_0 ist …	wahr	korrekte Entscheidung $1-\alpha$	Fehler 1. Art α
	falsch	Fehler 2. Art β	Korrekte Entscheidung $1-\beta$

Zur Verringerung von β kann bei gegebenem α der Stichprobenumfang erhöht werden. Der Wert $(1-\beta)$ bezeichnet dabei die Trennschärfe des Tests, d.h. die Wahrscheinlichkeit der Vermeidung eines Fehlers 2. Art. Ist der wahre Wert der Grundgesamtheit unbekannt, so kann die Trennschärfe des Tests als Funktion des Werts des zu prüfenden Parameters dargestellt werden (Gütefunktion, Powerfunktion).

Die Vorgehensweise eines Hypothesentests wird am Beispiel eines Mittelwerttests dargestellt. (In der Realität ist der Test bei n=10 nicht sinnvoll, das Beispiel dient nur der Illustration der Methodik.)

Beispiel 6.7:

Ein Hersteller von Industrieanlagen möchte in Erfahrung bringen, ob die bei ihm tätigten Außendienstmitarbeiter, wie im Dienstvertrag vereinbart wurde, die wichtigsten Kunden des Unternehmens (Key Accounts) auch tatsächlich alle 14 Tage besuchen, d.h. die vorgeschriebenen 26 Besuche pro Jahr absolvieren. Zu diesem Zweck wird bei einer Stichprobe von 10 Key Accounts telefonisch erfragt, wie viele Besuche der für sie zuständige Mitarbeiter im vergangenen Jahr absolviert hat. Die Ergebnisse der Umfrage sind in nachfolgender Tabelle erfasst.

Kunde i	1	2	3	4	5	6	7	8	9	10
Zahl der Besuche x_i	24	27	28	25	26	22	21	23	20	24

Die Zahl der Besuche in der Stichprobe reicht von 20 – 28 Besuchen, der Mittelwert beträgt 24 Besuche. Nun möchte der Hersteller feststellen, ob diese mittlere Besuchszahl – statistisch gesehen – mit der vorgeschriebenen durchschnittlichen Besuchszahl von $\mu_0 = 26$ kompatibel ist.

Interessiert den Hersteller die exakte Einhaltung der vorgeschriebenen Besuchszahl, so ist von einer *zweiseitigen Fragestellung* auszugehen:

$$H_0 : \mu = \mu_0 = 26 \text{ und}$$
$$H_1 : \mu \neq \mu_0 = 26.$$

Als Signifikanzniveau wird $\alpha = 0{,}05$ festgelegt. Da die Varianz in der Grundgesamtheit unbekannt ist, wird folgende Prüfgröße verwendet:

$$t = \frac{\bar{x} - \mu_0}{s} \cdot \sqrt{n}.$$

Für den Mittelwert und die Varianz in der Stichprobe gilt:

$$\bar{x} = \frac{1}{10} \sum_i x_i = 24$$

$$s^2 = \frac{1}{9} \sum_i (x_i - \bar{x})^2 = 6{,}67$$

und

$$s = \sqrt{6{,}67} = 2{,}58.$$

Damit beträgt die Prüfgröße:

$$t^{emp} \frac{24 - 26}{2{,}58} \cdot \sqrt{10} = -5{,}48.$$

Bei zweiseitiger Fragestellung wird bei einem Signifikanzniveau $\alpha = 0{,}05$ das 0,975-Quantil

$$1 - \alpha/2 = 0{,}975$$

der t-Verteilung bei k = 9 Freiheitsgraden herangezogen:

t (0,975; 9) = 2,262.

Die Nullhypothese ist abzulehnen, wenn $t^{emp} > 2{,}262$ oder $t^{emp} < -2{,}262$. Da dies im Beispiel der Fall ist, wird H_0 abgelehnt, d.h. die Anzahl der Außerdienstbesuche weicht signifikant von der vorgeschriebenen Anzahl von 26 Besuchen ab.

In diesem Beispiel kann es jedoch sinnvoll sein, lediglich die *Unterschreitung* der vorgeschriebenen Besuchszahl zu untersuchen, d.h. die Überprüfung, ob die Außendienstmitarbeiter weniger als die vereinbarte Besuchszahl absolviert haben. In diesem Falle ist von einer *einseitigen Fragestellung* auszugehen. Dementsprechend lauten die Hypothesen:

$$H_0 : \mu \geq \mu_0 = 26 \text{ und}$$
$$H_1 : \mu < \mu_0 = 26.$$

Der empirische Prüfwert $t^{emp} = -5{,}48$ wird mit dem 0,95 Quantil der t-Verteilung mit k = 9 Freiheitsgraden verglichen:

t (0,95; 9) = 1,833.

Die H_0-Hypothese ist auch hier abzulehnen, die tatsächliche Zahl an Besuchen ist nicht größer oder gleich 26. Damit wird H_1 angenommen, d.h. im Durchschnitt werden A-Kunden weniger häufig als alle 14 Tage besucht. Dies bedeutet, die Außendienstmitarbeiter haben im Durchschnitt ihre vertraglich vereinbarte Leistung nicht erbracht.

3.2.2 Faktorenanalyse

Explorative Faktorenanalyse

Definition

Die *explorative Faktorenanalyse* ist ein strukturenentdeckendes Verfahren zur Reduktion von Daten. Ziel dieser Methode ist die Verdichtung einer Vielzahl von Variablen, welche mehr oder weniger voneinander abhängig sind, auf wenige voneinander unabhängige Variablen, sog. Faktoren, ohne dass es zu einem entscheidenden Informationsverlust kommt.

Im Rahmen der Faktorenanalyse erfolgt eine Bündelung der erhobenen interkorrelierten Variablen auf wenige zentrale, unabhängige (Einfluss-)Faktoren (vgl. ausführlich Jöreskog/Sörbom 1979 und Überla 1977). Dabei müssen die Daten mindestens intervallskaliert sein, d.h. ein metrisches Datenniveau der betrachteten Variablen ist erforderlich. Ferner sollte das Datenmaterial aus einer möglichst homogenen Stichprobe von Befragten entstammen.

Eine Faktorenanalyse vollzieht sich in folgenden *Schritten* (vgl. Backhaus et al. 2015, S. 391):

- Variablenauswahl und Errechnung der Korrelationsmatrix,
- Extraktion der Faktoren und Bestimmung der Kommunalitäten,
- Bestimmung der Anzahl der Faktoren,
- Faktorinterpretation und
- Bestimmung der Faktorwerte.

Ausgangspunkt der Faktorenanalyse sind die erhobenen Ausgangsdaten, welche die Bewertung von Eigenschaften für Objekte seitens der Probanden widerspiegeln. Im Rahmen der *Variablenauswahl* und der *Errechnung der Korrelationsmatrix* ist es zunächst erforderlich, die Zusammenhänge zwischen den Ausgangsvariablen messbar zu machen. Diese Zusammenhänge werden mit Hilfe der Korrelationsanalyse ermittelt, die zur Messung bzw. zur Aufdeckung der Zusammenhänge zwischen den Ausgangsvariablen dient. Zu diesem Zweck wird der *Korrelationskoeffizient* herangezogen, der Auskunft über die Stärke des Zusammenhanges zwischen zwei Variablen gibt (vgl. die Ausführungen in Abschnitt 3.4.5). Vor der Errechnung der Korrelationsmatrix empfiehlt sich jedoch eine *Standardisierung* der Ausgangsdaten, um eine bessere Vergleichbarkeit erzielen zu können. Dies geschieht durch Transformation der Merkmale mit Hilfe folgender Formel:

$$z_{ki} = \frac{x_{ki} - \bar{x}_k}{s_k} \text{ mit}$$

z_{ki} = standardisierter Wert der Variablen k bei Objekt i,

x_{ki} = Ausprägung von Merkmal k bei Objekt i,

$\bar{x}_k$ = Mittelwert des Merkmals k,

s_k = Standardabweichung des Merkmals k.

Die Mittelwerte $\bar{x}_k$ für die Variablen k errechnen sich dabei als

$$\bar{x}_k = \frac{1}{n}\sum_k x_k$$

und die zugehörigen Standardabweichungen s_k als

$$s_k = \sqrt{\frac{\sum (x_k - \bar{x}_k)^2}{n-1}}.$$

Die Notwendigkeit der Standardisierung ist dann gegeben, wenn die Merkmale in unterschiedlichen Maßeinheiten gemessen werden. Auf der Basis der standardisierten Datenwerte kann anschließend die Korrelationsmatrix erstellt werden (vgl. Tab. 6.7).

Tab. 6.7: Aufbau der Korrelationsmatrix

Variable	x_1	x_2	x_3	x_4
x_1	1	...	...	...
x_2		1	...	...
x_3			1	...
x_4				1

Die Korrelationsmatrix (R) enthält die Korrelationskoeffizienten (r) über alle Eigenschaften. Ferner gibt sie Auskunft über die Unabhängigkeit der Ausgangsvariablen. Ist $r \geq 0{,}6$, können Variablen zu einem Faktor gebündelt werden, da eine starke Korrelation gegeben ist. Wird in der Korrelationsmatrix eine starke Korrelation zwischen zwei oder mehreren Variablen festgestellt, geht die Faktorenanalyse von der Hypothese aus, dass die Variablen von einem hinter ihnen stehenden gemeinsamen Faktor bestimmt werden.

Um festzustellen, inwiefern die Korrelationsmatrix für die Faktorenanalyse aussagefähig ist, können weitere Untersuchungen durchgeführt werden. Geeignete Maße hierfür sind u.a. das Signifikanzniveau der Korrelationen, die Inverse der Korrelationsmatrix, der Bartlett-Test, die Anti-Image-Kovarianz-Matrix sowie das Kaiser-Meyer-Olkin-Kriterium (vgl. zu den einzelnen Maßen Backhaus et al. 2015, S. 398 ff.).

Tab. 6.8: Aufbau der Faktorladungsmatrix

Variable	Faktor			
	F_1	F_2	...	F_n
x_1	...	...	...	...
x_2	...	...	...	...
...	...	...	...	...
x_j	...	...	...	...

Die Maßgröße für den Zusammenhang zwischen einer oder mehrerer Variable(n) und dem Faktor ist die Faktorladung, die angibt, mit welcher Gewichtung die ermittelten Faktoren an der Beschreibung der beobachteten Zusammenhänge beteiligt sind. Diese lassen sich in einer sog. *Faktorladungsmatrix* darstellen (vgl. Tab. 6.8). Die Vorgehensweise soll anhand eines Beispiels erläutert werden.

Beispiel 6.8:

Eine Supermarktkette will ihr Outletkonzept vollkommen umgestalten. Sie beauftragt eine Marktforschungsgruppe, relevante Eigenschaften der Outlets (Einkaufsstätten) zu ermitteln. Mit Hilfe von Tiefeninterviews wurden im Rahmen einer explorativen Voruntersuchung die folgenden relevanten Eigenschaften identifiziert:

- Wahrgenommenes Preisleistungsverhältnis (Preis),
- Ausreichender Parkraum (Parking),
- Übersichtlichkeit der Warenpräsentation (Präsentation),
- Erreichbarkeit mit ÖPNV (Anbindung),
- Attraktivität der Verkaufsförderungsmaßnahmen (Promotion).

Zur Datengewinnung werden Kunden in sechs verschiedenen Outlets der Supermarktkette gebeten, diese Eigenschaften auf einer Skala von 1 = sehr schlecht bis 7 = sehr gut zu bewerten. Dabei ergeben sich folgende Mittelwerte:

Outlet	Präsentation	Parking	Preis	Promotion	Anbindung
1	1,0	2,0	1,0	2,1	1,0
2	2,0	4,0	6,0	2,9	3,0
3	4,1	5,0	5,1	4,1	4,0
4	5,0	3,0	6,0	6,1	2,0
5	2,0	6,9	3,0	2,9	5,0
6	3,0	7,0	4,0	4,1	6,0

Im Rahmen einer Faktorenanalyse sollen obige Eigenschaften reduziert werden. Die Marktforschungsgruppe berechnet aus der obigen Datenmatrix die folgende Korrelationsmatrix:

	Präsentation	Parking	Preis	Promotion	Anbindung
Präsentation	1,00000	0,05163	0,71105	0,95787	0,11234
Parking		1,00000	0,07455	0,00056	0,98623
Preis			1,00000	0,67289	0,13961
Promotion				1,00000	0,06072
Anbindung					1,00000

Anhand der vorliegenden Korrelationsmatrix könnten folgende Eigenschaften zu je einem Faktor zusammengefasst werden:

- Faktor 1: Präsentation, Preis, Promotion
- Faktor 2: Parking, Anbindung.

Die in den Faktoren enthaltenen Eigenschaften haben untereinander durchweg eine Korrelation von $r \geq 0{,}6$.

Der zweite Schritt der Faktorenanalyse beinhaltet die *Extraktion der Faktoren*. Grundlage der Faktorenermittlung (Faktorenextraktion) ist das *Fundamentaltheorem*, welches den Zusammenhang zwischen der Korrelationsmatrix und der Faktorladungsmatrix darstellt. Im Rahmen der Faktorenanalyse geht man von der Annahme aus, dass sich jeder Beobachtungswert einer Ausgangsvariable als Linearkombination mehrerer Faktoren beschreiben lässt. Mathematisch lässt sich das Fundamentaltheorem wie folgt beschreiben (vgl. Hüttner/Schwarting 2008, S. 250; Überla 1977, S. 50 ff.):

$$z_{ki} = a_{k1} \cdot p_{i1} + a_{k2} \cdot p_{i2} + \ldots + a_{kQ} \cdot p_{iQ} = \sum_{q=1}^{Q} a_{kq} \cdot p_{iq} \text{ mit}$$

z_{ki} = Standardisierter Wert der Variablen k bei Objekt i,

a_{kq} = Faktorladung q von Variable k,

p_{iq} = Faktor p_q von Objekt i.

Die standardisierte Variable z kann also vollständig durch die Faktorladungen a multipliziert mit den Faktoren p abgebildet werden.

Zur Verkürzung der Notation lässt sich das Fundamentaltheorem auch in Matrizenschreibweise darstellen:

$\mathbf{Z} = \mathbf{P} \cdot \mathbf{A'}$

mit

P = Matrix der Faktoren

A' = Inverse der Faktorladungsmatrix.

Das Fundamentaltheorem der Faktorenanalyse beschreibt den Zusammenhang zwischen der Korrelationsmatrix **R** und der Faktorladungsmatrix **A**. Es besagt, dass sich die Korrelationsmatrix durch die Faktorladungen und die Korrelationsmatrix der Faktoren **C** reproduzieren lässt:

$\mathbf{R} = \mathbf{A} \cdot \mathbf{C} \cdot \mathbf{A'}$.

Da üblicherweise Unkorreliertheit der Faktoren unterstellt wird, reduziert sich das Fundamentaltheorem auf

$\mathbf{R} = \mathbf{A} \cdot \mathbf{A'}$.

Die Gültigkeit dieses Ausdruckes beschränkt sich allein auf den Fall der Annahme linearer Additivität (vgl. Backhaus et al. 2015, S. 401, Hüttner/Schwarting 2008, S. 251).

Auf der Grundlage des Fundamentaltheorems werden zwei Verfahren der *Bestimmung der Kommunalitäten* vorgestellt und erläutert:

- Hauptkomponentenanalyse sowie
- Hauptachsenanalyse.

Definition

Unter dem Begriff *Kommunalität* versteht man den Teil der Gesamtvarianz einer Variablen, der durch die gemeinsamen Faktoren erklärt wird bzw. den Umfang an der Varianzerklärung, den die Faktoren gemeinsam für die jeweiligen Ausgangsvariablen liefern. Rechnerisch wird die Kommunalität durch die Summe der quadrierten Faktorladungen einer Variablen über alle Faktoren bestimmt.

Bei der *Hauptkomponentenanalyse* handelt es sich um ein besonders effizientes Verfahren zur Faktorenermittlung, das von Pearson (1901) entwickelt und von Hotelling (1933) erstmals in diesem Zusammenhang angewendet wurde. Die Annahme der Hauptkomponentenanalyse besteht darin, dass die Varianz der Ausgangsvariablen vollständig durch die Faktoren erklärt wird, d.h. eine Einzelrestvarianz in den Variablen existiert nicht. Das bedeutet, dass der Startwert der Kommunalität immer gleich 1 ist und die Kommunalität von 1 auch immer dann vollständig reproduziert wird, wenn ebenso viele Faktoren wie Variablen extrahiert werden. Ist die Anzahl der Faktoren geringer als die Anzahl der Variablen, ist im Ergebnis der Wert der Kommunalität (erklärter Varianzanteil) kleiner 1. Der „nicht erklärte" Varianzanteil (1-Kommunalität) ist jedoch keine Einzelrestvarianz. Hierbei handelt es sich um den durch die Faktoren nicht reproduzierten Varianzanteil, der als Informationsverlust deklariert wird. Ziel der Hauptkomponentenanalyse ist somit eine möglichst umfassende Reproduktion der Datenstruktur mit möglichst wenigen Faktoren.

Im Rahmen der *Hauptachsenanalyse* wird nicht von einer vollständigen Erklärung der Varianzen durch die Faktoren ausgegangen. Bei dieser Methode ist der Startwert der Kommunalitätenschätzung somit kleiner 1, was bedeutet, dass die Varianz einer Variablen nur in Höhe einer vorgegebenen Kommunalität reproduziert werden kann. Dadurch wird unterstellt, dass sich die Varianz einer Variablen immer in die Kommunalität und die Einzelrestvarianz aufteilt. Ziel der Hauptachsenanalyse ist somit die Erklärung der Varianz der Variablen durch die Faktoren, wohingegen die Hauptkomponentenanalyse insbesondere auf umfassende Reproduktion der Datenstruktur durch die Faktoren abzielt (vgl. Aaker et al. 2013, S. 521 ff.).

Die Vorgehensweise soll anhand eines *Beispiels* erläutert werden.

Beispiel 6.9:

Anhand der Korrelationsmatrix aus Beispiel 6.8 wird folgende Faktorladungsmatrix ermittelt:

Variablen	Faktor 1	Faktor 2	Faktor 3	Faktor 4	Faktor 5
Präsentation	0,943	-0,225	-0,201	-0,144	0,005
Parking	0,278	0,957	-0,030	0,010	0,075
Preis	0,837	-0,149	0,526	0,012	0,003
Promotion	0,917	-0,270	-0,261	0,135	-0,003
Anbindung	0,340	0,937	-0,009	-0,004	-0,076

Die Faktorladungen der einzelnen Faktoren ermöglichen die Berechnung der Kommunalitäten der einzelnen Variablen. Bei einer Extraktion von beispielsweise nur zwei Faktoren (Faktor 1, Faktor 2) resultiert die Kommunalität folgendermaßen:

	Kommunalität
Präsentation	0,9394
Parking	0,9933
Preis	0,7235
Promotion	0,9137
Anbindung	0,9941

Die Kommunalität der Variable „Präsentation“ errechnet sich z.B. als $(0{,}943)^2+(0{,}225)^2 = 0{,}9394$. Die verbleibende Differenz von (1-0,9394) = 0,0606 ist gemäß der Hauptkomponentenanalyse als der durch die beiden extrahierten Faktoren nicht erklärte Varianzanteil der Variable „Präsentation“ zu interpretieren.

Der dritte Schritt der Faktorenanalyse beinhaltet die Ermittlung der *Zahl der Faktoren*. Da zur Bestimmung der Faktorenzahl keine eindeutigen Vorschriften existieren, werden im Folgenden zwei gebräuchliche Kriterien herangezogen:

- Kaiser-Kriterium und
- Scree-Test.

Zur Bestimmung der Faktorenzahl müssen sowohl beim Kaiser-Kriterium als auch beim Scree-Test die Eigenwerte der einzelnen Faktoren ermittelt werden (vgl. Beispiel 6.10).

Definition

Der *Eigenwert* ist das Maß für die durch einen Faktor erklärte Varianz der Grundgesamtheit, d.h. der Eigenwert liefert den Varianzbeitrag eines Faktors im Hinblick auf die Varianz aller Variablen. Rechnerisch wird der Eigenwert durch die Summe der quadrierten Faktorladungen eines Faktors bestimmt.

Auf der Grundlage des *Kaiser-Kriteriums* wird die Zahl der Faktoren extrahiert, deren Eigenwert größer Eins ist. Begründet wird diese Vorgehensweise mit der standardisierten Varianz der Variablen, die den Wert Eins hat. Würde der Eigenwert kleiner Eins sein, würde noch nicht einmal die Varianz einer Variablen erklärt werden.

Im Gegensatz dazu werden beim *Scree-Test* die Eigenwerte in einem Eigenwert-Faktor-Diagramm mit abnehmender Wertefolge angeordnet. Die Punkte, die sich asymptotisch der Abszisse nähern, werden durch eine Gerade angenähert. Dabei bestimmt der „letzte“ Punkt links von der Geraden („Elbow“) die Anzahl der zu extrahierenden Faktoren. Es muss einschränkend erwähnt werden, dass dieses Verfahren nicht immer eine eindeutige Lösung liefert, da sich aufgrund ähnlicher Differenzen der Eigenwerte nicht immer ein eindeutiger Knick (Elbow) ermitteln lässt (vgl. Backhaus et al. 2015, S. 416 f., Aaker et al. 2013, S. 524 f.).

Beispiel 6.10:

Anhand der Werte aus dem Beispiel 6.8 soll die zu extrahierende Anzahl an Faktoren sowohl nach dem Kaiser-Kriterium als auch nach dem Scree-Test ermittelt werden. Dafür müssen aus der Faktorladungsmatrix zuerst die Eigenwerte der einzelnen Faktoren errechnet werden.

	Faktorladungen				
Variablen	Faktor 1	Faktor 2	Faktor 3	Faktor 4	Faktor 5
Präsentation	0,943	-0,225	-0,201	-0,144	0,005
Parking	0,278	0,957	-0,030	0,010	0,075
Preis	0,837	-0,149	0,526	0,012	0,003
Promotion	0,917	-0,270	-0,261	0,135	-0,003
Anbindung	0,340	0,937	-0,009	-0,004	-0,076

Die Faktorladungen der einzelnen Faktoren ermöglichen die Berechnung der einzelnen Eigenwerte, indem die Summe der quadrierten Faktorladungen eines Faktors gebildet wird:

	Faktor 1[1]	Faktor 2	Faktor 3	Faktor 4	Faktor 5
Eigenwert	2,623	1,940	0,386	0,039	0,011

[1] $\text{Eigenwert Faktor 1} = (0{,}943)^2 + (0{,}278)^2 + (0{,}837)^2 + (0{,}917)^2 + (0{,}340)^2 \approx 2{,}62.$

Anhand des vorliegenden Ergebnisses werden sowohl gemäß dem Kaiser-Kriterium als auch gemäß dem Scree-Test die Faktoren 1 und 2 extrahiert. Die Faktoren könnten wie folgt beschrieben werden:

- *Faktor 1:* Marketingaktivitäten (Präsentation, Preis, Promotion)
- *Faktor 2:* Infrastruktur und Erreichbarkeit (Parking, Anbindung).

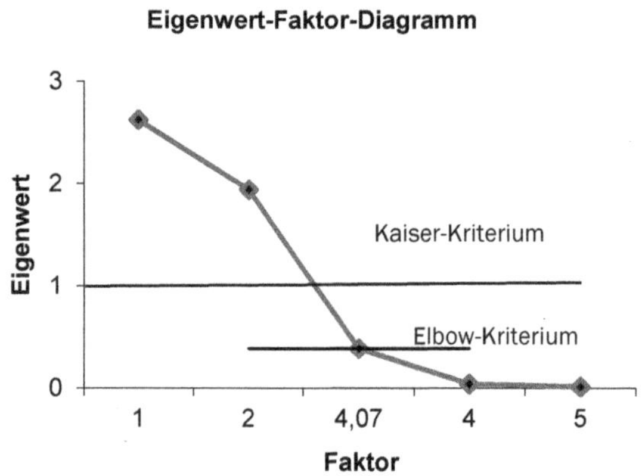

Abb. 6.11: Eigenwert-Faktor-Diagramm des Beispiels 6.10

Der vierte Schritt der Faktorenanalyse beinhaltet die *Faktoreninterpretation.* Hierbei handelt es sich um einen kreativen Prozess, indem die in einem Faktor zusammengefassten Variablen mit einem Begriff umschrieben werden müssen. Außerdem dienen die Eigenwerte der Faktoren auch zur Bestimmung ihrer Bedeutung. Interpretationsprobleme entstehen, wenn Variablen auf mehrere Faktoren hochladen, d.h. die Faktorladungen einer Variablen sind bei mehreren Faktoren größer als 0,5. Um dieses Problem zu lösen, kommt es zum Einsatz der *Faktorenrotation*. Zur Interpretationserleichterung wird eine Rotation, d.h. eine Drehung der Koordinatenachsen im Ursprung durchgeführt, bei der die Rechtwinkligkeit der Achsen erhalten bleibt (vgl. Abb. 6.12). Die Rotation wird soweit vollzogen, bis möglichst viele Variablen auf nur noch einen Faktor hoch und auf alle anderen niedrig laden. Ziel ist es, dass die Varianz der quadrierten Ladungen maximiert wird. Dadurch wird es möglich, dass eine Ausgangslösung hinsichtlich ihrer Interpretierbarkeit deutlich verbessert werden kann. Die wichtigsten Rotationsalgorithmen sind (vgl. Costello/Osborne 2005, S. 3):

- Varimax-Rotation: Maximierung der Varianz der quadrierten Ladungen pro Faktor;
- Quartimax-Rotation: Maximierung der Varianz der quadrierten Ladungen pro Variable;
- Equamax-Rotation: Kombination aus der Varimax- und der Quartimax-Rotation.

Im Anschluss an die gegebenenfalls notwendige Faktorenrotation erfolgt dann die Interpretation.

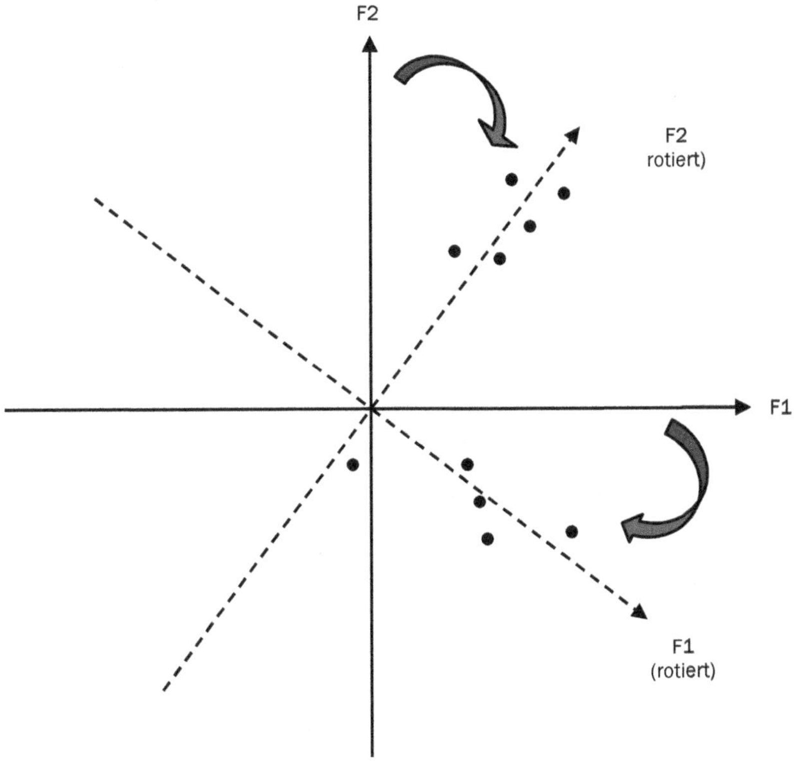

Abb. 6.12: Rechtwinklige Varimax-Rotation

Neben der Information, dass die Variablen auf eine geringe Zahl an Faktoren reduziert werden können, ist von Interesse, welche Werte die Objekte (z.B. Marken) hinsichtlich der extrahierten Faktoren annehmen, d.h. die Ausprägung der Faktoren bei den Objekten (vgl. Backhaus et al. 2015, S. 421 f.). Der fünfte Schritt der Faktorenanalyse umfasst daher die *Bestimmung der Faktorwerte.*

Um die *Positionierung der Objekte* vorzunehmen, müssen die einzelnen Faktorwerte berechnet werden. Zunächst erfolgt dabei eine Standardisierung der Beobachtungswerte (Ausgangsdaten). In einem zweiten Schritt kann dann die Berechnung der Faktorwerte F_{ij} erfolgen:

$$F_{ji} = \sum_{k=1}^{K} w_{jk} \cdot z_{ki} \text{ mit}$$

F_{ji} = Faktorwert des Objektes i der Dimension j,

w_{jk} = Factor Score Coefficient für Variable k der Dimension j.

Zur Ermittlung der Koeffizienten der Faktorwerte (Factor Score Coefficients) werden Schätzverfahren eingesetzt; je nach Wahl des Schätzverfahrens kann die Lösung dabei variieren. In vielen Fällen erfolgt die Berechnung der Faktor Score Coefficients auf der Basis der Regressionsanalyse (vgl. Backhaus et al. 2015, S. 421). Erfolgt eine Reduzierung der Variablen auf lediglich zwei bzw. drei Faktoren, so lassen sich die Faktorenwerte in einem Faktorwertediagramm graphisch darstellen und anschließend interpretieren.

Beispiel 6.11:

Aus den Daten der Beispiele 6.8 – 6.10 wurden die folgenden Factor Score Coefficients mit Hilfe von SPSS ermittelt:

	Faktor 1	Faktor 2
Präsentation	0,37725	-0,01447
Parking	-0,03145	0,50350
Preis	0,32816	0,01234
Promotion	0,37422	-0,03935
Anbindung	-0,00598	0,50080

Anhand der vorliegenden Informationen werden die Faktorwerte berechnet.

1. Beobachtungswerte standardisieren:

1.1 Berechnung der Mittelwerte für die Variablen über die Objekte:

Präsentation: $\bar{x}_1 = \frac{1+2+4{,}1+5+2+3}{6} = 2{,}85$

Parking: $\bar{x}_2 = 4{,}65$

Preis: $\bar{x}_3 = 4{,}18$

Promotion: $\bar{x}_4 = 3{,}70$

Anbindung: $\bar{x}_5 = 3{,}50$

1.2 Berechnung der Standardabweichung der Variablen:

Präsentation: $s_1 = \sqrt{\frac{(1-2{,}85)^2 + (2-2{,}85)^2 + ... + (3-2{,}85)^2}{6-1}} = 1{,}49$

Parking: $s_2 = 2{,}04$

Preis: $s_3 = 1{,}95$

Promotion: $s_4 = 1{,}41$

Anbindung: $s_5 = 1{,}87$

1.3 Berechnung der standardisierten Beobachtungswerte:

Standardisierte Beobachtungswerte

Outlet	Präsentation	Parking	Preis	Promotion	Anbindung
1	-1,243	-1,297	-1,633	-1,136	-1,336
2	-0,571	-0,318	0,932	-0,568	-0,267
3	0,840	0,171	0,470	0,284	0,267
4	1,445	0,808	0,932	1,704	-0,802
5	-0,571	1,101	-0,607	-0,568	0,802
6	0,101	1,150	-0,094	0,284	1,336

Beispielsweise resultiert z_{11} als: $z_{11} = \frac{1-2{,}85}{1{,}49} = -1{,}243$.

2. Berechnung der Faktorwerte:

Faktorwerte

Outlet	Faktor 1	Faktor 2
1	-1,381	-1,280
2	-0,111	-0,252
3	0,570	0,203
4	1,519	-0,885
5	-0,667	0,979
6	0,069	1,235

Für F_{11} ergibt sich exemplarisch:

$$F_{11} = 0{,}37725 \cdot (-1{,}243) + ... + (-0{,}00598) \cdot (-1{,}336) = -1{,}381.$$

Die nun vorliegenden Faktorwerte lassen sich in ein Faktordiagramm übertragen. Als Ergebnis kann festgehalten werden, dass

- die Outlets 1, 2 und 3 sowohl die Infrastruktur als auch die Marketingaktivitäten verbessern müssen (unterschiedlich stark),
- das Outlet 4 die Infrastruktur verbessern muss und
- die Outlets 5 und 6 die Marketingaktivitäten erhöhen müssen.

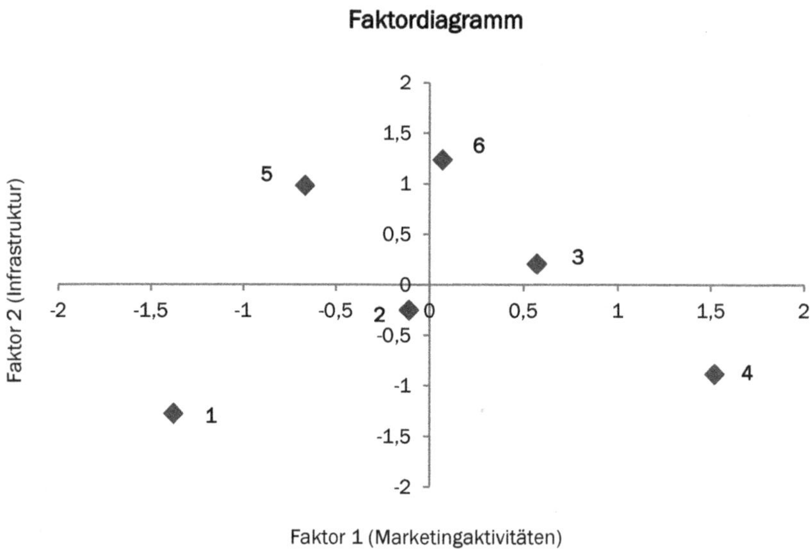

Abb. 6.13: Faktordiagramm des Beispiels 6.11

Konfirmatorische Faktorenanalyse

Definition

Die *konfirmatorische Faktorenanalyse* ist eine Methode zur formalen Darstellung der Messung komplexer Konstrukte durch Indikatoren und zur gleichzeitigen Gütebeurteilung dieser Messung. Sie dient somit der Kontrolle der bei der explorativen Faktorenanalyse gewonnenen Ergebnisse.

Durch die Anwendung der konfirmatorischen Faktorenanalyse sollen die Schwachstellen der explorativen Faktorenanalyse, d.h. die Nichtberücksichtigung von Messfehlern, die hohe Subjektivität bei der Reduzierung von Faktoren sowie die Ergebnisinterpretation ausgeglichen werden. Somit ist die konfirmatorische im Gegensatz zur explorativen Faktorenanalyse als strukturprüfend einzuordnen. Sie kann zur Hypothesenprüfung herangezogen werden, wenn aufgrund theoretischer Vorüberlegungen Hypothesen über die Beziehung zwischen direkt beobachtbaren Variablen und dahinter stehenden, nicht beobachtbaren Faktoren aufgestellt werden und es von Interesse ist, diese Hypothesen an einem empirischen Datensatz zu prüfen. Diese Variante der Faktorenanalyse basiert ebenfalls auf dem Fundamentaltheorem.

Ausgangspunkt für die konfirmatorische Faktorenanalyse ist die Modellspezifikation. Diese umfasst die Definition der Indikatoren und der Faktoren sowie die Zuordnung der Indikatoren zu den Faktoren. Ferner wird in dieser Phase der Analyse untersucht, inwieweit die ermittelten Daten mit dem konstruierten Modell konsistent sind. Problematisch ist die Zuweisung von Skalen zu latenten Konstrukten, die grundsätzlich keine eigenen Skalen aufweisen. Dies geschieht entweder durch Fixierung einer Faktorladung (i.d.R. mit dem Wert 1) oder durch Fixierung der Varianz eines Faktors.

Die Spezifikation umfasst latente Variablen (ξ_j), Indikatorvariablen (x_i), Messfehlervariablen (σ_i), Faktorladungen (λ_{ij}) und die Korrelationen der latenten Variablen untereinander (ψ_{jk}). Daraus ergibt sich für das Messmodell folgende Gleichung (vgl. Homburg et al. 2008a, S. 280):

$\mathbf{x} = \mathbf{\Lambda} \cdot \boldsymbol{\xi} + \boldsymbol{\sigma}$ mit

$\mathbf{x}$ = Vektor der Indikatorvariablen,

$\mathbf{\Lambda}$ = Matrix der Faktorladungen,

$\boldsymbol{\xi}$ = Vektor der latenten Variablen,

$\boldsymbol{\sigma}$ = Vektor der Messfehler.

Diese Grundgleichung nimmt in Matrizenschreibweise folgende Form an:

$$\begin{pmatrix} x_1 \\ x_2 \\ \vdots \\ x_I \end{pmatrix} = \begin{pmatrix} \lambda_{1,1} & \lambda_{1,2} & \cdots & \lambda_{1,J} \\ \lambda_{2,1} & \lambda_{2,2} & \cdots & \lambda_{2,J} \\ \cdots & \cdots & \cdots & \cdots \\ \lambda_{I,1} & \lambda_{I,2} & \cdots & \lambda_{I,J} \end{pmatrix} \cdot \begin{pmatrix} \xi_1 \\ \vdots \\ \xi_J \end{pmatrix} + \begin{pmatrix} \sigma_1 \\ \vdots \\ \sigma_J \end{pmatrix}.$$

Im zweiten Schritt erfolgt die Parameterschätzung. Ziel ist es, die unbekannten Parameter (λ_{ij}, φ_{jk}, $\theta_{\sigma,ij}$) so zu schätzen, dass die vom Modell reproduzierte Kovarianzmatrix $\hat{\mathbf{\Sigma}} = \mathbf{\Sigma}\left(\hat{\mathbf{\Lambda}}, \hat{\varphi}, \hat{\theta}_\sigma\right)$ die empirische Kovarianzmatrix **S** möglichst exakt reproduziert. Dadurch wird eine Minimierung einer Diskrepanzfunktion zwischen **S** und $\mathbf{\Sigma}$ erreicht. Zu berücksichtigen ist jedoch, dass die Diskrepanzfunktion von der verwendeten Schätzmethode abhängt. Weite Verbreitung findet die Maximum-Likelihood-Methode, bei der zu einem gegebenen Stichprobenergebnis **S** derjenige Wert $\hat{\mathbf{\Sigma}}$ als Schätzer für $\mathbf{\Sigma}$ gewählt wird, unter dem die Wahrscheinlichkeit des Eintretens von **S** am größten ist.

Die Überprüfung, ob die angenommenen Faktoren das Modell gut beschreiben, erfolgt im dritten Schritt der Vorgehensweise anhand einer Vielzahl von Anpassungsmaßen. Ein Modell, dessen ermittelte Anpassungsmaße sich innerhalb der Anspruchsniveaus befinden, kann als „gut beschrieben" angesehen werden. Ist ein Modell nicht ausreichend gut beschrieben, so sind Modifikationen erforderlich, etwa die Änderung der Faktorenstruktur, die Herausnahme einzelner Faktoren, die Modifikation der gesamten Modellstruktur oder die Verwendung von so genannten „Cross-loadings". „Cross-loadings" kommen dann zur Anwendung, wenn einzelne Variablen Einfluss auf mehrere Faktoren haben. Die Modifikation der Modellstruktur wird dann abgeschlossen, wenn die gewünschten Anspruchsniveaus erreicht sind.

Eine Übersicht der gebräuchlichsten Anpassungsmaße sowie der zugehörigen Anspruchsniveaus liefert Tab. 6.9. Globalmaße beschreiben dabei die Modellgüte insgesamt, Partialmaße (lokale Gütekriterien) die Anpassungsgüte einzelner Komponenten. Bei der Anwendung der Kriterien wird dabei typischerweise eine vollständige Erfüllung der globalen Gütemaße gefordert, bei den lokalen Gütemaßen wird die Erfüllung einer Teilmenge (z.B. 50 %) als ausreichend angesehen. Zu beachten ist, dass im Hinblick auf die Anspruchsniveaus bei den einzelnen Kriterien in der Literatur teilweise Uneinigkeit herrscht; die angegebenen Werte sind daher z.T. als Richtgrößen aufzufassen. Ausführliche Erläuterungen zu den einzelnen Anpassungsmaßen sowie eine Übersicht der Anspruchsniveaus liefern Homburg et al. 2008a, S. 282 ff. sowie Homburg/Baumgartner 1995.

Tab. 6.9: Anpassungsmaße zur Beurteilung von konfirmatorischen faktoranalytischen Modellen

Gütekriterien		Anspruchsniveau
Globale Gütekriterien	Goodness of Fit-Index (GFI)	$\geq 0{,}9$
	Adjusted Goodness of Fit-Index (AGFI)	$\geq 0{,}9$
	Normed-Fit-Index (NFI)	$\geq 0{,}9$
	Comparative-Fit-Index (CFI)	$\geq 0{,}9$
	Root Mean Square Error of Approximation (RMSEA)	$\leq 0{,}08$
	χ^2 /df	$\leq 2{,}5$
Lokale Gütekriterien	Indikatorreliablilität	$\geq 0{,}3$-$0{,}4$
	Faktorreliabilität (FR)	$\geq 0{,}5$-$0{,}6$
	Anteil durchschnittlich erfasster Varianz	$\geq 0{,}5$
	Signifikanztest der Faktorladungen (einseitig; $\alpha = 0{,}05$ bzw. 0,01)	$\geq 1{,}645$ bzw. $\geq 2{,}326$

Den letzten Schritt beinhaltet die Ergebnisinterpretation. Dabei steht im Fokus, inwieweit die theoretisch unterstellte Struktur mit den empirischen Daten konsistent ist. In diesem Zusammenhang sind die einzelnen Parameterschätzer interessant. Unterschiede in der Stärke der Faktorladungen geben Hinweise auf die Eignung einzelner Indikatoren zur Messung des Konstrukts, wobei hohe Faktorladungen auf eine gute Eignung des Indikators zur Messung hinweisen (vgl. Homburg et al. 2008a, S. 289).

3.3 Verfahren der Klassifikation

3.3.1 Clusteranalyse

Definition

Ziel der *Clusteranalyse* ist es, eine heterogene Gesamtheit von Objekten (z.B. Konsumenten, Marken) anhand relevanter Merkmale in Gruppen (Cluster) einzuteilen. Dabei sollen die klassifizierten Objekte innerhalb der Gruppe möglichst ähnlich und die Gruppen untereinander möglichst unähnlich sein.

Die Variablen können sowohl metrisch als auch nominal (binär) oder ordinal ausgeprägt sein. Eine typische Anwendung im Marketing ist die Bildung von Marktsegmenten bzw. Zielgruppen. Die Clusteranalyse umfasst verschiedene Verfahren der Gruppenbildung. Sie vollzieht sich in folgenden *Schritten*:

- Bestimmung der Ähnlichkeiten zwischen den Objekten,
- Auswahl des Fusionierungsalgorithmus,
- Bestimmung der Clusteranzahl,
- Clusterbeschreibung.

Ausgangspunkt der Clusteranalyse bildet eine Rohdatenmatrix, welche in allgemeiner Form in Tab. 6.10 dargestellt ist. Zu klassifizieren sind i = 1, … I Objekte anhand von k = 1, …, K Variablen.

Tab. 6.10: Aufbau der Rohdatenmatrix einer Clusteranalyse

	Variable 1	Variable 2	...	Variable k	...	Variable K
Objekt 1	x_{11}	x_{12}		x_{1k}		x_{1K}
Objekt 2	x_{21}	x_{22}		x_{2k}		x_{2K}
…	…	…		…		…
Objekt i	x_{i1}	x_{i2}		x_{ik}		x_{iK}
…	…	…		…		…
Objekt I	x_{I1}	x_{I2}		x_{Ik}		x_{IK}

Um die Ähnlichkeiten zwischen den Objekten zu ermitteln, wird die Rohdatenmatrix in eine sog. *Distanzmatrix* (*Ähnlichkeitsmatrix*) überführt, die immer eine quadratische (I×I)-Matrix darstellt. Die Quantifizierung der Ähnlichkeit oder Distanz zwischen den Objekten wird allgemein als *Proximitätsmaß* bezeichnet. Zwei Arten von Proximitätsmaßen lassen sich unterscheiden:

- *Ähnlichkeitsmaße*: Sie spiegeln die Ähnlichkeit zweier Objekte wider (je größer der Wert, desto ähnlicher sind sich die zwei Objekte);
- *Distanzmaße*: Sie messen die Unähnlichkeit zwischen zwei Objekten (je größer der Wert, desto unähnlicher sind die zwei Objekte).

Während Ähnlichkeitsmaße meistens bei nichtmetrischen Merkmalen eingesetzt werden, finden Distanzmaße überwiegend bei metrischen Merkmalen ihre Anwendung (vgl. Raab et al. 2009, S. 248 f.). Abbildung 6.14 gibt einen Überblick über die gebräuchlichsten Proximitätsmaße. Auf die wichtigsten wird im Folgenden näher eingegangen.

Bei einem *nominalen (binären) Skalenniveau* beruhen die Ähnlichkeitsmaße größtenteils auf der allgemeinen Ähnlichkeitsfunktion

$$S_{ij} = \frac{a + \delta d}{a + \delta d + \lambda(b + c)} \quad \text{mit}$$

S_{ij} = Ähnlichkeit zwischen den Objekten i und j,

a = Anzahl der Merkmale, die bei beiden Objekten vorhanden sind (1;1),

b = Anzahl der Merkmale, die nur bei Objekt 2 vorhanden sind (0;1),

c = Anzahl der Merkmale, die nur bei Objekt 1 vorhanden sind (1;0),

d = Anzahl der Merkmale, die bei beiden Objekten nicht vorhanden sind (0;0),

δ, λ = mögliche konstante Gewichtungsfaktoren.

Der Unterschied zwischen den einzelnen Proximitätsmaßen liegt in der Höhe der beiden Gewichtungsfaktoren δ und λ (vgl. zu den verschiedenen Proximitätsmaßen den Überblick bei Bortz/Schuster 2010, S. 454 ff. sowie Backhaus et al. 2015, S. 460 ff.).

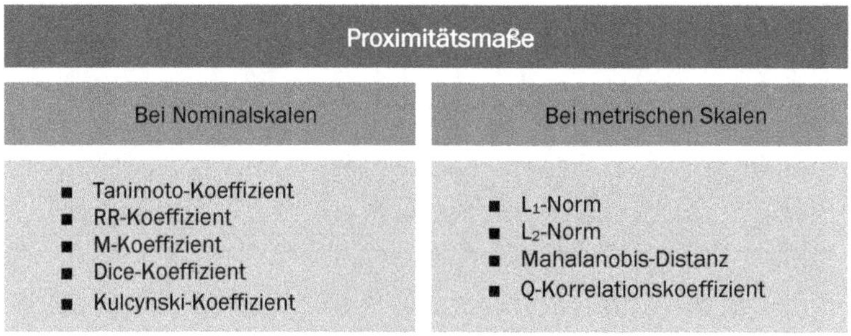

Abb. 6.14: Überblick über ausgewählte Proximitätsmaße

Der *Tanimoto-* bzw. der *Jaccard-Koeffizient* misst den relativen Anteil gemeinsamer Merkmale zweier Objekte bezogen auf die gesamte Anzahl vorhandener Merkmale. Das gemeinsame Nichtvorhandensein eines Merkmals wird nicht beachtet. Somit lautet der Tanimoto-Koeffizient:

$$S_{ij} = \frac{a}{a+b+c} \quad \text{mit } \delta=0 \text{ und } \lambda=1.$$

Der *Russel&Rao-Koeffizient* (RR-Koeffizient) misst den relativen Anteil gemeinsamer vorhandener Merkmale zu allen möglichen Merkmalen. Somit lautet der RR-Koeffizient:

$$S_{ij} = \frac{a}{a+b+c+d}.$$

Der RR-Koeffizient berücksichtigt keine Gewichtungsfaktoren.

Der *Simple Matching-Koeffizient* misst den relativen Anteil gemeinsamer vorhandener und nichtvorhandener Merkmale zweier Objekte, bezogen auf die gesamte Anzahl möglicher Merkmale. Somit ergibt sich für den M-Koeffizienten folgende Formel:

$$S_{ij} = \frac{a+d}{a+b+c+d}$$

mit $\delta=1$ und $\lambda=1$.

Anhand dieser Ähnlichkeitsmaße wird die Ähnlichkeitsmatrix erstellt und in eine Distanzmatrix (1-Ähnlichkeitsmatrix) überführt. Die Vorgehensweise soll anhand eines *Beispiels* erläutert werden.

Beispiel 6.12:

Das Marktforschungsinstitut Späh&Guck wird beauftragt, für einen Kunden die Ähnlichkeit zwischen ausgewählten Automobilmarken zu erfassen und diese zu möglichst homogenen Gruppen zusammenzufassen. Für die neuesten Modelle der Marken BMW, Audi, VW und Opel resultiert aus verfügbarem Prospektmaterial folgendes Bild:

Marke	Airbag	ABS
1. BMW	ja	ja
2. Audi	ja	nein
3. VW	nein	nein
4. Opel	ja	nein

Auf der Grundlage des Simple-Matching-Koeffizienten können folgende Ähnlichkeiten ermittelt werden:

$$d_{1,2} = \frac{a+d}{a+b+c+d} = \frac{1+0}{1+0+1+0} = 0{,}5$$

$$d_{1,3} = \frac{0+0}{0+0+2+0} = 0$$

$$d_{1,4} = \frac{1+0}{1+0+1+0} = 0{,}5$$

$$d_{2,3} = \frac{0+1}{0+0+1+1} = 0{,}5$$

$$d_{2,4} = \frac{1+1}{1+0+0+1} = 1$$

$$d_{3,4} = \frac{0+1}{0+1+0+1} = 0{,}5$$

Daraus lässt sich die folgende Ähnlichkeitsmatrix aufstellen:

	BMW	Audi	VW	Opel
1. BMW	1	0,5	0,0	0,5
2. Audi		1	0,5	1,0
3. VW			1	0,5
4. Opel				1

Somit lautet die Distanzmatrix:

	BMW	Audi	VW	Opel
1. BMW	0	0,5	1,0	0,5
2. Audi		0	0,5	0,0
3. VW			0	0,5
4. Opel				0

Bei einem *metrischen Skalenniveau* beruhen die Ähnlichkeitsmaße auf der allgemeinen Ähnlichkeitsfunktion der *Minkowski-Metrik* bzw. *L-Norm*

$$d(i,j)=\left[\sum_{k=1}^{K}\left|x_{ik}-x_{jk}\right|^{r}\right]^{\frac{1}{r}} \text{ mit}$$

d(i,j) = Distanz zwischen Objekt i und Objekt j,

x_{ik} = Wert der Variablen k bei Objekt i (k = 1, 2, ... K),

x_{jk} = Wert der Variablen k bei Objekt j (k = 1, 2, ... K),

$r \geq 1$ = Minkowski-Konstante.

Dabei stellt r eine positive Konstante dar. Aus der allgemeinen Gleichung der Minkowski-Metrik lassen sich für unterschiedliche Werte von r unterschiedliche Distanzmaße ableiten, z.B. die *Euklidische Distanz* (r=2, L_2-Norm) und die *City-Block-Metrik* (r=1, L_1-Norm, auch: *Manhattan-Metrik*). Während die Euklidische Distanz die direkte Entfernung zwischen zwei Objekten im K-dimensionalen Raum misst, ergibt sich bei der City-Block-Metrik die Distanz zweier Punkte als Summe der (absolut gesetzten) Merkmalsdifferenzen, d.h. die Distanz wird rechtwinklig gemessen (vgl. Bortz/Schuster 2010, S. 456 ff.). Häufig wird in den gängigen Softwarepaketen die *quadrierte Euklidische Distanz* zugrunde gelegt.

Zu beachten ist, dass die verschiedenen Distanzmaße in der Regel auch zu einer unterschiedlichen Rangfolge der Ähnlichkeiten führen (mit Ausnahme des ähnlichsten und des unähnlichsten Objektpaares). Liegen korrelierte Merkmale vor, kann entweder eine Faktorenanalyse vorgeschaltet werden, oder es kann die sog. *Mahalanobis-Distanz* verwendet werden (vgl. im Detail Bortz/Schuster 2010, S. 457).

Beispiel 6.13:

Bei dem Fall des Beispiels 6.12 verfügt die Marktforschungsgruppe zusätzlich über die Preislisten der neuesten Modelle der Marken BMW, Audi, VW und Opel:

Marke	Preis in €
BMW	40.000
Audi	35.000
VW	29.000
Opel	30.000

Das Distanzmaß der metrischen Variablen soll die direkte Entfernung der Marken im Objektraum messen. Somit erfolgt eine Berücksichtigung der positiven Konstanten von r=2, d.h. es wird die Euklidische Distanz verwendet.

$$d(i,j)=\left[\sum_{k=1}^{4}\left|x_{ik}-x_{jk}\right|^{2}\right]^{\frac{1}{2}}$$

Daraus ergibt sich folgende Distanzmatrix:

	BMW	Audi	VW	Opel
BMW	0	5.000	11.000	10.000
Audi		0	6.000	5.000
VW			0	1.000
Opel				0

Voraussetzung für die Ermittlung der Distanzen ist die Verwendung der gleichen Maßeinheit für die metrischen Variablen. Ist dies nicht der Fall, müssen die Daten vorher standardisiert werden. Dies geschieht durch die Transformation der Merkmale mit Hilfe folgender Formel:

$$z_{ki} = \frac{x_{ki} - \bar{x}_k}{s_k} \text{ mit}$$

z_{ki} = standardisierter Wert von Merkmal k bei Objekt i,

x_{ki} = Ausprägung von Merkmal k bei Objekt i,

$\bar{x}_k$ = Mittelwert des Merkmals k,

s_k = Standardabweichung von Merkmal k.

Um ein Zusammenführen von Distanzmatrizen mit gemischtskalierten (nominal-, ordinal- und kardinalskalierten) Merkmalen zu ermöglichen, ist eine linearhomogene Aggregation notwendig. Da die Distanzmatrix für nominalskalierte Merkmale Werte zwischen 0 und 1 annimmt, wird die Distanzmatrix für metrischskalierte Merkmale zuvor normiert, indem die einzelnen Distanzen durch die jeweils maximal vorkommende Distanz dividiert werden. Die Gesamtdistanz ergibt sich anschließend aus folgender Formel (vgl. Bortz/Schuster 2010, S. 458):

$$d_{ij} = \left(g^N \cdot d_{ij}^N + g^O \cdot d_{ij}^O + g^K \cdot d_{ij}^K\right) \text{ mit}$$

d_{ij} = Distanz zweier Objekte i und j,

g = relativer Anteil der Anzahl der Merkmale einer Skalierungsart an der Gesamtheit der Merkmale,

N, O, K = Anzahl der nominal-, ordinal- oder kardinalskalierten Merkmale.

Beispiel 6.14:

Die einzelnen Distanzmatrizen der Beispiele 6.12 und 6.13 werden zunächst normiert, indem die Distanzwerte durch den jeweils maximal vorkommenden Wert (1,0 bzw. 11.000) dividiert werden.

	BMW	Audi	VW	Opel
BMW	0	0,5	1,0	0,5
Audi		0	0,5	0,0
VW			0	0,5
Opel				0

	BMW	Audi	VW	Opel
BMW	0	0,45	1,00	0,91
Audi		0	0,54	0,45
VW			0	0,09
Opel				0

Anschließend werden beide Matrizen zu einer endgültigen Distanzmatrix zusammengefasst. Beispielsweise errechnet sich der Distanzwert zwischen BMW und Audi aus (2/3· 0,5+1/3· 0,45) = 0,483.

	BMW	Audi	VW	Opel
BMW	0	0,483	1,000	0,637
Audi		0	0,513	0,150
VW			0	0,363
Opel				0

Damit ist die Bestimmung der Ähnlichkeiten abgeschlossen. Die gewonnene Distanzmatrix bildet den Ausgangspunkt für die Anwendung von *Clusteralgorithmen*, die eine Zusammenfassung der Objekte zum Ziel haben. Dabei stehen unterschiedliche Fusionierungsalgorithmen zur Auswahl (vgl. Abb. 6.15).

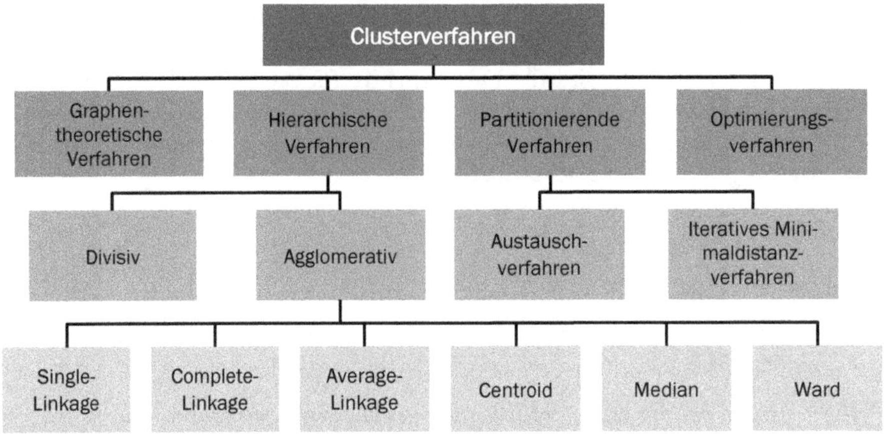

Abb. 6.15: Überblick über ausgewählte Clusteralgorithmen (Quelle: Backhaus et al. 2015, S. 476)

Im nächsten Schritt wird die *Clusteranzahl* bestimmt. Üblicherweise wird das Elbow-Kriterium herangezogen. Der Abbruch erfolgt dann, wenn eine weitere Zusammenfassung der bestehenden Cluster zu einem Sprung in der Fehlerquadratsumme führt. Dabei ist zu berücksichtigen, dass der jeweilige Wert beim Elbow-Kriterium vom Anwender individuell vorgegeben werden muss.

Schließlich erfolgt die *Clusterbeschreibung*. Hierbei wird entweder der Zentroid herangezogen (d.h. das fiktive Element des Clusters mit durchschnittlichen Ausprägungen bzgl. aller Merkmale), oder aber das reale Objekt, das dem Zentroiden am nächsten liegt.

Hierarchische Verfahren

Hierarchische Verfahren beruhen darauf, dass Cluster schrittweise durch Aggregation oder Teilung von Elementen bzw. Gruppen gebildet werden. Während bei den *divisiven Verfahren* die Gesamtheit der Objekte schrittweise in immer feinere Klassen zerlegt wird, werden bei den *agglomerativen Verfahren* die Objekte sukzessive zu immer größeren Klassen zusammengefasst (vgl. Hoberg 2003, S. 94 f.).

Eine der am häufigsten angewandten agglomerativen Techniken stellt das *Single-Linkage* dar. Wie bei allen agglomerativen Verfahren werden zunächst die Objekte mit der geringsten Distanz aus der endgültigen Distanzmatrix zu einer ersten Gruppe vereint. Im darauf folgenden Schritt erfolgt beim Single-Linkage-Verfahren nur eine Berücksichtigung der kleinsten Einzeldistanz („Nearest Neighbour"). Werden also zwei Elemente (oder Gruppen) P und Q zu einer neuen Gruppe (P+Q) zusammengefasst, so errechnet sich die Distanz zwischen der Gruppe (P+Q) und dem Element bzw. der Gruppe R wie folgt:

$$D(R;P+Q)=0{,}5\{D(R,P)+D(R,Q)-|D(R,P)-D(R,Q)|\}.$$

Vereinfacht lässt sich die Distanz auch aus der nachfolgenden Beziehung ermitteln:

$$D(R,P+Q)=\min\{D(R,P);D(R,Q)\}.$$

Dieses Verfahren ist für alle Distanzmaße geeignet, birgt jedoch die Gefahr, dass es zu kettenförmigen Clustergebilden kommen kann (Chaining-Effekt), in denen sich Objekte befinden, die zueinander eine geringere Ähnlichkeit aufweisen als zu Objekten anderer Cluster (vgl. Jensen 2008, S. 347). Das Verfahren ist beendet, wenn alle Objekte zu einer einzigen Klasse zusammengefasst werden. Als Ergebnis erhält man eine Baumstruktur (Dendrogramm).

Beispiel 6.15:

Aus der Distanzmatrix des Beispiels 6.14 resultiert die geringste Distanz zwischen Audi und Opel mit einem Wert von 0,150, sodass Audi und Opel zu einer ersten Gruppe zusammengefasst werden. Die reduzierte Distanzmatrix steht wie folgt aus:

	(1)	(2,4)	(3)
(1)	0	0,483	1,000
(2,4)		0	0,363
(3)			0
mit (1)=BMW, (2)=Audi, (3)=VW, (4)=Opel			

Die reduzierte Distanzmatrix zeigt, dass die geringste Distanz nunmehr zwischen der Audi-Opel-Gruppe und VW besteht. Aus diesem Grunde wird VW der ersten Gruppe hinzugefügt. BMW bildet alleine ein zweites Cluster.

	(1)	(3,(2,4))
(1)	0	0,483
(3,(2,4))		0

Ein alternatives agglomeratives Verfahren stellt das *Complete-Linkage-Verfahren* dar. Der Unterschied zum Single-Linkage-Verfahren besteht lediglich in der Vorgehensweise bei der Bildung der reduzierten Distanzmatrix. Beim Complete-Linkage-Verfahren erfolgt eine Berücksichtigung der größten Einzeldistanz („Furthest Neighbour") (vgl. Backhaus et al. 2015, S. 481). Die Berechnung der neuen Distanz erfolgt gemäß der Formel:

$$D(R;P+Q)=0{,}5\{D(R,P)+D(R,Q)+|D(R,P)-D(R,Q)|\}.$$

Vereinfacht lässt sich die Distanz auch aus der nachfolgenden Beziehung ermitteln:

$$D(R,P+Q)=\max\{D(R,P);D(R,Q)\}.$$

Auch bei diesem Verfahren können sämtliche Distanzmaße zugrunde gelegt werden. Ferner ist gewährleistet, dass alle paarweisen Objektähnlichkeiten innerhalb eines Clusters kleiner sind als der Durchschnitt der paarweisen Ähnlichkeiten zwischen verschiedenen Clustern.

Einen Kompromiss zwischen dem Single-Linkage- und dem Complete-Linkage-Verfahren stellt das *Average-Linkage-Verfahren* dar. Bei diesem Verfahren wird die durchschnittliche Entfernung der Objekte zu allen Objekten des neuen Clusters wie folgt berechnet:

$$D(R;P+Q)=0{,}5\{D(R,P)+D(R,Q)\}.$$

Ein in der Praxis häufig genutzter Clusteralgorithmus ist das *Ward-Verfahren* (vgl. Bortz/Schuster 2010, S. 462 ff.). Im Vergleich zu den bisher vorgestellten Verfahren erfolgt beim Ward-Verfahren keine Fusionierung von Objekten auf der Basis der geringsten Distanzen, sondern es werden jene Objekte bzw. Gruppen fusioniert, die ein vorgegebenes Heterogenitätsmaß am wenigsten vergrößern. In der Literatur wird dieses Verfahren auch als Minimum-Varianz-Methode, Fehlerquadratsummen-Methode oder HGROUP-100-Methode bezeichnet. Die Berechnung der Distanz des zuletzt gebildeten Clusters zu den anderen Gruppen erfolgt gemäß folgender Formel:

$$D(R;P+Q)=\frac{1}{NR+NP+NQ}\{(NR-NP)\cdot D(R,P)+(NR+NQ)\cdot D(R,Q)-NR\cdot D(P,Q)\}$$

mit NR (NP, NQ) = Zahl der Objekte in Gruppe R (P, Q).

Ziel des Ward-Verfahrens ist es somit, die Objekte bzw. Gruppen zu vereinen, die die Streuung (Varianz) möglichst wenig erhöhen. Als Konsequenz bildet der Algorithmus im Ergebnis tendenziell in sich homogene und ähnlich große Cluster (vgl. Raab et al. 2009, S. 251).

Das Varianzkriterium (Fehlerquadratsumme), welches als Heterogenitätsmaß verwendet wird, errechnet sich für eine Gruppe g wie folgt:

$$V_g=\sum_{i=1}^{I_g}\sum_{k=1}^{K}\left(x_{ikg}-\bar{x}_{kg}\right)^2 \quad \text{mit}$$

x_{igk} = Beobachtungswert der Variablen k (k = 1, …, K) bei Objekt i (für alle Objekte i = 1, …, I_g in Gruppe g),

$\bar{x}_{kg} = \frac{1}{I_g}\sum_{i=1}^{I_g} x_{ikg}$ = Mittelwert über die Beobachtungswerte der Variablen k in Gruppe g.

Zu Beginn des Algorithmus beträgt die Fehlerquadratsumme Null. Pro Gruppierungsschritt erhöht sich die Varianz um die halbe Distanz der neuen Gruppe, sodass die berechneten Distanzen genau der doppelten Zunahme der Fehlerquadratsumme bei Fusionierung zweier Objekte bzw. Gruppen entsprechen (vgl. Backhaus et al. 2015, S. 485). Daraus ergibt sich, dass die Objekte bzw. Gruppen mit der kleinsten Distanz zu einer neuen Gruppe vereint werden, diese kleinste Distanz halbiert und auf die Fehlerquadratsumme aufaddiert wird.

Beispiel 6.16:

Ausgangssituation ist die endgültige Datenmatrix des Beispiels 6.14. Im Rahmen des Fusionierungsalgorithmus wird stets die kleinste Distanz berücksichtigt. Die anschließende Übersicht verdeutlicht das Ward-Verfahren:

1. Rechenschritt:

$$V_1 = \frac{0{,}150}{2} = 0{,}075$$

$$D(1;2+4) = \frac{1}{1+1+1}\left(|1+1|\cdot 0{,}483 + |1+1|\cdot 0{,}637 - |1|\cdot 0{,}150\right)$$

$$= \frac{1}{3}\cdot(0{,}966+1{,}274-0{,}150) = 0{,}697$$

$$D(3;2+4) = \frac{1}{3}\cdot(2\cdot 0{,}513 + 2\cdot 0{,}363 - 1\cdot 0{,}150) = 0{,}534$$

	(1)	(2,4)	(3)
(1) (2,4) (3)	0	0,697 0	1,000 0,534 0

2. Rechenschritt:

$$V_2 = 0{,}075 + \frac{0{,}534}{2} = 0{,}342$$

$$D(1;3+(2+4)) = \frac{1}{4}\cdot(2\cdot 1 + 3\cdot 0{,}697 - 0{,}534) = 0{,}889$$

	(1)	(3,(2,4))	
(1) (3,(2,4))	0	0,889 0	(1) (3,(2,4))

3. Rechenschritt:

$$V_3 = 0{,}342 + \frac{0{,}889}{2} = 0{,}787.$$

Abbildung 6.16 zeigt das zugehörige Dendrogramm.

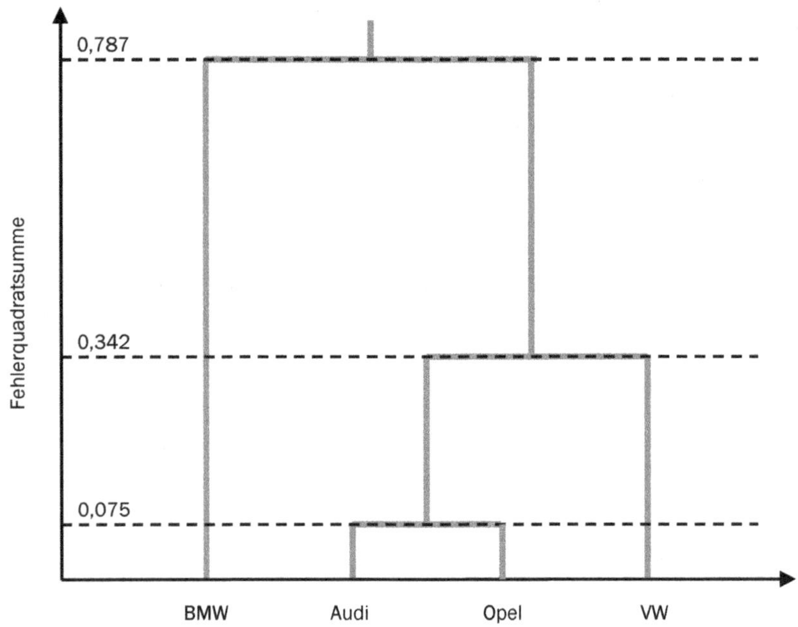

Abb. 6.16: Dendrogramm des Beispiels 6.16

Im Rahmen der Clusterbildung erfolgt der Abbruch des Algorithmus u.a. anhand des Dendrogramms oder alternativ mit Hilfe des Elbow-Kriteriums. Im Beispiel würde man Audi, Opel und VW sinnvollerweise zu einem Cluster zusammenfassen, wohingegen BMW ein eigenes Cluster bilden würde.

Partitionierende Verfahren

Während bei den hierarchischen Verfahren schrittweise Cluster gebildet werden, wird bei den partitionierenden Verfahren von einer gegebenen oder generierten Startgruppierung ausgegangen, bei der schon eine Einteilung in Cluster vorliegt. Dabei wird durch das schrittweise Verschieben einzelner Objekte von einem Cluster zu einem anderen mit Hilfe eines Austauschalgorithmus versucht, das Optimum einer gegebenen Zielfunktion zu erreichen (vgl. Raab et al. 2009, S. 251). Partitionierende Verfahren vollziehen sich in folgenden *Schritten* (vgl. Bortz/Schuster 2010, S. 461):

- Berechnung der Zentroide der n vorgegebenen Cluster (Clusterzentren aus den jeweils durchschnittlichen Merkmalsausprägungen über alle Merkmale),
- Überprüfung, ob die Verschiebung eines Objektes in ein anderes Cluster eine verbesserte Aufteilung im Sinn des gewählten Optimierungskriteriums ergibt (z.B. Verringerung der gruppeninternen Varianz),
- Berechnung der Zentroide nach der Neuzuordnung,
- Wiederholung dieses Vorganges, bis keine Verbesserung der Aufteilung mehr möglich ist.

Bei den Optimierungskriterien wird zwischen dem Varianz-, Determinanten- und Spur-Kriterium differenziert, wobei hier nicht näher auf die einzelnen Verfahren eingegangen werden soll (vgl. hierzu im Einzelnen Bortz/Schuster 2010, S. 574 f.).

Neuere Ansätze der Clusteranalyse

Im Laufe der Zeit wurde eine Vielzahl neuer Verfahren der Clusteranalyse entwickelt (vgl. z.B. den Überblick in Wedel/Kamakura 2000). Auf die einzelnen Verfahren kann an dieser Stelle nicht im Detail eingegangen werden, es sollen hier daher nur die wichtigsten Entwicklungen skizziert werden.

- *Latent Class Clusteranalyse* (vgl. z.B. Vermunt/Magidison 2002). Diese auch als Probabilistische Clusteranalyse, Mixture-Likelihood Clustering oder Bayesian Classification bezeichnete Methode beruht auf einem statistischen Modell. Es wird angenommen, dass jedes Objekt genau einem Cluster zuzuorden ist; die Clusterzugehörigkeit ist jedoch nicht deterministisch. Für jedes Objekt und jedes Cluster wird die Wahrscheinlichkeit ermittelt, dass das Objekt einem Cluster angehört. Die Zuordnung eines Objekts zu einem Cluster erfolgt dann abhängig von der Zugehörigkeitswahrscheinlichkeit.
- *Fuzzy Clustering* (vgl. z.B. Hruschka 1986) geht davon aus, dass ein Objekt grundsätzlich mehreren Clustern angehören kann. Die Objekte werden hierbei unscharf, d.h. mit einer bestimmten Gewichtung (Zugehörigkeitsgrad), auf die Cluster verteilt. Der Zugehörigkeitsgrad entspricht nicht der Zugehörigkeitswahrscheinlichkeit beim Latent Class Clustering, sondern gibt an, wie stark ein Objekt dem betreffenden Cluster angehört. Ist die Zugehörigkeit 1 bzw. 0, ist das Objekt einem Cluster vollständig bzw. überhaupt nicht zugehörig.

3.3.2 Diskriminanzanalyse

Definition

Mit Hilfe der *Diskriminanzanalyse* können Unterschiede zwischen Gruppen von Untersuchungsobjekten analysiert werden. Anhand von relevanten Merkmalen wird die Zugehörigkeit von Untersuchungsobjekten (Personen, Marken usw.) zu Gruppen (Kundengruppen oder Warengruppen) erklärt bzw. prognostiziert.

Die Diskriminanzanalyse ist ein strukturprüfendes Verfahren. Während die Clusteranalyse auf Ähnlichkeiten zwischen Objekten beruht, basiert die Diskriminanzanalyse auf Abhängigkeiten einer nominalskalierten Variablen von zwei oder mehr metrisch skalierten unabhängigen Variablen. Methodisch werden die Unterschiede zwischen zwei oder mehr im Vorwege festgelegten Ausprägungen einer nominal skalierten Gruppierungsvariablen (abhängige Variable, y) anhand einer Linearkombination von zwei oder mehr metrisch skalierten Merkmalsvariablen x_k (k= 1,...,K) abgebildet (vgl. hierzu Klecka 1980, S. 10 f.). Typische Fragestellungen zur Anwendung der Diskriminanzanalyse sind:

- Kreditwürdigkeitsprüfungen: In welche Risikoklasse können Kreditnehmer aufgrund von soziographischen Daten eingeordnet werden?
- Klassifizierung von Warengruppen: Anhand welcher Eigenschaften lassen sich Produkte zu Warengruppen zusammenfassen?

- Erfolgsprognosen: Anhand welcher Merkmale lässt sich der Erfolg oder Misserfolg von Marken erklären und prognostizieren?
- Wähleranalysen: Welchen Wählergruppen (Parteien) lassen sich Wähler aufgrund welcher politischen Einstellungsmerkmale zuordnen?

Die Anwendung der Diskriminanzanalyse kann verschiedene Untersuchungsziele haben. Zum einen kann ermittelt werden, aufgrund welcher Merkmalsvariablen Unterschiede zwischen den untersuchten Gruppen auftreten bzw. wie stark die Unterschiede zwischen den Gruppen sind. Zum anderen kann prognostiziert werden, in welche Gruppe neu zu klassifizierende Untersuchungsobjekte aufgrund der Ausprägungen von Merkmalsvariablen einzuordnen sind bzw. wie hoch die Wahrscheinlichkeit der Zuordnung eines Elementes zu einer bestimmten Gruppe ist. Weiterhin kann überprüft werden, ob sich die Gruppen signifikant unterscheiden, und es können diejenigen Variablen identifiziert werden, welche am stärksten zur Erklärung von Gruppenunterschieden beitragen (vgl. Frenzen/Krafft 2008, S. 611).

Die Diskriminanzanalyse vollzieht sich in folgenden *Schritten* (vgl. Backhaus et al. 2015, S. 219):

- Definition der Gruppen,
- Formulieren der Diskriminanzfunktion,
- Schätzen der Diskriminanzfunktion,
- Prüfung der Diskriminanzfunktion und der Merkmalsvariablen,
- Klassifikation neuer Elemente.

Die *Definition der Gruppen* kann durch theoretische Vorüberlegungen oder durch eine vorgeschaltete Analyse wie beispielsweise der Clusteranalyse erfolgen. Es gilt bei der Definition der Gruppen zu bedenken, dass zum einen der zur Verfügung stehende Stichprobenumfang in jeder Gruppe mindestens so groß sein muss wie die Anzahl der untersuchten Variablen. Des Weiteren steigt die Komplexität der Diskriminanzanalyse mit einer steigenden Gruppenzahl. Im Folgenden sollen Rechengang und Interpretation der Diskriminanzanalyse anhand des Mehrgruppenfalls erläutert werden. Die Auswahl der Variablen erfolgt aufgrund sachlogischer Überlegungen hypothetisch. Nach der Schätzung der Diskrimininanzfunktion kann ermittelt werden, wie gut die ausgewählten Variablen geeignet sind, die Unterscheidung der Gruppen zu erklären.

Das allgemeine Diskriminanzmodell y hat dieselbe Form wie das allgemeine Modell der multiplen Regressionsanalyse (vgl. Abschnitt 3.4.1). Zur *Bestimmung der Diskriminanzfunktion* ist diese partiell nach den Diskriminanzkoeffizienten abzuleiten, um ein Mehrgleichungsmodell zu erstellen. Aus diesem lassen sich mit Hilfe der Beobachtungswerte der Variablen x_k die *Diskriminanzkoeffzienten* bestimmen. Das allgemeine Modell der Diskriminanzanalyse lautet wie folgt (vgl. Backhaus et al. 2015, S. 221):

$$y = a + b_1 \cdot x_1 + \ldots + b_k \cdot x_k + \ldots + b_K \cdot x_K$$ mit

y = Diskriminanzvariable,

a = konstantes Glied,

b_k = Diskriminanzkoeffizient für die Variable x_k ($k = 1, \ldots, K$).

Die Unterschiedlichkeit zweier Elemente i und j (i=1,…, I; j=1…, J, z.B. Kunden, Marken etc.) lässt sich anhand der Differenz ihrer Diskriminanzwerte ermitteln. Die Unterschiedlichkeit zweier Gruppen g (Kundengruppen, Markengruppen) wird zunächst anhand der Unterschiedlichkeit der Mittelwerte der Diskriminanzwerte der in der jeweiligen Gruppe enthaltenen Elemente bestimmt (Zentroid). Dieses Maß wird im Laufe der Betrachtungen verfeinert. Der Gruppenmittelwert (Zentroid) $\bar{y}\sigma_g$ lautet wie folgt (vgl. Backhaus et al. 2015, S. 222):

$$\bar{y}\sigma_g = \frac{1}{I_g}\sum_{i=1}^{I_g} y_{gi} \quad \text{mit}$$

$\bar{y}\sigma_g$ = Zentroid von Gruppe g,

y_{gi} = Diskriminanzwert von Element i in Gruppe g,

I_g = Anzahl der Elemente I in Gruppe g.

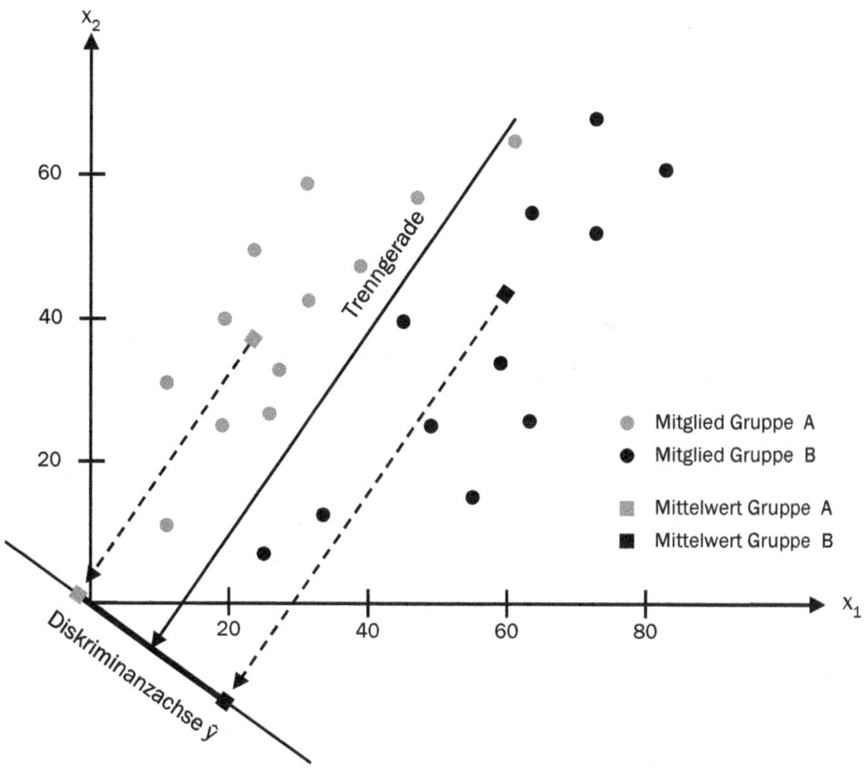

Abb. 6.17: Streuwerte und Diskriminanzachse im 2-Gruppen-2-Variablen-Fall

Grafisch kann die Diskriminanzfunktion als eine Gerade dargestellt werden, die sog. *Diskriminanzachse*. Einzelne Elemente einer Gruppe sowie die Mittelwerte (Zentroide) lassen sich als Punkte auf der Diskriminanzachse lokalisieren. Abbildung 6.17 zeigt ein Beispiel für den einfachsten Fall der Diskriminanzanalyse (Zwei-Gruppen-zwei-Variablen-Fall).

Im Rahmen der *Schätzung der Diskriminanzfunktion* soll diese so geschätzt bzw. die Parameter b_k sollen so bestimmt werden, dass die Gruppen g (g = 1,…, G) (in der Grafik die Gruppen A und B) optimal getrennt werden. Es wird also die Diskriminanzachse $\hat{y}$ gesucht, welche die beiden Gruppen möglichst vollständig trennt.

Der Zentroid als Maß für den Abstand der Gruppen ist hierbei allerdings nicht geeignet, da die Streuung innerhalb der Gruppen nicht berücksichtigt wird (vgl. Backhaus et al. 2015, S. 223). Das kann zur Konsequenz haben, dass sich Gruppen mit einem großen Abstand der zugehörigen Zentroiden tatsächlich ähnlicher sind als solche mit einem geringen Abstand der Zentroiden. Ein genaueres Kriterium ist das sogenannte Diskriminanzkriterium Γ (vgl. Böhler 2004, S. 216):

$$\Gamma = \frac{\sum_{g=1}^{G} I_g (\bar{y}_g - \bar{y})^2}{\sum_{g=1}^{G} \sum_{i=1}^{I_g} (y_{gi} - \bar{y}_g)^2} = \frac{QS_{treat}}{QS_F}.$$

Gesucht wird also eine Diskriminanzfunktion, bei der das Verhältnis der Streuung zwischen den Gruppen (QS_{treat}) zur Streuung innerhalb der Gruppen (QS_F) maximal ist, d.h. die Koeffizienten b_k der Diskriminanzfunktion sind so zu wählen, dass das Diskriminanzkriterium Γ maximiert wird:

$$\max_{b_1,\ldots,b_k} (\Gamma).$$

Im Mehrgruppen- bzw. Mehrvariablenfall reicht eine Diskriminanzfunktion zur Abbildung der Varianzen nicht aus, es sind also weitere jeweils unkorrelierte Diskriminanzfunktionen zu berechnen, um die Restvarianz zu erfassen. Maximal können in Abhängigkeit von der Anzahl der betrachteten Gruppen G-1 Diskriminanzfunktionen berechnet werden. Die Berechnung erfolgt wie im Zweigruppenfall über die Maximierung des Diskriminanzkriteriums.

Der Maximalwert $\gamma = \text{Max}(\Gamma)$ wird als *Eigenwert* bezeichnet. Jede weitere Diskriminanzfunktion ist so zu bestimmen, dass sie ein Maximum der nach der Ermittlung der ersten Diskriminanzfunktion verbleibenden Restvarianz erklärt. Um zu ermitteln, wie groß der Erklärungsanteil jeder weiteren Diskriminanzfunktion ist, kann ihr jeweiliger Eigenwert herangezogen werden:

$$EA_1 \frac{\gamma_1}{\gamma_1 + \gamma_2 + \ldots + \gamma_l}.$$

Der Eigenwertanteil EA_l der l-ten Diskriminanzfunktion (l=1,…,L) wird dabei auf die Summe des durch alle Diskriminanzfunktionen erklärten Eigenwertes bezogen. Der Eigenwertanteil der Diskriminanzfunktionen nimmt schnell ab. So reichen zumeist auch bei einer großen Anzahl von untersuchten Gruppen zwei Diskriminanzfunktionen aus (vgl. Backhaus et al. 2015, S. 237).

Zur Schätzung der Diskriminanzfunktion (vgl. Backhaus et al. 2015, S. 274 ff.) wird zunächst eine nicht-normierte Diskriminanzfunktion geschätzt. Die hierbei verwendeten Koeffizienten v_k seien proportional zu den Diskriminanzkoeffzienten b_k und damit optimal im Sinne des Diskriminanzkriteriums:

$$y = v_1 \cdot x_1 + \ldots + v_k \cdot x_k + \ldots + v_K \cdot x_K .$$

Nach Einsetzen in das Diskriminanzkriterium erhält man in Matrixschreibweise:

$$\mathbf{\Gamma} = \frac{\mathbf{v'Bv}}{\mathbf{v'Wv}} \text{ mit}$$

v = Spaltenvektor der nicht-normierten Diskriminanzkoeffizienten v_k,

B = (K×K)-Matrix für die Streuung der K Variablen zwischen den Gruppen,

W = (K×K)-Matrix für die Streuung der K Variablen innerhalb der Gruppen.

Die Matrixelemente von B und W lauten:

$$B_{kr} = \sum_{g=1}^{G} I_g (\bar{x}_{kg} - \bar{x}_k)(\bar{x}_{rg} - \bar{x}_r)$$

$$W_{kr} = \sum_{g=1}^{G} \sum_{i=1}^{I_g} (x_{kgi} - \bar{x}_{kg})(x_{rgi} - \bar{x}_{rg}) \text{ mit}$$

x_{kgi} = Merkmalsausprägung von Element i in Gruppe g bezüglich Variable k,

$\bar{x}_{kg}$ = Mittelwert von Variable k in Gruppe g,

I_g = Fallzahl in Gruppe g,

G = Anzahl der Gruppen.

Durch die Maximierung von Γ mittels vektorieller Differentiation nach v erhält man für den Maximalwert γ von Γ die folgende Bedingung:

$$\frac{\partial \Gamma}{\partial v} = \frac{2[(\mathbf{Bv})(\mathbf{v'Wv}) - (\mathbf{v'Bv})(\mathbf{Wv})]}{(\mathbf{v'Wv})^2} = \mathbf{0}.$$

Die 0 beschreibt dabei einen Null-Vektor. Nach Division von Zähler und Nenner durch (v'Wv) ergibt sich der Ausdruck:

$$\frac{2[\mathbf{Bv} - \gamma\mathbf{Wv}]}{\mathbf{v'Wv}} = \mathbf{0}.$$

Nach Umformung ergibt sich:

$$(\mathbf{B} - \gamma\mathbf{W})\mathbf{v} = \mathbf{0}$$

Unter der Voraussetzung, dass die Matrix W invertierbar ist, lässt sich weiter umformen in:

$$(\mathbf{A} - \gamma\mathbf{E})\mathbf{\nu} = \mathbf{0} \quad \text{mit} \quad \mathbf{A} = \mathbf{W}^{-1}\mathbf{B}.$$

Mit E wird dabei die Einheitsmatrix bezeichnet. Die Lösung des obigen Ausdrucks stellt ein klassisches Eigenwertproblem dar. Der größte Eigenwert γ der Matrix A ist dabei zu ermitteln. Der Vektor der nichtnormierten Diskriminanzkoeffzienten ν ist ein zugehöriger Eigenwertvektor. Die folgende Normierungsbedingung sagt aus, dass die vereinte Innergruppenvarianz der Diskriminanzwerte der Stichprobe I den Wert 1 erhalten soll:

$$\frac{1}{I-G}\mathbf{b}'\mathbf{W}\mathbf{b} = 1 \qquad \text{mit} \qquad I = I_1 + I_2 + \ldots + I_G.$$

Die normierten Diskriminanzkoeffizienten erhält man somit durch die Transformation

$$\mathbf{b} = \mathbf{\nu}\frac{1}{s} \qquad \text{mit} \qquad s^2 = \frac{1}{I-G}\mathbf{\nu}'\mathbf{W}\mathbf{\nu}.$$

Mit s wird dabei die vereinte Innergruppenstandardabweichung der Diskriminanzwerte, die man mit nichtnormierten Diskriminanzkoeffizienten (ν) erhalten würde, bezeichnet. Anhand der Diskriminanzkoeffizienten erhält man das konstante Glied als:

$$b_0 = -\sum_{k=1}^{K} b_k \bar{x}_k .$$

Die Ermittlung weiterer Diskriminanzfunktionen erfolgt analog, indem der nächstgrößere Eigenwert gesucht wird. Das Rechenverfahren der Diskriminanzanalyse beinhaltet damit eine Hauptkomponentenanalyse der Matrix A.

Beispiel 6.17:

Ein Waschmittelhersteller steht vor dem Problem der Neueinführung der Marke CLEAN. Auf dem Waschmittelmarkt sind bereits 5 Marken (M_1 bis M_5) erhältlich. Von der Marketingabteilung wurden diese in drei Gruppen eingeteilt (hoher, mittlerer und geringer Verkaufserfolg). Aufgrund einer Voruntersuchung wird davon ausgegangen, dass nur die Merkmale Preis und Qualität entscheidend für die Gruppeneinteilung sind. Die Preisklassen der einzelnen Marken wurden aus Paneldaten und die Qualität über ein Rating ermittelt.

Marke	M1	M2	M3	M4	M5
Erfolg	hoch	mittel	mittel	gering	gering
Preis	1	2	2	2	3
Qualität	3	3	2	1	1

Aus der Ermittlung der Streuung der beiden Merkmalsvariablen in und zwischen den Gruppen lassen sich folgende Ergebnisse berechnen:

Diskriminanzfunktion	Eigenwert γ	Koeffizient 1	Koeffizient 2
1	9,472	-0,526	0,831
2	0,528	0,825	0,526

Die geschätzten Diskriminanzfunktionen haben die folgende Form:

$$\hat{y}_1 = -0{,}526 \cdot x_1 + 0{,}831 \cdot x_2,$$
$$\hat{y}_2 = 0{,}825 \cdot x_1 + 0{,}526 \cdot x_2.$$

Es ist ersichtlich, dass der Eigenwert der zweiten Diskriminanzfunktion bereits deutlich unter dem Eigenwert der ersten Diskriminanzfunktion liegt. Die unten stehende Tabelle zeigt die Diskriminanzwerte der untersuchten Waschmittelmarken. Es ist zu erkennen, dass sämtliche untersuchten Elemente in die richtige Gruppe eingeteilt wurden. Die kritischen Werte der Diskriminanzfunktionen $\hat{y}_{1G}$, $\hat{y}_{2G}$, also die Diskriminanzwerte, ab welchen ein Element einer bestimmten Gruppe zugeordnet wird, errechnen sich durch das Einsetzen des Gesamtmittelwertes der Merkmalsvariablen Preis und Qualität in die Diskriminanzfunktionen.

Dabei bezeichnen $\bar{x}_{1g}, \bar{x}_{2g}$ die Mittelwerte der Ratings bzgl. Variable 1 (Preis) bzw. Variable 2 (Qualität) in den 3 Gruppen (hoher, mittlerer und geringer Erfolg). Die Werte $\bar{x}_{1G}$ und $\bar{x}_{2G}$ sind hingegen die Gesamtmittelwerte der Ratings über alle 3 Gruppen.

Fallnummer	Tatsächliche Gruppe	Vorhergesagte Gruppe	Diskriminanzwerte	
			Funktion 1	Funktion 2
1	3	3	2,753	-0,650
2	2	2	1,701	1,051
3	2	2	0,000	0,000
4	1	1	-1,701	-1,051
5	1	1	-2,753	0,650

Für die erste Diskriminanzfunktion ergeben sich die folgenden mittleren Diskriminanzwerte für die einzelnen Gruppen sowie insgesamt:

$$\hat{y}_{1g} = -0{,}526 \cdot \bar{x}_{1g} + 0{,}825 \cdot \bar{x}_{2g},$$
$$\hat{y}_{11} = -0{,}526 \cdot 1 + 0{,}825 \cdot 3 = 1{,}949,$$
$$\hat{y}_{12} = -0{,}526 \cdot 2 + 0{,}825 \cdot 2{,}5 = 1{,}011,$$
$$\hat{y}_{13} = -0{,}526 \cdot 2{,}5 + 0{,}825 \cdot 1 = -0{,}490,$$
$$\hat{y}_{1G} = -0{,}526 \cdot 2 + 0{,}825 \cdot 2 = 0{,}598.$$

Für die zweite Diskriminanzfunktion resultieren analog:

$$\hat{y}_{2g} = 0{,}831 \cdot \bar{x}_{1g} + 0{,}526 \cdot \bar{x}_{2g},$$
$$\hat{y}_{21} = 0{,}831 \cdot 1 + 0{,}526 \cdot 3 = 2{,}409,$$
$$\hat{y}_{22} = 0{,}831 \cdot 2 + 0{,}526 \cdot 2{,}5 = 2{,}977,$$
$$\hat{y}_{23} = 0{,}831 \cdot 2{,}5 + 0{,}526 \cdot 1 = 2{,}604,$$
$$\hat{y}_{2G} = 0{,}831 \cdot 2 + 0{,}526 \cdot 2 = 2{,}714.$$

Unterstellt man eine annähernd gleiche Verteilung der Merkmalsvariablen innerhalb der Gruppen, entspricht der kritische Diskriminanzwert der Diskriminanzfunktionen jeweils den Diskriminanzwerten der Gesamtmittelwerte der Merkmalsvariablen.

Die *Prüfung der Ergebnisse* erfolgt in zwei Schritten. Zunächst wird die Diskriminanzfunktion an sich überprüft. Im Anschluss lassen sich Aussagen zur Eignung der Variablen machen.

Zur Ermittlung der Diskriminanzfunktionen wird das Diskriminanzkriterium Γ maximiert. Dieses entspricht einer Maximierung des Verhältnisses der Streuung zwischen den Gruppen (QS_{treat}) zur Streuung innerhalb der Gruppen (QS_F). Der Eigenwert γ als Maximalwert von Γ kann daher als Gütekriterium für die Trennkraft der Diskriminanzfunktion verwendet werden (vgl. Frenzen/Krafft 2008, S. 619). Zwei Gütemaße sind hierbei von Bedeutung: der kanonische Korrelationskoeffizient und Wilks' Lambda.

Der *kanonische Korrelationskoeffizient* c entspricht der Wurzel aus dem Verhältnis der erklärten Streuung zur Gesamtstreuung und ist normiert auf Werte zwischen Null und eins:

$$c = \sqrt{\frac{\gamma}{1+\gamma}}.$$

Beispiel 6.18:

Im vorangegangenen Beispiel 6.17 ergeben sich für die extrahierten Diskriminanzfunktionen die folgenden Werte für c:

$$c_1 = \sqrt{\frac{\gamma}{1+\gamma_1}} = \sqrt{\frac{9{,}472}{1+9{,}472}} = 0{,}951$$
$$c_2 = \sqrt{\frac{0{,}528}{1+0{,}528}} = 0{,}6065.$$

Das gängigste Gütemaß für die Diskriminanzfunktion ist das *Wilks' Lambda* Λ (vgl. Backhaus et al. 2015, S. 240 ff.):

$$\Lambda = \frac{1}{1+\gamma}.$$

Wilks' Lambda entspricht dem Verhältnis der nicht erklärten Streuung zur Gesamtstreuung und ist ein inverses Maß: Je kleiner der Wert ist, umso besser ist die Anpassung.

Beispiel 6.19:

In unserem Beispiel ergeben sich für die extrahierten Diskriminanzfunktionen die folgenden Werte für Λ_1 und Λ_2:

$$\Lambda_1 = \frac{1}{1+\gamma_1} = \frac{1}{1+9{,}472} = 0{,}095,$$

$$\Lambda_2 = \frac{1}{1+0{,}528} = 0{,}654.$$

Die Werte von Λ_1 und Λ_2 eignen sich für eine Prüfung der einzelnen Diskriminanzfunktionen. Um eine Aussage über die Unterschiedlichkeit der Gruppen treffen zu können, sind die Λ im hier betrachteten Mehrgruppenfall miteinander zu multiplizieren:

$$\Lambda = \prod_{l=1}^{L} \frac{1}{1+\gamma_l}.$$

Mit γ_l wird dabei der Eigenwert der l-ten Diskriminanzfunktion bezeichnet.

Beispiel 6.20:

Für das Beispiel 6.17 gelangt man zu dem Ergebnis:

$\Lambda = 0{,}095 \cdot 0{,}654 = 0{,}0621.$

Es wird erkennbar, dass die Verwendung beider Diskriminanzfunktionen zu einer leicht verbesserten Trennung der Gruppen führt.

Wilks' Lambda kann mit Hilfe einer Transformation in eine probabilistische Variable umgewandelt werden, die annähernd χ^2–verteilt ist mit $K \cdot (G-1)$ Freiheitsgraden (vgl. Backhaus et al. 2015, S. 241 f.). Eine statistische Signifikanzprüfung der Diskriminanzfunktion wird hierdurch möglich. Die folgende Transformation ist anzuwenden:

$$\chi^2 = -\left[N - \frac{K+G}{2} - 1\right] \ln \Lambda$$

bzw. im Mehrgruppenfall

$$\chi^2 = -\left[N - \frac{K+G}{2} - 1\right] \sum_{l=1}^{L} \ln(1+\gamma_l) \text{ mit}$$

N = Anzahl der untersuchten Fälle,

K = Anzahl der Variablen,

G = Anzahl der Gruppen.

Beispiel 6.21:

In unserem Beispiel werden drei Gruppen auf ihre Unterschiedlichkeit hin untersucht. Die Untersuchungshypothesen sind wie folgt zu formulieren:

H_0 = Die untersuchten Gruppen unterscheiden sich nicht signifikant voneinander;

H_1 = Mindestens zwei Gruppen unterscheiden sich voneinander.

Für die Durchführung des Hypothesentests ist nun der empirische χ^2-Wert zu ermitteln. Wir haben im Beispiel drei Gruppen bestehend aus insgesamt 5 Elementen anhand von 2 Variablen untersucht. Unter Einbeziehung der Eigenwerte ergibt sich der folgende empirische Wert für χ^2:

$$\chi^2 = -\left[5 - \frac{2+3}{2} - 1\right] \cdot \left(\ln(1 + 9{,}472) + \ln(1 + 0{,}528)\right) = -4{,}159.$$

Dieser Wert ist mit dem theoretischen Wert aus der χ^2-Tabelle zu vergleichen. Es soll eine Irrtumswahrscheinlichkeit von 5% angenommen werden. Für 4 Freiheitsgrade ergibt sich aus der Tabelle der folgende theoretische Wert:

$$\chi^2_{0,95}(K \cdot (G-1)) = \chi^2_{0,95}(2 \cdot (3-1)) = \chi^2_{0,95}(4) = 9{,}49.$$

Der Ablehnungsbereich für die Verwerfung der Nullhypothese lautet:

$$AB_{H_0}\left[K \cdot (G-1); \infty\right[,$$

d.h. der empirische Wert für χ^2 muss größer sein als der theoretische χ^2-Wert, um die Nullhypothese ablehnen zu können. Das ist hier nicht der Fall; dies bedeutet, dass die 5 Waschmittelmarken nicht aufgrund der Merkmalsvariablen Preis und Qualität in Gruppen mit hohem, mittlerem und geringem Erfolg eingeteilt werden können.

Bedeutung der Diskriminanzkoeffizienten

Die Diskriminanzkoeffizienten geben Aufschluss über den Einfluss der einzelnen Merkmalsvariablen auf die Unterschiedlichkeit der untersuchten Gruppen. Im Beispiel würde die folgende Frage gestellt: Wie wichtig sind die Qualität und der Preis des Produktes für den Erfolg? Um diese jedoch bezogen auf die Wichtigkeit der Variablen vergleichen zu können, sind sie zunächst zu standardisieren, da sie von Skaleneffekten in ihrer Größe beeinflusst werden. Für die Standardisierung der Diskriminanzkoeffizienten benötigt man die Standardabweichung der betreffenden Variablen (vgl. Frenzen/Krafft 2008, S. 622):

$$b_k^* = b_k \cdot s_k .$$

Der standardisierte Diskriminanzkoeffizient b_k^* errechnet sich durch Multiplikation des Koeffizienten b_k mit der Standardabweichung s_k. Für die Berechnung der Standardabweichung der Diskriminanzkoeffizienten kann die Innengruppenvarianz W_{kk} verwendet werden:

$$W_{kk} = \sum_{g=1}^{G} \sum_{i=1}^{I_g} (x_{kgi} - \bar{x}_{kg})^2 \quad \text{mit}$$

W_{kk} = Innengruppenvarianz der Variablen k,

x_{kgi} = Wert der Variablen k aus Gruppe G für Element i,

$\bar{x}_{kg}$ = Mittelwert der Variablen k in Gruppe G.

Beispiel 6.22:

In unserem Beispiel ergeben sich für W_{kk} die folgenden Werte:

$W_{11} = 0{,}5$ und

$W_{22} = 0{,}5$.

Daraus kann die Standardabweichung der Variablen s_k errechnet werden (I – G ist dabei die Anzahl der Freiheitsgrade):

$$s_k = \sqrt{\frac{W_{kk}}{I - G}} .$$

Für das Beispiel resultieren die folgenden Werte:

$$s_1 = \sqrt{\frac{0{,}5}{5-3}} = 0{,}5 ,$$

$$s_2 = \sqrt{\frac{0{,}5}{5-3}} = 0{,}5 .$$

Die standardisierten Diskriminanzkoeffizienten für die erste Diskriminanzfunktion lauten:

$$b_{11}^* = -0{,}5257 \cdot 0{,}5 = -0{,}2628 \text{ und}$$

$$b_{21}^* = 0{,}8306 \cdot 0{,}5 = 0{,}4153 .$$

Die Werte für die zweite Diskriminanzfunktion sind entsprechend:

$$b_{12}^* = 0{,}8250 \cdot 0{,}5 = 0{,}4125 \text{ sowie}$$

$$b_{22}^* = 0{,}5257 \cdot 0{,}5 = 0{,}2628 .$$

Um zu einer Bewertung der Wichtigkeit der Diskriminanzkoeffzienten über alle Diskriminanzfunktionen zu gelangen, sind die unterschiedlichen Eigenwertanteile γ_l der Diskriminanzfunktionen zu berücksichtigen. Dies geschieht, indem man die standardisierten Koeffizienten b_k^* der einzelnen Funktionen mit den jeweiligen Eigenwertanteilen γ_l gewichtet und addiert:

$$\bar{b}_k = \sum_{l=1}^{L} \left| b_{kl}^* \right| \cdot \gamma_l \text{ mit}$$

$\bar{b}_k$ = mittlerer Diskriminanzkoeffizient von Merkmalsvariable k.

Beispiel 6.23:

In unserem Beispiel ergeben sich die folgenden standardisierten Diskriminanzkoeffizienten für den Mehrgruppenfall:

$\overline{b}_1 = 0{,}26285 \cdot 9{,}4721 + 0{,}4125 \cdot 0{,}5279 = 0{,}4667$ und

$\overline{b}_2 = 0{,}4153 \cdot 9{,}4721 + 0{,}2628 \cdot 0{,}5279 = 4{,}075.$

Das Vorzeichen der standardisierten Diskriminanzkoeffizienten spielt bei ihrer Beurteilung keine Rolle. Es ist ersichtlich, dass in diesem Beispiel der Preis zur Erklärung des Verkaufserfolgs eine deutlich geringere diskriminierende Wirkung hat als die Qualität, d.h. die wahrgenommene Produktqualität spielt als Erfolgsfaktor eine deutlich größere Rolle als der Preis.

Klassifikation neuer Elemente

Nachdem oben beschrieben wurde, wie die Unterschiedlichkeit von Gruppen aufgrund von Merkmalsvariablen erklärt werden kann, wird nun gezeigt, in welche Gruppe neue Elemente (im Beispiel eine neue Waschmittelmarke) aufgrund der Ausprägung der Variablen zugeordnet werden können.

Ein neues Element i wird in diejenige Gruppe g eingeordnet, der es aufgrund seines Diskriminanzwertes am nächsten liegt. Kriterium für die „Nähe" zu einer Gruppe ist der jeweilige Gruppenmittelwert (Zentroid). Für die Messung der Distanz wird üblicherweise die quadrierte euklidische Distanz gewählt:

$$D_{ig}^2 = \sum_{l=1}^{L} \left(y_{il} - \overline{y}_{gl}\right)^2 \text{ mit}$$

y_{il} = Diskriminanzwert des Elementes i bzgl. der l-ten Diskriminanzfunktion,

$\overline{y}_{gl}$ = Diskriminanzwert des Gruppenmittelwertes,

D_{ig}^2 = quadrierte euklidische Distanz des neuen Elements i zum Zentroid von Gruppe G.

Beispiel 6.24:

Um eine neue Waschmittelmarke einer der drei Gruppen aus unserem Beispiel zuordnen zu können (geringer – mittlerer – hoher Verkaufserfolg) müssen zunächst die Ausprägungen der Variablen Preis und Qualität ermittelt werden. Für die neue Marke liegen die folgenden Werte vor:

x_1(Preis) = 3 und

x_2(Qualität) = 3.

Zunächst sind die Diskriminanzwerte y_l für die geschätzten Diskriminanzfunktionen zu bestimmen:

$y_1 = -0{,}526 \cdot 3 + 0{,}825 \cdot 3 = 0{,}89$ sowie

$y_2 = 0{,}831 \cdot 3 + 0{,}526 \cdot 3 = 4{,}071.$

Im Anschluss sind die quadrierten euklidischen Distanzen zu den Gruppen-Zentroiden zu ermitteln:

Gruppe 1:

$$D_{11}^2 = (y_1 - y\sigma_{11})^2 + (y_2 - y\sigma_{12})^2 = (0{,}897 - 1{,}949)^2 + (4{,}071 - 2{,}409)^2 = 3{,}869;$$

Gruppe 2:

$$D_{12}^2 = (y_1 - y\sigma_{21})^2 + (y_2 - y\sigma_{22})^2 = (0{,}897 - 1{,}011)^2 + (4{,}071 - 2{,}977)^2 = 1{,}210;$$

Gruppe 3:

$$D_{13}^2 = (y_1 - y\sigma_{31})^2 + (y_2 - y\sigma_{32})^2 = (0{,}897 - (-0{,}490))^2 + (4{,}071 - 2{,}604)^2 = 4{,}076.$$

Die Distanz der neuen Waschmittelmarke zu Gruppe 2 (mittlerer Erfolg) ist mit 1,210 am geringsten. Das Element wird daher Gruppe 2 zugeordnet.

Varianten der Diskriminanzanalyse

Ausgehend von der beschriebenen Grundform der Diskriminanzanalyse lassen sich verschiedene Varianten unterscheiden (vgl. Tab. 6.11). Da eine Darstellung der einzelnen Verfahren den Rahmen dieses Buches sprengen würde, sei hier auf die einschlägige Literatur verwiesen (vgl. insbesondere Jennrich 1977; Klecka 1980; Tatsuoka 1988).

Tab. 6.11: Kriterien zur Unterscheidung diskriminanzanalytischer Verfahren (Quelle: Decker/Temme 2000, S. 310)

Unterscheidungskriterium	Ausprägungsformen
Anzahl der zu untersuchenden Gruppen	▪ 2 ▪ >2
Skalenniveau der unabhängigen Variablen	▪ metrisch ▪ nicht metrisch
Verteilungsannahme	▪ multivariat normalverteilt ▪ verteilungsfrei
Mathematischer Modellansatz	▪ linear ▪ nichtlinear
Klassifikationskonzepte	▪ Distanzkonzept ▪ Wahrscheinlichkeitskonzept
Klassifikationsvariablen	▪ Merkmalsvariablen ▪ Diskriminanzvariablen
Art der Berücksichtigung der vorhandenen Variablen	▪ simultan ▪ schrittweise

Die Diskriminanzanalyse lässt sich sinnvollerweise mit der Clusteranalyse kombinieren. So ist die Anwendung des strukturentdeckenden Verfahrens der Clusteranalyse geeignet, um Gruppen zu identifizieren, die mit Hilfe der Diskriminanzanalyse näher untersucht werden können.

3.3.3 Multidimensionale Skalierung

Definition

Die typische Fragestellung im Rahmen der *Multidimensionalen Skalierung* (MDS) ist die Beurteilung der Ähnlichkeit von Objekten, z.B. die von Konsumenten subjektiv wahrgenommene Ähnlichkeit von Marken derselben Produktklasse. Die wahrgenommenen Ähnlichkeiten werden in einem metrischen Raum positioniert.

Hierzu wird eine Konfiguration (Gesamtheit der Positionen) der Objekte im Wahrnehmungsraum gesucht derart, dass die wahrgenommenen Ähnlichkeiten zwischen den Objekten möglichst genau durch die räumlichen Abstände (Minkowski-Metrik, vgl. Abschnitt 3.3.1) abgebildet werden. Die Objekte sollen demnach so auf die Punkte des Raumes abgebildet werden, dass die Distanz zwischen je zwei Punkten gerade der Ähnlichkeit zwischen den zugehörigen Objekten entspricht. Ein typisches Beispiel für die Anwendung einer MDS ist die Wahrnehmung von Marken derselben Produktklasse durch Konsumenten.

Im Rahmen der Ermittlung von Positionierungen können grundsätzlich zwei Wege beschritten werden: Während bei der *Faktorenanalyse* eine Eigenschaftsbeurteilung der Objekte erfolgt, wobei die relevanten Eigenschaften bekannt sein müssen, erfolgt bei der *MDS* eine Beurteilung der von den befragten Personen subjektiv wahrgenommenen Ähnlichkeiten zwischen den Objekten (vgl. Borg et al. 2010, S. 7 ff.). Im Vergleich zur Faktorenanalyse sind bei der MDS die relevanten Eigenschaften der zu untersuchenden Objekte (nahezu) unbekannt.

Eine Multidimensionale Skalierung vollzieht sich in folgenden *Schritten* (vgl. Backhaus et al. 2015, S. 355 ff., Wührer 2008, S. 458):

- Messung der Ähnlichkeiten,
- Wahl des Distanzmodells,
- Ermittlung der Konfiguration,
- Aggregation der Konfiguration,
- Zahl und Interpretation der Dimensionen.

Ausgangssituation einer MDS ist die Messung der subjektiven Wahrnehmung der Ähnlichkeiten von Objekten. Um dieses zu realisieren, müssen Ähnlichkeitsurteile von Personen erfragt werden, indem ein Paarvergleich von Objekten erfolgt. Die wichtigsten Verfahren zur Erhebung von Ähnlichkeitsurteilen sind

- die Methode der Rangreihung,
- die Ankerpunktmethode und
- das Ratingverfahren.

Bei der Methode der *Rangreihung*, dem klassischen Verfahren zur Erhebung von Ähnlichkeitsurteilen, wird eine Auskunftsperson veranlasst, die Objektpaare nach ihrer empfundenen Ähnlichkeit zu ordnen, d.h. die Objektpaare werden nach aufsteigender oder abfallender Ähnlichkeit in eine Rangfolge bzw. -reihe gebracht. Bei $i = 1, \dots I$

Objekten ergeben sich somit I(I-1)/2 Objektpaare. Diese Unterteilung der möglichen Objektpaare erfolgt solange, bis jede Gruppe genau nur ein Objektpaar enthält.

Im Gegensatz dazu dient bei der *Ankerpunktmethode* jedes Objekt genau einmal als Vergleichsobjekt zur Beurteilung der Ähnlichkeiten. Daraus ergeben sich insgesamt bei I Objekten I(I-1) Paarvergleiche, sodass für jeden Ankerpunkt (I-1) Ränge vergeben werden. Je größer die Ähnlichkeit im Rahmen der Paarvergleiche ist, desto kleiner ist der Rang.

Beim *Ratingverfahren* werden alle Objekte mit Hilfe einer Ratingskala bewertet, indem einzelne Objektpaare auf einer Ähnlichkeits- bzw. Unähnlichkeitsskala beurteilt werden. Diese Paarbildung erfolgt wie bei der Rangreihung, jedoch sieht das Ratingverfahren eine isolierte Betrachtung der Paare vor. Da es sich hierbei um symmetrische Konstrukte handelt (die Ähnlichkeit zwischen A und B ist gleich der Ähnlichkeit zwischen B und A), wird jedes Objektpaar nur einmal beurteilt, sodass insgesamt bei I Objekten I(I-1)/2 Paare zu beurteilen sind. Der Nachteil dieser Methode besteht jedoch darin, dass sog. *Ties* (verschiedene Objektpaare erhalten gleiche Ähnlichkeitswerte) auftreten können (vgl. Wührer 2008, S. 443 ff.).

Beispiel 6.25:

Im Rahmen einer Untersuchung am Frankfurter Hauptbahnhof wurden Manager gebeten, die fünf Hotels in der City bezüglich ihrer Ähnlichkeit zu vergleichen. Dabei wurde eine Ratingskala mit den Ausprägungen von „1 = sehr ähnlich“ bis „10 = sehr unähnlich“ verwendet. Im Mittel über alle befragten Personen ergab sich die folgende symmetrische Datenmatrix:

	Hotel A	Hotel B	Hotel C	Hotel D	Hotel E
Hotel A					
Hotel B	10				
Hotel C	9	3			
Hotel D	6	7	2		
Hotel E	1	8	5	4	

Als Startkonfiguration wurde folgende Platzierung der Hotels in einem zweidimensionalen Raum gewählt:

	x-Achse	y-Achse
Hotel A	1	3
Hotel B	9	9
Hotel C	10	3
Hotel D	8	1
Hotel E	3	2

Im zweiten Schritt der MDS erfolgt die *Wahl des Distanzmodells*. Um die Objekte in einem psychologischen Wahrnehmungsraum abbilden zu können, ist für diese Darstellung ein Distanzmaß notwendig. Bei einem *metrischen Skalenniveau* beruhen die Ähnlichkeitsmaße auf der allgemeinen Ähnlichkeitsfunktion der Minkowski-Metrik (vgl. Borg et al. 2010, S. 11):

$$d_{ij} = \left[\sum_{k=1}^{K} \left| x_{ik} - x_{jk} \right|^{r} \right]^{\frac{1}{r}}$$

mit

d_{ij} = Distanz zwischen Objekt i und Objekt j,

x_{ik} = Wert der Variablen k bei Objekt i (k = 1, 2, ... K),

x_{jk} = Wert der Variablen k bei Objekt j (k = 1, 2, ... K),

$r \geq 1$ = Minkowski-Konstante.

Dabei stellt *r* eine positive Konstante dar. Für r = 2 resultiert die *Euklidische Distanz*, für r = 1 die *City-Block-Metrik* (vgl die Ausführungen in Abschnitt 3.3.1).

Nach der Wahl des Distanzmodells schließt sich die *Ermittlung der Konfiguration* an. Um diese zu erhalten, ist ein iteratives Vorgehen erforderlich. Dabei erfolgt die Bestimmung der ersten willkürlichen Konfiguration, der sogenannten Startkonfiguration, indem in einem möglichst gering dimensionierten Raum eine Konfiguration ermittelt wird, deren dargestellte Distanzen d_{ij} möglichst gut die Monotoniebedingung erfüllen. Die Rangfolge der errechneten Distanzen soll die Rangfolge der Ähnlichkeiten bzw. Unähnlichkeiten u_{ij} widerspiegeln. Eine Gegenüberstellung der ursprünglichen (Un-)Ähnlichkeiten u_{ij} mit den berechneten Distanzen d_{ij} mit Hilfe des Sheparddiagramms (vgl. Abb. 6.18) verdeutlicht, ob ein streng monotoner Verlauf vorliegt. Entsprechen die Rangfolgen von u_{ij} und d_{ij} einander, dann ist die Monotoniebedingung erfüllt. Liegt somit die Bedingung

$$u_{ij} > u_{pq} \qquad \text{dann} \qquad d_{ij} > d_{pq}$$

nicht vor, ist eine Berechnung der Disparitäten erforderlich, um zumindest eine schwach monotone Transformation der Unähnlichkeiten zu erzielen:

$$\hat{d}_{ij} = \hat{d}_{pq} = \frac{d_{ij} + d_{pq}}{2} \text{ mit}$$

$\hat{d}_{ij}$ = Disparität,

d_{ij}, d_{pq} = Distanz zwischen Objektpaar ij und pq.

Beispiel 6.26:

Im Rahmen der Situation im Beispiel 6.25 soll überprüft werden, ob die bereits vorhandene Konfiguration die Monotoniebedingung erfüllt. Für die Überprüfung wird die Euklidische Distanz verwendet.

Unähnlichkeiten

$$d_{A,B} = \left(|1-9|^2 + |3-9|^2\right)^{\frac{1}{2}} = 10{,}00 \quad 10$$

$$d_{A,C} = \left(|1-10|^2 + |3-3|^2\right)^{\frac{1}{2}} = 9{,}00 \quad 9$$

$$d_{A,D} = \left(|1-8|^2 + |3-1|^2\right)^{\frac{1}{2}} = 7{,}28 \quad 6$$

$$d_{A,E} = \left(|1-3|^2 + |3-2|^2\right)^{\frac{1}{2}} = 2{,}24 \quad 1$$

$$d_{B,C} = \left(|9-10|^2 + |9-3|^2\right)^{\frac{1}{2}} = 6{,}08 \quad 3$$

$$d_{B,D} = \left(|9-8|^2 + |9-1|^2\right)^{\frac{1}{2}} = 8{,}06 \quad 7$$

$$d_{B,E} = \left(|9-3|^2 + |9-2|^2\right)^{\frac{1}{2}} = 9{,}22 \quad 8$$

$$d_{C,D} = \left(|10-8|^2 + |3-1|^2\right)^{\frac{1}{2}} = 2{,}83 \quad 2$$

$$d_{C,E} = \left(|10-3|^2 + |3-2|^2\right)^{\frac{1}{2}} = 7{,}07 \quad 5$$

$$d_{D,E} = \left(|8-3|^2 + |1-2|^2\right)^{\frac{1}{2}} = 5{,}10 \quad 4$$

Bei den Unähnlichkeiten handelt es sich um die Ergebnisse aus der Managerbefragung aus Beispiel 6.25. Sie werden den Ähnlichkeitsmaßen gegenübergestellt, um die Einhaltung der Monotoniebedingung zu ermitteln. Die Monotoniebedingung ist hier nicht erfüllt, da zum einen die Distanz zwischen den Hotels B und C größer ist als bei den Hotels D und E und zum anderen auch die Distanz zwischen den Hotels B und E größer ist als bei den Hotels A und C. Um zumindest die schwache Monotoniebedingung zu erfüllen, müssen die Disparitäten ermittelt werden.

Aus Abb. 6.18 ist die notwendige Transformation für die Erfüllung der schwachen Monotonie zu entnehmen.

Anhand des Shepard-Diagramms ist optisch erkennbar, ob die Monotoniebedingung erfüllt ist. Rechnerisch erfolgt die Beurteilung der Güte der Konfiguration mit Hilfe des *Stress-Maßes* nach Kruskal als Qualitätsmaß. Am gebräuchlichsten ist dabei folgende Variante (vgl. Wührer 2008, S. 316):

$$\text{STRESS1} = \sqrt{\frac{\sum_i \sum_j \left(d_{ij} - \hat{d}_{ij}\right)^2}{\sum_i \sum_j d_{ij}^2}}\,.$$

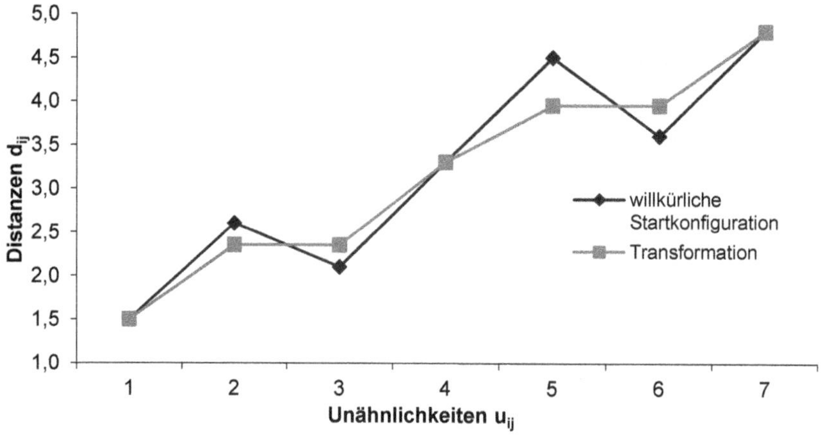

Abb. 6.18: Beispiel eines Shepard-Diagramms mit willkürlicher Startkonfiguration und Transformation

Das Stress-Maß misst, wie gut bzw. wie schlecht eine Konfiguration die Monotoniebedingung erfüllt. Eine exakte Anpassung liegt dann vor, wenn das Stress-Maß gleich Null ist. Disparitäten müssen in diesem Fall nicht errechnet werden. Bei dem Ergebnis würde die willkürliche Startkonfiguration die Bedingung eines streng monotonen Verlaufs erfüllen. Allgemein gilt: Je kleiner das Stress-Maß ist, desto besser ist die Konfiguration.

Beispiel 6.27:

In unserem Beispiel lässt sich der STRESS1-Wert folgendermaßen errechnen:

u_{ij}	Objektpaare	d_{ij}	$\hat{d}_{ij}$	$(d_{ij} - \hat{d}_{ij})^2$	d_{ij}^2
1	A,E	2,24	2,24	0,00	5,02
2	C,D	2,83	2,83	0,00	8,01
3	B,C	6,08	5,59	0,24	36,97
4	D,E	5,10	5,59	0,24	26,01
5	C,E	7,07	7,07	0,00	49,98
6	A,D	7,28	7,28	0,00	53,00
7	B,D	8,06	8,06	0,00	64,96
8	B,E	9,22	9,11	0,01	85,01
9	A,C	9,00	9,11	0,01	81,00
10	A,B	10,00	10,00	0,00	100,00
Σ	-	-	-	**0,50**	**509,96**

$$\text{STRESS 1} = \sqrt{\frac{0{,}50}{509{,}96}} = 0{,}03$$

Der geringe Wert für STRESS1 zeigt, dass die Konfiguration in diesem Beispiel bereits sehr gut ist.

Die jeweils ermittelte Konfiguration wird iterativ solange verbessert, bis der STRESS1 einen vorgegebenen Grenzwert unter- oder eine vorgegebene Zahl von Iterationen überschreitet.

Im vierten Schritt der MDS erfolgt die *Aggregation der Konfigurationen*. Die bisherige Darstellung der MDS galt bisher nur für eine Person. Dies entspricht der individuellen, klassischen MDS. Im Marketing ist jedoch meist der subjektive Wahrnehmungsraum einer Gruppe von Personen (Zielgruppe) relevant. Voraussetzung dafür sind homogene Personengruppen. Sollte dies nicht von vornherein gegeben sein, könnten diese beispielsweise durch eine Clusteranalyse ermittelt werden. Um den Wahrnehmungsraum von Gruppen zu ermitteln, bieten sich unterschiedliche Möglichkeiten zur Lösung des Aggregationsproblems an, auf die hier nicht näher eingegangen wird (vgl. hierzu z.B. Hair et al. 2010, S. 575 f.).

Im fünften Schritt des Verfahrens werden die *Zahl und Interpretation der Dimensionen* berücksichtigt. Dabei wird die Anzahl der Dimensionen vom Marktforscher festgelegt. Eigentlich sollte die Zahl der „wahren" Dimensionalität der Wahrnehmung entsprechen. Da diese jedoch zumeist unbekannt ist, stellt sie ein Problem dar. Aus praktischen Gründen wird deshalb mit zwei bis drei Dimensionen gearbeitet. Das hängt mit der grafischen Darstellbarkeit, Anschaulichkeit und Interpretierbarkeit der Ergebnisse zusammen. Die Darstellung von Objekten im Wahrnehmungsraum liefert Erkenntnisse darüber,

- in welcher Weise Objekte relativ zu konkurrierenden Objekten wahrgenommen werden,
- welche Objekte ähnlich wahrgenommen werden und somit in einer engen Konkurrenz zu einander stehen und
- inwiefern eventuell Marktlücken für neue Objekte bestehen.

Im Gegensatz zur Faktorenanalyse, bei der die Faktoren frühzeitig inhaltlich interpretiert werden, erfolgt die Interpretation der Konfiguration hier erst nach dem MDS-Algorithmus. Die inhaltlichen Bezeichnungen der Dimensionen der Konfiguration werden bei der MDS aus der Lage der Objekte im Objektraum abgeleitet.

Damit sind die fünf Schritte der MDS abgeschlossen. Sämtliche Standard-Statistikpakete wie SPSS, SAS oder R enthalten MDS-Module. Zudem existieren spezifische MDS-Programme für fortgeschrittene Anwenderansprüche. Einen Überblick liefern z.B. Borg et al. 2010.

Messung von Präferenzen mittels Multidimensionaler Skalierung

Bei der Ermittlung der Ähnlichkeitsdaten bleibt unberücksichtigt, ob die Auskunftsperson ein Objekt als positiv oder negativ bewertet. Will man den Nutzen, d.h. die Präferenz, die eine Person mit dem Objekt verbindet, in eine Untersuchung einbeziehen, so ist eine zusätzliche Datenerhebung durchzuführen, sofern diese zusätzlichen Präferenzen einer Person bezüglich der Objekte nicht vorliegen. Mit diesen Informationen kann die MDS erweitert werden. Dadurch ist es möglich, in den Wahrnehmungsraum neben den Objekten auch die Präferenzen von Personen einzubeziehen.

Grundsätzlich existieren zwei Möglichkeiten, die Präferenzen im Rahmen der MDS zu berücksichtigen (vgl. Hair et al. 2010, S. 591 f.):

- das Idealpunktmodell und
- das Idealvektormodell.

Der *Idealpunkt* einer Person repräsentiert ein hypothetisches Objekt, das die am meisten präferierte Position im Wahrnehmungsraum einnimmt. Eine sinnvolle Anwendung des Idealpunktmodells ist immer dann gegeben, wenn eine ideale Ausprägung hinsichtlich der Beurteilungsdimension besteht, bei deren Über- oder Unterschreiten ein Nutzenabfall eintritt.

Die rechnerische Ermittlung des Idealpunktes wird mit Hilfe einer modifizierten Präferenzregression durchgeführt (vgl. z.B. Carroll 1972):

$$y_i = a + \sum_{r=1}^{R} b_r \cdot x_{ri} + b_{R+1} \cdot q_i \text{ mit}$$

$$q_i = \sum_{r=1}^{R} x_{ri}^2 \quad (i = 1,...,I)$$

y_i = ermittelter Präferenzwert einer Person bezüglich Objekt i,

x_{ri} = Koordinate von Objekt i auf Dimension r (r = 1,...,R),

a, b_r = zu schätzende Parameter,

q_i = Dummy-Variable q, deren Wert sich aus der Summe der quadrierten Koordinaten eines Objektes i (i = 1,...,I) ergeben.

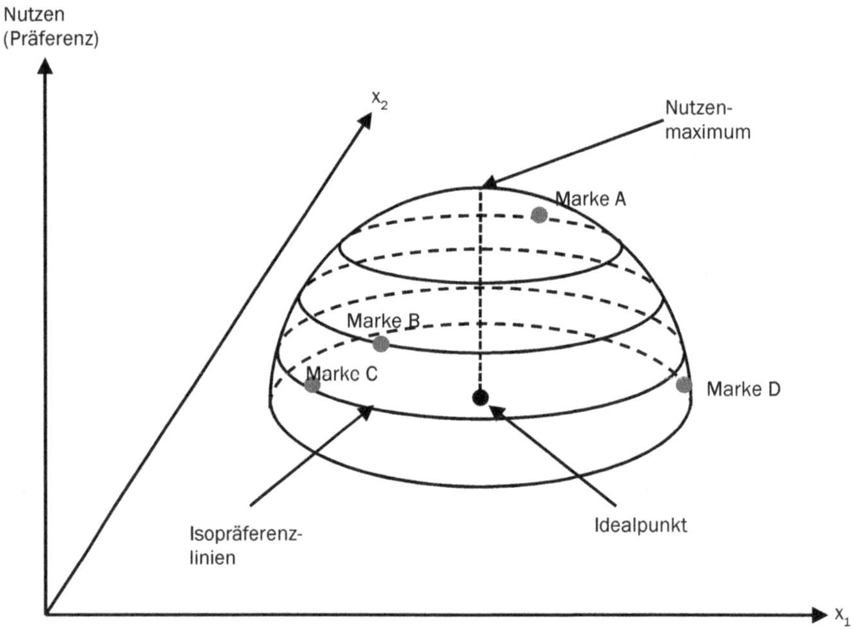

Abb. 6.19: Beispiel eines Idealpunktmodells

Daraus lassen sich die Koordinaten des Idealpunktes mit Hilfe folgender Formel errechnen:

$$x_r^* = \frac{-b_r}{2b_{R+1}} \quad (r = 1,\ldots,R).$$

Abbildung 6.19 zeigt ein Beispiel für ein Idealpunktmodell mit Idealpunkt, Nutzenmaximum und Isopräferenzlinien.

Das *Idealvektormodell* (vgl. Abb. 6.20) geht von einer Präferenzfunktion aus, für die gilt: „Je mehr, desto besser." Es gibt keinen Idealpunkt, sondern nur eine Richtung (Vektor), die die größtmögliche Nutzenstiftung in allen Dimensionen anzeigt. Die Isopräferenzlinien sind dabei Orte gleichen Nutzens. Sinnvoll ist die Anwendung dieses Modells, wenn ein „Mehr" an Ausprägungen in den Beurteilungsdimensionen immer ein „Mehr" an Nutzen erzeugt.

Die Berechnung des Idealvektors erfolgt mit Hilfe der Regressionsanalyse, der das folgende Grundmodell zugrunde liegt:

$$y_i = a + \sum_{r=1}^{R} b_r \cdot x_{ri} \quad (i = 1,\ldots,I).$$

Beim Einzeichnen des Präferenzvektors in den Objektraum ist zu beachten, dass bei den Koeffizienten der Regressionsanalyse die Vorzeichen zu ändern sind, da es sich bei den Präferenzdaten um Rangdaten handelt, bei denen der niedrigste Wert die höchste Präferenz bedeutet. Die Steigung des Präferenzvektors ergibt sich somit aus dem Punkt 1 (0;0), der durch den Ursprung läuft, und dem Punkt 2 ($-b_1$;$-b_2$), sodass die Steigung des Präferenzvektors b_2/b_1 beträgt.

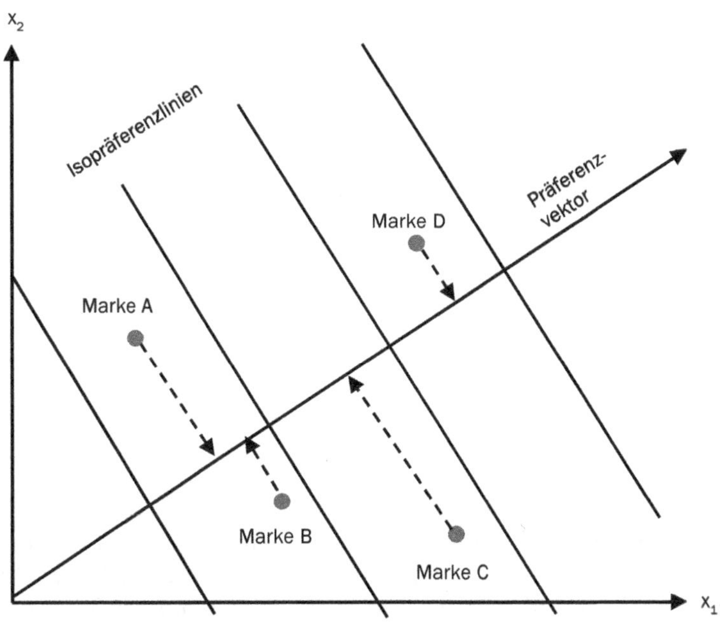

Abb. 6.20: Beispiel eines Idealvektormodells

Beispiel 6.28:

Bei der externen Präferenzanalyse ordneten Manager auf dem Frankfurter Flughafen die in Beispiel 6.25 genannten Hotels im Mittel wie folgt:

Hotel	Präferenz
A	1
B	5
C	4
D	3
E	2

Idealpunktmodell:

Aus der allgemeinen Formel des Idealpunktmodells ergibt sich für dieses zweidimensionale Beispiel folgende Formel:

$$y_i = a + b_1x_1 + b_2x_2 + b_3\left(x_1^2 + x_2^2\right)$$

Die Normalgleichungen des Idealpunktmodells lauten:

A $\quad 1 = a + b_1 \cdot 1 + b_2 \cdot 3 + b_3 \cdot 10$

E $\quad 2 = a + b_1 \cdot 3 + b_2 \cdot 2 + b_3 \cdot 13$

D $\quad 3 = a + b_1 \cdot 8 + b_2 \cdot 1 + b_3 \cdot 65$

C $\quad 4 = a + b_1 \cdot 10 + b_2 \cdot 3 + b_3 \cdot 109$

B $\quad 5 = a + b_1 \cdot 9 + b_2 \cdot 9 + b_3 \cdot 162.$

Idealvektormodell:

Aus der allgemeinen Formel des Idealvektormodells ergibt sich folgende Formel:

$$y_i = a + b_1x_1 + b_2x_2.$$

Die Normalgleichungen des Idealvektormodells lauten:

A $\quad 1 = a + b_1 \cdot 1 + b_2 \cdot 3$

E $\quad 2 = a + b_1 \cdot 3 + b_2 \cdot 2$

D $\quad 3 = a + b_1 \cdot 8 + b_2 \cdot 1$

C $\quad 4 = a + b_1 \cdot 10 + b_2 \cdot 3$

B $\quad 5 = a + b_1 \cdot 9 + b_2 \cdot 9.$

Um die Interpretation der Dimensionen zu erleichtern, dreht man gewöhnlich die Achsen, damit auf analytischem Weg eine möglichst gute Einfachstruktur hergestellt wird. In diesem Zusammenhang wird von einer *Varimax-Rotation* gesprochen, wenn die Achsen senkrecht (rechtwinklig) aufeinander bleiben. Hierbei handelt es sich um Methoden der orthogonalen Rotation. Im Idealfall bewirkt diese Drehung eine sogenannte *Einfachstruktur*, d.h. die Objekte befinden sich entlang der Achsen. Es ist erwiesen, dass durch die Drehung des Koordinatenkreuzes im Ursprung die Aussagekraft einer Hauptachsenanalyse nicht verändert wird.

Bei schiefwinkligen (obliquen) Rotationen hingegen wird die Unabhängigkeitsprämisse der Faktoren im statistischen Sinne aufgegeben. Dann wird eine (erneute) Faktorenanalyse notwendig, wobei empirische Untersuchungen gezeigt haben, dass die Ergebnisse meist nicht mehr interpretierbar sind (vgl. Bortz/Schuster 2010, S. 418 f.).

Eine andere Möglichkeit bei der Interpretation der Konfiguration ist das *Property Fitting*. Hierbei handelt es sich um eine Kombination von MDS und Faktorenanalyse, bei der die Eigenschaftsausprägungen bzw. -beurteilungen nachträglich in den Wahrnehmungsraum mit einbezogen werden. Der Objektraum enthält also zusätzlich Vektoren wie bei der Faktorenanalyse (vgl. ausführlich Hilbert/Opitz 1997).

3.4 Verfahren zur Messung von Beziehungen

Verfahren zur Messung von Beziehungen versuchen, Zusammenhänge zwischen den betrachteten Variablen aufzudecken. Verfahren der *Dependenzanalyse* messen die Abhängigkeit einer oder mehrerer abhängiger Variablen von einer oder mehreren unabhängigen Variablen. Insofern kann die oben beschriebene Diskriminanzanalyse auch den Verfahren der Depenzenzanalyse zugeordnet werden (bei einer nominalskalierten abhängigen Variablen und zwei oder mehr metrisch skalierten unabhängigen Variablen). Weitere gebräuchliche Verfahren sind:

- Regressionsanalyse (bei metrisch skalierten abhängigen und unabhängigen Variablen),
- Kausalanalyse (bei metrisch skalierten abhängigen und unabhängigen Variablen) sowie
- Varianzanalyse (bei einer metrisch skalierten abhängigen Variablen und einer oder mehreren nominalskalierten unabhängigen Variablen).

Verfahren der *Interdependenzanalyse* untersuchen die wechselseitigen Beziehungen zwischen Variablen. Zwar beruhen auch die Clusteranalyse, die Faktorenanalyse, die Multidimensionale Skalierung und die Conjoint-Analyse auf Interdependenzen zwischen Variablen, da die typischen Fragestellungen dieser Verfahren jedoch nicht vorrangig auf die Untersuchung wechselseitiger Beziehungen i.e.S. ausgerichtet sind, werden an dieser Stelle nur die Kontingenzanalyse und die Korrelationsanalyse als „typische" Verfahren der Interdependenzanalyse dargestellt.

3.4.1 Regressionsanalyse

Definition

Mit Hilfe der *Regressionsanalyse* werden Art und Richtung des Zusammenhangs zwischen metrisch skalierten Variablen untersucht, d.h. es wird die Beziehung zwischen einer abhängigen Variablen und einer oder mehreren unabhängigen Variablen analysiert.

Die Regressionsanalyse stellt eines der in den Sozialwissenschaften am häufigsten angewendeten Verfahren dar. Typische Fragestellung im Marketing ist z.B. die Untersuchung, wie sich die Absatzmenge verändert, wenn eine oder mehrere Marketingvariablen (Preishöhe, Werbebudget) variiert werden. Insofern können mit Hilfe der Regressionsanalyse nicht nur Zusammenhänge aufgedeckt, sondern auch (Wirkungs-)Prognosen erstellt werden. Eine Regressionsanalyse vollzieht sich in folgenden *Schritten*:

- Formulierung des Regressionsmodells,
- Schätzung der Regressionsfunktion,
- Prüfung der Regressionsfunktion und der Regressionskoeffizienten,
- Prüfung der Modellannahmen.

Lineare Regressionsanalyse

Am häufigsten wird das lineare Regressionsmodell zugrunde gelegt, das in allgemeiner Form folgendermaßen lautet:

$y = a + b_1 \cdot x_1 + \ldots + b_k \cdot x_k + \ldots + b_K \cdot x_K$ mit

y = abhängige Variable,

a = Konstante der Regressionsfunktion,

b_k = Regressionskoeffizienten ($k = 1, \ldots, K$),

x_k = unabhängige Variablen.

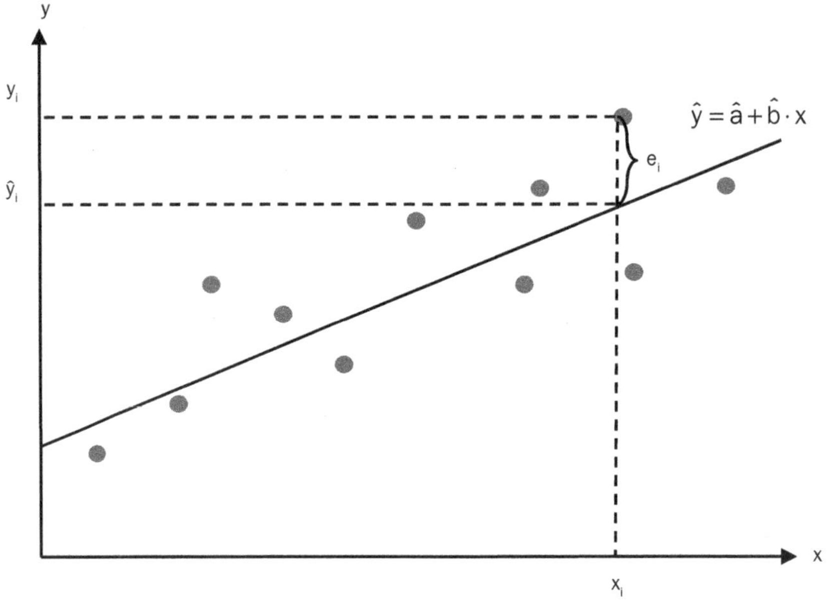

Abb. 6.21: Ausgangssituation der einfachen linearen Regressionsanalyse

Bezeichnet man mit $\hat{y}_i$ den Wert der Regressionsfunktion, der aus den Werten x_{1i}, …, x_{Ki} der unabhängigen Variablen resultiert, so erhält man die gesuchten Regressionskoeffizienten dadurch, dass die Summe der quadrierten Abweichungen zwischen den

Werten der Regressionsfunktion $\hat{y}_i$ und den zugehörigen Beobachtungswerten y_i minimiert wird:

$$Z = \sum_{i=1}^{n} (y_i - \hat{y}_i)^2 = \sum_i (y_i - a - b_1 \cdot x_{1i} - \ldots - b_K \cdot x_{Ki})^2 \to \text{min!}$$

Speziell im Modell der *einfachen linearen Regressionsanalyse* wird die lineare Abhängigkeit zwischen einer metrischen abhängigen Variablen und einer metrischen unabhängigen Variablen untersucht, z.B. die Abhängigkeit der Absatzmenge vom Produktpreis. Das Grundmodell der linearen Einfachregression lautet:

$y = a + b \cdot x$ mit

y = abhängige Variable,

x = unabhängige Variable,

a, b = Regressionskoeffizienten (Ordinatenabschnitt und Steigung der Funktion).

Abbildung 6.21 zeigt die Ausgangssituation einer linearen Einfachregression. Gegeben sind n Wertpaare (x_i, y_i) aus der Stichprobe, die sich um die – noch unbekannte – Regressionsgerade scharen:

$$\hat{y} = \hat{a} + \hat{b} \cdot x\,;$$

für die einzelnen Werte auf der Regressionsgerade gilt entsprechend:

$$\hat{y}_i = \hat{a} + \hat{b} \cdot x_i\,.$$

Die Regressionskoeffizienten a und b sind so zu bestimmen, dass die resultierende Regressionsfunktion „möglichst gut" die empirischen Beobachtungswerte repräsentiert; konkret wird diejenige Gerade gesucht, für die die Summe der quadrierten Abweichungen der durch die Regressionsgleichung vorhergesagten $\hat{y}_i$ -Werte von den beobachteten y_i-Werten, e_i, minimal wird (Methode der kleinsten Quadrate).

Zur analytischen Herleitung der Regressionsgleichung ist die folgende Zielfunktion zu minimieren (vgl. Bortz/Schuster 2010, S. 187):

$$Z = \sum_{i=1}^{n} e_i^2 = \sum_i (y_i - \hat{y}_i)^2 = \sum_i (y_i - \hat{a} - \hat{b} \cdot x_i)^2 \to \text{Min!}$$

Hierzu werden die ersten partiellen Ableitungen nach $\hat{a}$ und $\hat{b}$ gebildet und gleich Null gesetzt:

$$\frac{\partial Z}{\partial \hat{a}} = -2\sum_{i=1}^{n} y_i + 2 \cdot \hat{b} \sum_{i=1}^{n} x_i + 2 \cdot n \cdot \hat{a} = 0$$

$$\frac{\partial Z}{\partial \hat{b}} = -2\sum_{i=1}^{n} x_i \cdot y_i + 2 \cdot \hat{b} \sum_{i=1}^{n} x_i^2 + 2 \cdot \hat{a} \sum_{i=1}^{n} x_i = 0\,.$$

Die Lösung des Gleichungssystems führt zu folgenden Parameterwerten:

$$\hat{a} = \bar{y} - \hat{b} \cdot \bar{x}$$

$$\hat{b} = \frac{\sum_i (x_i - \bar{x})(y_i - \bar{y})}{\sum_i (x_i - \bar{x})^2} \quad \text{mit}$$

$$\bar{x} = \frac{1}{n} \sum_i x_i,$$

$$\bar{y} = \frac{1}{n} \sum_i y_i.$$

Beispiel 6.29:

Ein Markenartikelhersteller für Babyshampoo vermutet einen Zusammenhang zwischen der Höhe des Preises und den Absatzzahlen. Zur Schätzung dieses Modells sind ihm von den Handelsreisenden die Verkaufszahlen und die Preise von 2012-2016 in den Supermärkten bekannt:

Jahr	Preis p_i	Absatzmenge x_i	$p_i - \bar{p}$	$x_i - \bar{x}$	$(p_i - \bar{p})^2$	$(p_i - \bar{p}) \cdot (x_i - \bar{x})$
2012	1,00	40	-1	20	1	-20
2013	2,00	20	0	0	0	0
2014	2,00	20	0	0	0	0
2015	2,00	10	0	-10	0	0
2016	3,00	10	1	-10	1	-10
Σ	10,00	100	0	0	2	-30

Zu bestimmen ist folgende Regressionsgerade:

$$x = a + b \cdot p\,.$$

Zur Bestimmung der Regressionsgerade werden errechnet:

$$\bar{p} = 2$$

$$\bar{x} = 20$$

$$\sum_i (x_i - \bar{x}) = 0$$

$$\sum_i (p_i - \bar{p}) = 0$$

$$\sum_i (p_i - \overline{p})^2 = 2$$

$$\sum_i (p_i - \overline{p})(x_i - \overline{x}) = -30$$

Daraus erhält man:

$\hat{b} = -15$ und

$\hat{a} = 50$

Die gesuchte Regressionsgerade lautet somit:

x = 50 - 15p.

Auf der Basis der geschätzten Regressionsgerade kann bei einem beliebigen Preis p_i die zu erwartende Absatzmenge x_i geschätzt werden. Wird beispielsweise ein Preis von € 1,49 erwogen, so erhält man durch Einsetzen in die Regressionsgleichung folgenden Schätzwert für die Absatzmenge:

x = 27,65 = 27.

Die Güte der Anpassung der Regressionsfunktion an die empirischen Werte kann mit Hilfe des *Bestimmtheitsmaßes r^2* gemessen werden:

$$r^2 = \frac{\sum_i (\hat{y}_i - \overline{y})^2}{\sum_i (y_i - \overline{y})^2}$$

Das Bestimmtheitsmaß gibt an, welcher Anteil der Streuung der Beobachtungswerte durch die Regressionsgerade erklärt wird. Der Wertebereich des Bestimmtheitsmaßes liegt zwischen 0 und 1, wobei für $r^2 = 0$ überhaupt keine, für $r^2 = 1$ eine vollständige Erklärung der Streuung der empirischen Werte durch die Regressionsgerade erfolgt. Im Beispiel resultiert das Bestimmtheitsmaß als

$r^2 = 0{,}75$.

Die Höhe des Bestimmtheitsmaßes wird durch die Zahl der unabhängigen Variablen beeinflusst; um diesen Effekt auszuschalten, wird das korrigierte Bestimmtheitsmaß folgendermaßen errechnet:

$$r^2_{korr} = r^2 - \frac{K(1 - r^2)}{n - K - 1}$$

mit

K = Zahl der unabhängigen Variablen,

n = Zahl der Beobachtungen,

n-K-1 = Zahl der Freiheitsgrade.

Werden mehrere unabhängige Variablen herangezogen, so kann das *multiple Regressionsmodell*

$$y = a + b_1 \cdot x_1 + \ldots + b_K \cdot x_K$$

mit Hilfe der Matrizenrechnung parametrisiert werden (vgl. Bortz/Schuster 2010, S. 360).

Die K unabhängigen Variablen werden um eine weitere Variable K + 1 ergänzt, auf der alle n Beobachtungswerte den Wert 1 erhalten. Damit entspricht der Parameter b_{K+1} dem konstanten Glied a, d.h. b_{K+1} ist ein n-Vektor, der n-Mal das konstante Glied enthält. Die Regressionsgleichung lautet dann:

$$y = b_1 x_1 + \ldots + b_K x_K + b_{K+1} x_{K+1} .$$

Das Regressionsmodell lautet in Matrixschreibweise:

$$\mathbf{y} = \mathbf{Xb}$$

mit

y = n-Vektor der Beobachtungswerte der abhängigen Variablen,

b = K-Vektor der Regressionskoeffizienten,

X = n×K-Matrix der Beobachtungswerte der K unabhängigen Variablen.

Auch hier werden die Parameter der Regressionsfunktion so bestimmt, dass:

$$\sum_{i=1}^{n} e_i^2 \rightarrow \text{Min!}$$

Daraus folgt:

$$Z = \sum_{i=1}^{n} e_i^2 = \mathbf{e'e} = (y - \hat{y})'(y - \hat{y})$$

$$= (\mathbf{y} - \mathbf{Xb})'(\mathbf{y} - \mathbf{Xb}) =$$
$$= \mathbf{y'y} + \mathbf{b'X'Xb} - 2\mathbf{b'X'y} \rightarrow \text{Min!}$$

Ableitung nach dem Vektor **b** und Nullsetzen führt zu

$$\frac{d(\mathbf{e'e})}{d\mathbf{b}} = 2\,\mathbf{X'Xb} - 2\mathbf{X'y} = \mathbf{0}$$

Hieraus folgt:

$$\mathbf{X'Xb} = \mathbf{X'y}$$

$$(\mathbf{X'X})^{-1}\,(\mathbf{X'X})\mathbf{b} = (\mathbf{X'X})^{-1}\,\mathbf{X'y}$$

$$\mathbf{b} = (\mathbf{X'X})^{-1}\,\mathbf{X'y}.$$

Beispiel 6.30:

Von einem Forschungsinstitut kauft der Markenartikelhersteller aus Beispiel 6.29 für den beobachteten Zeitraum Daten über die Qualität des Babyshampoos, die über eine Rating-Skala (1 = sehr schlecht bis 5 = sehr gut) erhoben wurden. Folgende Wertetabelle wird der Berechnung zugrunde gelegt:

Jahr	2012	2013	2014	2015	2016
Preis	1	2	2	2	3
Absatzmenge	40	20	20	10	10
Qualität	3	3	2	1	1

Die Matrix $(\mathbf{X'X})^{-1}$ resultiert als

$$(\mathbf{X'X})^{-1} = \begin{pmatrix} 10{,}2 & -3 & -2 \\ -3 & 1 & 0{,}5 \\ -2 & 0{,}5 & 0{,}5 \end{pmatrix}.$$

Damit ergibt sich $\mathbf{b}$ als

$\mathbf{b} = (\mathbf{X'X})^{-1}\,\mathbf{X'y}$ bzw.

$$\mathbf{b} = \begin{pmatrix} 10{,}2 & -3 & -2 \\ -3 & 1 & 0{,}5 \\ -2 & 0{,}5 & 0{,}5 \end{pmatrix} \cdot \begin{pmatrix} 1 & 1 & 1 & 1 & 1 \\ 1 & 2 & 2 & 2 & 3 \\ 3 & 3 & 2 & 1 & 1 \end{pmatrix} \cdot \begin{pmatrix} 40 \\ 20 \\ 20 \\ 10 \\ 10 \end{pmatrix} = \begin{pmatrix} 30 \\ -10 \\ 5 \end{pmatrix}$$

Das Bestimmtheitsmaß errechnet sich aus folgender Formel:

$$r^2 = \frac{\sum_i (\hat{y}_i - \bar{y})^2}{\sum_i (y_i - \bar{y})^2}$$

Hierzu muss zunächst der Schätzwert $\hat{y}$ berechnet werden: $\hat{y} = x \cdot \hat{b}$.

$$\hat{y} = \begin{pmatrix} 1 & 1 & 3 \\ 1 & 2 & 3 \\ 1 & 2 & 2 \\ 1 & 2 & 1 \\ 1 & 3 & 1 \end{pmatrix} \cdot \begin{pmatrix} 30 \\ -10 \\ 5 \end{pmatrix} = \begin{pmatrix} 35 \\ 25 \\ 20 \\ 15 \\ 5 \end{pmatrix}, \quad \bar{y} = 20$$

Die erklärte Streuung beträgt

$$\sum_i (\hat{y}_i - \bar{y})^2 = (35-20)^2 + (25-20)^2 + (20-20)^2 + (15-20)^2 + (5-20)^2 = 500$$

und die Gesamtstreuung:

$$\sum_i (y_i - \bar{y})^2 = (40-20)^2 + (20-20)^2 + (20-20)^2 + (10-20)^2 + (10-20)^2 = 600.$$

Daraus resultiert das Bestimmtheitsmaß als:

$$r^2 = \frac{500}{600} = 0{,}83.$$

Das bedeutet, dass 83% der Streuung der y-Werte durch das Modell erfasst werden.

Wird eine Regressionsanalyse auf der Basis mehrerer unabhängiger Variablen durchgeführt, so stellt sich häufig zusätzlich die Frage nach dem relativen Einfluss der einzelnen Variablen. Hierzu müssen die Regressionskoeffizienten $\hat{b}_k$ standardisiert werden, da die absolute Höhe der Regressionskoeffizienten von der Dimension beeinflusst wird, in der die Variablen x_k gemessen werden (vgl. Skiera/Albers 2008, S. 475). Die standardisierten beta-Koeffizienten errechnen sich wie folgt:

$$beta_k = \hat{b}_k \cdot \frac{s_{x_k}}{s_y} \quad \text{für alle k mit}$$

s_{x_k} = Standardabweichung der unabhängigen Variablen x_k,

s_y = Standardabweichung der abhängigen Variablen y.

Die Höhe der beta-Koeffizienten zeigt, wie stark der Einfluss der einzelnen unabhängigen Variablen auf die abhängige Variable ist, wohingegen die unstandardisierten Regressionskoeffizienten $\hat{b}_k$ den marginalen Effekt der Änderung der zugehörigen unabhängigen Variablen widerspiegeln. Die Heranziehung von beta-Werten ist allerdings bei Vorhandensein von Multikollinearität (Korrelation zwischen den unabhängigen Variablen) wenig aussagekräftig.

Statistische Absicherung

In der Regel werden Regressionsmodelle auf der Grundlage einer repräsentativen Stichprobe ermittelt. Damit die Regressionsgleichung aus der Stichprobe auf die Grundgesamtheit übertragen werden kann, müssen zum einen die Regressionsfunktion als Ganzes wie auch die einzelnen Regressionskoeffizienten geprüft werden; zum anderen muss überprüft werden, ob die Annahmen des Regressionsmodells im vorliegenden Fall erfüllt sind.

Zunächst ist zu beachten, dass die geschätzte Regressionsfunktion

$$\hat{y} = \hat{a} + \hat{b}_1 \cdot x_1 + \ldots + \hat{b}_K \cdot x_K$$

als Realisation einer „wahren", aber unbekannten Regressionsfunktion

$$y = \alpha + \beta_1 \cdot x_1 + \beta_2 \cdot x_2 + \ldots + \beta_K \cdot x_K + u$$

angesehen werden kann, mit

y = abhängige Variable,

x_k = unabhängige Variablen (k = 1, … K),

α = Konstante der „wahren" Regressionsfunktion,

β_k = Regressionskoeffizienten,

u = Störgröße.

Die Regressionsfunktion als Ganzes kann mit Hilfe des F-Tests überprüft werden (vgl. ausführlich Backhaus et al. 2015, S. 87 ff.). Besteht zwischen der abhängigen Variablen y und den unabhängigen Variablen x_k ein kausaler Zusammenhang, so dürfen die Regressionskoeffizienten nicht alle Null sein. Die zugehörige Nullhypothese lautet demnach:

$$H_0 : \alpha = \beta_1 = \beta_2 = \ldots = \beta_K = 0.$$

Der empirische F-Wert berechnet sich als

$$F_{emp} = \frac{\sum_{i=1}^{n}(\hat{y}_i - \bar{y})^2 / K}{\sum_{i=1}^{n}(y_i - \hat{y})^2 / (n - K - 1)}.$$

Zu vergleichen ist der empirische F-Wert mit dem theoretischen F-Wert (F_{th}) bei K Freiheitsgraden im Zähler, (n – K – 1) Freiheitsgraden im Nenner und einem vorgegebenen Signifikanzniveau α. Ist $F_{emp} > F_{th}$, so ist die Nullhypothese zu verwerfen, d.h. nicht alle Regressionskoeffizienten β_k sind Null, der postulierte Zusammenhang gilt damit als statistisch signifikant.

Bei Signifikanz der Regressionsfunktion können die einzelnen Regressionskoeffizienten mit Hilfe des t-Tests geprüft werden. Die Nullhypothese lautet: $H_o : \beta_k = 0$. Der empirische t-Wert berechnet sich als

$$t_{emp} = \frac{b_k}{S_{b_k}}$$

wobei S_{b_k} den Standardfehler von b_k bezeichnet. Ist der empirische t-Wert (Absolutbetrag) größer als der theoretische t-Wert bei einem Signifikanzniveau α und n – K – 1 Freiheitsgraden (zweiseitige Fragestellung), ist die Nullhypothese zu verwerfen.

Beispiel 6.31

Im Beispiel 6.30 resultiert ein empirischer F-Wert von 5. Bei einem Signifikanzniveau α von 0,05 und je 2 Freiheitsgraden im Zähler und im Nenner beträgt der theoretische F-Wert 19. Damit ist die Nullhypothese beizubehalten, d.h. der ermittelte Zusammenhang ist statistisch nicht signifikant.

Für die einzelnen empirischen t-Werte (t_{emp}) wird errechnet:

$t_{emp}\ \alpha$ = 1,32;

$t_{emp}\ \beta_1 = 1{,}41;$
$t_{emp}\ \beta_2 = 1{,}00.$

Diese Werte werden mit dem theoretischen Wert der t-Verteilung bei 2 Freiheitsgraden und $\alpha = 0{,}05$ (zweiseitige Fragestellung) verglichen. Der theoretische t-Wert beträgt $t_{(0{,}05;\,2)} = 4{,}303$, d.h. H_0 wird abgelehnt, wenn $t_{emp} > 4{,}303$ oder $t_{emp} < -4{,}303$. Damit wird auch bzgl. der Koeffizienten die Nullhypothese beibehalten.

Darüber hinaus können für die wahren, aber unbekannten Regressionskoeffizienten β_k Konfidenzintervalle angegeben werden. Diese geben an, in welchem Bereich um b_k der „wahre Wert" des Regressionskoeffizienten β_k mit einer vorzugebenden Wahrscheinlichkeit liegt.

Die Übertragung der Stichprobenergebnisse auf die Grundgesamtheit und insb. die inferenzstatistische Absicherung sind nicht zulässig, wenn die Prämissen des Regressionsmodells verletzt werden. Im Einzelnen handelt es sich um folgende *Annahmen* (vgl. Skiera/Albers 2008, S. 478 ff.:

Annahmen hinsichtlich der Störvariablen:

- Die Störvariablen u_i sind normalverteilt
- Die Störvariablen haben den Erwartungswert Null, d.h. $E(u_i) = 0$.
- Die Störvariablen sind homoskedastisch, d.h. sie haben dieselbe Varianz σ^2; es gilt also:

  $\mathrm{Var}(u_i) = \sigma^2$ für alle i.
- Die Störvariablen sind unkorreliert, d.h. es gilt

  $\mathrm{cov}\,(u_i, u_j) = 0$ für alle $i \neq j,\ 0 \leq i, j \leq n$.

Annahmen hinsichtlich der Modellspezifikation:

- Das Modell ist linear in den Parametern a und b_k.
- Alle relevanten unabhängigen Variablen sind erfasst.
- Die Zahl der Beobachtungen ist größer als die Zahl der zu schätzenden Parameter.

Annahme hinsichtlich der unabhängigen Variablen:

- Zwischen den unabhängigen Variablen x_k besteht keine lineare Abhängigkeit, d.h. es ist keine Multikollinearität gegeben.

Sind die Störvariablen nicht normalverteilt, sind Signifikanztests (F-Test, t-Test) unzulässig; bei einer großen Zahl an Beobachtungen (Faustregel: $n > 40$) können Signifikanztests unter Rückgriff auf den zentralen Grenzwertsatz dennoch durchgeführt werden.

Die Verletzung der Prämisse, der Erwartungswert der Störgrößen sei Null, führt dazu, dass das konstante Glied a nicht mehr unverzerrt ist.

Ist die Varianz der Residuen nicht konstant, liegt *Heteroskedastizität* vor. Eine Prüfung auf Heteroskedastizität kann beispielsweise durch den Goldfeld-Quandt-Test, den Breusch-Pagan-Test oder den White-Test erfolgen (vgl. Pindyck/Rubinfeld 1998, S. 132 ff.). Heteroskedastizität führt dazu, dass die Schätzer zwar erwartungstreu, jedoch nicht mehr effizient sind.

Autokorrelation (Korrelation der Störvariablen) tritt häufig bei Zeitreihen auf. Autokorrelation führt zu Verzerrungen beim Standardfehler und damit auch bei der Bestimmung der Konfidenzintervalle für die Regressionskoeffizienten. Aufgedeckt werden kann Autokorrelation mit Hilfe des Durbin-Watson-Tests (vgl. Pindyck/Rubinfeld 1998, S. 143).

Nichtlinearität in den Parametern führt zu verzerrten Schätzwerten; zur Berechnung nichtlinearer Regressionsmodelle vgl. die Ausführungen im nachfolgenden Abschnitt.

Nichterfassung aller relevanten Variablen kann zur Verzerrung der Schätzwerte führen. Bei der Formulierung des Modells sollte daher stets große Sorgfalt angewendet werden.

Die *Zahl an Beobachtungen* sollte stets deutlich größer sein als die Zahl der zu schätzenden Parameter, da ansonsten kaum signifikante Zusammenhänge zu ermitteln sind.

Multikollinearität (lineare Abhängigkeit zwischen den unabhängigen Variablen) führt i.d.R. zu hohen Standardabweichungen der Regressionskoeffizienten und unzuverlässigen Schätzwerten für die Parameter (u.a. auch falsche Vorzeichen). Bei Vorliegen von Multikollinearität bestehen folgende Ansatzpunkte zur Behebung:

- Unterdrückung einer oder mehrerer unabhängiger Variablen (z.B. mittels schrittweiser Regressionsanalyse, vgl. Bortz/Schuster 2010, S. 358);
- Vorschaltung einer Faktorenanalyse (vgl. Abschnitt 3.2.2);
- Heranziehung spezieller Verfahren wie Ridge Regression (vgl. Mahajan et al. 1977) oder Latent Root Regression (Sharma/James 1981).

Nichtlineare Regression

Häufig führen theoretische Überlegungen oder die Analyse der Anordnung der (x_i, y_i)-Wertepaare zur Vermutung, dass der Zusammenhang zwischen den Variablen nichtlinearer Natur sei. Grundsätzlich lassen sich nichtlineare Beziehungen, die durch Polynome höher als ersten Grades repräsentiert werden, problemlos schätzen (vgl. z.B. Bortz/Schuster 2010, S. 198 ff.). In allgemeiner Form lautet das Regressionsmodell:

$$y = a + b_1 \cdot x + b_2 \cdot x^2 + \ldots + b_s \cdot x^s + \ldots + b_S \cdot x^S \quad (s = 1, \ldots, S).$$

Auch hier ist zur Bestimmung der Regressionskoeffizienten die Summe der quadrierten Abweichungen zwischen Schätz- und Beobachtungswerten zu minimieren, d.h. es gilt:

$$Z=\sum_{i=1}^{n}(y_i-\hat{y}_i)=\sum_{i=1}^{n}(y_i-a-b_1\cdot x-\ldots-b_s\cdot x^s-\ldots-b_S\cdot x^S)\rightarrow \text{Min!}$$

Ableiten der Zielfunktion nach a und b_s (s = 1,…, S) führt zu einem System von S + 1 Gleichungen mit S + 1 Variablen, welches matrixalgebraisch gelöst werden kann. Die inferenzstatistische Absicherung ist allerdings mathematisch sehr komplex und soll hier nicht weiter betrachtet werden (vgl. z.B. Draper/Smith 1998, S. 266 ff.).

In vielen Fällen sind nichtlineare Zusammenhänge gegeben, die nicht durch Polynome höherer Ordnung repräsentiert werden können. In solchen Fällen kann die Regressionsfunktion jedoch häufig dadurch ermittelt werden, dass eine lineare Transformation vorgeschaltet wird (vgl. Bortz/Schuster 2010, S. 200 ff.). Beispielsweise kann die Funktionsgleichung

$$y=a\cdot x^2$$

durch Logarithmieren linearisiert werden:

$$\ln y=\ln a+b\cdot\ln x\,.$$

Setzt man $\ln y=y'$, $\ln a=a'$, $\ln x=x'$ und $\ln b=b'$, erhält man

$$y'=a'+b'\cdot x'\,.$$

Obige Regressionsgleichung kann dann auf dem bereits bekannten Wege parametrisiert werden. Die gesuchten Parameter $\hat{a}$ und $\hat{b}$ erhält man durch Entlogarithmieren von $\hat{a}'$ und $\hat{b}'$. Zu beachten ist allerdings, dass die dadurch resultierenden Regressionskoeffizienten nicht exakt mit denjenigen übereinstimmen, welche man durch direkte Anwendung der Methode der kleinsten Quadrate auf die nichtlineare Funktion erhalten würde.

Gelegentlich werden bestimmte Kausalzusammenhänge im Marketing durch Funktionen abgebildet, welche weder durch Polynome höherer Ordnung noch durch linearisierbare Funktionen repräsentiert werden können. In solchen Fällen können für die gesuchten Parameter nur Näherungslösungen ermittelt werden. Ein entsprechender Algorithmus wurde z.B. von Marquardt (1963) entwickelt.

Regressionsanalyse mit nichtmetrischen Variablen

In bestimmten Fällen können auch bei Vorliegen nichtmetrischer abhängiger oder unabhängiger Variablen Regressionsanalysen durchgeführt werden. Ein erster Fall ist dann gegeben, wenn die abhängige Variable y dichotom skaliert ist; die unabhängigen Variablen können dabei sowohl metrisch als auch kategorial ausgeprägt sein. Die herkömmliche Regressionsanalyse kann nicht eingesetzt werden, da Dichotomie bei der abhängigen Variable zu nicht-normalverteilten Störgrößen führt (vgl. Urban 1993, S. 16 ff.). In diesem Falle kann – neben der Zwei-Gruppen-Diskriminanzanalyse (vgl. Abschnitt 3.3.2) – die sog. *Logistische Regression* eingesetzt werden. An dieser Stelle soll nur der Grundgedanke der logistischen Regression vorgestellt werden; die ausführliche methodische Vorgehensweise findet sich z.B. bei Krafft 1997, Frenzen/Krafft 2008 sowie Backhaus et al. 2015, S. 283-356.

Eine für das Marketing relevante Fragestellung könnte exemplarisch lauten: Wie hängt der Kauf bzw. Nichtkauf eines Produktes (y) von der Preishöhe (x_1) und dem Werbebudget (x_2) ab? Dabei nimmt die abhängige Variable y zwei Werte an:

$$y = \begin{cases} 1, \text{falls das Produkt gekauft wird,} \\ 0, \text{falls das Produkt nicht gekauft wird.} \end{cases}$$

Es wird unterstellt, dass der beobachtbaren Variable y eine nichtbeobachtbare (latente) Variable z zugrunde liegt, die zu einer dichotomen Realisierung von y führt. Es gilt:

$$y_i = \begin{cases} 1, \text{falls } z_i > 0, \\ 0 \text{ sonst.} \end{cases}$$

Ausgangspunkt der logistischen Regression ist das folgende allgemeine Modell:

$$z_i = a + \sum_{k=1}^{K} b_k \cdot x_{ik} + u_i \quad \text{mit}$$

z_i = nicht beobachtete Variable beim Objekt i (i = 1, …, n),

a = konstantes Glied,

b_k = Koeffizient der unabhängigen Variablen x_{ik} (k = 1,…, K),

x_{ik} = Ausprägung der unabhängigen Variablen k beim Objekt i,

u_i = Realisierung der Störgröße.

Ziel der logistischen Regression ist– im Gegensatz zur herkömmlichen Regressionsanalyse – nicht die Schätzung der Beobachtungswerte, sondern die Schätzung der Eintrittswahrscheinlichkeit des Ereignisses y = 1 in Abhängigkeit der unabhängigen Variablen x_k, $P_i(y=1)$. Der logistische Regressionsansatz wird wie folgt formuliert:

$$P_i\,(y=1) = \frac{1}{1+e^{-z_i}}.$$

Die Parameter werden üblicherweise mit Hilfe der Maximum-Likelihood-Methode geschätzt.

Ein anderer Fall der Anwendung der Regressionsanalyse bei nichtmetrischen Variablen liegt dann vor, wenn die abhängige Variable zwar metrisch, die unabhängige Variable jedoch nominalskaliert ist. Als Beispiel kann folgende Problemstellung dienen: Kaufmenge eines Produkts in Abhängigkeit der Phase im Familienlebenszyklus. In einem solchen Fall kann eine sog. *Dummy-Regression* durchgeführt werden (vgl. Hair et al. 2010, S. 173). Hierzu muss die unabhängige Variable zunächst umcodiert werden. Am Beispiel des Familienlebenszyklus kann dies gemäß Tab. 6.12 erfolgen (hier wurde „älteres Paar ohne Kinder“ als Referenzkategorie zugrunde gelegt und wird nicht direkt in die Regressionsgleichung einbezogen). Das Regressionsmodell lautet in diesem Fall

$$\hat{y}_i = \hat{a} + \hat{b}_1 \cdot D_1 + \hat{b}_2 \cdot D_2 + \hat{b}_3 \cdot D_3.$$

Tab. 6.12: Dummy-Codierung einer nominalskalierten Variablen

Phase im Familienlebenszyklus	Ursprünglicher Variablencode	Dummy-Codierung		
		D_1	D_2	D_3
Alleinstehend	1	1	0	0
Mit Partner zusammenlebend/verheiratet	2	0	1	0
Familie mit Kindern	3	0	0	1
Älteres Paar ohne Kinder	4	0	0	0

Für Alleinstehende resultiert als Regressionsgleichung demnach

$$\hat{y}_i = \hat{a} + \hat{b}_1,$$

für die Kategorie „Älteres Paar ohne Kinder" entsprechend

$$\hat{y}_i = \hat{a}.$$

Analog lassen sich die Regressionsgleichungen für die übrigen Kategorien aufstellen. Es wird ersichtlich, dass der Regressionskoeffizient $\hat{b}_1$ als Differenz zwischen dem Modellwert $\hat{y}_1$ für Alleinstehende im Vergleich zu $\hat{y}_i$ bei älteren Paaren ohne Kinder zu interpretieren ist.

3.4.2 Kausalanalyse

Definition

Die *Kausalanalyse* wird angewendet, um kausale Beziehungen zwischen nicht beobachtbaren Konstrukten (latenten Variablen) in einem sachlogisch begründeten Modell (Strukturgleichungsmodell) abzubilden und statistisch abzusichern. Die Struktur der Beziehungen wird in einem Pfaddiagramm abgebildet.

Latente Variablen beruhen auf nicht direkt messbaren Konstrukten wie beispielsweise Einstellungen oder Zufriedenheit, die anhand von Indikatoren abgebildet werden und miteinander in Beziehung gesetzt werden können (zu der Unterscheidung zwischen Konstrukt und latenter Variable vgl. Steinmetz 2015, S. 35 ff. sowie zur Konzeptualisierung die Ausführungen in Abschnitt 1.4 im 3. Teil). Eine typische Fragestellung für das Marketing könnte lauten: Welchen Einfluss haben die soziale Schichtzugehörigkeit und Persönlichkeitsmerkmale (wie Innovationsfreude, Risikoempfinden, Meinungsführerschaft) auf die Akzeptanz von Mobile Banking? Die Variablen „soziale Schicht" und „Persönlichkeitsmerkmale" sind hypothetische Konstrukte, welche jeweils durch spezifische Indikatoren gemessen werden können.

Die Kausalanalyse geht zurück auf Arbeiten von Jöreskog (1973, 1978) sowie von Jöreskog/Sörbom (1979, 1982). Die Anwendungsmöglichkeiten der Kausalanalyse für Fragestellungen des Marketings wurden von Bagozzi (1980) erstmalig diskutiert.

Die Überprüfung von Hypothesen mit Hilfe der Kausalanalyse sollte nur dann durchgeführt werden, wenn die Hypothesenbildung und die Konstruktion der latenten Variablen auf der Basis intensiver sachlicher Überlegungen erfolgt ist.

Das *mathematische Prinzip* der Kausalanalyse lässt sich umschreiben als eine Kombination aus faktorenanalytischem und regressionsanalytischem Denkansatz. Die Besonderheit der Kausalanalyse liegt dabei in der expliziten Formulierung der Messtheorie und der Substanztheorie (vgl. Homburg/Hildebrandt 1998, S. 18 ff.). Die Messtheorie beschreibt Begriffe, die sich auf direkt messbare Zusammenhänge beziehen, also auf Indikatorvariablen. Die Substanztheorie beschreibt die theoretischen Konstrukte und bezieht sich damit auf nicht direkt messbare Sachverhalte, also die latenten Variablen und Hypothesen über deren Zusammenhang. Die Integration dieser beiden Betrachtungsweisen erfolgt mit Hilfe von Korrespondenzhypothesen, die eine Brücke zwischen der Substanztheorie und der Messtheorie schlagen, indem sie sowohl latente als auch beobachtbare Indikatorvariablen enthalten. Sie dienen der Operationalisierung der hypothetischen Konstrukte.

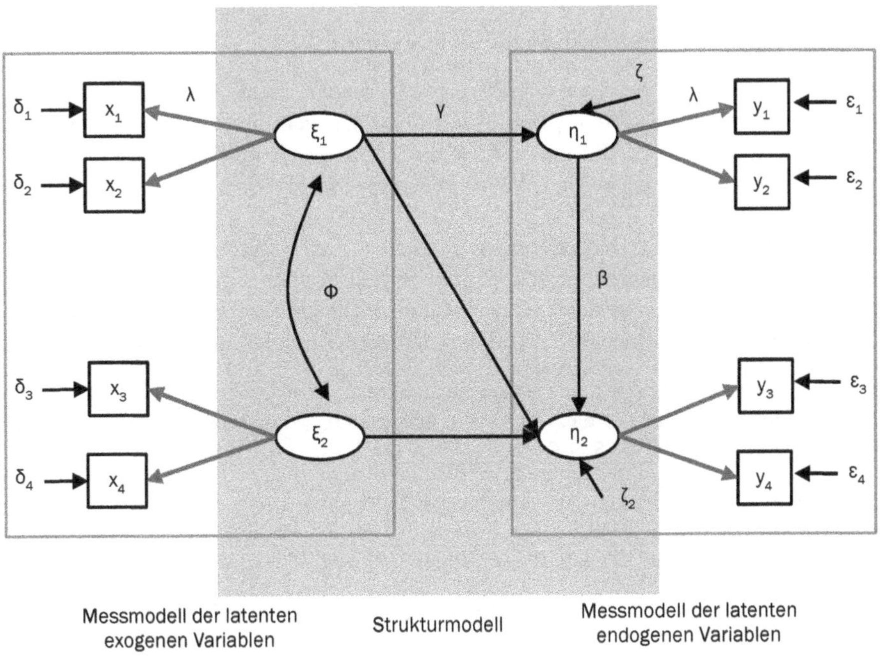

Abb. 6.22: Aufbau eines kausalanalytischen Modells

Abbildung 6.22 zeigt den grundlegenden Aufbau eines kausalanalytischen Modells anhand eines Pfaddiagramms mit den gängigen Variablenbezeichnungen. Direkt beobachtbare Variablen (dargestellt in Kästchen) sind die Operationalisierungen der nicht direkt beobachtbaren latenten Variablen (dargestellt in Kreisen bzw. Ellipsen). Die Pfeile (=Pfade) beschreiben die unterstellten kausalen Beziehungen zwischen zwei Variablen im Sinne von „Je-desto-Hypothesen". Gekrümmte Doppelpfeile beschreiben nicht kausal interpretierte Beziehungen zwischen latenten Variablen und zwischen Messfehlervariablen.

Das Strukturmodell beinhaltet die substanztheoretischen Hypothesen der Wirkungszusammenhänge zwischen den latenten, also nicht direkt messbaren Variablen. Hier wird bereits die Kausalität der Variablen unterstellt, indem eine Einteilung in endogene, also aus dem Modell heraus erklärten abhängige Variablen, und exogene, also erklärende unabhängige Variablen erfolgt. Ziel des Modells ist die Generierung von Werten für die latenten endogenen Variablen. Das Strukturmodell wird formal dargestellt durch die folgende Matrizengleichung:

$\eta = \mathbf{B} \cdot \eta + \boldsymbol{\Gamma}\xi + \zeta$ mit

η = latente endogene Variable Eta, wird durch das Modell erklärt;

ξ = latente exogene Variable Ksi, wird nicht durch das Modell erklärt;

$\mathbf{B}$ = Koeffizientenmatrix der latenten endogenen Variablen, modelliert die Effekte zwischen latenten endogenen Variablen;

$\boldsymbol{\Gamma}$ = Koeffizientenmatrix der latenten exogenen Variablen, modelliert die Effekte der latenten exogenen auf die latenten endogenen Variablen;

ζ = Residualvariable für eine latente endogene Variable.

Die *Messmodelle* geben die *messtheoretischen Hypothesen* wieder, indem sie die Beziehungen zwischen den latenten Variablen η und ξ und den dazu gehörenden Indikatoren darstellen. Dabei wird einem faktorenanalytischen Denkansatz gefolgt, genauer gesagt einem Ansatz der konfirmatorischen Faktorenanalyse, da Hypothesen über die Beziehungen zwischen latenten Variablen und den Indikatoren vorliegen. So wird im Messmodell unterstellt, dass die Korrelationen zwischen den Indikatorvariablen auf den Einfluss der latenten Variablen zurückgeführt werden können. Im Gegensatz zur explorativen Faktorenanalyse ist das Ziel des Messmodells also nicht die Reduktion von Daten, sondern die theoriegeleitete Abbildung latenter Variablen durch direkt messbare Indikatoren.

Die Messmodelle werden formal durch die folgenden *Matrizengleichungen* dargestellt (vgl. Homburg et al. 2008b, S. 554 f):

$\mathbf{X} = \boldsymbol{\Lambda}_X \cdot \xi + \boldsymbol{\delta}$ (Messmodell der latenten exogenen Variablen),

$\mathbf{Y} = \boldsymbol{\Lambda}_Y \cdot \eta + \boldsymbol{\varepsilon}$ (Messmodell der latenten endogenen Variablen) mit

$\mathbf{X}$ = Matrix der Indikatoren (Messvariablen) für latente exogene Variablen,

$\mathbf{Y}$ = Matrix der Indikatoren (Messvariablen) für latente endogene Variablen,

$\boldsymbol{\Lambda}_X$ = Matrix der Pfadkoeffizienten zwischen den Indikatoren und den latenten exogenen Variablen,

$\boldsymbol{\Lambda}_Y$ = Matrix der Pfadkoeffizienten zwischen den Indikatoren und den latenten endogenen Variablen,

$\boldsymbol{\delta}$ = Störvariable für eine exogene Indikatorvariable,

$\boldsymbol{\varepsilon}$ = Störvariable für eine endogene Indikatorvariable.

So wird, wie in Abb. 6.22 ersichtlich, die latente exogene Größe ξ_1 durch zwei direkt beobachtbare Indikatoren x_1 und x_2 beschrieben.

Formal besteht die Kausalanalyse demnach aus einem Strukturmodell auf Basis des regressionsanalytischen Denkansatzes sowie mindestens zwei Messmodellen auf Basis des faktorenanalytischen Denkansatzes. Dabei folgt die Kausalanalyse dem Grundgedanken, dass sich anhand der Korrelationen zwischen den X-Variablen und zwischen den Y-Variablen die Beziehungen in den endogenen und exogenen Messmodellen abbilden lassen. Mit ihrer Hilfe ist es wiederum möglich, die Beziehungen im Strukturmodell zu berechnen. Die explizite Erfassung der jeweiligen Messfehler ermöglicht zudem die Interpretation der nicht durch das Modell erklärbaren Varianzanteile in der Modellstruktur.

Für das formale Verständnis der Kausalanalyse ist das Verständnis des verwendeten Kausalitätsbegriffes nötig. Kausalität im Sinne der Kausalanalyse wird wie folgt aufgefasst (für eine tiefergehende Betrachtung des statistischen Kausalitätsbegriffes vgl. Bortz/Schuster 2010, S. 159 ff.): Ein direkter kausaler Zusammenhang zwischen zwei Variablen x_1 und x_2 besteht nur dann, wenn eine Veränderung von x_2 durch eine Veränderung von x_1 hervorgerufen wird und alle anderen Variablen, die nicht von x_1 abhängen, konstant gehalten werden.

Gemessen wird dieser Sachverhalt anhand des Korrelationskoeffizienten zwischen zwei Variablen:

$$r_{x_1,x_2} = \frac{s(x_1,x_2)}{s_{x_1}, s_{x_2}} \text{ mit}$$

$\bar{x}_1, \bar{x}_2$ = Mittelwerte der Ausprägungen der Variablen 1 und 2 über alle Objekte i=1,…, I,

$$s(x_1,x_2) = \frac{1}{I-1}\sum_i (x_{i1} - \bar{x}_1)\cdot(x_{i2} - \bar{x}_2) = \text{Kovarianz zwischen } x_1 \text{ und } x_2,$$

$$s_{x_1} = \sqrt{\frac{1}{I-1}\sum_i (x_{i1} - \bar{x}_1)^2} \quad = \text{Standardabweichung der Variablen } x_1,$$

$$s_{x_2} = \sqrt{\frac{1}{I-1}\sum_i (x_{i2} - \bar{x}_2)^2} \quad = \text{Standardabweichung der Variablen } x_2,$$

x_{i1}, x_{i2} =Ausprägung der Variablen 1 bzw. 2 bei Objekt i.

Der Wertebereich des Korrelationskoeffizienten $r_{x_1x_2}$ liegt zwischen -1 und +1. Ist dieser von Null verschieden, ergeben sich 4 Interpretationsmöglichkeiten:

- Die Variable x_1 ist verursachend für die Variable x_2.
- Die Variable x_2 ist verursachend für die Variable x_1.
- Die Abhängigkeit zwischen den Variablen x_1 und x_2 ist teilweise durch den Einfluss einer dritten, exogenen Variable ξ bedingt.

- Die Abhängigkeit zwischen den Variablen x_1 und x_2 ist vollständig durch den Einfluss einer dritten, exogenen Variablen ξ bedingt. Diese Interpretation der Korrelation entspricht dem Denkansatz der Faktorenanalyse.

Letzteres lässt sich nachweisen mit dem partiellen Korrelationskoeffizienten. Dabei lässt sich der Einfluss der Variable ξ auf x_1 und x_2 ermitteln, indem ξ konstant gehalten wird. Nimmt man an, dass allein ξ für die Abhängigkeiten der beiden Variablen x_1 und x_2 verantwortlich ist, muss die Korrelation zwischen x_1 und x_2 gleich Null sein.

Im Rahmen der Kausalanalyse können alle Interpretationsmöglichkeiten für die Korrelation zwischen zwei Variablen angewendet werden je nachdem, welche Art von Zusammenhang durch die formulierten Hypothesen im Vorwege angenommen wird.

Die Vorgehensweise der Kausalanalyse lässt sich in die folgenden *Arbeitsschritte* einteilen (vgl. Homburg et al. 2008b, S. 550 ff.):

- *Generierung der Untersuchungshypothesen*: Die Hypothesenbildung stellt die theoretische Vorarbeit für die Durchführung einer Kausalanalyse dar. Hier sind intensive Überlegungen über die Zusammenhänge des zu analysierenden Datensatzes anzustellen. In dieser Phase der Untersuchung kann der Einfluss des Forschers auf den Untersuchungsablauf sehr groß sein, weshalb dieser Schritt mit besonderer Sorgfalt durchzuführen ist.
- *Spezifikation der Modellstruktur*: Für die Formulierung der Modellstruktur werden anhand des Hypothesensystems jedem Konstrukt die messbaren Indikatoren zugeordnet (Operationalisierung der Messmodelle); des Weiteren wird der Zusammenhang der Konstrukte untereinander definiert (Aufstellen des Strukturmodells). Das Ergebnis ist ein umfangreiches Gleichungssystem. Die gängige Software (z.B. A-MOS oder LISREL) ermöglicht die Erstellung eines Pfaddiagramms zur Darstellung der Ursache-Wirkungszusammenhänge. Die Schätzung erfolgt dann automatisch, die Entwicklung eines Gleichungssystems ist also nicht mehr nötig.
- *Identifikation der Modellstruktur*: In diesem Schritt wird die Lösbarkeit des Modells bzw. des Gleichungssystems geprüft. Es wird geprüft, ob die empirischen Informationen ausreichen, um die Parameter des Gleichungssystems eindeutig zu bestimmen.
- *Parameterschätzung*: Die Software AMOS stellt verschiedene Verfahren zur Schätzung der Parameter zur Verfügung. Anhand der Annahmen, von denen im Rahmen der Schätzung ausgegangen wird, muss festgelegt werden, welches Verfahren für die Parameterschätzung des spezifischen Modells geeignet ist.
- *Beurteilung der Schätzergebnisse*: Es stehen eine Reihe von Kriterien zur Verfügung, anhand derer die Güte der Anpassung der Modellstruktur an die empirischen Daten geprüft werden kann. Diese Kriterien beziehen sich sowohl auf die Modellstruktur als Ganzes als auch auf einzelne Teile des Modells.

Auf die Ablaufschritte wird im Folgenden eingegangen. Dabei wird auf eine eingehende Erläuterung der mathematischen Struktur verzichtet und auf die Standardwerke von Bollen 1989, Hayduk 1987 und Homburg 1992 verwiesen.

Es werden verschiedene Softwarepakete zur Lösung kausalanalytischer Modelle angeboten, auf die am Ende des Kapitels gesondert eingegangen wird. Ein sehr komfortables und leistungsfähiges Softwarepaket ist AMOS, welches als Grundlage für die Ausführungen dient.

Generierung der Untersuchungshypothesen

Der erste Schritt zur Anwendung einer Kausalanalyse beinhaltet eingehende theoretische Vorarbeiten, die als Voraussetzung für eine Modellformulierung bezeichnet werden können. So erfolgt die Bildung des kausalanalytischen Modells auf der Grundlage der im Vorwege formulierten Hypothesen, welche wiederum die Beziehungen in einem empirischen Datensatz beschreiben. Hierfür ist genau zu spezifizieren, welche Variablen in welcher Weise, d.h. mit welchem Vorzeichen, in das Modell eingehen und welche Beziehungen zwischen den Variablen unterstellt werden. Die Hypothesenbildung ist der wichtigste und zugleich anspruchsvollste Schritt bei der Arbeit mit der Kausalanalyse, da der Einfluss des Forschers auf die Ergebnisse bei der Berechnung des Modells erheblich sein kann.

Beispielhaft unterstellen wir, dass die Kaufabsicht bzgl. einer Armbanduhr von dem zur Verfügung stehenden Budget und der wahrgenommenen Produktqualität abhängt. (Dieses Beispiel stellt eine erhebliche Vereinfachung einer realen Entscheidungssituation dar.) Die Kaufabsicht wird durch die Indikatoren „Ich beabsichtige, eine Armbanduhr der Marke X in den nächsten 6 Monaten zu kaufen“ und „Wenn ich eine Armbanduhr benötige, werde ich Marke X kaufen“ beschrieben. Die wahrgenommene Produktqualität wird anhand der folgenden Indikatoren bestimmt: „Eine Armbanduhr der Marke X hebt sich positiv von Konkurrenzprodukten ab“ und „Armbanduhren der Marke X sind qualitativ hochwertig“. Die Höhe des Budgets drückt sich in den Gesamtausgaben der Probanden für Schmuck und Accessoires (pro Jahr) aus. Aus der beschriebenen Situation ergibt sich das folgende Hypothesensystem:

Hypothesen des Messmodells der latenten exogenen Variablen:

1.1 Die wahrgenommene Produktqualität wird durch zwei Indikatoren erfasst: „Eine Armbanduhr der Marke X hebt sich positiv von Konkurrenzprodukten ab“ und „Armbanduhren der Marke X sind qualitativ hochwertig“.

1.2 Das Budget wird durch die Höhe der jährlichen Ausgaben für Schmuck und Accessoires wiedergegeben.

Hypothesen des Strukturmodells:

2.1 Je positiver die wahrgenommene Produktqualität ist, desto höher ist die Kaufabsicht.

2.2 Je höher das verfügbare Budget ist, desto höher ist die Kaufabsicht.

Hypothese des Messmodells der latenten endogenen Variablen:

3 Die Kaufabsicht bzgl. des Produkts wird durch die Indikatoren „Ich beabsichtige, eine Armbanduhr der Marke X in den nächsten 6 Monaten zu kaufen“ und „Wenn ich eine Armbanduhr benötige, werde ich Marke X kaufen“ erfasst.

In dem dargestellten Hypothesensystem sind auch die Vorzeichen bzw. die Art des Einflusses angegeben. Die Art des Einflusses der Variablen wird damit durch die Hypothesen festgelegt. Wird die Art des Einflusses der Variablen nicht festgelegt, so ergibt die Schätzung der Parameter lediglich eine Anpassung des Modells an die empirischen Daten, nicht jedoch eine Hypothesenprüfung. Auf diese Weise kann zumindest bezogen auf die Richtung des Einflusses ein Hypothesentest erfolgen.

Spezifikation der Modellstruktur

Die Spezifikation der Modellstruktur beschreibt die Übersetzung des entwickelten Hypothesensystems in ein Pfadmodell, welches dann für die Parameterschätzung in mathematische Strukturen überführt wird.

Aufbau des Pfadmodells:

Um die Erstellung des Pfadmodells zu erleichtern, wurden die folgenden Regeln formuliert, die in der Forschungspraxis überwiegend zur Anwendung kommen (vgl. Heise 1975, S. 38 ff. und S. 115):

- Direkt beobachtbare Variablen werden in Kästchen dargestellt.
- Latente Variablen werden in Kreisen bzw. Ellipsen dargestellt.
- Kausale Beziehungen zwischen Variablen werden durch einen geraden Pfeil (= Pfad) dargestellt, wobei ein Pfeil seinen Ursprung immer bei der unabhängigen oder verursachenden Variable hat und stets nur eine Variable als Ursprung und eine Variable als Endpunkt hat.
- Einflüsse von Messfehlervariablen werden ebenfalls durch Pfeile dargestellt, wobei der Ursprung des Pfeils von der Residualvariablen ausgeht.
- Kausal nicht interpretierbare Beziehungen werden durch gekrümmte Doppelpfeile dargestellt und sind nur zwischen exogenen latenten Variablen und Messfehlervariablen zulässig.
- Ein vollständiges Kausalmodell besteht mindestens aus zwei Messmodellen und einem Strukturmodell.
- In einem typischen Kausalmodell steht das Messmodell der latenten exogenen Variablen, bestehend aus den x- und ξ-Variablen, auf der linken Seite, in der Mitte ist das Strukturmodell mit den ξ- und η-Variablen und rechts das Messmodell der latenten exogenen Variablen, das die y- und η-Variablen enthält.

Zur Verdeutlichung dient das in Abb. 6.23 angeführte, beispielhaft aufgestellte Kausalmodell, das auf den zuvor formulierten Hypothesen beruht. Das Modell besteht aus zwei exogenen und einer endogenen latenten Variablen sowie den dazu gehörigen Messmodellen. Die latenten Variablen werden dabei durch reflektive Indikatoren operationalisiert (vgl. Abschnitt 1.4 im 4. Teil).

Die Vorzeichen an den Pfeilen (Pfaden) geben den theoretisch begründeten Einfluss der unabhängigen auf die abhängigen Variablen an. So wird sowohl von der Qualität als auch vom Budget ein positiver Einfluss auf die Kaufabsicht angenommen. Die Eins am Koeffizienten λ_{32} gibt an, dass das Budget vollständig durch die Messung der Gesamtausgaben für Schmuck und Accessoires abgebildet werden kann. Daher muss auch die Messfehlervariable δ_3 den Wert Null haben.

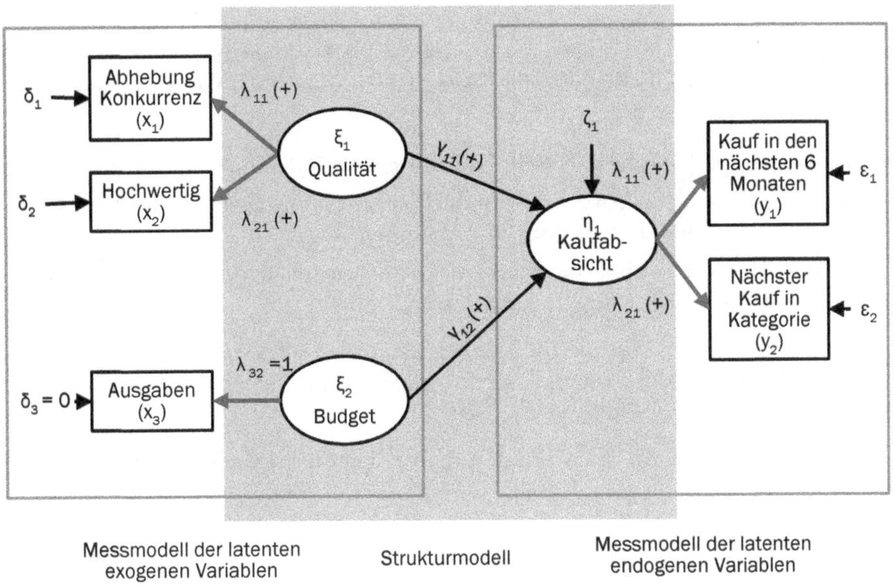

Abb. 6.23: Pfadmodell mit drei latenten Variablen

Folgende Parameter können im Rahmen eines Kausalmodells verwendet werden:

Feste Parameter

Der Wert eines festen Parameters wird im Vorwege durch den Forscher festgelegt. Hierfür gibt es zwei Gründe. Zum einen wird aufgrund der vorhergehenden Überlegungen unterstellt, dass der Wert der Variable gleich Null ist und somit keine kausalen Beziehungen zwischen bestimmten Variablen bestehen. Zum anderen wird aufgrund von Erkenntnissen aus der theoretischen Vorarbeit ein bestimmter Wert für eine Variable festgelegt. In beiden Fällen wird der Wert der Variable nicht durch das Modell geschätzt, sondern im Vorwege festgelegt.

Restringierte Parameter

Im Modell kann festgelegt werden, dass ein oder mehrere Parameter denselben Wert haben. Diese Parameter werden als restringiert bezeichnet. Das kann sinnvoll sein, wenn bei zwei unabhängigen Variablen derselbe Einfluss auf eine abhängige Variable unterstellt wird oder wenn die Werte von Messfehlervarianzen als gleich groß angenommen werden. Werden beispielsweise zwei Parameter als restringiert festgelegt, so verringert sich die Anzahl der durch das Modell zu schätzenden Parameter, da nur ein Wert zu schätzen ist.

Freie Parameter

Parameter, deren Werte durch das Modell zu schätzen sind, heißen freie Parameter. Sie geben die angenommenen kausalen Beziehungen, Kovarianzen und Messfehlerwerte der Variablen wieder.

Durch die Software AMOS wird das Pfaddiagramm in ein lineares Gleichungssystem überführt und geschätzt. Um die Überführung des Pfaddiagrammes in ein mathematisches Gleichungssystem zu verdeutlichen, wird das oben stehende Pfaddiagramm als Beispiel verwendet. Für die Bildung der Gleichungen gelten die folgenden *Regeln* (vgl. Heise 1975, S. 49 ff.):

- Für jede abhängige Variable ist jeweils eine Gleichung zu formulieren.
- Werden die abhängigen Variablen von mehreren unabhängigen Variablen beeinflusst, sind diese additiv miteinander zu verknüpfen.
- Die Pfadkoeffizienten geben die Stärke des Zusammenhanges zwischen einer abhängigen und einer unabhängigen Variablen an.

Unter der Voraussetzung, dass die Indikatorvariablen an I Objekten gemessen werden und alle Variablen im Modell standardisiert worden sind, lässt sich das Pfaddiagramm wie unten dargestellt in Gleichungen abbilden.

Das Gleichungssystem für das Modell der Abb. 6.23 hat die folgende Form:

Strukturmodell

$$\eta_{i1} = \gamma_{11}\xi_{i1} + \gamma_{12}\xi_{i2} + \zeta_{i1}$$

Messmodell der latenten endogenen Variablen

$$y_{i1} = \lambda_{11}\eta_{i1} + \varepsilon_{i1}$$

$$y_{i2} = \lambda_{21}\eta_{i1} + \varepsilon_{i2}$$

Messmodell der latenten exogenen Variablen

$$x_{i1} = \lambda_{11}\xi_{i1} + \delta_{i1}$$

$$x_{i2} = \lambda_{21}\xi_{i1} + \delta_{i2}$$

$x_{i3} = \lambda_{32}\xi_{i2} + \delta_{i3}$ bzw. in unserem speziellen Fall $x_{i3} = 1\xi_{i2} + 0$.

Die Indizierung i verdeutlicht, dass es sich bei den jeweiligen Variablen um den Beobachtungswert bei dem Objekt i (z.B. Proband) handelt. Die Variable x_{i3} (Budget) wird in unserem Beispiel vollständig durch die Gesamtausgaben abgebildet, daher sind hier wie bereits erwähnt $\lambda_{32} = 1$ und $\delta_{i3} = 0$

Prüfung der Identifizierbarkeit der Modellstruktur

Um die Parameter des Kausalmodells schätzen zu können, ist in einem nächsten Schritt zu prüfen, ob ausreichend empirisches Datenmaterial für die zu schätzenden Parameter vorhanden ist. Es ist also zu klären, welche Parameter existieren, wie viele Parameter zu schätzen sind und wie viele Indikatoren hierfür zur Verfügung stehen. Analytisch wird die Frage gestellt, ob nur eine Kovarianz- oder Korrelationsmatrix existiert, die eindeutig die Gesamtheit der zu schätzenden Parameter bestimmt, oder ob weitere Kovarianz- oder Korrelationsmatrizen existieren, die zu gleichen Ergebnissen führen.

Ob ein Modell angemessen *identifiziert* ist, lässt sich über die Ermittlung der Anzahl der Freiheitsgrade (df, degrees of freedom) prüfen (vgl. Homburg et al. 2008b, S. 558 f.

sowie ausführlich Bollen 1989, S. 326 ff.). Notwendige Bedingung für die Lösbarkeit eines Kausalmodells ist, dass die Anzahl der empirischen Informationen die Anzahl der zu schätzenden Parameter übersteigt. Dies bedeutet, dass die Anzahl der zu schätzenden Parameter t die Anzahl der empirischen Varianzen und Kovarianzen $(q \cdot (q+1))/2$ nicht überschreitet:

$$t \leq \frac{q \cdot (q+1)}{2}.$$

Modelle, welche die Bedingung verletzen, sind mit Sicherheit nicht identifiziert. Umgekehrt ist jedoch eine solche Aussage nicht möglich. Die Bedingung ist also nicht hinreichend. Folgende drei verschiedene Konstellationen sind möglich:

- Ist $df = 0$, so ist das Modell vollständig identifiziert (saturiert). Es werden jedoch alle empirischen Informationen für die Lösung des linearen Gleichungssystems aufgebraucht. Eine iterative Annäherung der empirischen an die theoretische Matrix ist nicht mehr möglich, auch ist die Durchführung von Teststatistiken im Fall einer eindeutigen Lösung nicht möglich.
- Ist $df < 0$, so ist das Modell nicht identifiziert. Die Anzahl der Parameter übersteigt die Anzahl der Gleichungen innerhalb des linearen Gleichungssystems. Die empirischen Informationen reichen für eine Schätzung nicht aus. Die Tatsache, dass das Modell als Ganzes nicht identifiziert ist, schließt jedoch nicht aus, dass einzelne Parameter sinnvoll geschätzt werden können (vgl. Homburg/Hildebrandt 1998, S. 38). Es besteht die Möglichkeit, einzelne Parameter von vornherein auf einen bestimmten Wert festzulegen oder Parameter zusammenzufassen, die dann nur noch als ein Wert geschätzt werden. Dadurch wird die Zahl der zu schätzenden Parameter reduziert. Wie bereits erläutert ist diese Vorgehensweise nur mit theoretischer Fundierung der gemachten Annahmen zulässig.
- Ist $df > 0$, so ist das Modell überidentifiziert. Das bedeutet, die Parameter lassen sich iterativ schätzen, und es ist möglich, Teststatistiken durchzuführen, da noch ausreichend empirische Informationen vorhanden sind. Grundsätzlich ist also immer ein Modell anzustreben, das eine gewisse Anzahl an Freiheitsgraden aufweist.

Die Klärung der Identifizierbarkeit von Kausalmodellen ist problematisch, da keine Verfahren existieren, die eine Identifizierbarkeit zweifelsfrei feststellen können (vgl. Homburg 1992, S. 503 und Homburg et al. 2008b, S. 559). Es existieren neben dem oben beschriebenen Verfahren weitere Kriterien, die von AMOS verwendet werden, um die Identifizierbarkeit des Modells sicherzustellen. Die Gesamtheit dieser Kriterien führt in der Regel dazu, dass nicht identifizierbare Modelle zuverlässig erkannt werden (vgl. Homburg/Hildebrandt 1998, S. 39).

Parameterschätzung

Nach der Spezifikation des Modells und der Überprüfung der Identifizierbarkeit der Modellstruktur müssen die freien, also nicht fixierten oder restringierten Parameter geschätzt werden. Zur Schätzung der freien Parameter steht eine Reihe von verschiedenen Schätzverfahren zur Verfügung, zwischen denen der Anwender zu wählen hat (vgl. Bentler/Chou 1995, S. 37 ff.) Diese Schätzverfahren stellen unterschiedliche Anforderungen an die Daten und bieten verschiedene Möglichkeiten zur Bewertung des Schätzergebnisses. Gemeinsam ist ihnen die Anpassung der theoretischen an die empirische Kovarianz- oder Korrelationsmatrix. Zur Abbildung dieser Differenz verwenden die verschiedenen Schätzverfahren unterschiedliche Diskrepanz- bzw. Fitfunktionen (vgl. Browne 1982, S. 72 ff. sowie Browne 1984, S. 62 f.), die zu minimieren sind.

Zunächst kann grundsätzlich zwischen iterativen und nichtiterativen Verfahren unterschieden werden. Die nichtiterativen Verfahren lassen keinen Einsatz von Teststatistiken zu, sind also für eine methodisch einwandfreie Analyse, insbesondere mit konfirmatorischem Charakter, nicht geeignet. Nichtiterative Verfahren wie die Methode der Instrumentalvariablen (IV) oder die Zweistufenschätzmethode (Two-Stage-Least-Square; TSLS) können zur Vorgabe von Startwerten für die iterativen Schätzverfahren verwendet werden. Die iterativen Verfahren unterscheiden sich hinsichtlich der Voraussetzungen, die sie an die Verteilung der empirischen Daten stellen, sowie dem Spektrum der anwendbaren Teststatistiken.

AMOS bietet dem Anwender die folgenden Schätzverfahren:

- Maximum Likelihood Methode (ML),
- Methode der ungewichteten kleinsten Quadrate (unweighted least squares, ULS),
- Methode der verallgemeinerten kleinsten Quadrate (generalized least squares, GLS),
- Methode der skalenunabhängigen kleinsten Quadrate (scale free least squares, SLS),
- Methode der asymptotisch verteilungsfreien Schätzer (asymptotically distribution free, ADF).

Welche Schätzverfahren jeweils anwendbar und zulässig sind hängt davon ab, ob bestimmte *Voraussetzungen* gegeben sind (vgl. Adler 1996, S. 191 ff.; Jöreskog/ Sörbom 1989):

Multinormalverteilung der manifesten Variablen

Die Messvariablen müssen in der Grundgesamtheit normalverteilt sein. Ist das nicht der Fall, so kann es zu verzerrten Schätzergebnissen oder entarteten Schätzern kommen. Die Schätzverfahren ML und GLS erfordern die Multinormalverteilung der Messvariablen in der Grundgesamtheit.

Skaleninvarianz der Diskrepanzfunktion

Eine Diskrepanzfunktion ist skaleninvariant, wenn sich ihr Minimum bei einer Änderung der Skalierung der Messvariablen nur im selben Verhältnis verändert (etwa bei der Transformation einer Messvariablen von Euro auf Cent). Bei skalenabhängigen Schätzmethoden wie z.B. unweighted least squares (ULS) führt eine Änderung der Skalierung zu skalenabhängigen Minima in der Diskrepanzfunktion, sodass bei Anwendung des Verfahrens die Variablen vorab standardisiert werden sollten.

Erforderliche Stichprobengröße

Angaben für den erforderlichen Stichprobenumfang schwanken. Als Richtwert werden Größenordnungen von $n \geq 100$ bis $n \geq 200$ genannt bzw. es wird, ausgehend von der Anzahl der zu schätzenden Parameter t, ein Wert von $n \geq 5 \cdot t$ oder von $n - t \geq 50$ gefordert. Bei der ADF-Methode ist der üblicherweise geforderte Stichprobenumfang jedoch wesentlich höher ($1{,}5t(t+1)$).

Verfügbarkeit von Inferenzstatistiken, insbesondere χ^2-Test

Mit dem χ^2-Test wird gegen die Nullhypothese getestet, dass die empirische Kovarianzmatrix der modelltheoretischen entspricht. Der Test liefert nur zuverlässige Schätzer, wenn für die Messvariablen in der Grundgesamtheit eine Multinormalverteilung vorliegt. Für die Schätzung mit dem Schätzverfahren ADF sind Inferenzstatistiken auch ohne diese Voraussetzung anwendbar.

Beurteilung der Schätzergebnisse

Im Anschluss an die Parameterschätzung ist die Güte der Schätzung zu beurteilen, d.h. es wird die Frage gestellt, wie gut das aufgestellte Modell in der Lage ist, die Zusammenhänge zwischen den beobachteten Variablen zu beschreiben. Hierfür wird auf verschiedene Anpassungsmaße zurückgegriffen. Globale Gütekriterien (Globalmaße) beziehen sich dabei auf eine Beurteilung hinsichtlich der Anpassungsgüte des Gesamtmodells, wohingegen Partialmaße der Bewertung einzelner Komponenten des geschätzten Strukturgleichungsmodells dienen (zu den einzelnen Gütemaßen vgl. Homburg/Baumgartner 1995 sowie die Ausführungen im Zusammenhang mit der Faktorenanalyse in Abschnitt 3.2.2).

Globale Gütekriterien dienen der Überprüfung, wie gut das spezifizierte Strukturmodell in seiner Gesamtheit zu den empirischen Daten passt, es wird also ein Vergleich zwischen der theoretischen und der durch das Modell geschätzten Kovarianzmatrix vorgenommen. Bei der Anwendung sollten aufgrund der verschiedenen Eigenschaften der Indizes mehrere Gütemaße unterschiedlichen Typs Berücksichtung finden.

Die folgenden Gütemaße werden von AMOS angeboten:

χ^2-Test

Getestet wird die Hypothese H_0, dass die empirische Kovarianzmatrix der theoretischen entspricht. Ziel ist es damit nicht, die Nullhypothese zu verwerfen, sondern einen möglichst geringen χ^2-Wert zu erhalten. Problematisch ist bei der Anwendung des χ^2-Tests die hohe Sensitivität gegenüber einer Abweichung von der Multinormalverteilung der Messvariablen in der Grundgesamtheit zum einen und gegenüber dem Stichprobenumfang zum anderen. Darüber hinaus wird durch den χ^2-Test überprüft, ob ein Modell im absoluten Sinne richtig ist. Es entspricht aber nicht dem Ziel der Kausalanalyse, durch ein Hypothesensystem eine möglichst gute Annäherung an die Realität zu erreichen (Jöreskog/ Sörbom 1993, S. 212 f.). Es sollte daher auf weitere Tests zurückgegriffen werden.

Goodness of fit Index (GFI)

Der GFI kennzeichnet den Anteil der durch das Modell erklärten Ausgangsvarianz. Er entspricht damit dem globalen Bestimmtheitsmaß der Regressionsanalyse (R^2). Je stärker sich der GFI an Eins annähert, desto mehr Varianz wird im Modell erklärt und desto besser ist der Fit des Modells. Das bedeutet, der GFI sollte nach Möglichkeit hoch sein. Häufig wird der Wert 0,9 als Mindestmaß angegeben (Homburg/Baumgartner 1995, S. 167 ff.; Hoyle/Panther 1995, S. 164).

Root Means Square Residual (RMR)

Der RMR veranschaulicht die durchschnittliche Menge der nicht durch das Modell erklärten Residualvarianzen. Je geringer der RMR ausfällt, desto weniger Varianz wird im Modell nicht erklärt, desto besser ist der Fit des Modells. Der RMR sollte damit nach Möglichkeit nahe bei Null liegen. Der unstandardisierte RMR lässt jedoch keine Festlegung von Richtwerten zu. Es ist problematisch, den RMR zu interpretieren, weil er sich in Relation zur Größe der identifizierten Varianzen und Kovarianzen bewegt. Sein Vorzug liegt insbesondere im Vergleich verschiedener Modelle, welche auf denselben Daten beruhen. Der standardisierte RMR, welcher auf einer Korrelationsmatrix basiert, bewegt sich dagegen in einem normierten Wertebereich zwischen Null und Eins. Hier wird ein standardisierter RMR unter 0,1 in der Regel als Indiz für einen guten Fit gewertet (vgl. Schumacker/Lomax 2016 S. 114 f.).

Adjusted Goodness of Fit Index (AGFI)

Der *AGFI* stellt ebenfalls ein Maß für den Anteil der durch das Modell erklärten Gesamtvarianz dar, allerdings unter zusätzlicher Berücksichtigung der Anzahl der Freiheitsgrade. Der AGFI sollte nach Möglichkeit ebenfalls hoch sein, d.h. für den AGFI wird üblicherweise ebenfalls ein Wert über 90 Prozent vorausgesetzt (AGFI > 0,9) (Schumacker/Lomax 2016, S. 112).

Normed Fit Index (NFI)

Der Wert der minimierten Diskrepanzfunktion liegt immer zwischen dem Wert eines besonders schlechten Basismodells, in dem alle manifesten Variablen als unkorreliert angenommen werden, und dem eines so genannten saturierten Modells, das einen Wert von Eins aufweist. Der NFI vergleicht den Wert der minimierten Diskrepanzfunktion mit dem Wert des Basismodells. Der NFI ist normiert und liegt zwischen Null und Eins. Je näher der NFI an 1 liegt, desto besser ist die Anpassung des Modells gelungen und desto näher liegt es an dem saturierten Modell. Ist der NFI größer als 0,9, kann von einer guten Anpassung des Modells ausgegangen werden (vgl. Bentler/Bonnet 1980, S. 588 ff.).

Comparative Fit Index (CFI)

Mit dem *CFI* kann zusätzlich die Zahl der Freiheitsgrade berücksichtigt werden. Auch beim *CFI* deutet ein Wert von über 0,9 auf eine gute Modellanpassung hin (vgl. Bentler 1990, S. 238 ff.).

Einer der Vorteile der Kausalanalyse ist die Möglichkeit der Prüfung der Anpassungsgüte von Teilen des Hypothesensystems. So ist es möglich, dass Teile des Modells die Realität gut abbilden, während das Gesamtmodell keine gute Anpassung aufweist. Dieses lässt sich anhand der sogenannten *Partialkriterien* ermitteln.

Maßgeblich für die Bewertung der partiellen Modellgüte ist zunächst die Betrachtung der Parameterschätzung im Hinblick auf die Übereinstimmung mit den theoretisch postulierten Hypothesen. Dazu gehören einerseits die Betrachtung der *Wirkungsrichtung* sowie andererseits die *Prüfung der Ergebnisse* auf ihre statistische Signifikanz. Die gebräuchlichsten Teststatistiken werden unten stehend erläutert.

Die folgenden Gütemaße werden von AMOS angeboten:

Standardfehler der Schätzung (Square Error, SE)

Die *SE* geben an, mit welcher Streuung bei den Parameterschätzungen zu rechnen ist. Je kleiner die Standardfehler der geschätzten Parameter ausfallen, desto zuverlässiger sind die einzelnen Schätzungen zu bewerten.

Critical Ratio (CR)

Die Berechnung des CR entspricht der Parameterschätzung dividiert durch den Standardfehler der Schätzung. Sind die Ausgangsvariablen in der Grundgesamtheit normalverteilt, so kann ein t-Test auf der Basis des CR angewendet werden. Getestet wird gegen die Nullhypothese, dass die geschätzten Werte sich nicht von Null unterscheiden. Liegt der CR über 1,96, so kann bei einer Irrtumswahrscheinlichkeit von 0,05 ein Beitrag zur Bildung der Modellstruktur des entsprechenden Parameters angenommen werden.

Quadrierte multiple Korrelationskoeffizienten (Indikatorreliabilität)

Anhand der quadrierten multiplen Korrelationskoeffizienten wird die *Reliabilität* der Messung der latenten Variablen und der Indikatorvariablen im Kausalmodell gemessen. Die Reliabilität einer Variablen gibt wieder, inwieweit eine Messung frei von zufälligen Messfehlern ist. Bezogen auf die Indikatorvariablen geben die quadrierten multiplen Korrelationskoeffizienten an, wie gut die einzelnen Indikatoren der Messung der latenten Variablen dienen. Bezogen auf die latenten endogenen Variablen messen die quadrierten multiplen Korrelationskoeffizienten die Stärke der Kausalbeziehungen in den Strukturgleichungen. Rechnerisch entspricht die Indikatorreliabilität dem Quadrat der Faktorladungen in den Konstrukten. Der Grenzwert für die Indikatorreliabilität liegt üblicherweise zwischen 0,4 und 0,5, was inhaltlich bedeutet, dass zumindest 40-50% der Varianz einer Messvariablen durch den dahinterstehenden Faktor erklärt werden sollten.

Ermittlung der Residuen

Mit den geschätzten Parametern lässt sich die theoretische Kovarianzmatrix erstellen. Die Differenzen zwischen der theoretischen und der empirischen Kovarianzmatrix ergeben die Residuen. Je näher die Residuen an Null liegen, umso geringer ist der nicht durch das Modell erklärte Anteil der Kovarianz der entsprechenden Variablen. Bei einem gut angepassten Modell sollte der Wert der Residuen 0,1 nicht übersteigen. Es ist zu beachten, ob aufgrund von Skalenunterschieden eine Standardisierung der Residualvarianzen erforderlich ist. Die Differenz- oder Residualmatrix wird von AMOS bereitgestellt.

Die nachfolgende Tab.6.13 fasst die wichtigsten Kriterien zur Beurteilung der Modellgüte zusammen. Es sei darauf hingewiesen, dass die Ergebnisse der Parameterschätzung und die Güte der Anpassung des Modells im Rahmen der Kausalanalyse anhand von mehreren Kriterien beurteilt werden sollten. Weichen einzelne Kriterien von den vorgegebenen Werten ab, so muss dies nicht zwingend auf ein unbrauchbares Modell hindeuten. Es sollte daher immer ein geeignetes Bewertungsschema angewendet werden.

Tab. 6.13: Gebräuchliche Gütekriterien zur Beurteilung der Anpassungsgüte eines Kausalmodells

Kriterium	Anforderung
Globale Gütekriterien	
RMR	<0,1
GFI	>0,9
AGFI	>0,9
NFI	>0,9
CFI	>0,9
Lokale Gütekriterien	
Standardfehler der Schätzung	möglichst klein
CR (α = 0,05)	>1,96
Quadrierte multiple Korrelationskoeffizienten	> 0,4

Durch die Veränderung der Modellstruktur kann eine Verbesserung der Prüfkriterien erreicht werden. Wird diese Vorgehensweise gewählt, so verändert sich auch das Hypothesensystem, und die theoretischen Vorüberlegungen verlieren teilweise an Gültigkeit. Diese Vorgehensweise bedeutet, dass die Kausalanalyse ihren konfirmatorischen Charakter verliert und zu einem explorativen Analyseverfahren wird, da die neuen Hypothesen nicht aufgrund theoretischer Überlegungen, sondern empirischer Analysen zustande gekommen sind. Eine theoretische Begründung dieser Vorgehensweise kann daher nur im Nachhinein erfolgen.

Varianten der Kausalanalyse

Partial Least Squares

Eine Alternative zu den kovarianzbasierten Verfahren AMOS und LISREL stellt der Partial Least Squares-Ansatz (PLS) dar. Kovarianzbasierte Schätzverfahren legen für die Parameterschätzung i.d.R. das Maximum-Likelihood-Prinzip zugrunde, welches eine multivariate Normalverteilung voraussetzt. Dies ist jedoch bei der praktischen Anwendung nur selten gegeben und erfordert große Stichproben. Zudem ist das Verfahren nur bei reflektiven Messmodellen anwendbar. Aus diesem Grunde wurde PLS entwickelt mit dem Ziel, die restriktiven Annahmen des kovarianzbasierten Ansatzes zu vermeiden (zu einer vergleichenden Diskussion der beiden Ansätze vgl. z.B. Scholderer/Balderjahn 2006 sowie Homburg/Klarmann 2006). Im Rahmen von PLS können auch formative Indikatoren berücksichtigt werden. Dadurch werden Fehlspezifikationen des Modells vermieden. Zudem beruht die Parameterschätzung auf multipler Regression (Least Square), sodass keine Verteilungsannahme erforderlich ist. Dadurch ist PLS auch bei kleinen Samples anwendbar. Weiterhin liefert PLS eher konservative Schätzungen, sodass die Gefahr einer Modellannahme trotz fehlerhafter Operationalisierung bzw. Modellkonzeption vergleichweise gering ist.

Auch PLS bietet eine Vielzahl von Gütekriterien, welche sich in Abhängigkeit des Messmodells (formativ vs. reflektiv, vgl. Abschnitt 1.4 im 2. Teil) unterscheiden. Einschränkend ist darauf hinzuweisen, dass PLS keine globalen Gütemaße erlaubt. Kovarianzbasierte Verfahren liefern somit statistisch exaktere Ergebnisse. Auf eine ausführliche Darstellung der methodischen Vorgehensweise bei PLS muss hier verzichtet werden. Eine umfassende Darstellung findet sich u.a. bei Huber et al. 2007.

NEUSREL

Diese von Buckler (2001) entwickelte Methode basiert auf der Verbindung von Faktorenanalyse und Neuronalen Netzen. Während AMOS, LISREL und PLS für die Überprüfung von Hypothesen konzipiert wurden, können mit NEUSREL exploratorische Analysen durchgeführt werden, da sich die Methode zum Aufdecken von Beziehungen und Interaktionen eignet. Zudem ist NEUSREL in der Lage, auch nichtlineare Beziehungen zwischen den Variablen abzubilden. Solche Wirkungsbeziehungen können grundsätzlich auch unabhängig von theoretischen Vorüberlegungen ermittelt werden. Dies birgt allerdings die Gefahr der Abkehr vom Postulat theoriegeleiteter Forschung. Insofern ist in jedem Falle auf eine umfassende theoretische Fundierung der untersuchten Wirkungszusammenhänge zu achten.

NEUSREL arbeitet wie PLS verteilungsfrei, was eine breite Anwendbarkeit ermöglicht. Die erforderliche Stichprobengröße ist abhängig von der Modellkomplexität: Bei Vorliegen von nichtlinearen und Interaktionseffekten wird allgemein ein Stichprobenumfang von ca. 250 gefordert. Neben der NEUSREL-Analyse bietet das Programm die Durchführung einer PLS-Schätzung, sodass der Anwender auch eine vergleichende Untersuchung mit beiden Schätzverfahren durchführen kann. Eine ausführliche Darstellung des Verfahrens findet sich bei Buckler/Hennig-Thurau 2008.

3.4.3 Varianzanalyse

Definition

Mit Hilfe der *Varianzanalyse* wird der Einfluss einer oder mehrerer (mindestens nominalskalierter) Variablen auf eine oder mehrere metrisch skalierte Variablen untersucht. Dabei wird festgestellt, ob zwischen verschiedenen Gruppen signifikante Unterschiede bestehen, die auf den Einfluss einer oder mehrerer kontrollierbarer Variablen zurückzuführen sind.

Typischer Anwendungsbereich der Varianzanalyse ist die Auswertung von *Experimenten* (vgl. Teil 5); insofern eignet sich die Varianzanalyse zur Überprüfung von Kausalhypothesen. Eine ausführliche Beschreibung der verschiedenen varianzanalytischen Methoden findet sich bei Scheffé 1999. Eine beispielhafte Fragestellung lautet: Wie hängt die Absatzmenge von der Platzierung des Produkts im Geschäft ab?

Eine Varianzanalyse vollzieht sich grundsätzlich in folgenden *Schritten* (Herrmann/ Landwehr 2008, S. 585):

- Modellspezifizierung,
- Zerlegung der Gesamtabweichung,
- Berechnung der Varianzen und Messung der Effekte,
- Signifikanztest,
- Interpretation der Ergebnisse.

Die einzelnen Varianten der Varianzanalyse unterscheiden sich dabei

- nach der Anzahl der unabhängigen Variablen,
- nach der Anzahl der abhängigen Variablen sowie
- nach dem Skalenniveau der unabhängigen Variablen.

Einfaktorielle Varianzanalyse

Im Folgenden soll die grundsätzliche Vorgehensweise anhand der univariaten einfaktoriellen Varianzanalyse (ANOVA) erläutert werden. Im Rahmen der univariaten einfaktoriellen Varianzanalyse wird die Wirkung einer einzigen unabhängigen nominalskalierten Variable (Faktor) mit k = 1, …, s Ausprägungen (Faktorstufen) auf eine metrisch skalierte abhängige Variable geprüft; das hier dargestellte Verfahren findet bei Experimenten nach einem *vollständigen Zufallsplan* Anwendung. Die Modellformulierung lautet:

$y_{ik} = \mu + \alpha_k + u_{ik}$ mit

y_{ik} = Beobachtungswert i der Faktorstufe k (i = 1, …, n; k = 1,…, s),

μ = Mittelwert der Grundgesamtheit,

α_k = Wirkung der Stufe k des Faktors A i.S. der Abweichung des Faktorstufenmittelwerts vom Gesamtmittelwert der Stichprobe ($\sum_{k=1}^{s} \alpha_k$),

u_{ik} = nicht erklärter Einfluss der Zufallsgrößen in der Grundgesamtheit.

Es ist nun zu überprüfen, ob Unterschiede in den Mittelwerten der abhängigen Variable, z.B. unterschiedliche Absatzmengen, bei den einzelnen Faktorstufen (z.B. unterschiedliche Platzierungen im Geschäft) statistisch signifikant sind. Das Ausgangstableau der einfaktoriellen Varianzanalyse wird in Abb. 6.24 dargestellt.

Beobachtungen i	Treatmentstufen				
	1	…	k	…	s
1	y_{11}	…	y_{1k}	…	y_{1s}
⋮	⋮		⋮		⋮
i	y_{i1}	…	y_{ik}	…	y_{is}
⋮	⋮		⋮		⋮
n	y_{n1}	…	y_{nk}	…	y_{ns}
Gruppenmittelwerte $\bar{y}_k$	$\bar{y}_1$	…	$\bar{y}_k$	…	$\bar{y}_s$
Gesamtmittelwert			$\bar{y}$		

Abb. 6.24: Ausgangstableau der einfaktoriellen Varianzanalyse

Die Gruppenmittelwerte $\bar{y}_k$, d.h. die Mittelwerte bei den einzelnen Faktorstufen, streuen um den Gesamtmittelwert $\bar{y}$. Ausgangspunkt der Überlegungen ist die sog. *Streuungszerlegung*. Es gilt, dass sich die Gesamtstreuung, gemessen als Summe der quadrierten Abweichungen der Beobachtungswerte y_{ik} vom Gesamtmittelwert $\bar{y}$, additiv aus der Treatmentquadratsumme und der Fehlerquadratsumme zusammensetzt, es gilt also (vgl. Bortz/Schuster 2010, S. 207 f.):

$QS_{Tot} = QS_{Treat} + QS_F$ mit

QS_{Tot} = Totale Quadratsumme,

QS_{Treat} = Treatmentquadratsumme,

QS_F = Fehlerquadratsumme.

Die Treatmentquadratsumme bezeichnet dabei die Streuung zwischen den Gruppen, welche also auf die verschiedenen Faktorstufen zurückzuführen ist, wohingegen die Fehlerquadratsumme die Streuung innerhalb der Gruppen bezeichnet, die aus zufälligen Schwankungen resultiert. Die einzelnen Quadratsummen berechnen sich wie folgt:

$$QS_{Tot} = \sum_{i=1}^{n} \sum_{k=1}^{s} (y_{ik} - \bar{y})^2$$

$$QS_F = \sum_{i=1}^{n} \sum_{k=1}^{s} (y_{ik} - \bar{y}_k)^2$$

$$QS_{Treat} = n \cdot \sum_{k=1}^{s} (\bar{y}_k - \bar{y})^2 = QS_{Tot} - QS_F.$$

Dividiert man die Quadratsummen durch die jeweilige Anzahl an Freiheitsgraden, resultieren die empirischen Varianzen als (vgl. Bortz/Schuster 2010, S. 209):

$$MQ_{Tot} = \frac{QS_{Tot}}{n \cdot s - 1}$$

$$MQ_{Treat} = \frac{QS_{Treat}}{s - 1}$$

$$MQ_F = \frac{QS_F}{n \cdot s - s}.$$

Die Freiheitsgrade der Gesamtvarianz setzen sich additiv aus den Freiheitsgraden der Treatmentvarianz und den Freiheitsgraden der Fehlervarianz zusammen; zwischen den Varianzen besteht jedoch keine additive Beziehung.

Wird untersucht, ob sich die Gruppenmittelwerte $\bar{y}_i$ signifikant voneinander unterscheiden, ist folgende Nullhypothese aufzustellen:

$$H_0 : \mu_1 = \ldots = \mu_k = \ldots = \mu_s.$$

Die Nullhypothese besagt, dass die Gruppenmittelwerte identisch sind. Die zugehörige Alternativhypothese besagt entsprechend, dass sich mindestens zwei Gruppenmittelwerte signifikant voneinander unterscheiden. Je größer die Treatmentvarianz MQ_{Treat} im Vergleich zur Fehlervarianz MQ_F ist, umso größer ist der Einfluss des Treatments im Vergleich zu zufälligen Einflüssen. Als Prüfgröße wird

$$F_{emp} = \frac{MQ_{Treat}}{MQ_F}$$

verwendet. Der empirische F-Wert wird mit dem theoretischen Wert der F-Verteilung bei $s-1$ Freiheitsgraden im Zähler, $n \cdot s$ s Freiheitsgraden im Nenner und einem Signifikanzniveau α verglichen. Ist $F_{emp} > F_{theor}$, so ist die Nullhypothese zu verwerfen, d.h. es ist von einem signifikanten Einfluss des Testfaktors auf die abhängige Variable auszugehen. Die Ergebnisdarstellung erfolgt in Form einer sog. *Varianztabelle* (vgl. Tab. 6.14).

Tab. 6.14: Ergebnistabelle einer einfaktoriellen Varianzanalyse

Streuungsursache	Quadratsumme	Freiheitsgrade	Varianz	F_{emp}
Faktorstufe	QS_{Treat}	s-1	MQ_{Treat}	$\frac{MQ_{Treat}}{MQ_F}$
Zufall	QS_F	n·s-s	MQ_F	
Gesamt	QS_{Tot}	n·s-1	MQ_{Tot}	

Führt die Varianzanalyse zu einem signifikanten F-Wert, so ist lediglich der Schluss zulässig, dass sich mindestens zwei Gruppenmittelwerte signifikant voneinander unterscheiden, d.h. dass das Experiment als solches eine Wirkung hat; welche Mittelwerte im Einzelnen signifikant voneinander unterschiedlich sind, ist aus dem Overall-Test der Varianzanalyse nicht feststellbar. Zur Durchführung von Einzelvergleichen wurden eine ganze Reihe von Tests entwickelt, bspw. der in SPSS enthaltene Duncan-Test oder der im Folgenden dargestellte *Scheffé-Test* (vgl. hierzu Bortz/Schuster 2010, S. 232 ff.). Dadurch kann festgestellt werden, welche Ausprägung des Treatmentfaktors die größte Wirkung entfaltet.

Für die einzelnen Mittelwertpaare können folgende Nullhypothesen aufgestellt werden:

$$H_0^1 : D_1 = \bar{y}_1 - \bar{y}_2 = 0$$

$$H_0^2 : D_2 = \bar{y}_1 - \bar{y}_3 = 0$$

usw., d.h. allgemein

$$H_0^k : D_k = \bar{y}_k - \bar{y}_{k'} \quad \text{für alle } k \neq k'; k = 1,\ldots,s.$$

Beim Scheffé-Test wird überprüft, welche Einzelvergleiche (Mittelwertdifferenzen) signifikant sind; dabei wird der gesamte Hypothesenkomplex über sämtliche Einzelvergleiche auf Signifikanzen hin überprüft. Der Scheffé-Test gewährleistet, dass die Wahrscheinlichkeit eines α-Fehlers für jeden Einzelvergleichstest nicht größer ist als das Signifikanzniveau α für den Overall-Test der Varianzanalyse.

Zur Durchführung des Scheffé-Tests werden zunächst die empirischen Mittelwertdifferenzen gemäß Tab. 6.15 ermittelt. Die empirischen Mittelwertdifferenzen D_{ik} werden mit folgender Prüfgröße verglichen:

$$D_{krit} = \sqrt{\frac{2(s-1)MQ_F \cdot F_{theor}(s-1; s(n-1); (1-\alpha))}{n}}.$$

Tab. 6.15: Empirische Ermittlung von Mittelwertdifferenzen

	$\bar{y}_1$	$\bar{y}_2$	...	$\bar{y}_k$	...	$\bar{y}_s$
$\bar{y}_1$	–	D_{12}	...	D_{1k}	...	D_{1s}
$\bar{y}_2$		–	...	D_{2k}	...	D_{2s}
: $\bar{y}_k$				–	...	D_{ks}
: $\bar{y}_s$						–

Ist die empirische Differenz größer als die kritische Differenz, so ist die empirische Differenz auf dem α-Niveau signifikant.

Die Anwendung der Varianzanalyse ist an folgenden *Voraussetzungen* gebunden (vgl. Malhotra 2010, S. 540):

- Die Störgröße ist normalverteilt mit einem Erwartungswert in Höhe von Null und konstanter Varianz.
- Es darf kein systematischer Fehler bei der Erhebung auftreten.
- Die Störgrößen sind unkorreliert, d.h. die Beobachtungswerte sind voneinander unabhängig.

Während geringfügige Verletzungen der ersten beiden Annahmen keine nennenswerte Gefährdung der Validität der Ergebnisse herbeiführen, kann eine Verletzung der dritten Prämisse zu starken Verzerrungen bei der Berechnung des empirischen F-Werts führen.

Die Vorgehensweise der einfaktoriellen Varianzanalyse soll anhand eines *Beispiels* verdeutlicht werden.

Beispiel 6.32:

Das Unternehmen Hicks möchte für seine Babynahrung eine kurzfristige Absatzsteigerung erzielen und testet vorab in drei ausgewählten Einzelhandelsgeschäften folgende Promotionmaßnahmen:

- P_1: Einsatz von Hostessen am Point of Sale;
- P_2: Gewinnspiel;
- P_3: Sonderpreisaktion.

Angesichts der Testergebnisse nimmt das Unternehmen an, dass die Art der Promotionmaßnahme das Ergebnis signifikant beeinflusst. Es wird folgende Nullhypothese formuliert:

H_0: $\mu(P_1) = \mu(P_2) = \mu(P_3)$.

Die Ergebnisse des Store-Tests sind im folgenden Ausgangstableau enthalten.

	Promotionaktion		
	P_1	P_2	P_3
Beobachtungswerte	31	32	30
(Absatz/Tag)	12	15	20
	26	28	28
Summe	69	75	78
Gruppenmittelwert	23	25	26
Gesamtmittelwert	24 2/3		

Streuungszerlegung:

QS_{Tot} = $(31 - 24\ 2/3)^2 + (12 - 24\ 2/3)^2 + (26 - 24\ 2/3)^2 + (32 - 24\ 2/3)^2 + (15 - 24\ 2/3)^2 + (28 - 24\ 2/3)^2 + (30 - 24\ 2/3)^2 + (20 - 24\ 2/3)^2 + (28 - 24\ 2/3)^2 =$ **422**

QS_F = $(31 - 23)^2 + (12 - 23)^2 + (26 - 23)^2 + (32 - 25)^2 + (15 - 25)^2 + (28 - 25)^2 + (30 - 26)^2 + (20 - 26)^2 + (28 - 26)^2 =$ **408**

$QS_{Treat} = QS_{Tot} - QS_F = 3\cdot(23 - 24\ 2/3)^2 + 3\cdot(25 - 24\ 2/3)^2 + 3\cdot(26 - 24\ 2/3)^2 =$ **14**

Durch Division mit der zugehörigen Anzahl von Freiheitsgraden erhält man die Varianzen als:

$$MQ_{Tot} = \frac{QS_{Tot}}{n \cdot s - 1} = \frac{422}{3 \cdot 3 - 1} = 52{,}75$$

$$MQ_{Treat} = \frac{QS_{Treat}}{s - 1} = \frac{14}{3 - 1} = 7$$

$$MQ_F = \frac{QS_F}{n \cdot s - s} = \frac{408}{3 \cdot 3 - 3} = 68\ .$$

Der anschließende Signifikanztest führt zu folgendem Ergebnis:

$$F_{emp} = \frac{MQ_{Treat}}{MQ_F} = \frac{7}{68} = 0{,}1029$$

$$F_{theor} = F_{s-1;n\cdot s-s;\alpha} = F_{2;6;0,05} = 5{,}14\ .$$

Da $F_{emp} < F_{theor}$ wird die Nullhypothese angenommen, d.h. es kann nicht von einem signifikanten Einfluss der Promotionmaßnahme auf die Absatzmenge ausgegangen werden.

Im vorangegangenen Beispiel wurde das grundsätzliche Vorgehen der Varianzanalyse dargestellt, welche bei Vorliegen eines vollständigen Zufallsplans Anwendung findet. Für die übrigen, in Abschnitt 3.3 des 5. Teils dargestellten Versuchsanordnungen muss das Verfahren modifiziert werden. Im Folgenden sollen nur ausgewählte Erweiterungen der Varianzanalyse angeführt werden. Ausführliche Darstellungen varianzanalytischer Methoden bei unterschiedlichen Versuchsanordnungen finden sich u.a. bei Scheffé 1999 sowie Bailey 2008.

Varianzanalyse beim zufälligen Blockplan

Beim *zufälligen Blockplan* wird ein Störfaktor explizit dadurch berücksichtigt, dass nach den Ausprägungen dieses Faktors Blöcke gebildet werden. Auch hier wird die Wirkung eines Testfaktors (z.B. Platzierung im Geschäft) auf eine abhängige Variable (z.B. Absatzmenge) untersucht; die Wirkung wird jedoch getrennt nach den Ausprägungen eines Störfaktors, z.B. Geschlecht der Testpersonen, ermittelt. Das Ausgangstableau der Varianzanalyse beim zufälligen Blockplan findet sich in Abb. 6.25.

Blöcke	Treatmentstufen					Zeilenmittel
	1	...	k	...	s	
1	y_{11}	...	y_{1k}	...	y_{1s}	$\bar{y}_{1\bullet}$
⋮	⋮		⋮		⋮	⋮
l	y_{l1}	...	y_{lk}	...	y_{ls}	$\bar{y}_{l\bullet}$
⋮	⋮		⋮		⋮	⋮
m	y_{m1}	...	y_{mk}	...	y_{ms}	$\bar{y}_{m\bullet}$
Spaltenmittel	$\bar{y}_{\bullet 1}$	...	$\bar{y}_{\bullet k}$	...	$\bar{y}_{\bullet s}$	$\bar{y}$

Abb. 6.25: Ausgangstableau der Varianzanalyse beim zufälligen Blockplan

Das theoretische Modell der Varianzanalyse lautet in diesem Fall (vgl. Hüttner/ Schwarting 2002, S. 267):

$$y_{lk} = \mu + \alpha_k + \tau_l + u_{lk} \text{ mit}$$

y_{lk} = Beobachtungswert in Block l bei der Faktorstufe k,

μ = Mittelwert der Grundgesamtheit,

α_k = Wirkung der Stufe k des Faktors A $\left(\sum_{k=1}^{s} \alpha_k = 0\right)$,

τ_l = Wirkung der Ausprägung l der Störgröße T $\left(\sum_{l=1}^{m} \tau_l = 0\right)$,

u_{lk} = nicht erklärter Einfluss von Zufallsgrößen in der Grundgesamtheit.

Die Gesamtstreuung setzt sich nunmehr folgendermaßen zusammen:

$QS_{Tot} = QS_{Treat} + QS_{bl} + QS_F$ mit

QS_{Tot} = Totale Quadratsumme,

QS_{Treat} = Treatmentquadratsumme,

QS_{bl} = Blockquadratsumme,

QS_F = Fehlerquadratsumme.

Die Berechnung der Quadratsummen erfolgt folgendermaßen:

$$QS_{Tot} = \sum_{k=1}^{s} \sum_{l=1}^{m} (y_{lk} - \bar{y})^2$$

$$QS_{Treat} = m\sum_{k=1}^{s}(\bar{y}_{\bullet k} - \bar{y})^2$$

$$QS_{bl} = k\sum_{l=1}^{m}(\bar{y}_{l\bullet} - \bar{y})^2$$

$$QS_F = \sum_{k=1}^{s}\sum_{l=1}^{m}(\bar{y}_{lk} - \bar{y}_{l\bullet} - \bar{y}_{\bullet k} + \bar{y})^2.$$

Die Varianzen erhält man wiederum mittels Division durch die jeweiligen Freiheitsgrade:

$$MQ_{Tot} = \frac{QS_{Tot}}{m \cdot s - 1}$$

$$MQ_{Treat} = \frac{QS_{treat}}{s - 1}$$

$$MQ_{bl} = \frac{QS_{bl}}{m - 1}$$

$$MQ_F = \frac{QS_F}{(m-1)(s-1)}.$$

Die Prüfgrößen für die Effekte der Treatments und der Blockzugehörigkeit erhält man durch Division der entsprechenden Varianzen durch die Fehlervarianz, also

$$F_{emp(Treat)} = \frac{MQ_{Treat}}{MQ_F}$$

$$F_{emp(bl)} = \frac{MQ_{bl}}{MQ_F}.$$

Beispiel 6.33:

Das Unternehmen des Beispiels 6.31 vermutet, dass die Wirkung alternativer Promotionmaßnahmen maßgeblich davon beeinflusst wird, in welchem Geschäftstyp das Produkt angeboten wird. Die drei Promotionmaßnahmen aus dem Beispiel 6.32 werden daher in drei Geschäften unterschiedlichen Typs getestet:

- G_1: Tante-Emma-Laden;
- G_2: Supermarkt;
- G_3: Discounter.

Auf Replikationen wird verzichtet, da die Störgröße (Geschäftstyp) bereits explizit im Untersuchungsdesign berücksichtigt wird. Die Ergebnisse des Storetests sind in nachfolgender Tabelle enthalten.

Blöcke	Treatments			
	P_1	P_2	P_3	Zeilenmittel
G_1	31	32	30	31,00
G_2	12	15	20	15,67
G_3	26	28	28	27,33
Spaltenmittel	23,00	25,00	26,00	24,67

Die einzelnen Quadratsummen resultieren als:

$$QS_{Tot} = \sum_{k=1}^{s}\sum_{l=1}^{m}(y_{lk} - \bar{y})^2 = 422$$

$$QS_{Treat} = m\sum_{k=1}^{s}(\bar{y}_{\bullet k} - \bar{y})^2 = 14$$

$$QS_{bl} = k\sum_{l=1}^{m}(\bar{y}_{l\bullet} - \bar{y})^2 = 384,\overline{6}$$

$$QS_F = \sum_{k=1}^{s}\sum_{l=1}^{m}(\bar{y}_{lk} - \bar{y}_{l\bullet} - \bar{y}_{\bullet k} + \bar{y})^2 = 23,\overline{3}.$$

Somit können die Varianzen wie folgt errechnet werden:

$$MQ_{Tot} = \frac{QS_{Tot}}{m \cdot s - 1} = 52,75$$

$$MQ_{Treat} = \frac{QS_{Treat}}{s - 1} = 7$$

$$MQ_{bl} = \frac{QS_{bl}}{m - 1} = 192,\overline{3}$$

$$MQ_F = \frac{QS_F}{(m-1)(s-1)} = 5,8\overline{3}.$$

Daraus resultieren die folgenden Prüfgrößen:

$$F_{emp(Treat)} = \frac{MQ_{Treat}}{MQ_F} = 1,2$$

$$F_{emp(bl)} = \frac{MQ_{bl}}{MQ_F} = 32,97.$$

Varianzanalyse bei mehrfaktoriellen Plänen

Bei mehrfaktoriellen Plänen wird die Wirkung von mindestens zwei Testfaktoren untersucht. Neben der Wirkung der Platzierung im Geschäft auf die Absatzmenge kann beispielsweise auch der Einfluss alternativer Verpackungen getestet werden.

Zu berücksichtigen ist dabei die Tatsache, dass die Testfaktoren zum einen isoliert auf die abhängige Variable wirken, zum anderen aber auch ihr Zusammenwirken die abhängige Variable beeinflusst. Beispielsweise kann eine ungünstige Platzierung im Geschäft durch eine auffällige und ansprechende Verpackung zumindest teilweise kompensiert werden. Aus diesem Grunde werden im Rahmen einer mehrfaktoriellen Varianzanalyse nicht nur die Wirkungen der Testfaktoren, sondern auch der Einfluss der Interaktionen zwischen den Faktoren analysiert.

Das zugrunde liegende theoretische Modell lautet am Beispiel eines bifaktoriellen Plans (vgl. Backhaus et al. 2015, S. 187):

$$y_{ikl} = \mu + \alpha_k + \beta_l + (\alpha\beta)_{kl} + u_{ikl} \text{ mit}$$

y_{ikl} = Beobachtungswert i bei Treatment k des Faktors A und Treatment l des Faktors B,

μ = Mittelwert der Grundgesamtheit,

α_k = Wirkung des Treatments k des Faktors A,

β_l = Wirkung des Treatments l des Faktors B,

$(\alpha\beta)_{kl}$ = Wirkung der Interaktion der Treatments k und l der Faktoren A und B,

u_{ikl} = nicht erklärter Einfluss der Zufallsgrößen in der Grundgesamtheit.

Das Ausgangstableau der zweifaktoriellen Varianzanalyse ist in Abb. 6.26 dargestellt. Dabei bezeichnen

y_{ikl} = Beobachtungswert i bei Treatment k von Faktor A und Treatment l des Faktors B,

$\bar{y}$ = Gesamtmittelwert,

$\bar{y}_{\bullet kl}$ = Mittelwert bei der Treatmentkombination kl der Faktoren A und B,

$\bar{y}_{\bullet k \bullet}$ = Gesamtmittelwert bei Treatment k von Faktor A,

$\bar{y}_{\bullet\bullet l}$ = Gesamtmittelwert bei Treatment l von Faktor B.

Die Gesamtstreuung QS_{Tot} der Beobachtungswerte setzt sich aus der Streuung innerhalb der Gruppen QS_F (Fehlerstreuung) und der Streuung zwischen den Gruppen QS_z, welche auf das Experiment zurückzuführen ist, zusammen. Die Streuung zwischen den Gruppen lässt sich wiederum zerlegen in eine Streuung der Haupteffekte QS_A und QS_B und eine Streuung durch Wechselwirkung der Faktoren A und B, QS_{AxB}.

Die einzelnen Streuungen werden wie folgt berechnet (vgl. Bortz/Schuster 2010, S. 292 ff.):

$$QS_{Tot} = \sum_{i=1}^{n} \sum_{k=1}^{s} \sum_{l=1}^{m} (y_{ikl} - \bar{y})^2$$

$$QS_z = n \sum_{k=1}^{s} \sum_{l=1}^{m} (\bar{y}_{\bullet kl} - \bar{y})^2$$

$$QS_A = m \cdot n \sum_{k=1}^{s} (\bar{y}_{\bullet k \bullet} - \bar{y})^2$$

$$QS_B = s \cdot n \sum_{l=1}^{m} \left(\bar{y}_{\bullet\bullet l} - \bar{y}\right)^2$$

$$QS_{A \times B} = QS_z - QS_A - QS_B$$

$$QS_F = QS_{Tot} - QS_z \,.$$

		Treatments Faktor B					Zeilenmittelwerte $\bar{y}_{.k.}$
Treatments Faktor A	Replikationen i	1	...	l	...	m	
1	1 ... n	Beobachtungswerte y_{i1l}					
...	Zellenmittelwerte $\bar{y}_{.1l}$	$\bar{y}_{.11}$	...	$\bar{y}_{.1l}$	...	$\bar{y}_{.1m}$	$\bar{y}_{.1.}$
k	1 ... n	Beobachtungswerte y_{ikl}					
...	Zellenmittelwerte $\bar{y}_{.kl}$	$\bar{y}_{.k1}$	...	$\bar{y}_{.kl}$	...	$\bar{y}_{.km}$	$\bar{y}_{.k.}$
s	1 ... n	Beobachtungswerte y_{isl}					
	Zellenmittelwerte $\bar{y}_{.sl}$	$\bar{y}_{.s1}$	...	$\bar{y}_{.sl}$	...	$\bar{y}_{.sm}$	$\bar{y}_{.s.}$
Spaltenmittelwerte $\bar{y}_{..l}$		$\bar{y}_{..1}$	...	$\bar{y}_{..l}$	...	$\bar{y}_{..m}$	$\bar{y}$

Abb. 6.26: Ausgangstableau der zweifaktoriellen Varianzanalyse

Die Varianzen resultieren wiederum als Quotienten der Quadratsummen und der zugehörigen Freiheitsgrade:

$$MQ_{Tot} = \frac{QS_{Tot}}{n \cdot s \cdot m}$$

$$MQ_A = \frac{QS_A}{s-1}$$

$$MQ_B = \frac{QS_B}{m-1}$$

$$MQ_{A \times B} = \frac{QS_{A \times B}}{(s-1)(m-1)}$$

$$MQ_F = \frac{QS_F}{s \cdot m\,(n-1)} \,.$$

Als Prüfgrößen verwendet man wieder empirische F-Werte, die sich als Quotienten der jeweiligen Faktorvarianzen durch die Fehlervarianz ergeben; diese Prüfgrößen werden wieder mit den entsprechenden theoretischen Werten der F-Verteilung verglichen (bei entsprechender Anzahl von Freiheitsgraden und Signifikanzniveau α):

$$F_{emp(A)} = \frac{MQ_A}{MQ_F}$$

$$F_{emp(B)} = \frac{MQ_B}{MQ_F}$$

$$F_{emp(A\times B)} = \frac{MQ_{A\times B}}{MQ_F}.$$

Welche Mittelwertdifferenzen signifikant sind, kann wiederum mit Hilfe des Scheffé-Tests ermittelt werden.

Beispiel 6.34:

Das Unternehmen des Beispiels 6.33 möchte zusätzlich in Erfahrung bringen, ob unterschiedliche Platzierungen im Geschäft die Absatzmenge beeinflussen. Getestet werden zwei alternative Platzierungen:

A_1: Normalregal im Verbund mit sonstigen Babyprodukten;

A_2: Normalregal im Verbund mit Konserven.

Die Ergebnisse des Tests sind in der nachfolgenden Tabelle enthalten.

Replikationen	Treatments					
	A_1			A_2		
	B_1	B_2	B_3	B_1	B_2	B_3
1	31	32	30	22	20	18
2	12	15	21	17	20	17
3	26	28	27	18	17	16

Die Quadratsummen errechnen sich wie folgt:

$$QS_{Tot} = \sum_{i=1}^{n}\sum_{k=1}^{s}\sum_{l=1}^{m}(y_{ikl} - \bar{y})^2 = \left\{(31-21{,}5)^2 + (32-21{,}5)^2 + \ldots + (16-21{,}5)^2\right\} = 618{,}5$$

$$QS_z = n\sum_{k=1}^{s}\sum_{l=1}^{m}(\bar{y}_{\bullet kl} - \bar{y})^2 = 3\cdot\left\{(31-21{,}5)^2 + (20-21{,}5)^2 + \ldots + (17-21{,}5)^2\right\} = 556{,}5$$

$$QS_A = m\cdot n\sum_{k=1}^{s}(\bar{y}_{\bullet k\bullet} - \bar{y})^2 = 3\cdot 3\cdot\left\{(25{,}5-21{,}5)^2 + (17-21{,}5)^2 + (22-21{,}5)^2\right\} = 328{,}5$$

$$QS_B = s\cdot n\sum_{l=1}^{m}(\bar{y}_{\bullet\bullet l} - \bar{y})^2 = 2\cdot 3\cdot\left\{(24{,}\overline{6}-21{,}5)^2 + (18{,}\overline{3}-21{,}5)^2\right\} = 120{,}\overline{3}$$

$$QS_{A\times B} = QS_z - QS_A - QS_B = 618{,}5 - 328{,}5 - 120{,}\overline{3} = 107{,}\overline{6}$$

$$QS_F = QS_{Tot} - QS_z = 618{,}5 - 556{,}5 = 62.$$

Daraus resultieren folgende Varianzen und Prüfgrößen:

$$MQ_{Tot} = \frac{QS_{Tot}}{n \cdot s \cdot m} = \frac{618{,}5}{3 \cdot 2 \cdot 3} = 34{,}36$$

$$MQ_A = \frac{QS_A}{(s-1)} = \frac{328{,}5}{2-1} = 328{,}5$$

$$MQ_B = \frac{QS_B}{(m-1)} = \frac{120{,}\overline{3}}{3-1} = 60{,}17$$

$$MQ_{A\times B} = \frac{QS_{A\times B}}{(s-1)(m-1)} = \frac{107{,}\overline{6}}{(2-1)(3-1)} = 53{,}83$$

$$MQ_F = \frac{QS_F}{s \cdot m\,(n-1)} = \frac{62}{2 \cdot 3 \cdot (3-1)} = 5{,}17$$

$$F_{emp(A)} = \frac{MQ_A}{MQ_F} = \frac{328{,}5}{5{,}17} = 63{,}54$$

$$F_{emp(B)} = \frac{MQ_B}{MQ_F} = \frac{60{,}17}{5{,}17} = 11{,}65$$

$$F_{emp(A\times B)} = \frac{MQ_{A\times B}}{MQ_F} = \frac{53{,}83}{5{,}17} = 10{,}41.$$

Varianzanalyse beim lateinischen Quadrat

Beim *lateinischen Quadrat* werden zwei Störfaktoren gleichzeitig berücksichtigt (z.B. Geschlecht der Probanden, Geschäftstyp, vgl. die Ausführungen in Abschnitt 3.3 im 5. Teil). Da kein vollständiges Design vorliegt, sind Interaktionseffekte nicht beschreibbar. Das theoretische Modell lautet (vgl. Hüttner/Schwarting 2002, S. 270):

$$y_{lpk} = \mu + \alpha_k + \tau_l + \upsilon_p + u_{lpk} \quad \text{mit}$$

y_{lpk} = Beobachtungswert in Zeile l und Spalte p beim Treatment k des Faktors A $(l = 1,\ldots,m,\ p = 1,\ldots q,\ k = 1,\ldots,s)$,

μ = Mittelwert in der Grundgesamtheit,

α_k = Wirkung des Treatments k des Faktors A,

τ_l = Wirkung der Ausprägung l der Störgröße T,

υ_p = Wirkung der Ausprägung p der Störgröße N,

u_{lpk} = nicht erklärter Einfluss der Zufallsgrößen in der Grundgesamtheit.

Die Ausgangssituation der Varianzanalyse beim lateinischen Quadrat ist in Abb. 6.27 dargestellt. Aufgrund der quadratischen Versuchsanordnung muss sich die Zahl der Ausprägungen entsprechen, d.h. m = q = s.

Pro Zelle wird dabei im Standardfall ein Messwert y_{lp} erhoben (anstelle von y_{lpk} wird y_{lp} notiert, da ein Treatment k pro Zeile und Spalte nur einmal vorkommt). Lateinische Quadrate mit Messwiederholungen (Replikationen) werden bei Bortz/Schuster 2010,

S. 396 ff. dargestellt. Unter dem Beobachtungswert findet sich in Klammern das zugehörige Treatment.

Störgröße T	Störgröße N						
	1	2	...	p	...	q	Zeilenmittel
1	y_{11} (1)	y_{12} (2)	...	y_{1p}	...	y_{1q} (s)	$\bar{y}_{1.}$
2	y_{21} (2)	y_{22} (3)	...	y_{2p}	...	y_{2q} (1)	$\bar{y}_{2.}$
...	...	...	...	...	...	...	...
l	y_{l1}	y_{l2}	...	y_{lp}	...	y_{lq}	$\bar{y}_{l.}$
...	...	...	...	...	...	...	...
m	y_{m1} (s)	y_{m2} (1)	...	y_{mp}	...	y_{mq} (s-1)	$\bar{y}_{m.}$
Spaltenmittel	$\bar{y}_{.1}$	$\bar{y}_{.2}$	...	$\bar{y}_{.p}$	...	$\bar{y}_{.q}$	$\bar{y}$

Abb. 6.27: Ausgangssituation der Varianzanalyse beim lateinischen Quadrat

Für die einzelnen Streuungen gilt (vgl. Hüttner/Schwarting 2002, S. 270):

$$QS_{Tot} = \sum_{l=1}^{m} \sum_{p=1}^{q} (y_{lp} - \bar{y})^2$$

$$QS_T = s \cdot \sum_{l=1}^{m} (\bar{y}_{l\bullet} - \bar{y})^2$$

$$QS_{Treat} = s \cdot \sum_{k=1}^{s} (\bar{y}_k - \bar{y})^2$$

$$QS_N = s \cdot \sum_{p=1}^{q} (\bar{y}_{\bullet p} - \bar{y})^2$$

$$QS_F = \sum_{l=1}^{m} \sum_{p=1}^{q} \left(y_{lp}^2 - \bar{y}_{l\bullet} - \bar{y}_{\bullet p} - \bar{y}_k + 2\bar{y}\right)^2 .$$

$\bar{y}_k$ resultiert dabei als Mittelwert der Beobachtungswerte bei Faktorstufe k über alle Zeilen und Spalten.

QS_F stellt allerdings nur dann eine Fehlerstreuung dar, die als Prüfgröße für die Haupteffekte verwendet werden kann, wenn keine Interaktionen vorliegen. Durch Division mit der jeweiligen Zahl der Freiheitsgrade erhält man:

$$MQ_{Tot} = \frac{QS_{Tot}}{k^2(= m^2 = q^2) - 1}$$

$$MQ_T = \frac{QS_T}{k - 1}$$

$$MQ_N = \frac{QS_N}{k-1}$$

$$MQ_{Treat} = \frac{QS_{Treat}}{k-1}$$

$$MQ_F = \frac{QS_F}{(k-1)(k-2)}.$$

Die Prüfgrößen erhält man wiederum als:

$$F_{emp(T)} = \frac{MQ_T}{MQ_F}$$

$$F_{emp(N)} = \frac{MQ_N}{MQ_F}$$

$$F_{emp(Treat)} = \frac{MQ_{Treat}}{MQ_F}.$$

Beispiel 6.35:

Im Rahmen einer Werbeplanung soll erkundet werden, wie sich drei verschiedene Werbespots (Faktor A) für das Produkt auf das Kaufverhalten (gemessen an der Absatzmenge) von drei verschiedenen Konsumentengruppen (Faktor B) auswirken. Um eine Vergleichbarkeit der Ergebnisse zu gewährleisten, erfolgt die Untersuchung zeitgleich an drei verschiedenen Standorten (Faktor C). Die Stichprobe beträgt N = 270 Konsumenten. Interaktionen sollen nicht berücksichtigt werden. Auf der Grundlage eines lateinischen Quadrates ergibt sich folgende Datentabelle:

	a_1	a_2	a_3
b_1	c_1	c_2	c_3
b_2	c_2	c_3	c_1
b_3	c_3	c_1	c_2

Jede Zelle umfasst 30 Konsumenten, d.h. n = 30 Konsumenten der Konsumentengruppe b_1 sehen Werbespot a_1 für das Produkt am Standort c_1, 30 Konsumenten der Konsumentengruppe b_1 sehen Werbespot a_2 für das Produkt am Standort c_2,… und n = 30 Konsumenten der Konsumentengruppe b_3 sehen Werbespot a_3 für das Produkt am Standort c_2. Das nachfolgende Ausgangstableau enthält die Absatzmengen bei den einzelnen Treatments sowie die zugehörigen Zeilen- und Spaltenmittelwerte.

	a_1	a_2	a_3	Zeilenmittel
b_1	11	14	11	12
b_2	12	8	10	10
b_3	10	17	15	14
Spaltenmittel	11	13	12	12

Die Quadratsummen errechnen sich als:

$$QS_{Tot} = n \cdot \sum_{l=1}^{m} \sum_{p=1}^{q} \left(y_{lp} - \bar{y}\right)^2 = 30 \cdot (1+4+1+0+16+4+4+25+9) = 1.920$$

$$QS_{T} = n \cdot s \cdot \sum_{l=1}^{m} \left(\bar{y}_{l\bullet} - \bar{y}\right)^2 = 30 \cdot 3 \cdot \left\{(12-12)^2 + (10-12)^2 + (14-12)\right\} = 720$$

$$QS_{N} = n \cdot s \cdot \sum_{p=1}^{q} \left(\bar{y}_{\bullet p} - \bar{y}\right)^2 = 30 \cdot 3 \cdot \left\{(11-12)^2 + (13-12)^2 + (12-12)^2\right\} = 180$$

$$QS_{Treat} = n \cdot s \cdot \sum_{k=1}^{s} \left(\bar{y}_{k} - \bar{y}\right)^2 = 30 \cdot 3 \cdot \left\{(12\tfrac{2}{3}-12)^2 + (13\tfrac{2}{3}-12)^2 + (9\tfrac{2}{3}-12)^2\right\} = 780$$

$$QS_{F} = n \cdot \sum_{l=1}^{m} \sum_{p=1}^{q} \left(y_{lp} - \bar{y}_{l\bullet} - \bar{y}_{\bullet p} - \bar{y}_{k} + 2\bar{y}\right)^2 = 240.$$

Durch Division der Quadratsummen durch die jeweiligen Freiheitsgrade resultieren die folgenden Varianzen:

$$MQ_{Tot} = \frac{QS_{Tot}}{k^2(= m^2 = q^2) - 1} = \frac{1920}{8} = 240$$

$$MQ_{T} = \frac{QS_{T}}{k-1} = \frac{720}{2} = 360$$

$$MQ_{N} = \frac{QS_{N}}{k-1} = \frac{180}{2} = 90$$

$$MQ_{Treat} = \frac{QS_{Treat}}{k-1} = \frac{780}{2} = 390$$

$$MQ_{F} = \frac{QS_{F}}{(k-1)(k-2)} = \frac{240}{2} = 120.$$

Für die Effekte der Störgrößen N und T sowie des Treatments ergeben sich mittels Division durch die Fehlervarianz die folgenden Prüfgrößen:

$$F_{emp(T)} = \frac{MQ_{T}}{MQ_{F}} = \frac{360}{120} = 3$$

$$F_{emp(N)} = \frac{MQ_{N}}{MQ_{F}} = \frac{90}{120} = 0{,}75$$

$$F_{emp(Treat)} = \frac{MQ_{Treat}}{MQ_{F}} = \frac{390}{120} = 3{,}25.$$

3.4.4 Kontingenzanalyse

Definition

Im Rahmen der *Kontingenzanalyse* wird die wechselseitige Abhängigkeit zwischen zwei oder mehreren nominalskalierten oder klassierten höherskalierten Variablen untersucht.

Als Beispiel kann der Zusammenhang zwischen Geschlecht und Markenwahl angeführt werden. Ausgangspunkt der Analyse ist eine Häufigkeitstabelle, welche in allgemeiner Form in Abb. 6.28 dargestellt ist. Dabei sind:

n_{kl} = absolute Häufigkeit der Merkmalskombination kl (k=1, …, s; l=1, …, m),

$n_{\bullet l} = \sum_{k=1}^{s} n_{kl}$ = Häufigkeit des Auftretens der Merkmalsausprägung l über alle k (Spaltensumme),

$n_{k\bullet} = \sum_{i=1}^{m} n_{kl}$ = Häufigkeit des Auftretens der Merkmalsprägung k über alle l (Zeilensumme),

n = Gesamtzahl der Fälle.

Variable 1	Variable 2					Σ
	1	...	l	...	m	
1	n_{11}	...	n_{1l}	...	n_{1m}	$n_{1.}$
...	...	...	...	...	...	...
k	n_{k1}	...	n_{kl}	...	n_{km}	$n_{k.}$
...	...	...	...	...	...	...
s	n_{s1}	...	n_{sl}	...	n_{sm}	$n_{s.}$
Σ	$n_{.1}$	...	$n_{.l}$	...	$n_{.m}$	n

Abb. 6.28: Häufigkeitstabelle für die Kontingenzanalyse

Die in Abb. 6.28 enthaltenen absoluten Häufigkeiten können anhand der Gesamtzahl der Fälle, der Zeilensummen $n_{k.}$ oder der Spaltensummen $n_{.l}$ relativiert werden (Kreuztabellierung); dies erlaubt ein erstes Urteil, ob ein Zusammenhang zwischen den Variablen vermutet werden kann. Genauere Ergebnisse lassen sich mit einem *χ^2-Unabhängigkeitstest* ermitteln.

χ^2-Unabhängigkeitstest

Die H_0-Hypothese beim χ^2-Unabhängigkeitstest lautet: Beide Variablen treten unabhängig voneinander auf. Zur Prüfung der Nullhypothese werden die empirischen Häufigkeiten der Merkmalskombinationen k und l, n_{kl}, mit den theoretischen Häufigkeiten N_{kl} verglichen; diese errechnen sich als:

$$N_{kl} = \frac{n_{k\bullet} \cdot n_{\bullet l}}{n}.$$

Das Grundprinzip der Kontingenzanalyse basiert darauf, dass ein Zusammenhang zwischen beiden Variablen umso eher anzunehmen ist, je weniger sich die empirischen von den theoretischen Häufigkeiten unterscheiden. Grundlage für die statistische Überprüfung des Zusammenhangs ist die Summe der quadrierten Abweichungen zwischen den beobachteten und den theoretischen Häufigkeiten $(n_{kl} - N_{kl})^2$. Als Prüfgröße wird der empirische χ^2-Wert herangezogen (vgl. Bortz/Schuster 2010, S. 172):

$$\chi^2_{emp} = \sum_{k=1}^{s}\sum_{l=1}^{m}\frac{(n_{kl} - N_{kl})^2}{N_{kl}} = \sum_{k}\sum_{l}\frac{\left(n_{kl} - \frac{n_{k\bullet} \cdot n_{\bullet l}}{n}\right)^2}{\frac{n_{k\bullet} \cdot n_{\bullet l}}{n}}.$$

Voraussetzung ist dabei, dass die erwarteten Häufigkeiten pro Zelle größer als 5 sind. Der empirische χ^2-Wert wird mit dem theoretischen Wert der χ^2-Verteilung bei einem vorgegebenen Signifikanzniveau α und $(k-1)(l-1)$ Freiheitsgraden verglichen. Die H_0-Hypothese ist abzulehnen, wenn $\chi^2_{emp} > \chi^2_{theor}$; dann kann von einem signifikanten Zusammenhang zwischen den untersuchten Variablen ausgegangen werden. Allerdings liefert die Kontingenzanalyse keine Aussagen über die *Richtung* des Zusammenhangs; dies ist mit Hilfe von Plausibilitätsüberlegungen festzustellen. Bei den Variablen „Geschlecht“ und „Markenwahl“ wäre etwa davon auszugehen, dass die Geschlechtszugehörigkeit die Markenwahl beeinflusst, nicht jedoch umgekehrt. Die grundsätzliche Vorgehensweise soll anhand eines *Beispiels* illustriert werden.

Beispiel 6.36:

Eine Kosmetikfirma möchte feststellen, ob Männer und Frauen bzgl. Haarstylingmitteln ein unterschiedliches Markenwahlverhalten aufweisen. Im Rahmen eines Store-Tests wurden dazu 5 Marken dahingehend untersucht, wieviele Käufer im Testzeitraum männlich oder weiblich waren. Die nachfolgende Tabelle zeigt die beobachteten und – in Klammern – die erwarteten Häufigkeiten.

Geschlecht	Marke					$n_{k\bullet}$
	1	2	3	4	5	
Männlich 1	12 (6,4)	14 (11,6)	4 (5,2)	7 (6,8)	16 (10)	40
Weiblich 2	4 (9,6)	15 (17,4)	9 (7,8)	10 (10,2)	9 (15)	60
$n_{\bullet l}$	16	29	13	17	25	100

N_{11} ergibt sich beispielsweise als:

$$N_{11} = \frac{40 \cdot 16}{100} = 6{,}4.$$

Dieser Wert lässt sich wie folgt interpretieren: Bei gleichem Markenwahlverhalten von Männern und Frauen müssten von den 16 Käufern von Marke 1 40 %, d.h. 6,4 Käufer, Männer sein.

Der empirische χ^2-Wert errechnet sich als

$$\chi^2_{emp} = \frac{(12-6{,}4)^2}{6{,}4} + \frac{(14-11{,}6)^2}{11{,}6} + \ldots + \frac{(9-15)^2}{15} \approx 15{,}47.$$

Aus der χ^2-Tabelle resultiert bei einem Signifikanzniveau α von 5 % (und damit einer Vertrauenswahrscheinlichkeit (1 - α) von 0,95) und 4 Freiheitsgraden folgender Wert:

$$\chi^2_{theor} = \chi^2_{(k-1)(l-1),\alpha} = \chi^2_{(5-1)(2-1);0,05} = 9{,}49.$$

Da $\chi^2_{emp} > \chi^2_{theor}$, ist die H_0-Hypothese abzulehnen, d.h. es besteht ein signifikanter Zusammenhang zwischen Geschlecht und Markenwahlverhalten.

Zur Absicherung der Interpretation können einzelne Häufigkeiten der Kontingenztafel miteinander verglichen werden (analog zu den Einzelvergleichen im Rahmen der Varianzanalyse, vgl. hierzu Abschnitt 3.4.3). Ein geeignetes Verfahren wurde von Bresnahan und Shapiro (1966) vorgeschlagen.

In der statistischen Literatur wurde eine Vielzahl weiterer Kontingenzmaße entwickelt, auf die im Einzelnen nicht eingegangen werden kann. Im Folgenden sollen nur einige der gebräuchlichsten skizziert werden.

Phi-Koeffizient

Der Phi-Koeffizient (ϕ) misst die Stärke des Zusammenhangs zweier Variablen im Spezialfall zweifach gestufter Merkmale (2 × 2-Kontingenztabelle). Er berechnet sich als:

$$\phi = \sqrt{\frac{\chi^2}{n}}$$

und liegt im Wertebereich zwischen 0 und 1, wobei der Wert 0 einen nicht vorhandenen, der Wert 1 einen vollständigen Zusammenhang darstellt (dies ist dann der Fall, wenn alle Werte in der Tabelle auf der Haupt- oder Nebendiagonalen liegen).

Kontingenzkoeffizient C

Der Kontingenzkoeffizient C misst die Stärke des Zusammenhangs auch bei mehrfach gestuften Merkmalen, d.h. bei Merkmalen mit mehr als zwei Ausprägungen. Er kann wie folgt errechnet werden:

$$C = \sqrt{\frac{\chi^2}{\chi^2 + n}}.$$

Auch der Kontingenzkoeffizient C liegt grundsätzlich zwischen 0 und 1; der Wert von 1 wird allerdings nur asymptotisch erreicht. Da der obere Wert vom Umfang der Tabelle abhängig ist, sollte der Kontingenzkoeffizient nur zum Vergleich von Kontingenztabellen gleicher Größe verwendet werden.

Cramer's V

Cramer's V stellt eine modifizierte Version des Phi-Koeffizienten für Tabellen größeren Umfangs dar. Wird ϕ für Tabellen größer als 2 × 2 errechnet, besitzt er keine Obergrenze; Cramer's V bereinigt im Prinzip den Wert von Phi entweder mit der Zahl der Spalten oder der Zeilen (je nachdem, welcher Wert kleiner ist). Dadurch wird erreicht, dass V im Wertebereich zwischen 0 und 1 liegt. Die Formel lautet:

$$V = \sqrt{\frac{\phi^2}{\min(s-1),(m-1)}}.$$

Für zwei zweifach gestufte Merkmale gilt demnach: $V = \phi$.

Weitere Verfahren

Zur Untersuchung der Zusammenhänge zwischen mehr als zwei nominalskalierten Variablen kann die sog. Konfigurationsfrequenzanalyse (KFA) angewendet werden, welche ebenfalls auf χ^2 basiert (vgl. ausführlich Krauth 1993). Darüber hinaus gibt es eine ganze Reihe weiterer Verfahren, die in der Literatur unter der Bezeichnung „log-lineare", „logit" und „probit"-Modelle zu finden sind (vgl. Anderson 1990, Gilbert 1993). Auf diese soll hier jedoch nicht weiter eingegangen werden.

3.4.5 Korrelationsanalyse

Definition

Korrelationskoeffizienten messen die Stärke des Zusammenhangs zwischen zwei Variablen. Das Vorzeichen des Korrelationskoeffizienten gibt an, ob der Zusammenhang positiv oder negativ ist.

In Abhängigkeit vom Skalenniveau sind unterschiedliche Koeffizienten gebräuchlich (vgl. Tab. 6.16).

Tab. 6.16: Bivariate Korrelationsarten (Quelle: Bortz/Schuster 2010, S. 171)

Merkmal y	Merkmal x		
	Intervallskala	Dichotomes Merkmal	Ordinalskala
Intervallskala	Produkt-Moment-Korrelation	Punktbiseriale Korrelation	Rangkorrelation
Dichotomes Merkmal		ϕ-Koeffizient	Biseriale Rangkorrelation
Ordinalskala			Rangkorrelation

Produkt-Moment-Korrelationskoeffizient

Der Produkt-Moment-Korrelationskoeffizient ist definiert als:

$$r = \frac{\sum_{i=1}^{n}(x_i - \bar{x})(y_i - \bar{y})}{\sqrt{\sum_i (x_i - \bar{x})^2 \sum_i (y_i - \bar{y})^2}}.$$

Dabei gilt: $-1 \leq r \leq +1$. Während die Größe des Korrelationskoeffizienten die Stärke des Zusammenhangs aufzeigt, gibt das Vorzeichen von r die Richtung des Zusammenhangs an. Für r = +1 (-1) besteht ein vollständiger positiver (negativer) Zusammenhang zwischen den Variablen. Zu beachten ist allerdings, dass der Produkt-Moment-Korrelationskoeffizient lediglich einen *linearen* Zusammenhang abbilden kann (vgl. Abb. 6.29).

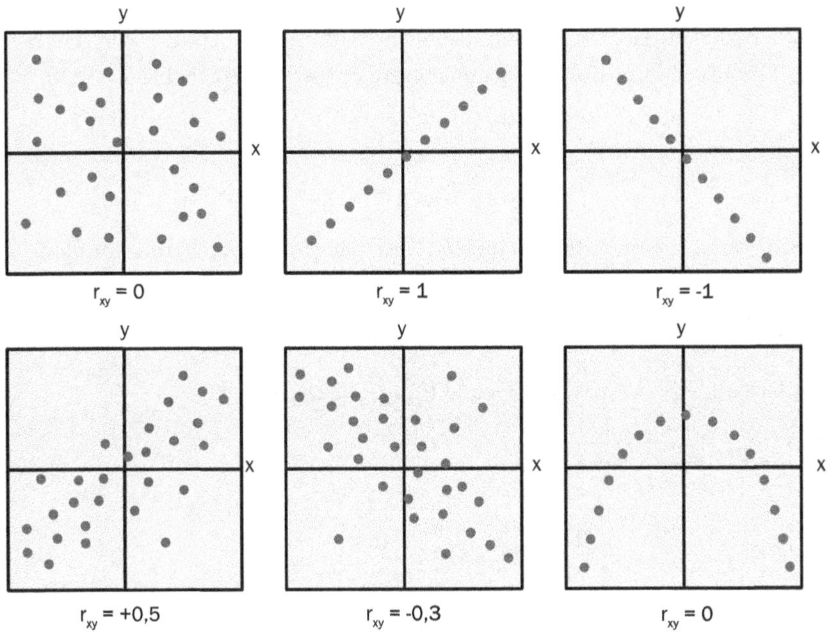

Abb. 6.29: Beispiele für Korrelationsdiagramme (Quelle: in Anlehnung an Überla 1977, S. 15)

Die Korrelationsanalyse ist eng mit der Regressionsanalyse verbunden; so entspricht der Korrelationskoeffizient der Quadratwurzel des Bestimmtheitsmaßes (vgl. die Ausführungen in Abschnitt 3.4.1). Darüber hinaus gilt, dass die Korrelation zwischen den Variablen x und y der Korrelation zwischen den empirischen y-Werten und den vorhergesagten $\hat{y}$-Werten im Rahmen der Regressionsanalyse entspricht.

Statistische Absicherung

Soll aufgrund des empirisch bestimmten Korrelationskoeffizienten r auf den unbekannten Korrelationskoeffizient ρ in der Grundgesamtheit geschlossen werden, muss vorausgesetzt werden können, dass die Grundgesamtheit bivariat normalverteilt ist. Ob eine empirisch ermittelte Korrelation r mit der Nullhypothese

$$H_0 : \rho = 0$$

vereinbar ist, lässt sich mit folgender Prüfgröße testen (vgl. Bortz/Schuster 2010, S. 162 f.):

$$t = \frac{r\sqrt{n-2}}{\sqrt{1-r^2}}.$$

Es kann gezeigt werden, dass für Stichproben von n > 3 der obige Ausdruck t-verteilt mit n - 2 Freiheitsgraden ist; somit wird der empirische t-Wert mit dem theoretischen Wert der t-Verteilung bei einem Signifikanzniveau α und n - 2 Freiheitsgraden verglichen (zweiseitiger Test, d.h. $H_1 : \rho \neq 0$). Kann die Nullhypothese verworfen werden (für $t_{emp} > t_{theor}$), weicht die Korrelation signifikant von Null ab.

Bei großen Stichproben (n > 25) kann auch eine Nullhypothese über den Wert des Korrelationskoeffizienten geprüft werden, der nicht Null ist: $H_0 : \rho = c, c \neq 0$. Hierzu wird die sog. Fisher's Z-Transformation herangezogen (vgl. Bortz/Schuster 2010, S. 160 f.):

$$z = \frac{1}{2}\ln\left(\frac{1+r}{1-r}\right).$$

Die auf diese Weise transformierten Werte sind auch für $\rho \neq 0$ annähernd normalverteilt nach $N\left(\frac{1}{2}\ln\frac{1+\rho}{1-\rho};\frac{1}{n-3}\right)$.

Zur Prüfung der Nullhypothese wird folgende Prüfgröße berechnet:

$$z = \left(\frac{1}{2}\ln\frac{1+r}{1-r} - \frac{1}{2}\ln\frac{1-c}{1-c}\right)\sqrt{n-3};$$

H_0 wird abgelehnt, wenn $z < z\left(\frac{\alpha}{2}\right)$ oder $z > z\left(1-\frac{\alpha}{2}\right)$ resultiert.

Beispiel 6.37:

Im Rahmen der Regressionsanalyse aus Beispiel 6.29 kann der zugehörige Korrelationskoeffizient errechnet werden als:

$$r = \frac{\sum_{i=1}^{n}(p_i - \bar{p})(x_i - \bar{x})}{\sqrt{\sum_i (p_i - \bar{p})^2 \cdot \sum_i (x_i - \bar{x})^2}} = \frac{-30}{\sqrt{1200}} = -0,866.$$

Es liegen n = 5 Beobachtungswerte vor. Der empirische t-Wert errechnet sich als:

$$t_{emp} = \frac{r\sqrt{n-2}}{\sqrt{1-r^2}} = \frac{0{,}866 \cdot \sqrt{3}}{\sqrt{0{,}250}} = 2{,}999.$$

Aus der Tabelle der t-Verteilung im Anhang (zweiseitige Fragestellung) kann bei einem Signifikanzniveau α von 5 % und (n - 2) = 3 Freiheitsgraden der theoretische t-Wert ermittelt werden als:

$$t_{theor} = t_{3;0,05} = 3{,}182.$$

Da der empirische t-Wert kleiner ist als der theoretische, ist die Nullhypothese anzunehmen, dass heißt die Korrelation weicht nicht signifikant von Null ab. Trotz des hohen Werts des Korrelationskoeffizienten wirkt sich hier somit der geringe Stichprobenumfang von n = 5 aus, sodass der Zähler der Prüfgröße einen vergleichsweise geringen Wert annimmt.

Punktbiseriale Korrelation

Die punktbiseriale Korrelation wird angewendet, um den Zusammenhang zwischen einem dichotomen Merkmal (z.B. Geschlecht) und einem intervallskalierten Merkmal (z.B. Kaufmenge) festzustellen. Den Wert einer punktbiserialen Korrelation erhält man, wenn in die Gleichung für die Produkt-Moment-Korrelation für das dichotome Merkmal die Werte 0 und 1 eingesetzt werden. Dadurch vereinfacht sich die Gleichung zu (vgl. Bortz/Schuster 2010, S. 171):

$$r_{pb} = \frac{\bar{y}_1 - \bar{y}_0}{s_y} \cdot \sqrt{\frac{n_0 \cdot n_1}{n^2}} \quad \text{mit}$$

n_0, n_1 = Anzahl der Untersuchungseinheiten in den Merkmalskategorien x_0 und x_1 der dichotomen Variablen x,

$\bar{y}_0, \bar{y}_1$ = durchschnittliche Ausprägung der intervallskalierten Variablen y bei den Untersuchungseinheiten in den Kategorien x_0 und x_1 der Variablen x,

n = $n_0 + n_1$ = Gesamtstichprobenumfang,

s_y = Standardabweichung der Variablen y.

Zur statistischen Absicherung $(H_0: \rho = 0)$ wird folgende Prüfgröße herangezogen:

$$t = \frac{r_{pb}}{\sqrt{\left(1 - r_{pb}^2\right)/(n-2)}}.$$

Beispiel 6.38:

Mit Hilfe eines Fragebogens soll untersucht werden, ob sich das Kaufverhalten von Männern und Frauen im Hinblick auf Geräte der Unterhaltungselektronik unterscheidet. Vermutet wird, dass Männer aufgrund einer höheren Technikaffinität ein stärkeres Interesse an Produkten dieser Kategorie haben. Unter anderem wird auch die Kaufabsicht bei DVD-Playern in den nächsten sechs Monaten erfragt.

An der Befragung nehmen insgesamt n = 22 Personen teil (n_0=12 Frauen und n_1=10 Männer). Die Kaufabsicht wird anhand einer Rating-Skala von 1 = „werde ich ganz bestimmt nicht kaufen“ bis 10 = „werde ich ganz sicher kaufen“ erhoben. Als Signifikanzniveau ist $\alpha = 0{,}05$ vorgegeben. Dieser Test soll als zweiseitiger Test durchgeführt werden, d.h. H_0: $\rho = 0$.

Die Befragung führte zu folgenden Ergebnissen:

Frauen	(x=0):	6	5	6	8	4	5	7	5	5	7	5
Männer	(x=1):	8	7	6	10	9	7	7	8	10		

Aus diesen Datenreihen ergeben sich die folgenden Werte:

$\bar{y}_0 = 6{,}3$ und $\bar{y}_1 = 7{,}2$.

Die Standardabweichung der Variablen y errechnet sich als:

$$s_y = \sqrt{\frac{\sum_{i=1}^{n} y_i^2 - \frac{\left(\sum_{i=1}^{n} y_i\right)^2}{n}}{n}} = \sqrt{\frac{967 - \frac{135^2}{22}}{22}} \approx 2{,}51 .$$

Somit kann der Korrelationskoeffizient wie folgt ermittelt werden:

$$r_{pb} = \frac{\bar{y}_1 - \bar{y}_0}{s_y} \cdot \sqrt{\frac{n_0 \cdot n_1}{n^2}} = \frac{7{,}2 - 6{,}3}{2{,}51} \cdot \sqrt{\frac{12 \cdot 10}{484}} \approx 0{,}18 .$$

Der empirische t-Wert resultiert als:

$$t = \frac{r_{pb}}{\sqrt{\left(1 - r_{pb}^2\right)/(n-2)}} = \frac{0{,}18}{\sqrt{\left(1 - 0{,}18^2\right)/(22-2)}} \approx 0{,}82 .$$

Der theoretische t-Wert ergibt sich aus der Tabelle der t-Verteilung für zweiseitige Fragestellung (vgl. t-Tabelle im Anhang) bei n – 2 = 20 Freiheitsgraden und einem Signifikanzniveau $\alpha = 0{,}05$ als:

$t_{theor} = t_{(20;0,05)} = 2{,}086$.

Da $t_{theor} > t_{emp}$, ist die H_0-Hypothese anzunehmen, d.h. es besteht kein signifikanter Zusammenhang zwischen Geschlecht und Interesse an DVD-Playern.

Biseriale Rangkorrelation

Die biseriale Rangkorrelation findet dann Anwendung, wenn der Zusammenhang zwischen einer ordinalskalierten und einer dichotomen Variable untersucht werden soll. Eine beispielhafte Fragstellung könnte lauten: Ein Proband wird gebeten, verschiedene Produktmarken hinsichtlich seiner Markenpräferenz in eine Rangfolge zu bringen (Merkmal y). Es soll überprüft werden, ob die Markenpräferenz im Zusammenhang mit den Herkunftsland (Variable x) steht, wobei x_1 = nationale Marke, x_2 = ausländische Marke ist.

Der Grundgedanke basiert auf der Überlegung, dass ein perfekter Zusammenhang zwischen den Variablen dann gegeben wäre, wenn alle Beobachtungen der ordinalskalierten Variablen y bei der ersten Ausprägung der dichotomen Variablen, x_1, durchweg höhere (oder niedrigere) Rangplätze aufweisen würden als bei der zweiten Ausprägung x_2. Beispielsweise würde der Proband den nationalen Marken durchweg höhere Rangplätze zuweisen als den internationalen Marken.

Es wird nun untersucht, wieviel höhere Rangplätze (U) bzw. wieviele niedrigere Rangplätze (U') sich in der jeweils anderen Gruppe befinden (vgl. Bortz/Schuster 2010, S. 177 f.). Der biseriale Rangkorrelationskoeffizient errechnet sich als:

$$r_{bisR} = \frac{U - U'}{U_{max}},$$

wobei $U_{max} = n_1 \cdot n_2$ mit

n_1 = Häufigkeit des Auftretens der Merkmalsausprägung x_1 der dichotomen Variablen x,

n_2 = Häufigkeit des Auftretens der Merkmalsausprägung x_2 der dichotomen Variablen x.

Bezeichnet man mit T_1 die Rangsumme der ersten Gruppe (Summe der Rangplätze der Variablen y, welche zur Merkmalsausprägung x_1 der Variablen x gehören) und mit T_2 die Rangsumme der zweiten Gruppe, werden U und U' errechnet als:

$$U = n_1 \cdot n_2 + \frac{n_1 (n_1 + 1)}{2} - T_1 \text{ und}$$

$$U' = n_1 \cdot n_2 + \frac{n_2 (n_2 + 1)}{2} - T_2 .$$

Die statistische Überprüfung der Nullhypothese H_0: $\rho_{bisR} = 0$ erfolgt bei einem großen μ über den approximativen U-Test (vgl. Bortz/Schuster 2010, S. 178).

Die Prüfgröße lautet:

$$z = \frac{U - \mu_U}{\sigma_U} \text{ mit}$$

$$\mu_U = \frac{n_1 \cdot n_2}{2}$$

$$\sigma_U = \sqrt{\frac{n_1 \cdot n_2 (n + 1)}{12}} .$$

Der empirische z-Wert wird mit dem kritischen z-Wert bei einem vorgegebenen Signifikanzniveau α verglichen; liegt er unterhalb des kritischen z-Werts, so ist die H_0-Hypothese abzulehnen. Bei großen Stichproben ist der kritische Wert approximativ normalverteilt. Bei kleinen Stichprobenumfängen wird hingegen der exakte Wert der U-Verteilung herangezogen. Abgelehnt wird H_0, wenn min(U) (der kleinere der beiden Werte U und U') kleiner als U_{krit} ist. Nachfolgendes *Beispiel* soll die Zusammenhänge verdeutlichen.

Beispiel 6.39:

Ein Proband soll 18 Produktmarken (n_1=10 nationale und n_2=8 ausländische) derselben Produktkategorie in eine Rangfolge bringen. Ziel der Erhebung ist die Feststellung, ob zwischen der Markenpräferenz und der Herkunft der Marke (inländisch (I) oder ausländisch (A)) ein Zusammenhang besteht (sog. „home bias"), d.h. ob der Proband in der Tendenz heimische Marken vorzieht. Die Ergebnisse der Untersuchung finden sich in der nachfolgenden Tabelle.

Marke	1	2	3	4	5	6	7	8	9	10	11	12	13	14	15	16	17	18
Herkunft (x)	I	I	A	I	I	I	A	A	I	A	I	I	I	A	A	I	A	A
Präferenz (y)	4	7	9	8	1	6	5	2	10	16	17	11	12	13	15	14	18	3

Der Korrelationskoeffizient lässt sich folgendermaßen errechnen:

$$r_{bisR} = \frac{U - U'}{U_{max}}$$

$$U_{max} = n_1 \cdot n_2 = 10 \cdot 8 = 80$$

$$U = n_1 \cdot n_2 + \frac{n_1(n_1+1)}{2} - T_1 = 80 + \frac{10 \cdot 11}{2} - 79 = 56$$

$$U' = n_1 \cdot n_2 + \frac{n_2(n_2+1)}{2} - T_2 = 80 + \frac{8 \cdot 9}{2} - 92 = 24$$

$$r_{bisR} = \frac{56 - 24}{80} = 0{,}4.$$

Zur statistischen Überprüfung der Nullhypothese H_0: $\rho_{bisR} = 0$ kann die Prüfgröße wie folgt ermittelt werden:

$$z = \frac{U - \mu_U}{\sigma_U}$$

$$\mu_U = \frac{n_1 \cdot n_2}{2} = \frac{10 \cdot 8}{2} = 40$$

$$\sigma_U = \sqrt{\frac{n_1 \cdot n_2 (n+1)}{12}} = \sqrt{\frac{10 \cdot 8 \cdot 19}{12}} = \sqrt{\frac{1520}{12}} \approx 11{,}25$$

$$z = \frac{U - \mu_U}{\sigma_U} = \frac{56 - 40}{11{,}25} \approx 1{,}42\,.$$

Aufgrund der kleinen Stichprobengröße ist hier jedoch mit dem exakten U-Wert zu rechnen. Aus der U-Test-Tabelle* kann der kritische U-Wert entnommen werden. Für n_1 = 10 und n_2 = 8 resultiert der Wert 17. Da min(U) (der kleinere der beiden Werte U und U') mit einem Wert von 24 größer ist als der kritische Wert von U, ist die Nullhypothese anzunehmen, d.h. das Ergebnis ist bei einem Signifikanzniveau von α = 0,05 (zweiseitiger Test) nicht signifikant.

*Auszug aus der U-Test-Tabelle (a = 0,05; zweiseitiger Test):

n_1	n_2		
	8	9	10
8	13		
9	15	17	20
10	17	20	23

Rangkorrelation nach Spearman

Liegen zwei ordinalskalierte Variablen vor, wird der Rangkorrelationskoeffizient nach Spearman herangezogen (vgl. Bortz/Schuster 2010, S. 178 ff.). Eine beispielhafte Fragestellung könnte lauten: Beurteilung von n Produkten durch zwei verschiedene Konsumenten. Es wird überprüft, ob zwischen den beiden Rangreihungen ein Zusammenhang besteht, d.h. ob die Probanden eine ähnliche Markenpräferenz aufweisen. Für jede Untersuchungseinheit i wird zunächst die Differenz aus den Rangplätzen gebildet, die ihr die zwei Befragten x und y vergeben haben, d_i. Diese werden anschließend quadriert. Der Korrelationskoeffizient berechnet sich als:

$$r_s = 1 - \frac{6 \cdot \sum_{1=1}^{n} d_i^2}{n\left(n^2 - 1\right)}.$$

Für $n > 30$ kann approximativ folgende Prüfgröße herangezogen werden:

$$t_{emp} = \frac{r_s}{\sqrt{(1 - r_s)/(n-2)}}.$$

Die H_0-Hypothese $H_0: \rho_s = 0$ kann abgelehnt werden, wenn t_{emp} (zweiseitige Fragestellung) im Bereich

$$-t\left(\frac{1-\alpha}{2}; n-2\right) < t_{emp} < t\left(\frac{1-\alpha}{2}; n-2\right) \text{ liegt.}$$

Folgendes *Beispiel* soll die Vorgehensweise verdeutlichen.

Beispiel 6.40:

Es soll untersucht werden, inwieweit die Präferenzen der potenziellen Käufer bzgl. ausgewählter Produktmarken derselben Produktklasse übereinstimmen. Beispielsweise bewerten zwei Probanden fünf Produktmarken gemäß nachfolgender Tabelle:

Produkt i	Rang Konsument x	Rang Konsument y	d_i	d_i^2
1	2	4	-2	4
2	5	5	0	0
3	1	2	-1	1
4	4	3	1	1
5	3	1	2	4
Summe				10

Der Korrelationskoeffizient berechnet sich als:

$$r_s = 1 - \frac{6 \cdot 10}{5 \cdot (25-1)} = 0{,}5\,.$$

Als Prüfgröße errechnet man:

$$t_{emp} = \frac{0{,}5}{\sqrt{(1-0{,}5)/(5-2)}} = 1{,}225\,.$$

Bei einem Signifikanzniveau α von 0,01 und 3 Freiheitsgraden ist die H_0-Hypothese abzulehnen, da gilt:

$$-5{,}841 < 1{,}225 < 5{,}841\,.$$

Somit korrelieren die Beurteilungen der beiden Probanden hochsignifikant. (Allerdings ist im Beispiel $n < 30$; der t-Test wurde hier – obwohl „eigentlich" nicht zulässig – nur zur Verdeutlichung der Vorgehensweise durchgeführt.)

Liegen *verbundene Ränge* vor, d.h. wird derselbe Rangplatz mehreren Untersuchungseinheiten zugewiesen, dann kann die obige Formel nur dann verwendet werden, wenn der Anteil verbundener Ränge nicht mehr als 20 % aller Rangplätze ausmacht. Ansonsten muss die Berechnung des Korrelationskoeffizienten modifiziert werden.

3.5 Verfahren zur Messung von Präferenzen

3.5.1 Conjoint-Analyse

Definition

Die *Conjoint-Analyse* dient dazu, die Präferenzen bzw. Nutzenvorstellungen von Personen bezüglich alternativer Objekte (z.B. Produktkonzepte) zu analysieren. Es handelt sich dabei um ein Verfahren der indirekten Präferenzmessung, d.h. aus Globalurteilen bzgl. der zu bewertenden Objekte wird auf die relative Bedeutung von deren Eigenschaften und Präferenzen bzgl. einzelner Eigenschaftsausprägungen geschlossen.

Die Conjoint-Analyse ist ein in der Marktforschung weit verbreitetes multivariates Verfahren zur Messung von Nachfragerpräferenzen (vgl. Hartmann/Sattler 2004, S. 3). Sie basiert auf der Annahme, dass ein Produkt (bzw. eine Dienstleistung) aus einem Bündel von Leistungsmerkmalen bzw. Eigenschaften besteht (z.B. Preis, Verpackung, Marke, Garantie), welche verschiedene Ausprägungen annehmen können (keine Garantie, 1 Jahr oder 2 Jahre Garantie usw.). Der vom Kunden empfundene Gesamtnutzen des Produktes setzt sich annahmegemäß aus den Nutzenwerten der einzelnen Merkmale zusammen. Je besser der Nachfrager die einzelnen Merkmale bewertet, desto höher sind auch seine Präferenz für das Produkt, damit auch sein persönlicher Nutzen und die Wahrscheinlichkeit, dass er dieses Produkt kauft. Formal ergibt sich der Gesamtnutzen U_i eines Produktes i mit $k = 1,\ldots, K$ Merkmalen wie folgt (vgl. Teichert et al. 2008, S. 659):

$$U_i = \Psi[f_1(U_{1i}), f_2(U_{2i}), \ldots, f_K(U_{Ki})]$$

Zentrales Ziel der Conjoint-Analyse ist es, die Teilnutzen und damit letztlich die relative Wichtigkeit einzelner Eigenschaften und ihrer unterschiedlichen Ausprägungen für die Gesamtbewertung eines Produktes zu ermitteln. Ausgehend von Gesamturteilen über zu vergleichende *Stimuli* (ein *Stimulus* besteht jeweils aus einer Kombination von Eigenschaften mit den jeweiligen Eigenschaftsausprägungen), die sich hinsichtlich der Merkmalsausprägungen unterscheiden, wird auf den Nutzenbeitrag der einzelnen Ausprägungen zu diesem Gesamturteil geschlossen. Es handelt sich somit um ein *dekompositionelles Verfahren*, bei dem die unabhängigen Variablen die Ausprägungen der einzelnen Eigenschaften sind und die abhängige Variable die Präferenz der Auskunftspersonen hinsichtlich der zu bewertenden Produkte darstellt.

Gegenüber *self-explicated* Verfahren, bei denen die Präferenz einzelner Produktkomponenten direkt abgefragt wird, besitzt die Conjoint-Analyse den großen Vorteil, dass die Probanden „vollständige" Produkte beurteilen und dabei simultan positive und negative Eigenschaftsausprägungen gegeneinander abwägen müssen. Bei einem methodisch korrekten Versuchsaufbau erreicht die Conjoint-Analyse dadurch vergleichsweise hohe Validitätswerte, da der Proband mit einer realitätsnahen Entscheidungssituation konfrontiert wird.

Typische Anwendungsfälle für die Conjoint-Analyse bilden im Marketing Kosten-Nutzenbewertungen alternativer Produktkonzepte, Marktanteilsprognosen konkurrierender Produkte sowie nachfrageorientierte Preisbestimmungen und Marktsegmentierungen (vgl. Hüttner/Schwarting 2002, S. 339, Hensel-Börner/Sattler 2000, S. 706).

Die Vorgehensweise bei einer Conjoint-Analyse ist stark von den jeweiligen Untersuchungsumständen abhängig; sie verläuft jedoch zumeist in den folgenden *Schritten*:

- Auswahl der zu untersuchenden Eigenschaften und ihrer möglichen Ausprägungsalternativen,
- Festlegung des Erhebungsdesigns,
- Bewertung der Stimuli,
- Schätzung der Teilnutzenwerte,
- Normierung und Aggregation der ermittelten Nutzenwerte (vgl. Backhaus et al. 2015, S. 536).

Auswahl der Eigenschaften und ihrer Ausprägungen

Um im Rahmen einer Conjoint-Analyse die Teilnutzenwerte einzelner Eigenschaftsausprägungen eines Produktes ermitteln zu können, müssen in einem ersten Schritt zunächst die zu untersuchenden Produktmerkmale sowie deren mögliche Ausprägungen festgelegt werden. Dabei sind einige grundlegende Voraussetzungen an die Wahl der Eigenschaften geknüpft. So sollen ausschließlich Eigenschaften untersucht werden, von denen angenommen wird, dass sie für die Präferenzentscheidung *relevant* sind. Zudem müssen sie aus Sicht der Beurteilenden voneinander *unabhängig* sein, d.h. in ihrem beigemessenen Teilnutzen nicht von anderen Eigenschaften abhängig sein. Außerdem müssen sie vom Hersteller eines Produktes *beeinflussbar* sein und dürfen *keine Ausschlusskriterien* darstellen (vgl. Mengen/Simon 1996, S. 231). Aus Gründen der Komplexität müssen darüber hinaus die Anzahl der zu betrachtenden Eigenschaften sowie deren Ausprägungsalternativen auf einige wenige *begrenzt* sein. Zudem müssen die zu untersuchenden Eigenschaften in einer *kompensatorischen Beziehung* zueinander stehen, da im Grundmodell der Conjoint-Analyse unterstellt wird, dass sich die zu ermittelnden Teilnutzen *additiv* zu einem Gesamtnutzen zusammensetzen.

Bei empirischen Untersuchungen lässt sich diese Annahme häufig nicht halten. So werden sicherlich nur wenige Konsumenten bereit sein, bei Flügen niedrige Sicherheitsstandards zu akzeptieren, selbst wenn die Ticketpreise im Gegenzug niedrig sind. Daher werden neben der additiven Verknüpfung auch Alternativen, wie multiplikative bzw. gemischte Verknüpfungen unterstellt (vgl. Hartmann/Sattler 2002, S. 5, Hüttner/Schwarting 2002, S. 340 f.).

Nachfolgend wird an einem *Beispiel* das Grundprinzip der Conjoint-Analyse mit kompensatorischen Eigenschaften dargestellt.

Beispiel 6.41:

Ein Hersteller von Peripheriegeräten für PCs möchte einen neuen Drucker entwickeln, der am Markt wettbewerbsfähig ist. Aus Voruntersuchungen ist bekannt, dass die drei Eigenschaften Druckqualität, Druckgeschwindigkeit und Preis für Konsumenten besonders kaufrelevant sind. Für jede Eigenschaft sind jeweils drei unterschiedliche Ausprägungen denkbar:

Eigenschaften	Eigenschaftsausprägungen		
	1	2	3
A: Druckqualität	Normale Auflösung	Hohe Auflösung	Fotoqualität
B: Druckgeschwindigkeit	5 Seiten/Minute	10 Seiten/Minute	20 Seiten/Minute
C: Preis	30 EUR	60 EUR	90 EUR

Erhebungsdesign

Nachdem festgelegt wurde, welche Eigenschaften und welche Eigenschaftsausprägungen untersucht werden sollen, wird im nächsten Schritt das Erhebungsdesign festgelegt. Hierbei werden sowohl die von den Probanden zu vergleichenden Stimuli als auch die Präsentationsart für die Probanden festgelegt. Grundsätzlich können die Stimuli den Probanden entweder als vollständige Produktkonzepte unter Einbeziehung sämtlicher beuteilungsrelevanter Eigenschaften vorgelegt werden (*Profilmethode*), oder die zu vergleichenden Stimuli bestehen jeweils nur aus zwei Eigenschaften (Faktoren), die miteinander verglichen werden (*Zwei-Faktor-* bzw. *Trade-Off-Methode*). Die Bestimmung der Anzahl möglicher Stimuli im Rahmen der Profilmethode erfolgt gemäß:

$$A_i = \prod_{k=1}^{K} M_k \text{ mit}$$

A_i = Anzahl möglicher Stimuli,

M_k = Anzahl der Ausprägungen der Eigenschaft k,

K = Anzahl der Eigenschaften.

Beispiel 6.42:

Für das Beispiel 6.41 ergeben sich im Fall der Profilmethode insgesamt die in nachfolgender Tabelle enthaltenen $3^3=27$ Stimuli:

A1B1C1	A2B1C1	A3B1C1	A1B2C1	A2B2C1	A3B2C1
A1B3C1	A2B3C1	A3B3C1	A1B1C2	A2B1C2	A3B1C2
A1B2C2	A2B2C2	A3B2C2	A1B3C2	A2B3C2	A3B3C2
A1B1C3	A2B1C3	A3B1C3	A1B2C3	A2B2C3	A3B2C3
A1B3C3	A2B3C3	A3B3C3			

Für die *Zwei-Faktor-Methode* werden hingegen bei K Eigenschaften

$$\binom{K}{2} = \frac{K!}{2!(K-2)!}$$

Trade-Off-Matrizen aufgestellt, welche die möglichen Kombinationen von Eigenschaftsausprägungen der jeweils zu vergleichenden beiden Faktoren enthalten. Im verwendeten Beispiel ergeben sich somit 3 Trade-Off-Matrizen (vgl. Tab. 6.17). Jede Zelle einer Trade-Off-Matrix entspricht dabei einem Stimulus, welcher im weiteren Verlauf von Probanden mit den anderen Stimuli hinsichtlich ihrer Präferenz verglichen werden muss.

Tab. 6.17: Trade-Off-Matrizen bei der Zwei-Faktor-Methode

		B: Druckgeschwindigkeit	
A: Druckqualität	1: 5 Seiten/Minute	2: 10 Seiten/Minute	3: 20 Seiten/Minute
1: Normale Auflösung	A1B1	A1B2	A1B3
2: Hohe Auflösung	A2B1	A2B2	A2B3
3: Fotoqualität	A3B1	A3B2	A3B3
		C: Preis	
A: Druckqualität	1: 30 €	2: 60 €	3: 90 €
1: Normale Auflösung	A1C1	A1C2	A1C3
2: Hohe Auflösung	A2C1	A2C2	A2C3
3: Fotoqualität	A3C1	A3C2	A3C3
		C: Preis	
B: Druckgeschwindigkeit	1: 30 €	2: 60 €	3: 90 €
1: 5 Seiten/Minute	B1C1	B1C2	B1C3
2: 10 Seiten/Minute	B2C1	B2C2	B2C3
3: 20 Seiten/Minute	B3C1	B3C2	B3C3

Für die Profilmethode spricht, dass den Probanden vollständig beschriebene Stimuli vorgelegt werden, sodass die Beurteilung stärker einer realen Präferenzentscheidung entspricht, was sich tendenziell positiv auf die Validität der Untersuchungsergebnisse auswirkt. Zudem ist die Anzahl der zu betrachtenden Stimuli in der Regel deutlich kleiner als bei der Zwei-Faktor-Methode. Nachteilig gegenüber der Zwei-Faktor-Methode ist jedoch, dass die an die Auskunftspersonen gestellte Bewertungsaufgabe deutlich anspruchsvoller und komplexer ist, weil der Nutzen von mehreren Eigenschaften gleichzeitig gegeneinander abgewogen werden muss. Empirisch wird aufgrund des simultanen Vergleichs zwischen den Ausprägungen aller relevanten Produkteigenschaften und der damit einhergehenden höheren Validität die Profilmethode zumeist bevorzugt, weshalb sie im weiteren Verlauf auch zugrunde gelegt wird.

Bei der Präsentationsform werden die Stimuli den Testpersonen typischerweise in Form von schriftlichen Kurzbeschreibungen der Produkteigenschaften vorgelegt, ggf. unter Heranziegung von Bildern und Grafiken. Gerade bei Onlineuntersuchungen werden zudem auch multimediale Präsentationsformen genutzt, bei denen die zu bewertenden Eigenschaften durch Audio- und Videoelemente vorgestellt werden (vgl. Ernst/Sattler 2000, S. 161 ff.).

Anzahl der Stimuli

Die Anzahl der zu vergleichenden Stimuli wird bereits bei relativ wenigen zu untersuchenden Eigenschaften und Eigenschaftsausprägungen sehr groß. So ergeben sich im Falle der Profilmethode bereits bei fünf zu untersuchenden Eigenschaften mit jeweils drei möglichen Eigenschaftsausprägungen $3^5 = 243$ einzelne Stimuli, welche im Rahmen einer empirischen Untersuchung kaum noch von den Testpersonen zu bewerten sein dürften. Daher werden den Probanden zumeist nicht sämtliche Stimuli zur Bewertung vorgelegt (*vollständiges Design*), sondern nur eine statistisch ausgewählte Teilmenge (*reduziertes Design*), welche die Grundgesamtheit möglichst gut abbildet.

Für den speziellen Fall eines *symmetrischen Designs* (sämtliche Eigenschaften weisen dieselbe Anzahl alternativer Eigenschaftsausprägungen auf), bei dem exakt drei Eigenschaften mit jeweils drei Ausprägungsalternativen untersucht werden sollen ($3^3=27$ mögliche Stimuli), lässt sich ein sog. *lateinisches Quadrat* als reduziertes Design bilden (vgl. Abschnitt 3.3 im 5. Teil). Hierbei müssen von den Probanden nur noch neun Stimuli miteinander verglichen werden. Diese werden dergestalt ausgewählt, dass jede Eigenschaftsausprägung exakt einmal mit jeder Ausprägung einer anderen Produkteigenschaft kombiniert wird. Für das Beispiel 6.41 resultiert das in Tab. 6.18 dargestellte lateinische Quadrat als reduziertes Bewertungsdesign.

Tab. 6.18: Lateinisches Quadrat für das Beispiel 6.41

A1B1C1	A2B1C2	A3B1C3
A1B2C2	A2B2C3	A3B2C1
A1B3C3	A2B3C1	A3B3C2

Bewertung der Stimuli

Für die Bewertung der Stimuli werden Probanden gebeten, die Stimuli in einer Rangfolge zu ordnen, welche die Präferenzen bzw. Nutzenvorstellungen der jeweiligen Testperson wiedergeben. Sollte die *Rangreihung* aufgrund zu vieler Stimuli mit zu vielen gleichzeitig abzuwägenden Eigenschaften für die Probanden zu komplex sein, lassen sich die Präferenzen auch indirekt mittels *Paarvergleichen* bzw. *Rating-Skalen* ermitteln (vgl. Kaltenborn et al. 2013, S. 39 ff.). Tabelle 6.19 zeigt exemplarisch die Rangreihung des lateinischen Quadrats aus der Tab. 6.18.

Tab. 6.19: Beispielhafte Rangreihung des lateinischen Quadrates

Stimulus Nr.	Beschreibung	Rang
1	Normale Auflösung / 5 Seiten/ 30€	4
2	Normale Auflösung / 10 Seiten/ 60€	6
3	Normale Auflösung / 20 Seiten/ 90€	7
4	Hohe Auflösung / 5 Seiten/ 60€	8
5	Hohe Auflösung / 10 Seiten/ 90€	5
6	Hohe Auflösung / 20 Seiten/ 30€	3
7	Fotoqualität / 5 Seiten/ 90€	9
8	Fotoqualität / 10 Seiten/ 30€	1
9	Fotoqualität / 20 Seiten/ 60€	2

Schätzung der Nutzenwerte

Auf der Basis der empirischen Rangdaten werden im nächsten Schritt die Teilnutzenwerte für sämtliche Eigenschafsausprägungen ermittelt. Ziel ist es dabei, die Teilnutzenwerte dergestalt zu bestimmen, dass die resultierenden Gesamtnutzenwerte y_i „möglichst gut" den empirisch abgefragten Rangwerten entsprechen. Allgemein ergibt sich der Gesamtnutzen eines Stimulus i für das additive Modell der Conjoint-Analyse aus der Addition der Teilnutzenwerte seiner einzelnen Eigenschaftsausprägungen:

$$y_i = \sum_{k=1}^{K} \sum_{m=1}^{M_k} \beta_{km} \cdot x_{km} \text{ mit}$$

y_i = geschätzter Gesamtnutzen für Stimulus i,

β_{km} = Teilnutzenwert für Ausprägung m der Eigenschaft k,

x_{km} = 1 falls bei Stimulus i die Eigenschaft k mit der Ausprägung m vorliegt, 0 sonst.

Ausgangspunkt der Schätzung von Teilnutzenwerten bilden die von Testpersonen vorgenommenen Rangreihungen der Stimuli. Die konkrete Auswertung der Daten kann auf der Grundlage verschiedener Schätzverfahren erfolgen, welche abhängig vom Skalenniveau der Präferenzurteile sind. In der Vergangenheit wurden insb. MONANOVA (Monotone Varianzanalyse), Linmap und Regressionsanalyse (OLS) eingesetzt; mittlerweile hat sich die Schätzung mittels Hierarchical Bayes Verfahren durchgesetzt (zu den einzelnen Verfahren und deren Vor- und Nachteile vgl. den Überblick bei Kaltenborn et al. 2013).

Conjoint-Analysen werden bereits nach wenigen zu untersuchenden Eigenschaften sehr umfangreich und komplex, sodass conjointanalytische Studien mittlerweile fast ausschließlich computergestützt durchgeführt werden. Viele Anbieter bieten Software-Lösungen oder ergänzende Module, z.B. SPSS: Auch Excel und R ermöglichen einfache Conjoint-Analysen. Das umfassendste Paket wird von Sawtooth Software angeboten, welches eine Vielzahl von Varianten ermöglicht und eine umfangreiche Dokumentation anbietet. Einen Überblick über gängige Softwarelösungen und ihr jeweiliges Anwendungsspektrum bieten Kaltenborn et al. 2013, S. 81 ff.

Im Folgenden wird die Methodik vereinfachend auf der Grundlage einer Regressionsanalyse vorgestellt. Bei einem metrischen Skalenniveau wird unterstellt, dass die einzelnen Rangwerte *äquidistant* sind, d.h. die Abstände zwischen ihnen gleich groß sind. Dadurch werden die ursprünglich lediglich ordinal skalierten Daten auf ein metrisches Skalenniveau angehoben. Die Teilnutzenwerte lassen sich mit Hilfe einer *Dummy kodierten Regressionsanalyse* aus den abgegebenen Gesamturteilen der Testpersonen ermitteln (alternativ lassen sich die Teilnutzenwerte auch durch eine Varianzanalyse ermitteln; vgl. Backhaus et al. 2015, S. 530 ff.). Die allgemeine Regressionsgleichung lautet:

$$y_i = b_0 + \sum_{k=1}^{K} \sum_{m=1}^{M_k - 1} b_{km} \cdot x_{km} \quad \text{mit}$$

y_i = Rangwert von Stimulus i.

Dabei sind von den möglichen M_k Eigenschaftsausprägungen einer Eigenschaft k nur M_k-1 linear unabhängige Dummy-Variablen. Die nicht berücksichtigten Eigenschaftsausprägungen lassen sich inhaltlich als Basisausprägung verstehen. Damit ergibt sich die Gesamtzahl Q der Dummy-Variablen aus:

$$Q = \sum_{k=1}^{K} M_k - K \quad \text{mit}$$

Q = Anzahl der Dummy-Variablen,

M_k = Anzahl der Ausprägungen von Eigenschaft k,

K = Anzahl der Eigenschaften.

Beispiel 6.43:

Für das Beispiel 6.41 ergibt sich exemplarisch für den Drucker Nr. 8 (Fotoqualität, 5 Seiten pro Minute, 90 EUR) folgende Kodierung:

$$\begin{array}{lll} x_{A1} = 0 & x_{B1} = 1 & x_{C1} = 0 \\ x_{A2} = 0 & x_{B2} = 0 & x_{C2} = 0 \\ x_{A3} = 1 & x_{B3} = 0 & x_{C3} = 1 \end{array}$$

Es gilt:

$$y_8 = b_0 + b_{A1} \cdot x_{A1} + b_{A2} \cdot x_{A2} + b_{A3} \cdot x_{A3} + b_{B1} \cdot x_{B1} + b_{B2} \cdot x_{B2} + b_{B3} \cdot x_{B3} + \\ + b_{C1} \cdot x_{C1} + b_{C2} \cdot x_{C2} + b_{C3} \cdot x_{C3}.$$

Nach Einsetzen der Werte resultiert:

$$\begin{aligned} y_8 &= b_0 + b_{A1} \cdot 0 + b_{A2} \cdot 0 + b_{A3} \cdot 1 + b_{B1} \cdot 1 + b_{B2} \cdot 0 + b_{B3} \cdot 0 + b_{C1} \cdot 0 + b_{C2} \cdot 0 + b_{C3} \cdot 1 \\ &= b_0 + b_{A3} \cdot 1 + b_{B1} \cdot 1 + b_{C3} \cdot 1. \end{aligned}$$

Um für jede Eigenschaft die Teilnutzenwerte als positive bzw. negative Abweichungen von einem Basisnutzen (Nullpunkt) darzustellen, können die durch die Regression ermittelten b_{km} wie folgt transformiert werden:

$$\beta_{km} = b_{km} - \bar{b}_k \text{ mit}$$

β_{km} = transformierte Teilnutzenwerte für jede Eigenschaft k,

b_{km} = ermittelte Teilnutzen aus der Regressionsanalyse,

$\bar{b}_k$ = durchschnittlicher Teilnutzenwert je Eigenschaft k (Basisnutzen).

Die Güte der ermittelten Teilnutzenwerte zeigt sich darin, wie gut die Reihenfolge der rechnerisch resultierenden Gesamtnutzen mit den empirisch ermittelten Rangurteilen der Testpersonen übereinstimmt. Statistisch geben hierüber der *Pearson'sche Korrelationskoeffizient* sowie *Kendall's Tau* Auskunft. Während der Pearson'sche Korrelationskoeffizient die Korrelation zwischen metrisch skalierten Gesamtnutzenwerten und den empirisch ermittelten Rangwerten bestimmt, gibt Kendall's Tau die Korrelation zwischen den empirischen und den errechneten Rangwerten wieder (vgl. Backhaus et al. 2015, S. 547). Für andere Skalenniveaus der Daten und unterschiedliche Schätzverfahren kommen andere Gütekriterien zur Anwendung (vgl. Kaltenborn et al. 2013, S. 47 ff.).

Normierung und Aggregation der ermittelten Nutzenwerte

Die Größe der Teilnutzenwerte gibt Auskunft über die Einflusshöhe einer Eigenschaftsausprägung auf den Gesamtnutzen eines Produktes. Sie lässt jedoch keinen direkten Schluss auf die relative Wichtigkeit einer Eigenschaft zur Präferenzveränderung zu. Die *relative Wichtigkeit* einer Eigenschaft ergibt sich vielmehr aus der *Spannweite* bzw. Differenz zwischen dem höchsten und dem niedrigsten Teilnutzenwert der möglichen Eigenschaftsausprägungen. Ist die Spannweite sehr groß, so kann durch Ausprägungsvariation der betreffenden Eigenschaft eine signifikante Änderung des Gesamtnutzenwertes erreicht werden. Die Spannweite bzw. Wichtigkeit w einer Eigenschaft k lässt sich entsprechend der folgenden Formel berechnen:

$$w_k = \max_m\{\beta_{km}\} - \min_m\{\beta_{km}\}.$$

Die relative Wichtigkeit erhält man, indem man die ermittelte Wichtigkeit der einzelnen Eigenschaften mit der Relevanz der übrigen Eigenschaften vergleicht (vgl. Teichert et al. 2008, S. 664):

$$w_k = \frac{\max_m\{\beta_{km}\} - \min_m\{\beta_{km}\}}{\sum_{k=1}^{K}\left(\max_m\{\beta_{km}\} - \min_m\{\beta_{km}\}\right)}.$$

Die erhobenen individuellen Präferenzurteile erlauben zunächst keine verallgemeinerbaren Aussagen. Durch eine *Normierung* lassen sich die abgeleiteten Teilnutzenwerte der einzelnen Testpersonen jedoch miteinander vergleichen. Bei der Normierung werden sämtliche Teilnutzenwerte auf denselben Nullpunkt bezogen und eine einheitliche Skaleneinteilung vorgenommen. Üblicherweise wird der Nullpunkt dadurch bestimmt, dass die Eigenschaftsausprägung mit dem kleinsten ermittelten Teilnutzenwert gleich

Null gesetzt wird. Anschließend werden sämtliche Teilnutzenwerte β_{km} um den kleinsten Teilnutzenwert β_{km}^{min} reduziert:

$$\beta_{km}^{neu} = \beta_{km} - \beta_{k}^{min}.$$

Für eine einheitliche Skaleneinteilung ist darüber hinaus die Bestimmung des maximalen Wertebereiches wichtig. Dabei entspricht die Summe der größten Teilnutzenwerte je Eigenschaft dem maximalen Wertebereich, und der Stimulus mit sämtlichen höchsten Teilnutzenwerten erhält einen Gesamtnutzenwert von 1. Damit ergeben sich die übrigen normierten Teilnutzenwerte $\hat{\beta}$ gemäß folgender Formel:

$$\hat{\beta}_{km} = \frac{\beta_{km}^{neu}}{\sum_{k=1}^{K} \max_{m}\left\{\beta_{km}^{neu}\right\}}.$$

Die so berechneten normierten Teilnutzenwerte liefern gleichzeitig auch eine Aussage über die relative Wichtigkeit der einzelnen Eigenschaften.

Beispiel 6.44:

Nachfolgend werden mit Hilfe von SPSS individuelle Teilnutzenwerte für die in Tab. 6.19 dargestellte Rangfolge für die alternativen Drucker errechnet.

Averaged Importance	Utility	Factor	
		AUFLÖSUN	Auflösung
33,33	-2,0000		Normale Auflösung
	1,0000		Hohe Auflösung
	1,0000		Fotoqualität
		DRUCKGES	Druckgeschwindigkeit
	-,6667		5 Seiten
18,52	-,3333		10 Seiten
	1,0000		20 Seiten
		PREIS	Preis
48,15	2,3333		30 Euro
	-,3333		60 Euro
	-2,0000		90 Euro
	5,0000	CONSTANT	

Pearson's R = ,925 Significance = ,0002
Kendall's tau = ,833 Significance = ,0009

Damit ist der Preis die wichtigste Eigenschaft, gefolgt von der Auflösung und von der Druckgeschwindigkeit. Die Ergebnisse sind hochsignifikant.

Mit Hilfe der Normierung der Teilnutzenwerte lassen sich nun die Ergebnisse der Individualanalysen aggregieren. Dadurch sind Aussagen über aggregierte Nutzenwerte, wie beispielsweise die durchschnittliche Präferenzstruktur potenzieller Käufergruppen, möglich.

Für die Aggregation der Individualanalysen wird eine *Mittelwertbildung* über die individuellen Teilnutzenwerte der einzelnen Eigenschaftsausprägungen vorgenommen. Alternativ hierzu ist auch eine *gemeinsame Conjoint-Analyse* denkbar, bei der die Präferenzurteile der einzelnen Testpersonen als Wiederholungen des Untersuchungsdesigns verstanden werden (vgl. Backhaus et al. 2015, S. 538 f.). Dabei ist jedoch zu beachten, dass im Allgemeinen die Korrelationsgüte zwischen den rechnerischen und den empirischen Rangwerten gegenüber Individualanalysen abnimmt.

Hybride Conjoint-Analyse

Hybridmodelle kombinieren die dekompositionelle Conjoint-Analyse mit *kompositionellen Direktbefragungen* (*Self-Explicated-Verfahren*). Dabei erfolgt zunächst eine direkte Befragung der Testpersonen zur Relevanz einzelner Produkteigenschaften. Aufbauend auf den Ergebnissen werden anschließend individuell angepasste Untersuchungsdesigns aufgestellt, in welchen nur noch die für die einzelnen Testpersonen relevanten Merkmale und Merkmalsausprägungen analysiert werden müssen. Auf diese Weise reduziert sich die Zahl der von einem Probanden zu bewertenden Stimuli stark, wohingegen die Gesamtzahl der potenziell untersuchbaren Eigenschaften gegenüber einer reinen Conjoint-Analyse deutlich zunimmt (Hensel-Börner/Sattler 2000, S. 706).

Eine der am häufigsten angewandten Methoden der hybriden Conjoint-Analyse ist die *Adaptive Conjoint-Analyse* (*ACA*) (vgl. Hensel-Börner/Sattler 2000, S. 706). Diese computergestützte Conjoint-Analyse verläuft in mehreren Phasen, wobei zunächst in einem kompositionellen Befragungsteil für die einzelnen zu untersuchenden Eigenschaften die alternativen Eigenschaftsausprägungen von den Testpersonen zu bewerten sind. Im anschließenden dekompositionellen Teil müssen die Probanden Paarvergleiche zwischen alternativen Stimuli durchführen, welche auf der Basis des kompositionellen Untersuchungsteils automatisch erstellt wurden. Im Rahmen der ACA werden so zwei separate Nutzwertschätzungen der Eigenschaftsausprägungen vorgenommen, welche einerseits aus den Präferenzangaben des direkten Befragungsteils resultieren und andererseits aus den Paarvergleichen abgeleitet werden (vgl. Hensel-Börner/Sattler 2000, S. 706 f.). Auf diese Weise lassen sich die aus den Gesamturteilen der Conjoint-Analyse abgeleiteten Nutzenwerte mit den direkt abgefragten Präferenzurteilen unterschiedlicher Merkmalsausprägungen vergleichen. Trotz ihrer weiten Verbreitung weist die ACA jedoch auch einige *Schwachpunkte* auf, welche sich vor allem auf die mehrfach von jeder Testperson vorzunehmenden Paarvergleiche sowie auf die mangelnde Vergleichbarkeit der beiden Teilnutzwertschätzungen beziehen (vgl. Green/Krieger/Agarwal 1991, S. 220 f.). Bei der sog. *Customized (Computerized) Conjoint Analysis*, eine Weiterentwicklung der ACA, werden daher im dekompositionellen Teil Vollprofilbeschreibungen verwendet und eine alternative Kalibrierung der Teilnutzwertschätzungen vorgenommen (vgl. Hensel-Börner/Sattler 2000, S. 708).

Choice based Conjoint-Analyse

Bei der klassischen Conjoint-Analyse werden Präferenzurteile abgefragt. Es zeigt sich jedoch, dass erfragte Präferenzen und tatsächliches Kauf- bzw. Entscheidungsverhalten von Konsumenten z. T. signifikante Unterscheide aufweisen. Diesen Mangel versucht die *Choice based Conjoint-Analyse* abzumildern, indem hier die Präferenzewerte aus tatsächlichen Wahlentscheidungen ermittelt werden (vgl. Haaijer/Wedel 2003, S. 371 sowie Erhardt 2009, S. 101 ff.). Dazu werden Testpersonen alternative Stimuli vorgelegt, von denen sie den Stimulus mit dem für sie höchsten Gesamtnutzenwert auswählen sollen. Vielfach werden diese Untersuchungen am Computer vorgenommen.

Die im Rahmen einer Conjoint-Analyse ermittelten Teilnutzenwerte werden oftmals dazu genutzt, Marktanteile von (zukünftigen) Produkten zu prognostizieren. Diese werden mit Hilfe von sog. *Choice Simulatoren* ermittelt. Dabei werden alternative *Kaufverhaltensannahmen* unterstellt. Bei dem *First-Choice-Konzept* wird unterstellt, dass sich Konsumenten grundsätzlich für dasjenige Produkt entscheiden, welchem sie den höchsten Gesamtnutzenwert zuordnen. Bei den *Probabilistic-Choice-Modellen*, wie *Bradley-Terry-Luce* oder *LOGIT*, wird hingegen angenommen, dass die Kaufwahrscheinlichkeit mit steigendem Präferenzwert zunimmt (vgl. Green/Srinivasan 1990, S. 14, Hartmann/Sattler 2004, S. 14). Zusätzlich müssen Annahmen über die Art und die Anzahl möglicher Wettbewerbsprodukte getroffen werden, um daraus den Marktanteil eines (Neu-)Produktes zu schätzen. Im einfachsten Fall reagieren die Wettbewerber gar nicht auf die Neueinführung eines Produktes. Sollten die Wettbewerber hingegen ihre bestehenden Produkte verändern, so bleibt zwar die Menge der untersuchten Produkte unverändert, die Gesamtnutzenwerte ändern sich jedoch nach Maßgabe der variierten Produkteigenschaften. In dem Fall, dass die Wettbewerber ihrerseits neue Produkte einführen, müssen zusätzliche Präferenzwerte für die neuen Produkte in die Berechnung der Marktanteile einfließen. Zur Marktanteilsprognose werden abschließend die individuell ermittelten Kaufwahrscheinlichkeiten aggregiert.

3.5.2 Multidimensionale Skalierung

Wie bereits in Abschnitt 3.3.3 beschrieben, kann die Multidimensionale Skalierung erweitert werden, um Präferenzurteile abzubilden. Will man den Nutzen, d.h. die Präferenz, die eine Person mit dem Objekt verbindet, in die Untersuchung einbeziehen, so ist dieser zusätzlich zu erheben. Dadurch ist es möglich, in den Wahrnehmungsraum neben den Objekten auch die Präferenzen von Personen abzubilden. Geeignete Methoden zur Berücksichtigung von Präferenzurteilen von Probanden sind das Idealpunkt- und das Idealvektormodell. Da die Methodik bereits ausführlich in Abschnitt 3.3.3 beschrieben wurde, soll an dieser Stelle nicht näher darauf eingegangen werden.

Weiterführende Literatur

Albers, S., Hildebrandt, L. (2006): Methodische Probleme bei der Erfolgsfaktorenforschung – Messfehler, formative versus reflexive Indikatoren und die Wahl des Strukturgleichungs-Modells, in: zfbf, 58(3), 2-33.

Backhaus, K., Erichson, B., Plinke, W., Weiber, R. (2015): Multivariate Analysemethoden, 14. überarb. Aufl., Berlin u.a.

Borg, I., Groenen, P., Mair, P. (2010): Multidimensionale Skalierung, Reihe: Sozialwissenschaftliche Forschungsmethoden, Band 1, München, Mering.

Bray, J.H., Maxwell, S.E. (1985): Multivariate Analysis of Variance, Beverly Hills.

Buckler, F., Hennig-Thurau, T. (2008): Identifying Hidden Structures in Marketing's Structural Models Through Universal Structure Modelling: An Explorative Bayesian Neural Network Complement to LISREL and PLS, in: Marketing - Journal of Research and Management, 4(2), 47-66.

Carroll, J.D., Green, P.E. (1995): Psychometric Methods in Marketing Research: Part 1, Conjoint Analysis, in: Journal of Marketing Research, 32(4), 385-391.

Cox, T., Cox, M. (2000): Multidimensional Scaling, London.

Cureton, E.E., D' Agostino, R.B. (1983): Factor Analysis – An Applied Approach, Hillsdale, N.J.

Green, P., Srinivasan, V. (1990): Conjoint Analysis in Marketing: New Developments With Implications for Research and Practice, in: Journal of Marketing, 59(10), 3-19.

Hartmann, A., Sattler, H. (2004): Wie robust sind Methoden zur Präferenzmessung?, in: Zeitschrift für betriebswirtschaftliche Forschung (ZfbF), 56(2), 3-22.

Hoberg, R. (2003): Clusteranalyse, Klassifikation und Datentiefe, Diss., Lohmar, Köln.

Homburg, C., Klarmann, M. (2006): Die Kausalanalyse in der empirischen betriebswirtschaftlichen Forschung. Problemfelder und Anwendungsempfehlungen, in: Die Betriebswirtschaft, 66(6), 727-749.

Huber, F., Herrmann, A., Meyer, F., Vogel, J., Vollhardt, K. (2007): Kausalmodellierung mit Partial Least Squares, Wiesbaden.

Kaltenborn, T., Fiedler, H., Lanwehr, R., Melles, T. (2013): Conjoint-Analyse, Reihe: Sozialwissenschaftliche Forschungsmethoden, Band 7, München, Mering.

Kaufman, L., Rousseeuw, P.J. (1990): Finding Groups in Data: An Introduction to Cluster Analysis, New York.

Klecka, W. (1980): Discriminant Analysis, Beverly Hills.

Lachenbruch, P. (1975): Discriminant Analysis, New York.

Leik, R.K. (1997): Experimental Design and the Analysis of Variance, Thousand Oaks.

Loehlin, J.C. (1987): Latent Variable Models: An Introduction to Factor, Path and Structural Analysis, Hillsdale, N.J.

Steinhausen, D., Langer, K. (1977): Clusteranalyse, Berlin.

Steinmetz, H. (2015): Lineare Strukturgleichungsmodelle. Eine Einführung mit R, Reihe: Sozialwissenschaftliche Forschungemethoden, Band 9, 2. Aufl., München, Mering.

Überla, K. (1977): Faktorenanalyse, 2. Aufl., Berlin u.a.

Urban, D. (1993): Logit-Analyse: Statistische Verfahren zur Analyse von Modellen mit qualitativen Response-Variablen, Stuttgart.

Vermunt, J.K., Magidson, J. (2002): Latent Class Cluster Analysis, in: Hagenaars, J.A., McCutcheon, A.L. (eds.): Applied Latent Class Analysis, Cambridge, 89-106.

Völckner, F., Sattler, H., Teichert, T. (2008): Wahlbasierte Verfahren der Conjoint-Analyse, in: Herrmann, A., Homburg, C. (Hrsg.): Marktforschung. Methoden, Anwendungen, Praxisbeispiele, 3. Aufl., Wiesbaden, 687-712.

4 Interpretation und Präsentation der Ergebnisse

Nach erfolgter Auswertung der Daten sind die Ergebnisse zusammenzustellen, zu interpretieren und dem Auftraggeber (bzw. hausintern) vorzustellen, d.h. es ist ein Forschungsbericht zu erstellen und zu präsentieren.

Bei der *Erstellung des Forschungsberichts* sind zunächst die Ergebnisse in geeigneter Weise zu *visualisieren*. Dies geschieht bei quantitativen Daten in Form von Tabellen und Diagrammen, bei qualitativen Daten als grafische Darstellungen wie z.B. Flussdiagramme, Netzwerkgraphiken u.ä. Die Wahl der geeigneten Darstellungsform aus der Vielfalt der möglichen Alternativen bleibt dem Forscher überlassen, es sind bei der Gestaltung jedoch bestimmte Grundsätze einzuhalten (vgl. Iacobucci/Churchill 2010, S. 640 ff.). Tabellen und Diagramme sind grundsätzlich zu nummerieren und mit einer Überschrift zu versehen; im Text sollte auf sie verwiesen werden. Die Werte sollten dabei in geeigneter Weise geordnet werden, z.B. nach Jahreszahl oder Größe. Darüber hinaus sollte die Maßeinheit der Werte (z.B. in 1.000 t) angegeben sein. Bei Sekundärdaten muss die Quelle ersichtlich werden; Ergänzungen und Kommentare sollten als Fußnoten erscheinen. Die optische Gestaltung sollte stets die Kriterien der Zweckmäßigkeit, Aussagefähigkeit und Übersichtlichkeit erfüllen. Auf die Vielzahl möglicher Visualisierungsansätze kann an dieser Stelle nicht näher eingegangen werden; ein ausführlicher Überblick über die verschiedenen Formen findet sich z.B. bei Meyer 1999, neuere Ansätze insb. unter Berücksichtigung von Big Data bei Huang 2014.

Die *Interpretation* der Ergebnisse kann durch eine ausreichende Visualisierung erheblich erleichtert werden. Manipulative Verzerrungen oder Darstellungen wie z.B. Stauchung/Streckung von Skalen u.ä. sind dabei unbedingt zu vermeiden, da sie den Leser irreführen. Obwohl manche Ergebnisse Spielräume für eine subjektive Interpretation lassen, sollte sich der Forscher bei der Formulierung der Ergebnisse um eine möglichst große Objektivität bemühen, da auch der Wortlaut suggestiv wirken kann.

Beispiel 6.45:

Das Unternehmen X führt eine Imageanalyse im Vergleich zu Hauptkonkurrent Y durch. Unternehmen X wird als „traditionell", „altmodisch", „zuverlässig" beurteilt, wohingegen Unternehmen Y als „dynamisch", „innovativ", „modern" bewertet wird. Der Forscher kann das Ergebnis z.B. folgendermaßen interpretieren:

„Unternehmen X ist es gelungen, das Vertrauen seiner Kunden zu gewinnen. Tradition und Zuverlässigkeit werden als wichtige Kennzeichen des Unternehmens wahrgenommen."

„Unternehmen X ist es bislang nicht gelungen, sein eher hausbackenes Image zu verbessern. Fortschritt und Dynamik werden für das Unternehmen als wesensfremd angesehen."

Beim Verfassen des Forschungsberichts ist auf verschiedene Punkte zu achten. Der Bericht sollte übersichtlich und logisch aufgebaut sein. Typischerweise ist der Aufbau eines Forschungsberichts wie folgt:

- Titelblatt,
- Inhaltsverzeichnis,

- Executive Summary, d.h. eine thesenartige Zusammenfassung der Ergebnisse und der daraus abzuleitenden Schlussfolgerungen,
- Einführung mit Angabe des konkreten Entscheidungs- und Forschungsproblems,
- Methodisches Vorgehen (Untersuchungsdesign, Stichprobenplan, angewandte Verfahren zur Datensammlung und Datenauswertung),
- detaillierte und geordnete Darstellung der Forschungsergebnisse, ggf. auf unterschiedlichem Aggregationsniveau,
- Grenzen der Ergebnisse (z.B. Bindung an bestimmte Prämissen, Nonresponse-Problem, methodische Einschränkungen usw.),
- Schlussfolgerungen aus den Forschungsergebnissen und Empfehlungen für das Management.

Die erhebungstechnischen Details (z.B. Fragebogen, Intervieweranweisungen, Codeplan usw.) sollten in einem *Anhang* dokumentiert werden. Ein Verzeichnis der *Quellen* schließt den Berichtsband.

Weiterhin sollte bei der Berichterstattung darauf geachtet werden, dass ein technischer Jargon vermieden wird, d.h. die Formulierungen sollten *sprachlich* dem Leser angepasst werden. Lassen sich Fachbegriffe nicht vermeiden, so sollten sie in einem Anhang kurz erläutert werden. Die Formulierungen sollten darüber hinaus kurz und prägnant sein, überflüssige bzw. redundante Aussagen sind zu vermeiden.

Das *Erscheinungsbild* des Berichts sollte ansprechend sein und einen professionellen Eindruck erwecken. Dazu gehören neben Papier- und Druckqualität auch eine großzügige Raumaufteilung auf den Seiten. Des Weiteren sollten Tabellen und Grafiken zur Unterstützung des Textes herangezogen werden.

Nach der Erstellung des Forschungsberichts erfolgt die *mündliche Präsentation* beim Auftraggeber. Mittlerweile erfolgt dies meist unter Zuhilfenahme standardisierter Präsentationssoftware wie z.B. PowerPoint oder Prezi. Ergänzt werden kann die Bildschirmpräsentation durch Flipcharts, Videos und andere Medien. Auch die mündliche Präsentation sollte einen professionellen Eindruck hinterlassen:

- Ausdrucksweise locker, aber nicht flapsig,
- überzeugendes, sicheres Auftreten,
- kurze, prägnante Sätze (KISS-Prinzip: Keep It Simple and Straightforward),
- Vermeidung von „Füllwörtern“ („nicht wahr”, „wissen Sie” u.Ä.),
- klare Strukturierung,
- Einsatz von unterstützender Gestik und Mimik.

Nach der Präsentation sollte genügend Raum für Fragen sein. Auf der Seite des Auftraggebers ist dafür Sorge zu tragen, dass die Ergebnisse intern bekannt und verfügbar gemacht werden. Die Marktforscher sollten weiterhin für Rückfragen und Beratung zur Verfügung stehen.

Teil 7: Qualitative Studien

1 Qualitative Befragung

1.1 Charakterisierung qualitativer Studien

Definition

Qualitative Studien sind nichtstandardisierte Erhebungen im Rahmen explorativer Untersuchungen auf der Grundlage kleiner Stichproben. Forschungsziele qualitativer Studien sind in erster Linie das Erkennen, Beschreiben und Verstehen psychologischer oder soziologischer Zusammenhänge.

Qualitative Studien werden bei neuartigen oder schlecht strukturierten Problemen eingesetzt. Angestrebt wird weniger eine (statistische) Repräsentativität; vielmehr wird versucht, charakteristische Inhalte in Bezug auf das vorliegende Forschungsproblem herauszufiltern. Es werden dabei typischerweise „weiche" Daten erzeugt. Es erfolgt zumeist keine Vorstrukturierung des Untersuchungsgegenstands, um eine möglichst große Unvoreingenommenheit des Forschers zu gewährleisten. Die Interaktion zwischen Auskunftsperson und Forscher ist dabei integratives Merkmal qualitativer Methoden (vgl. Kepper 2008, S. 177 f.). Qualitative Studien können dabei sowohl in Form einer Befragung als auch einer Beobachtung erfolgen. Die qualitative Beobachtung wird in Kap. 2 beschrieben.

Aufgabenfelder qualitativer Marktforschung sind:

- *Strukturierung* des Untersuchungsfeldes durch Identifizierung und Erfassung relevanter Einflussfaktoren und Untersuchungsdimensionen;
- *qualitative Prognose* in Fällen, bei denen Zahlenmaterial fehlt, Diskontinuitäten zu erwarten sind oder der Prognosegegenstand durch hohe Unsicherheit, Komplexität und Langfristigkeit gekennzeichnet ist;
- *Ursachenforschung*, insb. dann, wenn die Ursachen sehr komplex, tabuisiert oder noch wenig bekannt sind;
- *Ideengenerierung* durch Nutzung des kreativen Potenzials der Befragten;
- *Screening* von Alternativen, z.B. Ideen oder Konzepte (vgl. Kepper 1996, S. 140 ff.).

Im Vergleich zu quantitativen Ansätzen zeichnen sich qualitative Methoden durch einen meist höheren zeitlichen und finanziellen Aufwand pro Erhebungsfall und durch eine schwierigere Codierung und Auswertung der Informationen aus. Andererseits können einige Fragestellungen – z.B. Ideengenerierung, Ursachenforschung – nur mit Hilfe qualitativer Methoden angemessen bearbeitet werden. Darüber hinaus liefern Studien auf der Grundlage qualitativer Methoden häufig den Input für quantitative Studien.

1.2 Methoden qualitativer Befragung

Bei qualitativen Befragungsmethoden handelt es sich um Formen der persönlichen (Face-to-face)-Befragung; in der Regel sind sie nicht oder nur teilweise standardisiert und erfolgen bei einer vergleichsweise kleinen Anzahl an Probanden. Anders als quantitative Befragungen, welche unabhängig vom Medium eine relativ einheitliche Struktur aufweisen, handelt es sich bei qualitativen Befragungen um eine Vielzahl heterogener Formen, welche aus unterschiedlichen Forschungsrichtungen entstanden sind. Eingesetzt werden qualitative Befragungen insb. dort, wo durch Interaktion der Probanden mit einem Interviewer (bzw. untereinander) Einblicke in zugrunde liegende psychische oder soziale Prozesse gewonnen werden sollen. Ziel ist die Ermittlung einer unverzerrten, nicht prädeterminierten und möglichst vollständigen Sammlung von Informationen zu dem interessierenden Untersuchungsgegenstand (vgl. Kepper 2008, S. 180). Techniken qualitativer Befragung können nach der Art der Auskunftsperson in Expertenbefragung und Konsumentenbefragung unterteilt werden; nach der Anzahl der Befragten unterscheidet man zwischen Einzel- oder Gruppeninterviews. Abbildung 7.1 zeigt die verschiedenen Verfahren qualitativer Befragung im Überblick.

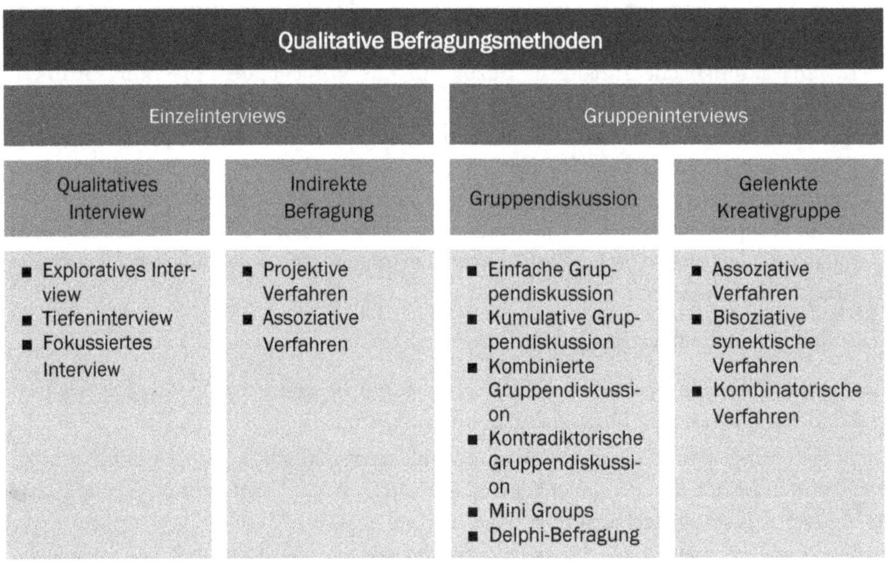

Abb. 7.1: Methoden qualitativer Befragung

Einzelinterviews

Wesentliche Formen des Einzelinterviews sind zum einen das qualitative Interview, zum anderen Techniken der indirekten Befragung. Befragt wird pro Interview jeweils eine Auskunftsperson.

Das *qualitative Interview* gehört zu den gängigsten Verfahren qualitativer Marktforschung und basiert auf einer möglichst offenen Gesprächsführung. Dies ermöglicht es den Befragten, eigene Schwerpunkte zu setzen und diese mit eigenen Worten zu äußern. Gewählt werden offene Fragen ohne Vorgabe einer festen Reihenfolge; aufgezeichnet werden die Gespräche i.d.R. mit Tonband- oder Videoaufzeichnungsgeräten. Die Dauer eines qualitativen Interviews kann dabei mehrere Stunden umfassen. Grundlegende Varianten im Rahmen qualitativer Marktforschung sind:

- das explorative Interview,
- das Tiefeninterview und
- das fokussierte Interview.

Explorative Interviews sind offene und weitgehend nichtstandardisierte Befragungsgespräche, im Rahmen derer der Interviewer den Ablauf des Gesprächs mitgestaltet. Aufgabe explorativer Interviews ist die Ermittlung subjektiv relevanter Informationen der Befragten (z.B. Wissen, Erfahrung, Einstellungen) zum Untersuchungsgegenstand und nicht die Analyse tiefliegender Bewusstseinsstrukturen (vgl. Kepper 2008, S. 182). Der Interviewer nimmt dabei die Rolle eines interessierten Zuhörers ein und sorgt so dafür, dass er eine möglichst umfassende und vollständige Sammlung von Informationen erhält. Im Rahmen explorativer Interviews können auch komplexe Fragestellungen analysiert werden. Die offene Art der Gesprächsführung erlaubt es, die Erlebniswelt des Probanden in seiner gesamten Breite zu erfassen. Häufig werden explorative Interviews im Rahmen von Expertenbefragungen eingesetzt.

Als Techniken der Gesprächsführung haben sich u.a. das narrative und das problemorientierte Interview bewährt. Im Rahmen der *narrativen Interviewtechnik* liegt der Schwerpunkt auf dem freien Erzählen: Durch ungerichtete Aufmunterung seitens des Interviewers soll eine maximale Freiheit der Erzählung des Befragten gefördert werden. Meist verzichtet der Interviewer auf einen vorstrukturierten Leitfaden (vgl. ausführlich Mey/Mruck 2011, S. 261 ff.). Auch bei der *problemorientierten Interviewtechnik* steht das Erzählprinzip im Vordergrund. Der Interviewer lenkt das Gespräch jedoch stärker und bezieht die Äußerungen des Probanden immer wieder auf die zugrunde liegende Problemstellung. Dadurch wird ein höheres Maß an Strukturierung erreicht (vgl. Kurz et al. 2009).

Eine typische Anwendung explorativer Interviews ist die *Strukturierung des Untersuchungsfeldes* bei relativ neuen und unbekannten Forschungsproblemen. Auf diese Weise können relevante Dimensionen des Forschungsgegenstands identifiziert und wichtige Einflussfaktoren erfasst werden. Geeignet sind explorative Interviews auch für Prognosezwecke, insb. in Form von Expertenbefragungen. In diesem Zusammenhang spielen Projektionsverfahren eine wichtige Rolle.

Das psychologische *Tiefeninterview* stellt die bekannteste Form qualitativer Interviews dar. Es handelt sich um ein relativ langes Interviewgespräch mit dem Ziel, unbewusste, verborgene oder nur schwer erfassbare Motive und Einstellungen des Befragten zu erfassen (vgl. Salcher 1995, S. 34). Geführt werden Tiefeninterviews von geschulten Psychologen, die das Gespräch nach eigenem Ermessen so steuern, dass sie möglichst tiefe Einblicke in die verborgenen Bereiche der Denkstruktur der Befragten gewinnen. Die aufgedeckten Zusammenhänge werden nachträglich vor dem Hintergrund bestimmter Theorien interpretiert.

Ein typisches Anwendungsgebiet von Tiefeninterviews ist die *Ursachenforschung*. Insbesondere bei neuartigen oder sensiblen Untersuchungsgegenständen können die Ursachen für bestimmte Verhaltensweisen, Motive und Einstellungen ergründet werden. Als Beispiel kann die Entwicklung von markenspezifischen Kundenprofilen genannt werden, welche auf der Grundlage von psychologischen Interviews von Kernverwendern einzelner Marken bzgl. ihrer Werte und Lebenseinstellungen erstellt werden können (vgl. Kaiser 2004, S. 6).

Beim *fokussierten Interview* erfolgt eine qualitative Befragung in Verbindung mit der Präsentation bestimmter Stimuli mit dem Ziel, das Gespräch auf bestimmte Aspekte oder Problembereiche zu beschränken (vgl. hierzu Merton et al. 1990). Als Stimuli können Zeitungsausschnitte, Filme bzw. Filmausschnitte, Werbemittel und Ähnliches dienen. Im Anschluss an die Stimulusdarbietung erfolgt ein qualitatives Interview, das vom Interviewer jedoch im Vergleich zu den explorativen und Tiefeninterviews stärker gelenkt und auf bestimmte Aspekte fokussiert wird. Ziel ist die Analyse der Reaktion der Befragten auf den Stimulus. Im Marketing finden sich fokussierte Interviews u.a. im Rahmen der Werbewirkungsforschung oder im Rahmen von Konzepttests (vgl. die Ausführungen im fünften Teil). Von den projektiven und assoziativen Interviewtechniken, die ebenfalls mit Stimuli arbeiten, unterscheidet sich das fokussierte Interview durch eine direkte Fragestellung und die typische Gesprächssituation.

Nützlich sind fokussierte Interviews für die *Strukturierung* des Untersuchungsproblems; aus den von den Befragten gewählten Inhalten, der Reihenfolge und der Art und Weise der Darstellung können relevante Beurteilungsdimensionen für die präsentierten Stimuli erfasst werden. Darüber hinaus können im Gespräch die *Ursachen* für die Reaktionen der Probanden erkundet werden (vgl. Kepper 2008, S. 185).

Qualitative Interviews bieten eine ganze Reihe von *Vorteilen* (vgl. Chrzanowska 2002):

- Sie erlauben tiefe Einblicke in die Denkkategorien der Teilnehmer und lassen ihre Einstellungen, Meinungen und Wünsche erkennbar werden.
- Auch die nonverbalen Reaktionen der Probanden (Gestik, Mimik) können wichtige Informationen liefern.
- Es entsteht eine Vertrauensbasis zwischen Befragtem und Interviewer, die ein intensives Nachfragen und das Ansprechen auch sensibler Themenbereiche möglich macht.

Demgegenüber sind jedoch auch einige *Nachteile* zu erwähnen (vgl. Salcher 1995, S. 29; Desai 2002, S. 3 f.):

- Qualitative Interviews sind nicht in der Lage, unbewusste Inhalte systematisch zu erfassen.
- Viele Verhaltensweisen sind automatisiert oder tief im Unterbewusstsein verankert, sodass sie vom Befragten nicht verbalisiert werden können.
- In der Interviewsituation kann es zur ungewollten Beeinflussung des Befragten durch den Interviewer kommen.
- Qualitative Interviews sind im Verhältnis zu anderen Erhebungsmethoden relativ teuer und zeitaufwändig.

Beispiel 7.1:

Im Rahmen einer qualitativen Studie sollte analysiert werden, nach welchen Kriterien erfolgreiche australische Unternehmen ihr internationales Engagement auswählen und ob sich bei der Marktselektion ein bestimmter Prozess identifizieren ließ. Zu diesem Zweck wurden insgesamt 12 Entscheidungsträger in international tätigen australischen Unternehmen in einer Serie von qualitativen Interviews befragt. Die Unternehmen wurden bewusst aus unterschiedlichen Branchen und Größenklassen ausgewählt. Das erste Interview war vor allem explorativer Natur, um einen Gesamtüberblick zu erlangen; die anschließenden Interviews erfolgten durch die Gesprächstechnik des „laddering", wodurch die Auskunftspersonen dazu angeregt wurden, den Prozess der Marktselektion und die entscheidenden Faktoren zum Ausdruck zu bringen.

Ergebnis der Untersuchung war, dass für fast alle Unternehmen der erste Schritt auf ausländische Märkte eher ungeplanter Natur war (z.B. bedingt durch ausländische Kundenanfragen oder aufgrund einer Übernahme durch ausländische Investoren). Nur wenige Unternehmen waren auf das ausländische Engagement durch ein systematisches Auswahlverfahren adäquat vorbereitet; ein solches wurde meist erst mit zunehmender Erfahrung im internationalen Wettbewerb von den Unternehmen entwickelt. Ein weiteres Ergebnis der Studie war, dass sich der Marktselektionsprozess in zwei verschiedenen Stufen vollzieht. Zunächst wird die Marktgröße anhand relevanter Variablen beurteilt, erst dann werden weitere Aspekte einbezogen. Es zeigte sich auf der Basis der qualitativen Interviews, dass vor allem Märkte, die in ihrer Struktur zu der Unternehmensphilosophie bezüglich Wachstums- und Risikoaspekten passten, für ausländische Engagements ausgewählt wurden.

Quelle: Rahman 2003

Techniken der *indirekten Befragung* versuchen, den interessierenden Sachverhalt mittels ablenkender Fragestellungen zu erfassen; dadurch soll der wahre Zweck der Fragen verschleiert werden und die Auskunftsperson zu einer wahrheitsgemäßen Beantwortung der Fragen verleitet werden. Indirekte Befragungstechniken werden auch in quantitativen Untersuchungen eingesetzt. Aufgrund ihres primär qualitativen, auf die Erkundung psychologischer Sachverhalte ausgerichteten methodischen Ansatzes werden sie jedoch an dieser Stelle behandelt. Bei indirekten Befragungstechniken handelt es sich durchweg um psychologische Tests; dazu gehören

- projektive Verfahren und
- assoziative Verfahren.

Diese Techniken sind überwiegend fest definiert und strukturiert. Typischerweise ist die Befragung teilweise standardisiert, um eine Vergleichbarkeit der Ergebnisse bei verschiedenen Probanden zu ermöglichen; die Frageform kann sowohl offen als auch geschlossen sein.

Projektive Verfahren beruhen darauf, dass Menschen eigene unangenehme und widerspruchsvolle Regungen oder aber affektgeladene, innere Wahrnehmungen nach außen bzw. auf andere Personen projizieren, um sich selbst zu entlasten (vgl. Salcher 1995, S. 56; Schub von Bossiatzky 1992, S. 102). Die Probanden werden vor bestimmte Aufgaben gestellt, im Rahmen derer mehrdeutige Stimuli präsentiert werden. Die Stimuli sind zum einen durch eine gewisse Unbestimmtheit charakterisiert, z.B. werden unklare Situationen dargestellt, die die Befragten auf der Grundlage ihrer eigenen Erfahrungen, Einstellungen und Wertvorstellungen interpretieren müssen. Zum anderen enthält die Aufgabe i.d.R. eine neuartige, spielerische Komponente, wodurch der Befragte motiviert, aber gleichzeitig vom eigentlichen Zwecke der Befragung abgelenkt wird (vgl. Kepper 2008, S. 197). Aus der Art und Weise, wie die Auskunftspersonen mit der Aufgabe umgehen, können Rückschlüsse auf ihre Überzeugungen, Motive usw. gewonnen werden. Geeignet sind projektive Verfahren dann, wenn zu erwarten ist, dass die Auskunftspersonen zu bestimmten Fragestellungen nicht unmittelbar Stellung nehmen können oder wollen. Innerhalb der projektiven Verfahren lassen sich

- Ergänzungstechniken,
- Konstruktionstechniken und
- expressive Verfahren unterscheiden.

Abb. 7.2: Beispiel für einen Satzergänzungtest

Im Rahmen von *Ergänzungstechniken* werden die Auskunftspersonen gebeten, Anfänge von Sätzen oder auch Geschichten möglichst spontan und ohne bewusste Abwägung zu vervollständigen. Dadurch projiziert der Befragte eigene Meinungen und Einstellungen in die Sätze bzw. Geschichten, ohne das Gefühl zu haben, sich selbst bloßzustellen. Ein Beispiel für einen Satzergänzungstest findet sich in Abb. 7.2. Aus der Art der Ergänzung lässt sich auf die Einstellung des Probanden zum betreffenden Produkt schließen. Anwendungsbeispiele von Satzergänzungstests finden sich insbesondere in der Motiv- und Imageforschung wie auch in der Produkt- und Werbeforschung.

Als problematisch kann sich bei Ergänzungstests erweisen, dass die Befragten versuchen, sich dem sprachlichen Niveau der Vorlage anzupassen. Darüber hinaus suggeriert die Unvollständigkeit des Satzes bzw. der Geschichte, dass „richtige" oder „falsche" Antworten existieren. Beides kann die Spontaneität und Unvoreingenommenheit der Probanden beeinträchtigen.

Konstruktionstechniken beruhen darauf, dass bei Vorlage bestimmter – meist bildlicher – Stimuli die Testpersonen eine Aussage formulieren oder eine ganze Geschichte konstruieren sollen. Der Befragte ist dabei bzgl. Inhalt und Wortwahl völlig frei. Eine erste Gruppe innerhalb der Konstruktionstechniken bilden die sog. *Drittpersonentechniken.* Sie basieren darauf, dass einem Objekt bzw. einer Person bestimmte Eigenschaften zugeschrieben werden. Gängige Techniken sind dabei die folgenden (vgl. z.B. Salcher 1995, S. 71 ff.; Gröppel-Klein/Königstorfer 2009, S. 541; Kirchmair 2011, S. 357 ff.):

- *Personifizierung*: Der Befragte wird gebeten, sich das betreffende Produkt bzw. die Marke als Person vorzustellen. Anschließend wird er gebeten, diese Person zu beschreiben. („Ist die Marke männlich oder weiblich?" „Jung oder alt"? etc.)
- *Einkaufslistentest*: Dem Probanden werden fiktive Einkaufszettel vorgelegt. Anschließend muss der Befragte die Person beschreiben, welche diese Waren einkauft, oder aber er muss sich selbst für einen der Einkaufszettel entscheiden.
- *Typischer Verwender*: Der Proband muss beschreiben, wer aus seiner Sicht der typische Verwender eines bestimmten Produkts bzw. einer bestimmten Marke ist.
- *Symbolzuordnungstest*: Ähnlich wie bei der Personifizierung sollen dem Produkt bestimmte Symbole (z.B. Tiergattungen, Gegenstände, Farben) zugeordnet werden.
- *Zitatzuordnungstest*: Dem Probanden werden typische Äußerungen verschiedener Personen vorgelegt. Diese sollen dann als Verwender bzw. Nichtverwender vorgegebener Produkte eingeordnet werden.
- *Familienbildung*: Der Proband wird gebeten, Untersuchungsgegenstände (z.B. Produkte oder Marken) zu „Familien" verwandter Produkte zu gruppieren. Auf dieser Grundlage werden wahrgenommene Ähnlichkeiten zwischen Objekten ersichtlich.
- *Personenzuordnungstest*: Dem Probanden werden Bilder verschiedener Personentypen vorgelegt. Der Befragte soll angeben, welche der abgebildeten Personen er als typische Verwender des Produkts ansieht (vgl. Abb. 7.3).

Abb. 7.3: Beispiel für einen Personenzuordnungstest

Der *Ballontest* (Cartoontest, Comic-Strip-Test) als zweite Variante innerhalb der Konstruktionstechniken geht auf den Picture Frustration Test zurück. Dem Probanden wird eine Situation in Form eines Cartoons vorgestellt, in welchem eine leere Sprech- oder Gedankenblase vorhanden ist (vgl. Abb. 7.4). Die Szene kann eine testobjektbezogene Konfliktsituation darstellen (z.B. mangelnde Produktleistung), sie muss aber nicht. Der Befragte wird gebeten, sich in die präsentierte Situation hineinzuversetzen und die leere Sprechblase auszufüllen. Es wird dabei vermutet, dass sich der Befragte mit der abgebildeten Person identifiziert und seine Antwort daher seine eigene Disposition widerspiegelt (vgl. Kepper 2008, S. 199). Anwendung findet der Ballontest dort, wo Persönlichkeitsmerkmale oder Verhaltenspositionen erfasst werden sollen, z.B. bei der Erstellung von Konsumententypologien.

Abb. 7.4: Beispiel für einen Ballon-Test

Beispiel 7.2: Produktpersonifizierung zur Ermittlung des Markenkerns

Eine methodische Möglichkeit, die sog. „core values“ einer Marke zu erheben, stellt die Technik der Grabrede dar. In Kreativgruppen werden die Teilnehmer dazu aufgefordert, eine Grabrede für die „verstorbene“ Marke zu verfassen mit dem Ziel, Aussagen über und Begründungen für die Aktualität der Marke und den Grad der Kundenbindung zu gewinnen. Bei Anwendung dieser Technik können vor allem die positiven Aspekte, die mit einer Marke in Verbindung gebracht werden, gut erhoben werden, wobei für die Analyse auch Aussagen über die Qualität des Lebens mit der Marke, Ausdrücke der Zuneigung, Vorstellungen über das Leben ohne die Marke und vor allem der Grad an Überraschung über den Tod von besonderer Wichtigkeit sind.

Die hier analysierte Marke ist eine Submarke einer großen etablierten und positiv belegten Marke, deren Submarken sich klar in Form und Nutzen unterscheiden. Die betreffende Submarke ist seit 15 Jahren auf dem Markt, besetzt eine Marktnische und wird wenig beworben. Die nachfolgende Abbildung zeigt Beispiele für Grabreden eines Markenverwenders (links) und eines ehemaligen Verwenders (rechts).

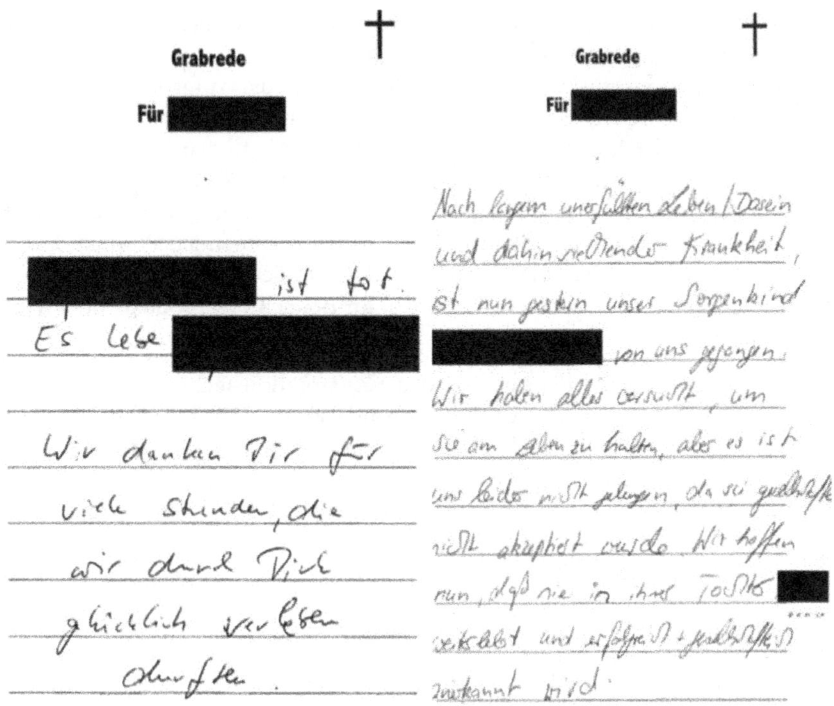

Grabrede

Für [redacted]

[redacted] ist tot.
Es lebe [redacted]
Wir danken Dir für viele Stunden, die wir durch Dich glücklich verleben durften.

Grabrede

Für [redacted]

Nach langem unerfüllten Leben/Dasein und dahin siechender Krankheit, ist nun gestern unser Sorgenkind [redacted] von uns gegangen. Wir haben alles versucht, um sie am Leben zu halten, aber es ist uns leider nicht gelungen, da sie gesellschaftlich nicht akzeptiert wurde. Wir hoffen nun, daß sie in ihrer Tochter [redacted] weiterlebt und erfolgreich + gesellschaftlich anerkannt wird.

Kurz vor der Untersuchung gab es eine innovative Markenausweitung mit einem Produkt, dessen Nutzen teilweise ähnlich erlebt wird. Dieses scheint sich sowohl bei den Verwendern als auch bei den ehemaligen Verwendern besonders auszudrücken. Während bei den Verwendern durchaus Trauer über den „Tod“ der Marke zum Ausdruck gebracht wird, welches von einer emotionalen Bindung zur Marke zeugt, fällt auch ihnen der Abschied verhältnismäßig leicht, da Ersatz in Sicht ist („XXX ist tot, es lebe XXX“). Für die ehemaligen Verwender kommt der Tod nicht verwunderlich, eine Auffassung von ungenügender „Performance“ der Marke und Aussagen über eine mangelnde Marktakzeptanz aufgrund von Schwächen in der Persönlichkeit sind zu erkennen. Auch hier kommt der Aspekt, dass Ersatz in Sicht ist, zum Ausdruck („Wir hoffen nun, dass sie in ihrer Tochter XXX weiterlebt und gesellschaftlich anerkannt wird.“).

Es hat sich im Rahmen der gesamten Untersuchung gezeigt, dass der zentrale Produktvorteil der Marke zwar geschätzt wird, jedoch keine tiefe Markenbindung mehr besteht, da die Konkurrenz auf funktionaler Ebene zu merklichem Loyalitätsschwund geführt hat. Um dem entgegenzuwirken, müssten verstärkt werbliche Maßnahmen durchgeführt werden, die die Verbraucher wieder an das Produkt und seine Vorteile erinnern. Aus Mangel an Aktualisierungsmaßnahmen hat die Marke ihre ehemals ausgeprägte Modernität eingebüßt und wird inzwischen als „alt“ erlebt. An diesem Aspekt könnte z.B. durch eine Modernisierung der Verpackungsgestaltung gearbeitet werden.

Quelle: Wegener Marktforschung 2004

Als dritte Konstruktionstechnik ist schließlich der *Bildererzähltest* zu nennen, der auf dem Thematischen Apperzeptionstest (TAT) basiert. Der Testperson werden Bilder vorgelegt, die eine Situation um den Untersuchungsgegenstand darstellen, z.B. bestimmte Kauf- oder Konsumsituationen. Der Befragte hat die Aufgabe, zu den Bildern eine passende Geschichte zu erzählen bzw. die auf den Bildern dargestellte Situation zu erläutern (vgl. Gröppel-Klein/Königstorfer 2009, S. 542 f.). Es wird dabei davon ausgegangen, dass durch die Charakterisierung der handelnden Personen und Ereignisse eigene Einstellungen, Werte und Verhaltensmuster einfließen. Beispielsweise stellen die Bilder eine Situation im Zusammenhang mit einem zu bewerbenden Produkt dar. Aus der Geschichte, die der Proband entwickelt, wird die Rolle des Produkts dann analysiert. Anwendung findet der Bildererzähltest u.a. im Bereich der Produkt- und Werbemittelforschung.

Expressive Verfahren unterscheiden sich von den Konstruktionstechniken dadurch, dass neben verbalen auch nonverbale Ausdrucksformen erfasst werden. Darüber hinaus liegt das Interesse des Forschers nicht nur im Ergebnis selbst, sondern auch in der Art und Weise, wie das Ergebnis erzielt wurde. Wie bei den Konstruktionstechniken besteht die Aufgabe des Probanden darin, komplexe Sachverhalte selbstständig zu entwickeln und darzustellen (vgl. Kepper 1996, S. 106 f.).

Im Rahmen expressiver Verfahren werden häufig *Rollenspiele* eingesetzt (vgl. hierzu Haimerl/Roleff 2001, S. 111). Der Befragte wird gebeten, eine bestimmte Rolle zu übernehmen und nach kurzer Vorbereitungszeit eine oder mehrere Szenen zu spielen (*Psychodramatechnik*). Bei der Rolle kann es sich um den Befragten selbst in einer bestimmten Situation, um eine andere Person oder um ein Objekt – häufig ein bestimmtes Produkt – handeln. Es wird dabei erneut davon ausgegangen, dass die Probanden eigene Dispositionen und Verhaltensmuster in ihre Rolle einfließen lassen, sodass wesentliche Persönlichkeits- und Verhaltensmerkmale erfasst werden können.

Beispiel 7.3:

Auf Basis von Erkenntnissen aus der Psychodramatechnik versuchte Tetra-Pak ein „reframing" seines Markenimages durchzuführen. Tetra-Pak gilt als moderne und „conveniente" Verpackung, vom Verbraucher wird ihr aber nicht die gleiche hohe Wertigkeitswahrnehmung entgegengebracht wie z.B. Glas oder PET-Verpackungen. Aus diesem Grund betont Tetra-Pak vor allem den Schutz des Vitamingehalts durch die Kartonverpackungen gegenüber den durchsichtigen Behältnissen der Konkurrenz.

Quelle: Haimerl/Lebok 2004, S. 53 ff.

Als weiteres expressives Verfahren ist das sog. *Psychodrawing* zu nennen (vgl. Kepper 1996, S. 106 f.). Die Testpersonen werden im Rahmen dieser Technik gebeten, zu einem bestimmten Thema eine Zeichnung anzufertigen. In der Marktforschung gebräuchlich sind z.B. das Zeichnen eines Produkts bzw. des Unternehmens als Ganzes, einer Verwendungssituation oder von Gefühlen und Erfahrungen im Zusammenhang mit einem Produkt. Aus der Art der Darstellung (Form- und Farbgebung, Bilddetails) können Rückschlüsse auf Gefühle, Einstellungen bzw. der Wichtigkeit von z.B. Produktmerkmalen gezogen werden. Zusätzliche Erkenntnisse können gewonnen werden, wenn der Befragte anschließend aufgefordert wird, seine Zeichnung zu erläutern.

Insgesamt betrachtet eignen sich projektive Techniken, um verborgene Meinungen und Einstellungen sichtbar zu machen, mögliche Antwortwiderstände (z.B. bei sensiblen Themen) zu umgehen und schwer verbalisierbare Sachverhalte zu erfassen (vgl. Kepper 2008, S. 202 f.). Dadurch können sie einen erheblichen Beitrag zur *Strukturierung des Untersuchungsfelds* leisten, da bisher unbekannte Dimensionen des Forschungsfelds zum Vorschein kommen. Auch kann die subjektive Bedeutung bestimmter Aspekte des Untersuchungsproblems zu Tage gefördert werden. Des Weiteren sind projektive Techniken in der Lage, auch komplexe, schwer erfassbare und sensible Themen ganzheitlich zu erfassen.

Dadurch, dass projektive Verfahren Kontrollmechanismen des Probanden umgehen und auch unter- oder unbewusste Motive identifizieren können, eignen sie sich im besonderen Maße zur *Ursachenforschung*. Auf diese Weise wird es möglich, auch solche Motive, Einstellungen oder Erwartungen aufzudecken, welche die Ursache für bestimmte Verhaltensweisen darstellen aber der Proband nicht artikulieren kann oder will. Problematisch ist, dass solche Techniken – insb. die expressiven Verfahren – hohe Anforderungen an den Probanden stellen und auf gewisse Hemmschwellen stoßen können (vgl. Kepper 1996, S. 108).

Beispiel 7.4:

Vor dem Hintergrund der Liberalisierung des Briefmarktes wollte die Deutsche Post AG ihren Status der Markenwahrnehmung bei Geschäfts- und Privatkunden erheben, um darauf aufbauend einen Markensteuerungsprozess implementieren zu können. Zu diesem Zweck führte das Market Research Service Center, Marktforschungsdienstleister des Konzerns Deutsche Post AG, eine qualitative Studie durch, bei der verschiedene projektive Verfahren zum Einsatz kamen.

Fokus der Studie war es, Erkenntnisse über den emotionalen Nutzen der Marke Deutsche Post AG zu gewinnen. Dabei wurde in einem ersten Schritt in Mini-Groups eine Produktpersonifizierung durchgeführt, bei denen die Teilnehmer die Marke Deutsche Post AG und ihre Konkurrenten auf dem Kommunikationsmarkt mit einer „Markenpersönlichkeit" versehen sollten.

Zu diesem Zweck erarbeiteten die einzelnen Gruppen die sozial relevanten Bedingungen (Alter, Geschlecht, Familie, Beruf), den Lebensstil (Gewohnheiten, Handlungen) sowie die zentralen Persönlichkeitsmerkmale und die Biographie der personifizierten Marke. In einem zweiten Schritt vertraten die Gruppen „ihre" Marke mit den wahrgenommenen Persönlichkeitsmerkmalen in allgemeinen und produktspezifischen Rollenspielen, wobei durch die direkte Interaktion Stärken und Schwächen in der Persönlichkeitsausstattung unmittelbar erlebbar wurden. In einem dritten Schritt wurde dann das Entwicklungspotenzial aus Kundensicht in den Gruppen erhoben, wobei eine geeignete „Therapie" für die Marke entworfen werden sollte, die einerseits zur Marke passt und andererseits ihr mehr Attraktivität im direkten Vergleich zu den Wettbewerbern verleihen sollte.

Aus diesen Erkenntnissen konnten anschließend Möglichkeiten und Grenzen einer beabsichtigten Umpositionierung der Marke aufgezeigt und Strategien der Markenweiterführung am Markt erarbeitet werden.

Quelle: Hensel/Meixner 2004, S. 70 ff.

Indirekte Befragungen können auch mit Hilfe *assoziativer Techniken* durchgeführt werden. Unter einer *Assoziation* versteht man spontane, ungelenkte Verknüpfungen einzelner Gedächtnis- und Gefühlsinhalte (vgl. Salcher 1995, S. 70 ff.). Die Aufgabe assoziativer Verfahren besteht darin, spontane Reaktionen auf bestimmte Stimuli zu fördern und dadurch gedankliche Verknüpfungen, die der Proband möglicherweise nicht verbalisieren kann oder will, offen zu legen.

Bekanntestes assoziatives Verfahren ist der sog. *Wortassoziationstest* (vgl. Daymon/Holloway 2010, S. 223). Dem Probanden wird eine Liste untersuchungsrelevanter Reizwörter vorgelegt, wobei die Liste üblicherweise auch neutrale Reizwörter enthält, um den Untersuchungszweck zu verschleiern. Der Proband muss auf jedes Reizwort spontan mit einer Assoziation reagieren. In der Marktforschung wird dies Verfahren beispielsweise eingesetzt, um bei Produktnamens- und Werbebotschaftsentwicklungen festzustellen, was potenzielle Kunden mit bestimmten Wörtern verbinden.

Weitere assoziative Techniken sind *Techniken zur Bildung von Assoziationsketten.* Dem Probanden wird ein verbaler oder bildlicher Stimulus präsentiert; die Testperson soll daraufhin so viele assoziative Verknüpfungen herstellen, wie ihr einfallen. Dadurch kann das spontane, unreflektierte Erlebnisumfeld des Untersuchungsgegenstandes (z.B. Produkt, Marke) erkundet werden, was wichtige Hinweise für die Motiv- und Imageforschung liefern kann (vgl. Kepper 2008, S. 201).

Bei der Anwendung von Assoziationstechniken ist zwischen freier und gelenkter Assoziation zu unterscheiden (vgl. Kirchmair 2011, S. 353). Während im Rahmen einer *freien Assoziation* der Untersuchungsgegenstand nicht eingeschränkt wird und der Befragte Assoziationen zu allen möglichen Aspekten bilden kann, wird im Rahmen einer *gelenkten Assoziation* der Untersuchungsgegenstand eingeschränkt, sodass der Proband nur zu bestimmten interessierenden Aspekten Verknüpfungen herstellen muss. Ein Beispiel wäre „Gesundheit“ als ungelenktes Reizwort und „kalorienreduzierte Ernährung“ als gelenktes Reizwort.

Assoziative Techniken können insbesondere zur *Strukturierung des Untersuchungsgegenstandes* beitragen, da die von Probanden geäußerten Verknüpfungen ein Bild über relevante Dimensionen des Untersuchungsobjekts schaffen können. Zu anderen Zwecken – z.B. Ursachenforschung – sind sie hingegen weniger geeignet. Demgegenüber steht der Vorteil eines flexiblen und unkomplizierten Einsatzes.

Beispiel 7.5:

Das ZDF hat u.a. mit Hilfe von Assoziationsketten versucht, den Informationsaufbau ihrer Websites zu überprüfen und die Assoziationen der Nutzer zu bestimmten Begriffen abgefragt und analysiert. Durch Assoziationen zu übergeordneten Kategorien konnten die Erwartungen der Testpersonen an die Website aufgenommen werden. Über die Assoziationen zu untergeordneten Kategorien konnte festgestellt werden, ob die Begriffe auch so verstanden wurden, wie sie gemeint waren, oder ob eine Umbenennung zweckmäßig wäre und zu mehr Klarheit führen würde. Auf Basis dieser Ergebnisse konnten die Informationsarchitektur der Website entscheidend verbessert und die Komplexität im Aufbau der Navigation reduziert werden.

Quelle: Frees/Bosenick 2004, S. 79 ff.

Gruppeninterviews

Gruppeninterviews sind dadurch gekennzeichnet, dass mehrere Personen gleichzeitig an einer Befragung teilnehmen. In der Marktforschung werden sie eingesetzt, wenn aus der Interaktion der Gruppenmitglieder untereinander besondere Erkenntnisse erwartet werden können. Als wichtige Unterformen können die Gruppendiskussion und die gelenkte Kreativgruppe unterschieden werden.

Im Rahmen einer *Gruppendiskussion* (Focus Group) wird eine Kleingruppe (meist 6-10 Personen) eingesetzt, die das vorliegende Forschungsproblem unter Leitung eines geschulten Moderators diskutiert. In der Regel werden für eine Gruppendiskussion 1 – 1 ½ Stunden angesetzt. Die Zusammensetzung der Gruppe sollte möglichst ausgewogen sein, um Positions- und Machtkämpfe zu vermeiden. Eine besondere Bedeutung kommt dabei dem Moderator zu (vgl. ausführlich Blank 2011, S. 300 ff.). Seine Aufgabe besteht darin, Wortbeiträge zu stimulieren und möglichst alle Beteiligten zu Äußerungen anzuregen; er steuert die Diskussion im Hinblick auf die konkrete Problemstellung, ohne aber den spontanen Gesprächsverlauf zu hemmen. Ein Diskussionsleitfaden gewährleistet eine gewisse Strukturierung des Diskussionsverlaufs.

Die Aufzeichnung erfolgt in Form von Gesprächsprotokollen, Tonband- und Videoaufnahmen. Bei der anschließenden Analyse sind dabei nicht nur die verbalen Äußerungen der Teilnehmer von Bedeutung; für die Interpretation liefern auch der Prozess der Meinungsbildung, die Diskussionsschwerpunkte und die nonverbalen Reaktionen der Teilnehmer (Mimik, Gestik) wertvolle Hinweise. Mittlerweile können Gruppendiskussionen auch online durchgeführt werden – im einfachsten Fall über Skype –, sodass sich die Teilnehmer nicht am selben Ort aufhalten müssen. Neben der hier dargestellten Grundform einer Gruppendiskussion sind zahlreiche Varianten gebräuchlich, von denen die wichtigsten nachfolgend dargestellt werden sollten.

Bei der *kumulierten Gruppendiskussion* werden mehrere, aufeinander aufbauende Gesprächsrunden mit jeweils unterschiedlichen Befragten durchgeführt. Dabei erhält jede Gruppe die Ergebnisse der vorherigen Gruppe(n) als Ausgangsbasis für die eigene Diskussion, sodass ein zusätzlicher Auseinandersetzungsprozess mit dem Untersuchungsproblem erreicht wird (vgl. Salcher 1995, S. 51).

Ziel von *kombinierten Gruppendiskussionen* ist es, den Einfluss von Gruppenmeinungen auf den individuellen Meinungsbildungsprozess zu ermitteln (vgl. Salcher 1995, S. 52). Bei dieser Form der Gruppendiskussion steht dementsprechend weniger das Endergebnis in Form der Gruppenmeinung im Vordergrund, sondern der Fokus liegt vielmehr auf den Meinungsbildungsprozess, d.h. in welcher Art und Weise sich Meinungen im Verlaufe der Diskussion bilden und verändern (vgl. Zanger/Sistenich 1996, S. 352 f.). Zu diesem Zweck werden vor der eigentlichen Gruppendiskussion mit allen Teilnehmern Einzelinterviews geführt, in welchen die ursprünglichen individuellen Ansichten bezüglich des Untersuchungsgegenstandes erhoben werden. In der nachfolgenden Gruppendiskussion wird festgehalten, wie und aufgrund welcher Argumente sich die einzelnen Meinungen durch den Gruppeneinfluss verändern. In abschließenden Einzelgesprächen wird dann die tatsächliche Abweichung von der ursprünglichen Auffassung überprüft und festgestellt, inwieweit die gemeinsame Diskussion dafür verantwortlich ist. Dieses Verfahren wird vor allem im Rahmen von Produkt- oder Werbekonzepttests eingesetzt, bei denen sowohl die Einzelmeinung als auch deren Veränderung im sozialen Umfeld von Interesse ist.

Bei der *kontradiktorischen Gruppendiskussion* wird ohne Wissen der Teilnehmer ein Mitarbeiter der Marktforschung in die Diskussionsrunde integriert mit der Aufgabe, einer zu schnellen Einigung durch provozierende Äußerungen und neue Aspekte entgegenzuwirken (vgl. Kepper 1996, S. 69). Ziel dieses Verfahrens ist es, die Stabilität einer erreichten Gruppenmeinung zu überprüfen. Des Weiteren eignet es sich auch dazu, konkrete, schon vorher identifizierte Stärken und Schwächen eines Untersuchungsgegenstandes, wie z.B. eines Produkt- oder Werbekonzepts, auf ihre Wichtigkeit hin zu überprüfen und die Reaktionen und Argumente der Teilnehmer bei Kenntnis dieser Stärken und Schwächen zu ermitteln (vgl. Salcher 1995, S. 55).

Sogenannte *Mini-Groups* (4-6 Befragte) werden eingesetzt, wenn das Untersuchungsthema oder die Befragten selbst Besonderheiten aufweisen, die eine solche kleine Gruppe zulassen oder sogar erforderlich machen. Mini-Groups haben sich insb. bei sensiblen Themen, bei Expertenbefragungen oder bei Kindern in der Praxis bewährt (vgl. Kepper 2008, S. 189).

Schließlich beinhaltet eine *Delphi-Befragung* eine mehrmalige, schriftliche Expertenbefragung auf der Grundlage eines standardisierten Fragebogens zu einem bestimmten Sachverhalt – häufig technologische Prognosen oder im Rahmen der Trendforschung. Die Aussagen der Experten werden statistisch ausgewertet, i.d.R. mit Hilfe des Medians und des Quartilabstands. Ziel ist dabei, eine Konvergenz zwischen den Expertenmeinungen zu erzielen.

Gruppendiskussionen sind zur *Strukturierung des Untersuchungsfelds* besonders geeignet, da durch die gegenseitige Stimulation der Teilnehmer viele relevante Strukturen und Dimensionen offen gelegt werden. Zur Erstellung *qualitativer Prognosen* eignet sich insbesondere die Delphi-Befragung. Zur *Ideengenerierung* und *Screening* sind Gruppendiskussionen grundsätzlich ebenfalls geeignet (vgl. Kepper 2008, S. 191 f.). In der Marketing-Praxis finden Gruppendiskussionen insb. in der Einstellungsforschung, der Neuproduktentwicklung sowie bei Werbe- und Packungstests Anwendung.

Gruppendiskussionen weisen im Vergleich zu Einzelinterviews eine ganze Reihe von *Vorteilen* auf:

- Während der Diskussion werden Hemmungen der Teilnehmer abgebaut, sodass sich die Teilnehmer gegenseitig zu Äußerungen anregen. Hierdurch wird ein breites Spektrum von Meinungen generiert.
- Die Diskussion erlaubt Einblicke in Meinungen, Verhaltensweisen, Einstellungen und Motive der Teilnehmer („Consumer Insights") im Rahmen einer alltagsnahen Gesprächsituation.
- Der Forscher kann Einblicke in die Beeinflussungsmechanismen sowie in die verbalen und nonverbalen Ausdrucksweisen innerhalb der Gruppe gewinnen.
- Die ungezwungene Atmosphäre führt zu „ehrlicheren" Verhaltensweisen und damit zu einer Reduzierung sozial erwünschten Verhaltens.

Demgegenüber stehen jedoch auch einige *Nachteile* (vgl. Blank 2011, S. 295 f.):

- Es besteht die Gefahr, dass der Einzelne seine Meinung an die Gruppennorm oder an einem Meinungsführer orientiert, sodass abweichende Einschätzungen, die für das Problem relevant sein könnten, unterdrückt werden.

- Der Erfolg einer Gruppendiskussion ist sehr stark von der Qualität der Moderation abhängig.
- Weniger geeignet ist die Gruppendiskussion bei sehr intimen oder tabuisierten Phänomenen und Sachverhalten.

Beispiel 7.6:

Das Marktforschungsinstitut Naether Marktforschung aus Hamburg erstellte im Jahr 2001 die Studie „Young Parents“, eine qualitative Studie, die sich mit den Werten und Einstellungen jungen Eltern befasste und welche das durch den neuen Lebensabschnitt gekennzeichnete Konsumverhalten und die Markenwahrnehmung unter die Lupe nahm. Im Rahmen von sechs Gruppendiskussionen mit jungen Eltern wurden dabei folgende Ergebnisse ermittelt: Auf dem Weg zum Elterndasein verändert sich das Konsumverhalten signifikant; ein Prozess vom unbedarften hin zum bewussten und aufgeklärten Konsumenten konnte festgestellt werden. Dabei spielt vor allem die Nutzung neuer Produktkategorien (Windeln, Babynahrung) eine Rolle. In allen Lebensbereichen konnte eine klare Tendenz zu Marken festgestellt werden, die von den jungen Eltern als besonders verlässlich und traditionell wahrgenommen werden und für Produkte mit guter Qualität stehen (Volkswagen, Daimler-Chrysler, Volvo). In diesem Zusammenhang wurden vor allem Marken genannt, die sich im internationalen Vergleich gegenüber kurzfristigen Trends profiliert haben und schon mit den eigenen Eltern in Verbindung gebracht wurden. Auch Aspekte wie Kinderfreundlichkeit und Kostengünstigkeit spielten bei der Markenwahrnehmung eine gesteigerte Rolle (IKEA, McDonald's). Nach einer Phase des sehr kritischen Umgangs mit Marken und Produkten kommt es dann wieder zu einem Einstellungswandel in Richtung pragmatischer Lösungen, wobei vor allem Lebensmitteldiscounter wie ALDI und Lidl von diesem Trend profitieren können. Negativ wurden insb. Unternehmen wahrgenommen, deren Produkte als ungesund gelten (Marlboro) oder Unternehmen wie Microsoft, das als Inbegriff für den negativ belegten amerikanischen Kapitalismus steht und deren Produkte als überteuert gelten.

Quelle: Naether Marktforschung 2001a und 2001b

Eine Sonderform des Gruppeninterviews ist die sog. *gelenkte Kreativgruppe.* Hierbei werden im Rahmen einer Gruppendiskussion gezielt Kreativitätstechniken integriert. Die Gruppenmitglieder werden mit der Anwendung der einzelnen Kreativitätstechniken vertraut gemacht. Je nachdem, wie anspruchsvoll die jeweilige Technik ist, reicht dies von einer einfachen Anleitung bis hin zu einer vollständigen Schulung. Kreativitätstechniken werden eingesetzt, um neue Problemlösungen zu finden. Deren Anwendung beruht auf der Erkenntnis, dass innovative Lösungen besonderer – bewusster oder unbewusster – Denkoperationen bedürfen; durch Stimulierung und Lenkung des kreativen Potenzials der Teilnehmer erhöht sich die Fähigkeit der Befragten, strukturiert und fokussiert innovative Problemlösungen zu erbringen. Die gelenkte Kreativgruppe unterscheidet sich von der herkömmlichen Gruppendiskussion durch folgende Merkmale (vgl. Kepper 2008, S. 190):

- Es wird bewusst darauf verzichtet, eine alltagsnahe Gesprächssituation mit dem ihr innewohnenden spontanen Gesprächsverlauf zu erzeugen. Hingegen wird der Gesprächsverlauf stärker moderiert und fokussiert.

- Die Erfassung des Prozesses der Meinungsbildung und Meinungsbeeinflussung – ein weiteres Merkmal der klassischen Gruppendiskussion – erfolgt im Rahmen einer gelenkten Kreativgruppe nicht.
- Durch den systematischen Einsatz strukturierter Techniken fallen die Befragten aus ihrer Rolle als „normale" Konsumenten und werden in die Position von Kritikern mit Expertenwissen versetzt. Dies kann zu einer Verhaltensverzerrung führen.

Wesentliche Aufgaben von Kreativitätstechniken sind (vgl. den Überblick bei Schlicksupp 1995):

- Verstärkung des kreativen Potenzials der Befragten,
- Überwindung von Denkblockaden und
- Erzielung von Synergieeffekten aus der Teamarbeit.

Die verschiedenen Kreativitätstechniken lassen sich in drei *Gruppen* unterteilen:

- assoziative Verfahren,
- bisoziative (synektische) Verfahren und
- kombinatorische Verfahren.

Assoziative Verfahren beruhen darauf, dass aufgrund einer schriftlich, bildlich oder verbal dargestellten Reizsituation die Teilnehmer zu Assoziationen angeregt werden. Es handelt sich um vergleichsweise einfache Methoden, die dazu geeignet sind, latente Problemlösungsansätze sichtbar zu machen; echte innovative Lösungen sind allerdings selten. Bekanntestes Verfahren ist dabei das *Brainstorming* (vgl. hierzu Osborn 1953).

Eine Brainstorming-Gruppe setzt sich typischerweise aus vier bis sieben Personen aus unterschiedlichen Bereichen, jedoch aus derselben Hierarchiestufe zusammen. Das Team hat die Aufgabe, während einer festgelegten Zeitspanne (i.A. 15 bis 60 Minuten) möglichst viele Ideen zu produzieren. Zu beachten sind dabei folgende *Grundregeln*:

- Jegliche sachliche und persönliche Wertungen sollen unterbleiben, um den Ideenfluss nicht zu hemmen.
- Alle Teilnehmer sind aufgefordert, die Ideen anderer aufzugreifen und weiter zu entwickeln.
- Auch auf den ersten Blick als abwegig erscheinende Ideen sollen geäußert werden, da sie möglicherweise Anregungen für brauchbare Lösungsvorschläge liefern.
- Es sollen möglichst viele Ideen entwickelt werden, um die Wahrscheinlichkeit zu erhöhen, dass sich darunter brauchbare, innovative Vorschläge befinden.

Weitere assoziative Verfahren sind (vgl. Schlicksupp 1995, Sp. 1294):

- *Destruktiv-konstruktives Brainstorming*: In einer ersten Phase werden ausführlich Mängel und Schwächen des vorgegebenen Sachverhalts behandelt; in einer zweiten Phase werden zu jedem aufgedeckten Mangel im Rahmen einer Brainstorming-Sitzung Verbesserungsmöglichkeiten gesucht.
- *Methode 635*: 6 Personen tragen in ein Formular je drei Lösungen ein. Die Formulare werden nacheinander an die anderen Teilnehmer weitergereicht, die jeweils drei neue oder drei Modifikationen bisheriger Lösungen eintragen müssen.

- *Kärtchen-Technik*: Die Teilnehmer schreiben jeweils eine Idee auf ein Kärtchen, das anschließend an eine Pinnwand geheftet wird. Die so gesammelten Ideen sollen zu weiteren Lösungen anregen.

Bisoziative oder synektische Verfahren beruhen darauf, dass Wissens- bzw. Erfahrungselemente von einem Gebiet auf ein anderes, nicht artverwandtes übertragen werden sollen. Die Teilnehmer sollen sich vom ursprünglichen Problem entfernen (Verfremdung) und dadurch zu neuen Ideen angeregt werden. Solche Techniken sind deutlich aufwändiger als assoziative Techniken und erfordern i.d.R. eine gezielte Schulung. Bekanntestes Verfahren ist die Synektik (vgl. hierzu Gordon 1961).

Tab. 7.1: Ablaufschritte der Synektik (Quelle: Schlicksupp 1995, Sp. 1300)

Phasen des kreativen Prozesses	Ablauf der Methode „Synektik"
Intensive Beschäftigung mit dem Problem ▪ Strukturierung ▪ Informationssuche ▪ Problemverständnis erhöhen ▪ Bemühen um Lösungen	Problemanalyse und -definition Spontane Lösungen Neu-Formulierung
Entfernung vom Problem ▪ Örtliche und zeitliche Verfremdung ▪ Wechsel der Tätigkeiten ▪ Körperliche Entspannung	Bildung direkter Analogien, z.B. aus der Natur Persönliche Analogien, „Identifikationen" Symbolische Analogien, „Kontradiktionen" Direkte Analogien, z.B. aus der Technik
Herstellung von Denkverbindungen ▪ unterbewusste, ungehemmte Denkprozesse ▪ Assoziationen ▪ Strukturübertragungen	Analyse der direkten Analogien Übertragen auf das Problem – „Force-Fit"
Spontane Lösungsideen ▪ Illuminationen ▪ Geistesblitz **Verifikation** ▪ Überprüfung und Ausgestaltung der Idee	Entwicklung von Lösungsansätzen

Die Grundidee der *Synektik* besteht darin, den normalerweise unbewusst verlaufenden kreativen Prozess bewusst zu stimulieren. Eine Synektik-Gruppe besteht i.d.R. aus fünf bis sieben Teilnehmern, welche besonders geschult sind und häufig ein festes Team bilden. Eine Synektik-Sitzung kann bis zu drei Stunden dauern. Tab. 7.1 zeigt den grundlegenden Ablauf einer Synektik-Sitzung.

Entscheidend ist im Rahmen der Synektik die Verfremdung vom Problem: Durch systematische Analogienbildung entfernt man sich immer weiter vom ursprünglichen Problem; im Anschluss an den Verfremdungsprozess soll sich die Synektikgruppe dann wieder auf das ursprüngliche Problem zurückbesinnen und dafür Lösungsansätze entwickeln.

Weitere bisoziative Techniken sind (vgl. Schlicksupp 1995, Sp. 1296 ff.; Schlicksupp et al. 2011, S. 449 ff.):

- *Reizwort-Analyse*: Per Zufall wird ein Gegenstand bestimmt, der gedanklich in Bausteine zerlegt wird. Die Denkelemente, die aus diesen „Bausteinen" erzeugt werden, sollen auf das ursprüngliche Problem übertragen werden.
- *Visuelle Synektik* (Collage-Technik): Kleinere Bilder werden zu neuen, ungewohnten Zusammenhängen kombiniert. Schlüsselbegriffe werden in Form von Bildern erfasst und beliebig zusammengesetzt; die so entwickelten Collagen sollen Anregungen für neue Ideen liefern.
- *TILMAG-Methode* (Transformation idealer Lösungselemente in Matrizen für Assoziationen und Gemeinsamkeiten): Ausgehend von „idealen Lösungselementen" werden gesteuerte Assoziationen aus fachfremden Gebieten generiert. Dadurch ist das Verfahren weniger abstrakt als die Synektik.

Kombinatorische Verfahren beruhen darauf, dass ein Objekt systematisch analysiert wird. Es wird versucht, die Elemente eines Objekts zu neuartigen Kombinationen zusammenzufügen. Diese Verfahren eigenen sich insb. zur Verbesserung und Weiterentwicklung bereits existierender Objekte (z.B. Produkte), weniger zur Entwicklung echter innovativer Problemlösungen.

Tab. 7.2: Morphologischer Kasten für eine Getränkeverpackung (Quelle: www.axel-schroeder.de)

Parameter	Ausprägungen				
Größe der Verpackung	0,1 l	0,5 l	1 l	5 l	
Art der Verpackung	Tüte	Kanister	Flasche	Dose	Beutel
Material der Verpackung	Glas	Alu	Kunststoff	Pappe	Holz
Art des Verschlusses	Drehverschluss	Sollbruchstelle	Klettverschluss	Druckknopf	Bügelverschluss
Material des Verschlusses	Kork	Kunststoff	Metall	Glas	Pappe

Bekanntestes Verfahren ist die *Morphologische Methode* (vgl. hierzu Zwicky 1966). Das Verfahren beruht auf einer systematischen Zerlegung des Problems in seine Elemente; diese Elemente werden anschließend zu neuen Problemlösungen zusammengefügt. Tabelle 7.2 zeigt ein Beispiel für einen morphologischen Kasten. Die Morphologische Methode vollzieht sich in folgenden Schritten:

- *Umschreibung und Verallgemeinerung des Problems*: Das Problem wird so allgemein wie möglich definiert, um das Spektrum möglicher Lösungen nicht unnötig einzuschränken.

- *Bestimmung der Parameter*: Das Problem wird in seine Elemente zerlegt (z.B. Produktbestandteile). Für die einzelnen Bestandteile (z.B. Verschluss) werden alle denkbaren alternativen Ausprägungen gesucht (z.B. Kork, Metall, Bügel usw.).
- *Aufstellung des morphologischen Kastens*: Parameter und Ausprägungen werden in Matrixform angeordnet; die Problemlösungen entstehen durch Verbindung je einer Ausprägung pro Parameter mittels Linienzügen (z.B. von Hand aufzuziehende Uhr mit Federmechanik etc).
- *Analyse und Bewertung der Lösungsmöglichkeiten*: Die resultierenden Lösungen werden auf ihre Realisierbarkeit hin überprüft und einer Bewertung unterzogen.
- *Auswahl der weiter zu verfolgenden Lösungen*: Die vielversprechendsten Alternativen werden ausgewählt.

Weitere kombinatorische Techniken sind:

- *Attribute-Listing*: Es werden alle wichtigen Eigenschaften und Bestandteile einer bekannten Problemlösung aufgelistet (Schlüsselattribute). Darauf aufbauend wird versucht, Anregungen für Lösungsverbesserungen des konkreten Problems zu entwickeln.
- *Progressive Abstraktion*: Das Verfahren beruht auf einer systematischen Veränderung der Perspektive. Das Problem wird stufenweise in immer größeren Zusammenhängen betrachtet. Durch eine schrittweise Erhöhung des Abstraktionsniveaus werden die Kernfragen eines Problems aufgedeckt, woraus systematisch neue Lösungsvorschläge entwickelt werden können.

Gelenkte Kreativgruppen finden ihren Einsatz im Bereich der *Ideengenerierung*. Typische Anwendungsfelder sind Produktinnovationen oder die Entwicklung von Werbekampagnen. Mit Einschränkungen können sie auch für das *Screening* eingesetzt werden, da die meisten Verfahren eine anschließende Beurteilung der entwickelten Ideen vorsehen. Allerdings ist zu beachten, dass die Teilnehmer eher eine Expertenperspektive und weniger die gewünschte Konsumentenperspektive vertreten (vgl. Kepper 2008, S. 192).

Gelenkte Kreativgruppen können auch zur *Strukturierung* eines Problems beitragen. Insbesondere bei komplexen, neuartigen Problemen können wichtige Problemelemente und mögliche Ausprägungen identifiziert werden. Schließlich können Kreativgruppen auch zur Vorbereitung oder Strukturierung *qualitativer Prognosen* eingesetzt werden.

1.3 Gestaltung qualitativer Befragungen

Die Vielzahl an Methoden qualitativer Befragungen geht mit einer besonderen Vielfalt an unterschiedlichen Anwendungstechniken einher; im Folgenden werden daher exemplarisch die wichtigsten Befragungstechniken bei qualitativen Erhebungen vorgestellt.

Techniken für explorative Interviews

Im Rahmen explorativer Interviews werden das narrative und das problemzentrierte Interview unterschieden. Das *narrative Interview* dient dazu, Wissen, Einstellungen oder Erfahrungen, die die Auskunftsperson mit bestimmten Objekten (z.B. Produkten) verbindet, herauszufinden (vgl. Kepper 1996, S. 38). Es kann in folgende *Phasen* unterteilt werden (vgl. Lamnek 2010, S. 327 ff.):

- In der *Erklärungsphase* werden der Auskunftsperson Zweck und Hintergründe des Interviews erläutert, insb. der narrative Gedanke. Darüber hinaus werden die technischen Modalitäten besprochen.
- In der *Einleitungsphase* wird der grobe Rahmen der „Erzählung" abgesteckt (Thematik, Abgrenzung u.a.). Des Weiteren wird der Auskunftsperson eine möglichst allgemeine Eingangsfrage gestellt, um den Erzählfluss in Gang zu setzen.
- In der eigentlichen *Erzählphase* soll die Auskunftsperson zur vorgegebenen Themenstellung ihre Gedanken frei äußern. Hier ist Zurückhaltung seitens des Interviewers gefordert, um den Erzähler nicht zu hemmen.
- Der Erzählphase folgt die *Nachfragephase*, in welcher Unklarheiten beseitigt bzw. spezielle Themen vertieft werden können.
- Daran schließt sich die *Bilanzierungsphase* an, in welcher durch direkte Fragen gemeinsam mit dem Befragten Motivationen und Intentionen erörtert werden, um der Erzählung eine Struktur zu geben und eventuelle Fehlinterpretationen zu vermeiden.

Die Organisation des narrativen Interviews ist vergleichsweise einfach, ein Leitfaden wird i.d.R. nicht erstellt. Die Rolle des Interviewers beschränkt sich i.W. darauf, den Erzählfluss der Auskunftsperson in Gang zu halten. Meist erfolgt eine Audio- oder Videoaufzeichnung des Interviews.

Im Unterschied zum narrativen Interview steht beim *problemzentrierten Interview* eine stärkere Problemorientierung im Vordergrund. Durch eine entsprechend provozierende Kommunikationsstrategie wird eine stärkere Thematisierung kritischer Inhalte erreicht. Der Interviewer nimmt hier eine aktive Haltung ein und versucht, durch eine offensive Kommunikationsstrategie Begründungen, Erklärungen, Urteile und Meinungen explizit zu provozieren (vgl. Kepper 1996, S. 45). Aus diesem Grunde ist es erforderlich, dass sich der Forscher im Vorfeld umfassende Informationen über den Forschungsgegenstand aneignet, um einen *Leitfaden* für die Erhebungsphase zu erstellen. Ein solcher Leitfaden reicht von einer stichwortartigen Checkliste über Mind Maps bis hin zu einem umfassenden Fragenkatalog (zu Einsatz und Erstellung von Leitfäden vgl. Mey/Mruck 2011, S. 279).

Ein problemzentriertes Interview vollzieht sich in folgenden Phasen (vgl. Lamnek 2010, S. 333 ff.).

- *Einleitung*: Hier werden den Probanden Zweck und Hintergründe des Interviews erläutert; der Rahmen der Untersuchung wird abgesteckt.
- *Allgemeine Sondierung*: In dieser Phase steuert der Interviewer den Erzählfluss des Befragten, damit dieser den Detaillierungsgrad und die inhaltliche Zielsetzung des Interviews besser erkennt. Dies kann mit Hilfe eines Erzählbeispiels erfolgen.
- *Spezifische Sondierung*: Hier sollen Erzählsequenzen, Darstellungsvarianten und stereotype Wendungen des Probanden nachvollziehbar und interpretierbar gemacht werden. Dies kann z.B. durch eine sog. *Zurückspiegelung* erfolgen, im Rahmen derer der Interviewer in eigenen Worten dem Befragten eine Interpretationsmöglichkeit anbietet, welche ggf. durch den Befragten korrigiert werden kann. Weiterhin sind *Ver-*

ständnisfragen gebräuchlich. Eine dritte Möglichkeit besteht in der *Konfrontation* der Auskunftsperson mit Ungereimtheiten, Widersprüchen oder Unklarheiten.

- Die vierte Phase dient der *Ergänzung*. Hier wird durch gezielte Fragen versucht, Problembereiche zu thematisieren, welche die Auskunftsperson noch nicht angesprochen hat.

Um die Auswertung zu erleichtern, sollte das Interview nach Möglichkeit per Tonband oder Video aufgezeichnet werden, um auch die nonverbalen Reaktionen des Probanden festzuhalten.

Techniken für fokussierte Interviews

Beim fokussierten Interview wird der Auskunftsperson ein Stimulus präsentiert, z.B. eine Werbeanzeige. Der Forscher beobachtet dabei die Reaktionen des Probanden. Aufgrund der Beobachtungsergebnisse in Verbindung mit den Strukturen und Elementen der Stimuli bildet der Forscher Hypothesen und einen Leitfaden für das sich anschließende Interview (vgl. Kepper 1996, S. 52 f.).

Die aus der Verknüpfung von Beobachtung und Interview entstehende Komplexität erfordert spezifische *Anweisungen* an den Interviewer (vgl. Merton/Kendall 1979, S. 186 ff.):

- *Nichtbeeinflussung*: Der Interviewer darf die Auskunftsperson in keiner Weise beeinflussen; insbesondere dürfen die zugrunde gelegten Forschungshypothesen nicht erwähnt werden.
- *Spezifikation*: Die Reaktionen auf den dargebotenen Stimulus sollen nicht nur erfasst, sondern auch interpretiert und miteinander in Verbindung gebracht werden (Explikation).
- *Tiefgründigkeit der Interviewführung*: Der Interviewer darf sich nicht mit dem Offenkundigen zufrieden geben, sondern muss in der Lage sein, durch gezielte Fragen auch verdeckte Strukturen und Bedeutungen offenzulegen (z.B. durch den Einsatz von Schlüsselwörtern).

Der Ablauf ist dabei typischerweise wie folgt (vgl. Weller/Grimmer 2004, S. 63 f.): In einer ersten Stufe (*Shadowing*) wird der Proband einer Alltagssituation ausgesetzt, z.B. Surfen auf einer Webseite oder Anschauen einer Werbesendung. Dabei wird er von einem geschulten Psychologen beobachtet, indem dieser in das Geschehen aktiv eingreift. In der nachfolgenden Phase des *„lauten Denkens"* beschreibt die Testperson, womit sie sich gerade beschäftigt und was sie dabei denkt. Anschließend werden im Rahmen eines *vertiefenden Interviews* ergänzende Hintergrundinformationen eingeholt.

Techniken für Tiefeninterviews

Im Rahmen eines Tiefeninterviews hat der Forscher die Aufgabe, in einem zwanglosen Gespräch unbewusste, verborgene oder nur schwer erfassbare Motive und Einstellungen zutage zu fördern. Der Aufbau des Gesprächs und die Auswahl der Fragen liegen dabei im Ermessen des Interviewers. Im Hinblick auf die Strukturierung des Interviews können verschiedene Techniken zur Anwendung kommen (vgl. z.B. Salcher 1995, S. 37 ff.; Kepper 1996, S. 47 ff.).

Im Rahmen der *nichtdirektiven Technik* wird auf einen Leitfaden verzichtet, d.h. die Vorgehensweise ist völlig unstrukturiert. Diese Methode bietet sich dann an, wenn ein sehr breites Spektrum von Motiven und Einstellungen erfasst werden soll. Allerdings stellt sie an Testperson und Interviewer sehr hohe Anforderungen und erschwert die Vergleichbarkeit und Interpretation der Ergebnisse. Aus diesem Grunde wird in der Marktforschung überwiegend auf die *semidirektive Interviewtechnik* zurückgegriffen, bei welcher ein Leitfaden für die Interviews erstellt wird. Dadurch wird der Interviewer angehalten, richtungweisend einzugreifen, wenn die Auskunftsperson vom eigentlichen Befragungsthema abweicht. Auf diese Weise wird zumindest eine gewisse Vergleichbarkeit erreicht.

Der psychologische Hintergrund dieser Interviewform lässt erkennen, dass psychologisch geschulte Fachleute für die Durchführung eines Tiefeninterviews notwendig sind. Schon während des Gesprächs sollte der Interviewer die Möglichkeit, auf tieferliegende Bewusstseinsebenen vorzudringen, erkennen und den Gesprächsverlauf diesbezüglich lenken. Zu diesem Zweck kann er sich verschiedener Fragetechniken bedienen:

- Durch das *Hidden-Issue-Questioning* sollen persönliche Werte und Wünsche der Interviewten mit Hilfe allgemein gehaltener Fragen ermittelt werden, durch welche verborgene Probleme und Grundhaltungen beleuchtet werden sollen.
- Bei der Technik des *Laddering*, auf die im Folgenden näher eingegangen werden soll, wird ausgehend von konkreten Produkteigenschaften durch gezieltes Nachfragen, warum bestimmte Eigenschaften eine besondere Wichtigkeit für den Befragten haben, ein Prozess angeregt, der bis hin zu den persönlichen Werten der Auskunftsperson geht.
- Im Rahmen der *Symbolic Analysis* wird versucht, die wahren Bedeutungen und Einschätzungen von Produkten durch die symbolische Erklärungskraft von Attributen und die Beschreibung ihrer Gegensätze zu ermitteln.

Sollen im Rahmen des Interviews verschiedene Themen erforscht werden, stellt sich die Frage nach der *Anordnung der Themen* (vgl. Kepper 1996, S. 158 f.). Im Allgemeinen bieten sich sog. *Trichterfragen* an, d.h. zu Beginn der Erhebung wird auf eher allgemeine Themen eingegangen, die dann im weiteren Verlauf vertieft werden. Wird bei der Auskunftsperson ein eher geringes Involvement vermutet, bietet sich hingegen die umgekehrte Trichterfrage bzw. *Tunnelfrage* an, d.h. vom Speziellen zum Allgemeinen. Dadurch fällt es dem Probanden leichter, seine Standpunkte, Einstellungen und Erkenntnisse über bestimmte Zusammenhänge zu artikulieren. Die gewonnen Daten werden mit Hilfe der Inhaltsanalyse ausgewertet (vgl. Abschnitt 5.2).

Das Ladderingverfahren

Das Ladderingverfahren ist eine spezielle Form des Tiefeninterviews und basiert auf der Means-End-Theorie. Ihr Ziel ist die Ermittlung von Ziel-Mittel-Beziehungen zwischen Produkteigenschaften und Werten des Konsumenten (vgl. z.B. Baker 2000; Olson/Reynolds 1983). Ausgangspunkt der Ziel-Mittel-Beziehungen ist das Produktwissen des Konsumenten; dabei bilden die Eigenschaften des Produkts und dessen Konsequenzen (Nutzen) die Mittel (Means), welche zur Erreichung von Werten (Ends) beitragen (vgl. Abb. 7.5). Die unterste Ebene des Modells sind die *Produkteigenschaften*, welche in physische, d.h. objektiv-konkrete Merkmale wie z.B. Farbe, und abstrakte, d.h. subjektive geprägte Attribute wie z.B. Design unterteilt werden können. Die zweite Ebene beinhaltet die Konsequenzen (Nutzenerwartungen), welche sowohl positiv (Benefits) als auch negativ (wahrgenommene Risiken) ausfallen können. Konsequenzen können zum einen funktionaler Natur sein, d.h. sie betreffen den Zweck, den das Produkt erfüllen soll (z.B. Bequemlichkeit); zum anderen können sie psychosozialer Natur sein, sie berühren also die Wirkungen, die die Nutzung eines Produkts auf die Psyche oder das soziale Umfeld des Konsumenten entfaltet.

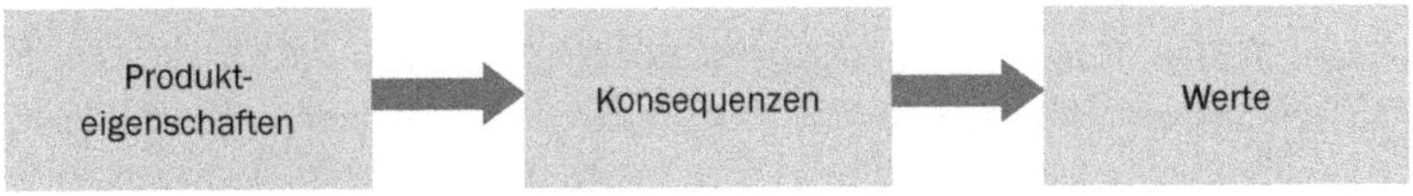

Abb. 7.5: Das Means-End-Modell

Die dritte Ebene sind die *Werte*, d.h. die allgemeinen Ziele der Konsumenten, welche den Kauf bzw. die Nutzung eines Produkts als erstrebenswert oder nicht erstrebenswert erscheinen lassen. Sie können unterteilt werden in Endwerte, welche die grundlegenden Wünsche und Ziele des Konsumenten beinhalten, und instrumentelle Werte, welche dazu dienen, den Endwerten gerecht zu werden. Abbildung 7.6 erläutert die Zusammenhänge anhand eines Beispiels.

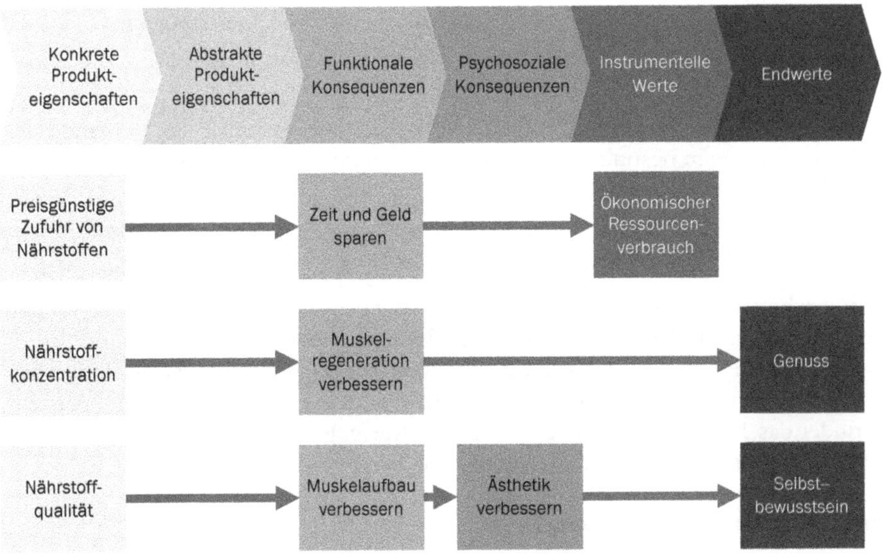

Abb. 7.6: Means-End-Ketten für anabolische Nahrungsergänzungsmittel (Quelle: in Anlehnung an Eberhard/Fantapié Altobelli 2014, S. 81)

Mit Hilfe der Ladderingtechnik wird versucht, die Means-End-Kette empirisch zu ermitteln, wobei – wie Abb. 7.6 verdeutlicht – nicht unbedingt immer alle Teilebenen berührt werden müssen. Obwohl das Laddering zu den qualitativen Verfahren zählt, ist sein Ablauf mittlerweile vergleichsweise standardisiert. Durch gezielte Fragen versucht der Interviewer schrittweise von der Nennung der Produkteigenschaften über die Konsequenzen zu den jeweiligen Werten vorzustoßen. Im Kern handelt es sich um eine Sequenz von „Warum?"-Fragen, d.h. „Warum ist Ihnen diese Eigenschaft wichtig?" bzw. „Warum ist dieser Nutzen für Sie wünschenswert?". Die Befragung wird solange fortgeführt, bis der Befragte keine weiterführenden Aspekte mehr hervorbringt.

In diesem Zusammenhang kommt der Auswahl der zu untersuchenden Eigenschaften eine große Bedeutung zu. Diese können im Vorfeld des Interviews durch einen Fragebogen ermittelt werden, in welchem die Auskunftspersonen die Produktmerkmale niederschreiben und sie nach ihrer Wichtigkeit ordnen; alternativ können sie zu Beginn des Interviews erfragt werden.

Das Ladderingverfahren bringt einige *Anwendungsprobleme* mit sich (vgl. Gaus et al. 1997, S. 10 f.). Die Datenerhebungssituation ist oftmals eine völlig andere als eine reale Kaufsituation; dadurch können während der Befragung unerwünschte kognitive Prozesse auftreten, z.B. die Herstellung von Verbindungen zwischen Eigenschaften und Werten, die für den Konsumenten sonst nicht relevant wären. Auch fehlt den Probanden oft das Wissen über mögliche Konsequenzen einer Eigenschaft. Es gibt jedoch eine ganze Reihe von *Techniken*, um diese Probleme abzuschwächen:

- Herstellung eines *Situationsbezugs*, d.h. der Proband beschreibt eine Situation, in der er das Produkt benutzt. Dadurch soll ihm die Eigenschaft bzw. Konsequenz bewusst werden.
- Beschreibung des *Nichtvorhandenseins* einer Eigenschaft. Dies erlaubt Aufschlüsse über die Wichtigkeit der betreffenden Eigenschaft für den Produktnutzen.
- *Negatives Laddering*: Die Auskunftsperson wird gefragt, warum sie bestimmte Dinge nicht tut.
- *Alters-Regressions-Kontrast*: Hier wird erfragt, ob und inwieweit sich das Verhalten des Probanden in einem bestimmten Zeitabschnitt verändert hat.
- *Drittpersonentechnik*: Der Befragte soll sich vorstellen, in welcher Situation und aus welchem Grund andere (z.B. Freunde und Bekannte) ein bestimmtes Produkt benutzen. Dadurch können auch sensible Themen angesprochen werden.

Die Aufzeichnung erfolgt meist schriftlich, es können aber auch technische Geräte verwendet werden. Im Rahmen des Onlineladdering erfolgt die Aufzeichnung „automatisch", da der Proband selbst seine Antworten niederschreibt. Ausgewertet werden die Aufzeichnungsprotokolle mit Hilfe der Inhaltsanalyse (vgl. Abschnitt 5.2). Anwendung findet das Ladderingverfahren z.B. zur Bewertung von Produkten und Marken, zur Marktsegmentierung und zur Bewertung von Werbemaßnahmen.

Techniken für Gruppendiskussionen

Gruppendiskussionen werden von einem Moderator geleitet, dessen Aufgabe es ist, für einen reibungslosen und zielgerichteten Diskussionsverlauf zu sorgen (vgl. Lamnek 2010, S. 402). Die Gruppendiskussion beginnt mit einer *Eröffnungsphase*, in welcher der Moderator die Aufgabe hat, anfängliche Hemmungen abzubauen und eine angenehme Gesprächsatmosphäre zu erzeugen. Hierzu gehören die individuelle Begrüßung, das gegenseitige Vorstellen der Diskussionsteilnehmer sowie die Aufklärung über den Zweck der Untersuchung. Wichtig ist in diesem Zusammenhang auch, dass der Moderator die Teilnehmer zu ernsthaftem Arbeiten motiviert, um eine „Kaffeeklatsch-Atmosphäre" zu verhindern. Auch kann der Einstieg in die Diskussion durch das Beantworten einfacher Fragen, z.B. zu den Erfahrungen mit dem Produkt, erleichtert werden.

Die sich anschließende Diskussionsphase erfordert seitens des Interviewers nur noch einen begleitenden Einsatz. Im weiteren Verlauf der Diskussion hat er lediglich die Aufgabe, die Diskussion in Gang zu halten und möglichst viele Teilnehmer zu Aussagen zu animieren. Hierzu bedient er sich verschiedener *Techniken* (vgl. Lamnek 2010, S. 405 f.), u.a.:

- *Einfaches Nachfragen*: Dadurch wird der Teilnehmer angehalten, seine Äußerung zu präzisieren und Unklarheiten zu beseitigen.
- *Paraphrase*: Eine bestimmte Aussage wird mit anderen Worten wiederholt, wodurch die Aussage verständlicher wird. Durch Übertreibung, Überspitzung oder Verschärfung kann die Aussage darüber hinaus provokativ formuliert werden und zu Gegenäußerungen animieren.
- *Konfrontation*: Der Moderator kann die Gruppe zu weiterem Nachdenken anregen, indem er gegensätzliche Meinungen gegenüberstellt oder die Gruppe mit den Auswirkungen einer Aussage konfrontiert.

Eine weitere Aufgabe des Moderators besteht darin, zu verhindern, dass sich bestimmte Rollen in der Gruppenstruktur bilden bzw. verfestigen (vgl. Kepper 1996, S. 70). Das gilt insbesondere für die Rolle des „Schweigers" und die des „Meinungsführers". So kann der Moderator einerseits Wortmeldungen des Meinungsführers skeptisch gegenübertreten, andererseits einen Schweiger gezielt in die Diskussionsrunde integrieren.

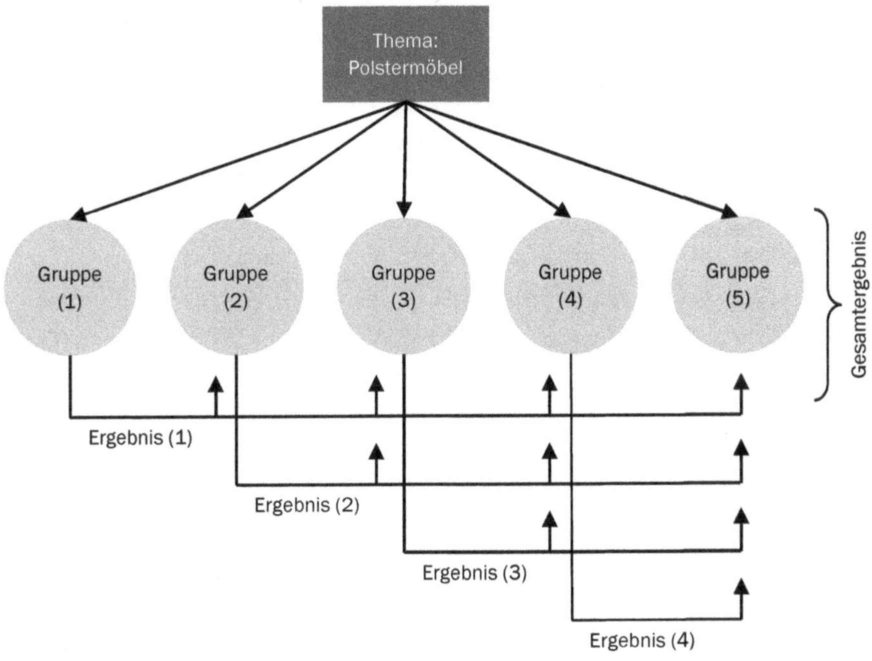

Abb. 7.7: Ablauf einer kumulierten Gruppendiskussion (Quelle: Salcher 1995, S. 51)

Neben diesen allgemeinen Techniken zur Durchführung von Gruppendiskussionen haben sich einige besondere Anwendungstechniken herausgebildet (vgl. Salcher 1995, S. 50 ff.):

- kumulierte Gruppendiskussion,
- kombinierte Gruppendiskussion und
- kontradiktorische Gruppendiskussion.

Im Rahmen einer *kumulierten Gruppendiskussion* werden mehrere – i.d.R. 3 bis 5 – Gruppen gebildet. Die Diskussion innerhalb der ersten Gruppe verläuft nach dem üblichen Schema; in jeder weiteren Gruppe werden darüber hinaus die Ergebnisse der vorangegangenen Gruppe(n) diskutiert (vgl. Abb. 7.8). Dadurch kann zum einen eine Vielzahl an Meinungen, Ideen und Einstellungen gewonnen werden, zum anderen können die Attraktivität und die Tragfähigkeit einzelner Ideen eingeschätzt werden. Anwendung findet diese Methode insb. bei Konzepttests, z.B. im Rahmen der Produkt- oder Werbeforschung.

Eine *kombinierte Gruppendiskussion* verbindet Einzelinterview und Gruppenbefragung. Zunächst erfolgen Einzelinterviews mit jedem Teilnehmer, um deren Individualmeinungen zu einem bestimmten Thema festzuhalten. Daran schließt sich die eigentliche Gruppendiskussion an. Anschließend werden alle Teilnehmer noch einmal zu einem abschließenden Einzelinterview gebeten. Auf diese Weise kann festgestellt werden, ob eine Veränderung der ursprünglichen Individualmeinung eingetreten ist und welche Argumente zu einer Meinungsänderung geführt haben. Die Meinungsänderungen werden in einem bestimmten Format protokolliert (vgl. Tab. 7.3). Auch diese Methode findet in der Produkt- und Werbeforschung Anwendung.

Tab. 7.3: Protokoll zur Erfassung von Meinungsänderungen im Verlauf einer Gruppendiskussion (Quelle: in Anlehnung an Salcher 1995, S. 53)

Probanden	Änderungen im Meinungsprozess (innerhalb der Gruppe)				
	Ausgangsmeinung	Modifikation 1	Modifikation 2	Modifikation 3	Modifikation 4
Person A					
Person B					
Person C					
Person D					
Person E					
Person F					

Bei einer *kontradiktorischen Gruppendiskussion* wird ein Mitarbeiter des Marktforschungsinstituts als Teilnehmer getarnt in die Diskussionsrunde integriert. Seine Aufgabe besteht darin, der Gruppenmeinung kritisch gegenüberzutreten und die Gruppe mit gegenteiligen Argumenten zu konfrontieren. Dadurch kann die Standfestigkeit und Beeinflussbarkeit der Gruppenmeinung überprüft werden. Die Methode wird insb. im Rahmen der Produktforschung angewendet und dient vor allem der Abschätzung der Stärken und Schwächen einer Produktidee sowie der Identifikation von Gründen für Meinungsänderungen oder von Argumenten zur Aufrechterhaltung der Gruppenmeinung.

2 Qualitative Beobachtung

Wie auch schon bei den verschiedenen Formen der Befragung kann die Beobachtung entweder auf einem quantitativen oder aber einem qualitativen methodischen Ansatz beruhen; die Trennung ist allerdings nicht so eindeutig wie bei der Befragung, da eine Beobachtung in vielen Fällen „per se" einige typische Merkmale qualitativer Studien enthält, etwa kleine Stichproben oder die subjektive Interpretation des Beobachtungsgeschehens seitens des Beobachters. Während quantitative Beobachtungen insb. im Rahmen von Zählungen und Bestandsaufnahmen zur Anwendung kommen, finden qualitative Beobachtungen typischerweise im Rahmen der Erhebung psychischer Zustände Anwendung, bei der also die Qualität des Verhaltens eine Rolle spielt (vgl. Ruso 2009, S. 527). Neben der „klassischen" Verhaltensbeobachtung sind die folgenden weiteren Verfahren qualitativer Beobachtung zu nennen:

- *Methode des lauten Denkens* (vgl. Buber 2009): Die Probanden werden mit einer Aufgabe konfrontiert, z.B. Verwendung eines Produkts. Dabei sollen sie sämtliche in diesem Zusammenhang auftretenden Gedanken in Worte fassen und laut aussprechen. Auf diese Weise können Erklärungen für bestimmte Verhaltensweisen und mögliche Probleme gewonnen werden.
- *Ethnographische Forschung* (vgl. Mangold/Kunert 2007, S. 344): Hier wird nicht nur die kognitiv-verbale Verhaltensebene der Probanden erfasst, sondern auch sein Lebensraum und Konsumumfeld. Hierdurch werden wertvolle ergänzende Informationen über die Persönlichkeit des Probanden gewonnen.
- *Weblogs und Brand Communities* (vgl. Hoffmann 2009, Schroiff 2009): Durch das Führen unternehmensinterner Blogs oder eigener Brand Communities können das Such- und Kommunikationsverhalten der Nutzer registriert werden, z.B. Kommentare, Diskussionsbeiträge, Empfehlungen. Dieses Monitoring liefert wertvolle Hinweise für das Marketing.

Tab. 7.4: Merkmale quantitativer und qualitativer Beobachtung

Merkmal	Quantitative Beobachtung	Qualitative Beobachtung
Strukturierungsgrad der Untersuchung	Vorwiegend standardisiert	Unstandardisiert
Beobachtungsumfeld	Laborbeobachtung bevorzugt	Feldbeobachtung
Partizipationsgrad des Beobachters	Sowohl teilnehmend als auch nichtteilnehmend	Sowohl teilnehmend als auch nichtteilnehmend
Durchschaubarkeit der Erhebungssituation	Sowohl offen als auch verdeckt	Sowohl offen als auch verdeckt
Form der Datensammlung	Sowohl persönlich als auch apparativ	Persönlich

Die wesentlichen *Unterschiede* zwischen quantitativen und qualitativen Beobachtungstechniken lassen sich durch die Ausprägungen der einzelnen Klassifikationsmerkmale einer Beobachtung voneinander abgrenzen (vgl. Tab. 7.4).

Betrachtet man das Kriterium *Strukturierungsgrad der Untersuchung* gilt, dass im Rahmen quantitativer Marktforschung die *standardisierte*, vorstrukturierte Beobachtung bevorzugt eingesetzt wird, da diese Vorteile im Hinblick auf die Kodierung und Auswertung aufweist. Im Rahmen qualitativer Beobachtung findet hingegen ausschließlich die *unstandardisierte*, nicht strukturierte Form Anwendung (vgl. Kepper 2008, S. 204). Es wird auf vorab bestimmte Kategorien verzichtet, um die Beobachtung möglichst umfassend, flexibel und situationsadäquat zu halten. Der Beobachter entscheidet damit de facto selbst, welche Beobachtungen für die Untersuchung relevant sind, was das Problem der nichtkontrollierbaren Informationsselektion aufwirft. Das Problem der Informationsselektion ist allerdings auch bei der strukturierten, quantitativen Beobachtung gegeben; die Informationsselektion wird hier der eigentlichen Beobachtung vorgelagert, indem von vornherein die relevanten Beobachtungskategorien vorgegeben werden. Geeignete Beobachtungskategorien können jedoch nur dann vorgegeben werden, wenn ein entsprechendes Vorwissen besteht, welche Sachverhalte relevant sind; die Wahl geeigneter Kategorien stellt daher hohe Ansprüche an den Forscher. Andererseits stellt die unstrukturierte Beobachtung ebenfalls hohe Anforderungen an den Beobachter, da dieser über die Relevanz der einzelnen Vorgänge zu entscheiden hat. Um dieses Problem zu mindern, werden bei einer unstrukturierten Beobachtung üblicherweise *Beobachtungsleitfäden* erstellt, welche die verschiedenen jeweils relevanten Dimensionen einer Beobachtungssituation enthalten. Dazu gehören z.B. (vgl. Kepper 2008, S. 205):

- Beschreibung der Teilnehmer,
- Schauplatz und sonstige situative Kontextfaktoren,
- Zweck der Untersuchung,
- Häufigkeit oder Dauer bestimmter Vorgänge.

Diese Aspekte helfen dem Beobachter, bei der Erstellung der Beobachtungsprotokolle alle wichtigen Aspekte zu erfassen.

Im Hinblick auf das *Beobachtungsumfeld* gilt, dass quantitative Beobachtungen bevorzugt als Laborbeobachtungen vorgenommen werden, um die Vorteile von Repräsentativität und Kontrollierbarkeit der interessierenden Faktoren in Anspruch nehmen zu können, wohingegen qualitative Studien oftmals die Feldbeobachtung vorziehen; der Grund ist darin zu sehen, dass qualitative Untersuchungen stets um die Beibehaltung möglichst alltagsnaher Kommunikationssituationen bemüht sind und das in Laborsituationen ggf. erzeugte atypische Verhalten (Beobachtungseffekt) zu verhindern suchen (vgl. Kepper 2008, S. 204). Im Hinblick auf den *Partizipationsgrad* des Forschers sind bei der quantitativen wie auch bei der qualitativen Beobachtung grundsätzlich sowohl die teilnehmende als auch die nichtteilnehmende Beobachtung möglich. Ob der Beobachter aktiv am Beobachtungsgeschehen teilnimmt, ist weniger eine Frage des methodischen Forschungsansatzes, als vielmehr des konkreten Untersuchungsproblems.

Ähnliches gilt für die *Durchschaubarkeit der Erhebungssituation.* Sowohl quantitative als auch qualitative Analysen können grundsätzlich als offene oder verdeckte Beobachtung stattfinden. Bei quantitativen Studien, die auf der Grundlage einer Laborsituation durchgeführt werden, ist es allerdings einfacher, eine verdeckte Erhebungssituation zu erzeugen als bei qualitativen Beobachtungen, die fast immer als Felduntersuchungen stattfinden.

Unterschiede weisen die beiden Forschungsansätze im Hinblick auf die *Form der Datensammlung* auf. Bei quantitativen Beobachtungen kommen sowohl die persönliche Datenerhebung durch den Beobachter als auch die Nutzung apparativer Verfahren zur Anwendung, die für Zählungen oder zur Messung psychophysiologischer Verhaltensindikatoren eingesetzt werden. Die Verwendung apparativer Hilfsmittel ist dabei typisch für Laborsituationen; häufig werden diese technischen Hilfsmittel eingesetzt, um bestimmte Stimuli gezielt zu präsentieren bzw. die Reaktionen der Probanden auf die Stimuli zu erfassen. Qualitative Studien sind hingegen bemüht, möglichst wenig in die Realität einzugreifen; aus diesem Grunde erfolgt die Aufzeichnung bei der qualitativen Beobachtung stets persönlich durch den Beobachter, d.h. es wird darauf verzichtet, durch gezielte Stimuli die beobachtete Person in ihrer natürlichen Reaktion zu beeinflussen (vgl. Kepper 2008, S. 204). Eingesetzt werden daher i.d.R. lediglich allgemeine Aufzeichnungsgeräte wie Tonband oder Video.

Der besondere Nutzen qualitativer Beobachtungsmethoden für die Marktforschung liegt in der Möglichkeit, tatsächliches Verhalten aufzunehmen und als Basis für Interpretationen zu nutzen (vgl. Ruso 2009, S. 529). Durch die verschiedenen Formen der Beobachtung kann vor allem auch in durch soziale Normen geprägten Bereichen, wie z.B. persönliche Hygiene oder Ernährung, bzw. bei schwer verbalisierbaren Themen, die sich durch „low involvement"-Prozesse und automatisierte Aktionen kennzeichnen, tatsächliches Verhalten ermittelt werden. Da bei Beobachtungsmethoden nicht zwingend die Auskunftsbereitschaft und Auskunftsfähigkeit bestimmter Teilnehmer verlangt wird, können durch diese Methode auch schwer erreichbare Zielgruppen, wie z.B. bestimmte Jugendsegmente und spezielle „leading edge"-Konsumenten, erreicht werden, die gerade für die Trendforschung von besonderer Wichtigkeit sind (vgl. Desai 2002, S. 12 ff.).

Es gibt einige klassische Einsatzfelder für qualitative Beobachtungsmethoden. Grundsätzlich eignen sie sich im besonderen Maße für die Strukturierung von Untersuchungsproblemen, da durch das wenig standardisierte Vorgehen die Möglichkeit besteht, relevante Informationen zur Aufdeckung wichtiger Untersuchungsdimensionen zu ermitteln (vgl. Kepper 2008, S. 209). Beobachtungsmethoden werden dabei oftmals im Methodenmix mit Befragungsmethoden gekoppelt, um tatsächliches Nutzungsverhalten von Produkten („In-home Interviewing") oder Konsumverhalten („Accompanied Shopping") in realitätsnahen Situationen zu erfassen.

Methoden der qualitativen Beobachtung werden jedoch durch einige negative Aspekte begrenzt. Um aus dem beobachteten Verhalten Schlüsse auf die zugrunde liegenden Einstellungen und Motivationen zu ziehen, bedarf es einer eingehenden Interpretation. Bei dieser besteht jedoch das Problem, dass der Forscher aufgrund der nicht kontrollierbaren Informationsselektion zu einer sehr subjektiv gefärbten Analyse der beobachteten Sachverhalte kommt (vgl. Ruso 2009, S. 529).

Mangelnde Distanz zum Beobachteten erschwert darüber hinaus die Interpretation im wesentlichen Maße, genauso wie die Überidentifikation mit den zu beobachteten Personen. Bei verdeckten Beobachtungen ergeben sich ethische und rechtliche Probleme durch den Eingriff in die Persönlichkeitsrechte der Teilnehmer. Nicht zu unterschätzen ist auch der Faktor, wie zeitintensiv die Vorbereitung, Erhebung und Analyse von

Beobachtungsdaten ist. Aus diesem Grund können Beobachtungen in Forschungsstudien, die einem sehr restriktiven Zeitplan unterstehen, zumeist nicht angewandt werden (vgl. Daymon/Holloway 2010, S. 274 f.). Einige Beispiele aus der Praxis sollen die Bedeutung qualitativer Beobachtungsmethoden im Rahmen von Forschungsstudien illustrieren.

Beispiel 7.7:

- Das Unternehmen Fisher Price betreibt in den USA eine Vorschule, um mögliche neue Produkte einem Feldtest zu unterziehen. Da Kleinkinder für andere Methoden der Marktforschung ansonsten nicht zugänglich sind, bietet hier die Beobachtung die einzige Möglichkeit, Erkenntnisse zu gewinnen.
- In einer Forschungsstudie vom Institut für Marktpsychologie, Mannheim, sollte das Kaufverhalten bei Haarpflegeprodukten am Point-of-Sale mittels Videoanalyse untersucht werden. Bei einer Stichprobe von 200 Beobachtungen zeigte sich, dass die Käufer in den meisten Fällen ein ganz bestimmtes Produkt suchen und nur ein geringer Anteil der Produktentscheidungen direkt am Regal getroffen wird. Für die Hersteller hat dieser Aspekt zur Konsequenz, dass Präferenzen für bestimmte Produkte bereits vor dem Kontakt am Point-of-Sale aufgebaut werden müssen und bei der Produktgestaltung die Marke und die jeweilige Sorte der Produktvariante eindeutig und prägnant identifizierbar sein müssen.
- In einer Studie unter Besuchern von Videotheken wurde festgestellt, dass Besucher zuerst den Film aussuchen und erst später auf dem Weg zur Kasse an Snacks und Getränken interessiert sind. Für die Betreiber ist es also zweckmäßig, ihre Videothek so einzurichten, dass zuerst die Filme präsentiert werden und Snacks und Getränke am Ende, z.B. an der Kasse angeboten werden, um sich den Kaufgewohnheiten der Konsumenten anzupassen.

Quellen: http://www.fisher-price.com; Naderer 2000; Desai 2002, S. 19 f.

3 Anforderungen an qualitative Messverfahren

Der offene Charakter qualitativer Forschungsmethoden und der weitgehende Verzicht auf eine Standardisierung der Methodik bedingen, dass diese vielfach als subjektiv gelten. Auch die Durchführung traditioneller Reliabilitäts- und Validitätsüberprüfungen stellt sich eher schwierig dar. Dennoch werden auch an qualitative Forschungen Forderungen nach Objektivität, Reliabilität, Validität und Repräsentativität gestellt. Eine reine Übertragung des traditionellen, quantitativ geprägten Gütebegriffs kommt für die qualitative Marktforschung allerdings nicht in Frage, weil dessen Prüfkriterien mit den konstituierenden Merkmalen qualitativer Forschung unvereinbar sind.

Nichtsdestotrotz sind auch qualitative Forscher bemüht, zuverlässige, gültige und generalisierbare Ergebnisse zu erzielen; aufgrund der weichen Datenstruktur und des offenen Charakters von Erhebung und Auswertung müssen hier jedoch teilweise andere Maßstäbe angesetzt werden.

Objektivität im qualitativen Sinne bedeutet, dass die Durchführung der Erhebung sowie die Auswertung und Interpretation der Ergebnisse seitens des Forschers *wertfrei* und ohne subjektive Beeinflussung der Erhebungseinheiten zu erfolgen haben. Des Weiteren wird sowohl bei der Datenerhebung als auch bei der Datenauswertung und Interpretation *Transparenz* gefordert. Dies bedeutet, dass der Untersuchungsablauf sowie die Bedingungen von Aufbau und Ablauf der Erhebung explizit aufgezeichnet werden sollen. Die Objektivität der Ergebnisse lässt sich am Grad der Nachvollziehbarkeit durch Offenlegung der Analyseschritte und Transparenz der Interpretationsschritte erkennen. Auch ein multipersonaler Diskurs mehrerer Forscher oder eine voneinander unabhängige Auswertung und Interpretation können die Objektivität fördern (vgl. Kepper 1996, S. 203 f.).

Als Kriterium der Objektivität wird darüber hinaus die *Umfassendheit der Inhalte* vorgeschlagen (vgl. Kepper 1995, S. 60). Ziel der qualitativen Vorgehensweise ist es u.a., das Spektrum an verschiedenen Problemdimensionen möglichst vollständig und ohne subjektive Prädetermination des Forschers zu erheben. Somit spiegelt sich die Objektivität einer Untersuchung auch im Grad der Umfassendheit der erhobenen relevanten Inhalte wider.

Reliabilität betrifft die Genauigkeit der Messungen bei wiederholter Erhebung. Tabelle 7.5 zeigt gebräuchliche Reliabilitätskriterien bei qualitativen Untersuchungen. Aufgrund des offenen Charakters qualitativer Erhebungen lässt sich eine Messung meist nicht exakt wiederholen. Aus diesem Grunde lassen sich hierbei die quantitativen Prüfmethoden (Test-Retest, Parallel-Test, Split half) i.d.R. nicht anwenden, wenngleich sich gewisse Parallelen finden lassen. Gebräuchliche Prüfmethoden bei qualitativen Untersuchungen sind:

- *Interkoderreliabilität* (prozentuale Übereinstimmung der Kodierungen zweier parallel arbeitender Kodierer)
- *Intrakoderreliabilität* (prozentuale Übereinstimmung der Kodierungen eines einzigen Forschers zu zwei unterschiedlichen Zeitpunkten).

Tab. 7.5: Reliabilitätskriterien qualitativer Erhebungen

Stabilität	Die mehrmalige Anwendung eines Verfahrens führt zum selben Ergebnis.
Reproduzierbarkeit	Die Vorgehensbeschreibung einer Methode ist so präzise, dass ein anderer Forscher zu einem ähnlichen Ergebnis gelangen würde.
Exaktheit	Es wird angegeben, inwieweit eine Analyse einem bestimmten funktionellen Standard entspricht.
Stimmigkeit	Ziele und Methoden einer Forschungsarbeit müssen miteinander vereinbar sein.

Validität betrifft die Genauigkeit, mit der ein Erhebungsinstrument das misst, was es zu messen vorgibt. Generell können qualitative Methoden als valide eingestuft werden, da sie – durch den Verzicht auf Standardisierung und Vorstrukturierung – die Kommunikationsmöglichkeiten eines Probanden nicht beschneiden. Dadurch kann die Erhebungsphase grundsätzlich als valide gelten. In der Auswertungsphase qualitativer Studien finden hingegen systematisierende, aggregierende und interpretierende Vorgänge statt, sodass eine Überprüfung der Validität in dieser Phase zweckmäßig ist. Tabelle 7.6 zeigt gängige Kriterien zur Überprüfung der Validität qualitativer Erhebungen (vgl. z.B. Mayring 2015, S. 125 ff.; Cropley 2008, S. 119).

Tab. 7.6: Validitätskriterien qualitativer Erhebungen

Semantische Validität	Der Forscher interpretiert die Aussagen der Probanden richtig. Zur Überprüfung kann der Forscher z.B. Rücksprache mit den Probanden halten.
Expertenvalidität	Es werden verschiedene Forscher herangezogen, die die Gültigkeit der Vorgänge überprüfen.
Korrelative Validität	Die Ergebnisse werden mit den Resultaten ähnlicher Forschungen verglichen.
Vorhersagevalidität	Aus dem Datenmaterial lassen sich Prognosen für ähnliche Situationen ableiten.
Konstruktvalidität	■ Die Methode wurde bereits erfolgreich angewendet. ■ Es handelt sich um bewährte Theorien und Modelle. ■ Mit dem Untersuchungsgegenstand bestehen bereits ausreichende Erfahrungen.

Ziel empirischer Erhebungen ist grundsätzlich die Gewinnung von Informationen über eine Gesamtheit von Erhebungseinheiten. Insofern kommt der *Repräsentativität* eine zentrale Rolle zu. Bei quantitativen Erhebungen wird Repräsentativität durch entsprechende Auswahlverfahren gewährleistet (vgl. Abschnitt 3.2.3 im 3. Teil). Statistische Repräsentativität beinhaltet, dass von einer Stichprobe ein Rückschluss auf die Grundgesamtheit möglich ist, wobei der Fehler quantifizierbar ist.

Eine Repräsentativität im Sinne der mathematischen Statistik ist bei qualitativen Untersuchungen nicht möglich; versteht man Repräsentativität jedoch im Sinne von *Generalisierbarkeit der Ergebnisse*, so ist auch qualitative Forschung um verallgemeinerbare Ergebnisse bemüht. Das geschieht beispielsweise durch

- Suche nach „typischen" Vertretern einer bestimmten Kategorie von Untersuchungseinheiten (zur typischen Auswahl vgl. Abschnitt 4 in diesem Teil),
- Anwendung anerkannter Theorien und Methoden,
- Systematisches Auffinden von Gemeinsamkeiten und Unterschieden aus den Einzelfällen,
- fortlaufende Erweiterung der Stichprobe gemäß der für die Theoriebildung wichtigen Überlegungen,
- Suche nach Generalisierungsmöglichkeiten aus den Einzelfällen,
- Herausfiltern der wesentlichen Ereignisse und Bedingungen, die den Untersuchungsgegenstand beeinflussen.

Als Kriterien für das Vorliegen von Generalisierbarkeit i.S. externer Validität können Glaubwürdigkeit (d.h. die Befunde sind von einem Fachpublikum nachvollziehbar) und Nützlichkeit (die Befunde lassen sich praktisch einsetzen) angeführt werden (vgl. Cropley 2008, S. 119).

4 Stichprobenbildung bei qualitativen Erhebungen

Bei qualitativen Erhebungen steht die statistische Repräsentativität nicht im Vordergrund, sodass die Zufallsauswahl kaum eine Rolle spielt. Die qualitative Forschung bedient sich i.d.R. einer gezielten Stichprobenziehung i.S. der bewussten Auswahl. Ziel ist nicht die statistische Verallgemeinerbarkeit der Stichprobe, sondern die inhaltliche Verallgemeinerbarkeit. Die Stichprobe hat hier die Aufgabe, eine tiefergehende Analyse des zu untersuchenden Phänomens zu ermöglichen. Zentral ist daher nicht die Zahl der einbezogenen Fälle, sondern deren Eignung zur Beschreibung des Phänomens (vgl. Schreier 2011, S. 245). Qualitative Stichproben lassen sich unterscheiden in

- homogene oder heterogene Stichproben sowie
- daten- und theoriegesteuerte Stichproben.

Während *homogene Stichproben* aus ähnlichen Fällen bestehen (z.B. Intensivverwender eines Produkts), versuchen *heterogene Stichproben* die gesamte Bandbreite eines Phänomens abzubilden (wodurch auch Nichtverwender in die Stichprobe gelangen würden). Die Unterscheidung zwischen daten-und theoriegesteuerten Verfahren resultiert hingegen aus dem Vorwissen über ein Phänomen. In beiden Fällen soll die Stichprobe so ausgewählt werden, dass Merkmale, die sich auf den Untersuchungsgegenstand auswirken, in der Stichprobe auch vertreten sind. *Datengesteuerte Verfahren* liefern dabei Wissen darüber, welche Merkmale für die Informationsgewinnung relevant sind; bei *theoriegesteuerten Verfahren* sind die erhebungsrelevanten Merkmale dagegen bereits bekannt. Tabelle 7.7 zeigt die gängigsten Verfahren qualitativer Stichprobenbildung.

Tab. 7.7: Verfahren der qualitativen Stichprobenbildung

Datengesteuerte Verfahren	Theoriegesteuerte Verfahren
„Theoretical Sampling“ bestätigende Fallauswahl kontrastierende Fallauswahl	qualitative Stichprobenpläne gezielte Falltypenauswahl

Unter dem irreführenden Begriff des *Theoretical Sampling* – tatsächlich handelt es sich hier um ein datengestütztes Verfahren – versteht man eine Methode, welche auf dem sog. „Constant Comparison“-Prinzip beruht (vgl. Schreier 2011, S. 247 f.). Auf der Grundlage einer ersten Vermutung, welche Gruppe von Personen von einem Phänomen besonders betroffen sein könnte (z.B. junge Alleinerziehende mit geringerem Einkommen als Nachfragerinnen von Mutter-und-Kind-Kuren), wird ein erster Fall erhoben und ausgewertet. Nach dem Prinzip der maximalen Ähnlichkeit wählt man anschließend eine weitere Frau aus derselben Personengruppe. Bestätigt das zweite Interview die ursprüngliche Vermutung, so wird in einem weiteren Schritt eine Person ausgewählt, die dem ersten Typus möglichst unähnlich ist (in der Erwartung, diese sei vom zu untersuchenden Phänomen weniger oder gar nicht betroffen). Durch wiederholte Anwendung der Prinzipien der maximalen und minimalen Ähnlichkeit lassen sich im Wege eines Trial and Error-Prozesses sukzessive diejenigen Merkmale identifizieren, die im Zusammenhang mit dem interessierenden Phänomen stehen.

Im Rahmen einer *bestätigenden Fallauswahl* (Confirmatory Sampling) wird nur das Prinzip der maximalen Ähnlichkeit zugrunde gelegt: Es kommen gezielt solche Fälle in die Stichprobe, von denen erwartet wird, dass sie mit den bisherigen Ergebnissen in Einklang stehen, wodurch eine homogene Stichprobe entsteht. Hingegen werden im Rahmen einer *Fallkontrastierung* bewusst Fälle einbezogen, welche gerade eine gegenteilige Evidenz produzieren, d.h. es werden hier verschiedene Fälle einander gegenübergestellt, sodass eine heterogene Stichprobe resultiert (vgl. Kelle/Kluge 1999, S. 40 ff.). Im Vergleich zum Theoretical Sampling sind die beiden letztgenannten Verfahren einfacher zu handhaben.

Qualitative Stichprobenpläne ähneln einer Quotenstichprobe bei quantitativen Erhebungen und erfordern die folgenden Schritte (vgl. Kelle/Kluge 1999, S. 46 ff.):

- Festlegung des Geltungsbereichs der Untersuchung,
- Identifikation der untersuchungsrelevanten Merkmale,
- Festlegung der Merkmalskombinationen des Plans (Zellen),
- Festlegung der zu erhebenden Zahl der Fälle pro Zelle,
- Fallauswahl.

Tabelle 7.8 zeigt ein Beispiel für einen qualitativen Stichprobenplan für Alleinerziehende mit den Merkmalen „Schulbildung", „Erwerbstätigkeit" und „Wohnort". Die Zahl der Fälle repräsentiert dabei nicht eine wie auch immer geartete Merkmalsverteilung in der Grundgesamtheit, sondern eher die (vermutete) Relevanz bestimmter Untergruppen für das zu untersuchende Phänomen.

Tab. 7.8: Beispiel für einen qualitativen Stichprobenplan

	Erwerbstätig		Nicht erwerbstätig	
	Stadt	Land	Stadt	Land
Volks- und Hauptschule	2	1	4	2
Realschule und Gymnasium	2	1	3	1

Ein gewisses Vorwissen ist auch bei der *gezielten Falltypenauswahl* erforderlich (kriterienorientiertes Sampling). Es werden hier gezielt solche Fälle ausgewählt, welche bestimmte Kriterien erfüllen, z.B. (vgl. Schreier 2011, S. 251 f.; Kepper 1996, S. 233 f.):

- *Intensive Case Sampling:* Auswahl von Fällen, die eine Eigenschaft in ausgeprägter Form aufweisen, z.B. häufige Nutzer eines bestimmten Produkts;
- *Extreme Case Sampling:* Auswahl von Fällen mit Extremausprägungen, z.B. Intensivverwender, aber auch Nichtverwender;
- *Typical Case Sampling:* Auswahl von Fällen, die besonders prägnant die Mehrheit der Untersuchungssubjekte repräsentieren;
- *Critical Case Sampling:* Auswahl von Fällen, die eine besonders problematische Untergruppe repräsentieren.

Unabhängig von der Art der Stichprobenbildung können homogene Stichproben im Wege des Schneeballverfahrens gewonnen werden (vgl. Abschnitt 3.2.4 im 3. Teil).

5 Aufbereitung und Auswertung qualitativer Daten

5.1 Überblick

Qualitative Erhebungen produzieren vergleichsweise weiche Daten, welche sich i.A. nicht mit Hilfe quantitativer Verfahren auswerten lassen. Gelegentlich lassen sich die Ergebnisse sofort aus den Aufzeichnungen bzw. dem Gespräch ableiten; dies ist z.B. bei der Ideengenerierung möglich, etwa im Rahmen einer Gruppendiskussion zur Produktentwicklung. In den meisten Fällen erhält man jedoch aus einer qualitativen Erhebung eine Fülle an audiovisuellem und textlichem Material, welches transkribiert, geordnet und ausgewertet werden muss.

Nach der Transkription des Datenmaterials liegen die Ergebnisse in schriftlicher Form vor. Zur Analyse von Textmaterial sind verschiedene Ansätze entwickelt worden:

- der quantitativ-statistische,
- der interpretativ-reduktive und
- der interpretativ-explikative Ansatz (vgl. Lamnek 2010, S. 367).

Anfänglich wurde der Inhaltsanalyse ein quantitatives Methodenverständnis zugrunde gelegt; mit Hilfe von Häufigkeits-(Frequenz-) oder Kontingenzanalysen wurde Textmaterial quantitativ untersucht (vgl. Mayring 2015, S. 17 ff.). Hintergrund dieser Auffassung war, dass eine empirische Methode systematisch und intersubjektiv nachvollziehbar sein müsse, um als wissenschaftlich zu gelten. Es zeigte sich jedoch, dass quantitative Techniken für sozialwissenschaftliche Probleme nur eine begrenzte Aussagefähigkeit haben (vgl. Kepper 1996, S. 57). Mittlerweile besteht in der Sozialforschung die Tendenz, qualitative Daten interpretativ auszuwerten. Im Folgenden soll auf die *qualitative Inhaltsanalyse* als zentrale Methode für die Auswertung qualitativer Daten eingegangen werden.

5.2 Qualitative Inhaltsanalyse

5.2.1 Grundgedanke der qualitativen Inhaltsanalyse

> Definition
>
> Die *qualitative Inhaltsanalyse* stellt einen Ansatz empirischer, methodisch kontrollierter Auswertung qualitativer Daten dar. Gegenstand der qualitativen Inhaltsanalyse kann jede Art von aufgezeichneten Kommunikationsvorgängen sein (Dokumente, Audio- und Videobänder, Gesprächsprotokolle usw.).

Dabei werden nicht nur der Inhalt, sondern auch die formalen Aspekte des Materials analysiert; die Auswertung erfolgt systematisch und nach bestimmten Regeln mit dem Ziel, die Methodik nachvollziehbar und die Ergebnisse verallgemeinerbar zu machen (vgl. Mayring 2000, o.S.).

Die Inhaltsanalyse stellt einen interdisziplinären Ansatz dar, welcher Elemente verschiedener Fachrichtungen enthält (vgl. Mayring 2015, S. 26 ff.):

- *Kommunikationswissenschaften* (Content Analysis). Hierbei handelt es sich grundsätzlich um einen quantitativen Ansatz; einige Aspekte lassen sich jedoch auf qualitative Inhaltsanalysen übertragen, etwa die systematische Vorgehensweise, die Einbettung des Materials in ein Kommunikationsmodell, die Anwendung eines Kategoriensystems sowie die intersubjektive Nachprüfbarkeit.
- *Hermeneutik:* Ziel der Hermeneutik ist es, eine Kunstlehre des Auslegens bzw. des Interpretierens nicht nur von Texten, sondern der sinnlich wahrnehmbaren Realität überhaupt zu entwickeln. Für die Entwicklung einer qualitativen Analyse sind hier die genaue Quellenkunde, die explizite Darstellung des Vorverständnisses (Fragestellung, theoretischer Hintergrund etc.) sowie die Suche nach latenten, verborgenen Sinngehalten hinter den sichtbaren Strukturen relevant.
- *Qualitative Sozialforschung:* Als typische Elemente qualitativer Sozialforschung, welche sich auf die qualitative Inhaltsanalyse übertragen lassen, gelten die wissenschaftliche Orientierung an Alltagssituationen, die Übernahme der Perspektive des Untersuchungssubjekts sowie die Möglichkeit der Re-Interpretation qualitativen Materials.
- *Sprach- und Literaturwissenschaft* als Theorie und Methodik systematischer Textanalyse: Wesentliche daraus abzuleitende Anforderungen an eine qualitative Inhaltsanalyse sind die Übernahme semiotischer Grundbegriffe in das zugrunde liegende Kommunikationsmodell, die Nutzung von Interpretationsregeln für die Textanalyse sowie die Zuordnung bestimmter Bedeutungsinhalte zu Begriffen nach vorgegebenen Regeln.
- *Psychologie der Textverarbeitung,* welche das Ziel hat, die psychischen Prozesse beim Verstehen, d.h. bei der Verarbeitung von Texten empirisch zu untersuchen. Für die qualitative Inhaltsanalyse lässt sich ableiten, dass das kognitive Schema des Textverständnisses offengelegt wird und dass das sprachliche Material systematisch zusammengefasst, d.h. nach bestimmten Regeln reduziert wird.

Allgemein sind folgende *Elemente* typisch für eine qualitative Inhaltsanalyse (vgl. Mayring 2000, o.S.):

- *Einordnung in ein Kommunikationsmodell:* Hierzu gehören die Festlegung des Ziels der Analyse, Merkmale des Textproduzenten (wie Erfahrungen, Einstellungen, Gefühle), Entstehungssituation des Materials, soziokultureller Hintergrund, Wirkung des Textes.
- *Regelgeleitetheit:* Dies beinhaltet die Zerlegung des Materials in Analyseeinheiten und dessen schrittweise Bearbeitung nach einem genau definierten inhaltsanalytischen Ablaufmodell.
- *Kategorisierung:* Die einzelnen Analysedimensionen bzw. Variablen werden in Kategorien zusammengefasst, die präzise zu begründen und im Laufe der Auswertung zu überprüfen und ggf. zu überarbeiten sind.

- *Erfüllung von Gütekriterien*: Das Verfahren soll intersubjektiv nachprüfbar sein, die Ergebnisse sollen vergleichbar gemacht und Reliabilitätsprüfungen sollen eingebaut werden.

Der allgemeine Ablauf einer qualitativen Inhaltsanalyse besteht aus vier *Phasen* (vgl. Lamnek 2010, S. 367 ff.):

- Transkription,
- Einzelanalyse,
- generalisierende Analyse und
- Kontrolle.

Die *Transkription* beinhaltet die Übertragung von Aufzeichnungen jeglicher Art in geschriebene Texte. Entscheidend ist dabei, dass eine Transkription sowohl die Äußerungen des Moderators bzw. des Interviewers wie auch deren unmittelbare Eindrücke enthält, da diese wertvolle Hinweise für die Interpretation der Aussagen der Auskunftspersonen liefern. Zudem ist zu berücksichtigen, dass auch bei qualitativen Interviews eine Fülle nonverbaler Daten anfällt (z.B. Körpersprache, Gestik, Mimik), welche ebenfalls dokumentiert werden müssen.

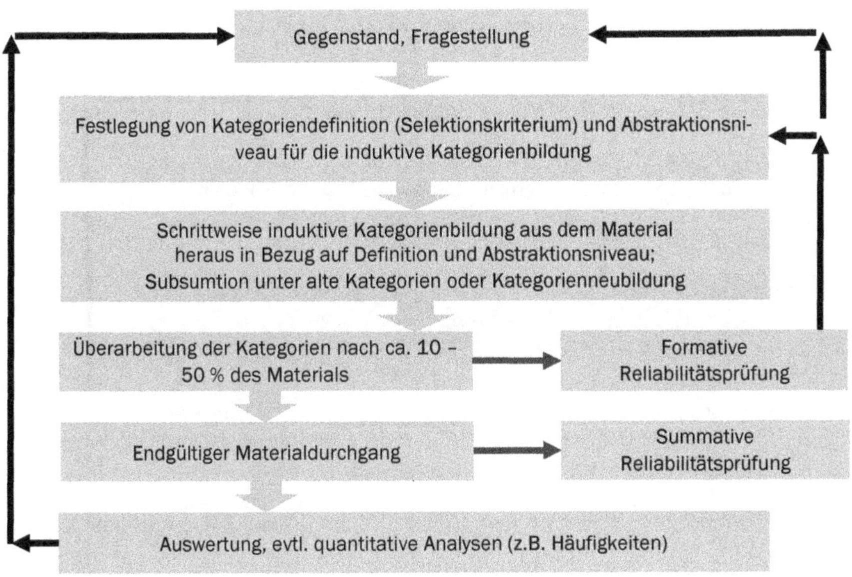

Abb. 7.8: Ablaufmodell induktiver Kategorienbildung (Quelle: Mayring 2000, o.S.)

Im Rahmen der *Einzelanalyse* werden die individuellen Fälle (Interviews, Beobachtungsprotokolle) im Detail untersucht. Hierzu kommen bestimmte Techniken zur Anwendung (Strukturierung, Explikation und Zusammenfassung), welche im nachfolgenden Abschnitt 5.2.2 beschrieben werden. Ziel ist es, den Text zu strukturieren und bestimmten Kategorien zuzuordnen. Im Mittelpunkt der Einzelanalyse steht dabei die *Bildung von Kategorien* als Grundlage für die Zuordnung des Materials. Hierbei sind folgende Ansatzpunkte gegeben (vgl. Mayring 2000):

- induktive Kategorienentwicklung und
- deduktive Kategorienanwendung.

Induktive Kategorienentwicklung bedeutet, dass die Kategorien direkt aus dem Material im Rahmen eines Verallgemeinerungsprozesses abgeleitet werden. Aus der Fragestellung der Studie wird ein Definitionskriterium festgelegt, welches bestimmt, welche Aspekte des Materials berücksichtigt werden sollen. Darauf aufbauend wird das Material schrittweise durchgearbeitet, um Kategorien zu bilden. Nach Zuordnung des Materials zu den Kategorien kann die eigentliche Auswertung erfolgen. Abbildung 7.8 zeigt den Ablauf einer induktiven Kategorienbildung.

Im Rahmen der *deduktiven Kategorienanwendung* werden vorab festgelegte, theoretisch begründete Kategorien gebildet, welche zur Kategorisierung des Materials zugrunde zu legen sind. Der qualitative Analyseschritt besteht darin, die auf diese Weise deduktiv gewonnenen Kategorien methodisch abgesichert zu Textstellen zuzuordnen. Das Ablaufmodell ist in Abb. 7.9 enthalten. Zentrales Element ist hier die genaue Definition der anzuwendenden Kategorien und die Festlegung präziser inhaltsanalytischer Regeln, wann eine Textstelle einer bestimmten Kategorie zuzuordnen ist. Zu diesem Zweck empfiehlt sich die Anwendung eines Kodierleitfadens, in welchem explizite Definitionen, Ankerbeispiele und Kodierregeln formuliert werden. Steht das Kategoriensystem fest, wird das Einzelmaterial danach geordnet und strukturiert.

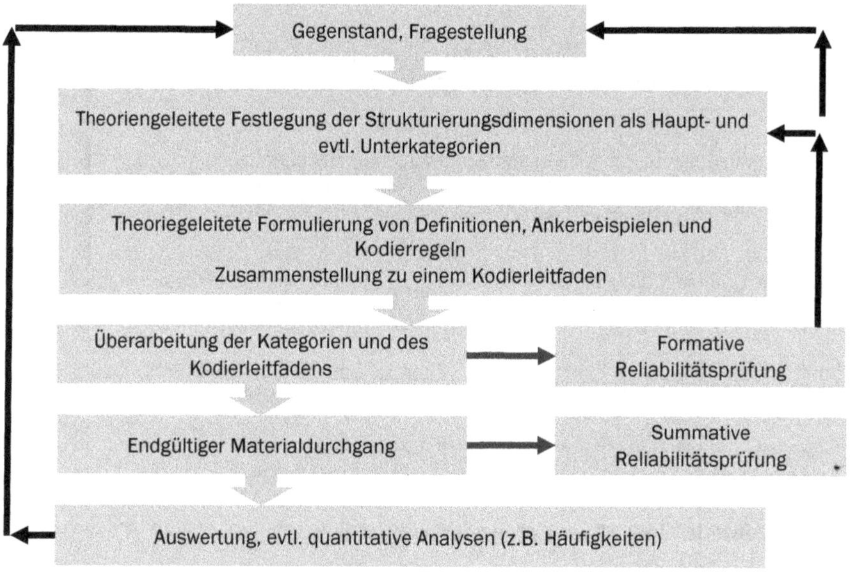

Abb. 7.9: Ablaufmodell deduktiver Kategorienanwendung (Quelle: Mayring 2000, o.S.)

Die Ergebnisse der Einzelanalyse bilden die Grundlage für die *generalisierende Analyse*. In dieser Phase werden Gemeinsamkeiten und Unterschiede zwischen den einzelnen Fällen herausgearbeitet; Gemeinsamkeiten können Grundtendenzen enthalten, welche für die Befragten als typisch angesehen werden können; andererseits zeigen die Unterschiede inhaltliche Differenzen auf, welche ebenso Ansätze zur Verhaltenserklärung bieten können. Auf dieser Stufe ist an kreativer Prozess seitens des Forschers erforderlich; dieser soll typische Muster erkennen und sie mit theoretischen Erkenntnissen in

Verbindung bringen. Der Fokus liegt hier auf dem Aufzeigen von Interdependenzen zwischen den Einzelergebnissen und auf der Reflexion vor dem Hintergrund anerkannter theoretischer Zusammenhänge (vgl. Carson et al. 2001, S. 176 f.). Dies erlaubt die Erklärung der Phänomene im Zusammenhang mit der jeweiligen Fragestellung.

Die letzte Phase ist die *Kontrollphase*. Aufgrund des interpretativen Ansatzes sind Fehlinterpretationen nicht ausgeschlossen, sodass es empfehlenswert ist, die Ergebnisse noch einmal zu kontrollieren. Dies kann durch Selbst- oder Fremdkontrolle geschehen. Im Falle von Widersprüchen oder Unschlüssigkeiten sollte der Bezug zum Original wieder hergestellt werden, um die Interpretation anhand des originären Datenmaterials zu überprüfen. Erfolgt die Auswertung in Gruppenarbeit, bietet es sich an, die Ergebnisse in der Gruppe zu diskutieren. Eine Kontrolle ist unerlässlich, soll die qualitative Inhaltsanalyse den Anforderungen an Objektivität, Reliabilität und Validität genügen (vgl. hierzu die Ausführungen in Abschnitt 3).

5.2.2 Techniken der qualitativen Inhaltsanalyse

Die Grundtechniken qualitativer Inhaltsanalysen umfassen die Zusammenfassung, die Explikation und die Strukturierung. Die *Zusammenfassung* zielt darauf ab, aus dem häufig umfangreichen Grundmaterial eine reduzierte, überschaubare Form herzustellen, die dennoch ein ausreichend exaktes Abbild des Grundmaterials darstellt (vgl. ausführlich Mayring 2015, S. 69 ff.). Die Aufzeichnungen werden durchgesehen, irrelevante sowie wiederholte Textpassagen werden gestrichen. Irrelevante Passagen sind beispielsweise Füllwörter wie „Wissen Sie", „meine ich" u.Ä. Wiederholungen können zwar darauf hinweisen, dass der Proband einem bestimmten Aspekt eine besondere Bedeutung beimisst, sie sind jedoch entbehrlich, da sie zu keinen neuen Erkenntnissen führen (vgl. Cropley 2008, S. 128). Anschließend wird der Text in eine einheitliche Sprache umgewandelt, und die Sätze werden in eine grammatikalische Kurzform gebracht (*Paraphrasierung*).

> Beispiel 7.8:
>
> „Alles in allem kann ich nicht behaupten, dass dieses Produkt eine echte Verbesserung gegenüber der alten Variante darstellt", wird zu: „keine echte Verbesserung".

Das aus der Paraphrasierung entstandene Material wird anschließend dadurch verallgemeinert, dass die einzelnen Aussagen auf die gleiche Abstraktionsebene gebracht werden, indem sie umformuliert werden. Dadurch können inhaltsgleiche Paraphrasen, d.h. vergleichbare Aussagemuster identifiziert werden, die anschließend einer *Reduktion* unterzogen werden können. Im Rahmen einer Reduktion werden aussagegleiche Paraphrasen gestrichen, lediglich die zentrale Aussage wird übernommen. In Einzelfällen sind weitere Reduktionsschritte erforderlich.

> Beispiel 7.9:
>
> Die Aussage: „Die am ursprünglichen Produkt vorgenommenen Änderungen sind nur teilweise gelungen" kann zu „nur teilweise gelungen" paraphrasiert werden. Diese Paraphrase kann als aussagegleich wie die aus Beispiel 7.8 angesehen und damit gestrichen werden.

Die zentralen Aussagen bilden die Grundlage für eine fallübergreifende Sammlung bzw. Kategorisierung der Daten (vgl. den vorangegangenen Abschnitt 5.2.1). Das entstandene Kategoriensystem wird abschließend anhand des Ausgangsmaterials überprüft.

Tab. 7.9: Beispiel für einen Kodierleitfaden (Quelle: Mayring 2000, o.S.)

Kategorie	Definition	Ankerbeispiele	Kodierregeln
K1: hohes Selbstvertrauen	Hohe subjektive Gewissheit, mit der Anforderung gut fertig geworden zu sein, d.h. - Klarheit über die Art der Anforderung und deren Bewältigung, - Positives, hoffnungsvolles Gefühl beim Umfang mit der Anforderung, - Überzeugung, die Bewältigung der Anforderung selbst in der Hand gehabt zu haben.	„Sicher hat's mal ein Problemchen gegeben, aber das wurde dann halt ausgeräumt, entweder von mir die Einsicht, oder vom Schüler, je nachdem, wer den Fehler gemacht hat. Fehler macht ja ein jeder.“ (17, 23) Ja klar, Probleme gab's natürlich, aber zum Schluss hatten wir ein sehr gutes Verhältnis, hatten wir uns zusammengerauft.“ (27,33)	Alle drei Aspekte der Definition müssen in Richtung „hoch“ weisen, es soll kein Aspekt auf nur mittleres Selbstvertrauen schließen lassen. Sonst Kodierung „mittleres S“.
K2: mittleres Selbstvertrauen	Nur teilweise oder schwankende Gewissheit, mit der Anforderung gut fertig geworden zu sein.	„Ich hab mich da einigermaßen durchlaviert, aber es war oft eine Gratwanderung.“ (3, 55) „Mit der Zeit ist es etwas besser geworden, aber ob das an mir oder an den Umständen lag, weiß ich nicht.“ (77, 20)	Wenn nicht alle drei Definitionsaspekte auf „hoch“ oder „niedrig“ schließen lassen
K3: niedriges Selbstvertrauen	Überzeugung, mit der Anforderung schlecht fertig geworden zu sein, d.h. - wenig Klarheit über die Art der Anforderung, - negatives, pessimistisches Gefühl beim Umgang mit der Anforderung, - Überzeugung, den Umgang mit der Anforderung nicht selbst in der Hand gehabt zu haben.	„Das hat mein Selbstvertrauen getroffen; da hab ich gemeint, ich bin eine Null – oder ein Minus.“ (5, 34)	Alle drei Aspekte deuten auf ein niedriges Selbstvertrauen, auch keine Schwankungen erkennbar

Die zweite Grundtechnik, die *Explikation* (Kontextanalyse), wird insb. auf unverständliche Textpassagen angewandt, deren Bedeutung nicht unmittelbar erschließbar ist (vgl. Mayring 2015, S. 90 ff.). Solche Textstellen müssen weitergehend interpretiert werden, was zusätzliche Informationen erfordert. Mögliche Informationsquellen sind der engere Kontext, das umliegende Textfeld und der weitere Kontext. Häufig müssen Informationen jedoch auch aus Quellen außerhalb des reinen Textes gewonnen werden. Beispielweise kann es erforderlich sein, dass einige Textpassagen vor dem sozialen Hintergrund des Probanden ausgelegt werden müssen. Von besonderer Bedeutung sind auch nonverbale Signale wie Tonfall, Lautstärke, Mimik und Gestik. Diese können die Ergebnisse der Interpretation präzisieren und z.B. Gefühle und Beziehungsaspekte verdeutlichen. Der durch die Explikation erweiterte Text kann anschließend durch Zusammenfassung erneut bearbeitet werden.

Die Technik der *Strukturierung* eignet sich insbesondere bei großen Textmengen. Durch diese Technik werden inhaltliche Aspekte nach bestimmten Ordnungskriterien herausgefiltert und systematisiert. Dadurch entsteht ein Kodierleitfaden, der eine entsprechende Strukturierung und Systematisierung der relevanten Textstellen verspricht; hierzu muss das Kategoriensystem jedoch vorab festgelegt worden sein. Die Strukturdimensionen werden aus der untersuchungsspezifischen Fragestellung und theoretischen Vorüberlegungen abgeleitet. Nach dem ersten Materialdurchgang kann es erforderlich sein, das Kategoriensystem zu überarbeiten. Steht das Kategoriensystem endgültig fest, werden konkreten Textstellen prototypische Funktionen zugeordnet, d.h. sie dienen als Ankerbeispiele für bestimmte Kategorien. Tabelle 7.9 zeigt ein Beispiel für einen Kodierleitfaden. (Bei den Ankerbeispielen werden in Klammern die Nummer des Probanden und die jeweilige Textstelle angegeben).

Auch die Strukturierung dient dazu, das vorhandene Material so zu ändern, dass es die Grundlage für fallübergreifende Vergleichsmöglichkeiten bietet.

5.2.3 Beurteilung der qualitativen Inhaltsanalyse

Die qualitative Inhaltsanalyse erlaubt die Auswertung der in der Sozialforschung häufig vorkommenden „weichen" Daten; gleichzeitig genügt sie den Standards eines methodisch kontrollierten Vorgehens, sodass die Ergebnisse der Analyse spezifischen Gütekriterien genügen (vgl. die Ausführungen in Abschnitt 1.4.2 im 3. Teil).

Mit Hilfe qualitativer Inhaltsanalysen lassen sich auch größere Textmengen untersuchen. Unterstützt wird die Analyse mittlerweile durch eine ganze Reihe von Softwareprogrammen, welche Hilfestellung bei der qualitativen Arbeit mit Texten bieten (vgl. ausführlich Mayring 2015, S. 115 ff. sowie Klein 2013). Zu nennen sind z.B. ATLAS/ti (www.atlasti.de), TextQuest und MAXqda (www.maxqda.de).

Grenzen der qualitativen Inhaltsanalyse finden sich vor allem dort, wo der Untersuchungscharakter rein explorativ ist und die mit der qualitativen Inhaltsanalyse verbundene systematische, regelgeleitete Vorgehensweise nicht angemessen erscheint. Insbesondere bei schlecht strukturierten, offenen Untersuchungsgegenständen kann die Bildung und Nutzung fester Kategorien als einschränkend empfunden werden.

5.3 Analyse nonverbaler Daten

Nonverbale Daten begleiten zum einen die Erhebung verbaler Daten im Rahmen qualitativer Interviews. Zum anderen entstehen sie im Zusammenhang qualitativer Beobachtungen. Im Rahmen der Erhebung verbaler Daten liefern Körpersprache,

Gestik oder Mimik wertvolle Kontextinformationen für die Analyse und Interpretation verbaler Aussagen der Probanden (vgl. Naderer 2011, S. 428). Aufschlussreich sind nonverbale Äußerungen aber auch dann, wenn sie im Widerspruch zu verbalen Aussagen stehen, da sie letztere relativieren können. Beispielsweise können eine verkrampfte Körperhaltung oder das Abwenden des Blickes eine vorgetragene Überzeugung durchaus abschwächen.

Auch Beobachtungen können mit Hilfe der qualitativen Inhaltsanalyse ausgewertet werden. Die Analyse bezieht sich meist auf die beobachteten Personen und deren Verhaltensweisen. Soziale Beziehungen können nicht nur direkt, sondern auch mit Hilfe sog. *Artefakte* beobachtet werden, d.h. Spuren oder Gebrauchsgegenstände, denen die Probanden eine bestimmte Bedeutung zuordnen (vgl. Lueger 2000, S. 141 f.). Die Artefakteanalyse kann – zusätzlich zur Inhaltsanalyse – Aufschluss über soziale Zusammenhänge geben. Dabei wird angenommen, dass Artefakten aufgrund ihrer Integration in den Handlungskontext ein Sinn zugeordnet wird (vgl. Sayre 2001, S. 195). Artefakte können so oftmals einen zentralen Untersuchungsgegenstand darstellen.

Ziel der Artefakteanalyse ist die Ermittlung des Wirkungszusammenhangs zwischen Kontext und Artefakt. Dieser beinhaltet zwei Richtungen: Zum einen die Wirkung des Kontextes auf das Artefakt, zum anderen die Wirkung des Artefakts auf den Kontext. Die Bedeutung des Artefakts und damit die Sinnstrukturen, die hinter der Verwendung stehen, müssen im Detail analysiert werden. Dabei ist die menschliche Vorstellungskraft entscheidend, da Artefakte erst zu Artefakten werden, wenn ihnen eine Bedeutung im sozialen Kontext zugeordnet worden ist. Oftmals ist die Bedeutung schon eindeutig vorgegeben (vgl. Lueger 2000, S. 147), z.B. bei Werkzeugen. Andere Gegenstände können unterschiedliche Bedeutungen haben: Beispielsweise ist ein Auto für einige ein Gebrauchsgegenstand, für andere ein Statussymbol.

Wichtige Artefakte für die Marktforschung sind u.a. Gebrauchsgegenstände, Werkzeuge oder Statussymbole. Auch Einrichtungsstile können wichtige Auskünfte über die Untersuchungseinheiten geben (vgl. Sayre 2001, S. 195); aus diesem Grunde werden Teilnehmer an qualitativen Untersuchungen unabhängig vom Untersuchungsstandort oftmals zunächst in ihrer häuslichen Umgebung fotografiert. Zur besseren Dokumentation solcher visuellen Daten werden meist apparative Hilfsmittel eingesetzt (vgl. Naderer 2011, S. 429).

Weiterführende Literatur

Baker, S. (2000): Laddering: Making Sense of Meaning, in: Partington, D. (ed.): Essential Skills for Management Research, London, 226-253.

Buber, R., Holzmüller, H. (Hrsg). (2009): Qualitative Marktforschung, 2. Aufl., Wiesbaden.

Calteral, M., Maclaran, P. (1998): Using Computer Software for the Analysis of Qualitative Market Research, in: Journal of the Market Research Society, 40(3), 207-222.

Collins, M., Kalian, G. (1980): Coding Verbatim Answers to Open Questions, in: Journal of the Market Research Society, 22 (Oct.), 239-247.

Daymon C., Holloway, I. (2010): Qualitative Research Methods in Public Relations and Marketing Communications, 2nd ed., London, New York.

Johnson, J.C. (1990): Selecting Ethnographic Informants, Newbury Park.

Kepper, G. (1996): Qualitative Marktforschung: Methoden, Einsatzmöglichkeiten und Beurteilungskriterien, 2. Aufl., Wiesbaden.

Klein. H. (2013): Computergestützte Textanalysen mit TextQuest. Eine Einführung in Methoden und Arbeitstechniken, Reihe: Sozialwissenschaftliche Forschungsmethoden, Band 6, München, Mering.

Luyens, S. (1995): Coding Verbatims by Computers, in: Marketing Research: A Magazine of Management & Applications, 7(2), 20-25.

Mayring, P. (2015): Qualitative Inhaltsanalyse. Grundlagen und Techniken, 12. Aufl., Weinheim.

Naderer, G., Balzer, E. (2011) (Hrsg.): Qualitative Marktforschung in Theorie und Praxis, 2. Aufl., Wiesbaden.

Salcher, E.F. (1995): Psychologische Marktforschung, 2. Aufl., Berlin u.a.

Schub von Bossiatzky, G. (1992): Psychologische Marktforschung. Qualitative Methoden und ihre Anwendung in der Markt-, Produkt- und Kommunikationsforschung, München.

Teil 8: Ausgewählte Anwendungen der Marktforschung

1 Produktforschung

1.1 Gegenstand der Produktforschung

Definition

Produktforschung unterstützt zum einen die Entwicklung, Positionierung und Vermarktung neuer Produkte, zum anderen die Verbesserung bereits etablierter Produkte.

Dauerhafte Wettbewerbsvorteile lassen sich nur dann erzielen, wenn das eigene Leistungsangebot den Bedürfnissen der Konsumenten begegnet. In Anbetracht der hohen Flopraten bei Produktneueinführungen – im Konsumgüterbereich bis zu 80 % – kommt der Produktforschung daher eine zentrale Rolle zu.

Eine große Bedeutung hat die Produktforschung im Bereich der *Produktentwicklung* inne. So lassen sich durch geeignete Verfahren Ideen für Produktinnovationen oder -variationen generieren, welche bestmöglich den Konsumentenbedürfnissen entsprechen. Hierzu werden in zunehmendem Maße Konsumenten in den Produktentwicklungsprozess eingebunden.

Die Produktforschung spielt jedoch auch für die *Produktbewertung* eine zentrale Rolle. Im Rahmen von Produktinnovationen kann sie dazu beitragen,

- die beste Alternative aus einer Vielzahl von Produktvorschlägen zu identifizieren,
- die optimale Gestaltung einzelner Produktelemente (Name, Design etc.) herauszufinden,
- ein Produktkonzept in seiner Gesamtheit zu überprüfen, um dessen Marktchancen beurteilen zu können.

Auch bereits auf dem Markt etablierte Produkte erfordern eine regelmäßige Überprüfung. Typische Zielsetzungen sind hier (vgl. Berekoven et al. 2009, S. 152):

- Ursachenanalyse bei unerwarteten Marktanteilsverlusten,
- Überprüfung von Produkteigenschaften und Produktimage im Vergleich zu Konkurrenzprodukten,
- Überprüfung der Anmutung und der Marktchancen eines Produkts bei Veränderung einer oder mehrerer Produkteigenschaften.

Je nachdem, ob die Produktleistung oder die Durchsetzungsfähigkeit des Produkts am Markt bewertet werden, wird zwischen Produkttests und Testmarktuntersuchungen unterschieden. Da im Rahmen von Testmarktuntersuchungen auch andere Elemente des Marketingmix getestet werden, werden diese gesondert in Abschnitt 2 behandelt.

1.2 Produktentwicklung

Die Entwicklung neuer Produkte oder Produktvarianten kann in vielfältiger Weise durch Marktforschung unterstützt werden. Hierbei werden oftmals auch die – aktuellen oder potenziellen – Kunden in den Innovationsprozess eingebunden. Auf sämtliche Aspekte der Innovationsmarktforschung kann an dieser Stelle nicht eingegangen werden. Im Folgenden sollen nur die folgenden Ansatzpunkte skizziert werden:

- Kreativitätstechniken,
- Gruppendiskussionen,
- Conjoint-Analyse sowie
- Online-Produktentwicklung.

Der Einsatz von *Kreativitätstechniken* gehört zu den traditionellen Verfahren der Innovationsforschung. Es existiert ein breites Spektrum an Methoden, welche zur Generierung von Produktideen geeignet sind, beispielsweise Brainstorming, Brainwriting, Synektik als intuitiv-kreative Techniken sowie die Morphologische Methode, die Progressive Abstraktion und das Attribute Listing als kombinatorische Verfahren (vgl. die Ausführungen in Teil 7 sowie Schlicksupp et al. 2011). Generell gilt, dass Kreativitätstechniken durch gruppendynamische Effekte und anregende Rahmenbedingungen Blockaden abbauen und innovative Verknüpfungen fördern, wodurch der kreative Prozess unterstützt wird. Die unterschiedlichen Techniken erzielen dabei unterschiedliche Ergebnisqualitäten: Während die Morphologische Methode eher neue Kombinationen bekannter Merkmale erzeugt und damit für Produktvariationen geeignet ist, liefern die Synektik oder die TILMAG-Methode ungewöhnliche, innovative Ansatzpunkte.

Im Rahmen von *Gruppendiskussionen* werden Kunden am Produktentwicklungsprozess beteiligt, indem sie im Rahmen einer Diskussion ihre Bedürfnisse und Produktanforderungen artikulieren. Auf diese Weise können Anregungen für neue Produkte oder für Verbesserungen bestehender Produkte gewonnen werden.

Mit Hilfe der *Conjoint-Analyse* werden die Präferenzen bzw. Nutzenvorstellungen von Personen bezüglich alternativer Produktkonzepte untersucht. Es handelt sich dabei um ein Verfahren der indirekten Präferenzmessung, d.h. aus Globalurteilen bzgl. der zu bewertenden Produkte wird auf die relative Bedeutung von deren Eigenschaften und Präferenzen bzgl. einzelner Eigenschaftsausprägungen geschlossen. Zudem lässt sich der Preis als Produkteigenschaft ebenfalls einbeziehen, sodass die Methode auch Informationen über die Zahlungsbereitschaft für alternative Produktkonzepte liefert.

Neuere Ansatzpunkte für die Produktentwicklung bietet die *Online-Marktforschung*. Unter den Stichworten „Co-Creation", „Open Innovation" und „User Generated Content" werden verschiedene Ansatzpunkte zur Integration des Kunden in den Innovationsprozess diskutiert (vgl. z.B. Sincovicz et al. 2009; Schroiff 2009; Gable 2010; Sawhney et al. 2005). Die Grundidee besteht darin, das kreative Potenzial der Internetnutzer für den Innovationsprozess zu nutzen. Im Rahmen der sog. *Netnography* erfolgt eine systematische Analyse von Online-Communities. Die gewonnenen Erkenntnisse werden dann gemeinsam mit Produktentwicklern und Designern in neue Produktkonzepte umgesetzt. Beispielsweise greift Nivea im Bereich Selbstbräunung auf Diskussionsforen im Web zum Thema Bräunung zurück. Dort haben sich insb. Bodybuilder als

Lead User herausgestellt (vgl. Bartl 2010, S. 24 f.). Mittels *Crowdsourcing* wird gezielt das kreative Potenzial der Massen mobilisiert, indem Unternehmen im Internet eine Plattform schaffen, auf welcher sich Nutzer austauschen und an einer festgelegten Aufgabenstellung zusammenarbeiten können. Die Ideen werden von der Community bewertet und in vielen Fällen auch vergütet. Beispielsweise können auf der Plattform LEGO Ideas LEGO-Fans ab 13 Jahren Ideen entwickeln, einstellen und die Produktideen anderer Community-Mitglieder bewerten. Erhält eine Idee innerhalb einer bestimmten Zeit 10.000 Stimmen, wird sie von einer LEGO Jury evaluiert und bei positivem Ausgang in einen neuen Baukasten umgesetzt. Schließlich beinhaltet *Co-Creation* die Möglichkeit, aktiv an der Produktgestaltung mitzuwirken, wie z.B. die Adidas-Plattform miadidas, in welcher individuell gestaltete Sportschuhe kreiert werden können, oder Spreadshirt zur Gestaltung und Vermarktung von T-Shirts.

Auch in der Marktforschungspraxis werden Konsumenten zunehmend in den Innovationsprozess eingebunden; ein Beispiel ist SKOPOS Connect Open Innovation Network (vgl. Abb. 8.1).

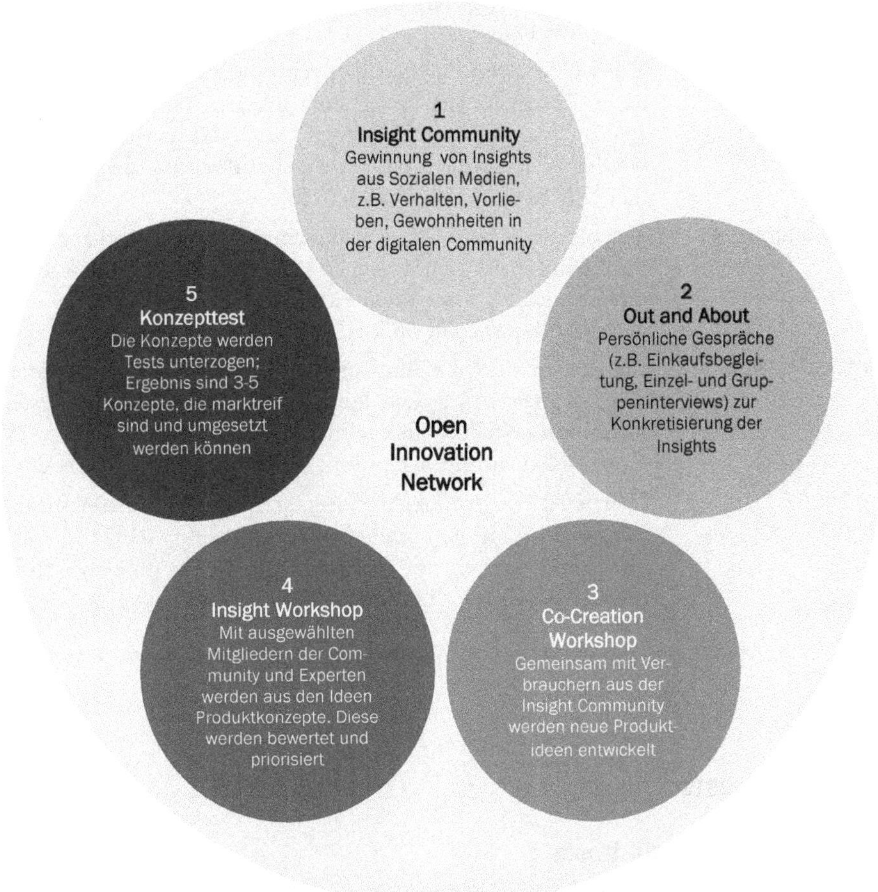

Abb. 8.1: Ablauf von SKOPOS Connect Open Innovation Network (Quelle: Eigene Darstellung nach https://www.skopos-connect.de/, Abruf vom 28.3.2017)

Marktforschungsinstitute bieten zunehmend die Begleitung des gesamten Produktentwicklungsprozesses an – von der Ideenentwicklung bis hin zum Markttest bei Erreichen der Marktreife. Ein Beispiel ist Ipsos InnoQuest.

Beispiel 8.1: Ipsos InnoQuest

Das modular aufgebaute InnoQuest enthält fünf Tools entlang den einzelnen Phasen des Produktentwicklungsprozesses. Dadurch wird eine ganzheitliche und systematische Betrachtung des Innovationsprozesses ermöglicht: von der frühen Phase der Identifizierung vielversprechender Ideen über die Evaluierung und Optimierung von Produkten bis hin zur Modellierung und Prognose des Absatzvolumens. Die nachfolgende Tabelle enthält eine Kurzbeschreibung der einzelnen Tools.

Fuzzy Front End	In dieser Phase werden die vielversprechendsten Insights zu noch unbefriedigten Konsumentenbedürfnissen identifiziert und in konkrete Ideen übertragen. Diese werden anschließend evaluiert. Zudem hat das Kundenunternehmen die Möglichkeit, über die Online-Plattform Innoquest Cocreation die eigenen Abnehmer in die Ideenentwicklung einzubeziehen.
Konzeptevaluierung	Die vielversprechendsten Konzepte werden identifiziert und deren Potenzial wird mit Hilfe konkreter Verbesserungsvorschläge ausgeschöpft. Dabei wird auch das jeweilige Wettbewerbsumfeld in die Analyse eingebunden, um eine realitätsnahe Beurteilung zu gewährleisten.
Mix-Optimierung	Verschiedene Bausteine ermöglichen es, die eigentliche Produktleistung zu bestimmen und zu steigern, den Preis bzw. die Verpackung zu optimieren sowie Einblicke zu liefern, wie das Produktportfolio optimal gestaltet werden kann.
Simulated Market	Für die entwickelten Innovationen werden Absatzprognosen für das erste und zweite Jahr auf der Grundlage validierter Verfahren erstellt. Dabei wird eine Schätzgenauigkeit von ± 9% für Neueinführungen und ± 4% für Relaunches erreicht.
Tracking	Hier wird die Produkt-Performance nach der Markteinführung überwacht. Unternehmen haben schon wenige Monate nach dem Launch die Möglichkeit, Gründe für den Erfolg oder Misserfolg des neuen Produkts aufzudecken.

Quelle: http://www.ipsos.de/geschaeftsbereiche/ipsos-innoquest/ueber-ipsos-innoquest, Abruf vom 12.1.2017

1.3 Produkttests

1.3.1 Arten von Produkttests

Produkttests werden zur Überprüfung der Produktleistung herangezogen, d.h. es werden die verschiedenen Produkteigenschaften bzw. Produktmerkmale überprüft und optimiert. Sie lassen sich nach verschiedenen Kriterien unterscheiden (vgl. Tab. 8,1).

Tab. 8.1: Arten von Produkttests

Kriterium	Varianten
Testumfang	▪ Volltest ▪ Partialtest
Form der Darbietung	▪ Blindtest ▪ identifizierter Test ▪ teilneutralisierter Test
Testdauer	▪ Kurzzeittest ▪ Langzeittest
Testort	▪ Home-Use-Test (Feldtest) ▪ Studiotest (Labortest)
Zahl der Testprodukte	▪ monadischer Test ▪ nichtmonadischer Test
Testinhalt	▪ Eindruckstest ▪ Präferenztest ▪ Diskriminanztest ▪ Deskriptionstest ▪ Evaluationstest ▪ Akzeptanztest

Allgemein kann ein Produkt als ein Bündel von Merkmalen charakterisiert werden, welche geeignet sind, eines oder mehrere Bedürfnisse von Konsumenten zu befriedigen. Solche Merkmale umfassen neben der Grundfunktion des Produkts weitere Eigenschaften wie Design, Verpackung, Marke, Preis, Handling usw. Der *Testumfang* bezeichnet das Ausmaß, in welchem Produkteigenschaften getestet werden. Wird das Produkt in seiner Gesamtheit getestet, spricht man von einem *Volltest*, anderenfalls von einem *Partialtest* (z.B. Verpackungstest, Namenstest).

Nach der *Form der Darbietung* wird zwischen Blindtest und identifiziertem Test unterschieden. Im Rahmen eines *Blindtests* werden den Testpersonen Produkte vorgelegt, bei welchen möglichst alle visuellen Elemente (z.B. Markenname, Markenlogo, typische Farben oder Formen) entfernt wurden. Dadurch erhofft man sich eine möglichst objektive Meinung bzgl. der zu testenden Eigenschaften. Blindtests werden im Rahmen sensorischer Produktforschung eingesetzt, insb. für Nahrungsmittel, Alkoholika, Zigaretten u.a. Im Rahmen eines *identifizierten Tests* werden einer Testperson die Produkte hingegen bewusst in markenüblicher Verpackung unter Offenlegung von Markenname und Markenlogo vorgelegt. Nicht selten weichen die Ergebnisse eines identifizierten Tests von denen eines Blindtests ab. Daraus wird die Bedeutung des Markenimage für die Produktbeurteilung deutlich.

Neben den beiden genannten Testvarianten gibt es noch zahlreiche weitere Versuchsanordnungen, welche zwischen dem Blindtest und dem identifizierten Test anzusiedeln sind. Bei diesen sogenannten *teilneutralisierten Tests* werden nicht alle, sondern nur einige wenige äußere Merkmale entfernt, um deren Wirkung im Hinblick auf Produktwahrnehmung und -beurteilung zu überprüfen. In diesem Zusammenhang kann unterschieden werden zwischen

- Substitutionstest und
- Eliminationstest.

Beim *Substitutionstest* werden einzelne Produktmerkmale sukzessive gegeneinander ausgetauscht, um die Kundenreaktionen auf die einzelnen Merkmale zu überprüfen. Hingegen werden beim *Eliminationstest* die verschiedenen Produktmerkmale nacheinander verdeckt. Das Produkt wird zunächst im Rahmen eines Volltests überprüft; anschließend werden sukzessive einzelne Produktkomponenten wie Marke, Packung, Preis etc. eliminiert, bis schließlich nur noch das anonymisierte Produkt mit ausschließlichem Grundnutzen verbleibt, d.h. der Test geht in einen Blindtest über. Erhält ein Produkt zu Beginn des Volltests z.B. noch 70% Zustimmung und später ohne Angabe der Marke 50%, so wird die Bedeutung des Markennamens und des Markenimages für die Produktbeurteilung deutlich.

Nach der *Testdauer* kann zwischen Kurzzeittest und Langzeittest unterschieden werden. *Kurzzeittests* versuchen, durch eine sehr kurze Konfrontation mit einem Produkt beim Probanden erste Eindrücke zu ermitteln. In der Regel werden Kurzzeittests in einem Studio durchgeführt. Hingegen werden die Testpersonen im Rahmen eines *Langzeittests* über einen längeren Zeitraum mit dem Produkt konfrontiert. Ziel ist hier nicht die Ermittlung erster spontaner Eindrücke wie beim Kurzzeittest, sondern die Produktbeurteilung nach wiederholtem Ge- bzw. Verbrauch. Aus diesem Grunde erfolgen Langzeittests typischerweise als Home-Use-Test. Gelegentlich werden Kurz- und Langzeittests im Rahmen eines sog. *Doppeltests* kombiniert (vgl. Berekoven et al. 2009, S. 153).

Nach dem *Testort* wird zwischen Studiotest und Home-Use-Test unterschieden. Bei einem *Studiotest* handelt es sich um ein Laborexperiment; die Probanden werden i.d.R. auf der Straße angesprochen und zur Mitarbeit eingeladen. Beliebte Testorte sind zentral gelegene Restaurants, Ausstellungsstände oder eigens dafür ausgestattete Fahrzeuge (Caravan-Test). Typischerweise erfolgt der Test in Form einer mündlichen Befragung oder aber als apparativ gestützte Beobachtung (z.B. Schnellgreifbühne; vgl. die Ausführungen in Abschnitt 2.2.2 des 3. Teils). Bei einem *Home-Use-Test* handelt es sich um einen Feldtest. Die Testpersonen nehmen das Testprodukt mit nach Hause (bzw. das Produkt wird ihnen per Post zugeschickt) und können es dort in gewohnter häuslicher Atmosphäre verwenden und bewerten. Die Erhebung erfolgt typischerweise auf der Grundlage eines schriftlichen Fragebogens, welcher den Testpersonen zusammen mit dem Produkt zugesendet wird. Nach Ablauf des Tests schicken die Testpersonen den Fragebogen an das Marktforschungsinstitut zurück.

Gegenüber dem Studiotest mit einer künstlichen und häufig starren Atmosphäre stellt die häusliche Umgebung beim Home-Use-Test einen entscheidenden *Vorteil* dar, da die Testergebnisse aufgrund der Feldsituation realitätsnäher ist. Hinzu kommt die hohe Rücklaufquote, die bis zu 90% betragen kann. *Nachteilig* ist an dieser Testmethode die Tatsache, dass hinsichtlich des Testablaufs wie auch bezüglich des Ausfüllens des Fragebogens keinerlei Kontrollmöglichkeiten gegeben sind. So kann der Einfluss von Familienmitgliedern auf das Urteil des Probanden nicht ausgeschlossen werden; darüber hinaus ist nicht gewährleistet, dass der Fragebogen tatsächlich von der Testperson selbst ausgefüllt wird. Hinzu kommt, dass der Forscher nicht nachvollziehen kann, aufgrund welcher Erlebnisse mit dem Produkt die Testpersonen zu ihren Urteilen gekommen sind. Bei einem Studiotest ist die Situation hingegen kontrollierbar, was die interne Validität erhöht, da Störgrößen ausgeschaltet werden können; zudem ist der Zeitaufwand geringer. Tabelle 8.2 zeigt zusammenfassend die Vor- und Nachteile des Home-Use-Tests im Vergleich zum Studiotest. Die Vor- und Nachteile des Studiotests ergeben sich entsprechend spiegelbildlich.

Tab. 8.2: Vor und Nachteile des Home-Use-Tests im Vergleich zum Studiotest

Vorteile	Nachteile
■ höhere Realitätsnähe aufgrund der Feldsituation ■ Stichprobenauswahl i.d.R. repräsentativ auf der Grundlage eines umfangreichen Adressenpools ■ hohe Rücklaufquote	■ zeitaufwändig ■ keine Kontrolle des Testablaufs ■ keine Kontrolle der Fragebogenausfüllung ■ Ge- bzw. Verbrauch des Produkts nicht beobachtbar ■ keine Kontrolle von Störfaktoren

Nach der *Zahl der einbezogenen Testprodukte* wird zwischen monadischem und nichtmonadischem Test unterschieden. Beim *monadischen Test* (Einzeltest, Solotest) wird der Testperson ein einziges Produkt (bzw. eine einzige Produktvariante) vorgelegt (vgl. Bauer 1981, S. 29). Der Test kann sowohl als Volltest als auch als Partialtest durchgeführt werden. Im Rahmen dieser Testanordnung hat der Proband keine Vergleichsmöglichkeiten zu anderen Produkten, sondern kann das Testobjekt lediglich anhand seiner Kenntnisse und Erfahrungen beurteilen. Der Einzeltest wird immer dann verwendet, wenn es sich um eine absolute Marktneuheit handelt und somit ein Vergleich mit Konkurrenzprodukten nicht vorgenommen werden kann. Gerade bei innovativen und technisch komplexen Gütern ist tatsächlich oftmals zunächst auch nur eine Variante der Produktneuheit verfügbar, sodass eine vergleichende Testanordnung von vornherein ausgeschlossen ist (vgl. Koppelmann 2001, S. 483).

Im Rahmen eines *nichtmonadischen Tests* (Mehrfachtest, Vergleichstest) werden den Testpersonen mindestens zwei Produkte vorgestellt. Es kann sich dabei entweder um unterschiedliche Varianten desselben Produkts handeln, um festzustellen, welche Eigenschaften bzw. Eigenschaftsausprägungen von den Probanden präferiert werden, oder aber es wird das eigene Produkt gegenüber Konkurrenzprodukten getestet. Der Vergleich kann dabei simultan *(paralleler Vergleichstest)* oder aber unmittelbar nacheinander *(sukzessiver Vergleichstest)* erfolgen. Eine Variante stellt der sog. *triadische Test* dar, bei welchem drei Produkte (zwei davon identisch) im Blindtest getestet werden. Hierdurch kann ermittelt werden, ob sich das eigene Produkt eindeutig von den anderen abhebt.

Nach dem *Testinhalt* wird unterschieden in

- Eindruckstest,
- Präferenztest,
- Diskriminanztest,
- Deskriptionstest,
- Evaluationstest und
- Akzeptanztest.

1.3.2 Ausgewählte Testanordnungen der Produktforschung

Im Folgenden sollen ausgewählte Testanordnungen der Produktforschung dargestellt werden:

- Konzepttests,
- Produkttests i.e.S. sowie
- Partialtests.

Konzepttest

Der *Konzepttest* (in der Literatur auch als Konzeptionstest bezeichnet) wird zur Überprüfung eines Neuprodukts bzw. einer neuen Produktvariante vor der Realisierung eingesetzt, d.h. mittels eines Konzepttests werden Produktideen überprüft. Bei diesem Testverfahren kommt es darauf an, noch vor der eigentlichen Produktentwicklung zu testen, ob die geplante Gestaltung des Produkts die in sie gesetzten Ziele erfüllt (vgl. Koppelmann 2001, S. 472). Den Testpersonen werden hier nicht konkrete Produkte, sondern Produktideen bzw. Produktentwürfe vorgelegt; die Beurteilung erfolgt daher nicht aufgrund einer unmittelbaren Erfahrung, sondern auf der Basis eines subjektiven Eindrucks bzw. einer subjektiven Vorstellung.

Grundlage für Konzepttests sind verbale Umschreibungen des Produkts, Reinzeichnungen (Layouts), computergestützte Abbildungen oder Modelle. Gerade im Internet lassen sich Produkttests auch ohne Vorhandensein eines Prototyps vornehmen, da eine realitätsnahe Darstellung sämtlicher visuell wahrnehmbarer Produkteigenschaften möglich ist. Darüber hinaus kann das Produkt aus allen möglichen Blickwinkeln betrachtet werden – inkl. einer Innenansicht, welche bei vielen realen Produkten ohne eine Produktzerstörung nicht möglich wäre (zu Produkttests im Internet vgl. ausführlich Arndt 2003).

Ein weiterer Vorteil computergestützter Tests liegt in der Möglichkeit, innerhalb kürzester Zeit mehrere Konzeptvarianten und Entwürfe zu überprüfen. Eine Korrektur möglicher Konzeptmängel ist z.T. noch während der Erhebung möglich; ein verbessertes Konzept kann unverzüglich wieder am Bildschirm präsentiert und erneut überprüft werden. Je realitätsnäher und umfassender die Computerdarstellung ist, umso näher rückt ein Konzepttest an den Produkttest i.e.S.

Eine Überprüfung von Produktkonzepten empfiehlt sich grundsätzlich nicht nur mit potenziellen Käufern, sondern auch mit Absatzhelfern oder Händlern. Dadurch können verschiedene Sichtweisen berücksichtigt und realistischere Einschätzungen über die Marktchancen generiert werden. Die Erhebung erfolgt in Form einer schriftlichen oder mündlichen Befragung, oft auch als Gruppendiskussion. Gerade für Neuproduktideen sind *Fokusgruppen* eine wichtige Quelle von Verbesserungsvorschlägen (vgl. Abschnitt 1.1 im 7. Teil).

Aufgrund des frühzeitigen Kundenfeedbacks können Fehlentwicklungen schon vor Beginn der Produktentwicklung korrigiert werden, was spätere kostenintensive Produktmodifikationen vermeiden hilft. Allerdings erlaubt ein Konzepttest noch keinerlei Rückschlüsse auf das spätere Produkterlebnis, d.h. die Ergebnisse sind lediglich vorläufiger Natur. In späteren Phasen des Produktentwicklungsprozesses sind Produkttests i.e.S. erforderlich, um realistische Aussagen bzgl. der Akzeptanz eines Produkts erhalten zu können.

Beispiel 8.2: INNOFACT Konzepttest

Auf der Grundlage einer Online-Befragung liefert das Unternehmen im Rahmen des Konzepttests Antworten auf die folgenden Fragen:

- Welche Produktideen lassen das höchste Verbraucherpotenzial erwarten (Overall Liking, Kaufbereitschaft)?
- Was genau spricht den Verbraucher an oder inwiefern besteht noch Optimierungsbedarf (Likes und Dislikes)?
- Als wie neu- und einzigartig werden die Produktideen wahrgenommen?
- Wie werden die Produktideen anhand verschiedener, zentraler Eigenschaften beurteilt (Eigenschaftsprofil)?
- Welches Verpackungsdesign oder welcher Produktname entfaltet die beste Verbraucheransprache und intendierte Produktwahrnehmung?

Der Fragebogen wird an die spezifischen Bedürfnisse des Kundenunternehmens angepasst; für die Erhebung von wichtigen Kennwerten wie Overall Liking, Buying Intention und Uniqueness wird aber auf standardisierte Fragestellungen zurückgegriffen, um die Testergebnisse in die umfangreiche Benchmark-Datenbank des Unternehmens einzuordnen – zum Teil auch produktgruppenspezifisch.

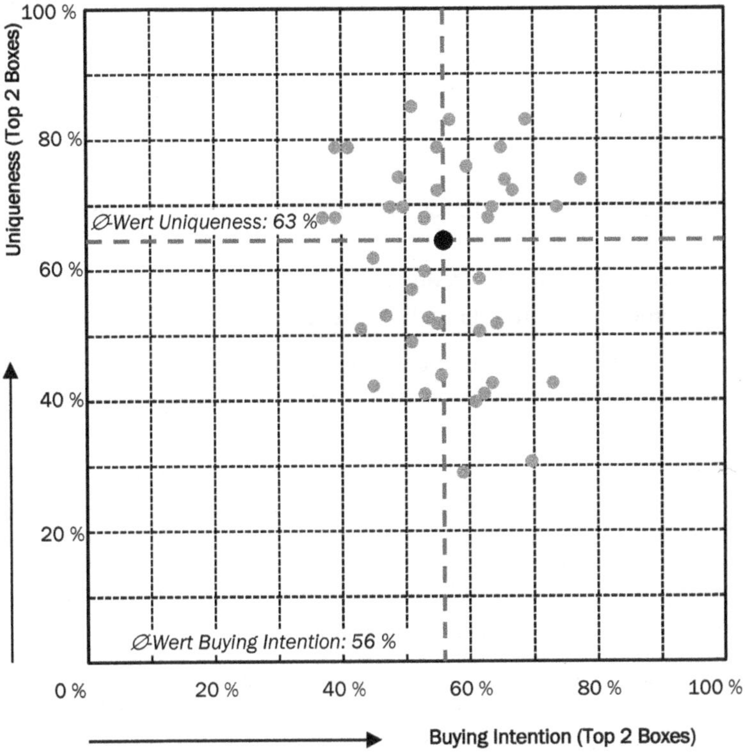

Quelle: http://web2.1a-8231.antagus.de/index.php?id=70, Abruf vom 17.1.2017

Andere Konzepttestverfahren gehen weiter und optimieren nicht nur das Produktkonzept, sondern simulieren auch alternative Preis- und Marketingstrategien, z.B. *CARES for Concepts* von MW Research (www.mwresearch.de/forschungsgebiete/konzepttest/).

Auf Basis einer Conjoint- Analyse werden sämtliche relevante Produktmerkmale und – varianten (Verpackung, Preis…) inkl. Insights, Benefits und Reason-to-Buy's eingebunden. Diese Merkmale werden im Hinblick auf ihre jeweilige Bedeutung und Gewichtung für die spätere Kaufentscheidung bewertet (zur allgemeinen Methodik der Conjoint-Analyse vgl. Abschnitt 3.5.1 im 6. Teil). Durch die ganzheitliche Betrachtung und die kaufnahe Entscheidungssituation ermöglicht die Conjoint-Analyse valide Ergebnisse auch in frühen Phasen ders Produktentwicklungsprozesses.

Produkttest i.e.S.

Ein Produkttest i.e.S. kann als eine experimentelle Untersuchung bezeichnet werden, bei der eine nach bestimmten Kriterien ausgewählte Gruppe von Testpersonen kostenlos zur Verfügung gestellte Produkte ge- oder verbraucht, um anschließend das Produkt als Ganzes bzw. dessen Eigenschaften zu bewerten.

Beim Produkttest wird die Produktleistung eines bereits entwickelten Produkts untersucht. Das Produkt muss hier zumindest als Prototyp vorliegen. Bei *Marktneuheiten* kann mit Hilfe eines Produkttests von den bei den Testpersonen ermittelten Einstellungen, Präferenzen, Kaufabsichten und Produktwahlverhalten auf den vermutlichen Markterfolg geschlossen werden. Bei bereits *etablierten Produkten* kann hingegen im Rahmen eines Produkttests geprüft werden, ob z.B. ein Absatzrückgang auf mangelhafte Produkteigenschaften oder auf veränderte Marktbedingungen zurückzuführen ist. Im Anschluss an die Analyse kann dann das Produkt markt- und verbrauchergerecht umgestaltet werden. Die Überarbeitung des Produktes kann sich dabei auf folgende Bereiche beziehen:

- Verschiebung des Stellenwerts der funktionalen und qualitativen Merkmale des Produkts aus Sicht der Kunden,
- Veränderung der Aufmachung des Produkts, der Anmutung, der Ästhetik und des Symbolwerts,
- evtl. Entwicklung eines veränderten Produktimages,
- verbesserte Abstimmung von Produkt und Verpackung.

Im Idealfall bieten sich Produkttests als Präventivmaßnahme bereits dann an, wenn sich das Konkurrenzverhalten gravierend geändert hat, jedoch noch keine Absatzeinbußen eingetreten sind.

Abzugrenzen ist der Produkttest vom *Warentest*, bei welchem lediglich objektive Produkteigenschaften bereits am Markt befindlicher Produkte überprüft werden. Es geht dort also nicht um die subjektive Wahrnehmung seitens potenzieller Konsumenten, sondern um eine vergleichende Untersuchung alternativer Marken im Hinblick auf verschiedene Qualitätsmerkmale. Produkttests existieren in verschiedenen Ausprägungen; im Folgenden werden die wichtigsten Formen dargestellt.

Im Rahmen des *Eindruckstests* (Soforttest) wird der erste Eindruck der Testpersonen bei Vorlage des Testprodukts registriert. Der Test kann sehr aufschlussreich sein, wenn das Produkt über Stimuli verfügt, welche beim potenziellen Käufer eine Aktivierung bzw. eine Aufforderung zum Kauf hervorrufen sollen. Hier kann getestet werden, ob diese Stimuli tatsächlich in der Lage sind, die gewünschte Wirkung hervorzurufen (vgl. Koppelmann 2001, S. 484). Eindruckstests sind stets Kurzzeittests.

Im Allgemeinen werden bei Kurzzeittests apparative Verfahren herangezogen, insb. Tachistoskop und Schnellgreifbühne (vgl. Kapitel 2 im 3. Teil). Beim *Tachistoskop* wird das Produkt für eine sehr kurze Zeit sichtbar gemacht (bis 1/1000 s). Aufgrund der sehr kurzen Konfrontation mit dem Testobjekt können Rückschlüsse auf die bei der Testperson entstandenen Eindrücke und ihre unbewussten Reaktionen gewonnen werden. Bei der *Schnellgreifbühne* wird vom Probanden eine konkrete Entscheidung zwischen mehreren Testobjekten gefordert, welche für eine kurze Zeit (ca. 5 s) dem Probanden sichtbar gemacht werden. Auch hier können Rückschlüsse auf die Anmutung eines Produkts als Ganzes bzw. bestimmter Eigenschaften (z.B. Verpackung) gezogen werden.

Im Gegensatz zum Eindruckstest handelt es sich bei den im Folgenden dargestellten Verfahren um *Erfahrungstests*, bei welchen den Testpersonen das Produkt zum probeweisen Ge- oder Verbrauch überlassen wird. Im Rahmen des *Präferenztests* soll die Testperson nach probeweisem Ge- oder Verbrauch eines Produkts entscheiden, ob sie das Produkt gegenüber einem oder mehreren Vergleichprodukten vorziehen würde. Zum Vergleich werden entweder alternative Produkte im Test selbst berücksichtigt, oder der Proband soll sich auf das Produkt beziehen, das er üblicherweise kauft. Beim *ungerichteten Präferenztest* wird lediglich nach dem Vorhandensein einer Präferenz gefragt; beim *gerichteten Präferenztest* werden zusätzlich das Ausmaß und die Gründe der Präferenz hinterfragt (vgl. Bauer 1981, S. 97). Zur Erfassung von Präferenzen können auch die Conjoint-Analyse sowie die Multidimensionale Skalierung eingesetzt werden (vgl. die Ausführungen in Abschnitt 3.5 im 6. Teil).

Beim *Diskriminanztest* (Diskriminationstest, Unterscheidungstest) wird erhoben, ob die Testpersonen in der Lage sind, zwischen zwei oder mehreren Vergleichsprodukten zu differenzieren. Dies kann das Produkt als Ganzes oder bestimmte Eigenschaften betreffen. Üblicherweise erfolgt der Test dabei als Blindtest. Wie schon beim Präferenztest kann die Testanordnung gerichtet oder ungerichtet sein. Ziel ist die Feststellung, ob eine Testperson objektiv vorhandene Unterschiede zwischen den Testobjekten subjektiv wahrnimmt.

Im Rahmen eines *Deskriptionstests* wird erfasst, welche Produkteigenschaften in welcher Ausprägung bzw. Intensität von den Probanden wahrgenommen werden. Zusätzlich kann nach der Wichtigkeit einzelner Produktmerkmale oder nach der Idealvorstellung bzgl. ausgewählter Merkmale gefragt werden. Beim *Deskriptionsratingtest* haben die Testpersonen hingegen die Produkte bzgl. der Ausprägung bestimmter vorgegebener Merkmale in eine Rangfolge zu bringen (vgl. Bauer 1981, S. 168).

Evaluationstests haben den Zweck festzustellen, wie das Testprodukt als Ganzes oder bzgl. bestimmter relevanter Merkmale von den Probanden bewertet wird bzw. welche Preisvorstellungen der Proband mit dem Testprodukt verbindet. Mithin lassen sich der qualitätsbezogene und der preisbezogene Evaluationstest unterscheiden. Bei einem *qualitätsbezogenen Evaluationstests* wird die subjektive Bewertung des Produkts bzw. einzelner Produkteigenschaften untersucht; dabei wird das Testprodukt ggf. mit einem Idealprodukt verglichen. Auch hier kann die Testanordnung gewichtet oder ungewichtet sein. Beim *preisbezogenen Evaluationstest* werden die Probanden entweder im Rahmen eines Preisschätzungstests dazu aufgefordert, dem Testprodukt einen ihrer Meinung nach angemessenen Preis zuzuordnen, oder sie sollen im Rahmen eines Preisreaktionstests einen vorgegebenen Preis als günstig, angemessen oder teuer beurteilen (zu den verschiedenen Formen von Preistests vgl. ausführlich Kapitel 3 in diesem Teil).

Anhand sog *Akzeptanztests* soll ermittelt werden, ob bei den Probanden bei Vorlage des Testprodukts eine potenzielle oder sogar eine aktuelle Kaufabsicht besteht. Zusätzlich zur Produktleistung können im Rahmen von Akzeptanztests also erste Rückschlüsse auf künftige Absatzzahlen gewonnen werden. Wie beim Evaluationstest wird auch hier zwischen qualitätsbezogenen und preisbezogenen Akzeptanztests unterschieden.

Produktforschung gehört stets zum Portfolio eines Full-Service-Instituts. In der Praxis finden sich zahlreiche Erscheinungsformen von Produkttests, die allesamt ihr eigenes konkretes Ziel verfolgen und meist eine eigene Bezeichnung aufweisen, wenn auch die Versuchsanordnungen zum Teil sehr ähnlich gestaltet sind. Das typische Methodenspektrum von Marktforschungsinstituten im Bereich der Produktforschung umfasst Home-Use-Tests, Studiotests, Gruppendiskussionen, conjointanalytische Verfahren. Gerade die Conjoint-Analyse hat sich in der praktischen Marktforschung in den letzten Jahren verbreitet, da sie neben der Überprüfung der Produkteigenschaften auch Aussagen über die optimale Preisgestaltung ermöglicht (vgl. die ausführliche Darstellung in Abschnitt 4.4).

Hinzu kommt die Möglichkeit der Verknüpfung ganzer Produkttests zu einer Kette von Testanordnungen; als Beispiel einer solchen Kombination soll hier der sog. *Doppeltest* dienen. Hier wird an die Durchführung eines Kurzzeittests ein Langzeittest gekoppelt. Diese Testfolge wählt man bei der Überprüfung völliger Marktneuheiten, wenn man befürchtet, dass die ersten Eindrücke bei einem Probanden von seinen späteren ausführlicheren Erfahrungen mit dem Produkt deutlich abweichen könnten.

Für viele Produkte (z.B. Software) hat sich die Einbindung der Nutzer in Form sog. *Beta-Tests* etabliert (vgl. Dolan/Matthews 1993). Nutzer testen eine vorläufige Produktvariante und können entsprechende Anregungen und Verbesserungsvorschläge formulieren, die vor der regulären Markteinführung berücksichtigt werden können.

Beispiel 8.3: SKOPOS Produkt-Konfigurator

Mit Hilfe des Produkt-Konfigurators können die Testpersonen auf Basis eines ausgewählten Grundmodells interaktiv (Zusatz-) Ausstattungen aussuchen, um sich individuell ihr Wunschprodukt zusammenzustellen. In diesem Prozess verändern sich mit jedem Auswahlverhalten die bisherige Produktkonfiguration und der Gesamtpreis des Produktes. Als Ergebnis erhält man für jeden Probanden ein Idealprodukt, welches Aufschlüsse über die Präferenzen der Zielgruppe wie auch ihre Zahlungsbereitschaft liefert. Methodisch basiert der Test auf einer Conjoint-Analyse.

Das Verfahren hat folgende Vorteile:

- Geringe Limitierung auf die Anzahl von Merkmalen und Merkmalsalternativen;
- Berücksichtigung von Interaktionen zwischen Merkmalen auf „natürliche Weise", indem die Abhängigkeiten zwischen dem Auswahlverhalten analysiert werden;
- Unterschiedliche Typen von Merkmalen, wie zum Beispiel Grundausstattungen und notwendige funktionale Merkmale sowie Zusatzausstattungen, werden im Vergleich zueinander betrachtet.

Quelle: Skopos o.J.a, S. 6

Partialtest

Im Rahmen von *Partialtests* wird nicht nur die qualitativ-technische Produktleistung überprüft, sondern es werden auch sekundäre Eigenschaften wie Ästhetik, Verpackung, Markennamen oder Handling getestet. Die gebräuchlichsten Varianten von Partialtests sind:

- Sensorische Tests (Geschmackstest, Dufttest, Klangtest),
- Namenstest,
- Packungstest,
- Handlingtest.

Preistests als weitere Form von Partialtests werden hier nicht dargestellt, da sie ausführlich in Kapitel 3 in diesem Teil behandelt werden.

In der Lebensmittel- und der Tabakindustrie sind der Geschmacks- und der Dufttest gebräuchlich. Der *Geschmackstest* befasst sich nicht nur mit dem eigentlichen Geschmack, sondern auch mit Aspekten wie dem Gefühl auf der Zunge und in der Mundhöhle beim Zerbeißen und Herunterschlucken von Esswaren, der Konsistenz von Lebensmitteln und Getränken usw. Der *Dufttest* findet insb. bei Parfüms, Kosmetika, Lufterfrischern und Tabakwaren statt. Die Problematik von Geschmacks- und Dufttests liegt üblicherweise in der Schwierigkeit, den empfundenen Geschmack oder Duft verbal zum Ausdruck zu bringen. Eine valide Lösung wird z.B. von MW Research angeboten.

Beispiel 8.4: SensUp® (MW Research)

SensUp® ist ein spezielles Messverfahren zur Wahrnehmung von Sinneseindrücken. Es eignet sich für alle Produkte, die über sinnlich wahrnehmbare Eigenschaften verfügen, deren Ausprägungen mit klassischen Testverfahren nur sehr schwer messbar sind (Geruch, Geschmack, Haptik, Optik).

Die Messung jeder Produkteigenschaft, z.B. Würzigkeit, erfolgt auf der Basis einer sog. *Magnitude Estimation Scale*, einer nach oben offenen Skala mit einem Nullpunkt und ohne Eingrenzung der Skalenwerte. Jeder Proband kann damit seine Bewertungen auf einer ganz individuellen Skala positionieren. Auf diese Weise können auch sehr feine Abstufungen vorgenommen werden. Die individuellen Skalen werden anschließend normiert.

Erhoben werden für jede zu testende Eigenschaft sowohl das wahrgenommene Vorhandensein einer Ausprägung (z.B. „sehr würzig") als auch dessen Bewertung im Sinne von „Gefallen". Hierdurch wird erfasst, ob die wahrgenommene Ausprägungsstärke, also z.B. „sehr würzig", akzeptiert bzw. gemocht wird oder nicht. Neben der Bewertung von Produkteigenschaften werden die für einen positiven Gesamteindruck wichtigsten Produktmerkmale identifiziert. Des Weiteren werden Ausprägung und Akzeptanz von Produkteigenschaften im Vergleich zu anderen Produkten, z.B. Konkurrenzmarken, ermittelt. Zudem werden die Probanden gebeten, die getesteten Produkte in Relation zum persönlichen Idealprodukt in der betreffenden Produktkategorie zu bewerten. Durch dieses Benchmarking ergeben sich wertvolle Hinweise für die Optimierung des eigenen Produkts.

Quelle: http://www.mwresearch.de/methoden/sensup/, Abruf vom 2.2.2017

Der Produkt- oder Markenname ist für das Branding von großer Bedeutung. Aus diesem Grund empfiehlt es sich, einen anvisierten Markennamen vorab im Rahmen eines *Namenstests* zu untersuchen. Untersucht werden dabei insb. Aspekte wie Merkfähigkeit und Assoziationsleistungen. Die *Merkfähigkeit* wird z.B. dadurch überprüft, dass den Testpersonen im Rahmen eines Folder-Tests eine Mappe mit Produktnamen und Produktbeschreibungen zur Durchsicht ausgehändigt wird; im Rahmen einer anschließenden Befragung wird überprüft, wie häufig unterschiedliche Produktnamen erinnert werden. Im Rahmen des *Tests der Assoziationsleistung* werden die Testpersonen gebeten, anzugeben, welche Assoziationen sie mit dem zu testenden Namen verbinden. Eine weitere Variante des Namenstests besteht darin, die Testpersonen zu bitten, passende Namen für das vorgelegte Produkt zu nennen.

Beispiel 8.5: Namenstest Dr. Grieger & Cie (ab 2017 Splendid Research).

In einem mehrstufigen Testdesign werden qualitative und quantitative Techniken herangezogen, um zuverlässige Informationen über die Wahrnehmung alternativer Markennamen durch relevante Konsumenten zu ermitteln. Der Test umfasst dabei drei verschiedene inhaltliche Schwerpunkte:

- Phonetische Begriffsattribute (Aussagefähigkeit, Einprägsamkeit/Merkfähigkeit, Aussprechbarkeit, Verständlichkeit);
- Assoziationen (Emotionale Wahrnehmung, Reaktion, Attraktivität, Einordnung, Fit zur angebotenen Leistung);
- Position im Wettbewerbsumfeld (Eigenständigkeit, Differenzierbarkeit, Positionierungsadäquanz).

Im Rahmen von Fokusgruppen werden zunächst Assoziationen zum Namen (allein und im Wettbewerbsumfeld) identifiziert. Die wichtigsten Dimensionen werden in einen Fragebogen übertragen (z.B. exklusiv, teuer, qualitativ hochwertig). In Einzelinterviews wird den Befragten Name und Produktgruppe genannt. Anschließend werden die vorher identifizierten Dimensionen anhand einer vierstufigen Skala (von „stimme voll zu" bis „stimme gar nicht zu") bewertet. Auf diese Weise wird nicht nur identifiziert, welche Assoziationen bestimmte Namen hervorrufen, sondern auch, wie stark diese Assoziationen bei der Zielgruppe sind. Darüber hinaus werden auch die phonetischen Begriffsattribute (z.B. Merkfähigkeit, Aussprechbarkeit) analysiert.

Quelle: Dr. Grieger & Cie. 2014

Eine *Packung* ist untrennbar mit dem eigentlichen Produkt verbunden und wird vom Kunden zusammen mit dem Produkt als eine Verkaufseinheit angesehen (z.B. Parfümflaschen, Spraydosen etc.). Im Gegensatz dazu dient die *Verpackung* vor allem der Lagerung, dem Transport und dem Schutz des Produkts vor Beschädigung oder Verderb und ist vom Produkt abtrennbar. Während beim Verpackungstest vornehmlich technische Aspekte wie z.B. Haltbarkeit oder Stapelfähigkeit getestet werden, wird beim *Packungstest* insb. die Präsentationsfunktion bzw. die kommunikative Funktion getestet.

Konkret wird beim Packungstest überprüft, ob die Packung beim Kunden die beabsichtigte Assoziation zum Produkt weckt, ob sie Kaufanreize setzt oder ob sich die Packung gegenüber den Packungen von Konkurrenzprodukten durchsetzen kann. Gebräuchlich sind dabei Store Tests oder der Einsatz apparativer Testverfahren wie z.B. die Schnellgreifbühne oder Eye Tracking (vgl. die Ausführungen in Abschnitt 2.3.3 im 2. Teil.). Darüber hinaus können Verpackungen auch im Rahmen von Conjoint-Analysen getestet werden. Die Wahl der Methoden ist dabei vom konkreten Untersuchungsziel abhängig.

Beispiel 8.6: Packungstest bei MW Research

Das Marktforschungsinstitut MW Research GmbH führt Packungstests mit Hilfe verschiedener Testanordnungen durch:

- *Regaltest:* Es wird ein Einkaufsregal simuliert, in welchem den Probanden verschiedene Produktpackungen vorgestellt werden (inkl. der zu testenden Packung). Anstelle realer Studiotests werden zunehmend virtuelle Regalsimulationen eingesetzt. Getestet wird die Durchsetzungsfähigkeit der Packung im Wettbewerbsumfeld. Anschließend wird die zu testende Packung einzeln, also ohne Wettbewerbsumfeld vorgelegt. Erhoben werden Likes und Dislikes, zudem werden Einzelaspekte (Logo, Farben, Abbildungen, Lesbarkeit, Verständnis, Produkterwartung, Imagewirkung und Kaufeinstellung) durch die Probanden bewertet. In einem dritten Schritt werden mit Hilfe impliziter Messverfahren die emotionale Markenwirkung und der Markenfit gemessen, wodurch unbewusste Wirkungen der Packung erfasst werden können.
- *Eye Tracking:* Hier wird analysiert, ob die wesentlichen Informationen einer Packung, also Wiedererkennung der Marke oder Informationsgehalt, ausreichend und zügig wahrgenommen werden.
- *Cares for Packages:* Im Rahmen einer Conjoint-Analyse wird der Beitrag der einzelnen Gestaltungsmerkmale am Gesamtbild der Packung erhoben. Dies erfolgt dadurch, dass den Testpersonen verschiedene Packungskonzepte zur Bewertung vorgelegt werden. Auf der Basis der Gesamtbewertung wird auf den Nutzen der verschiedenen Merkmalsausprägungen geschlossen.

Quelle: www.mwresearch.de/forschungsgebiete/packungstest/, Abruf vom 14.1.2017

Wie der Geschmacks- und der Dufttest gehört auch der *Klangtest* zur sog. sensorischen Produktforschung. In der Automobilindustrie hat er schon eine lange Tradition – etwa um den „richtigen" Klang beim Schließvorgang von Autotüren oder den erwünschten Sound von Motor und Auspuffanlage zu finden. In der Lebensmittelindustrie wird er hingegen bisher eher selten eingesetzt.

Beispiel 8.7: Bahlsen Klangtest

Die Firma Bahlsen hat eigens für die Entwicklung und Überprüfung von Süßgebäck wie z.B. „Leibnitz Butterkekse" und „Russisch Brot" einen Test entwickelt, um zu untersuchen, ob das Knackgeräusch des Gebäcks dieselben Qualitätsanforderungen wie Design oder Geschmack erfüllen kann. Insbesondere soll das Geräusch Frische signalisieren und zum Verzehr animieren. Im hauseigenen Texture Analyzer werden Kekse abgebrochen bzw. abgebissen und dabei Druck und Zeit gemessen. Inzwischen werden neben den Abbeißgeräuschen auch die Kaugeräusche erfasst. Dabei werden zwei Mikrofone so im Ohr platziert, dass sie das Kaugeräusch authentisch erfassen. Analysiert werden durch den Klangtest Knusprigkeit, Klangfarbe, Lautstärke, Konsistenz und Struktur. Darüber hinaus wird auch die subjektive Wahrnehmung erhoben, etwa wie eigentümlich oder anregend ein Keks schmeckt.

Quelle: Höfinghoff 2005, S. 120; Gräfe 2011, o.S.

Im Rahmen eines *Handlingtests* wird die Handhabung des Produkts überprüft, d.h. das Produkt wird beim Ge- und Verbrauch getestet, um herauszufinden, ob das Handling den Anforderungen entspricht (z.B. ob es leicht zu öffnen oder leicht zu dosieren ist, ob die Packung wiederverschließbar ist oder ob die Oberflächenbeschaffenheit, Festigkeit, Gewicht, Gewichtsverteilung etc. den Vorstellungen der Kunden entsprechen).

2 Testmarktuntersuchungen

Definition

Testmarktuntersuchungen werden vor einer nationalen Markteinführung neuer oder veränderter Produkte eingesetzt. Hierbei wird nicht nur das Produkt als solches getestet, sondern der gesamte Marketing-Mix.

Im Rahmen von Testmarktuntersuchungen werden damit nicht die eigentlichen Produkteigenschaften, sondern die Durchsetzungsfähigkeit der Produkte am Markt getestet, d.h. unter Berücksichtigung des Wettbewerbsumfelds. Ziel ist die Ermittlung zuverlässiger Absatz- und Marktanteilsprognosen sowie die Aufdeckung etwaiger Schwächen in der Marketingkonzeption, um das Floprisiko zu reduzieren (vgl. Högl et al. 2016, S. 290). Die wichtigsten Varianten von Testmarktuntersuchungen sind:

- Regionaler Markttest,
- Testmarktsimulation,
- kontrollierter Markttest (Store-Test) und
- elektronischer Testmarkt.

2.1 Regionaler Markttest

Im Rahmen eines *regionalen Markttests* wird das Produkt unter realen Bedingungen in einen regional abgegrenzten Markt unter Einsatz ausgewählter oder sämtlicher Marketinginstrumente getestet. Damit handelt es sich um ein *Feldexperiment*. Der regionale Markttest erlaubt es daher, die gesamte Marketingkonzeption zu testen, da neben dem Produkt als solches auch die übrigen Marketinginstrumente überprüft werden können. Angewendet wird ein regionaler Markttest insb. im Vorfeld einer Neuprodukteinführung. Voraussetzung für die Aussagefähigkeit der Testmarktergebnisse ist allerdings, dass der Testmarkt für den Gesamtmarkt repräsentativ ist. Darüber hinaus sollte der Testmarkt vor allem im Hinblick auf den gezielten Einsatz der Marketinginstrumente isolierbar sein.

Mittlerweile ist die Bedeutung regionaler Markttests stark zurückgegangen. Hierfür sind u.a. folgende *Gründe* zu nennen (vgl. Hüttner/Schwarting 2002, S. 392 f.; Erichson 2007, S. 410 f.):

- Die Durchführung einer regionalen Testmarktuntersuchung ist sehr teuer und zeitaufwändig (mindestens 10 Monate).
- Eine Geheimhaltung vor der Konkurrenz ist nicht möglich, sodass das Produkt bereits während der Testphase von der Konkurrenz imitiert werden kann.
- Häufige Nutzung ein und desselben Gebiets führt zu Testeffekten (ähnlich wie der Paneleffekt, vgl. Abschnitt 3.2 im 4. Teil) bei den beteiligten Verbrauchern und Händlern.
- Eine repräsentative Zufallsauswahl der Testmärkte ist nicht möglich.

- Der Handel ist oftmals nicht oder nur gegen Vergütung bereit, das neue Produkt regional zu listen.
- Die Überregionalität der Medien macht eine gezielte Werbestreuung im Testmarkt oftmals unmöglich.
- Die teilweise noch gravierenden Unterschiede zwischen Ost- und Westdeutschland erfordern zumindest zwei regionale Testmärkte.
- Die Validität der Testmarktergebnisse kann durch Störmaßnahmen der Konkurrenz beeinträchtigt werden.

Aus den genannten Gründen haben die Marktforschungsinstitute eine Reihe sog. *Testmarkt-Ersatzverfahren* entwickelt, welche im Folgenden dargestellt werden.

2.2 Testmarktsimulation

Verfahren der *Testmarktsimulation* finden als Studiotests statt, d.h. unter Laborbedingungen. Kombiniert wird der Studiotest mit einem Home-Use-Test. Das erste deutsche Testmarktsimulationsverfahren wurde von der GfK im Jahre 1980 entwickelt. Mittlerweile bieten alle großen Institute, z.B. A.C. Nielsen, Ipsos, Kantar TNS entsprechende Verfahren an.

Das grundlegende Vorgehen bei einer Testmarktsimulation ist wie folgt:

- Anwerben der Testpersonen,
- Durchführung der Simulation und
- Hochrechnung der Testergebnisse auf den Gesamtmarkt.

In dem hier darzustellenden GfK Volumetric TESI (vgl. im Folgenden GfK o.J.b sowie Högl et al. 2016) werden i.d.R. 300 Verwender der betreffenden Produktkategorie angeworben. Im Rahmen der *Simulation* erfolgt zunächst eine *Vorbefragung*, um den relevanten Markt der Probanden abzubilden. Unter anderem werden das Relevant Set (Set der in Frage kommenden Marken) ermittelt und für diese Kaufpräferenzen, Eigenschaftsbeurteilungen und Verwendungsintensität erhoben.

Im Anschluss an die Vorbefragung werden die Testpersonen mit Werbemaßnahmen für das Testprodukt und die wichtigsten Konkurrenzprodukte konfrontiert. Die Testpersonen haben anschließend die Aufgabe, aus einem im Studio aufgebauten Regal ein Produkt ihrer Wahl einzukaufen. Nach dem Kauf wird der Proband gefragt, welche Marke er gekauft hätte, wenn die gewählte nicht verfügbar gewesen wäre. Dies wird solange wiederholt, als Marken im Relevant Set sind. Abschließend beurteilen die Probanden das Image des neuen Produkts (nach Werbemittel- und Regalkontakt).

Im Anschluss an den Studiotest erfolgt ein Home-Use-Test, d.h. das Testprodukt und das bevorzugte Produkt werden in häuslicher Umgebung erprobt. Anschließend werden Nachkaufinterviews geführt, um die Verwendungserfahrungen festzustellen. Kauffrequenz- und Einstellungsmessung werden analog zum Hauptinterview wiederholt, um Daten zur Prognose des Wiederkaufverhaltens zu generieren.

Methodisch basiert Volumetric TESI auf dem Parfitt-Collins-Modell (vgl. die Ausführungen in Abschnitt 4.3.2 im 4. Teil). Prognostiziert werden Erstkauf, Wiederkauf und Marktanteil des Produkts für die ersten 24 Monate nach Produkteinführung. Im Vergleich zu regionalen Testmarktuntersuchungen sind Testmarktsimulationen deutlich günstiger. Die Zeitdauer ist begrenzt (ca. 8-12 Wochen). Ein weiterer Vorteil ist die Möglichkeit der Geheimhaltung. Als nachteilig kann sich insb. die geringe externe Validität aufgrund der Laborsituation erweisen; allerdings ist nach Aussage der GfK Volumetric TESI sehr zuverlässig (Abweichung des prognostizierten vom tatsächlichen Marktanteil nach dem 1. Jahr ± 10 %; vgl. Högl et al. 2016, S. 307).

Neue Impulse erhält die Testmarktsimulation durch den Einsatz sog. *virtueller Regaltests*. Hierbei handelt es sich um 3D-Darstellungen simulierter Geschäfte mittels spezieller Software, die eine wirklichkeitsgetreue Einkaufstour am PC ermöglichen. Ein Beispiel ist der Online-Regaltest von Harris Interactive (vgl. Abb. 8.2).

Abb. 8.2: Online-Regaltest von Harris Interactive AG Hamburg (Quelle: http://harris-interactive.de/virtuelle-regaltests/, Abruf vom 5.2.2017)

Wesentliche *Vorteile* eines virtuellen Regaltests sind (vgl. Burke 1996, S. 111; Harris Interactive 2017, o.S.):

- Durch die 3D-Darstellung wird die Einkaufssituation realistischer nachgebildet als bei anderen Labortechniken;
- Testparameter wie Sortiment, Produktverpackungen, Verkaufsförderungsmaßnahmen, Regalgestaltung usw. können schnell und flexibel verändert werden;
- Einfache und intuitiv verständliche Bedienung des Online-Regals;
- schnelle und fehlerfreie Datenerfassung durch die Software;
- Elimination eines Großteils der in Feldversuchen auftretenden Störfaktoren und
- Möglichkeit zum Test neuer Konzepte, ohne Herstellungs- oder Werbekosten zu verursachen.

2.3 Kontrollierter Markttest

Im Rahmen eines *kontrollierten Markttests* (*Store-Test*) wird das Produkt unter kontrollierten Bedingungen in ausgewählten Einzelhandelsgeschäften getestet. Das beauftragte Marktforschungsinstitut übernimmt für die Dauer des Tests die Lieferung, die Bestandskontrolle, die Preisgestaltung und die Abrechnung für das betreffende Testprodukt. Angeboten werden Store-Tests u.a. von GfK und Nielsen.

Beispiel 8.8: GfK Store Test 360 °

Im Rahmen des GfK Store Test 360° werden die geplanten Marketingmaßnahmen im Vorfeld der nationalen Umsetzung in einem realen Umfeld überprüft. Die Maßnahmen werden während eines Zeitraums von mehreren Wochen in ausgewählten Geschäften des Lebensmitteleinzelhandels getestet. Der 360° Blickwinkel integriert Informationen aus mehreren Informationsquellen:

- Verkaufspotenzial (Prognose auf der Basis von Scannerdaten),
- Shopper Akzeptanz (Verbraucherkennzahlen wie Käuferreichweite, Kauffrequenz u.a.),
- Shopper Insights (z.B. Kaufgründe, Kaufbarrieren, Beurteilung von PoS-Maßnahmen) auf Basis von PoS-Interviews und PoS-Beobachtung sowie
- Handelsfeedback: persönliche Interviews mit Handelsexperten zur Bewertung von Produktneuheiten aus Sicht des Handels, geschätzte Erfolgswahrscheinlichkeit beim Konsumenten u.a.

In einem ersten Schritt erfolgt eine Vorauswahl repräsentativer Testgeschäfte. Im zweiten Schritt erfolgt eine Sensitivitätsanalyse, um Anzahl der Testgeschäfte und Testdauer zu bestimmen, welche für eine möglichst exakte Messung der Wirkung der geplanten Maßnahmen erforderlich sind. Die ausgewählten Geschäfte werden anschließend einer Geomarketing-Analyse unterzogen, um zu gewährleisten, dass Test- und Kontrollgruppe eine gleiche Ausgangslage haben (nach Kaufkraft, Einzugsgebiet, Kategorie- und Markenentwicklung). Durch die Geomarketing-Analyse hebt sich das Testdesign von anderen Storetests ab.

Quelle: Högl et al. 2016, S. 301 ff.

Auch Store-Tests weisen im Hinblick auf Testdauer, Testkosten und Geheimhaltung gegenüber regionalen Markttests *Vorteile* auf. Darüber hinaus ist im Vergleich zu Labortests die Validität höher, da sie unter Feldbedingungen erfolgen. Als *nachteilig* erweisen sich insb. die folgenden Punkte:

- Es wird lediglich die Kaufsituation im Laden betrachtet, d.h. es liegen keine Informationen über die individuellen Kaufentscheidungen der einzelnen Verbraucher oder über die Wirkung von Werbemaßnahmen vor.
- Die gemessene Nachfrage nach dem Testprodukt kann nicht wie bei der Testmarktsimulation nach Erst- und Wiederholungskäufen differenziert werden, worunter die prognostische Qualität des Verfahrens leidet.
- Die Repräsentativität ist bei nur wenigen eingbezogenen Testgeschäften gering.

2.4 Elektronischer Testmarkt

Elektronische Testmärkte (*Mini-Testmarktpanels*) kombinieren einen regionalen Testmarkt mit einem elektronischen Panel. In Deutschland befindet sich nach der Einstellung von Nielsen Telerim lediglich das 1985 eingeführte GfK BehaviorScan auf dem Markt (vgl. GfK o.J.c). Testmarkt bei BehaviorScan ist Haßloch in der Pfalz. Dort waren bereits 1985 über 90% der Haushalte kabelfähig (mittlerweile 100%), da die Stadt im Einzugsgebiet des Kabelpilotprojekts Ludwigshafen lag. Durch Kooperationsvereinbarungen mit dem lokalen Handel konnte ein Einzelhandelspanel mit – je nach Warengruppe – bis zu 95% Marktabdeckung (*Coverage*) gewonnen werden.

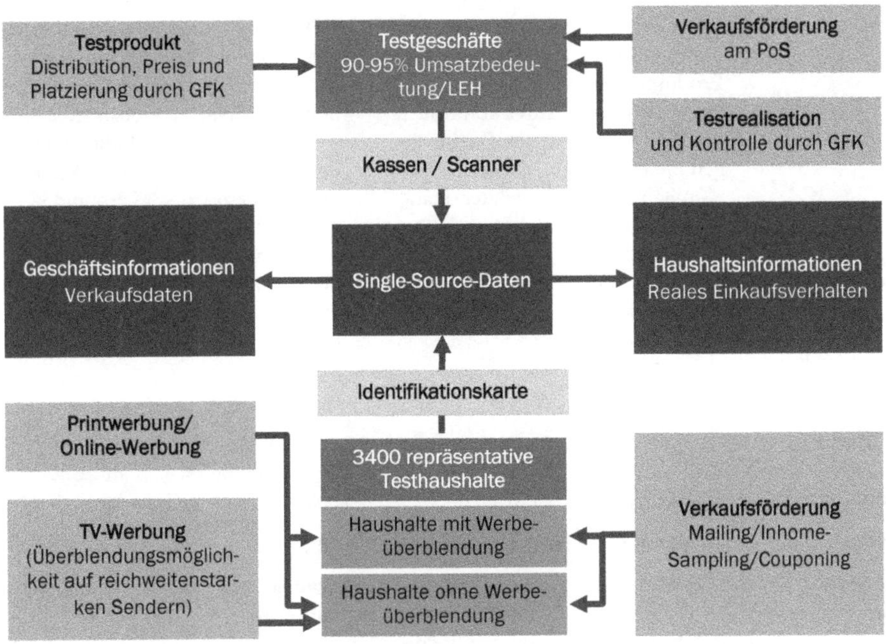

Abb. 8.3: Die Struktur von GfK BehaviorScan (Quelle: nach Högl et al. 2016, S. 293)

Die Stichprobe besteht aus derzeit 3.400 repräsentativen Testhaushalten, aufgesplittet in eine 2.400 Haushalte umfassende Testgruppe mit Kabelanschluss, welche die TV-Testwerbung erhalten, und eine Kontrollgruppe aus 1.000 Haushalten, welche die reguläre Werbung im nationalen Fernsehprogramm erhalten. Die Testhaushalte werden gezielt mit präparierten Medien konfrontiert (TV-Sender, Printmedien, Plakate etc.), welche Werbemaßnahmen für das getestete Produkt enthalten. Testspots werden synchron mit dem Erscheinen regulärer Spots über einen speziellen Kabelkanal ausgestrahlt und sind für die teilnehmenden Haushalte als solche nicht erkennbar. In den Testgeschäften werden die Einkäufe der Probanden elektronisch per Scannerkasse erfasst, wobei sich die Teilnehmer mittels einer Identifikationskarte ausweisen müssen. Auf diese Weise können auf experimentellem Wege die Wirkungen alternativer Marketingmaßnahmen (z.B. Werbemittel, Preis) auf ökonomische Zielgrößen wie Absatz oder Umsatz des zu testenden Produkts ermittelt werden (vgl. Högl et al. 2016, S. 292). Abbildung 8.3 zeigt die Struktur des GfK BehaviorScan im Überblick.

Der wesentliche *Vorteil* von BehaviorScan besteht im Einsatz von *Targetable TV*, wodurch die Testhaushalte gezielt und individuell mit Werbespots angesteuert werden können. Dadurch wird die Werbewirkung isolierbar. Ein weiterer Vorteil liegt in der Konzeption als Panelerhebung, wodurch sowohl Erst- als auch Wiederholungskäufe erfasst werden können und eine Prognose nach dem Parfitt-Collins-Modell möglich ist.

Tab. 8.3: Testmarktalternativen im Vergleich

Testverfahren	Regionaler Markttest	Kontrollierter Markttest	Testmarkt-simulation	Elektronischer Testmarkt
Kennzeichnung	▪ Feldexperiment ▪ Probeweiser Verkauf von Produkten unter kontrollierten Bedingungen in einem räumlich abgegrenzten Markt bei Einsatz ausgewählter oder aller Marketinginstrumente	▪ Feldexperiment ▪ Probeweiser Verkauf von Produkten unter kontrollierten Bedingungen in ausgewählten Handelsgeschäften	▪ Laborexperiment ▪ Nach Vorführung von Werbemaßnahmen werden Käufe der Testpersonen in einem künstlich aufgebauten Supermarkt registriert ▪ i.d.R. anschließend Nachkaufinterviews	▪ Feldexperiment ▪ Test- und Kontrollgruppe werden mit unterschiedlichen Marketingmaßnahmen (insb. Werbung) konfrontiert (Targetable TV) ▪ Käufe per Scannerkasse erfasst
Beurteilung				
Testdauer	10-16 Monate	1-6 Monate	8-12 Wochen	Ca. 6 Monate
Kosten	Relativ hoch	Relativ gering	Gering	Relativ gering
Kontrollmöglichkeiten	Gering; Gefahr von Störeinflüssen hoch	Relativ gering; Gefahr von Störeinflüssen hoch	Sehr gut; kaum Störeinflüsse	Gut; geringe Störeinflüsse
Geheimhaltung	Nicht gegeben	In Grenzen gegeben	Uneingeschränkt gegeben	i.d.R. gegeben
Prognosemöglichkeiten	▪ i.d.R. hohe Repräsentativität und große Realitätsnähe ▪ Erst- und Wiederholungskäufe erfassbar	▪ Realitätsnähe hoch ▪ Eingeschränkte Repräsentativität aufgrund geringer Zahl an Testgeschäften ▪ Erst- und Wiederholungskäufe nicht getrennt erfassbar	▪ Eingeschränkte Realitätsnähe ▪ Repräsentativität hängt vom Auswahlverfahren ab ▪ Erst- und Wiederholungskäufe erfassbar	▪ Hohe Realitätsnähe, aber ggf. Testeffekt ▪ Mittlere bis hohe Repräsentativität ▪ Erst- und Wiederholungskäufe erfassbar
Isolierbarkeit einzelner Maßnahmen	gering	gering	hoch	hoch

Problematisch sind zum einen die z.T. nicht unerheblichen Kosten. Darüber hinaus ist eine Geheimhaltung nur eingeschränkt möglich. Zudem besteht die Gefahr der Überlastung des Testgebiets. Im Hinblick auf die Eignung von Produkten als Testobjekte sind darüber hinaus folgende Restriktionen zu berücksichtigen (vgl. Berekoven et al. 2009, S. 163 f.):

- Die Zahl der potenziellen Käufer darf nicht zu gering sein, um aussagekräftige und projizierbare Ergebnisse zu erlangen.
- Die Länge des Kaufzyklus darf nicht so groß sein, dass in einem angemessenen Zeitraum nicht mit der Stabilisierung der Wiederkaufrate zu rechnen ist.
- Es darf sich nicht um regionale Marken oder Spezialitäten handeln.
- Der Umsatz der Warengruppe darf nicht zu einem übermäßigen Teil über solche Distributionskanäle abgewickelt werden, in denen er für den Test nicht zu erfassen ist (z.B. Wochenmärkte).

Tabelle 8.3 zeigt zusammenfassend die wichtigsten Vor- und Nachteile der dargestellten Testmarktalternativen im Vergleich.

Nach Abschluss der Testmarktuntersuchung sind die Testergebnisse auf den Gesamtmarkt hochzurechnen. Abbildung 8.4 zeigt die gebräuchlichsten Projektionsverfahren für Testmarktdaten im Überblick.

$$\text{Absatz auf dem Gesamtmarkt} = \frac{\text{Anzahl der Wiederkäufer im Testmarkt}}{\text{Anzahl der Einwohner im Testmarkt}} \times \text{Anzahl gekaufter Einheiten pro Wiederkäufer pro Jahr} \times \text{Anzahl der Einwohner im Gesamtmarkt}$$

$$\text{Umsatz auf dem Gesamtmarkt} = \text{Umsatz im Testgebiet} \times \text{Hochrechnungsfaktor } \beta \times \text{Korrekturfaktor}$$

Ermittlung des Hochrechnungsfaktors β	
Einfache Bevölkerungsprojektion	$\beta = \frac{\text{nationale Bevölkerung}}{\text{Testmarktbevölkerung}}$
Marktanteilsmethode	$\beta = \frac{\text{Umsatz der Produktgruppe im Gesamtmarkt}}{\text{Umsatz der Produktgruppe im Testmarkt}}$
Umsatzverhältnismethode	$\beta = \frac{\text{Umsatz des Vergleichsprodukts im Gesamtmarkt}}{\text{Umsatz des Vergleichsprodukts im Testmarkt}}$
Kaufkraftindexmethode	$\beta = \frac{\text{nationales Einkommen}}{\text{Einkommen im Testgebiet}}$

Abb. 8.4: Projektionsverfahren für Testmarktdaten (Quelle: In Anlehnung an Sander 2011, S. 404)

3 Werbeforschung

3.1 Gegenstand der Werbeforschung

Die Werbeforschung ist ein weites Gebiet mit einer Vielzahl an Methoden und Testdesigns. In Abhängigkeit vom Objekt der Werbeforschung wird in Werbeträger- und Werbemittelforschung unterschieden. Während die *Werbeträgerforschung* primär auf die Messung der Reichweite der einzelnen Medien zielt, befasst sich die *Werbemittelforschung* schwerpunktmäßig mit der Wirkung von Werbemitteln auf psychologische und ökonomische Zielgrößen. Grundsätzlich bezeichnet die *Werbewirkung* den Beziehungszusammenhang zwischen den werblichen Stimuli und der Reaktion der Rezipienten. Dabei wird unterschieden zwischen ökonomischer Werbewirkung (Wirkung auf ökonomische Werbeziele wie Absatzmenge, Umsatz, Gewinn, Marktanteil), psychologischer Werbewirkung (z.B. Wahrnehmung, Markenbekanntheit, Erinnerung, Kaufabsicht) und streutechnischer Werbewirkung (z.B. Reichweite, Kontakte). Die Werbewirkung bzgl. ökonomischer Zielvariablen wird auch als *Werbeerfolg* bezeichnet. Abbildung 8.5 zeigt die Zusammenhänge im Überblick.

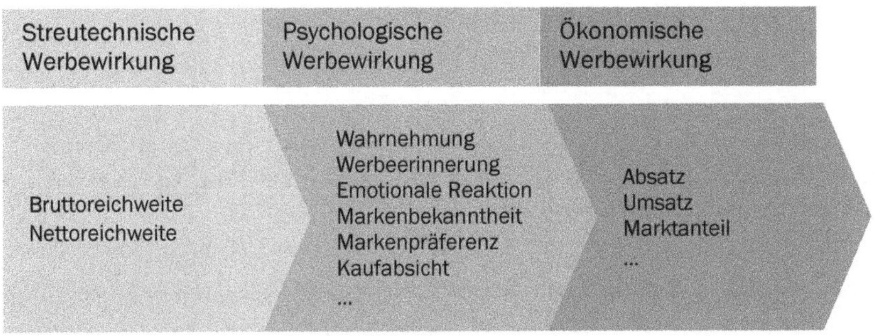

Abb. 8.5: Zielkategorien der Werbewirkung

Werbewirkungsforschung beinhaltet die Überprüfung des Zielerreichungsgrades der Werbung. Voraussetzung für eine fundierte Werbewirkungsforschung ist damit eine klare und eindeutige Festlegung der *Werbeziele* nach Inhalt, Ausmaß und zeitlichem Bezug. Des Weiteren ist zu klären, ob die Werbeziele unmittelbar und ausschließlich durch Werbung beeinflussbar sind (dies gilt für die psychologischen und streutechnischen Werbeziele), oder ob sie auch von anderen Faktoren abhängen, etwa Preis- und Distributionspolitik, wie dies bei den ökonomischen Zielen der Fall ist.

Die Ermittlung der Werbewirkung bei ökonomischen Zielen erfordert eine Isolierung der Werbung als Beeinflussungsfaktor. Hierzu ist es erforderlich, Zielerreichungsgrade der Branche bzw. der Konkurrenten als Vergleichsgrößen heranzuziehen, um allgemeine Einflussfaktoren, die die Branche als Ganzes betreffen, herauszufiltern. In der Praxis ist aber eine Isolierung der ökonomischen Werbewirkung äußerst schwierig. Leichter zu erheben und unmittelbar auf Werbemaßnahmen zurückzuführen ist die Ermittlung der psychologischen Werbewirkung. Je nach Zeitpunkt der Werbewirkungsforschung wird dabei zwischen *Pretests* und *Posttests* unterschieden. Im Prinzip können hierfür sämtliche Verfahren der Marktforschung Anwendung finden; gängige

Messgrößen sind die Erinnerung (*Recall-Test*) und die Wiedererkennung (*Recognition-Test*). Des Weiteren sind Verfahren zur Einstellungsmessung sowie explorative und projektive Verfahren gebräuchlich. Die streutechnische Werbewirkung lässt sich auf der Grundlage von *Mediaanalysen* bewerten. Erfolgt die Überprüfung der Zielgrößen am Markt kontinuierlich, so spricht man von *Werbetracking*.

Sogenannte *Stufenmodelle der Werbewirkung* unterstellen eine Abfolge der verschiedenen Wirkungskategorien, die im Allgemeinen mit der Wahrnehmung der Werbung beginnt und mit der konkreten Kaufhandlung endet; dazwischen werden verschiedene psychologischen Stufen nacheinander durchlaufen. Bekanntestes Stufenmodell der Werbewirkung ist die *AIDA-Regel*. Diese besagt, dass ein Werbeadressat beim Kontakt mit einer Werbebotschaft nacheinander die Wirkungsstufen Attention (Aufmerksamkeit), Interest (Interesse), Desire (Kaufabsicht) und Action (Kaufhandlung) durchläuft; eine Kaufhandlung findet also erst statt, wenn der Rezipient die vorangegangenen psychologischen Prozesse durchlaufen hat. Phasenabgrenzung und -abfolge sind jedoch umstritten. Die einzelnen Wirkungskategorien sind Ausdruck verfolgter Werbeziele und eignen sich daher als Zielgrößen für die Werbewirkungsmessung.

3.2 Werbeträgerforschung

3.2.1 Gegenstand der Werbeträgerforschung

Definition

Ziel der *Werbeträgerforschung* (*Mediaforschung*) ist die Analyse der verschiedenen Werbeträger im Hinblick auf deren Beitrag zur Erreichung von Werbezielen. Kern der Mediaforschung ist die Mediaanalyse.

Eine *Mediaanalyse* basiert auf primärstatistischen Erhebungen von Kontaktmenge und Kontaktqualität der einzelnen Werbeträger und ermittelt eine Vielzahl von Kennzahlen der Werbeplanung. Ergänzend werden demographische und psychographische Merkmale wie auch das Medien- und Konsumverhalten der Nutzerschaft erhoben. Die Ergebnisse der Mediaforschung liefern wichtige Hinweise für die Werbestreuplanung. Zu den bekanntesten Mediaanalysen in Deutschland zählen die Mediaanalyse der Arbeitsgemeinschaft Media-Analyse sowie die Allensbacher Markt- und Werbeträger-Analyse.

- Die *Allensbacher Markt- und Werbeträger-Analyse (AWA)* ist eine jährlich veröffentlichte Dokumentation der Mediaforschung des Instituts für Demoskopie Allensbach. Die AWA enthält zum einen Daten über die Reichweite von Zeitschriften, Zeitungen, Hörfunk, Fernsehen, Kino und Außenwerbung, zum anderen auch Angaben über die soziodemographische und psychographische Struktur der Mediennutzer sowie über das Verbraucherverhalten der Zielgruppen.
- Die *Arbeitsgemeinschaft Media-Analyse e.V. (AG.MA)* ist ein Zusammenschluss von Werbeträgern, Werbeagenturen und Werbetreibenden zu Zwecken der Mediaforschung. Die Ergebnisse werden jährlich in der Media-Analyse publiziert. Die Media-Analyse ist die umfassendste Medienanalyse und die größte Erhebung des Mediennutzungsverhaltens in Deutschland.

Die *Zuschauerforschung* ist der Teilbereich der Mediaforschung, der sich mit der Analyse der Struktur und Nutzungsgewohnheiten – insb. Einschaltquoten – der TV-Zuschauer befasst. Die Erhebung erfolgt mittels automatischer Erfassungsgeräte bei Panel-Haushalten oder durch Befragungen. Erhoben werden u.a. folgende Kennzahlen:

- Seher pro halbe Stunde,
- Seher pro Tag,
- Zuschauer je Werbeblock.

Die Ergebnisse der Zuschauerforschung bilden die Grundlage zur Ermittlung von Zuschauermarktanteilen und liefern wichtige Hinweise für die Mediaplanung. Da auf die Fernsehforschung ausführlich in Abschnitt 1.4 des 4. Teils eingegangen wurde, soll die Thematik an dieser Stelle nicht weiter vertieft werden.

Bei einer *Leseranalyse* handelt es sich um eine repräsentative Erhebung zur Feststellung der Reichweiten der Printmedien, der Leserstruktur wie auch der Lesegewohnheiten. Eine Leseranalyse liefert die Grundlage zur Berechnung einer ganzen Reihe von Kennzahlen wie z.B. Leser pro Nummer, Leser pro Ausgabe, Leser pro Exemplar. Darüber hinaus kann die Kontaktwahrscheinlichkeit (Kontaktchance) ermittelt werden, d.h. die Wahrscheinlichkeit, dass eine durchschnittliche Ausgabe eines Mediums genutzt wird. Sie ergibt sich als Durchschnitt aller individuellen Kontaktwahrscheinlichkeiten der befragten Stichprobenmitglieder und ist eine Kennziffer für die durchschnittliche Reichweite eines Titels.

Zu den Lesegewohnheiten werden erhoben:

- Lesedauer (Gesamtzeit über alle Lesevorgänge, in der eine Person eine Ausgabe eines Printmediums nutzt);
- Lesehäufigkeit (Anzahl der Ausgaben eines Printmediums, die eine Person innerhalb eines bestimmten Zeitraums liest);
- Leseintensität (Nutzungsintensität eines Printmediums);
- Lesemuster (Leseverhalten, das sich anhand der Kriterien Lesehäufigkeit, Leseort und Anzahl der Lesetage beschreiben lässt).

Die Ergebnisse der Leseranalyse liefern wichtige Hinweise für den Einsatz von Printmedien in der Werbung. Zu erwähnen ist darüber hinaus die *Leseranalyse bei Entscheidungsträgern in Wirtschaft und Verwaltung (LAE)*, eine zielgruppenspezifische Leseranalyse der Arbeitsgemeinschaft Leseranalyse Entscheidungsträger. Die LAE ist die wichtigste Markt-Media-Studie für die B2B-Kommunikation.

Neben Print und TV werden durch die Arbeitsgemeinschaft Media-Analyse auch die übrigen Mediengattungen im jährlichen Rhythmus untersucht: zu nennen sind hier ma Radio, ma Plakat, ma Online.

3.2.2 Kennziffern der Werbeträgerforschung

Kennziffern der Werbeträgerforschung werden im Rahmen der Mediaforschung ermittelt und stellen wichtige Maßzahlen zur Beurteilung von Medien bzw. Mediaplänen dar. Tabelle 8.4 zeigt wichtige Kennziffern der Werbeträgerforschung im Überblick. Eine ausführliche Beschreibung sämtlicher Kennziffern der Mediaplanung wie auch grundsätzlicher Begriffe der Werbeforschung findet sich insb. bei Koschnik 2003.

Tab. 8.4: Wichtige Kennziffern der Werbeträgerforschung (Quelle: In Anlehnung an Fantapié Altobelli 2011)

Kennziffer	Beschreibung
Affinität	Kennzahl zur Bewertung der Kontaktqualität. Sie gibt an, in welchem Ausmaß die Nutzer eines Werbeträgers den Zielgruppen der Werbung entsprechen. Als Prozentsatz berechnet sich die Affinität als $\frac{\text{absolute Reichweite in der Zielgruppe}}{\text{absolute Reichweite in der Gesamtbevölkerung}} \times 100.$ Den Indexwert erhält man, indem der Prozentsatz durch den Anteil der Zielgruppe an der Gesamtbevölkerung dividiert wird. Ein Indexwert >1 (<1) bedeutet, dass die Zielgruppe in der Nutzerschaft des Mediums über-(unter-)repräsentiert ist.
Durchschnittskontakt	Durchschnittliche Anzahl der Kontakte mit einem Werbeträger bezogen auf alle Personen, welche vom Werbeträger erreicht wurden, also (mindestens einen) Kontakt mit dem Werbeträger hatten.
Einschaltquote	Kennziffer, welche von der GfK im Auftrag der sieben größten Fernsehsender ermittelt wird. Die Einschaltquote besagt, wieviel Prozent der Fernsehhaushalte in Deutschland eine bestimmte Sendung über die gesamte Sendezeit gesehen haben.
Gross Rating Points (GRP)	Addierte Zahl der Kontakte (ohne Überschneidungen), ausgedrückt als Prozentwert einer Zielgruppe. Die Kennziffer dient der Bewertung des relativen Werbedrucks.
Kontakthäufigkeit	Durchschnittliche Anzahl der Kontakte der Zielpersonen bzw. Zielgruppen mit einem oder mehreren Werbträgern oder Werbemitteln. Sie wird auch als Kontaktfrequenz bezeichnet.
Leser pro Ausgabe (LPA)	Rechnerisch ermittelte Zahl der Leser einer durchschnittlichen Ausgabe eines Printmediums. Für ein bestimmtes Erscheinungsintervall resultiert der LPA-Wert als Quotient aus der Summe der Leser-pro-Nummer-Werte der in diesem Zeitraum erschienenen Exemplare und der Anzahl der erschienenen Exemplare.
Leser pro Exemplar (LPE)	Zahl der Personen, die ein Exemplar eines Printmediums lesen. Der LPE-Wert wird nicht direkt erhoben, sondern resultiert als Quotient aus Leser und verbreiteter Auflage im Erscheinungsintervall.
Leser pro Nummer (LPN)	Zahl der Personen, die eine bestimmte Ausgabe eines Printmediums genutzt haben und damit einen Werbeträgerkontakt hatten. Die Ermittlung erfolgt durch Feststellung des letzten Lesevorgangs.
Leser-Blatt-Bindung	Intensität der Bindung eines Lesers an einen bestimmten Titel. Die Ermittlung beruht auf der Vermutung, dass diese die Intensität des Werbemittelkontakts beeinflusst. Die Messung erfolgt meist auf der Grundlage von Statements, welche Wertschätzung, empfundene Verzichtbarkeit u.Ä. seitens des Lesers zum Ausdruck bringen.

Tab. 8.4 (Forts.):

Kennziffer	Beschreibung
Leserstruktur	Erhebung im Rahmen einer Leseranalyse. Folgende Variablen werden erhoben: ▪ Weitester Leserkreis (Personen, die in den letzten 12 Erscheinungsintervallen mindestens eine Ausgabe eines Printmediums genutzt haben); ▪ Fluktuation der Leserschaft (personenmäßige Veränderung im Leserkreis eines Printmediums bei gleichbleibender Gesamtzahl der Leser); ▪ Leser pro Ausgabe, Leser pro Nummer, Leser pro Exemplar (s.o.); ▪ Leser pro Seite (Zahl der Kontakte einer oder mehrerer Personen mit einer bestimmten Seite eines Printmediums als Indikator für die Wahrscheinlichkeit eines Werbemittelkontakts).
Medienakzeptanz	Qualitatives Kriterium der Medienbewertung. Einflussfaktoren der Medienakzeptanz sind u.a. Glaubwürdigkeit, Informationswert, Unterhaltungswert, Nutzerbindung.
Medien-Kontakt-Einheit (MKE)	Die MKE bildet die Grundlage für die Berechnung der Nutzungswahrscheinlichkeit von Werbeträgern. Bei Printmedien beträgt die MKE eine Ausgabe, beim Hörfunk eine Stunde, beim Fernsehen 30 Minuten und beim Kino eine Woche. Ziel ist es, die Kontakte verschiedener Werbeträger vergleichbar zu machen.
Nutzungswahrscheinlichkeit	Die Nutzungswahrscheinlichkeit ermittelt sich als Quotient aus der Nutzerschaft pro Ausgabe (bzw. pro Sendetag) und dem weitesten Nutzerkreis (Personen, die im Referenzzeitraum mindestens eine Ausgabe des Mediums genutzt haben); sie gibt die Wahrscheinlichkeit an, dass ein Mediennutzer Kontakt mit einer durchschnittlichen Ausgabe eines Mediums hat.
Reichweite	Zentrale Kennzahl der Werbeplanung. Sie beschreibt das Ausmaß, in welchem die Werbeadressaten erreicht werden. Reichweiten können nach verschiedenen Kriterien klassifiziert werden: ▪ Bruttoreichweite (Zahl der erzielten Kontakte mit einem Werbeträger oder einem Werbemittel, unabhängig von der Zahl der erreichten Personen) und Nettoreichweite (Zahl der erreichten Personen, die mindestens einen Kontakt hatten); ▪ Werbeträgerreichweite (Zahl der erzielten Werbeträgerkontakte bzw. der durch einen Werbeträger erreichten Personen) und Werbemittelreichweite (Zahl der durch ein Werbemittel erreichten Personen bzw. erzielten Werbemittelkontakte); ▪ Quantitative Reichweite (Zahl der insgesamt erreichten Personen) und qualitative Reichweite (Anzahl der erreichten Personen der Zielgruppe).

3.3 Werbemittelforschung

3.3.1 Überblick

Definition

Die *Werbemittelforschung* befasst sich mit der Überprüfung der Wirksamkeit eines Werbemittels. Sie misst, inwieweit die festgelegten Werbeziele durch das zu testende Werbemittel erfüllt werden.

Tabelle 8.5 enthält einen Überblick über die Systematisierungskriterien von Werbemitteltests.

Tab. 8.5: Systematik von Werbemitteltests

Kriterium	Varianten
Zeitpunkt der Durchführung	■ Pretest ■ Posttest
Ort der Durchführung	■ Labortest ■ Feldtest
Zu testende Variable	Test zur Messung von ■ momentanen Reaktionen ■ dauerhaften Gedächtnisreaktionen ■ finalen Verhaltensreaktionen
Wissensstand der Testpersonen	■ Versteckte Versuchsanordnung ■ Offene Versuchsanordnung
Zu testendes Werbemittel	■ Anzeigentest ■ Plakattest ■ Spot-Test ■ Website-Test etc.
Stadium der Erstellung des Werbemittels	■ Konzepttest ■ Gestaltungstest

Nach dem *Zeitpunkt der Durchführung* wird zwischen Pretests und Posttests unterschieden. Bei einem *Pretest* handelt es sich um einen Werbetest, der vor Schaltung einer Werbemaßnahme durchgeführt wird, um ihre voraussichtliche Werbewirkung auszuloten. Ein Pretest bildet die Grundlage für die Bewertung und Auswahl eines Werbemittels im Hinblick auf die erreichbare Werbewirkung, d.h. er dient der Werbewirkungsprognose. Hingegen ist ein *Posttest* ein Werbetest zur nachträglichen Bewertung der Wirksamkeit einer Werbekampagne, d.h. zur Werbeerfolgskontrolle. Ein Posttest ermöglicht somit die Ermittlung der Zielerreichung einer Werbekampagne und liefert

Anhaltspunkte für künftige Werbemaßnahmen. Gebräuchliche Posttest-Verfahren sind der Recall-Test, der Recognition-Test, der Copy-Test und der Impact-Test.

Das Kriterium der *zu testenden Variable* beinhaltet eine Unterscheidung in Messung momentaner Reaktionen, Messung dauerhafter Gedächtnisreaktionen und Messung finaler Verhaltenswirkungen (vgl. hierzu Steffenhagen 1999). Damit zielt das Kriterium auf die Wirkung des Werbemittels auf psychologische und ökonomische Zielgrößen.

Momentane Reaktionen sind Vorgänge, welche sich im unmittelbaren Anschluss an den Werbemittelkontakt beim Rezipienten abspielen. Dazu gehören z.B. Aktivierung, Aufmerksamkeit, Wahrnehmung, Anmutungen. *Dauerhafte Gedächtnisreaktionen* sind Inhalte des Langzeitgedächtnisses, welche aufgrund des Kontakts mit einem Werbemittel geprägt bzw. verändert werden. Dazu gehören Variablen wie Wissen, Interesse, Einstellung, Kaufabsicht. Schließlich beinhalten *finale Verhaltensreaktionen* das Informations-, Kauf- und Verwendungsverhalten.

Die wichtigsten psychologischen Zielgrößen der Werbung sollen hier der Vollständigkeit halber kurz skizziert werden (vgl. ausführlich z.B. Trommsdorff/Teichert 2011; Kroeber-Riel/Weinberg/Gröppel-Klein 2013, S. 55 ff.):

- *Aktivierung:* Erregungszustand des Zentralnervensystems, durch den der Organismus mit Energie versorgt und in einen Zustand der Leistungsfähigkeit und Leistungsbereitschaft versetzt wird. Die Aktivierung ist eine Voraussetzung für die Aufmerksamkeit eines Individuums gegenüber einem bestimmten Reiz (z.B. einer Werbebotschaft).
- *Aufmerksamkeit:* Vorübergehende Erhöhung der Aktivierung, wodurch das Individuum gegenüber bestimmten Reizen sensibilisiert wird. Aufmerksamkeit führt bei simultanem Auftreten mehrerer Stimuli zur Reizauswahl; aus diesem Grunde muss Werbung Stimuli bieten, die Aufmerksamkeit erzielen, da sie ansonsten unbeachtet bleibt.
- *Wahrnehmung:* Kognitiver Prozess der Informationsgewinnung durch Aufnahme bestimmter Reize. Die Wahrnehmung erfolgt *subjektiv*, d.h. die objektiven Reize werden vom Individuum verarbeitet und interpretiert. Zudem erfolgt die Wahrnehmung *selektiv*, d.h. es werden nur solche Reize wahrgenommen, welche zuvor Aufmerksamkeit erregt haben.
- *Involvement:* Wahrgenommene Wichtigkeit eines Stimulus bzw. persönliche Bindung eines Individuums gegenüber einem Stimulus. Involvement ist mit einem inneren Zustand der Aktivierung verbunden und besitzt eine verhaltensanregende Kraft. Das Involvement ist stets auf einen bestimmten Reiz gerichtet (z.B. Produkt, Person, Situation, Aufgabe, Verhalten etc.). Hohes Involvement bedeutet eine besonders intensive innere Beteiligung des Konsumenten und ist verbunden mit aktiver Informationssuche, aktiver Auseinandersetzung, hoher Verarbeitungstiefe, stark verankerter Einstellung, hoher Gedächtnisleistung sowie Ansprechbarkeit durch rationale Argumentation. Den Regelfall in Werbung und Marketing bildet allerdings Low-Involvement, d.h. eine nur geringe innere Beteiligung der Werbeadressaten; aus diesem Grunde ist in den meisten Fällen eine eher emotionale kommunikative Ansprache der Zielpersonen angebracht.

- *Einstellung:* Relativ stabile, gelernte innere Bereitschaft eines Individuums, auf bestimmte Stimuli konsistent positiv oder negativ zu reagieren. Die einstellungsbildende Wirkung medialer Angebote hängt von zahlreichen Variablen ab, u.a. von der Glaubwürdigkeit, Aufmachung und Überzeugungskraft des Mediums, aber auch vom Involvement des Rezipienten.

Nach dem *Wissensstand der Testpersonen* wird zwischen offenen und verdeckten Versuchsanordnungen unterschieden (vgl. hierzu auch die Ausführungen in Abschnitt 2.1 im 3. Teil). Während bei einer *offenen Versuchsanordnung* den Testpersonen die Untersuchungssituation bewusst ist, wird im Rahmen einer *verdeckten Versuchsanordnung* die Untersuchungssituation verschleiert, sodass ein Beobachtungseffekt vermieden wird.

Nach dem *zu testenden Werbemittel* wird z.B. zwischen Anzeigentest, TV-Spot-Test, Plakattest usw. unterschieden. Die Unterscheidung ist insofern bedeutsam, als die Versuchsanordnungen je nach Gegenstand des Tests z.T. modifiziert werden müssen.

Schließlich beinhaltet das Kriterium des *Stadiums der Erstellung des Werbemittels* eine Unterscheidung in Konzepttest und Gestaltungstest. Während *Konzepttests* in einem frühen Stadium der Werbemittelentwicklung auf der Grundlage von Layouts oder Storyboards erfolgen, werden *Gestaltungstests* auf der Basis fertig gestellter Werbemittel durchgeführt. Im Allgemeinen bieten Marktforschungsinstitute den Auftraggebern ein Gesamtportfolio an Verfahren an, sodass ein Werbemittel von der ersten Konzeption bis zum Posttest evaluiert werden kann. Abbildung 8.6 zeigt das Werbemitteltest-Spektrum am Beispiel von Kantar TNS (vormals: TNS Infratest).

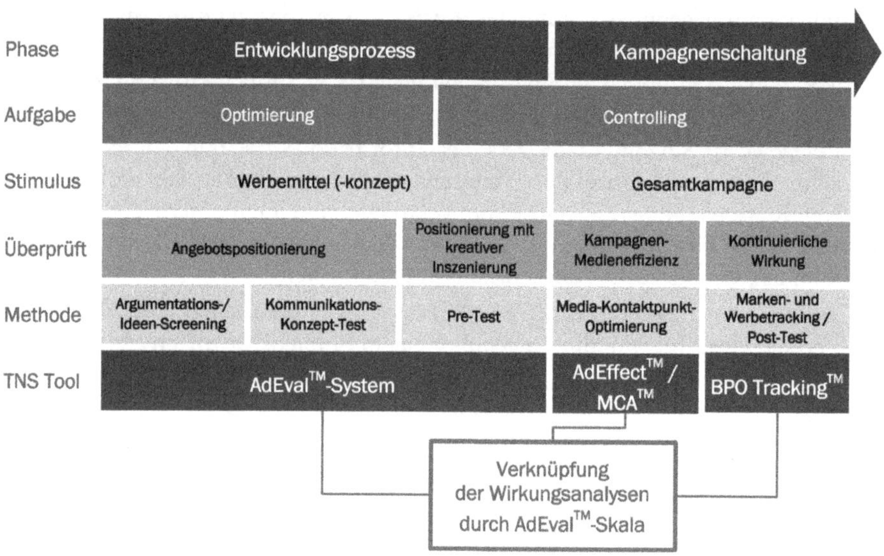

Abb. 8.6: Das Werbemitteltest-Portfolio von Kantar TNS (Quelle: TNS Infratest 2010)

3.3.2 Werbemittelpretests

Pretests werden vor Einsatz des Werbemittels durchgeführt; damit handelt es sich durchweg um Labortests. Pretests umfassen Konzepttests und Gestaltungstests und können sowohl mit offener als auch mit versteckter Versuchsanordnung durchgeführt werden. Pretests werden auch als *Copy-Tests* bezeichnet. Grundsätzlich werden in Pretests unterschiedliche Aspekte eines Werbemittels überprüft. Hierzu werden die Probanden in ein Teststudio eingeladen, und es wird ihnen das zu testende Werbemittel – ggf. in Verbindung mit weiteren Werbemitteln – dargeboten. Zunehmend erfolgen Werbemitteltests aber auch in Form von Online-Befragungen.

Konzepttests werden nicht mit fertigen Werbemitteln, sondern mit Entwürfen durchgeführt. Nach Vorlage des Entwurfs werden die Probanden befragt, ob z.B. die Besonderheiten des Produkts klar, prägnant und überzeugend kommuniziert werden. Vielfach werden auch einzelne Elemente getestet, z.B. Anzeigenmotiv oder Slogan. Üblicherweise werden dabei Scribbles oder Storyboards zugrunde gelegt.

Gestaltungstests werden mit fertigen Werbemitteln durchgeführt. Im Rahmen von Gestaltungstests werden Verfahren der explorativen Analyse (mit offener Versuchsanordnung) und Verfahren mit verdeckter Versuchsanordnung unterschieden.

Bei *explorativen Testverfahren* werden die einzelnen Elemente des Werbemittels detailliert analysiert. Typischerweise wird das Werbemittel den Probanden zunächst kurzzeitig vorgelegt, um erste spontane Eindrücke und Anmerkungen zu erfahren. Anschließend wird das Werbemittel erneut auf Dauer vorgelegt; die Probanden werden detailliert nach den einzelnen Elementen des Werbemittels gefragt, nach dem Verständnis der Werbebotschaft, den ausgelösten Emotionen und Assoziationen usw. Typischerweise werden folgende Zielgrößen erfasst:

- Durchsetzungsstärke (Wahrnehmung im Vergleich zu Werbemaßnahmen von Wettbewerbern, Aufmerksamkeitspotenzial),
- Ermittlung spontaner „Likes“ und „Dislikes“,
- Verständnis der Werbebotschaft,
- Erinnerung (Anzeigenerinnerung, Produkterinnerung, Markenerinnerung, Erinnerung an einzelne Elemente des Werbemittels,
- (spontane) Attraktivität des Werbemittels (Gefallen),
- Emotionale Wirkung des Werbemittels (Eindruck, Sympathie),
- Spontane Assoziationen,
- Glaubwürdigkeit des Inhalts / der Botschaft,
- Markenimage,
- Identifikationspotenzial mit der Marke,
- Generierung von Interesse für die Marke,
- Motivierung (z.B. Kauf- oder Nutzungsabsicht).

Darüber hinaus erfolgt eine allgemeine Beurteilung des Werbemittels anhand z.B. einer Notenskala, die Erstellung eines Profils mit Hilfe eines Polaritätenprofils u.a. Auch kann das Werbemittel im Konkurrenzumfeld getestet werden. Abbildung 8.7 zeigt die an die AIDA-Regel orienterte Grundstruktur des Werbemitteltests bei Hopp Marktforschung.

Unterstützt werden explorative Testanordnungen durch apparative Verfahren (vgl. ausführlich die Darstellung in Abschnitt 2.2.2 im 3. Teil). Gebräuchliche technische

Hilfsmittel sind Hautwiderstandsmessung, Tachistoskop und Blickaufzeichnung. Zunehmend bieten Unternehmen auch Facial Coding und implizite Messverfahren an.

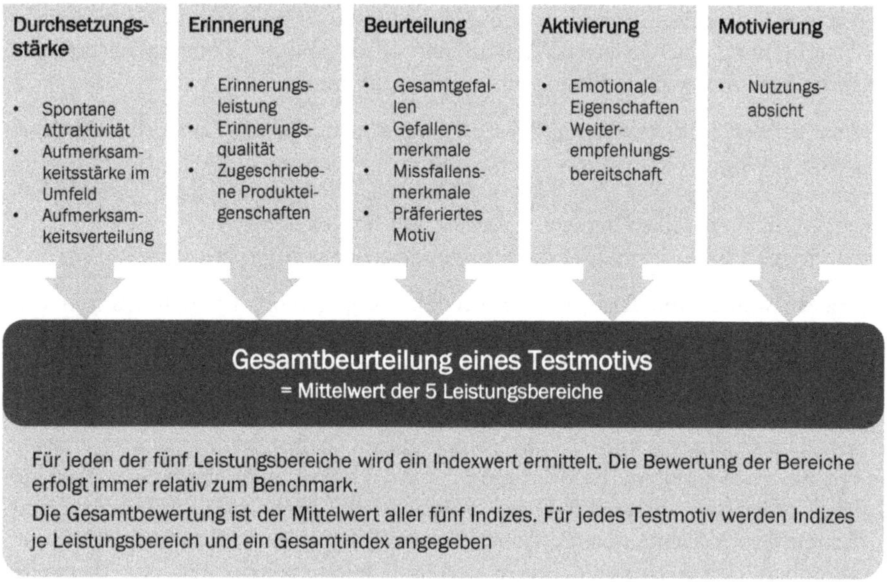

Abb. 8.7: Werbewirkungsmodell und Auswertungslogik bei Hopp Marktforschung (Quelle: https://www.hopp-marktforschung.de/loesungen/werbung/werbemitteltest/)

Die *Hautwiderstandsmessung* (elektrodermale Reaktion, GSR) ist ein Verfahren zur Messung der Aktivierung. Das Verfahren beruht darauf, dass auf bestimmte Reize (z.B. Kontakt mit einem Werbemittel) die Schweißdrüsen von Händen und Fußsohlen reagieren, was zu einer Veränderung des Hautwiderstands führt. Erfasst wird die Spannungsverschiebung mittels angebrachter Elektroden.

> Das Verfahren basiert darauf, dass die ausgelösten Aktivierungen des Zentralnervensystems, welche sich in der elektrodermalen Reaktion zeigen, registriert werden. Die zu testenden Werbematerialien können dadurch in Abhängigkeit von der ausgelösten Aktivierungswirkung im Hinblick auf Anregungswirkung, Aufnahmebereitschaft und Verarbeitung von Informationen erfasst werden (vgl. i-fuma 2004a, o. S.). Bei Werbemitteln mit zeitlicher Ausdehnung, also insb. Fernseh- oder Hörfunkspots, kann die Aktivierung eindeutig auf bestimmte Sequenzen zurückgeführt werden, wodurch Ansatzpunkte für die Verbesserung des Spots ersichtlich werden.

Beim Anstieg der mit GSR gemessenen Aktivierung wird gleichzeitig die Bereitschaft zur Aufnahme und Verarbeitung einer Information erhöht. Da das Verfahren nur das Niveau der Aktivierung messen kann, nicht aber, ob es sich um eine positive oder negative Reaktion handelt, ist es sinnvoll, das Verfahren in Kombination mit anderen Methoden zu verwenden. Im Anschluss an die experimentelle Erhebung erfolgt daher meist zusätzlich eine Befragung, um spontane Eindrücke, Anmutungen, Emotionen und Assoziationen, welche vom Werbemittel ausgelöst werden, zu eruieren.

Ein *Tachistoskop* ist ein Projektionsgerät, mit dem es möglich ist, im Rahmen eines Werbemitteltests die Darbietungszeit von Werbemitteln auf bis zu 0,0001 Sekunden zu verkürzen. Durch stufenweise Verlängerung der Darbietungszeit und anschließende Befragung der Testpersonen kann festgestellt werden, welche Elemente des Werbemittels jeweils wahrgenommen werden (vgl. ausführlich Dabic et al. 2008). Dies erlaubt Rückschlüsse auf die ersten Anmutungen eines Werbemittels bei der in der Realität häufig anzutreffenden sehr kurzen Betrachtungsdauer von Werbemitteln (bei einer Anzeige durchschnittlich 2 s).

Beispiel 8.9: Ergebnisse einer tachistoskopischen Untersuchung

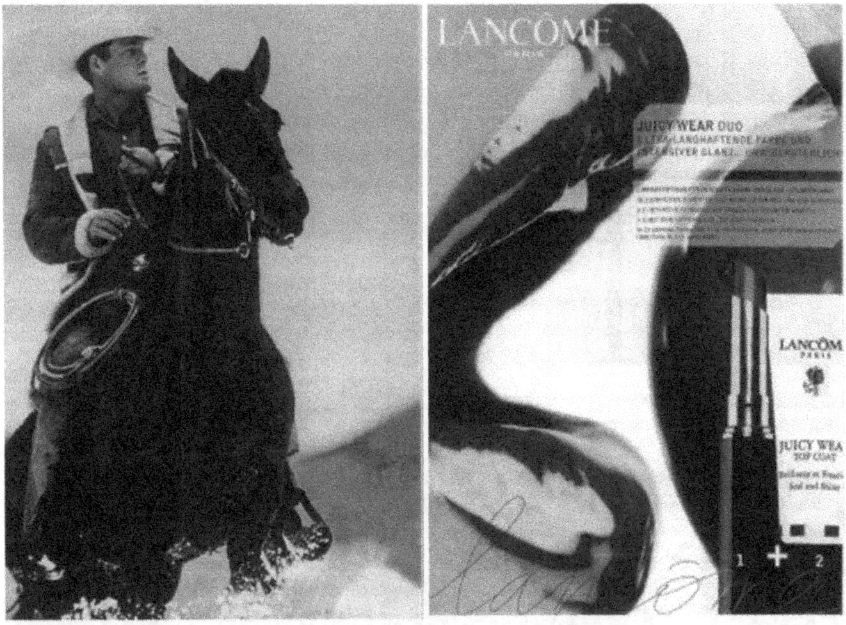

Anzeigen, die bei längerer Betrachtungsdauer positive Anmutungen hervorrufen, können bei sehr kurzer Darbietungszeit gegenteilige Wirkungen hervorrufen. Während beispielsweise eine tachistoskopische Untersuchung der abgebildeten anonymisierten Marlboro-Anzeige ergab, dass immerhin 50 % der Probanden schon bei kurzer Darbietungszeit die Anzeige korrekt der Marke Marlboro zuordneten, waren die ersten Eindrücke bei der Lancôme-Anzeige eher verwirrend. Beispielsweise wurde das Lippenmotiv von 20 % der Probanden fälschlicherweise als Schlange erkannt, was für die Marke eher schädlich sein dürfte.

Quelle: Dabic/Schweiger/Ebner 2008

Bei der *Blickaufzeichnung* (*Blickregistrierung, Eye Tracking*) handelt es sich um ein apparatives Testverfahren zur Feststellung des Blickverlaufs bei der Betrachtung eines Werbemittels. Hierdurch kann ermittelt werden, welche Elemente wie lange und in welcher Reihenfolge betrachtet werden. Die Blickaufzeichnung erfolgt mit Hilfe einer Spezialbrille, welche den Blickverlauf anhand der Pupillenbewegungen registriert, oder mit Hilfe einer versteckten Kamera. Darüber hinaus besteht die Möglichkeit, eine Kamera in einem PC-Bildschirm zu integrieren, sodass die Augenbewegungen beim Betrachten eines Spots, einer Anzeige oder einer Website exakt, aber völlig unauffällig für den Probanden erfasst werden können. Die Intensität der Betrachtung wird i.d.R. mittels sog. *Heatmaps* visualisiert, bei welchen besonders intensiv (z.B. > 200 ms) betrachtete Bereiche eines Werbemittels rot dargestellt werden, kaum beachtete blau. Neben der Reihenfolge und Intensität wird auch erfasst, welche Anteile der Probanden welche Anzeigenelemente wahrgenommen haben.

Im Rahmen von Blickaufzeichnungen werden sog. Sakkaden und Fixationen ermittelt. *Sakkaden* zeigen die Blickbewegung, d.h. Sprünge zwischen den einzelnen Elementen eines Werbemittels (Headline, Bild, Bodycopy, Markenname etc.). Hierdurch wird die Reihenfolge deutlich, in welcher die einzelnen Elemente betrachtet werden. Zwischen den Sakkaden ruht das Auge für ca. ½ Sekunde auf den einzelnen Elementen *(Fixationen)*. Solche Fixationen sind das eigentlich interessierende Kriterium der Blickaufzeichnung, da nur während einer Fixation werbliche Informationen aufgenommen werden können (vgl. Schweiger/Schrattenecker 2017, S. 379). Unter anderem kann hierdurch ermittelt werden, welcher Anteil der Probanden den Markennamen oder das Produkt tatsächlich wahrgenommen hat. Darüber hinaus liefert die Gesamtheit der Fixationen für eine Anzeige Hinweise für Interesse oder Involvement der Probanden (vgl. ifuma 2004b, o.S.).

Abb. 8.8: Ergebnisse eines Anzeigentests mittels Eye Tracking (Quelle: interne Ergebnisse)

Abbildung 8.8 zeigt die Ergebnisse eines Tests der Kampagne der Bundeswehr 2016/2017. Die Ergebnisse zeigen, dass männliche wie weibliche Probanden den Slogan und das Bundeswehrlogo wahrnehmen. Der Hubschrauber wird nur von den männlichen Probanden beachtet. Auch die abgebildeten Personen (Arzt und Patient) erhalten von Frauen weniger Aufmerksamkeit als von Männern. Dies zeigt insgesamt, dass die Motivwahl Männer eher anspricht als Frauen.

Durch *Facial Coding* ist es möglich, Emotionen zu erfassen, die für die Bewertung von Werbestimuli eine große Bedeutung haben, über explizite Verfahren aber nur schwer zu erheben sind. Beim Facial Coding werden kleinste Bewegungen in den Gesichtsmuskeln, die mit dem Gefühlszustand einer Person verbunden sind, gemessen und interpretiert. Diese Facial Expressions spiegeln den Gefühlszustand einer Person wider und lassen dadurch Rückschlüsse auf damit verbundenes Verhalten und Einstellungsänderungen zu.

Die Grundlage für die Messung sind die folgenden sieben Basisemotionen: happiness, sadness, disgust, fear, anger, contempt und surprise. Diese werden auf einer Skala mit einem Wert zwischen 0 und 1 gemessen, wobei 0 die Abwesenheit der Emotion und 1 das vollkommene Vorhandensein der jeweiligen Emotion repräsentiert. Die eigentliche Messung der Facial Expressions wird über sogenannte Action Units vorgenommen. Es gibt 44 Action Units, die mit den 27 Gesichtsmuskeln zusammenhängen. Die Bewegung jedes einzelnen Punkts wird analysiert und zu einem Gesamtbild der Emotion zusammengelegt. Durch Kombination der verschiedenen Action Units lassen sich so Tausende unterschiedlicher Gesichtsausdrücke beschreiben (vgl. ausführlich McDuff et al. 2014).

Zur Erfassung der Imagewirkung von Werbemitteln werden zunehmend *implizite Messverfahren* eingesetzt. Mittels impliziter Befragung können Entscheidungen des Gehirns erfasst werden, die automatisch entstehen, ohne dass der Proband diese bewusst steuert. Um Einstellungen und Werte von Probanden zu ermitteln bieten sich reaktionszeitbasierte Verfahren an (vgl. Abschnitt 2.2.2 im 3. Teil), bei denen der Befragte schnell und spontan reagieren soll. Beispielsweise werden Imageattribute in Verbindung mit der beworbenen Marke präsentiert, und der Proband muss per Tastendruck angeben, ob das Attribut zur Marke passt oder nicht. Dies ist vor allem dann sinnvoll, wenn teils unbewusste und nicht reflektierte Assoziationen abgefragt werden sollen. Implizite Verfahren erlauben die Erfassung von Meinungen und Empfindungen, die über die bewussten expliziten Aussagen der Befragten hinausgehen und somit tiefere Einblicke in deren Sichtweisen ermöglichen. Ein weiterer Vorteil ist, dass die Ergebnisse nicht durch soziale Erwünschtheit oder andere Verzerrungsfaktoren beeinflusst werden.

Verdeckte Versuchsanordnungen der Werbemittelforschung umfassen quasi-biotische und biotische Versuchsanordnungen und beinhalten insb. Verfahren wie Foldertest, Illustriertenversandtest und Wartezimmertest. Im Rahmen eines *Foldertests* wird dem Probanden eine Mappe mit ca. 15 – 20 Anzeigen vorgelegt, in welcher auch die zu testende Anzeige enthalten ist. Im Anschluss daran werden insb. Anzeigen- und Markenerinnerung erfragt. Bei einem *Illustriertenversandtest* werden den Testpersonen präparierte Exemplare einer Zeitschrift geschickt, in welchen die zu testende Anzeige enthalten ist. Die anschließende Befragung erfolgt analog. Schließlich erfolgt im Rahmen eines *Wartezimmertests* eine verdeckte Leseverhaltensbeobachtung (Compagnon-Verfahren). Die Testperson wird mit Hilfe einer versteckten Kamera beim Lesen einer Zeitschrift beobachtet. Die Kamera erfasst die Zeitschrift, die auf einem Glastisch liegt, und das Gesicht der Testperson, das eine bestimmte Anzeige betrachtet und sich in der Tischplatte spiegelt. Im Anschluss daran kann im Rahmen eines Recall-Tests die Erinnerung der Testperson an die Anzeige überprüft werden (vgl. Bruhn 2015, S. 556).

Weitere Verfahren mit – zumindest teilweise – verdeckter Versuchsanordnung versuchen, im Studio die Situation beim Fernsehen zu simulieren, um die Wirksamkeit von Werbespots zu überprüfen. Diese werden in ein redaktionelles Umfeld eingebunden, um die Testsituation zu verschleiern.

3.3.3 Werbemittelposttests

Werbemittelposttests werden zur Erfolgskontrolle von Werbekampagnen eingesetzt. Sie erfolgen üblicherweise als Feldtests. Die Werbewirkung wird anhand verschiedener Kriterien gemessen, z.B.:

- Erinnerung des Werbemittels,
- Markenerinnerung bzw. Markenbekanntheit,
- Einstellung zum Produkt,
- Kaufabsicht.

Am gebräuchlichsten ist die Messung der Erinnerungswirkungen eines Werbemittels; hierbei wird zwischen Recall- und Recognition-Tests unterschieden (vgl. Schweiger/ Schrattenecker 2017, S. 395 f.). Ein *Recall-Test* ist ein Verfahren zur Feststellung der Erinnerung der Werbeadressaten an eine Werbemaßnahme. Beim Unaided Recall (ungestützt) werden die Testpersonen danach gefragt, an welche Werbemittel (z.B. Anzeigen im zuletzt genutzten Exemplar einer Zeitschrift) sie sich spontan erinnern; beim Aided Recall (gestützt) erfolgt eine Unterstützung z.B. durch Vorlage der Marken, die im Werbeträger beworben wurden. Zur Überprüfung von Fernsehspots wird häufig der sog. Day-After-Recall eingesetzt, im Rahmen dessen die Testpersonen am Tag nach der Ausstrahlung danach befragt werden, ob sie sich an den Spot erinnern und wenn ja an welche Elemente.

Eine Sonderform des ungestützten Recall-Tests ist der *Impact-Test.* Beim Impact-Test handelt es sich um einen Werbetest zur Messung des Werbeeindrucks beim Rezipienten nach Stärke und Intensität. Folgende Fragestellungen sind Gegenstand eines Impact-Tests:

- Welche Werbeobjekte in einem Werbeträger beworben wurden,
- Beschreibung der bei der Testperson erinnerten Werbemittel,
- Eindrücke der vermittelten Werbebotschaft.

Der *Recognition-Test* ist hingegen ein Verfahren zur Messung der Wiedererkennung eines Werbemittels insb. im Printbereich. Der Testperson wird ein Werbemittel mit der Frage vorgelegt, ob sie es schon einmal wahrgenommen hat. Beim kontrollierten Recognition-Test werden in einem Folder sowohl publizierte als auch nicht publizierte Anzeigen vorgelegt, um die Täuschungsquote aufzudecken.

Zur Messung der Einstellung können die verschiedenen, in Abschnitt 1.4.3 des 3. Teils dargestellten Skalierungsverfahren herangezogen werden. Die Messung der Kaufabsicht kann ebenfalls durch Befragung ermittelt werden.

Relevante Kennziffern der Werbeerfolgskontrolle sind darüber hinaus der Share of Mind und der Share of Voice (vgl. Fantapié Altobelli 2011, S. 559):

- Der *Share of Mind* bezeichnet den Anteil der vom eigenen Streuplan erzielten Kontakte pro Zielperson an den von den Streuplänen der Mitbewerber erzielten Kontakten pro Zielperson. Diese Kennziffer misst die Effizienz des eigenen Streuplans im Vergleich zur Konkurrenz.
- Der *Share of Voice* ist ebenfalls eine Kennziffer für die Effizienz der eigenen Werbemaßnahmen. Er errechnet sich als erreichte Zielgruppenkontakte der eigenen Marke in Relation zu den Gesamtkontakten der Branche für die betreffende Produktkategorie.

Wird die Werbewirkung laufend erhoben und den Werbeaufwendungen gegenübergestellt, liegt ein *Werbetracking* vor. In regelmäßigen Abständen werden Wellenerhebungen auf Grundlage repräsentativer Stichproben durchgeführt, um die zentralen Werbewirkungsgrößen im Zeitablauf zu erfassen. Dadurch können rechtzeitig Korrekturen vorgenommen werden. Seit Herbst 2015 bietet die GfK mit der Plattform „Experience Effects On Demand" ihren Kunden auch die Möglichkeit, selbstständig und in Echtzeit auf Daten zugreifen können, um bereits während der Kampagnenlaufzeit Informationen zu Wahrnehmung und Effektivität der Kampagne abrufen zu können. Mit Hilfe intuitiver Dashboards und Visualizer können die Kunden die Daten eigenständig analysieren (vgl. GfK 2015).

4 Preisforschung

4.1 Gegenstand der Preisforschung

Definition

Preisforschung beinhaltet die systematische Sammlung, Aufbereitung und Interpretation von Informationen als Grundlage für Preisentscheidungen. Im Mittelpunkt der Preisforschung stehen Analysen von Preiswahrnehmungen und Reaktionen von Kunden auf Preisänderungen.

Grundsätzlich kann die Preisbestimmung

- kostenorientiert,
- wettbewerbsorientiert sowie
- nachfrageorientiert

erfolgen. Eine valide und fundierte Preispolitik ist dabei ausschließlich durch die dritte Variante möglich, da nur eine nachfrageorientierte Preisbestimmung die Zahlungsbereitschaft der Kunden in angemessener Weise berücksichtigen kann. An der nachfrageorientierten Preisbestimmung setzt die Preisforschung an. Zentrale *Fragestellungen* in der Preisforschung sind (vgl. Wildner 2003, S. 5):

- Ermittlung der Akzeptanz von Preisen;
- Ermittlung von Reaktionen auf Preisänderungen (Preiselastizitäten, Preisabsatzfunktionen);
- Ermittlung der Preisbereitschaft für alternative Produktausstattungen (conjointbasierte Verfahren).

Methodisch steht der Preisforschung das gesamte Spektrum der Marktforschung zur Verfügung: Befragung, Beobachtung, Panelerhebungen, Experimente. Im Folgenden werden für die einzelnen Fragestellungen der Preisforschung ausgewählte methodische Ansätze vorgestellt.

4.2 Ermittlung der Akzeptanz von Preisen

Die erste Fragestellung der Preisforschung besteht in der Ermittlung akzeptabler Preise für ein gegebenes Produkt, d.h. von Preishöhen, welche von einer Mehrheit der (potenziellen) Konsumenten als angemessen betrachtet werden. Anwendung finden diese Verfahren häufig im Rahmen der Preisfindung für Neuprodukte.

Üblicherweise erfolgt die Ermittlung akzeptabler Preise auf der Grundlage sog. Preistests. Hierbei wird unterschieden zwischen (vgl. Lange 1972, S. 128 ff.):

- Preisbereitschaftstest,
- Preisschätzungstest,

- Preisklassentest und
- Preisreaktionstest.

Ziel eines *Preisbereitschaftstests* (auch: preisbezogener Akzeptanztest) ist die Ermittlung der Bereitschaft der Probanden, das Produkt zu einem vorgegebenen Preis zu kaufen. Da die dokumentierte Kaufbereitschaft und die tatsächliche Kaufhandlung häufig abweichen, wird im Rahmen der Befragung ein zeitlicher Bezug der Kaufentscheidung durch Fragezusätze wie z.B. „in nächster Zeit" hergestellt, um eine realitätsnähere Abbildung zu gewährleisten (vgl. Lange 1972, S. 121). Die Realitätsnähe kann zusätzlich gesteigert werden, indem die Probanden in eine tatsächliche Kaufentscheidungssituation versetzt werden. Den Probanden wird in diesem Fall das Testprodukt probeweise überlassen; anschließend wird im Rahmen eines Labortests ermittelt, ob und ggf. in welcher Stückzahl das Produkt zu einem vorgegebenen Preis von den Testpersonen erworben wird (vgl. Bauer 1981, S. 207 ff.).

In der Praxis hat sich die Abfrage der Preisbereitschaft nach dam *Gabor-Granger-Modell* durchgesetzt (vgl. Gabor/Granger 1964). Die Methode basiert auf einer direkten Preisbfrage. Beispielhafte Fragen sind (vgl. Adler 2003, S. 6):

- Wie viel wären Sie bereit, für dieses Produkt maximal zu zahlen?
- Bei welchem Geldbetrag wäre es Ihnen gleichgültig, ob Sie das Produkt kaufen oder das Geld behalten?

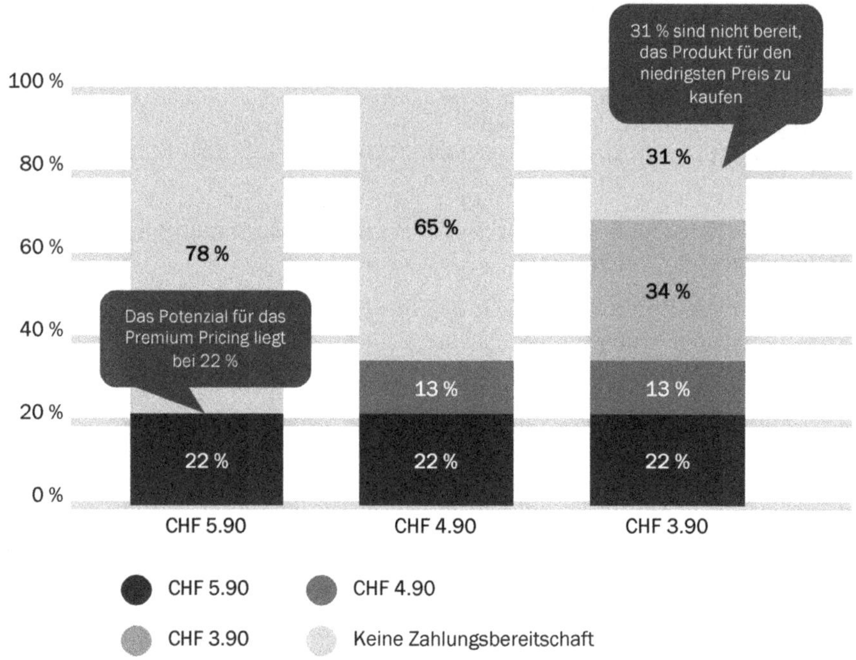

Abb.8.9: Beispielhafter Preistest nach dem Gabor-Granger-Modell (Quelle: Intervista AG o.J., o.S.)

Den Probanden werden verschiedene Preispunkte vorgelegt und sie müssen angeben, ob sie das Produkt zum jeweiligen Preis kaufen würden oder nicht. Um strategisches Verhalten zu vermeiden wird dabei empfohlen, pro Proband nur wenige Preispunkte abzufragen. Abbildung 8.9 zeigt das Ergebnis eines Preisbereitschaftstest beim Schweizer Marktforschungsinstitut Intervista AG. Andere Institute wie z.B. Ipsos nehmen eine zusätzliche Dimension auf, z.B. die Packungsgröße, wodurch die Probanden in eine realistischere Entscheidungssituation versetzt werden, da sie keine isolierten Preise, sondern Preis-Mengen-Kombinationen bewerten.

Ziel eines *Preisschätzungstests* ist die Ermittlung der subjektiven Preisvorstellungen der Konsumenten. Den Befragten wird zunächst das Produkt vorgelegt – je nach Phase des Produktentwicklungsprozesses entweder das fertiges Produkt, die Verpackung oder eine Zeichnung (ggf. am Computerbildschirm). Anschließend werden die Probanden gebeten, den Preis für das Produkt zu schätzen. Die Preisvorstellungen der Befragten werden schließlich mit den realen bzw. anvisierten Preisen verglichen. Schätzen die Probanden z.B. den Preis höher ein, als er tatsächlich verlangt wird, ist dies ein Hinweis auf unausgeschöpfte Preisspielräume.

Im Rahmen eines *Preisklassentests* wird das Produkt den Testpersonen probeweise überlassen. Anschließend werden die Probanden danach gefragt

- welchen Preis sie höchstens für das Produkt zu zahlen bereit wären, und
- welcher Preis zumindest zu fordern ist, damit die Probanden nicht an der Qualität des Produkts zweifeln.

Auf diese Weise resultiert für jeden Probanden eine Preisspanne, innerhalb derer er bereit ist, das Produkt zu kaufen. Der angemessene Preisbereich für den Gesamtmarkt resultiert durch Aggregation der individuellen Preisspannen. Abbildung 8.10 zeigt mögliche Ergebnisse eines (fiktiven) Preisklassentests.

Preis	Personen, für die der Preis von € ... den höchsten annehmbaren Preis darstellt		Personen, für die der Preis von € ... den niedrigsten noch annehmbaren Preis darstellt		Anteil der potenziellen Käufer
in €	%	% kumul.	%	% kumul.	%
4,49	0	0	4	4	4
4,99	0	0	26	30	30
5,49	3	3	45	75	75
5,99	21	24	15	90	87
6,49	45	69	7	97	73
6,99	28	97	3	100	31
7,49	3	100	0	100	3

Abb. 8.10: Beispiel für einen Preisklassentest

Bei einem Preis von € 6,49 sind 97 % der Käufer der Meinung, der Preis sei nicht zu niedrig; allerdings ist dieser Preis für 24 % der Käufer zu hoch. Die Differenz der beiden Werte (73 %) gibt den Anteil der Auskunftspersonen an, welche das Produkt zu diesem Preis kaufen würden. Im Beispiel hat der Preis von 5,99 die höchste Akzeptanz, da 87% der Käufer diesen Preis zahlen würden.

Im Rahmen von *Preisreaktionstests* hat sich insb. der Price Sensitivity Meter nach *Van Westendorp* (1976) bewährt (vgl. Wildner 2003, S. 6 ff.). Das Produkt wird zunächst den

Probanden vorgestellt. Anschließend werden die Befragten gebeten, die folgenden vier Preise zu nennen:

- Preis, der gerade noch als günstig wahrgenommen wird;
- Preis, der als relativ hoch, aber noch vertretbar bewertet wird;
- Betrag, ab dem der Preis zu hoch wird;
- Betrag, ab dem der Preis so niedrig ist, dass Zweifel an der Qualität entstehen.

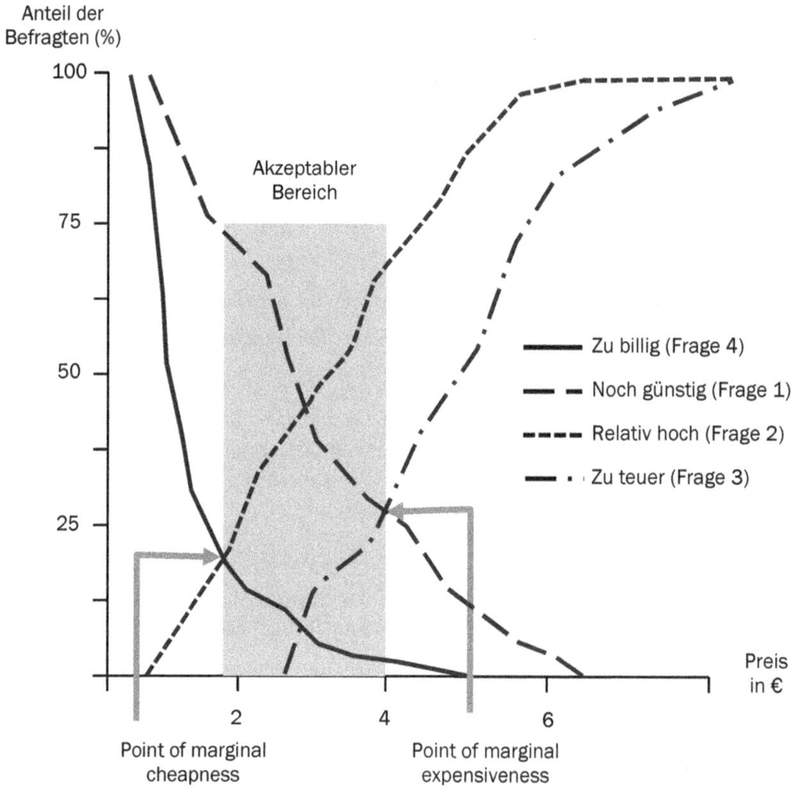

Abb. 8.11: Preisreaktionstests nach Van Westendorp

Die Auswertung erfolgt in kumulierter Form (vgl. Abb. 8.11). Der Preisreaktionstest führt zu folgenden Ergebnissen:

- *Preisuntergrenze (Point of Marginal Cheapness):* Diese resultiert als Schnittpunkt der Kurven „zu billig" und „relativ hoch". Eine Preissenkung unterhalb dieses Preises ist zu vermeiden, da der Anteil der Probanden, die das Angebot als zu billig beurteilen, über den Anteil derjenigen steigt, welche den Preis als zu hoch empfinden.
- *Preisobergrenze (Point of Marginal Expensiveness)*: Sie resultiert als Schnittpunkt der Kurven „noch günstig" und „zu teuer". Eine Preiserhöhung über diesen Punkt hinaus hat zur Folge, dass der Anteil derjenigen, welche das Produkt für zu teuer halten, über den Anteil derjenigen steigt, die es als noch günstig erachten.
- *Akzeptabler Bereich*: Der akzeptable Bereich liegt zwischen der Preisober- und der Preisuntergrenze. Preise innerhalb dieses Bereichs werden von einer breiten Mehrheit der Verbraucher akzeptiert.

An den hier dargestellten Verfahren wird vor allem kritisiert, dass sich der Proband in einer künstlichen Entscheidungssituation befindet; häufig besteht daher eine hohe Diskrepanz zwischen angegebener Zahlungsbereitschaft und tatsächlichem Kaufverhalten. Darüber hinaus sind diese Tests meist *monadisch* angelegt, wodurch Vergleichsmöglichkeiten mit z.B. Konkurrenzprodukten fehlen. Schließlich erlauben die Verfahren lediglich Aussagen darüber, ob bestimmte Preise durchsetzungsfähig sind. Die absatz- oder umsatzmäßigen Auswirkungen auf Preisveränderungen (Preiselastizitäten) können durch solche Verfahren nicht ermittelt werden.

4.3 Ermittlung von Reaktionen auf Preisänderungen

Zur Prognose der Auswirkungen von Preisänderungen auf den Absatz werden verschiedene Verfahren eingesetzt, welche die Ermittlung von Preiselastizitäten und Preisabsatzfunktionen zum Gegenstand haben. Grundlage hierfür sind die individuellen Zahlungsbereitschaften der Konsumenten. Eine Preisabsatzfunktion erhält man durch die Aggregation der individuellen Zahlungsbereitschaften (vgl. ausführlich Adler 2003, S. 27 ff.). Hierzu stehen folgende Verfahren zur Verfügung (vgl. Abb. 8.12):

- Schätzung auf der Grundlage von Kaufdaten,
- Schätzung auf der Grundlage von Befragungen und
- Schätzung auf der Grundlage von Kaufangeboten.

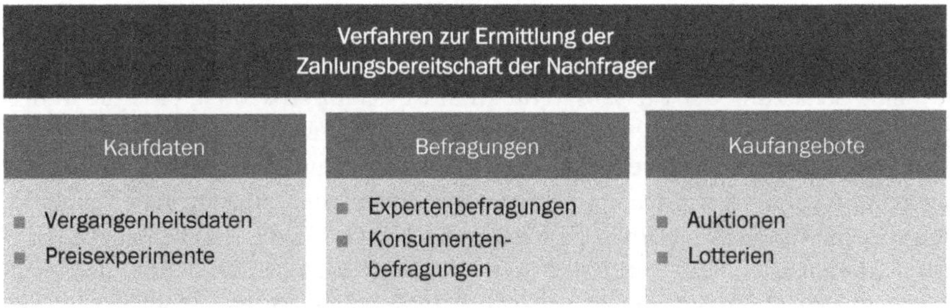

Abb. 8.12: Verfahren zur Ermittlung individueller Zahlungsbereitschaften

4.3.1 Ermittlung auf der Grundlage von Kaufdaten

Kaufdaten (revealed preference data) bilden die Datenbasis für die Modellierung des Zusammenhangs zwischen Preishöhe und Absatzwirkung. Ist dies erfolgt, so kann für jede Preisänderung im untersuchten Preisbereich ihre Wirkung auf die Absatzmenge prognostiziert werden. Die erforderliche Datenbasis kann einerseits durch Vergangenheitsdaten (i.d.R. Scannerdaten) geliefert werden, andererseits durch eigens durchgeführte Preisexperimente.

Bei *Vergangenheitsdaten* handelt es sich üblicherweise um Paneldaten, welche kontinuierlich von Marktforschungsinstituten erhoben werden (vgl. zu Panels ausführlich Teil 4). Die in der Vergangenheit geforderten Preise und die zugehörigen Absatzmengen lassen sich in ein Preis-Mengen-Diagramm eintragen. Durch die resultierende Punktewolke kann mit Hilfe der Regressionsanalyse (vgl. Abschnitt 3.4.1 im 6. Teil) eine Regressionsgerade angepasst werden (vgl. Abb. 8.13).

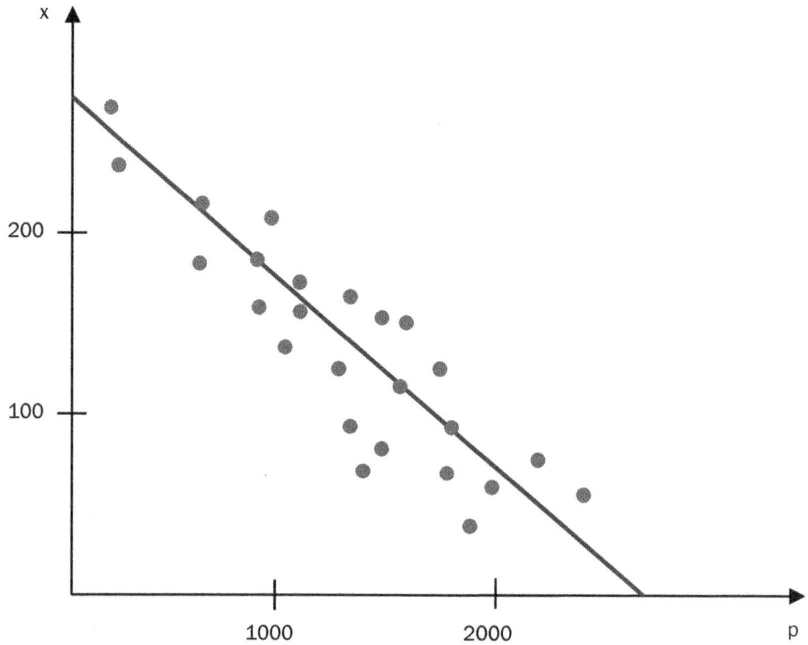

Abb. 8.13: Preisabsatzfunktion auf der Basis von Vergangenheitsdaten

Für eine valide Schätzung der Preisabsatzfunktion ist darauf zu achten, dass die in der Vergangenheit geforderten Preise eine ausreichende Streuung aufweisen. Ansonsten können die beobachteten Veränderungen der Absatzmenge nicht zuverlässig auf Preisänderungen zurückgeführt werden. Aus diesem Grunde werden die Paneldaten nicht in aggregierter Form zugrunde gelegt (z.B. Gesamt und nach Geschäftstypen gegliedert), sondern sie werden nach sog. Subsegmenten weiter differenziert. Dadurch kann eine höhere Streuung des Preises erhoben werden. Entscheidend für die Modellierung ist weiterhin, dass möglichst alle relevanten Variablen in die Analyse einbezogen werden (insb. Konkurrenzpreise und Sonderpreisaktionen des Handels für das eigene Produkt sowie für Konkurrenzprodukte). Da die Modelle mit zunehmender Variablenzahl tendenziell instabil werden, hat es sich in der Praxis bewährt, mehrere Variablen zu sog. *Metavariablen* zusammenzufassen (vgl. Wildner 2003, S. 9 ff.).

Vorteilhaft an dieser Methode sind die hohe externe Validität, die Schnelligkeit der Auswertung (ca. 4 Wochen) sowie die niedrigen Kosten (ca. 20.000 € zzgl. Datenbezug). *Nachteilig* sind die i.d.R. geringe Variationsbreite des Preises sowie die Beschränkung auf solche Produkte, für welche regelmäßig Paneldaten erhoben werden (vor allem Konsumgüter des täglichen Bedarfs).

Mit Hilfe von *Preisexperimenten* werden die Auswirkungen von Preisänderungen auf die Absatzmenge untersucht. Häufig erfolgen Preisexperimente im Rahmen von Store-Tests, wobei zwischen Längsschnittanalysen und Querschnittanalysen unterschieden werden kann. Im Rahmen von Längsschnittanalysen wird der Preis im Zeitablauf (z.B. in einem Supermarkt) systematisch variiert und es werden die resultierenden Absatzmengen erfasst. Hingegen werden im Rahmen von Querschnittsanalysen in verschiedenen Testgeschäften zum selben Zeitpunkt unterschiedliche Preise getestet. Die daraus resultierenden Preis-Mengen-Daten können wie Vergangenheitsdaten regressionsanalytisch ausgewertet werden.

Als *vorteilhaft* ist hier zum einen die reale Feldsituation zu nennen; darüber hinaus lässt sich i.A. eine größere Bandbreite an Preisen untersuchen als bei Vorliegen von Vergangenheitsdaten. Allerdings wird die Variationsbreite der zu testenden Preise i.d.R. durch die einbezogenen Handelsunternehmen begrenzt; insb. der Test von Preiserhöhungen scheitert an der mangelnden Kooperationsbereitschaft des Handels, da er negative Auswirkungen auf das Image bei seinen Kunden fürchtet. Aus diesem Grunde wurden alternative Verfahren entwickelt, welche (teilweise) als *Laboruntersuchungen* stattfinden. Dazu gehört beispielsweise GfK*PriceChallenger.

Beispiel 8.10: Der GfK*PriceChallenger

Der GfK*PriceChallenger beruht darauf, dass die Probanden Markenwahlentscheidungen unter Berücksichtigung der Preishöhe treffen müssen, wodurch versucht wird, eine reale Kaufsituation zu simulieren.

Zunächst wird für jeden Befragten bei der betreffenden Produktkategorie der Relevant Set ermittelt, d.h. die Produkte, die für einen Kaufgrundsätzlich in Frage kommen. Mit den Produkten des Relevant Set erfolgt anschließend eine Preissimulation, d.h. für unterschiedlich kombinierte Preisstufen der ausgewählten Produkte muss der Befragte angeben, welches bzw. welche Produkte er in dieser Situation kaufen würde.

Die Daten werden zur Ermittlung von Kaufwahrscheinlichkeiten auf der Grundlage eines multinominalen Logit-Choice-Modells herangezogen. Die Wahrscheinlichkeit, dass der Befragte i das Produkt j kauft, P_{ij} lässt sich wie folgt schätzen:

$$P_{ij} = \frac{1}{1+\sum\limits_{k \neq j} e^{\beta \cdot [(u_{ij}-u_{ik})+(p_k-p_j)]}} \quad \text{mit}$$

$u_{ij}\ u_{ik}$ = Nutzen des Produkts j bzw. k für Person i,

p_j, p_k = Preis für Produkt j bzw. k,

β = Parameter, der die Form der Preisabsatzfunktion steuert und die generelle Preiselastizität in der betrachteten Produktkategorie widerspiegelt.

Da der Preis bei der Befragung im Mittelpunkt steht, wird die Preiselastizität – teilweise deutlich – überschätzt. Aus diesem Grunde werden die Ergebnisse der Befragung auf der Grundlage von Scannerdaten, welche die realen Kaufentscheidungen widerspiegeln, korrigiert.

Die *Auswertung* der Daten kann auf vielfältige Weise erfolgen. Die im Rahmen der Befragung erhobenen soziodemographischen Merkmale können zur Zielgruppenbildung herangezogen werden. Es können beliebige Preissimulationen durchgeführt und ihre Auswirkungen auf die Marktanteile ermittelt werden. Darüber hinaus kann die Erreichung vorgegebener Ziele (z.B. Umsatzmaximierung) für einzelne Produkte oder ganze Produktgruppen optimiert werden.

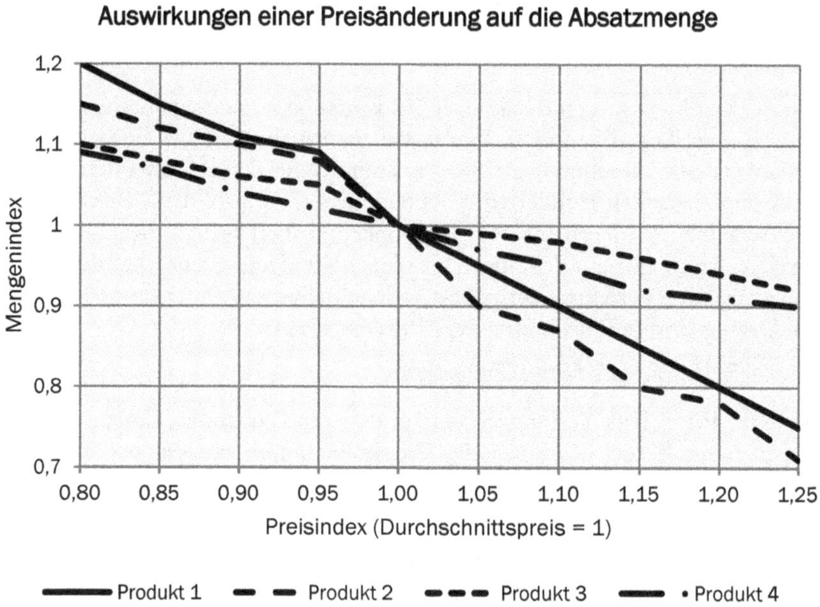

Beispielsweise wurden für vier Produkte verschiedene Preiserhöhungen simuliert. Bei der Analyse der nachgefragten Menge der vier Hauptprodukte zeigen sich dabei deutliche Parallelen zwischen den Produkten 1 und 2 sowie 3 und 4. Interessant ist jedoch eine Preisanhebung bis auf 10%. Während bereits geringe Preiserhöhungen (bis 5%) bei Produkt 2 drastische Marktreaktionen zeigen, liegt bei Produkt 1 die Preisschwelle erst bei über 5%. Somit könnte der Preis für Produkt 1 bis zu 5% angehoben werden, ohne dass der Verbraucher mit einer deutlichen Nachfragereduktion reagiert. Wird der Preis der Produkte 1 und 2 um bis zu knapp 20% gesenkt, ergeben sich nahezu proportionale Mengensteigerungen um ebenfalls etwa 20%. Die gleiche relative Preisänderung bei den Produkten 3 und 4 zeigt dagegen einen flacheren Reaktionsverlauf. Eine paarweise gleiche Entwicklung lässt sich auch bei Preissteigerungen von über 10% beobachten.

Quellen: GfK o.J.a; Wildner/Graf 1998

4.3.2 Ermittlung auf der Grundlage von Befragungen

Befragungen zur Ermittlung von Preisabsatzfunktionen umfassen zum einen Konsumentenbefragungen, zum anderen Expertenbefragungen. Im Rahmen von *Konsumentenbefragungen* werden direkte und indirekte Preisbefragungen unterschieden. Bei *direkten* Befragungen geben die Probanden an, wieviel sie bereit sind, für ein bestimmtes Produkt zu zahlen. *Vorteilhaft* sind an dieser Methode die Einfachheit und Schnelligkeit ihrer Durchführung. Als *nachteilig* erweisen sich die hohen Verweigerungsraten bei der Beantwortung wie auch die Tatsache, dass die Frage nach dem Maximalpreis zu einem strategischen Antwortverhalten der Befragten führt.

Eine weitere Möglichkeit der direkten Preisbefragung besteht in der Durchführung eines *Bietspiels* (vgl. Wricke/Hermann 2002, S. 573 f.). Ausgehend von einem Startpreis wird der Preis um festgelegte Schritte erhöht. Je nachdem, ob der Befragte das Angebot annimmt oder ablehnt, wird der Preis weiter erhöht oder wieder gesenkt. Bei einer Ablehnung wird die Schrittweite der Erhöhung reduziert. Durch dieses iterative Vorgehen kann exakt die maximale Zahlungsbereitschaft ermittelt werden. Nachteilig ist hier der sog. Starting Point Bias, der daraus resultiert, dass der Startpreis vom Befragten als Ankerpreis verwendet wird. Zudem ist auch hier mit strategischem Antwortverhalten der Befragten zu rechnen. Ein Beispiel aus der Marktforschungspraxis ist die strukturierte Preisabfrage mit Kaufabsicht von SKOPOS Marktforschung.

Beispiel 8.11: Preisabfrage bei SKOPOS Markforschung

Bei diesem Preistest handelt es sich um ein einfaches Verfahren zur Erzeugung einer Preisabsatzfunktion. Die Methode beruht auf einer direkten Preisabfrage mit vorgegebenen Preisen. Ausgehend von einem Basispreis werden die Probanden gefragt, ob sie das Produkt zu dem genannten Preis kaufen würden. Lautet die Antwort „ja“, so wird der Preis erhöht, lautet die Antwort „nein“, wird dieser gesenkt und die Probanden werden erneut zu ihrer Preisbereitschaft gefragt. Geeignet ist das Verfahren dann, wenn bereits vorab eine klare Preisrange definiert ist und das Produkt wenig oder gar keine Variation aufweist.

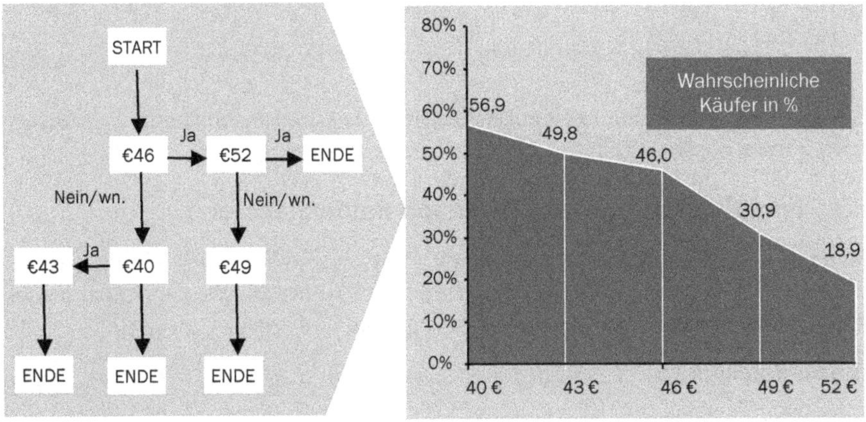

Quelle: SKOPOS o.J.b, S. 4

Schließlich kann die Zahlungsbereitschaft auch dadurch ermittelt werden, dass den Probanden eine Reihe von *Preiskarten* vorgelegt wird, auf denen jeweils ein Preis für das betreffende Produkt angegeben ist. Die Probanden haben nun die Aufgabe, diejenige Karte auszuwählen, welche ihrer maximalen Zahlungsbereitschaft entspricht (vgl. Mitchell/Carson 1989, S. 100).

Im Rahmen *indirekter Preisbefragungen* kommt insb. die Conjoint-Analyse zur Anwendung (vgl. ausführlich Abschnitt 3.5 des dritten Teils). Mittlerweile ist die Conjoint-Analyse in der Preisforschung sehr weit verbreitet, da eine realistischere Entscheidungssituation abgebildet werden kann. Da die Conjoint-Analyse typischerweise zur Ermittlung der Preisbereitschaft für alternative Produktausstattungen eingesetzt wird, wird sie in Abschnitt 4.4 in diesem Teil dargestellt.

Preisabsatzfunktionen lassen sich schließlich auch mittels einmaliger oder mehrmaliger *Expertenbefragungen* ermitteln. Abbildung 8.14 zeigt exemplarisch eine auf der Basis einer Expertenschätzung gewonnene Preisabsatzfunktion. Eine Expertenbefragung bietet sich insb. dann an, wenn das Produkt derart neuartig und komplex ist, dass eine Preisbeurteilung seitens der Konsumenten nicht sinnvoll erscheint, oder aber wenn eine Konsumentenbefragung z.B. aus Geheimhaltungsgründen nicht möglich ist.

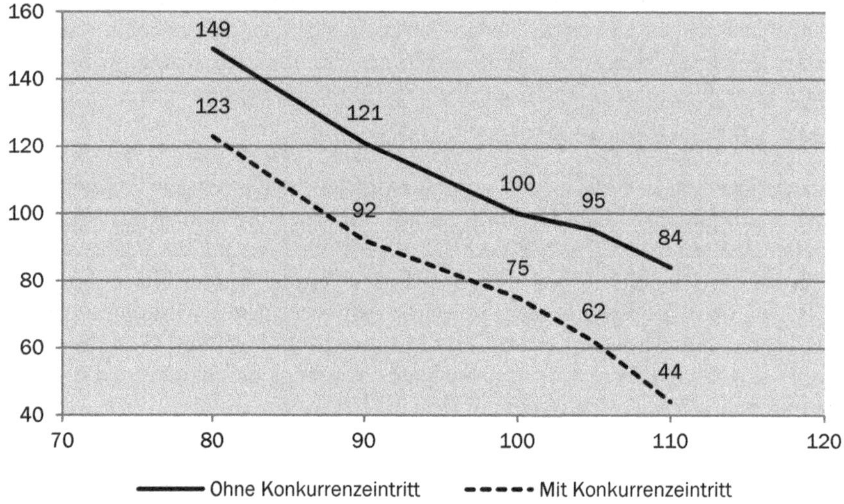

Abb. 8.14: Preisabsatzfunktionen auf der Basis einer Expertenschätzung (Quelle: Simon/Kucher 1988, S. 177)

4.3.3 Ermittlung auf der Grundlage von Kaufangeboten

Diese Gruppe von Verfahren beruht darauf, dass den Probanden konkrete Kaufangebote präsentiert werden; die Zahlungsbereitschaft resultiert aus der Annahme bzw. Ablehnung der Kaufangebote. Solche Kaufangebote umfassen

- Auktionen und
- Lotterien.

Eine *Auktion* ist eine Marktveranstaltung, bei welcher Güter im öffentlichen Bietverfahren an den Höchstbietenden veräußert werden. War früher der Verkauf von Produkten über Auktionen in den meisten Fällen unwirtschaftlich, so hat die Verbreitung des Internets dazu beigetragen, dass die Transaktionskosten bei der Durchführung von Auktionen erheblich reduziert werden konnten. Der wesentliche Vorteil von Auktionen im Vergleich zum Setzen fester Preise oder zu Preisverhandlungen besteht dabei darin, dass eine Anpassung der Nachfrage an das Angebot kostengünstig und zeitnah erfolgen kann. Während bei klassischen Transaktionen der Käufer bei gegebenem Preis über die Menge entscheiden kann, bestimmt der Käufer im Rahmen einer Auktion bei gegebener Menge den von ihm maximal zu zahlenden Preis (vgl. Diller 2008, S. 222). Insofern handelt es sich bei Auktionen um eine – durch ein Regelsystem geordnete – Form der Preisindividualisierung. Es werden dabei nur Gebote abgegeben, die höchstens dem Reservationspreis entsprechen, da der Käufer ansonsten eine negative Konsumentenrente erzielen würde.

Je nachdem, in welcher Weise Gebote abgegeben werden und wie der Preis bestimmt wird, lassen sich verschiedene *Auktionsformen* unterscheiden (vgl. Skiera/Spann 2003, S. 628 f.):

- Englische Auktion,
- Holländische Auktion,
- Höchstpreisauktion (First Price Sealed Bid Auction),
- Vickrey-Auktion (Second Price Sealed Bid Auction).

Die *Englische Auktion* ist der am häufigsten eingesetzte Auktionsmechanismus. Die Käufer geben in einem offenen Bieterwettbewerb steigende Angebote ab. Den Zuschlag erhält der Bieter mit dem höchsten Gebot. Mehrfaches Bieten ist zulässig. Nach diesem Prinzip arbeitet auch grundsätzlich die Online-Auktionsplattform eBay. Mittels einer Englischen Auktion können die individuellen, maximalen Zahlungsbereitschaften der unterlegenen Bieter ermittelt werden, nicht jedoch die Obergrenze des Höchstbieters, da sein finales Gebot nicht unbedingt seiner maximalen Zahlungsbereitschaft entsprechen muss, sondern lediglich über der Preisobergrenze des zweithöchsten Bieters liegen muss (vgl. Adler 2003, S. 22). Abbildung 8.15 zeigt exemplarisch die Gebotsübersicht für eine abgeschlossene eBay-Auktion.

Artikelnummer: 152303296642

Apple iPhone 7 Plus (aktuellstes Modell) - 256GB - Diamantschwarz (Ohne Vertrag)

Erfolgreiches Gebot: **EUR 1.126,52**

Bieter: 16 Gebote: 20 Angebotsende: 07.11.16 16:18:16 MEZ Dauer: 5 Tage

Dieses Angebot wurde beendet.

Es werden nur aktuelle Gebote angezeigt, nicht jedoch das jeweilige Maximalgebot eines Bieters. Maximalgebote können von jedem Bieter mehrere Tage oder Stunden vor dem Ende des Angebots abgegeben werden. Mehr zum Thema Bieten.

Automatische Gebote anzeigen

Bieter ?	Gebotsbetrag	Zeitpunkt des Gebots
a*2 (77 ★)**	**EUR 1.126,52**	**07.11.16 16:15:16 MEZ**
s***s (1927 ★)	EUR 1.119,00	07.11.16 16:17:59 MEZ
n***i (195 ★)	EUR 1.099,00	07.11.16 16:06:28 MEZ
7***6 (210 ★)	EUR 1.056,00	07.11.16 16:13:04 MEZ
7***6 (210 ★)	EUR 1.026,00	07.11.16 16:12:39 MEZ
7***6 (210 ★)	EUR 1.006,00	07.11.16 15:12:30 MEZ
7***6 (210 ★)	EUR 1.001,00	07.11.16 10:31:45 MEZ
e***o (295 ★)	EUR 995,01	07.11.16 16:05:13 MEZ
d***o (579 ★)	EUR 955,00	06.11.16 08:00:11 MEZ
i***r (31 ★)	EUR 950,00	04.11.16 21:43:42 MEZ
d***o (579 ★)	EUR 930,00	06.11.16 07:49:42 MEZ

Abb. 8.15: Gebotsübersicht am Ende einer eBay-Auktion (Auszug) (Quelle: www.ebay.de, Abruf vom 7.11.2016)

Bei einer *Holländischen Auktion* ist das Verfahren genau umgekehrt: Der Auktionator beginnt mit einem Höchstpreis und senkt ihn sukzessive, bis sich ein Bieter bereiterklärt, das Produkt zum gerade gültigen Preis zu kaufen. Nach diesem Mechanismus werden beispielsweise Blumenauktionen in den Niederlanden durchgeführt. Darüber hinaus hat der Autovermieter Sixt eine Zeitlang den Verkauf von Gebrauchtwagen im Internet (www.esixt.de) nach diesem Muster abgewickelt. Mit Hilfe Holländischer Auktionen lässt sich lediglich die Preisobergrenze des Höchstbieters ermitteln, da dieser als einziger ein Gebot abgibt (vgl. Adler 2003, S. 23). Da bei diesem Auktionstyp jedoch mehrere Mengen desselben Artikels angeboten werden können, können auch mehrere Bieter den Zuschlag erhalten, wodurch mehrere Punkte der Preisabsatzfunktion (i.S.v. Preis-Mengen-Kombinationen) ermittelt werden können.

Bei einer *Höchstpreisauktion* (First Price Sealed Bid Auction) werden die Gebote einmalig und verdeckt abgegeben, d.h. die Mitbieter haben keine Informationen über die abgegebenen Gebote. Auch hier erhält derjenige Anbieter den Zuschlag, welcher das höchste Gebot abgibt. Eine *Vickrey-Auktion* (Second Price Sealed Bid Auction) funktioniert im Prinzip genau gleich wie eine Höchstpreisauktion mit dem Unterschied, dass der Höchstbieter den Zuschlag bekommt, jedoch nur den Preis des zweithöchsten Gebots zahlt.

Die beiden letztgenannten Auktionstypen sind grundsätzlich besonders gut geeignet, maximale Zahlungsbereitschaften als Inputdaten für eine Preisabsatzfunktion zu generieren, da die Bieter ein Maximalgebot in Höhe der jeweils maximalen Zahlungsbereitschaft abgeben müssen:

- Bei einem Gebot unterhalb der maximalen Zahlungsbereitschaft besteht die Gefahr, dass sie den Zuschlag nicht erhalten, zumal sie sich nicht an den Geboten der Mitbieter orientieren können.
- Bei einem Gebot oberhalb der maximalen Zahlungsbereitschaft erzielen sie im Falle des Zuschlags eine negative Konsumentenrente.

Zur Ermittlung der tatsächlichen Zahlungsbereitschaften ist die *Vickrey-Auktion* besonders geeignet, da sie anreizkompatible Gebotsabgaben induziert (vgl. Skiera/Revenstorff 1999, S. 226). So erzielt der Höchstbieter bei einer Vickrey-Auktion auf jeden Fall eine positive Konsumentenrente, da er einen niedrigeren Preis als sein Höchstgebot zahlen muss; bei einer Höchstpreisauktion erzielt er hingegen eine Konsumentenrente von Null. Nachteilig ist an einer Vickrey-Auktion die Tatsache, dass der Mechanismus den Bietern nur schwer kommunizierbar ist; zudem entspricht die Bietsituation nicht einer realen Kaufsituation (vgl. Adler 2003, S. 26). Eingesetzt wird das Verfahren u.a. von Kantar TNS im Zusammenhang mit Preisfindung bei Produktinnovationen.

Eine alternative, ebenfalls anreizkompatible Vorgehensweise zur Ermittlung von Zahlungsbereitschaften ist die individuelle Durchführung einer Lotterie (vgl. Wertenbroch/Skiera 2002, S. 230). Der Ablauf des Verfahrens ist in Abb. 8.16 skizziert.

Zunächst wird per Zufallsprinzip eine Stichprobe von Teilnehmern gezogen. Die Teilnehmer werden gebeten, ein Gebot für das Produkt abzugeben. Anschließend erhalten sie die Möglichkeit, das anfängliche Gebot zu revidieren. Zu diesem Zweck wird den Probanden mitgeteilt, der Preis des Produkts p stehe noch nicht fest und werde erst durch einen Zufallsmechanismus bestimmt. Die Verteilung, welche diesem Zufallsmechanismus zugrunde liegt, ist den Testpersonen jedoch unbekannt.

In einem weiteren Schritt werden die Teilnehmer gebeten, einen Preis p' zu nennen, der genau ihrer maximalen Zahlungsbereitschaft entspricht. Das Auftreten strategischen Verhaltens wird dabei durch folgenden Mechanismus verhindert:

- Nach Nennung des endgültigen Gebots p' zieht jeder Proband aus einer Urne eine Karte mit dem tatsächlichen Preis p.
- Ist dieser zufällig gezogene Preis höchstens so hoch wie das zuvor abgegebene Gebot, muss der Proband das Produkt zum Preis p kaufen. Damit erzielt der Proband in jedem Falle eine nicht negative Konsumentenrente.
- Liegt der gezogene Preis oberhalb des abgegebenen Maximalgebots, so darf das Produkt nicht gekauft werden.

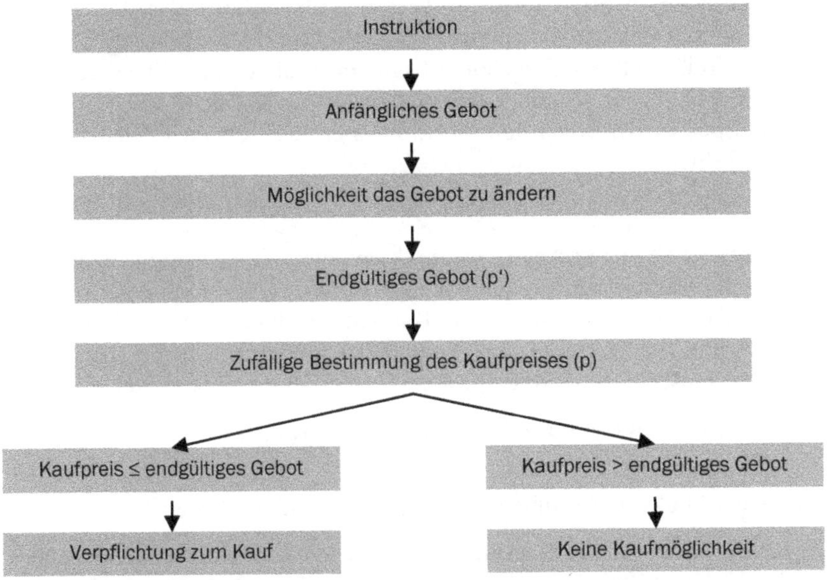

Abb. 8.16: Ermittlung von Zahlungsbereitschaften mittels einer Lotterie (Quelle: In Anlehnung an Wertenbroch/Skiera 2002, S. 230)

Dadurch wird gewährleistet, dass das Gebot des Probanden tatsächlich seiner maximalen Zahlungsbereitschaft entspricht, da eine höhere Gebotsabgabe zu einer negativen Konsumentenrente führen würde, eine niedrigere ggf. dazu, dass die Chance auf den Kauf des Produkts verpasst wird.

4.4 Ermittlung der Zahlungsbereitschaft bei unterschiedlicher Produktausstattung

Die bislang beschriebenen Verfahren zur Ermittlung der Zahlungsbereitschaft gehen von einem gegebenen Produkt aus. In vielen Fällen – etwa im Rahmen von Produktinnovation, -variation oder -differenzierung – steht die Produktausstattung jedoch noch nicht fest, d.h. bzgl. der einzelnen Produktmerkmale und Merkmalsausprägungen bestehen erhebliche Freiheitsgrade (vgl. Wildner 2003, S. 21). Der Zusammenhang zwischen Zahlungsbereitschaft und Produktausstattung kann mit Hilfe der *Conjoint-Analyse* ermittelt werden (vgl. Abschnitt 3.5 im 3. Teil).

Eine Conjoint-Analyse ist eine Form der indirekten Preisbefragung, bei welcher individuelle Nutzenstrukturen geschätzt werden. Zur Ermittlung der Zahlungsbereitschaft wird dabei der Preis in alternativen Ausprägungen in das Untersuchungsdesign einbezogen. Die Probanden müssen dadurch abwägen zwischen den Nutzen, den alternative Produktmerkmale stiften, und dem Nutzenengang durch ggf. höhere Preise.

Sind die individuellen Zahlungsbereitschaften für alle Probanden erhoben, so lässt sich für alternative Produktentwürfe eine Preisabsatzfunktion durch Aggregation der individuellen Zahlungsbereitschaften ermitteln (zu den Einzelheiten vgl. Green/Srinivasan 1990; Adler 2003, S. 30 ff.; Simon/Kucher 1988).

In der Praxis werden verschiedene Ansätze der Conjoint-Analyse eingesetzt – traditionelle Conjoint-Analysen, hybride Conjoint-Analysen und Choice-Based Conjoint-Analysen (vgl. den Überblick bei Kaltenborn et al. 2013 und die Ausführungen in Abschnitt 3.5.1 im 6. Teil). Mittlerweile gehören Conjoint-Analysen zum Standardinstrumentarium der meisten Institute und werden teilweise durch eigene Entwicklungen erweitert. Ein Beispiel ist der von Kantar TNS entwickelte Individual Self-Balancing Conjoint-Ansatz (ISBC).

Beispiel 8.12: Individual-Self-Balancing Conjoint-Ansatz von Kantar TNS

Der von Kantar TNS entwickelte Ansatz kombiniert eine adaptive Conjoint-Analyse mit Erkenntnissen aus der Verhaltensökonomie. Die Methode basiert auf der Annahme, dass ein Konsument seine Kaufentscheidung nicht (nur) mit dem Ziel einer individuellen Nutzenmaximierung trifft, sondern vielmehr auch Kontextfaktoren eine entscheidende Rolle spielen. Das Verfahren umfasst drei Schritte:

- Persönliche Interviews zum Kaufverhalten der Probanden,
- adaptive Conjoint-Befragung und
- Prognose der Marktanteile auf der Grundlage der Conjoint-Daten.

Der erste Schritt besteht in der Erhebung individueller Kontextdaten (vergangenes und aktuelles Kaufverhalten, Produktpräferenzen, Kaufgewohnheiten sowie Preiswissen in der relevanten Produktkategorie) im Rahmen persönlicher Interviews. Ziel ist es, sowohl den individuellen, persönlichen Kontext wie auch situative Einflussfaktoren der Kaufentscheidung zu erfassen. Diese Informationen werden zum einen als Input für die adaptive Conjoint-Befragung genutzt, zum anderen dienen sie der Identifikation der Treiber für Kaufentscheidungen in der betreffenden Produktkategorie.

In einem zweiten Schritt werden den Probanden auf Basis der Vorerhebung maßgeschneiderte Angebote in Form sog. Choice Tasks präsentiert. Über einen Auswahlbildschirm erhalten die Probanden Produktalternativen mit den zugehörigen Preisen, aus denen sie das Produkt auswählen müssen, welches sie auch kaufen würden (inkl. Nichtkaufoption). Der verwendete Algorithmus „lernt" dabei im Zuge der Befragung und passt sich dem bisherigen Antwortverhalten an, d.h. dem Probanden werden dadurch ausschließlich für ihn realistische Entscheidungssituationen dargeboten. Zeigt ein Proband beispielsweise markentreues verhalten, so testet die Befragungssoftware solange mit verschiedenen Produkten und Preisen, bis der Befragte bereit ist, die Marke zu wechseln.

In einem dritten Schritt werden anschließend auf der Grundlage der Conjoint-Ergebnisse die Marktanteile prognostiziert. Die nachfolgende Abb. 8.16 zeigt den schematischen Ablauf einer ISBC.

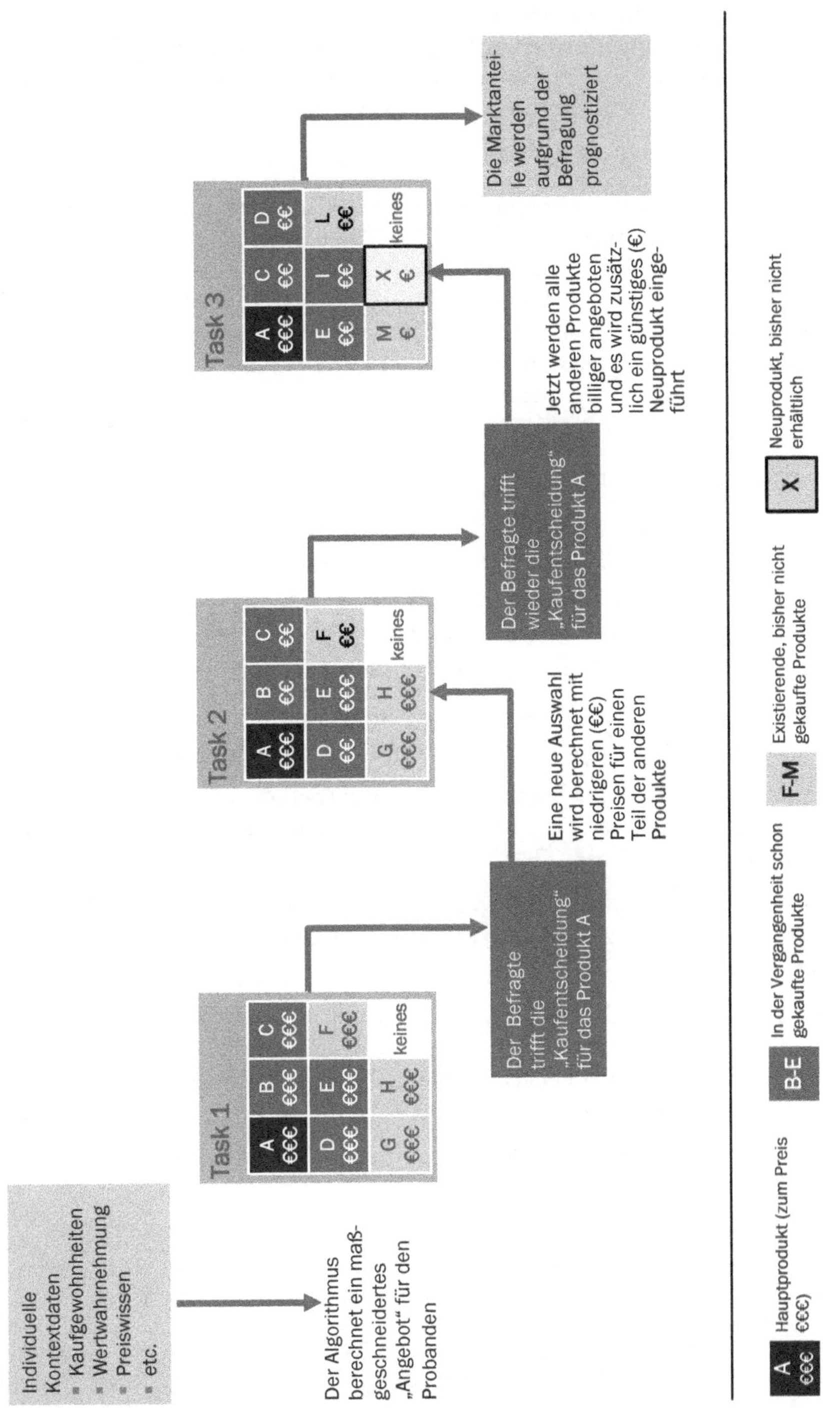

Abb. 8.17: Schematischer Ablauf einer adaptiven ISBC Befragung (Quelle: Deml/Unterreitmeier 2016, S. 4)

Anders als beim konventionellen Choice-Based-Ansatz, bei welchem die Stimuli zufallsgesteuert präsentiert werden, basieren hier die verwendeten Auswahloptionen auf individuellen Verhaltensmerkmalen, sodass Preissensibilität, Markentreue oder Wechselverhalten der Konsumenten realistischer abgebildet werden. Dadurch steigt nach Angabe des Instituts die Prognosegenauigkeit um bis zu 20 %.

Quelle: Deml/Unterreitmeier 2016

Vorteilhaft ist an der indirekten Preisbefragung mittels Conjoint-Analyse – im Vergleich zu einer direkten Preisbefragung – die größere Ähnlichkeit zu einer realen Kaufentscheidung. Zudem wird die Bedeutung des Preises nicht überbetont. Allerdings konnte bei Conjoint-Analysen ein erheblicher *Hypothetical Bias* festgestellt werden, d.h. die erhobene (hypothetische) Zahlungsbereitschaft weicht von der realen Zahlungsbereitschaft oftmals erheblich ab (vgl. Sattler/Nitschke 2003, S. 376).

Weiterführende Literatur

Adler, J. (2003): Möglichkeiten der Messung von Zahlungsbereitschaften von Nachfragern, Duisburger Arbeitspapiere zum Marketing, Nr. 7, Duisburg.

Arndt, R. (2003): Konzept- und Produkttests im Internet, in: Theobald, A.; Dreyer, M.; Starsetski, T. (Hrsg.): Online Marktforschung. Theoretische Grundlagen und praktische Erfahrungen, 2. Aufl., Wiesbaden, 271-280.

Blamires, C. (1998): Pricing Research, in: McDonald, C.,Vangelder, P. (eds.): ESOMAR Handbook of Market and Opinion Research, Amsterdam, 739-773.

Dabic, M., Schweiger G., Ebner, U. (2008): Printwerbung: Der erste Eindruck zählt! Werbeforschung mit dem Tachistoskop, in: transfer – Werbeforschung & Praxis, 2008(1), 26-35.

Dolan, R.J., Matthews, J.N. (1993): Maximizing the Utility of Customer Product Testing: Beta Test Design and Management, in: Journal of Product Innovation Management, 10(4), 318-330.

Högl, S., Hertle, T., Völtl, A. (2016): GfK MarketingLab – Evaluatives Pretesting in der GfK Testmarktwelt, in: Esch, F.R., Langner, T., Bruhn, M. (Hrsg.): Handbuch Controlling der Kommunikation, Berlin, Heidelberg, 289-308.

Green, P.E., Krieger, A.M., Argarwal, M. (1991): Adaptive Conjoint Analysis: Some Caveats and Suggestions, in: Journal of Marketing Research, 28(2), 215-222.

Hoffmann, E., Menkhaus, D., Chakravarti, D., Field, R., Whipple, G.D. (1993): Using Laboratory Experimental Auctions in Marketing Research: A Case Study of New Packaging for Fresh Beef, in: Marketing Science, 12(3), 318-338.

Hubert, M., Kenning, P. (2008): A Current Overview of Consumer Neuroscience, in: Journal of Consumer Behaviour, 7(4/5), 272-292.

Keitz, B. v. (2016): Diagnostisches Werbetesting mittels apparativer Verfahren: Erfahrungen aus der Werbeforschung, in: Esch, F.-R., Langner, T., Bruhn, M. (Hrsg.): Handbuch Controlling der Kommunikation, 2. Aufl., Wiesbaden, 221-250.

Lipovetsky, S., Magnan, S., Zanetti Polzi, A. (2011): Pricing Models in Marketing Research, in: Intelligent Information Management, 2011(3), 167-174.

Pepels, W. (1996): Werbeeffizienzmessung, Stuttgart.

Sattler, H., Nitschke, T. (2003): Ein empirischer Vergleich von Instrumenten zur Erhebung von Zahlungsbereitschaften, in: Zeitschrift für betriebswirtschaftliche Forschung (ZfbF), 55(4), 364-381.

Sawhney, M., Verona, G., Prandelli, E. (2005): Collaborating to Create: The Internet as a Platform for Customer Engagement in Product Innovation, in: Journal of Interactive Marketing, 19(4), 4-17.

Sinkovics, R.R., Penz, E., Castillo, F.J.M. (2009): Qualitative Analyse von Online Communities für Neuproduktentscheidungen, in: der markt, 48(1-2), 61-72.

Trommsdorff, V. (2003): Werbepretests – Praxis und Erfolgsfaktoren, Hamburg.

Urban, G., Katz, G. (1983): Pretest Market Models, in: Journal of Marketing Research, 20(3), 221-234.

Voeth, M., Hahn, C. (1998): Limit Conjoint-Analyse, in: Marketing ZfP, 20(2), 119-132.

Voeth, M., Niederauer, C. (2008): Ermittlung von Preisbereitschaften und Preisabsatzfunktionen, in: Herrmann, A., Homburg, C. (Hrsg.): Marktforschung. Methoden, Anwendungen, Praxisbeispiele, 3. Aufl., Wiesbaden, 1073-1095.

Westendorp, P.H. v. (1976): NSS Price Sensitivity Meter – A New Approach to the Study of Consumer Perception of Price, Proceedings of the 29th ESOMAR Congress, Amsterdam.

Statistische Tabellen

Im Folgenden sind die gängigsten statistischen Tafeln abgebildet (teilweise als Auszüge). Tabelliert sind im Einzelnen für ausgewählte Vertrauenswahrscheinlichkeiten (1–α) die Quantile folgender Verteilungen:

- χ^2-Verteilung (Chi-Quadrat-Verteilung),
- t-Verteilung,
- Standardnormalverteilung sowie
- F-Verteilung.

Auf die Darstellung weniger gebräuchlicher Verteilungen wie z.B. der U-Verteilung wurde hier verzichtet. Die Darstellung der F-Verteilung musste in stark gekürzter Form erfolgen. Vollständige tabellarische Darstellungen finden sich beispielsweise bei:

- Graf, U., Henning, H.-J., Stange, K., Willrich, P.-T. (1997): Formeln und Tabellen der angewandten Statistik, korr. Nachdruck, Berlin u.a.
- Müller, P. H., Neumann, P., Storm, R. (1979): Tafeln der mathematischen Statistik, 3. Aufl., Leipzig.
- Pearson, E.S., Hartley, H.O. (1976): Biometrika Tables for Statisticians, 3rd ed., Cambridge.
- Wetzel, W., Jöhnk, M.-D., Naeve, P. (1976): Statistische Tabellen, Berlin.

Darüber hinaus soll an dieser Stelle darauf hingewiesen werden, dass statistische Tabellen auch aus dem Statistik-Softwarepaket „R“ generiert werden können.

Bei der praktischen Anwendung der in Teil 6 dargestellten Verfahren der Datenanalyse ist darauf hinzuweisen, dass ein „Nachschlagen“ der Quantile der jeweils relevanten Verteilung bei einer bestimmten Vertrauenswahrscheinlichkeit in den Tabellen zumeist entfällt, da die gebräuchlichen Softwarepakete das jeweilige exakte Signifikanzniveau der Ergebnisse unmittelbar angeben (z. B. als p = .0247, was bedeuten würde, dass das betreffende Ergebnis auf dem 0,95 %-Niveau signifikant wäre, nicht aber auf dem 99 %-Niveau).

Chi-Quadrat-Verteilung (Auszug)

Quantile der Chi-Quadrat-Verteilung bei der Vertrauenswahrscheinlichkeit 1-α; Approximation für n > 30:

FG	0,01	0,025	0,05	0,1	0,5	0,9	0,95	0,975	0,99
1	0,0002	0,0010	0,0039	0,0158	0,4549	2,7055	3,8415	5,0239	6,6349
2	0,0201	0,0506	0,1026	0,2107	1,3863	4,6052	5,9915	7,3778	9,2103
3	0,1148	0,2158	0,3518	0,5844	2,3660	6,2514	7,8147	9,3484	11,345
4	0,2971	0,4844	0,7107	1,0636	3,3567	7,7794	9,4877	11,143	13,277
5	0,5543	0,8312	1,1455	1,6103	4,3515	9,2364	11,070	12,833	15,086
6	0,8721	1,2373	1,6354	2,2041	5,3481	10,645	12,592	14,449	16,812
7	1,2390	1,6899	2,1674	2,8331	6,3458	12,017	14,067	16,013	18,475
8	1,6465	2,1797	2,7326	3,4895	7,3441	13,362	15,507	17,535	20,090
9	2,0879	2,7004	3,3251	4,1682	8,3428	14,684	16,919	19,023	21,666
10	2,5582	3,2470	3,9403	4,8652	9,3418	15,987	18,307	20,483	23,209
11	3,0535	3,8157	4,5748	5,5778	10,341	17,275	19,675	21,920	24,725
12	3,5706	4,4038	5,2260	6,3038	11,340	18,549	21,026	23,337	26,217
13	4,1069	5,0088	5,8919	7,0415	12,340	19,812	22,362	24,736	27,688
14	4,6604	5,6287	6,5706	7,7895	13,339	21,064	23,685	26,119	29,141
15	5,2293	6,2621	7,2609	8,5468	14,339	22,307	24,996	27,488	30,578
16	5,8122	6,9077	7,9616	9,3122	15,338	23,542	26,296	28,845	32,000
17	6,4078	7,5642	8,6718	10,085	16,338	24,769	27,587	30,191	33,409
18	7,0149	8,2307	9,3905	10,865	17,338	25,989	28,869	31,526	34,805
19	7,6327	8,9065	10,117	11,651	18,338	27,204	30,144	32,852	36,191
20	8,2604	9,5908	10,851	12,443	19,337	28,412	31,410	34,170	37,566
21	8,8972	10,283	11,591	13,240	20,337	29,615	32,671	35,479	38,932
22	9,5425	10,982	12,338	14,041	21,337	30,813	33,924	36,781	40,289
23	10,196	11,689	13,091	14,848	22,337	32,007	35,172	38,076	41,638
24	10,856	12,401	13,848	15,659	23,337	33,196	36,415	39,364	42,980
25	11,524	13,120	14,611	16,473	24,337	34,382	37,652	40,646	44,314
26	12,198	13,844	15,379	17,292	25,336	35,563	38,885	41,923	45,642
27	12,879	14,573	16,151	18,114	26,336	36,741	40,113	43,195	46,963
28	13,565	15,308	16,928	18,939	27,336	37,916	41,337	44,461	48,278
29	14,256	16,047	17,708	19,768	28,336	39,087	42,557	45,722	49,588
30	14,953	16,791	18,493	20,599	29,336	40,256	43,773	46,979	50,892

t-Verteilung (Auszug; einseitig)

Quantile $t_{1-\alpha;\,v}$ der t-Verteilung bei der Vertrauenswahrscheinlichkeit 1-α in Abhängigkeit vom Freiheitsgrad v (einseitig) (α = Signifikanzsniveau; v = Freiheitsgrade)

v	Statistische Sicherheit 1-a						v
	0,90	0,95	0,975	0,99	0,995	0,999	
1	3,078	6,314	12,71	31,82	63,66	318,3	1
2	1,886	2,920	4,303	6,965	9,925	22,33	2
3	1,638	2,353	3,182	4,541	5,841	10,21	3
4	1,533	2,132	2,776	3,747	4,604	7,173	4
5	1,476	2,015	2,571	3,365	4,032	5,893	5
6	1,440	1,943	2,447	3,143	3,707	5,208	6
7	1,415	1,895	2,365	2,998	3,499	4,785	7
8	1,397	1,860	2,306	2,896	3,355	4,501	8
9	1,383	1,833	2,262	2,821	3,250	4,297	9
10	1,372	1,812	2,228	2,764	3,169	4,144	10
11	1,363	1,796	2,201	2,718	3,106	4,025	11
12	1,356	1,782	2,179	2,681	3,055	3,930	12
13	1,350	1,771	2,160	2,650	3,012	3,852	13
14	1,345	1,761	2,145	2,624	2,977	3,787	14
15	1,341	1,753	2,131	2,602	2,947	3,733	15
16	1,337	1,746	2,120	2,583	2,921	3,686	16
17	1,333	1,740	2,110	2,567	2,898	3,646	17
18	1,330	1,734	2,101	2,552	2,878	3,610	18
19	1,328	1,729	2,093	2,539	2,861	3,579	19
20	1,325	1,725	2,086	2,528	2,845	3,552	20
21	1,323	1,721	2,080	2,518	2,831	3,527	21
22	1,321	1,717	2,074	2,508	2,819	3,505	22
23	1,319	1,714	2,069	2,500	2,807	3,485	23
24	1,318	1,711	2,064	2,592	2,797	3,467	24
25	1,316	1,708	2,060	2,485	2,787	3,450	25
26	1,315	1,706	2,056	2,479	2,779	3,435	26
27	1,314	1,703	2,052	2,473	2,771	3,421	27
28	1,313	1,701	2,048	2,467	2,763	3,408	28
29	1,311	1,699	2,045	2,462	2,756	3,396	29
30	1,310	1,697	2,042	2,457	2,750	3,385	30
40	1,303	1,684	2,021	2,443	2,704	3,307	40
50	1,299	1,676	2,009	2,403	2,678	3,261	50
60	1,296	1,671	2,000	2,390	2,660	3,232	60
70	1,294	1,667	1,994	2,381	2,648	3,211	70
80	1,292	1,664	1,990	2,374	2,639	3,195	80
90	1,291	1,662	1,987	2,368	2,632	3,183	90
100	1,290	1,660	1,984	2,364	2,626	3,174	100
200	1,286	1,652	1,972	2,345	2,601	3,131	200
500	1,283	1,648	1,965	2,334	2,586	3,107	500
∞	1,282	1,645	1,960	2,326	2,576	3,090	∞

t-Verteilung (Auszug; zweiseitig)

Quantile $t_{1-\alpha;\,v}$ der t-Verteilung bei der Vertrauenswahrscheinlichkeit $1-\alpha$ in Abhängigkeit vom Freiheitsgrad v (zweiseitig) (α = Signifikanzsniveau; v = Freiheitsgrade)

v	Statistische Sicherheit 1-a							v
	0,80	0,90	0,95	0,98	0,99	0,998	0,999	
1	3,078	6,314	12,71	31,82	63,66	318,3	636,6	1
2	1,886	2,920	4,303	6,965	9,925	22,33	31,60	2
3	1,638	2,353	3,182	4,541	5,841	10,21	12,92	3
4	1,533	2,132	2,776	3,747	4,604	7,173	8,610	4
5	1,476	2,015	2,571	3,365	4,032	5,893	6,869	5
6	1,440	1,943	2,447	3,143	3,707	5,208	5,959	6
7	1,415	1,895	2,365	2,998	3,499	4,785	5,408	7
8	1,397	1,860	2,306	2,896	3,355	4,501	5,041	8
9	1,383	1,833	2,262	2,821	3,250	4,297	4,781	9
10	1,372	1,812	2,228	2,764	3,169	4,144	4,587	10
11	1,363	1,796	2,201	2,718	3,106	4,025	4,437	11
12	1,356	1,782	2,179	2,681	3,055	3,930	4,318	12
13	1,350	1,771	2,160	2,650	3,012	3,852	4,221	13
14	1,345	1,761	2,145	2,624	2,977	3,787	4,140	14
15	1,341	1,753	2,131	2,602	2,947	3,733	4,073	15
16	1,337	1,746	2,120	2,583	2,921	3,686	4,015	16
17	1,333	1,740	2,110	2,567	2,898	3,646	3,965	17
18	1,330	1,734	2,101	2,552	2,878	3,610	3,992	18
19	1,328	1,729	2,093	2,539	2,861	3,579	3,883	19
20	1,325	1,725	2,086	2,528	2,845	3,552	3,850	20
21	1,323	1,721	2,080	2,518	2,831	3,527	3,819	21
22	1,321	1,717	2,074	2,508	2,819	3,505	3,792	22
23	1,319	1,714	2,069	2,500	2,807	3,485	3,768	23
24	1,318	1,711	2,064	2,592	2,797	3,467	3,745	24
25	1,316	1,708	2,060	2,485	2,787	3,450	3,725	25
26	1,315	1,706	2,056	2,479	2,779	3,435	3,707	26
27	1,314	1,703	2,052	2,473	2,771	3,421	3,690	27
28	1,313	1,701	2,048	2,467	2,763	3,408	3,674	28
29	1,311	1,699	2,045	2,462	2,756	3,396	3,659	29
30	1,310	1,697	2,042	2,457	2,750	3,385	3,646	30
40	1,303	1,684	2,021	2,443	2,704	3,307	3,551	40
50	1,299	1,676	2,009	2,403	2,678	3,261	3,496	50
60	1,296	1,671	2,000	2,390	2,660	3,232	3,460	60
80	1,292	1,664	1,990	2,374	2,639	3,195	3,416	80
100	1,290	1,660	1,984	2,364	2,626	3,174	3,390	100
200	1,286	1,652	1,972	2,345	2,601	3,131	3,340	200
500	1,283	1,648	1,965	2,334	2,586	3,107	3,310	500
∞	1,282	1,645	1,960	2,326	2,576	3,090	3,291	∞

Normalverteilung

Werte der Verteilungsfunktion der Standardnormalverteilung für Ausprägungen der standardisierten Variablen z zwischen 0,00 und 3,99.

z	0,00	0,01	0,02	0,03	0,04	0,05	0,06	0,07	0,08	0,09
0,0	0,5000	0,5040	0,5080	0,5120	0,5160	0,5199	0,5239	0,5279	0,5319	0,5359
0,1	0,5398	0,5438	0,5478	0,5517	0,5557	0,5596	0,5636	0,5675	0,5714	0,5753
0,2	0,5793	0,5832	0,5871	0,5910	0,5948	0,5987	0,6026	0,6064	0,6103	0,6141
0,3	0,6179	0,6217	0,6255	0,6293	0,6331	0,6368	0,6406	0,6443	0,6480	0,6517
0,4	0,6554	0,6591	0,6628	0,6664	0,6700	0,6736	0,6772	0,6808	0,6844	0,6879
0,5	0,6915	0,6950	0,6985	0,7019	0,7054	0,7088	0,7123	0,7157	0,7190	0,7224
0,6	0,7257	0,7291	0,7324	0,7357	0,7389	0,7422	0,7454	0,7486	0,7517	0,7549
0,7	0,7580	0,7611	0,7642	0,7673	0,7704	0,7734	0,7764	0,7794	0,7823	0,7852
0,8	0,7881	0,7910	0,7939	0,7967	0,7995	0,8023	0,8051	0,8078	0,8106	0,8133
0,9	0,8159	0,8186	0,8212	0,8238	0,8264	0,8289	0,8315	0,8340	0,8365	0,8389
1,0	0,8413	0,8438	0,8461	0,8485	0,8508	0,8531	0,8554	0,8577	0,8599	0,8621
1,1	0,8643	0,8665	0,8686	0,8708	0,8729	0,8749	0,8770	0,8790	0,8810	0,8830
1,2	0,8849	0,8869	0,8888	0,8907	0,8925	0,8944	0,8962	0,8980	0,8997	0,9015
1,3	0,9032	0,9049	0,9066	0,9082	0,9099	0,9115	0,9131	0,9147	0,9162	0,9177
1,4	0,9192	0,9207	0,9222	0,9236	0,9251	0,9265	0,9279	0,9292	0,9306	0,9319
1,5	0,9332	0,9345	0,9357	0,9370	0,9382	0,9394	0,9406	0,9418	0,9429	0,9441
1,6	0,9452	0,9463	0,9474	0,9484	0,9495	0,9505	0,9515	0,9525	0,9535	0,9545
1,7	0,9554	0,9564	0,9573	0,9582	0,9591	0,9599	0,9608	0,9616	0,9625	0,9633
1,8	0,9641	0,9649	0,9656	0,9664	0,9671	0,9678	0,9686	0,9693	0,9699	0,9706
1,9	0,9713	0,9719	0,9726	0,9732	0,9738	0,9744	0,9750	0,9756	0,9761	0,9767
2,0	0,9772	0,9778	0,9783	0,9788	0,9793	0,9798	0,9803	0,9808	0,9812	0,9817
2,1	0,9821	0,9826	0,9830	0,9834	0,9838	0,9842	0,9846	0,9850	0,9854	0,9857
2,2	0,9861	0,9864	0,9868	0,9871	0,9875	0,9878	0,9881	0,9884	0,9887	0,9890
2,3	0,9893	0,9896	0,9898	0,9901	0,9904	0,9906	0,9909	0,9911	0,9913	0,9916
2,4	0,9918	0,9920	0,9922	0,9925	0,9927	0,9929	0,9931	0,9932	0,9934	0,9936
2,5	0,9938	0,9940	0,9941	0,9943	0,9945	0,9946	0,9948	0,9949	0,9951	0,9952
2,6	0,9953	0,9955	0,9956	0,9957	0,9959	0,9960	0,9961	0,9962	0,9963	0,9964
2,7	0,9965	0,9966	0,9967	0,9968	0,9969	0,9970	0,9971	0,9972	0,9973	0,9974
2,8	0,9974	0,9975	0,9976	0,9977	0,9977	0,9978	0,9979	0,9979	0,9980	0,9981
2,9	0,9981	0,9982	0,9982	0,9983	0,9984	0,9984	0,9985	0,9985	0,9986	0,9986
3,0	0,9987	0,9987	0,9987	0,9988	0,9988	0,9989	0,9989	0,9989	0,9990	0,9990
3,1	0,9990	0,9991	0,9991	0,9991	0,9992	0,9992	0,9992	0,9992	0,9993	0,9993
3,2	0,9993	0,9993	0,9994	0,9994	0,9994	0,9994	0,9994	0,9995	0,9995	0,9995
3,3	0,9995	0,9995	0,9995	0,9996	0,9996	0,9996	0,9996	0,9996	0,9996	0,9997
3,4	0,9997	0,9997	0,9997	0,9997	0,9997	0,9997	0,9997	0,9997	0,9997	0,9998
3,5	0,9998	0,9998	0,9998	0,9998	0,9998	0,9998	0,9998	0,9998	0,9998	0,9998
3,6	0,9998	0,9998	0,9999	0,9999	0,9999	0,9999	0,9999	0,9999	0,9999	0,9999
3,7	0,9999	0,9999	0,9999	0,9999	0,9999	0,9999	0,9999	0,9999	0,9999	0,9999
3,8	0,9999	0,9999	0,9999	0,9999	0,9999	0,9999	0,9999	0,9999	0,9999	0,9999
3,9	1,0000	1,0000	1,0000	1,0000	1,0000	1,0000	1,0000	1,0000	1,0000	1,0000

F-Verteilung (Auszug)

Werte der F-Verteilung für v1 Freiheitsgrade im Zähler, v2 Freiheitsgrade im Nenner und einer Vertrauenswahrscheinlichkeit (1-α) = 0,95 bzw. einem Signifikanzniveau α = 0,05

	v1									
v2	1	2	3	4	5	6	7	8	9	10
1	161,4	199,5	215,7	224,6	230,2	234,0	236,8	238,9	240,5	241,9
2	18,51	19,00	19,16	19,25	19,30	19,33	19,35	19,37	19,38	19,40
3	10,13	9,55	9,28	9,12	9,01	8,94	8,89	8,85	8,81	8,79
4	7,71	6,94	6,59	6,39	6,26	6,16	6,09	6,04	6,00	5,96
5	6,61	5,79	5,41	5,19	5,05	4,95	4,88	4,82	4,77	4,74
6	5,99	5,14	4,76	4,53	4,39	4,28	4,21	4,15	4,10	4,06
7	5,59	4,74	4,35	4,12	3,97	3,87	3,79	3,73	3,68	3,64
8	5,32	4,46	4,07	3,84	3,69	3,58	3,50	3,44	3,39	3,35
9	5,12	4,26	3,86	3,63	3,48	3,37	3,29	3,23	3,18	3,14
10	4,96	4,10	3,71	3,48	3,33	3,22	3,14	3,07	3,02	2,98
11	4,84	3,98	3,59	3,36	3,20	3,09	3,01	2,95	2,90	2,85
12	4,75	3,89	3,49	3,26	3,11	3,00	2,91	2,85	2,80	2,75
13	4,67	3,81	3,41	3,18	3,03	2,92	2,83	2,77	2,71	2,67
14	4,60	3,74	3,34	3,11	2,96	2,85	2,76	2,70	2,65	2,60
15	4,54	3,68	3,29	3,06	2,90	2,79	2,71	2,64	2,59	2,54
16	4,49	3,63	3,24	3,01	2,85	2,74	2,66	2,59	2,54	2,49
17	4,45	3,59	3,20	2,96	2,81	2,70	2,61	2,55	2,49	2,45
18	4,41	3,55	3,16	2,93	2,77	2,66	2,58	2,51	2,46	2,41
19	4,38	3,52	3,13	2,90	2,74	2,63	2,54	2,48	2,42	2,38
20	4,35	3,49	3,10	2,87	2,71	2,60	2,51	2,45	2,39	2,35
30	4,17	3,32	2,92	2,69	2,53	2,42	2,33	2,27	2,21	2,16
40	4,08	3,23	2,84	2,61	2,45	2,34	2,25	2,18	2,12	2,08
50	4,03	3,18	2,79	2,56	2,40	2,29	2,20	2,13	2,07	2,03
60	4,00	3,15	2,76	2,53	2,37	2,25	2,17	2,10	2,04	1,99
70	3,98	3,13	2,74	2,50	2,35	2,23	2,14	2,07	2,02	1,97
80	3,96	3,11	2,72	2,49	2,33	2,21	2,13	2,06	2,00	1,95
90	3,95	3,10	2,71	2,47	2,32	2,20	2,11	2,04	1,99	1,94
100	3,94	3,09	2,70	2,46	2,31	2,19	2,10	2,03	1,97	1,93
200	3,89	3,04	2,65	2,42	2,26	2,14	2,06	1,98	1,93	1,88
600	3,86	3,01	2,62	2,39	2,23	2,11	2,02	1,95	1,90	1,85
1000	3,85	3,00	2,61	2,4	2,22	2,11	2,02	1,95	1,89	1,84

Literaturverzeichnis

Aaker, D.A., Kumar, V., Leone, R.P., Day, G. (2013): Marketing Research, 11. Aufl., New York u.a.

Adler, J. (1996): Informationsökonomische Fundierung von Austauschprozessen, Wiesbaden.

Adler, J. (2003): Möglichkeiten der Messung von Zahlungsbereitschaften von Nachfragern, Duisburger Arbeitspapiere zum Marketing, Nr. 7, Duisburg.

ADM Arbeitskreis Deutscher Marktforschungsinstitute (1979): Muster-Stichproben-Pläne, bearb. v. F. Schaefer, München.

ADM Arbeitskreis Deutscher Marktforschungsinstitute (2011): Richtlinie zum Umgang mit Adressen in der Markt- und Sozialforschung, o.O.

ADM Arbeitskreis Deutscher Marktforschungsinstitute (2016): Jahresbericht 2015, Frankfurt a.M.

Arbeitsgemeinschaft Fernsehforschung (2017): Fernsehpanel, https://www.agf.de/forschung/, Abruf vom 26.3.2017.

Albers, S., Hildebrandt, L. (2006): Methodische Probleme bei der Erfolgsfaktorenforschung – Messfehler, formative versus reflexive Indikatoren und die Wahl des Strukturgleichungs-Modells, in: zfbf, 58(3), 2-33.

Allison, P.D. (2001): Missing Data, Thousand Oaks.

Amoo, T., Friedman, H. H. (2000): Overall Evaluation Rating Scales: An Assessment, in: International Journal of Market Research, 42(3), 301-311.

Anderson, E. B. (1990): The Statistical Analysis of Categorical Data, New York.

Arndt, R. (2003): Konzept- und Produkttests im Internet, in: Theobald, A., Dreyer, M., Starsetski, T. (Hrsg.): Online Marktforschung. Theoretische Grundlagen und praktische Erfahrungen, 2. Aufl., Wiesbaden, 271-280.

Auger, P., Devinney, T.M., Louviere, J.J. (2007): Using Best-Worse Scaling Methodology to Investigate Consumer Ethical Beliefs Across Countries, in: Journal of Business Ethics, 70(3), 299-326.

Backhaus, K., Erichson, B., Plinke, W., Weiber, R. (2015): Multivariate Analysemethoden, 14. überarb. Aufl., Berlin u.a.

Bagozzi, R.P. (1980): Causal Models in Marketing, New York.

Bailey, R.A. (2008): Design of Comparative Experiments, Cambridge Series in Statistical and Probabilistic Mathematics (25), Oxford.

Baker, (2000): Laddering: Making Sense of Meaning, in: Partington, D. (ed.): Essential Skills for Management Research, London, 226-253.

Barker, R.F. (1987): A Demographic Profile of Marketing Research Interviewers, in: Journal of the Market Research Society, 29.7.1987, 279-292.

Bartl, M. (2010): Wie Co-Creation und Open Innovation die Marktforschung verändern, in: BVM inbrief, März, 24-27.

Batinic, B. (2002): Online-Marktforschung auf dem Prüfstand, in: Diller, H. (Hrsg.): Neue Entwicklungen in der Marktforschung, Nürnberg, 77-95.

Bauer, E. (1981): Produkttests in der Marketingforschung, Göttingen.

Bea, F.X., Haas, J. (2015): Strategisches Management, 5. Aufl., Stuttgart.

Bentler, P.M. (1990): Comparative Fit Indexes in Structural Models, in: Psychological Bulletin, 107(2), 238-246.

Bentler, P.M., Bonett, D.G. (1980): Significance Test and Goodness of Fit in the Analysis of Covariance Structure, in: Psychological Bulletin, 88, 588-606.

Bentler, P.M., Chou, C.P. (1995): Estimations and tests in structural equation modeling, in: Hoyle, R. (ed.): Structual equation modeling: Concepts, issues and applications, Thousand Oaks, 37-55.

Berekoven, L., Eckert, W., Ellenrieder, P. (2009): Marktforschung, 12. Aufl., Wiesbaden.

Bergkvist, L., Rossiter, J.R. (2007): The Predictive Validity of Multiple-Item Versus Single-Item Measures of the Same Construct, in: Journal of Marketing Research, XLIV, 175-184.

Berndt, R., Fantapié Altobelli, C., Sander, M. (2016): Internationales Marketing-Management, 5. Aufl., Berlin u.a.

Blamires, C. (1998): Pricing Research, in: McDonald, C., Vangelder, P. (eds.): ESOMAR Handbook of Market and Opinion Research, Amsterdam, 739-773.

Blank, K. (2011): Gruppendiskussionsverfahren, in: Naderer, G., Balzer, E. (Hrsg.): Qualitative Marktforschung in Theorie und Praxis, 2. Aufl., Wiesbaden, 289-312.

Böhler, H. (2004): Marktforschung, 3. völlig neu bearb. und erw. Aufl., 2004.

Bollen, K.A. (1989): Structural Equations with Latent Variables, New York.

Bonoma, T.V. (1985): Case Research in Marketing: Opportunities, Problems, and a Process, in: Journal of Marketing Research, 22(2), 199-208.

Borchard, A., Göttlich, S.E. (2009): Erkenntnisgewinnung durch Fallstudien, in: Albers, S., Klapper, D., Konradt, U., Walter, A., Wolf, J. (Hrsg.): Methodik der empirischen Forschung, 3. Aufl., Wiesbaden, 33-48.

Borg, I., Groenen, P., Mair, P. (2010): Multidimensionale Skalierung, Reihe: Sozialwissenschaftliche Forschungsmethoden, Band 1, München, Mering.

Borg, I., Staufenbiehl, T. (2007): Theorien und Methoden der Skalierung, 4. Aufl., Bern.

Bortz, J., Schuster, C. (2010): Statistik für Human- und Sozialwissenschaftler, 7. Aufl., Berlin u.a.

Bottomley, P.A. (2000): Testing the Reliability of Weight Elicitation Methods: Direct Rating versus Point Allocation, in: Journal of Marketing Research, 37(4), 508-513.

Bray, J.H., Maxwell, S.E. (1985): Multivariate Analysis of Variance, Beverly Hills.

Bresnahan, J.L., Shapiro, M.M. (1966): A General Equation and Technique for the Exact Partitioning of Chi-Square Contingency Tables, in: Psychological Bulletin, 66, 252-262.

Browne, M.W. (1982): Covariance Structures, in: Hawkings, D.M. (ed.): Topics in Applied Multivariate analysis, Cambridge, 72-141.

Browne, M.W. (1984): Asymptotically Distribution-free Methods for the Analysis of Covariance Structures, in: British Journal of Mathematical and Statistical Psychology, 37(1), 62-83.

Bruhn, M. (2015): Kommunikationspolitik: Systematischer Einsatz der Kommunikation für Unternehmen, 8. Aufl., München.

Buber, R. (2009): Denke-Laut-Protokolle, in: Buber, R., Holzmüller, H. (Hrsg.): Qualitative Marktforschung, 2. Aufl., Wiesbaden, 555-568.

Buber, R., Holzmüller, H. (Hrsg). (2009): Qualitative Marktforschung, 2. Aufl., Wiesbaden.

Buckler, F. (2001): NEUSREL - Neuer Kausalanalyseansatz auf Basis Neuronaler Netze als Instrument der Marketingforschung, Göttingen.

Buckler, F., Hennig-Thurau, T. (2008): Identifying Hidden Structures in Marketing's Structural Models through Universal Structure Modeling: An Explorative Bayesian Neural Network Complement to LISREL and PLS, in: Marketing – Journal of Research and Management, 4(2), 47-66.

Burke, R.R. (1996): Der virtuelle Laden – Testmarkt der Zukunft?, in: Harvard Business Manager, 18(4), 107-117.

BVM (2006): ADM-Stichprobensystem Face to Face, Präsentation BVM Regionalgruppe Nord, 8.2.2006.

Calteral, M., Maclaran, P. (1998): Using Computer Software for the Analysis of Qualitative Market Research, in: Journal of the Market Research Society, 40(3), 207-222.

Camerer, C.F., Loewenstein, G., Prelec, D. (2004): Neuroeconomics: Why Economics Needs Brains, in: Scandinavian Journal of Economics, 106(3), 555-579.

Campbell, D.T., Fiske, D.W. (1959): Convergent and Discriminant Validation by the Multitrait-Multimethod Matrix, in: Psychological Bulletin, 56(2), 81-105.

Campbell, D.T., Russo, M.J. (2001): Social Measurement, Thousand Oaks.

Campbell, D.T., Stanley, J.C. (1963): Experimental and Quasi-Experimental Designs for Research on Teaching, in: Gage, N.L. (ed.): Handbook of Research on Teaching, Chicago, 171-246.

Campbell, D.T., Stanley, J.C. (1966): Experimental and Quasi-Experimental Designs for Research, Boston.

Carroll, J.D., Green, P.E. (1995): Psychometric Methods in Marketing Research: Part 1, Conjoint Analysis, in: Journal of Marketing Research, 32(4), 385-391.

Carroll, J.D. (1972): Individual Differences and Multidimensional Scaling, in: Shepard, B.N., Romney, A.W., Nerlove, B., Multidimensional Scaling, New York u.a., 105-155.

Carson, D. et al. (2001): Qualitative Marketing Research, London u.a.

Chrzanowska, J. (2002): Interviewing Groups and Individuals in Qualitative Marketing Research, London u.a.

Churchill, G.A. (1979): A Paradigm for Developing better Measures of Marketing Constructs, in: Journal of Marketing Research, 16(1), 64-73.

Cochran, W. G. (1977): Sampling Techniques, 3rd ed., New York.

Coelho, P. S., Esteves, P. (2007): The Choice between a Five-Point and a Ten-Point Scale in the Framework of Customer Satisfaction Measurement, in: International Journal of Market Research, 49(3), 313-339.

Collins, M., Kalian, G. (1980): Coding Verbatim Answers to Open Questions, in: Journal of the Market Research Society, 22 (Oct.), 239-247.

Context Research (2016): Mobile Methoden, http://www.context-research.at/online-mobile-forschung/mobile-methoden/, Abruf vom 20.10.2016.

Cook, T.D., Campbell, D.T. (1979): Quasi-Experimentation. Design and Analysis Issues for Field Settings, Chicago.

Cook, T.D., Campbell, D.T., Peracchio, L. (1990): Quasi Experimentation, in: Dunnette, M.D., Hough, L.M. (eds.): Handbook of Industrial and Organizational Psychology, 1, Palo Alto, 491-576.

Costello, A.B., Osborne, J. (2005). Best Practices in Exploratory Factor Analysis: Four Recommendations for Getting the Most from Your Analysis, in: Practical Assessment Research & Evaluation, 10(7), http://pareonline.net/getvn.asp?v=10&n=7, Abruf vom 1. 6. 2010.

Cox, E.P. (1980): The Optimal Number of Response Alternatives for a Scale: A Review, in: Journal of Marketing Research, 17(4), 407-422.

Cox, T., Cox, M. (2000): Multidimensional Scaling, 2. Aufl., London.

Cropley, A.J. (2008): Qualitative Forschungsmethoden. Eine praxisnahe Einführung, 3. Aufl., 2008.

Crowne, D.P., Marlowe, D. (1960). A New Scale of Social Desirability Independent of Psychopathology, in: Journal of Consulting Psychology, 24(4), 349-354.

Cureton, E.E., D' Agostino, R.B. (1983): Factor Analysis – An Applied Approach, Hillsdale, N.J.

Dabic, M., Schweiger G., Ebner, U. (2008): Printwerbung: Der erste Eindruck zählt! Werbeforschung mit dem Tachistoskop, in: transfer, 54(1), 26-35.

Davidson, R.J., Ekman, P., Saron, C.D., Senulis, J.A., Friesen, W.V. (1990): Approach-withdrawal and Cerebral Asymmetry: Emotional Expression and Brain Physiology, in: Journal of Personality and Social Psychology, 58(2), 330-341.

Daymon C., Holloway, I. (2010): Qualitative Research Methods in Public Relations and Marketing Communications, 2nd ed., London, New York.

Decker, R., Temme, T. (2000): Diskriminanzanalyse, in: Herrmann, A., Homburg, C. (Hrsg.): Marktforschung. Methoden, Anwendungen, Praxisbeispiele, 2. Aufl., Wiesbaden, 295-335.

Deml, S., Unterreitmeier, A. (2016): Jedem die richtige Frage stellen, in: Planung & Analyse, 2016(2), 2-5.

Desai, P. (2002): Methods beyond Interviewing in Qualitative Market-Research, London u.a.

Diamantopoulos, A., Reynolds, N., Schlegelmilch, B. (1994): Pretesting in Questionnaire Design: The Impact of Respondents Characteristics on Error Detection, in: Journal of the Market Research Society, 36(4), 295-314.

Diamantopoulos, A., Winklhofer, H.M. (2001): Index Construction with Formative Indicators: An Alternative to Scale Development, in: Journal of Marketing Research, 38(2), 269-277.

Die Medienanstalten (2016): Internetnutzung (Nielsen//NetView), http://www.die-medienanstalten.de/publikationen/internetnutzung.html, Abruf vom 1.12.2016.

Diller, H. (2008): Preispolitik, 4. Aufl., Stuttgart u.a.

Dolan, R.J., Matthews, J.N. (1993): Maximizing the Utility of Customer Product Testing: Beta Test Design and Management, in: Journal of Product Innovation Management, 10(4), 318-330.

Döring, N., Bortz, J. (2016): Forschungsmethoden und Evaluation in den Sozial- und Humanwissenschaften, 5. Aufl., Berlin u.a.

Draper, N., Smith, H. (1998): Applied Regression Analysis, 3. Aufl., New York.

Dreßen, H. (2014): Die IKEAisierung der Marktforschung. DiY-Befragungen auf dem Vormarsch, http://www.marktforschung.de/hintergruende/themendossiers/diy-forschung/dossier/diy-befragungen-auf-dem-vormarsch/, Verfügbarkeitsdatum: 4.09.2014, Abruf vom 20.9.2016.

Dr. Grieger & Cie. (2014): Namenstest. Konzeption und Vorgehen bei einem Namenstest, Hamburg 2014.

Dr. Grieger & Cie. (2016): Mystery Repair Werkstatttest, https://www.mysterypanel.de/werkstatttest.html, Abruf vom 4.11.2016.

Eberhard, D., Fantapié Altobelli, C. (2014): Buying Motives for Anabolic Supplements – An Analysis among German Recreational Athletes, in: Sport and Art, 2(5), 75-84.

Erevelles, S., Fukawa, N., Swayne, L. (2016): Big Data Consumer Analytics and the Transformation of Marketing, in: Journal of Business Research, 69(2), 897-904.

Erhardt, B. (2009): Conjoint-Analyse. Ein Vergleich der Klassischen Profilmethode und der Auswahlbasierten Analyse, Spiegelberg.

Erichson, B. (2007): Prüfung von Produktideen und -konzepten, in: Albers, S., Herrmann, A. (Hrsg.): Handbuch Produktmanagement, 3. Aufl., Wiesbaden, 395-420.

Ernst, O., Sattler, H. (2000): Multimediale versus traditionelle Conjoint-Analysen. Ein empirischer Vergleich alternativer Präsentationsformen, in: Marketing ZFP, 22(2), 161-172.

Esch, F.-R., Möll, T., Schmitt, B., Elger, C., Neuhaus, C., Weber, B. (2012): Brands on the Brain: Do Consumers Use Declarative Information or Experienced Emotions to Evaluate Brands? In: Journal of Consumer Psychology, 22(1), 75 - 85.

ESOMAR (2008): Teilnehmer an Umfragen profitieren von noch strikteren Maßnahmen zum Datenschutz, Pressemitteilung vom 21.1.2008.

ESOMAR (2014): Global Prices Study 2014, Amsterdam.

EuPD Research (2009): B2B-Marktforschung in Deutschland, Bonn.

Fantapié Altobelli, C. (1998): Umwelt und Marktinformationen, in: Berndt, R., Fantapié Altobelli, C., Schuster, P. (Hrsg.): Springers Handbuch der Betriebswirtschaftslehre, Bd. 2, Berlin u.a., 304-353.

Fantapié Altobelli, C. (2011): Sachgebiet „Werbung", in: Sjurts, I. (Hrsg.): Lexikon der Werbewirtschaft, 2. Aufl., Wiesbaden.

Fantapié Altobelli, C., Sander, M. (2001): Internet Branding. Marketing und Markenführung im Internet, Stuttgart.

Fantapié Altobelli, C., Schwarzenberger, M. (2013): Social Media-Strategien bei Dienstleistungsunternehmen - Entwicklung und Implementierung mittels einer Social Media-Scorecard, in: Bruhn, M., Hadwich, K. (Hrsg.): Dienstleistungsforum 2013, Wiesbaden, 65-86.

Finkenzeller, K., Gebhardt, M. (2012): RFID-Handbuch: Grundlagen und praktische Anwendungen von Transpondern, kontaktlosen Chipkarten und NFC, 6. Auflage, München.

Frees, B., Bosenick, T. (2004): Mit qualitativen Methoden Webseiten optimieren, in: planung & analyse, 2004(3), 79-82.

Freese, W. (2016): Mobile Marktforschung, in: planung&analyse, 2016(1), 44-45.

Frenzen, H., Krafft, M. (2008): Logistische Regression und Diskriminanzanalyse, in: Herrmann, A., Homburg, C. (Hrsg.): Marktforschung. Methoden, Anwendungen, Praxisbeispiele, 3. Aufl., Wiesbaden, 606-649.

Frese, E., Werder, A. v. (1993): Zentralbereiche. Organisatorische Formen und Effizienzbeurteilung, in: Frese, E., Werder, A. v., Maly, W. (Hrsg.): Zentralbereiche. Theoretische Grundlagen und praktische Erfahrungen, Stuttgart, 1-50.

Gable, J. (2010): Die Kraft des „Wir" – „We-Research" und Co-Creation, in: BVM inbrief, März 2010, 28-30.

Gabor, A., Granger, C.W.J. (1964): Price Sensitivity of the Consumer, in: Journal of Advertising Research, 4(4), 40 – 44.

Gaus, H., Oberländer, S., Zanger, C. (1997): Means-End Chains für Automodelle – eine Laddering-Anwendung, Wirtschaftswissenschaftliches Diskussionspapiere 07/97, TU Chemnitz-Zwickau 1997.

GfK (2005a): GfK Consumer Tracking, Nürnberg 2005.

GfK (2005b): Fernsehzuschauerforschung in Deutschland, Nürnberg 2005.

GfK (2007): 50 Jahre GfK Panelforschung. Stationen einer Erfolgsgeschichte, Nürnberg.

GfK (2009a): Consumer Scan, http://www.gfkps.com/scan/index.de.html, o.O. 2009, Abruf vom 20.5 2010.

GfK (2009b): ConsumerScope, http://www.gfkps.com/scope/index.de.html, o.O. 2009, Abruf vom 20.5.2010.

GfK (o.J.a): Manche Preiskämpfe sind ganz einfach! GfK Price Challenger – Ermittelt den optimalen Preis Ihrer Produkte im Wettbewerbsumfeld, Nürnberg.

GfK (o.J.b): TeSi – Das transparente Testmarktsimulationsmodell, Nürnberg.

GfK (o.J.c): GfK-BehaviorScan – Europe's First Experimental Test Market Using Targetable TV, Nürnberg.

GfK (2015): GfK bietet neuen On-Demand-Service für das Marken- und Werbetracking, Pressemitteilung vom 20.11.2015.

Ghosh, S., Rao, C.R. (eds.) (1996): Design and Analysis of Experiments, Handbook of Statistics, 13, North-Holland.

Gilbert, N. (1993): Analyzing Tabular Data. Loglinear and Logistic Models for Social Researchers, London.

Glenn, N.D. (2005): Cohort Analysis. Quantitative Applications in the Social Sciences 5, 2nd ed., Beverly Hills u.a.

Goodman, L.A. (1961): Snowball Sampling, in: Annals of Mathematical Statistics, 32(1), 148-170.

Gordon, W. J. J. (1961): Synectics. The Development of Creative Capacity, New York 1961.

Gräfe, D. (2011): Sounddesign. Lauschangriff auf Butterkekse, in: Stuttgarter Nachrichten vom 23. April 2011, http://www.stuttgarter-nachrichten.de/inhalt.sounddesign-lauschangriff-auf-butterkekse-page1.d1c45292-e263-4f2b-98de-465316344a1c.html, Abruf vom 17. 1. 2017.

Graf, U., Henning, H.-J., Stange, K., Willrich, P.-T. (1997): Formeln und Tabellen der angewandten Statistik, Berlin u.a. 1987, korr. Nachdruck 1997.

Graumann, C.-F. (1959): Aktualgenese. Die deskriptiven Grundlagen und theoretischen Wandlungen des aktualgenetischen Forschungsansatzes, in: Zeitschrift für Experimentelle und Angewandet Psychologie, 6, 409-448.

Grecco, C., King, H. (1999): Of Browsers and Plug-Ins: Researching Web Surfers' Technological Capabilities, in: Quirk Marketing Research Review, 1999(7), 58-62.

Green, P.E., Krieger, A.M., Argarwal, M. (1991): Adaptive Conjoint Analysis: Some Caveats and Suggestions, in: Journal of Marketing Research, 28(2), 215-222.

Green, P.E., Srinivasan, V. (1990): Conjoint Analysis in Marketing: New Developments with Implications for Research and Practice, in: Journal of Marketing, 54(4), 3-19.

Greenberg, B.G., Abul-Ela, A.A., Simmons, W.R., Horvitz, D.G. (1969): The Unrelated Question Randomized Response Model: Theoretical Framework, in: Journal of the American Statistical Association, 64(326), 520-539.

Greenwald, A.G., McGhee, D.E., Schwartz, J.L.K. (1998): Measuring Individual Differences in Implicit Cognition: The Implicit Association Test, in: Journal of Personality and Social Psychology, 74, 1464–1480.

Grohs, R., Ebster, C., Kummer, C. (2009): „An meinen Fähigkeiten als Liebhaber habe ich schon gezweifelt". Die Messung sozial erwünschten Antwortverhaltens, in: Marketing ZfP, 31(2), 87-100.

Gröppel-Klein, A., Königstorfer, J. (2009): Projektive Verfahren der Marktforschung, in: Buber, R., Holzmüller, H. (Hrsg.): Qualitative Marktforschung, 2. Aufl., Wiesbaden, 537-554.

Grundei, J. (2000): Die Organisation der Marktforschung. Gestaltungsmöglichkeiten und Effizienzbewertung, Diskussionspapier 2000/2, Wirtschaftswissenschaftliche Dokumentation, Fachbereich 14, TU Berlin.

Grüner, K.W. (1974): Beobachtung, Stuttgart.

Guenzel, P.J., Berkmans, T.R., Cannell, C.F. (1983): General Interviewing Techniques, Ann Arbour.

Günther, M., Vossebein, V., Wildner, R. (2006): Marktforschung mit Panels: Arten, Erhebung, Analyse, Anwendung, 2. Aufl., Wiesbaden.

Haaijer, R., Wedel, M. (2003): Conjoint Choice Experiments: General Characteristics and Alternative Model Specifications, in: Gustafsson, A., Herrmann, A., Huber, F. (Eds.): Conjoint-Measurement. Methods and Applications, 3rd ed., Berlin, 371-412.

Haimerl, E., Lebok, U. (2004): Wenn Marken in die "Sackgasse" geraten ... – Markentechnische Überwindung von Verbraucher-Vorurteilen mittels Psychodrama, in: planung & analyse, 2004(3), 48-54.

Haimerl, E., Roleff, R. (2001): Role Play and Psychodrama in Market Research: Integration of Observation, Interviews and Experiments, in: Beckmann, C., Elliott, R.H. (Eds.): Interpretive Consumer Research, Copenhagen, 109-132.

Hair, J.F., Black, B., Babin, B., Anderson, R.E. (2010): Multivariate Data Analysis, 7th ed., Prentice Hall.

Harris Interactive (2017): Virtuelle Regaltests, http://harris-interactive.de/virtuelle-regaltests/, Abruf vom 5.2.2017.

Hartmann, A., Sattler H. (2002): Commercial Use of Conjoint Analysis in Germany, Austria, and Switzerland, Arbeitspapier Nr. 6, Universität Hamburg, Hamburg.

Hartmann, A., Sattler H. (2004): Wie robust sind Methoden zur Präferenzmessung?, in: Zeitschrift für betriebswirtschaftliche Forschung (ZfbF), 56(2), 3-22.

Hauptmanns, P., Lander, B. (2003): Zur Problematik von Internet-Stichproben, in: Theobald, A., Dreyer, M., Starsetzky. T. (Hrsg.): Online-Marktforschung, 2. Aufl., Wiesbaden, 27-40.

Hayduk, L. (1987): Structural Equation Modelling with LISREL, Baltimore.

Heise, D. (1975): Causal Analysis, New York.

Hensel, B., Meixner, J. (2004): Interactive Insights: Marken erspielen, in: planung & analyse, 2004(3), 70-73.

Hensel, D., Wolter, L., Znanewitz, J. (2017): A Guideline for Ethical Aspects in Conducting Neuromarketing Studies, in: Thomas, A.R., Pop, N.A., Iorga, A.M., Ducu, C. (eds.): Ethics and Neuromarketing - Implications for Market Research and Business Practice, Berlin u.a., 65-87.

Hensel-Börner, S., Sattler, H. (2000): Ein empirischer Vergleich zwischen der Customized Computerized Conjoint Analysis (CCC), der Adaptive Conjoint Analysis (ACA) und Self-Explicated-Verfahren, in: Zeitschrift für Betriebswirtschaft (ZfB), 70(6), 705-727.

Herrmann, A., Landwehr, J.R. (2008): Varianzanalyse, in: Herrmann, A., Homburg, C. (Hrsg.): Marktforschung. Methoden, Anwendungen, Praxisbeispiele, 3. Aufl., Wiesbaden, 579-606.

Heyde, C.v.d. (2009): ADM Stichprobensystem, http://www.adm.de, Stand: Juli 2009, Abruf vom 25. 5. 2010.

Hilbert, A., Opitz, O. (1997): Mehrdimensionale Skalierung und Property Fitting, Arbeitspapiere zur Mathematischen Wirtschaftsforschung, Universität Augsburg, Heft 155, Augsburg.

Hill, R.P. (1995): Researching Sensitive Topics in Marketing – The Special Case of Vulnerable Populations, in: Journal of Public Policy & Marketing, 14(1), 143-148.

Hoberg, R. (2003): Clusteranalyse, Klassifikation und Datentiefe, Diss., Lohmar, Köln.

Hoffmann, E., Menkhaus, D., Chahravarti, D., Field, R., Whipple, G.D. (1993): Using Laboratory Experimental Auctions in Marketing Research: A Case Study of New Packaging for Fresh Beef, in: Marketing Science, 12(3), 318-338.

Hoffmann, N. (2009): Weblogs als Medium der qualitativen Marktbeobachtung und -forschung, in: Buber, R., Holzmüller, H. (Hrsg.): Qualitative Marktforschung, 2. Aufl., Wiesbaden, 601-616.

Höfinghoff, T. (2005): Das Ohr isst mit, in: Spiegel Special, Nr. 5/2005 vom 24.5.2004, 120.

Högl, S., Hertle, T., Völtl, A. (2016): GfK MarketingLab – Evaluatives Pretesting in der GfK Testmarktwelt, in: Esch, F.R., Langner, T., Bruhn, M. (Hrsg.): Handbuch Controlling der Kommunikation, Berlin, Heidelberg, 289-308.

Homburg, C. (1992): Die Kausalanalyse, eine Einführung, in: Wirtschaftswissenschaftliches Studium, 21(10), 499-508.

Homburg, C., Baumgartner, H. (1995): Beurteilung von Kausalmodellen – Bestandsaufnahme und Anwendungsempfehlungen, in: Marketing – Zeitschrift für Forschung und Praxis, 17(3), 162-176.

Homburg, C., Giering, A. (1996): Konzeptualisierung und Operationalisierung komplexer Konstrukte - Ein Leitfaden für die Marketingforschung, in: Marketing ZfP, 18(1), 5-24.

Homburg, C., Hildebrandt, L. (1998): Die Kausalanalyse: ein Instrument der empirischen betriebswirtschaftlichen Forschung, Stuttgart.

Homburg, C., Klarmann, M. (2006): Die Kausalanalyse in der empirischen betriebswirtschaftlichen Forschung. Problemfelder und Anwendungsempfehlungen, in: Die Betriebswirtschaft, 66(6), 727-749.

Homburg, C., Klarmann, M., Pflesser, C. (2008a): Konfirmatorische Faktorenanalyse, in: Herrmann, A., Homburg, C. (Hrsg.): Marktforschung. Methoden, Anwendungen, Praxisbeispiele, 3. Aufl., Wiesbaden, 271-304.

Homburg, C., Pflesser, C., Klarmann, M. (2008b): Strukturgleichungsmodelle mit latenten Variablen: Kausalanalyse, in: Herrmann, A., Homburg, C. (Hrsg.): Marktforschung. Methoden, Anwendungen, Praxisbeispiele, 3. Aufl., Wiesbaden, 547-578.

Horváth, P., Herter, R.N. (1992): Benchmarking. Vergleich mit den Besten der Besten, in: Controlling, 4(1), 4-11.

Hotelling, H. (1933): Analysis of a Complex of Statistical Variables into Principal Components, in: Journal of Educational Psychology, 24 (6), 417-441,498-520.

Hoyle, R., Panther, A.T. (1995): Writing About Structural Equation Models, in: Hoyle, R. (ed.): Structual Equation Modeling: Concepts, Issues and Applications, Thousand Oaks, Calif., 158-176.

Hruschka, H. (1986): Market Definition and Segmentation Using Fuzzy Clustering Methods, in: International Journal of Research in Marketing, 3(2), 117-134.

Huang, W. (ed.)(2014): Handbook of Human Centric Visualization, New York.

Huber, F., Herrmann, A., Meyer, F., Vogel, J., Vollhardt, K. (2007): Kausalmodellierung mit Partial Least Squares, Wiesbaden.

Hubert, M., Kenning, P. (2008): A Current Overview of Consumer Neuroscience, in: Journal of Consumer Behaviour, 7(4/5), 272-292.

Hubert, M., Kenning, P. (2011): Neurobiologische Grundlagen des Konsumverhaltens, in: Reimann, M., Weber, B. (Hrsg.): Neuroökonomie: Grundlagen – Methoden – Anwendungen, Wiesbaden, 195-218.

Hüttner, M., Schwarting V. (2002): Grundzüge der Marktforschung, 7. überarb. Aufl., München, Wien.

Hüttner, M., Schwarting V. (2008): Exploratorische Faktorenanalyse, in: Herrmann, A., Homburg, C. (Hrsg.): Marktforschung. Methoden, Anwendungen, Praxisbeispiele, 3. Aufl., Wiesbaden, 241-270.

Iacobucci, D., Churchill, G.A. (2010): Marketing Research, 9th ed., Mason.

IBM (2016): The Four V's of Big Data, http://www.ibmbigdatahub.com/sites/default/files/infographic_file/4-Vs-of-big-data.jpg?cm_mc_uid=66414836069214767839725& cm_mc_sid_50200000=1476787834, Abruf vom 20.10.2016.

ifuma (2004a): Blickaufzeichnung in der Werbeforschung, http://www.ifuma.de/mainNeu.htm?page=blick.htm&subMenu=aparalDRAGLyr&menu=menu3Lyr, Erstelldatum: 2004, Abruf vom 30.1.2006.

ifuma (2004b): Elektrodermale Aktivierungsmessung (EDR), http://www.ifuma.de/mainNeu.htm?page=blick.htm&subMenu=aparalDRAGLyr&menu=menu3Lyr, Erstelldatum: 2004, Abruf vom 30.1.2006.

Intervista AG (o.J.): Das Gabor Granger Modell, https://www.intervista.ch/de/methoden/gabor-granger, Abruf vom 25.1.2017.

IZT Institut für Zukunftsstudien und Technologiebewertung (2004): EurEnDel. Technology and Social Visions for Europe's Energy Future – A Europe-wide Delphi Study. Summary Report, November.

Jacoby, J., Chestnut, R.W. (1978): Brand Loyalty: Measurement and Management, New York.

Jennrich, R. (1977): Stepwise Discriminant Analysis, in: Enslein, K., Ralston, A., Wilfen, H. (eds.): Statistical Methods for Digital Computers, New York, 76-95.

Jensen, O. (2008): Clusteranalyse, in: Herrmann, A., Homburg, C. (Hrsg.): Marktforschung. Methoden, Anwendungen, Praxisbeispiele, 3. Aufl., Wiesbaden, 335-372.

Johnson, J. C. (1990): Selecting Ethnographic Informants, Newbury Park.

Jöreskog, K.G. (1973): A General Method for Estimating a Linear Structural Equation System, Uppsala.

Jöreskog, K.G. (1978): Causal Models with Latent Variables Especially for Longitudinal Data, Uppsala.

Jöreskog, K.G., Sörbom, D. (1979): Advances in Factor Analysis and Structural Equation Models, Cambridge.

Jöreskog, K.G., Sörbom, D. (1982): System under Indirect Observation: Causality, Structure, Prediction, Amsterdam, New York.

Jöreskog, K.G., Sörbom, D. (1989): LISREL 7: A Guide to the Program and Applications, 2nd ed., Chicago.

Jöreskog, K.G., Sörbom, D. (1993): LISREL 8: Structural Equation Modeling with the SIMPLIS Command Language, Chicago.

Kaiser, W. (2004): Die Bedeutung qualitativer Marktforschung in der Praxis der betrieblichen Marktforschung, http://www.qualitative-research.net/fqs-texte/2-04/2-04Kaiser-d.htm, Erstelldatum 27.5.2004, Abruf vom 23.8.2004.

Kaltenborn, T., Fiedler, H., Lanwehr, R., Melles, T. (2013): Conjoint-Analyse, Reihe: Sozialwissenschaftliche Forschungsmethoden, Band 7, München, Mering.

Kantar TNS (2016): Mobile Research, https://www.tns-infratest.com/kernkompetenzen/connect-mobile-research.asp, Abruf vom 21.10.2016.

Kaufman, L., Rousseeuw, P.J. (1990): Finding Groups in Data: An Introduction to Cluster Analysis, New York.

Keitz, B. v. (2016): Diagnostisches Werbetesting mittels apparativer Verfahren: Erfahrungen aus der Werbeforschung, in: Esch, F.-R., Langner, T., Bruhn, M. (Hrsg.): Handbuch Controlling der Kommunikation, 2. Aufl., Wiesbaden 2016, 221-250.

Kelle, U., Kluge, S. (1999): Vom Einzelfall zum Typus, Opladen.

Kellerer, H. (1963): Theorie und Technik des Stichprobenverfahrens, 3. Aufl., München.

Kenning, P., Plassmann, H., Ahlert, D. (2007): Consumer Neuroscience – Implikationen neurowissenschaftlicher Forschung für das Marketing, in: Marketing ZFP, 29(1), 57-68.

Kepper, G. (1995): Qualitative Marktforschung – über Urteile und Vorurteile, in: planung & analyse, 1995(6), 58-63.

Kepper, G. (1996): Qualitative Marktforschung: Methoden, Einsatzmöglichkeiten und Beurteilungskriterien, 2. Aufl., Wiesbaden.

Kepper, G. (2008): Methoden der qualitativen Marktforschung, in: Herrmann, A., Homburg, C. (Hrsg.): Marktforschung. Methoden, Anwendungen, Praxisbeispiele, 3. Aufl., Wiesbaden, 175-212.

Kern, Christian (2006): Anwendung von RFID-Systemen, 2. Aufl., Berlin u.a.

Kirchmair, R. (2011): Indirekte psychologische Methoden, in: Naderer, G., Balzer, E. (Hrsg.): Qualitative Marktforschung in Theorie und Praxis, 2. Aufl., Wiesbaden, 345-366.

Klecka, W. (1980): Discriminant Analysis, Beverly Hills.

Klein, H. (2013): Computergestützte Textanalysen mit TextQuest. Eine Einführung in Methoden und Arbeitstechniken, Reihe: Sozialwissenschaftliche Forschungsmethoden, Band 6, München, Mering.

Konert, F.J. (1986): Vermittlung emotionaler Erlebniswerte, Heidelberg, Wien.

Koppelmann, U. (2001): Produktmarketing – Entscheidungsgrundlagen für Produktmanager, 6. Aufl., Berlin.

Koschnik, W.J. (2003): FOWS-Lexikon. Werbeplanung, Mediaplanung, Marktforschung, Kommunikationsforschung, Mediaforschung, 3 Bd., 3. Aufl., München.

Krafft, M. (1997): Der Ansatz der Logistischen Regression und seine Interpretation, in: Zeitschrift für Betriebswirtschaft (ZfB), 67(5/6), 625-642.

Krauth, J. (1993): Einführung in die Konfigurationsfrequenzanalyse (KFA), Weinheim.

Kreyszig, E. (1979): Statistische Methoden und ihre Anwendungen, 7. Aufl., Göttingen.

Kroeber-Riel, W., Groeppel-Klein, A. (2013): Konsumentenverhalten, 10. Aufl., München.

Krosnick, J.A., Alwin, D.F. (1987): An Evaluation of a Cognitive Theory of Response-Order Effects in Survey Measurement, in: Public Opinion Quarterly, 51(2), 201-219.

Kurz, A., Stockhammer, C., Fuchs, S., Meinhard, D. (2009): Das problemzentrierte Interview, in: Buber, R., Holzmüller, H. (Hrsg.): Qualitative Marktforschung, 2. Aufl., Wiesbaden, 463-490.

Kuß, A., Wildner, R., Kreis, H. (2014): Marktforschung: Grundlagen der Datenerhebung und Datenanalyse, 5. Aufl., Wiesbaden.

Lachenbruch, P. (1975): Discriminant Analysis, New York 1975.

Lamnek, (2010): Qualitative Sozialforschung. 5. Aufl., Weinheim.

Lange, M. (1972): Preisbildung bei neuen Produkten, Berlin.

Lee, J.A., Soutar, G., Louviere, J. (2007): Measuring Values Using Best-Worse-Scaling: The LOV Example, in: Psychology & Marketing, 24(2), 1043-1058.

Lee, R.M. (1993): Doing Research on Sensitive Topics, Thousand Oaks.

Leik, R.K. (1997): Experimental Design and the Analysis of Variance, Thousand Oaks.

Likert, R., Roslow, S., Murphy, G. (1993): A Simple and Reliable Method of Scoring the Thurston Attitude Scales, in: Personnel Psychology, 46(3), 689-690.

Lipovetsky, S., Magnan, S., Zanetti Polzi, A. (2011): Pricing Models in Marketing Research, in: Intelligent Information Management, 3(5), 167-174.

Litzenroth, H.A. (1986): Neue Perspektiven für die Panelforschung durch hoch entwickelte Technologien, in: Jahrbuch der Absatz- und Verbrauchsforschung, 32(3), 212-240.

Loehlin, J.C. (1987): Latent Variable Models: an Introduction to Factor, Path and Structural Analysis, Hillsdale, N.J.

Lueger, M. (2000): Grundlagen qualitativer Feldforschung, Wien.

Lütters, H. (2009): Web 2.0 Marktforschung, in: transfer – Werbeforschung & Praxis, 55(2), 48-55.

Luyens, (1995): Coding Verbatims by Computers, in: Marketing Research: A Magazine of Management & Applications, 7(2), 20-25.

Mahajan, V., Jain, A.K., Bergler, M. (1977): Parameter Estimation in Marketing Models in the Presence of Multicollinearity: An Application of Ridge Regression, in: Journal of Marketing Research, 14(4), 586-591.

Malhotra, N.K. (2010): Marketing Research, 6th ed., Upper Saddle River.

Mangold, U., Kunert, A. (2011): Qualitative Beobachtungsverfahren, in: Naderer, G., Balzer, E. (Hrsg.): Qualitative Marktforschung in Theorie und Praxis, 2. Aufl., Wiesbaden, 303-319.

Marquardt, D.W. (1963): An Algorithm for Least Squares Estimation of Nonlinear Parameters, in: Journal of the Society of Industrial and Applied Mathematics, 11(2), 431-441.

Maxl, E., Döring, N. (2010): Selbst-administrierte mobile Non-Voice-Marktforschung: Methoden- und Forschungsüberblick, in: transfer – Werbeforschung & Praxis, 56(1), 22-32.

Mayring, P. (2000): Qualitative Sozialforschung, Forum: Qualitative Sozialforschung – Qualitative Social Research, 1(2), Art. 20, o.S.

Mayring, P. (2015): Qualitative Inhaltsanalyse. Grundlagen und Techniken, 12. Aufl., Weinheim.

McDuff, D., El Kaliouby, R., Senechal, T., Demirdjian, D., Picard, R. (2014): Automatic Measurement of Ad Preferences from Facial Responses Gathered over the Internet, in: Image and Vision Computing, 32(10), 630-640.

Mengen, A., Simon, H. (1996): Produkt- und Preisgestaltung mit Conjoint Measurement, in: WISU, 1996(3), 229-236.

Mertens, P., Griese, J. (2002): Industrielle Datenverarbeitung, Bd. 2: Informations- und Planungssysteme, 9. Aufl., Wiesbaden.

Merton, R.K., Fiske, M., Kendall, P.L. (1990): The Focused Interview. A Manual of Problems and Procedures, 2nd ed., New York u.a.

Merton, R.K., Kendall, P.L. (1979): Das fokussierte Interview, in: Hopf, C., Weingarten, E. (Hrsg.): Qualitative Sozialforschung, Stuttgart 1979, 171-204.

Mey, G., Mruck, K. (2011): Qualitative Interviews, in: Naderer, G., Balzer, E. (Hrsg.): Qualitative Marktforschung in Theorie und Praxis, 2. Aufl., Wiesbaden, 259-288.

Meyer, J.-A. (1999): Visualisierung von Informationen, Wiesbaden.

Mindah, W.A. (1961): Fitting the Semantic Differential to the Marketing-Problem, in: Journal of Marketing, 25(4), 28-33.

Mitchell, R.C., Carson, R.T. (1989): Using Surveys to Value Public Goods: The Contingent Valuation Method, Washington.

Montague, P.R., McClure, M., Li, J., Tomlin, D., Cypert, K.S., Montague, L.M. (2004): Neural Correlates of Behavioral Preference for Culturally Familiar Drinks in: Neuron, 44(2), 379-387.

Morin, C. (2011): Neuromarketing: The New Science of Consumer Behavior, in: Society, 48(2), 131-135.

Murphy, E.R., Illes, J., Reiner, P.B. (2008) Neuroethics of Neuromarketing, in: Journal of Consumer Behaviour, 7(4-5), 293-302.

Naderer, G. (2000): Online-Gruppendiskussionen, Möglichkeiten und Grenzen, http://www.ifm-mannheim.de/index3_v.html, Erstelldatum: 2000, Abruf vom 2.11.2004.

Naderer, G. (2011): Auswertung und Analyse von qualitativen Daten, in: Naderer, G., Balzer, E. (Hrsg.): Qualitative Marktforschung in Theorie und Praxis, 2. Aufl., Wiesbaden, 405-434.

Naderer, G., Balzer, E. (2011) (Hrsg.): Qualitative Marktforschung in Theorie und Praxis, 2. Aufl., Wiesbaden, 405-434.

Naether Marktforschung (2001a): Knorr Pasta Sauces, a Qualitative Survey Conducted on behalf of Unilever Bestfoods, Hamburg.

Naether Marktforschung (2001b): Young parents – a Qualitative Study on Attitudes and Behaviour of Young Parents, Hamburg.

Nielsen (2010): Nielsen Retail Measurement Services – Handelspanel, http://de.nielsen.com/products/rms.shtml, Abruf vom 16. 5. 2010.

Nielsen (o.J.): Nielsen Testmarketing: A.C. Nielsen Kontrollierter Markttest, o.O. o.J.

Noelle-Neumann, E. (1970): Wanted: Rules for Wording Structured Questionnaires, in: Public Opinion Quarterly, 34(2), 191-201.

Noelle-Neumann, E., Petersen, T. (2005): Alle, nicht jeder. Einführung in die Methoden der Demoskopie, 4. Aufl., Berlin.

Nunan, D., Di Domenico, M. (2013): Market Research & the Ethics of Big Data, in: Journal of Market Research, 55(4), 505-520.

Olson, J., Reynolds, T. (1983): Understanding Consumers' Cognitive Structures – Implications for Advertising and Consumer Psychology, Lexington (Mass.), Toronto, 77-90.

Osborn, A.F. (1953): Applied Imagination, New York 1953.

Ottawa, M., Rietz, C. (2015): Betriebliche Marktforschung: Mehrwert für Marketing, Steuerung und Strategie, 2. Aufl., Berlin.

Parfitt, J.H., Collins, B.J.K. (1968): Use of Consumer Panels for Brand Share Prediction, in: Journal of Marketing Research, 5(2), 131-148.

Patzer, G. (1995): Using Secondary Data in Marketing Research, Westport.

Pearson, E.S., Hartley, H.O. (1976): Biometrika Tables for Statisticians, 3rd ed., Cambridge.

Pearson, K. (1901): LIII. On Lines and Planes of Closest Fit to a System of Points in Space, in: The London, Edinburgh, and Dublin Philosophical Magazine and Journal of Science, Series 6, 2(11), 559–572.

Pepels, W. (2014): Moderne Marktforschung, 3. Auflage, Berlin.

Petersohn, H. (2005): Data Mining. Verfahren, Prozesse, Anwendungsarchitektur, München.

Pfanzagl, J. (1983): Allgemeine Methodenlehre der Statistik, Bd. 1, 6. Aufl., Berlin u.a.

Pindyck, R.S., Rubinfeld, D. (1998): Econometric Models and Economic Forecasts, 4. Aufl., New York et al.

Pokropp, F. (1996): Stichproben: Theorien und Verfahren, 2. Aufl., München.

Popping, R. (2000): Computer-Assisted Text Analysis, Thousand Oaks.

Raab, G., Unger, A., Unger, F. (2009): Methoden der Marketing-Forschung: Grundlagen und Praxisbeispiele, 2. Auflage, Wiesbaden.

Rahman, H. (2003): Modelling of International Market Selection Process: a Qualitative Study of Successful Australian International Businesses, in: Qualitative Market Research. An International Journal, 6(2), 119-132.

Reinmuth, J.E., Geurts, M.D. (1975): The Collection of Sensitive Information using a Two-Stage Randomized Response Model, in: Journal of Marketing Research, 12(4), 402-407.

Rentz, J.O., Reynolds, F.D. (1981), Separating Age, Cohort and Period Effects in Consumer Behavior, in: Monroe, K.B., Abor, A. (eds.): Advances in Consumer Research, 08, 596-601.

Ridder, H.-G. (2016): Case Study Research. Approaches, Methods, Contribution to Theory, Reihe: Sozialwissenschaftliche Forschungsmethoden, Band 12, München, Mering.

Rossiter, J.R., Bergkvist, L. (2009): The Importance of Choosing One Good Item for Single-Item Measures of Attitude towards the Ad and Attitude towards the Brand and its Generalization to all Measures, in: transfer – Werbeforschung & Praxis, 55(2), 8-18.

Ruso, B. (2009): Qualitative Beobachtung, in: Buber, R., Holzmüller, H. (Hrsg.): Qualitative Marktforschung, 2. Aufl., Wiesbaden, 525-536.

Salcher, E.F. (1995): Psychologische Marktforschung, 2., neubearb. Aufl., Berlin u.a.

Sander, M. (2011): Marketing-Management: Märkte, Marktforschung und Marktbearbeitung, 2. Aufl., Stuttgart.

Sarris, V. (1992): Methodologische Grundlagen der Experimentalpsychologie. Bd. 2: Versuchsplanung und Stadien des psychologischen Experiments, München.

Sattler, H., Nitschke, T. (2003): Ein empirischer Vergleich von Instrumenten zur Erhebung von Zahlungsbereitschaften, in: Zeitschrift für betriebswirtschaftliche Forschung (ZfbF), 55(4), 364-381.

Sauermann, P. (2008): Die Laborbeobachtung in der Marktforschung – Vorteile und Kritikpunkte, in: Pepels, W. (Hrsg.): Marktforschung. Verfahren, Datenauswertung, Ergebnisdarstellung, 2. Aufl., Berlin, 225-248.

Sawhney, M., Verona, G., Prandelli, E. (2005): Collaborating to Create: The Internet as a Platform for Customer Engagement in Product Innovation, in: Journal of Interactive Marketing, 19(4), 4-17.

Sayre, (2001): Qualitative Methods for Marketplace Research, Thousand Oaks u.a.

Schaeffer, N.C. (1991): Hardly Ever of Constantly? Group Comparisons using Vague Quantifiers, in: Public Opinion Quarterly, 55(3), 395-423.

Schaich, E. (1967): Eine Nachfragetheorie ohne Nachfragefunktionen, Diss., München.

Schaich, E. (1998): Schätz- und Testmethoden für Sozialwissenschaftler, 3. Aufl., München.

Scheffé, H. (1999): The Analysis of Variance, 2nd ed., Berkeley.

Scheffler, H., Meulemann, H., Dittrich, W., Wenzel, O. (2008): Erklärung für das Gebiet der Bundesrepublik Deutschland zum ICC/ESOMAR Internationalen Kodex für die Markt- und Sozialforschung, o.O.

Scheffler, H. (2010): Neue Methodik, neue Ethik, in: absatzwirtschaft, 2010(3), 44-46.

Schlicksupp, H. (1995): Kreativitätstechniken, in: Tietz, B., Köhler, R., Zentes, J. (Hrsg.): Handwörterbuch des Marketing, 2. Aufl., Stuttgart, 1289-1309.

Schlicksupp, H., Dagneaud, N., Garnier-Coester, C. (2011): Innovationsforschung, in: Naderer, G., Balzer, E. (Hrsg.): Qualitative Marktforschung in Theorie und Praxis, 2. Aufl., Wiesbaden, 437-458.

Scholderer, J., Balderjahn, I. (2006): Was unterscheidet harte und weiche Strukturgleichungsmodelle nun wirklich? Ein Klärungsversuch zur LISREL-PLS-Frage, in: Marketing ZFP, 28(1), 57-70.

Schram, A. (2005): Artificiality: The Tension between Internal and External Validity in Economic Experiments, in: Journal of Economic Methodology, 12(2), 225-237.

Schreier, M. (2011): Qualitative Stichprobenkonzepte, in: Naderer, G., Balzer, E. (Hrsg.): Qualitative Marktforschung in Theorie und Praxis, 2. Aufl., Wiesbaden, 241-256.

Schroiff, H.-W. (2009): Chancen des Internet für die Markenführung, in: GEM Markendialog (Hrsg.): Marken im Einfluss des Internet, Berlin, 73-98.

Schub von Bossiatzky, G. (1992): Psychologische Marktforschung. Qualitative Methoden und ihre Anwendung in der Markt-, Produkt- und Kommunikationsforschung, München.

Schumacker, R.E., Lomax, R.G. (2016): A Beginner's Guide to Structural Equation Modelling, 4th ed., New York.

Schuman, H., Presser, S. (1979): The Assessment of "No Opinions" in Attitude Surveys, in: Schnessler, K. F. (ed.): Sociological Methodology, San Francisco, 245-275.

Schuman, H., Presser, S. (1996): Questions and Answers in Attitude Surveys, Orlando.

Schwarz, N., Hippler, H.-J., Deutsch, B., Strack, F. (1985): Response Scales: Effects of Category Range on Reported Behavior and Comparative Judgments, in: Public Opinion Quarterly, 49(3), 388-395.

Schweiger, G., Schrattenecker, G. (2017): Werbung, 9. Aufl., Konstanz, München.

Sellitz, C., Whritsman, L., Cook, W. (1976): Research Methods in Social Relations, 3rd ed., New York.

Sharma, S., James W.L. (1981): Latent Root Regression: An Alternative Procedure for Estimating Parameters in the Presence of Multicollinearity, in: Journal of Marketing Research, 18(2), 154-171.

Simon, H., Kucher, E. (1988): Die Bestimmung empirischer Preisabsatzfunktionen. Methoden, Befunde, Erfahrungen, in: Zeitschrift für Betriebswirtschaft (ZfB), 58(1), 171-183.

Singer, E., Frankel, M.R., Glassman, M.B. (1983): The Effect of Interviewer Characteristics and Expectations on Response, in: Public Opinion Quarterly, 47(1), 68-83.

Sinkovics, R.R., Penz, E., Castillo, F.J.M. (2009): Qualitative Analyse von Online Communities für Neuproduktentscheidungen, in: der markt, 48(1-2), 61-72.

Skiera, B., Albers, (2008): Regressionsanalyse, in: Herrmann, A., Homburg, C. (Hrsg.): Marktforschung. Methoden, Anwendungen, Praxisbeispiele, 3. Aufl., Wiesbaden, 467-498.

Skiera, B., Revenstorff, I. (1999): Auktionen als Instrument zur Erhebung von Zahlungsbereitschaften, in: Zeitschrift für betriebswirtschaftliche Forschung (ZfbF), 51(3), 224-242.

Skiera, B., Spann, M. (2003): Auktionen, in: Diller, H., Herrmann, A. (Hrsg.): Handbuch Preispolitik, Wiesbaden, 625-641.

SKOPOS (o.J.a): SKOPOS Produkttest, Hürth.

SKOPOS (o.J.b): SKOPOS Preisforschung, Hürth.

Snider, J.G., Osgood, C.E. (1969): Semantic Differential Technique: A Sourcebook, Chicago.

Spiegel Institut (2016): Apparative Verfahren, http://www.spiegel-institut.de/methoden/apparative-verfahren, Abruf vom 7.11.2016.

Statista (2016): Anzahl der Internetnutzer weltweit in den Jahren 2013 bis 2015 sowie eine Prognose bis 2020 (in Milliarden), https://de.statista.com/statistik/daten/studie/369356/umfrage/prognose-zur-anzahl-der-internetnutzer-weltweit/, Abruf vom 23.10.2016.

Starsetzki, T. (2003): Rekrutierungsformen und ihre Einsatzbereiche, in: Theobald, A., Dreyer, M., Starsetzki, T. (Hrsg.): Online-Marktforschung, 2. Aufl., Wiesbaden, 41-50.

Steffen, D. (2008): Marktforschung und Web 2.0, http://www.media-spectrum.de, 22-23, Abruf vom 17.9.2011.

Steffenhagen, H. (1999): Werbewirkungsforschung, in: WiSt, 28(6), 292-298.

Steinhausen, D., Langer, K. (1977): Clusteranalyse, Berlin.

Steinmetz, H. (2015): Lineare Strukturgleichungsmodelle. Eine Einführung mit R, Reihe: Sozialwissenschaftliche Forschungsmethoden, Band 9, 2. Aufl., München, Mering.

Stewart, D.W., Kamins, M.A. (1993): Secondary Research – Information Sources and Methods, 2nd ed., Newbury Park.

Swain, D., Weathers, D., Niedrich, R.W. (2008): Assessing Three Sources of Misresponse to Reversed Likert Items, in: Journal of Marketing Research, 45(1), 116-131.

Tatsuoka, M. (1988): Multivariate Analysis. Techniques for Educational and Psychological Research, 2nd ed., New York.

Teichert, T., Sattler, H., Völckner, F. (2008): Traditionelle Verfahren der Conjoint-Analyse, in: Herrmann, A., Homburg, C. (Hrsg.): Marktforschung. Methoden, Anwendungen, Praxisbeispiele, 3. Aufl., Wiesbaden, 651-686.

Tirunillai, S., Tellis, G.J. (2014): Mining Marketing Meaning from Online Chatter: Strategic Brand Analysis of Big Data Using Latent Dirichlet Allocation, in: Journal of Marketing Research, 51(4), 463-479.

TNS Infratest (2010): Das AdEvalTM System, http://www.tns-infratest.com/marketing_tools/AdEval _system.asp, Abruf vom 1. 7. 2010.

Tourangeau, R., Smith, J. (1996): Asking Sensitive Questions: The Impact of Data Collection Mode, Question Format, and Question Context, in: Public Opinion Quarterly, 60(2), 275-304.

Trommsdorff, V. (2003): Werbepretests – Praxis und Erfolgsfaktoren, Hamburg.

Trommsdorff, V., Teichert, T. (2011): Konsumentenverhalten, 8. Aufl., Stuttgart.

Überla, K. (1977): Faktorenanalyse, 2. Aufl., Berlin u.a.

Ungar, A.J. (1986): Projectable Surveys: Separating Useful Data from Illusions, in: Business Marketing, 71, 90.

Urban, D. (1993): Logit-Analyse: Statistische Verfahren zur Analyse von Modellen mit qualitativen Response-Variablen, Stuttgart.

Urban, G., Katz, G. (1983): Pretest Market Models, in: Journal of Marketing Research, 20(3), 221-234.

Vermunt, J.K., Magidson, J. (2002): Latent Class Cluster Analysis, in: Hagenaars, J.A., McCutcheon, A.L. (eds.): Applied Latent Class Analysis, Cambridge, 89-106.

Voeth, M., Hahn, C. (1998): Limit Conjoint-Analyse, in: Marketing ZfP, 20(2), 119-132.

Voeth, M., Niederauer, C. (2008): Ermittlung von Preisbereitschaften und Preisabsatzfunktionen, in: Herrmann, A., Homburg, C. (Hrsg.): Marktforschung. Methoden, Anwendungen, Praxisbeispiele, 3. Aufl., Wiesbaden, 1073-1095.

Völckner, F., Sattler, H., Teichert, T. (2008): Wahlbasierte Verfahren der Conjoint-Analyse, in: Herrmann, A., Homburg, C. (Hrsg.): Marktforschung. Methoden, Anwendungen, Praxisbeispiele, 3. Aufl., Wiesbaden, 687-712.

Wallisch, A., Maxl, E. (2009): A Consumer Satisfaction Study for Vodafone Live, in: Mobile Market Research, Neue Schriften zur Online-Forschung, Köln.

Wanke, M., Schwarz, N., Noelle-Neumann, E. (1995): Asking Comparative Questions: The Impact of the Direction of Comparison, in: Public Opinion Quarterly, 59(3), 347-372.

Warner, L. (1965): Randomized Response: A Survey Technique for Eliminating Evasive Answer Bias, in: Journal of the American Statistical Association, 60(309), 63-69.

Wedel, M., Kamakura, W. (2000): Market Segmentation: Conceptual and Methodological Foundations, 2nd ed., Boston u.a.

Wegener Marktforschung (2004): Grabrede, Interne Studie, Heidelberg 2004.

Weller, D., Grimmer, W. (2004): Qualitative Methoden als Bestandteil einer integralen Marktforschung, in: planung & analyse, 2004(3), 61-65.

Wertenbroch, K., Skiera, B. (2002): Measuring Consumers' Willingness to Pay at the Point of Purchase, in: Journal of Marketing Research, 39(2), 228-241.

Westendorp, P.H. v. (1976): NSS Price Sensitivity Meter – A New Approach to the Study of Consumer Perception of Price, Proceedings of the 29th ESOMAR Congress, Amsterdam.

Wetzel, W., Jöhnk, M.-D., Naeve, P. (1976): Statistische Tabellen, Berlin.

Wildner, R. (2003): Marktforschung für den Preis, in: Jahrbuch der Absatz- und Verbrauchsforschung, 49(1), 4-25.

Wildner, R., Graf, C. (1998): Pricing – Preisfindung für Verbrauchsgüter durch Marktforschung, in: Schmengler, H.J. (Hrsg.): Marketing Praxis: Jahrbuch 1998, Düsseldorf, 174-180.

Winkler, N., Kroh, M., Spiess, M. (2006): Entwicklung einer deutschen Kurzskala zur zweidimensionalen Messung von sozialer Erwünschtheit, DIW Discussion Papers, Nr. 579, Berlin.

Wricke, M., Herrmann, A. (2002): Ansätze zur Erfassung der individuellen Zahlungsbereitschaft, in: WiSt, 31(10), 573-578.

Wührer, G.A. (2008): Mehrdimensionale Skalierung, in: Herrmann, A., Homburg, C. (Hrsg.): Marktforschung. Methoden, Anwendungen, Praxisbeispiele, 3. Aufl., Wiesbaden, 305-334.

Zanger, C., Sistenich, F. (1996): Qualitative Marktforschung. Struktur, Methode und Anwendungsraum des hermeneutischen Ansatzes, in: WiSt, 25(7), 351-354.

Znanewitz, J., Hensel, D., Braun, L., Fantapié Altobelli, C. (2016): A Critical Comparison of Implicit Methods in Marketing Research. Proceedings of 12th Annual NeuroPsychoEconomics Conference in Bonn: "Back to Bonn: The role of neurophysiology and behavior in judgment and decision making", June 2-3.

Zwicky, F. (1966): Entdecken, Erfinden, Forschen im Morphologischen Weltbild, München.

Sachverzeichnis

T